U0261713

第45届世赛中的芬兰队、巴西队和中国队在比赛现场

第45届世赛中国队选手李华健在比赛现场

第45届世赛闭幕式

第45届世赛中国队选手与教练团队

第45届世赛开幕式

中国队与第45届世赛
首席专家在比赛现场

第45届世赛各国选手
在比赛现场交流

中国队选手在
国家集训基地训练

世界技能大赛赛项指导书

化学实验室技术

化学工业职业技能鉴定指导中心　组织编写

沈　磊　季剑波　主编
刘东方　主审

化学工业出版社

·北京·

内 容 简 介

《世界技能大赛赛项指导书 化学实验室技术》包含 6 个部分：世界技能大赛概况及职业岗位要求、专业理论知识、实验操作技能训练、对物质进行分析与表征、专业综合应用能力和综合测试。介绍了世界技能大赛的概况及化学实验室技术赛项要求选手必须掌握的岗位能力，系统地阐述了参赛选手必须掌握的基本理论知识和操作能力，并附有该赛项的世赛真题、参赛必备的英文词汇等，各章节后均有综合能力测试题，书稿最后单独列出综合测试题，训练参赛选手的基础理论、实操能力和综合应用能力。

本书是一本理论性、适应性强的专业培训教材，是面向世界技能大赛"化学实验室技术"赛项参赛师生的培训教材，也可供国内其他化学类大赛参赛师生参考。

图书在版编目（CIP）数据

世界技能大赛赛项指导书.化学实验室技术/化学工业职业技能鉴定指导中心组织编写；沈磊，季剑波主编.—北京：化学工业出版社，2020.8（2024.1重印）

ISBN 978-7-122-37001-3

Ⅰ.①世⋯ Ⅱ.①化⋯②沈⋯③季⋯ Ⅲ.①化学实验-职业技能-竞赛-世界 Ⅳ.①O6-3

中国版本图书馆 CIP 数据核字（2020）第 093278 号

责任编辑：王海燕 王文峡 　　　　　　　　　　装帧设计：关 飞
责任校对：宋 玮

出版发行：化学工业出版社（北京市东城区青年湖南街 13 号 邮政编码 100011）
印 　　装：北京虎彩文化传播有限公司
787mm×1092mm 1/16 印张 31¼ 彩插 1 字数 827 千字 2024 年 1 月北京第 1 版第 3 次印刷

购书咨询：010-64518888 　　　　　　　　　售后服务：010-64518899
网 　　址：http://www.cip.com.cn
凡购买本书，如有缺损质量问题，本社销售中心负责调换。

定 　　价：69.00 元 　　　　　　　　　　　　　　　　版权所有 违者必究

编 写 人 员

主　编　沈　磊　季剑波

副主编　蒋邦彦　燕传勇

参　编　徐荣华　侯亚伟　杨明明　谢茹胜

主　审　刘东方

前言

本教材由化学工业职业技能鉴定指导中心牵头，组织第45届世界技能大赛化学实验室技术赛项中国专家组及教练组成员，以世界技能大赛化学实验室技术赛项技术标准为依据，结合多年化工行业职业教育经验编写而成。

本教材立足于知识够用、理实一体，促进大赛成果转化的思路，结合欧洲对化学实验室技术的职业要求，突出职业能力和职业素养，体现了现代职业教育的特色。全书除第一部分介绍世界技能大赛的概况及职业要求外，其他章节紧扣化学实验室技术竞赛项目的技术说明，涵盖了化学实验室工作人员应当具备的基础知识与应用、职业操作技能、专业综合素质、参加世界技能大赛的专项能力等训练内容。教材基础知识针对性强、技能训练操作性强，对准备参加世界技能大赛化学实验室技术赛项的教练、学员有一定的指导作用。

本教材结合现代世界职业教育的理念，将HSE职业理论嵌入到各教学及训练环节中，对化学类实验室工作人员有一定的职业指导作用。教材可满足应用化学、分析测试、工艺试验等专业各层次学生作为教材与职业指导用书的需要，也可以作为从事相关工作的人员提高化学实验室技术和管理能力的参考用书。

本教材由沈磊（化学工业职业技能鉴定指导中心）、季剑波（徐州工业职业技术学院）主编，蒋邦彦（山东化工技师学院）、燕传勇（徐州工业职业技术学院）任副主编，全书由沈磊、季剑波统稿。其中第一部分、第六部分由沈磊和张璇（化学工业职业技能鉴定指导中心）共同编写，第二部分的无机化学基础知识由徐荣华（南京化工技师学院）编写、有机化学基础知识由侯亚伟（上海信息技术学校）编写、分析化学基础知识由杨明明（山东化工技师学院）和季剑波共同编写，第三部分由蒋邦彦和燕传勇共同编写，第四部分由燕传勇编写，第五部分由谢茹胜（福建生物工程职业技术学院）编写，附录及相关资料由季剑波编写。全书由化学工业职业技能鉴定指导中心刘东方高级工程师主审。编者在此表示衷心感谢。

编者在编写过程中由于专业资料收集不够全面，书中难免有不当之处，恳请专家与读者批评指正。

编者
2020. 8

目录

第三部分
实验操作技能训练　/ 237

第四部分
对物质进行分析与表征　/ 337

第一部分

世界技能大赛概况及职业岗位要求

1

世界技能大赛概况

1.1 世界技能大赛组织机构及性质

1.1.1 世界技能组织

世界技能组织前身是"国际职业技能训练组织（IVTO）"，成立于 1950 年，由西班牙和葡萄牙两国共同发起，后改名为"世界技能组织"（WorldSkills International）。目前注册地为荷兰阿姆斯特丹，截至 2020 年 4 月，共有 83 个国家和地区成员。其宗旨是通过成员之间的交流合作，促进青年人和培训师职业技能水平的提升；通过举办世界技能大赛，在世界范围内宣传技能对经济社会发展的贡献，鼓励青年投身技能事业。该组织管理机构是全体成员大会（General Assembly）和董事会（Board of Directors），常务委员会是战略发展委员会（Strategy Development Committee）和竞赛委员会（Competition Committee）。全体成员大会拥有最高权力，由本组织成员的官方代表和技术代表构成，每个成员拥有一票，由两名代表中任何一名代表投票。全体成员大会执行局由主席、副主席、常务委员会副会长和司库组成，执行局管理本组织的日常事务并向全体大会报告。董事会战略委员会由官方代表组成，由负责战略事务的副主席主管，并由其召集会议。战略委员会应根据以上确定的方针，对实施本组织目的和目标可能的战略和方式提出思考和行动。董事会技术委员会由技术代表组成，由主管技术事务的副主席主管，并由其召集会议。竞赛委员会负责处理与竞赛相关的所有技术和组织事务。世界技能组织的主要活动为每年召开一次全体大会，每两年举办一次世界技能大赛。

1.1.2 发展历史

1946 年，职业技能从第二次世界大战的废墟中崛起，第二次世界大战摧毁了欧洲经济，造成了严重的职业技能短缺，加重了新的经济萧条。1950 年一些人利用此机会向年轻人介绍职业技能，以提升就业能力。费朗西斯科·阿尔伯特（Francisco Albert Vidal）负责为西班牙和葡萄牙的年轻人举办技能大赛（图 1-1）。1953 年大赛迅速发展，来自德国、英国、法国、摩洛哥和瑞士的年轻人接听了电话，大赛选手未经通知就前往西班牙，费用自理（图 1-2）。1958 年比赛首次移至比利时的布鲁塞尔，这是世界技能大赛（WorldSkills，简称"世赛"）运动在全球扩展的开始。到 20 世纪 60 年代末，已经在德国、英国、爱尔兰、荷兰和瑞士举行了国际比赛，1970 年东京成为主办城市。到 20 世纪 80 年代末，美国的亚特兰大、澳大利亚的悉尼、韩国的汉城和中国台北都积极申办技能大赛。2007 年，日本静冈世界技能大赛（WorldSkills Shizouka）引入了"一个学校一个国家"（one school one country），通过将每个参赛团队与所在国家的当地学校配对，向学生介绍 WorldSkills 家庭的职业技能和多元文化。2009 年卡尔加里世界技能大赛，来自 47 个国家/地区的 850 名年轻人参加了比赛（图 1-3）。仅仅一年之后，世界技能大赛就突破了 50 个国家/地区的目标，共有 53 个成员。2017 年阿布扎比世界技能大赛首次将比赛带到了中东，并介绍了国际职业技术教育与培训青年论坛。2019 世界技能大赛在俄罗斯喀山举办（图 1-4～图 1-6），2021 年将在中国上海举办第 46 届世界技能大赛，2023 年将在法国里昂举办第 47 届世界技能大赛。

图 1-1　1950 年，在西班牙马德里举行了第一次
由西班牙和葡萄牙青年参加的技能大赛

图 1-2　1953 年，德国、英国、法国、摩洛哥的青年
自费参加了在西班牙举行的技能大赛

图 1-3　2009 年，在加拿大卡尔加里，
第 40 届世赛开幕式现场

图 1-4　2019 年，在俄罗斯喀山，
在校学生参观了第 45 届世赛现场

图 1-5　2019 年，在俄罗斯喀山，化学实验室　　图 1-6　2019 年，在俄罗斯喀山，第 45 届
　　　　技术赛项中国队的竞赛现场　　　　　　　　　　世界技能大赛闭幕式现场

1.2　世界技能大赛项目简介

　　世界技能大赛被誉为"技能奥林匹克"，是世界技能组织成员展示和交流职业技能的重要平台。截至 2019 年第 45 届世界技能大赛，世界技能大赛比赛项目共分为 6 个大类，分别为结构与建筑技术、创意艺术与时尚、信息与通信技术、制造与工程技术、社会与个人服务、运输与物流，共计 56 个竞赛项目。大部分竞赛项目对参赛选手的年龄限制为不大于 22 岁，制造团队挑战赛、机电一体化、信息网络布线和飞机维修 4 个有工作经验要求的综合性项目，选手年龄限制为不大于 25 岁。

1.2.1　项目分类

（1）运输与物流 Transportation and Logistics

飞机维修 Aircraft Maintenance

汽车维修 Autobody Repair

汽车技术 Automobile Technology

汽车喷漆 Car Painting

重型车辆维修 Heavy Vehicle Technology

货运代理 Freight Forwarding

（2）结构与建筑技术 Construction and Building Technology

石雕 Architectural Stonemasonry

砌砖 Bricklaying

家具制造 Cabinetmaking

木工 Carpentry

混凝土建筑 Concrete Construction Work

电气技术安装 Electrical Installations

细木工 Joinery

园林设计 Landscape Gardening

涂料与装饰 Painting and Decoration

墙面抹灰和干燥 Plastering and Drywall Systems

给排水系统和供暖系统 Plumping and Heating

制冷技术 Refrigeration and Air Conditioning

瓷砖贴面 Wall and Floor Tiling

（3）制造与工程技术 Manufacturing and Engineering Technology

数控铣 CNC Milling

数控车床 CNC Turning

建筑金属构造 Construction Metal Work

电子技术 Electronics

工业控制 Industrial Control

工业机械装调 Industrial Mechanic Millwright

制造团队挑战赛 Manufacturing Team Challenge

CAD 机械设计 Mechanical Engineering CAD

机电一体化 Mechatronics

移动机器人 Mobile Robotics

塑料模具工程 Plastic Died Machinery

综合机械与自动化 Polymechanics and Automation

原型制作 Prototype Modelling

水处理技术 Water Technology

焊接技术 Welding

化学实验室技术 Chemical Laboratory Technology

（4）信息与通信技术 Information and Communication Technology

信息网络布线 Information Network Cabling

网络系统管理 IT Network Administration Systems

商务软件解决方案 IT Software Solutions for Business

印刷媒体技术 Print Media Technology

网站设计与开发 Web Technologies

网络安全 Cyber Security

云计算 Cloud Computing

（5）创意艺术与时尚 Art Creative Arts

平面设计技术 Graphic Design Technology

时装技术 Fashion Technology

花艺 Floristry

珠宝加工 Jewellery

商品展示技术 Visual Merchandising

3D 数字游戏艺术 3D Digital Game Art

（6）社会与个人服务 Social and Personal Services

烘焙 Bakery

美容 Soins de Beauté

美发 Hairdressing

餐饮服务 Restaurant Service

烹饪 Cooking

糖艺/西点制作 Patisserie and confectionery
健康与社会照护 Health and Social Care
酒店接待 Hotel Reception

1.2.2 大赛规则

① 适用范围和基本原则。

② 组织（大赛组织者的职责、持续时间、技能的种类、技术说明、测验项目）。

③ 相关各方（参赛者、每一种技能的最少参赛人数要求、评委会主席和评委）。

④ 比赛（注册、评估、世界技能大赛的奖杯和奖章、公共关系、秘书处、职责、质量管理系统、试验项目）。

⑤ 纪律处罚程序（原则、程序、原告与被告、过程）等。

大赛规则中附录了参赛选手指导手册、评委会主席与评委会职责、首席专家职责、专家职责、工作场地监督员（现场监督员）职责、引入示范性技能的指导原则、首席专家和副首席专家的选举过程、实验性项目、世界技能测试项目设计和管理的道德标准、保密和专业协议、笔译员和口译员行为规则等文件。

1.3 以化学为基础的世界技能大赛项目简介

以化学为基础的世界技能大赛（简称世赛）赛项目前有化学实验室技术、水处理技术两个，这两个赛项均是第 45 届世赛新增项目。赛项对参赛选手的理论基础及技术要求较高，选手必须具备无机化学、有机化学、分析化学的专业基础知识，同时具备化学类实验操作技能、实验室及工程化专项技能，以及 HSE 理念及对工作的要求等内容。

大赛对专业人员的综合素质要求也很高。选手必须自己撰写实验中可能出现的危险及伤害的可能性，制订实验方案及实施步骤，分配时间，处置实验过程中的"三废"，掌握运用信息及资料的综合能力，科学地撰写实验报告，描述学科发展趋势，并能与他人顺畅交流等。

1.4 中国近几届参赛情况

中国参加历届世界技能大赛的情况见表 1-1。

表 1-1 中国参加历届世界技能大赛情况统计表

年份	届数	城市	参赛项目数	金牌	银牌	铜牌	优胜奖
2011	41	英国伦敦	6		1		5
2013	42	德国莱比锡	22		1	3	13
2015	43	巴西圣保罗	29	5	6	4	11
2017	44	阿联酋阿布扎比	47	15	7	8	12
2019	45	俄罗斯喀山	56	16	14	5	17

化学实验室技术岗位能力分析

2.1 岗位能力专业定位

化学实验室技术的工作是保证许多行业产品质量的基础。通常实验室化学分析员在化学工业、石化行业、制药、食品、建筑材料供应、涂料粉刷、高分子材料、国防等行业的质量控制部门、研发部门的化学实验室或环境部门工作。

2.2 岗位能力评价与考核

2.2.1 岗位能力描述

(1) 化合物的分析

① 化合物的构成和其中化学元素的含量；

② 采集数据的处理；

③ 报告、结果分析；

④ 实验室的其他类型工作：按照标准和规范要求，进行不同样品的合成、检测、实验条件优化等工作，同时能够根据需求，完成实验室样品的试制、研发工作。

(2) 相关专业知识

① 自然材料的性质；

② 合成材料的性质；

③ 仪器和设备的使用。

(3) 规范和技术文档

化学实验室技术人员应该能以最优的工具和方法分析不同的自然材料和合成材料，使用现代化学和物理化学方法进行定性和定量分析。工作过程应该有条理、系统化，遵守卫生和清洁要求以及职业安全和健康标准。

2.2.2 选手应当具备的能力

本项目选手应具备的能力中所列出的知识点及特定技能是参照世界技能大赛化学实验室技术赛项技术说明编制的，可作为参赛选手训练及准备的指引文件。

表2-1的能力描述分为不同部分，每部分使用权重来表示它的重要性。竞赛测试项目及评分方案应尽可能地反映选手应具备的能力中所要求的知识点、技能。

表 2-1　选手应当具备的能力描述

	项目	重要性/%
1	工作组织及管理	10
	参赛(选手)需了解和理解： • 行业的规章制度 • 个人岗位身份、职业道德和行为规范 • 健康和安全法规、规定和最佳实践方法 • 基于实验室活动的科学原理 • 工作规划、时间计划、组织和完成计划的相关原则 • 无机化学、有机化学、分析化学及物理化学的基础知识 • 相关物质的废弃物安全处置或循环回收的原理和方法	
	参赛选手应能： • 始终保证个人健康和安全，包括正确穿戴个人防护设备 • 按照相关规定、规范的安全和环境标准进行工作 • 将安全数据表、安全措施和实施步骤用于： 　◇操作、维护和修理实验室设施、装置和设备 　◇回收实验室中的化学品 • 遵守风险管理系统规定，主动地： 　◇维护实验室卫生整洁 　◇按照预算和预算流程，订购和维持一定的材料库存 　◇确保电子设备完备可用 　◇检查材料的结构、状态和可用性 • 独立工作，负责职责范围内工作任务的启动和完成 • 预估完成某项工作所需的时间、成本、资源和所需材料 • 制定工作目标和计划，设定相关目标和指标，优化、组织并完成工作 • 寻找问题的解决方法和替代方法 • 根据需求调整活动并及时告知其他相关人员	
2	沟通及交际技巧	10
	参赛(选手)需了解和理解： • 通信的原则 • 人际交互的原则 • 某项工作对他人的影响 • 与工作角色和行业相关的专业词汇 • 数据呈现方式的意图和目的 • 实验结果的不利方面 • 使用信息技术、管理信息系统和化学环境下的数据库	
	参赛(选手)应具备的能力： • 建立和维护人际关系 • 与他人协同工作和互动，包括与团队内部成员的协作 • 为化学工作人员或其他专业人员提供技术支持 • 在正式场合和非正式场合的沟通技能，包括发言、写作、肢体语言和主动倾听 • 使用专业术语，包括其他语言中的专业术语 • 从所有相关资源获取信息，根据需要引用资源 • 阅读和应用技术文档中的相关内容并分析，如： 　◇公式 　◇分步指令 　◇规范要求 　◇图表 • 主动倾听，适当提问，以完全理解对方的表述	

	项目	重要性/%
	• 使用实验室信息和实验室管理系统 • 按照逻辑和相关规定,获取信息并行动 • 应用分析技术进行数据呈现 • 使用各种文字和图形向他人传递信息 • 向观众或者受众以适当的科学信息进行沟通 • 准备并进行正式或非正式演讲陈述 • 以恰当的方式,寻求、接受和提供反馈和建设性意见	
3	技巧、步骤和方法	35
	参赛(选手)需了解和理解: • 有关化学结构和化学键的无机化学基础知识 • 重要物质和合成物的化学知识 • 有机化学的原理和实践方法 • 化学反应机理和官能团转化 • 物理化学的概念和实践方法,包括热力学、反应动力学、传导性、电池、电解 • 实验室技术和科学实验原理 • 项目管理原理,以及如何应用于实验室工作 • 分析方法的开发、仪表装置的精度要求,包括掌握适当的采样方法 • 实验技术的最新趋势,包括使用工具包	
	参赛(选手)应具备的能力: • 使用适当的科学技术技巧、步骤和方法,进行实验室任务的相关准备 • 使用指定的仪器和实验室设备,包括进行必要的校准 • 评估材料或产品的品质 • 设计或制作实验装置,开发新产品或新工艺 • 使用特定的方法完成实验室任务,包括查找标准、实施操作步骤等 • 完成特定的采样任务,包括任务准备、样品的处理,以及液体和固体混合物中的分离过程 • 实施清洗和浓缩工艺,例如:蒸馏、萃取 • 掌握化学分析方法,如滴定法、体积法、重量法 • 掌握色谱法 • 掌握电位分析法及电导分析法 • 掌握电泳法 • 掌握光谱法 • 掌握物理或化学分离技术 • 掌握显微镜检查的方法 • 确定有机或无机化合物的构成 • 掌握有机、无机、高分子化合物合成技术 • 掌握分析程序、方法和设备仪器的精度要求 • 应用标准化公式,或创建经验公式 • 制造、处理和准备化学溶液	
4	数据处理和保留记录	10
	参赛(选手)需了解和理解: • 与记录保持可追溯性和机密性相关的规则 • 以所有使用形式维护记录安全的程序 • 有关记录和显示数据的软件功能 • 确保信息的准确处理 • 误差和错误的影响 • 参考和引用其他所需方法	
	参赛(选手)应具备的能力: • 对实验室工作进行记录和保留文档,包括使用给定的排版风格、计算机信息技术和统计方法	

	项目	重要性/%
	• 处理和收集来自自动化数字机器的数字化信息 • 获取可信的、精确的数据 • 呈现实验室工作结果,有效地处理问题,书写和口头汇报应简洁 • 书写技术报告,适当地使用图形和图表 • 检查自身工作,包括汇编整理、分类、计算、制作表格和完成程度 • 有效地认识错误、不准确和不足之处 • 整理信息或数据,用于校验或审计 • 文档存档	
5	分析、解读和评估	15
	参赛(选手)需了解和理解: • 质量管理的原则 • 生产过程中质量管理的应用 • 科学数据分析中的数学和分析方法 • 误差的本质、可能性、来源,误差的类型 • 质量控制的原理和方法 • 优化的原理和应用 • 工作内容对心理方面的影响	
	参赛(选手)应具备的能力: • 良好的动手能力 • 应用个人方法,保持持续的关注和精力集中 • 遵照相关步骤,确保工作内容符合工作场所的质量标准 • 分析、解读和评估数据,识别需要深入研究的结果 • 评估信息,确定是否符合标准 • 在工作角色职责范围内独立开展工作 • 识别使用分析方法得出结果的含义,并判断其重要性 • 使用适当的计算、统计和数学方法或公式对问题进行求解 • 通过分析基本原理、推论确定结果	
6	应用科学方法解决问题	10
	参赛(选手)需了解和理解: • 运用科学原理和方法解决问题的原理和应用方法 • 批判性思维的原理和复杂问题的解决 • 自身角色的范围和局限,以及对解决问题的理解和专业知识	

	参赛(选手)应具备的能力:
	• 能正确认知可能出现的问题或疑似问题
	• 大量和干扰性材料的识别和察觉
	• 应用适当的科学方法,识别问题出现的原因并获得解决方法
	• 使用逻辑和推理,了解解决方法的优点和缺点,得出结论或解决问题的途径,例如:
	  ◇应用通用规则,就特定的事项得出可信的结论
	  ◇合并汇总不同的信息,形成可信的结论或判断
	  ◇应用创造性思维解决问题,基于现有观点的基础上提供新的提议
	  ◇向资深的专家请教
	  ◇提出建议或科学的解决方法,改进工作流程
	  ◇为新的调查提供支持,并就常规和非常规分析任务提供跟踪
	  ◇积极寻求个人发展机遇,学习和提升自我	

7	应用化学的趋势	10
	参赛(选手)需了解和理解: • 跨学科的科学规律 • 在科学发展中应用化学的角色 • 数字化不断增长的影响 • 可持续发展的重要性 • 新的可能发生的事所衍生的新的职业道德问题	

项目	重要性/%
参赛(选手)应具备的能力： • 安装、试运行和测试实验室自动化系统 • 安装和配置程序 • 开发简单的程序 • 操作实验室自动化系统 • 对实验室自动化系统的优化、调整和变更 • 维护和保养实验室自动化系统 • 搜索、确定故障位置,消除实验室自动化系统的错误、缺陷和故障 • 对于变更进行适当调整,并对管理流程进行相应调整	

第二部分

专业理论知识

无机化学基础知识

3.1 金属元素性质

3.1.1 碱金属元素

碱金属（alkali metals）是周期表的 IA 族，包括锂（lithium）、钠（sodium）、钾（potassium）、铷（rubidium）、铯（cesium）、钫（francium）6 种元素。由于它们氧化物的水溶液显碱性，所以称为碱金属。钫是放射性元素。碱金属是银白色的柔软、易熔轻金属。它们的基本性质见表 3-1。

表 3-1 碱金属的性质

项目	锂（Li）	钠（Na）	钾（K）	铷（Rb）	铯（Cs）
原子序数	3	11	19	37	55
价电子层构型	$2s^1$	$3s^1$	$4s^1$	$5s^1$	$6s^1$
金属半径 r_{met}/pm	152	190	227.2	247.5	265.4
离子半径 r_{ion}/pm	68	95	133	148	169
电负性	1.0	0.9	0.8	0.8	0.7
电离能/(kJ/mol)	520	496	419	403	376
电子亲和能 y/(kJ/mol)	60	53	48	47	46
电极电势 E_e(M+/M)/V	−3.045	−2.714	−2.925	−2.925	−2.923
密度 ρ/(g/cm^3)	0.53	0.97	0.86	1.53	1.90
熔点 t_m/℃	180.54	97.8	63.2	39.0	28.5
沸点 t_b/℃	1347.0	881.4	756.5	688.0	705.0
硬度（金刚石＝10）	0.6	0.4	0.5	0.3	0.2
氧化数	+1	+1	+1	+1	+1

碱金属的次外层为 8 个电子（Li 只有 2 个），对核电荷的屏蔽作用较强，有效核电荷较小，最外层的 1 个电子离核较远，电离能最低，很易失去，表现出强烈的金属性。它们与氧、硫、卤素以及其他非金属都能剧烈反应，并能从许多金属化合物中置换出金属。

碱金属族自上而下原子半径和离子半径依次增大，其活泼性有规律地增强。例如，钠和水剧烈反应，钾更为剧烈，而铷、铯遇水则有爆炸危险。锂的活泼性比其他碱金属弱，与水的反应也较缓慢。与同一周期其他元素相比，碱金属的原子体积最大，固体中的金属键较弱，原子间的作用力较小，故密度、硬度小，熔点低。

碱金属的价电子易受光激发而电离，是制造光电管的优质材料。它们在火焰中加热，各具特征的焰色（如表 3-2 所示），称为焰色反应（flame reaction），据此可以对它们做定性鉴别。

表 3-2　碱金属特征焰色

碱金属	锂	钠	钾	铷	铯
焰色	红色	黄色	紫色	红紫色	蓝色

3.1.2　碱土金属元素

3.1.2.1　碱土金属的性质

碱土金属（alkali-earth metals）是周期表的ⅡA族元素，也属于 s 区。包括铍（beryllium）、镁（magnesium）、钙（calcium）、锶（strontium）、钡（barium）、镭（radium）。由于钙、锶、钡的氧化物在性质上介于"碱性的"碱金属氧化物和"土性的"难溶的 Al_2O_3 等之间，所以称为碱土金属，习惯上把铍、镁也包括在内。镭是放射性元素。它们的基本性质见表 3-3。

表 3-3　碱土金属的性质

项目	铍(Be)	镁(Mg)	钙(Ca)	锶(Sr)	钡(Ba)
原子序数	4	12	20	38	56
价电子层构型	$2s^2$	$3s^2$	$4s^2$	$5s^2$	$6s^2$
金属半径 r_{met}/pm	111.3	160	197.3	215.1	217.3
离子半径 r_{ion}/pm	31	80	99	113	135
电负性	1.5	1.2	1.0	1.0	0.9
电离能 I/(kJ/mol)	900	738	590	549	502
电极电势 $E_e(M^+/M)$/V	−1.85	−2.37	−2.87	−2.89	−2.90
密度 ρ/(g/cm³)	1.85	1.74	1.55	2.63	3.62
熔点 t_m/℃	1287	649	839	768	727
沸点 t_b/℃	2500	1105	1494	1381	(1850)
硬度(金刚石=10)	4	2.5	2	18	

碱土金属和碱金属两族元素的性质有许多相似之处，但仍有差异：

①碱土金属元素的价电子层构型为 ns^2，和同周期的碱金属元素相比，有效核电荷有所增加，因此核对电子的引力要强些，金属半径较小，金属键较强，单质的密度、硬度、熔点、沸点都比同周期的碱金属高得多。碱土金属物理性质的变化并无严格的规律，这是由于碱土金属晶格类型不完全相同的缘故。

②碱土金属的活泼性略低于碱金属，在碱土金属的同族中，随着原子半径增大，活泼性也依次递增。

③碱土金属燃烧时也会发出不同颜色的光辉。镁产生耀眼的白光，钙发出砖红色光芒，锶及其挥发性盐（如硝酸锶）为艳红色，钡盐为绿色。在五彩缤纷的节日烟火中，它们是不可少的成分。

④ 碱土金属和碱金属一样，也能形成氢化物，且热稳定性要高一些，其中 CaH_2 最稳定，它的分解温度约为 1000℃，是工业上重要的还原剂，也是有用的氢源。

⑤ 碱土金属的盐类与碱金属盐相比，溶解度较小，且大多数含氧酸盐的热稳定性较低。

⑥ 铍和锂一样，原子半径远小于同族的 Mg，Ca，Sr，Ba，性质也和它们不全相同。根据对角线规则，铍和ⅢA族的铝相似，即使赤热也不与水反应。它也是两性金属，既溶于酸也溶于强碱（NaOH，KOH），$Be(OH)_2$ 与 $Al(OH)_3$ 同样是两性氢氧化物。铍和铝的氧化物是熔点高、硬度大的物质。此外，$BeCl_2$ 和 $AlCl_3$ 一样是共价型卤化物，熔点较低，易升华。

3.1.2.2 碱土金属的氧化物和氢氧化物

碱土金属和碱金属不同，在空气中燃烧时，一般得到正常氧化物，只有钡能得到过氧化钡。BaO_2 和 MgO_2 常用作氧化剂和漂白剂。它们由其他过氧化物制得。

$$MgCl_2 + Na_2O_2 \longrightarrow MgO_2 + 2NaCl$$

$$Ba(OH)_2 + H_2O_2 \longrightarrow BaO_2 + 2H_2O$$

碱土金属的氢氧化物都是白色固体，溶解度比较小，热稳定性也比较低，碱性在同族中由上而下依次递增。

钡盐主要成分是 $BaSO_4$，是自然界的重晶石，它的溶度积（1.1×10^{-10}）比 $BaCO_3$ 的溶度积（5.1×10^{-9}）还小，工业上通常将重晶石与炭一起焙烧，使之还原为 BaS，再与盐酸反应生成 $BaCl_2$：

$$BaSO_4 + 2C \xrightarrow{\triangle} BaS + 2CO_2 \uparrow$$

$$BaS + 2HCl \longrightarrow BaCl_2 + H_2S \uparrow$$

$BaCl_2$ 与 Na_2SO_4 反应可得到纯净的 $BaSO_4$ 沉淀。$BaSO_4$ 具有强烈的阻止 X 射线的功能，在医疗中用作"钡餐造影"。

注意：$BaCl_2$ 可溶并有毒！

3.1.3 铁、铝、铜、银的性质

3.1.3.1 铁（iron）

（1）铁（Fe）的基本性质

铁位于周期表ⅧB族，与钴（Co）、镍（Ni）合称为铁系元素。它们都是具有光泽的白色金属，铁、钴略带灰色，镍为银白色。铁、镍有很好的延展性，而钴则较硬而脆。这三种金属按 Fe、Co、Ni 顺序，原子半径逐渐减小，密度依次增大，熔点和沸点都比较接近。它们都有强磁性，形成的许多合金都是优良的磁性材料。

铁系元素原子的价层电子构型为 $3d^{6\sim8}4s^2$，可以失去电子呈现 +2，+3 氧化值。其中，Fe^{3+} 比 Fe^{2+} 稳定，Co^{2+} 比 Co^{3+} 稳定，而 Ni 通常只有 +2 氧化值，这与它们原子的半径大小和电子构型有关。

（2）铁系元素的氧化物和氢氧化物

① 氧化物。铁系元素可形成如下的氧化物，它们的颜色各异：

FeO（黑色）　　　　CoO（灰绿色）　　　　NiO（暗绿色）

Fe_2O_3（砖红色）　　Co_2O_3（黑褐色）　　Ni_2O_3（黑色）

低氧化态氧化物具有碱性，溶于强酸而不溶于碱。

Fe_2O_3 是难溶于水的两性氧化物，以碱性为主。当与酸作用时生成 Fe(Ⅲ) 盐。

$$Fe_2O_3+6HCl\longrightarrow 2FeCl_3+3H_2O$$

与 NaOH，Na_2CO_3 或 Na_2O 这类碱性物质共熔生成铁（Ⅲ）酸盐：

$$Fe_2O_3+Na_2CO_3\longrightarrow 2NaFeO_2+CO_2\uparrow$$

Fe_2O_3 俗称铁红，可作红色颜料、抛光粉和磁性材料。Fe_3O_4（也写作 $FeO\cdot Fe_2O_3$）的纳米材料，因其优异的磁性能和较宽频率范围的强吸收性而成为磁记录材料和战略轰炸机、导弹的隐形材料。

② 氢氧化物。铁系元素氢氧化物的氧化还原性呈规律性变化：

还原性递增

Fe(OH)$_2$	Co(OH)$_2$	Ni(OH)$_2$
（白色）	（粉红）	（苹果绿）
Fe(OH)$_3$	Co(OH)$_3$	Ni(OH)$_3$
（棕红色）	（棕黑色）	（黑色）

氧化性递增

向 Fe^{2+} 的溶液中加入碱都能生成相应的 $Fe(OH)_2$ 沉淀。由于 $Fe(OH)_2$ 的还原性很强，反应之初看不到 $Fe(OH)_2$ 的白色而呈灰绿色并逐渐被空气中的 O_2 氧化为棕红色的 $Fe(OH)_3$，在反应前先去除 Fe^{2+} 溶液和 NaOH 溶液中的 O_2 才可能得到白色的 $Fe(OH)_2$。新沉淀的 $Fe(OH)_3$ 有比较明显的两性，能溶于强碱溶液：

$$Fe(OH)_3+3OH^-\longrightarrow Fe[(OH)_6]^{3-}$$

沉淀放置稍久后则难以显示酸性，只能与酸反应生成 Fe(Ⅲ) 盐。

(3) 铁盐

① 铁（Ⅱ）盐。铁（Ⅱ）盐又称亚铁盐，如硫酸亚铁 $FeSO_4\cdot 7H_2O$（绿矾），氯化亚铁 $FeCl_2\cdot 4H_2O$、硫化亚铁 FeS 等。亚铁盐有一定的还原性，不易稳定存在。它的稳定性随溶液的酸碱性而异，由铁的元素电势图可知，在酸性介质中 Fe(Ⅱ) 比较稳定，而在碱性条件下则易氧化。当用铁屑或铁块与 HCl 或 H_2SO_4 作用制备 $FeCl_2$ 或 $FeSO_4$ 时始终保持金属铁过量防止溶液中出现 Fe^{3+}，同时要始终保持溶液的酸性以防止 Fe^{2+} 的水解及水解产物 $Fe(OH)_2$ 的氧化。

将亚铁盐转为复盐则会稳定得多，如硫酸亚铁铵 $FeSO_4\cdot (NH_4)_2SO_4\cdot 6H_2O$，俗称摩尔盐，就是实验室常用的 Fe(Ⅱ) 盐。用它配制 Fe(Ⅱ) 盐溶液时，需加入足够的硫酸，以防其水解和氧化。

② 铁（Ⅲ）盐。铁（Ⅲ）盐又称高铁盐，如三氯化铁、硫酸（高）铁、硝酸（高）铁等。铁（Ⅲ）盐的主要性质之一是容易水解生成氢氧化铁：

$$Fe^{3+}+3H_2O\Longleftrightarrow Fe(OH)_3+3H^+$$

铁的水解比较复杂，只有在强酸性$[c(H^+)=1.0mol/L]$的条件下，Fe(Ⅲ) 盐溶液才是清澈的，铁离子基本上以水合离子$[Fe(H_2O)_6]^{3+}$的形成存在。当该离子浓度为 1mol/L 时，pH=1.8 开始水解、pH=3.3 水解完全。氯化铁或硫酸铁用作净水剂，它们的胶状水解产物和悬浮在水中的泥沙一起聚沉，使浑浊的水变清澈。

铁（Ⅲ）盐的另一性质是氧化性。尽管它的氧化性比较弱，但在酸性溶液中仍能氧化一些还原性较强的物质。

$$2FeCl_3 + 2KI \longrightarrow 2FeCl_2 + I_2 + 2KCl$$
$$2FeCl_3 + H_2S \longrightarrow 2FeCl_2 + S + 2HCl$$

工业上利用 Fe^{3+} 的氧化性将浓的 $FeCl_3$ 溶液在铁制品上刻蚀字样或在铜板上腐蚀出印刷电路。

无水三氯化铁（$FeCl_3$）是重要的 Fe(Ⅲ) 盐，无水 $FeCl_3$ 可由铁屑和氯气直接合成：
$$2Fe + 3Cl_2 \longrightarrow 2FeCl_3$$

此反应为放热反应，所生成的 $FeCl_3$ 由于升华而分离出。

3.1.3.2　铝（aluminum）

铝 Al 广泛存在于地壳中，其丰度仅次于氧和硅，名列第三，是蕴藏最丰富的金属元素。铝主要以铝矾土（$Al_2O_3 \cdot xH_2O$）矿物存在，是冶炼金属铝的重要原料。

（1）铝的基本性质

纯铝是银白色的轻金属，无毒，富有延展性，具有很高的导电、传热和抗腐蚀性，无磁性，不发生火花放电。在金属中，铝的导电、传热能力仅次于银和铜，延展性仅次于金。

铝的化学性质活泼，在不同温度下能与 O_2、Cl_2、Br_2、I_2、N_2、P 等非金属直接化合。铝的典型化学性质是缺电子性、亲氧性和两性。

① 缺电子性。Al 原子的价层电子结构是 $3s^2 3p^1$，M 层有 4 条轨道，但只有 3 个电子，故为缺电子原子。当它与其他原子形成共价键时，铝的 4 条价层轨道中只有 3 条用来成键，还剩有 1 条空轨道，Al(Ⅲ) 的化合物有很强的接受电子对的能力。Al 缺电子化合物的这一特征，使其也可以发生下列反应：
$$AlF_3 + HF \longrightarrow H[AlF_4]$$

② 亲氧性。铝与空气接触很快失去光泽，表面生成氧化铝薄膜（约 10^{-6} cm 厚），此膜可阻止铝继续被氧化。铝遇发烟硝酸被氧化成"钝态"，工业上常用铝罐储运发烟硝酸。这层膜遇稀酸则遭破坏，会导致罐体泄漏。铝还能从许多金属氧化物中夺取氧，在冶金工业上常用作还原剂。例如，将铝粉和 Fe_2O_3（或 Fe_3O_4）粉末按一定比例混合，用引燃剂点燃，反应立即猛烈进行，同时放出大量的热，温度能上升到 3000℃，此时被还原出来的铁熔化，用于野外焊接铁轨。此外一些难熔金属如 Cr，Mn，V 等可利用铝还原它们的氧化物而制得。这种方法称为铝热冶金法。

③ 两性。铝是典型的两性金属，既能溶于强酸也能直接溶于强碱，并放出 H_2：
$$2Al + 6H^+ \longrightarrow 2Al^{3+} + 3H_2 \uparrow$$
$$2Al + 2OH^- + 6H_2O \longrightarrow 2Al[(OH)_4]^- + 3H_2 \uparrow$$

（2）氧化铝（alumina）和氢氧化铝（aluminium hydroxide）

氧化铝为白色无定形粉末，它是离子晶体，熔点高、硬度大。根据制备方法不同又有多种变体，常见的有 α-Al_2O_3 和 γ-Al_2O_3，α-Al_2O_3 即自然界存在的刚玉，天然品因含少量杂质而显不同颜色，所谓宝石就是这类矿石。红宝石是钢玉中含有少量 Cr(Ⅲ) 的氧化铝，蓝宝石是含有微量 Fe(Ⅱ)、Fe(Ⅲ) 或 Ti(Ⅳ) 的氧化铝，氧化铝、氢氧化铝均是两性物质，既能溶于酸，又能溶于碱。

（3）铝盐

① 铝的卤化物。铝的卤化物除 AlF_3 是离子型化合物外，其余都是共价型化合物。这是因为 Al^{3+} 的电荷高、半径小，具有强极化力。卤化铝的物理性质列于表3-4，熔点、沸点较低的卤化物很容易由金属铝和氯、溴、碘直接合成得到。

表 3-4 三卤化铝的部分物理性质

三卤化铝	AlF_3	$AlCl_3$	$AlBr_3$	AlI_3
状态（常温下）	无色晶体	白色晶体	无色晶体	棕色片状晶体（含微量 I_2）
熔点 $t_m/℃$	1040	193(加压)	97.5	191
沸点 $t/℃$	1260	178(升华)	268	382

三氯化铝是铝的重要化合物，它有无水物和水合结晶两种。无水三氯化铝为白色粉末或颗粒状结晶，工业级 $AlCl_3$ 因含有杂质铁等而呈淡黄或红棕色。三氯化铝大量用作有机合成的催化剂，如石油裂解、合成橡胶、树脂及洗涤剂等的合成，还用于制备铝的有机化合物。无水 $AlCl_3$ 露置空气中，极易吸收水分并水解，甚至放出 HCl 气体。它在水中溶解并水解的同时放出大量的热，并有强烈喷溅现象。无水三氯化铝只能用干法合成：

$$2Al+3Cl_2(g) \xrightarrow{\triangle} 2AlCl_3$$

$$2Al+6HCl(g) \xrightarrow{\triangle} 2AlCl_3+3H_2(g)$$

水合三氯化铝（$AlCl_3 \cdot 6H_2O$）为无色结晶，工业级呈淡黄色，吸湿性强，易潮解同时水解。主要用作精密铸造的硬化剂、净化水的凝聚剂以及木材防腐等方面。

② 硫酸铝（aluminum sulfate）和矾（alum）。无水硫酸铝为白色粉末，从饱和溶液中析出的白色针状结晶为 $Al_2(SO_4)_3 \cdot 18H_2O$。受热时会逐渐失去结晶水，至 250℃失去全部结晶水，约 600℃时即分解成 Al_2O_3。

$Al_2(SO_4)_3$ 易溶于水，同时水解而呈酸性。反应式如下：

$$[Al(H_2O)_6]^{3+}+H_2O \Longrightarrow [Al(H_2O)_5(OH)]^{2+}+H_3O^+$$

或 $$Al^{3+}+H_2O \Longrightarrow [Al(OH)]^{2+}+H^+$$

$[Al(OH)]^{2+}$ 进一步水解：

$$[Al(OH)]^{2+}+H_2O \Longrightarrow [Al(OH)_2]^++H^+$$

$$[Al(OH)_2]^++H_2O \Longrightarrow Al(OH)_3+H^+$$

$Al(OH)_3$ 为胶体，它能以细密分散态沉积在棉纤维上，并可牢固地吸附染料，因此铝盐是优良的媒染剂，也常用作水净化的凝聚剂和造纸工业的胶料等。

纯品 $Al_2(SO_4)_3$ 可以用纯铝和 H_2SO_4 相互作用制得：

$$2Al+3H_2SO_4 \longrightarrow Al_2(SO_4)_3+3H_2 \uparrow$$

H_2SO_4 与 Al 反应不像盐酸那样顺利，通常要将 H_2SO_4 适当稀释，把铝锭刨成铝花，并适当加热。

铝钾矾 $K_2SO_4 \cdot Al_2(SO_4)_3 \cdot 24H_2O$ 俗称明矾，易溶于水，水解生成 Al(OH)$_3$ 碱式盐的胶状沉淀。明矾被广泛用于水的净化、造纸业的上浆剂，印染业的媒染剂，以及医药上的防腐、收敛和止血剂等。

3.1.3.3 铜（copper）

(1) 铜副族元素的通性

铜副族即 IB 族，包括铜、银、金，IB 族元素的有效核电荷大，原子半径小；对最外层 s 电子的吸引力强，电离能大，铜族元素单质都是不活泼的重金属。铜只有在加热的条件下才能和氧生成黑色的 CuO，但铜与含有 CO_2 的潮湿空气接触，表面易生成一层"铜绿"，主要成分为 $Cu(OH)_2 \cdot CuCO_3$。银、金不和氧反应。铜副族元素在高温下也不能与氢、氮和炭反应，与卤素铜在常温下能反应但银的反应较慢，金只是在加热下才能反应。它们不能从非氧化性稀酸中置换出氢气，铜和银能溶于 HNO_3，金只溶于王水（$V(HCl)$∶$V(HNO_3)$ ＝ 3∶1）。

（2）铜的化合物

铜通常有＋1 和＋2 两种氧化值的化合物，如 CuO、$CuSO_4$、Cu_2O、Cu_2S 等。在生产实践中，制得的亚铜化合物必须迅速从溶液中滤出并立即干燥，然后密闭包装，才能保持它的稳定性。

① 氧化亚铜（Cu_2O）。Cu_2O 为暗红色固体，有毒，不溶于水，对热稳定，但在潮湿空气中缓慢被氧化成 CuO。Cu_2O 是制造玻璃和搪瓷的红色颜料。它具有半导体性质，曾用作整流器的材料。此外，还用作船舶底漆（可杀死低级海生动物）及农业上的杀虫剂。

Cu_2O 为碱性氧化物，能溶于稀 H_2SO_4，但立即歧化分解：

$$Cu_2O + H_2SO_4 \longrightarrow CuSO_4 + Cu + H_2O$$

Cu_2O 溶于氨水和氢卤酸时，分别形成稳定的无色配合物，如 $[Cu(NH_3)_2]^+$，$[CuX_2]^-$，$[CuX_3]^{2-}$ 等。

Cu_2O 的制备有干法和湿法：干法制备为铜粉和 CuO 的混合物在密闭容器中煅烧即得 Cu_2O；湿法制备以 $CuSO_4$ 为原料，Na_2SO_3 为还原剂，陆续加入适量 $NaOH$，反应过程中溶液维持微酸性（$pH=5$），Cu_2O 即按以下反应析出：

$$2CuSO_4 + 3Na_2SO_3 \longrightarrow Cu_2O + 3Na_2SO_4 + 2SO_2 \uparrow$$

② 氯化亚铜（$CuCl$）。$CuCl$ 是最重要的亚铜盐，能吸收 CO 而生成 $CuCl \cdot CO$。$CuCl$ 和 Cu_2O 一样，难溶于水，在潮湿空气中迅速被氧化，由白色变为绿色。它能溶于氨水、浓 HCl 及 $NaCl$，KCl 溶液，并生成相应的配合物。

$CuCl$ 是共价化合物，其熔体导电性差。测定其蒸气的分子量，证实它的分子式应是 Cu_2Cl_2，通常将其化学式写为 $CuCl$。

③ 氧化铜（CuO）。CuO 为黑色粉末，难溶于水，溶于稀酸也溶于 NH_4Cl 或 KCN 等溶液。

由 $Cu(NO_3)_2$ 或 $Cu_2(OH)_2CO_3$，受热分解都能制得 CuO：

$$2Cu(NO_3)_2 \xrightarrow{\triangle} 2CuO + 4NO_2 \uparrow + O_2 \uparrow$$

$$Cu_2(OH)_2CO_3 \xrightarrow{\triangle} 2CuO + CO_2 \uparrow + H_2O$$

后一反应可以避免 NO_2 对空气的污染，更适合于工业生产。

④ 氢氧化铜[$Cu(OH)_2$]。$Cu(OH)_2$ 为浅蓝色粉末，难溶于水。$60 \sim 80℃$ 时逐渐脱水而成 CuO，颜色随之变暗。$Cu(OH)_2$ 稍有两性，易溶于酸，只溶于较浓的强碱，生成四羟基合铜（Ⅱ）配离子：

$$Cu(OH)_2 + 2OH^- \longrightarrow [Cu(OH)_4]^{2-}$$

$Cu(OH)_2$ 易溶于氨水，能生成深蓝色的四氨合铜（Ⅱ）配离子 $[Cu(NH_3)_4]^{2+}$。

向 $CuSO_4$ 或其他可溶性铜盐的冷溶液中加入适量的 $NaOH$ 或 KOH，即析出浅蓝色的 $Cu(OH)_2$ 沉淀：

$$CuSO_4 + 2NaOH \longrightarrow Cu(OH)_2 \downarrow + Na_2SO_4$$

新沉淀出的 $Cu(OH)_2$ 极不稳定，稍受热（超过 $30℃$）即迅速分解而变暗：

$$Cu(OH)_2 \xrightarrow{\triangle} CuO + H_2O$$

（3）铜（Ⅱ）盐

铜（Ⅱ）盐可溶的有 $CuSO_4$，$Cu(NO_3)_2$，$CuCl_2$ 等，难溶的有 CuS，$Cu_2(OH)_2CO_3$

等。Cu^{2+} 在各种溶液中都以配离子的形式存在。除了 $[Cu(H_2O)_4]^{2+}$（蓝色）外，还有在过量氨水中的 $[Cu(NH_3)_4]^{2+}$（深蓝色），在浓 HCl 或氯化物中的 $[CuCl_4]^{2-}$（土黄色）等。

① 硫酸铜（$CuSO_4 \cdot 5H_2O$）。$CuSO_4 \cdot 5H_2O$ 为蓝色结晶，又名胆矾或蓝矾。在空气中慢慢风化，表面上形成白色粉状物。加热至 250℃ 左右失去全部结晶水而成为无水物。无水 $CuSO_4$ 为白色粉末，极易吸水，吸水后又变成蓝色的水合物。故无水 $CuSO_4$ 可用来检验有机物中的微量水分，也可用作干燥剂。$CuSO_4$ 和其他铜盐一样有毒。在水溶液中，$CuSO_4$ 能和许多物质发生反应，如图 3-1 所示。

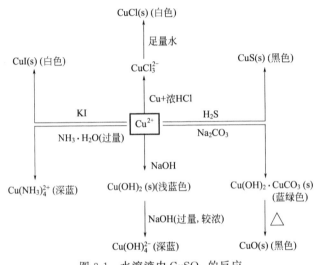

图 3-1　水溶液中 $CuSO_4$ 的反应

② 氯化铜（$CuCl_2 \cdot 2H_2O$）。$CuCl_2 \cdot 2H_2O$ 为绿色晶体，在湿空气中潮解，在干燥空气中也易风化。无水 $CuCl_2$ 为棕黄色固体。$CuCl_2$ 易溶于水和乙醇、丙酮等有机溶剂。$CuCl_2$ 的浓溶液通常为黄绿色或绿色，这是由于溶液中含有 $[CuCl_4]^{2-}$ 和 $[Cu(H_2O)_4]^{2+}$ 两种配离子的缘故。它的稀溶液则成浅蓝色，形成 $[Cu(H_2O)_4]^{2+}$：

$$[CuCl_4]^{2-} + 4H_2O \rightleftharpoons [Cu(H_2O)_4]^{2+} + 4Cl^-$$
$$\text{（黄色）} \qquad\qquad\qquad \text{（蓝色）}$$

③ 碱式碳酸铜 $[Cu(OH)_2 \cdot CuCO_3 \cdot xH_2O]$。碱式碳酸铜为孔雀绿色的无定形粉末。按 $CuO : CO : H_2O$ 的比值不同而有多种组成，工业品含 CuO 约为 66%～78%。铜生锈后的"铜绿"就是这类化合物。碱式碳酸铜是有机合成的催化剂、种子杀虫剂、饲料中铜的添加剂，也可用作颜料、烟火等。

3.1.3.4　银（silver）

(1) 银的基本性质

银（Ag）的导电、传热性居于各种金属之首，用于高级计算器及精密电子仪表中。

① 在常见银的化合物中，只有 $AgNO_3$ 易溶于水，其他如 Ag_2O、卤化银（AgF 除外）、Ag_2CO_3 等均难溶于水。

② 银的化合物都有不同程度的感光性。例如 AgCl、$AgNO_3$、Ag_2SO_4、AgCN 等都是白色结晶，见光变成灰黑或黑色。AgBr、AgI、Ag_2CO_3 等为黄色结晶，见光也变灰或变黑。故银盐一般都用棕色瓶盛装，瓶外裹上黑纸则更好。

③ 银和许多配体易形成配合物。常见的配体有 NH_3、CN^-、SCN^-、$S_2O_3^{2-}$ 等，这些配合物可溶于水，因此难溶的银盐（包括 Ag_2O）可与上述配体作用而溶解。

（2）银的化合物

① 硝酸银（$AgNO_3$）。硝酸银是最重要的可溶性银盐，这不仅因为它在感光材料、制镜、保温瓶、电镀、医药、电子等工业中用途广泛，还因为它容易制得，且是制备其他银化合物的原料。图 3-2 列出了由 $AgNO_3$ 制备各种银化物的方法。

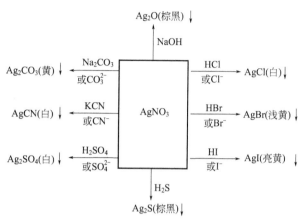

图 3-2 由 $AgNO_3$ 制备各种银化物的方法

$AgNO_3$ 在干燥室（气）中比较稳定，潮湿状态下见光容易分解，并因析出单质银而变黑：

$$2AgNO_3 \xrightarrow{\text{光}} 2Ag + 2NO\uparrow + 2O_2\uparrow$$

$AgNO_3$ 具有氧化性，遇微量有机物即被还原成单质银，皮肤或工作服沾上 $AgNO_3$ 后逐渐变成紫黑色，有一定的杀菌能力，对人体有烧蚀作用。含 $[Ag(NH_3)_2]^+$ 的溶液能把醛和某些糖类氧化，本身被还原为 Ag。例如：

$$2[Ag(NH_3)_2]^+ + HCHO + 3OH^- \longrightarrow HCOO^- + 2Ag\downarrow + 4NH_3\uparrow + 2H_2O$$

工业上利用这类反应来制镜子或在暖水瓶的夹层中镀银。

② 氧化银（Ag_2O）。在 $AgNO_3$ 溶液中加入 NaOH，首先析出极不稳定的白色 AgOH 沉淀，它立即脱水转为棕黑色的 Ag_2O：

$$AgNO_3 + NaOH \longrightarrow AgOH\downarrow + NaNO_3$$
$$2AgOH \longrightarrow Ag_2O + H_2O$$

Ag_2O 具有较强的氧化性，与有机物摩擦可引起燃烧，能氧化 CO，H_2O_2，本身被还原为单质银：

$$Ag_2O + CO \longrightarrow 2Ag + CO_2\uparrow$$
$$Ag_2O + H_2O_2 \longrightarrow 2Ag + O_2\uparrow + H_2O$$

Ag_2O 与 MnO_2、Co_2O_3、CuO 的混合物在室温下，能将 CO 迅速氧化为 CO_2，因此被用于防毒面具中。

3.1.4 铅、砷、铬、镉的性质

3.1.4.1 铅（lead）

（1）铅的基本性质

铅（Pb）是很软的重金属，用手指甲就能在铅上刻痕。新切开的断面很亮，但不久就会形成一层碱式碳酸铅而变暗，它能保护内层金属不被氧化。铅能挡住 X 射线和核裂变射线，可制作铅玻璃、铅围裙和放射源容器等防护用品。在化学工业中常用铅作反应器的衬里。

Pb 为周期表中的ⅣA 族元素，原子的价层电子结构为 $6s^2 6p^2$，能形成＋2，＋4 两种氧化值的化合物。铅属于中等活泼金属，与卤素、硫等非金属可以直接化合，与酸、碱反应。

（2）铅和酸、碱的反应

① 与 HCl 酸反应。与 HCl 酸能反应，因生成难溶的 $PbCl_2$ 覆盖在表面，反应不久即终止。

② 与稀硫酸反应。与稀硫酸能反应，因生成难溶的 $PbSO_4$ 覆盖层，反应终止。与热的浓硫酸能反应：

$$Pb + 3H_2SO_4(浓) \xrightarrow{\triangle} Pb(HSO_4)_2 + SO_2\uparrow + 2H_2O$$

③ 与稀、浓硝酸均能反应：

$$3Pb + 8HNO_3 \longrightarrow 3Pb(NO_3)_2 + 2NO\uparrow + 4H_2O$$

$$Pb + 4HNO_3(浓) \longrightarrow Pb(NO_3)_2 + 2NO_2\uparrow + 2H_2O$$

④ 与热、浓碱液能反应：

$$Pb + 2NaOH(浓) \longrightarrow Na_2PbO_2 + H_2\uparrow$$

（3）铅的化合物

① 铅氧化物及其水合物的酸碱性。

a. 一氧化铅（PbO）：俗称密陀僧，有黄色及红色两种变体。用空气氧化熔融铅得到黄色变体，在水中煮沸立即转变成红色变体。PbO 用于制造铅白粉、铅皂，在涂料中作催干剂。PbO 是两性物质，与 HNO_3 或 NaOH 作用可以分别得到 $Pb(NO_3)_2$ 和 Na_2PbO_2。

b. 二氧化铅（PbO_2）：棕黑色固体，加热时逐步分解为低价氧化物（Pb_2O_3，Pb_3O_4，PbO）和氧气。PbO_2 具有强氧化性，在酸性介质中可将 Cl^- 氧化为 Cl_2，将 Mn^{2+} 氧化为 MnO_4^-。PbO_2 遇有机物易引起燃烧或爆炸，与硫、磷等一起摩擦可以燃烧。它是铅蓄电池的阳极材料，也是火柴制造业的原料。

在 Pb（Ⅱ）或 Pb（Ⅳ）的盐溶液中加入 NaOH 生成 $Pb(OH)_2$ 或 $Pb(OH)_4$ 的白色胶状沉淀。它们都是两性物质，前者以碱性为主，后者以酸性为主。

$$Pb(OH)_2 + 2HCl \longrightarrow PbCl_2 + 2H_2O$$

$$Pb(OH)_2 + 2NaOH \longrightarrow Na_2[Pb(OH)_4]$$

$$或\ Pb(OH)_2 + 2NaOH \xrightarrow{70\sim93℃} Na_2PbO_2 + 2H_2O$$

② 铅化合物的氧化还原性。Pb（Ⅳ）是强氧化剂，在酸性溶液中使用，效果显著。它能把 Mn（Ⅱ）氧化成 Mn（Ⅶ），与浓 H_2SO_4 作用放出 O_2，与盐酸作用放出 Cl_2。反应式如下：

$$2Mn^{2+} + 5PbO_2 + 4H^+ \longrightarrow 2MnO_4^- + 5Pb^{2+} + 2H_2O$$

$$4H_2SO_4(浓) + 2PbO_2 \longrightarrow 2Pb(HSO_4)_2 + O_2\uparrow + 2H_2O$$

$$4HCl + PbO_2 \longrightarrow PbCl_2 + Cl_2\uparrow + 2H_2O$$

③ 铅盐。通常指 Pb（Ⅱ）盐，多数难溶，广泛用作颜料或涂料，如 $PbCrO_4$ 是一种常用的黄色颜料（铬黄）；$Pb_2(OH)_2CrO_4$ 为红色颜料；$PbSO_4$ 制白色涂料；PbI_2 配制黄色颜料。可溶性的铅盐有 $Pb(NO_3)_2$ 和 $Pb(Ac)_2$，其中 $Pb(NO_3)_2$ 尤为重要，它是制备难溶铅盐的原料，如图 3-3 所示。

（4）含铅废水的处理

铅对人体的中毒作用虽然缓慢，但会逐渐积累在体内，对人体的神经系统、造血系统都

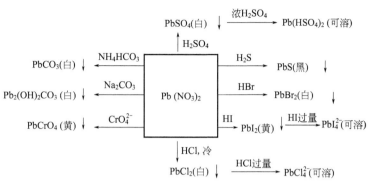

图 3-3 由 $Pb(NO_3)_2$ 制难溶铅盐的方法

有严重危害，典型症状是食欲不振，精神倦怠和头疼。一旦表现中毒则较难治疗。

含铅废水的处理用石灰或纯碱作沉淀剂，使废水中的铅生成 $Pb(OH)_2$ 或 $PbCO_3$ 沉淀而除去。铅的有机化合物可用强酸性阳离子交换树脂除去，此法使废水中含铅量由 150mg/L 降到 0.02~0.53mg/L。国家允许废水中铅的最高排放浓度为 1.0mg/L（以 Pb 计）。

> **注意:** 铅和可溶性铅盐均有毒！废水必须经过处理达标才能排放！

3.1.4.2 砷（arsenic）

(1) 砷的基本性质

氮族元素的 As，其原子的次外层有 18 个电子，与同族次外层为 8 个电子的氮、磷不同，在性质上与 Sb、Bi 更为相似。As 在自然界主要以硫化物矿存在。如雄黄（As_4S_4）、雌黄（As_2S_3）等。

As 与 ⅢA 族元素生成的金属间化合物，如砷化镓（GaAs）、砷化铟（InAs）等都是优良的半导体材料，它们具有范围较宽的禁带和迁移率，因此可以满足各种技术和工程对半导体的要求，广泛用于激光和光能转换等方面。As 和其他金属形成的合金也有较大应用价值。

As 的化学性质不太活泼，但与卤素中的氯能直接作用。在常见无机酸中只有 HNO_3 和 As 有显著的化学反应，得到砷酸：

$$3As + 5HNO_3 + 2H_2O \longrightarrow 3H_3AsO_4 + 5NO\uparrow$$

(2) 砷的化合物

As 有氧化值为 +3 和 +5 的两个系列氧化物。其中 As(Ⅲ) 的氧化物和氢氧化物都是两性物质，As(V) 的氧化物和氢氧化物都是两性偏酸的化合物。

常见的砷化物有 As_2O_3 和 Na_3AsO_3。As_2O_3 俗称砒霜，白色粉末，微溶于水，剧毒（对人的致死量为 0.1~0.2g），除用作防腐剂、农药外，也用作玻璃、陶瓷工业的去氧剂和脱色剂。As_2O_3 的特征性质是两性（说明 As 为准金属）和还原性。

$$As_2O_3 + 6HCl \longrightarrow 2AsCl_3 + 3H_2O$$
$$As_2O_3 + 6NaOH \longrightarrow 2Na_3AsO_3 + 3H_2O$$

与 As_2O_3 对应的 H_3AsO_4 或 $As(OH)_3$ 也是以酸性为主的两性氢氧化物，它只存在于溶液中。

> **注意:** 砷的化合物多数有毒！

3.1.4.3 铬（chromium）

（1）铬的基本性质

铬是周期表ⅥB族第一种元素，在地壳中的丰度居第21位，主要矿物是铬铁矿，组成为$FeO \cdot Cr_2O_3$，铬具有银白色光泽，是最硬的金属，主要用于电镀和冶炼合金钢。在汽车、自行车和精密仪器等器件表面镀铬，可使器件表面光亮、耐磨、耐腐蚀。把铬加入钢中，能增强耐磨性、耐热性和耐腐蚀性，还能增强钢的硬度和弹性，故铬可用于冶炼多种合金钢。含Cr在12%以上的钢称为不锈钢，是广泛使用的金属材料。

铬是人体必需的微量元素，但铬（Ⅵ）化合物有毒。铬与铝相似，也因易在表面形成一层氧化膜而钝化。未钝化的铬可以与HCl、H_2SO_4等作用，甚至可以从锡、镍、铜的盐溶液中将它们置换出来。有钝化膜的铬在冷的HNO_3、浓H_2SO_4，甚至王水中皆不溶解。

（2）铬的氧化物和氢氧化物

铬的氧化物有CrO、Cr_2O_3和CrO_3，对应水合物为$Cr(OH)_2$、$Cr(OH)_3$和含氧酸H_2CrO_4、$H_2Cr_2O_7$等。它们的氧化态从低到高，其碱性依次减弱，酸性依次增强。

① 三氧化二铬（Cr_2O_3）。Cr_2O_3为绿色晶体，不溶于水，具有两性，溶于酸形成$Cr(Ⅲ)$盐，溶于强碱形成亚铬酸盐（CrO_2^-）：

$$Cr_2O_3 + 3H_2SO_4 \longrightarrow Cr_2(SO_4)_3 + 3H_2O$$
$$Cr_2O_3 + 2NaOH \longrightarrow 2NaCrO_2 + H_2O$$

Cr_2O_3可由（NH_4）$_2Cr_2O_7$加热分解制得：

$$(NH_4)_2Cr_2O_7 \xrightarrow{\triangle} Cr_2O_3 + N_2 \uparrow + 4H_2O$$

Cr_2O_3常用作媒染剂、有机合成的催化剂以及涂料的颜料（铬绿），也是冶炼金属铬和制取铬盐的原料。

② 氢氧化铬[$Cr(OH)_3$]。在铬（Ⅲ）盐中加入氨水或$NaOH$溶液，即有灰蓝色的$Cr(OH)_3$胶状沉淀析出：

$$Cr_2(SO_4)_3 + 6NaOH \longrightarrow 2Cr(OH)_3 \downarrow + 3Na_2SO_4$$

$Cr(OH)_3$具有明显的两性，在溶液中存在两种平衡：

$$Cr^{3+} + OH^- \Longleftrightarrow Cr(OH)_3 \Longleftrightarrow H^+ + Cr(OH)_4^-（或写成 CrO_2^-）$$
$$\quad\text{紫色} \qquad\qquad\quad \text{乌绿色} \qquad\qquad\quad \text{绿色}$$

向$Cr(OH)_3$沉淀中加酸或加碱都会溶解：

$$Cr(OH)_3 + 3HCl \longrightarrow CrCl_3 + 3H_2O$$
$$Cr(OH)_3 + NaOH \longrightarrow NaCr(OH)_4（或 NaCrO_2）$$

③ 三氧化铬（CrO_3）。CrO_3为暗红色的针状晶体，易潮解，有毒，超过熔点（195℃）即分解释出O_2。CrO_3为强氧化剂，遇有机物易引起燃烧或爆炸。

CrO_3可由固体$Na_2Cr_2O_7$和浓H_2SO_4经复分解制得：

$$Na_2Cr_2O_7 + 2H_2SO_4（浓）\longrightarrow 2CrO_3 \downarrow + 2NaHSO_4 + H_2O$$

CrO_3溶于碱生成铬酸盐：

$$CrO_3 + NaOH \longrightarrow Na_2CrO_4 + H_2O$$

CrO_3被称作铬（Ⅵ）酸的酐，简称铬酐，遇水能形成铬（Ⅵ）的两种酸：H_2CrO_4和其二聚体$H_2Cr_2O_7$。前者在水中的离解为

$$H_2CrO_4 \Longleftrightarrow H^+ + HCrO_4^-$$
$$HCrO_4^- \Longleftrightarrow H^+ + CrO_4^{2-}$$

后者是强酸，第一步几乎完全离解，第二步离解常数为0.85（或$10^{-0.07}$）。铬（Ⅵ）

的两种酸在水中又互成平衡，即

$$2HCrO_4^- \rightleftharpoons Cr_2O_7^{2-} + H_2O$$

酸性溶液中，$c(Cr_2O_7^{2-})$ 大，即 $Cr_2O_7^{2-}$ 占优势，颜色呈橙红；碱性溶液中，$c(CrO_4^{2-})$ 大，即 CrO_4^{2-} 占优势，溶液呈黄色；中性溶液中，$c(Cr_2O_7^{2-})/[c(CrO_4^{2-})]^2$ 比值为1，二者的浓度相等，呈橙色。

（3）铬盐

常见的铬（Ⅲ）盐有三氯化铬 $CrCl_3·6H_2O$（绿色或紫色）、硫酸铬 $Cr_2(SO_4)_3·18H_2O$（紫色）以及铬钾矾 $KCr(SO_4)_2·12H_2O$（蓝紫色）。它们都易溶于水，水合离子 $[Cr(H_2O)_6]^{3+}$ 不仅存在于溶液中，也存在于上述化合物的晶体中。

Cr^{3+} 除了与 H_2O 形成配合物外，与 Cl^-、NH_3、CN^-、SCN^-、$C_2O_4^{2-}$ 等都能形成配合物，例如$[CrCl_6]^{3-}$、$[Cr(NH_3)_6]^{3+}$、$[Cr(CN)_6]^{3-}$ 等，配位数一般为6。

① 三氯化铬（$CrCl_3·6H_2O$）。三氯化铬是常见的 $Cr(Ⅲ)$ 盐，为暗绿色晶体，易潮解，在工业上用作催化剂、媒染剂和防腐剂等。制备时，在铬酐（CrO_3）的水溶液中慢慢加入浓 HCl 液体进行还原，当有氯气味时说明反应已经开始：

$$2CrO_3 + H_2O \longrightarrow H_2Cr_2O_7$$
$$H_2Cr_2O_7 + 12HCl \longrightarrow 2CrCl_3 + 3Cl_2\uparrow + 7H_2O$$

Cl^- 和 H_2O 都是 Cr^{3+} 的配体，根据结晶的条件不同，Cl^- 和 H_2O 两种配位体分布在配离子内界和外界的数目也不同，从而得到颜色各异的不同变体：$[Cr(H_2O)_4Cl_2]Cl$ 为暗绿色、$[Cr(H_2O)_5Cl]Cl_2·H_2O$ 为淡绿色、$[Cr(H_2O)_6]Cl_3$ 为紫色。

② 铬酸盐和重铬酸盐。与铬酸、重铬酸对应的是铬酸盐和重铬酸盐，它们的钠、钾、铵盐都是可溶的，其颜色与其酸根一致。铬酸盐和重铬酸盐的性质差异表现在以下两方面：

a.氧化性：$Cr(Ⅵ)$ 盐只有在酸性时，或者说以 $Cr_2O_7^{2-}$ 的形式存在，才表现出强氧化性。

b.钾和钠的铬酸盐：铬酸钠（Na_2CrO_4）和铬酸钾（K_2CrO_4）都是黄色结晶，是重要的化工原料和化学试剂。铬酸钠容易潮解，这两种铬酸盐的水溶液都显碱性。

重铬酸钠（$Na_2Cr_2O_7$）和重铬酸钾（$K_2Cr_2O_7$）都是橙红色晶体，重铬酸钠易潮解，它们的水溶液都显酸性。$Na_2Cr_2O_7$ 和 $K_2Cr_2O_7$ 的商品名分别称红矾钠和红矾钾，都是强氧化剂，在鞣革、电镀等工业中广泛应用。由于 $K_2Cr_2O_7$ 无吸潮性，又易用重结晶法提纯，故用它作分析化学中的基准试剂。但是 $Na_2Cr_2O_7$ 比较便宜，溶解度也比较大（常温下，饱和溶液含 $Na_2Cr_2O_7$ 在 65% 以上，$K_2Cr_2O_7$ 仅 10%）。若工业上用重铬酸盐量较大，要求纯度不高时，宜选用 $Na_2Cr_2O_7$。

$Cr_2O_7^{2-}$ 与 H_2O_2 的特征反应可用于 $Cr(Ⅵ)$ 或 H_2O_2 的鉴别：

$$Cr_2O_7^{2-} + 4H_2O_2 + 2H^+ \xrightarrow{\text{乙醚}} 2CrO_5 + 5H_2O$$

CrO_5 被称为过氧化铬，在室温下不稳定，需加入乙醚稳定之，它在乙醚中呈蓝色，该蓝色物的化学式实际为 $CrO(O_2)_2·(C_2H_5)_2O$，微热或放置稍久即分解为 Cr^{3+} 和 O_2。

（4）含铬废水的处理

在铬的化合物中，以 $Cr(Ⅵ)$ 的毒性最大。铬酸盐能降低生化过程的需氧量，从而发生内窒息。它对胃、肠等有刺激作用，对鼻黏膜的损伤最大，长期吸入会引起鼻膜炎甚至鼻中隔穿孔，并有致癌作用。$Cr(Ⅲ)$ 化合物的毒性次之，$Cr(Ⅱ)$ 及金属铬的毒性较小。电镀和制革工业以及生产铬化合物的工厂是含铬废水的主要来源。我国规定工业废水含 $Cr(Ⅵ)$

的排放标准为 0.1mg/L。含铬废水的处理方法有还原法、离子交换法等。

① 还原法。用 $FeSO_4$、Na_2SO_3、$Na_2S_2O_3$、$N_2H_4 \cdot 2H_2O$（水合肼）或含 SO_2 烟道废气等作为还原剂，将 $Cr(Ⅵ)$ 还原成 $Cr(Ⅲ)$，再用石灰乳沉淀为 $Cr(OH)_3$ 除去。电解还原法是用金属铁作阳极，$Cr(Ⅵ)$ 在阴极上被还原成 $Cr(Ⅲ)$，阳极溶解下来的亚铁离子（$Fe-2e^- \longrightarrow Fe^{2+}$）也可将 $Cr(Ⅵ)$ 还原成 $Cr(Ⅲ)$。

② 离子交换法。$Cr(Ⅵ)$ 在废水中常以阴离子 CrO_4^{2-} 或 $Cr_2O_7^{2-}$ 存在，让废水流经阴离子交换树脂进行离子交换。交换后的树脂用 NaOH 处理，再生后重复使用。

注意：铬的化合物均有毒，必须处理达标后才能排放！铬酸为强氧化剂，在实验中能引起有机物剧烈分解甚至着火，需注意安全！

3.1.4.4 镉（codmium）

(1) 镉及镉的化合物

镉（Cd）是银白色有微蓝光泽的软质金属，密度为 $8.64g/cm^3$，沸点为 765℃，熔点为 320.9℃。镉的主要化合价为 +2，在空气中迅速失去光泽，并覆上一层氧化物薄膜。它不溶于水，溶于硝酸和硝酸铵，在稀硫酸和稀盐酸中溶解很慢。用于制镉盐、镉蒸气灯、烟幕弹、颜料、合金、电镀镉、焊药、镶牙合金、镉汞齐、标准电池、冶金去氧剂等，并用作核反应堆中的控制杆和屏障。在自然界主要存在于硫镉矿中，少量存在于锌矿中。

镉能与氧、硫、卤素等非金属直接化合形成氧化值为 +2 的化合物。镉与酸作用，只能顺利地溶于 HNO_3，而在 HCl 和 H_2SO_4 中则反应缓慢，工业生产中需辅以其他氧化剂，如 H_2O_2：

$$Cd + 2HCl + H_2O_2 \longrightarrow CdCl_2 + 2H_2O$$
$$Cd + H_2SO_4 + H_2O_2 \longrightarrow CdSO_4 + 2H_2O$$

镉与浓 HNO_3 反应：

$$Cd + 4HNO_3 \longrightarrow Cd(NO_3)_2 + 2NO_2 \uparrow + 2H_2O$$

① 氯化镉（$CdCl_2$）。氯化镉可由氢氧化镉和盐酸作用来制取，在不同的条件下会形成不同的水合物。最常见的是 $CdCl_2 \cdot 2.5H_2O$。氯化镉在高浓度的 Cl^- 溶液中，会形成不同配位数的氯络合物 $[CdCl_3]^-$、$[CdCl_4]^{2-}$、$[CdCl_6]^{4-}$。

② 硫化镉（CdS）。可将 H_2S 通入镉盐溶液中来制取硫化镉：

$$Cd^{2+} + H_2S \longrightarrow CdS \downarrow + 2H^+$$

硫化镉是亮黄色固体，难溶于水，也不溶于稀酸中。硫化镉常作为颜料，称为镉黄。硫化镉在紫外光或可见光照射下会发生荧光，可作为荧光粉涂布在荧光屏幕上。

将适量的氰化钠加入镉盐溶液中，可以得到氰化镉的白色沉淀：

$$Cd^{2+} + 2CN^- \longrightarrow Cd(CN)_2 \downarrow$$

若氰化钠过量，则 $Cd(CN)_2$ 沉淀转化为络离子而溶解

$$Cd(CN)_2 + 2CN^- \longrightarrow [Cd(CN)_4]^{2-}$$

若向 $[Cd(CN)_4]^{2-}$ 溶液中通入 H_2S，则析出 CdS 沉淀：

$$[Cd(CN)_4]^{2-} + H_2S \longrightarrow CdS \downarrow + 2HCN + 2CN^-$$

而 $[Cu(CN)_4]^{2-}$ 与 H_2S 则不起作用，利用这个性质可将 Cd^{2+} 和 Cu^{2+} 分离。

在镉盐溶液中加入碱得 $Cd(OH)_2$（白色），它的两性性质不如 $Zn(OH)_2$ 明显，易溶于酸，只在浓碱液中稍有溶解，生成 $[Cd(OH)_4]^{2-}$。$Cd(OH)_2$ 易溶于氨水或 NaCN，生成 $[Cd(NH_3)_4]^{2+}$、$[Cd(CN)_4]^{2-}$ 等配合物。

在 Cd^{2+} 盐中加入 Na_2CO_3 得 $CdCO_3$，此物受热分解即得 CdO：

$$Cd^{2+}+CO_3^{2-} \longrightarrow CdCO_3 \downarrow$$

$$CdCO_3 \xrightarrow{\triangle} CdO+CO_2 \uparrow$$

CdO 为棕色粉末，用作催化剂、陶瓷釉彩。

（2）含镉废水的处理

由于镉的毒性，国家标准规定含镉废水的排放标准不大于 0.1mg/L。常用的废水处理方法有沉淀法、氧化法、电解法和离子交换法。

沉淀法是往废水中加入石灰、电石渣，使 Cd^{2+} 转为 $Cd(OH)_2$ 沉淀除去。氧化法常用漂白粉作氧化剂，加入含有 $[Cd(CN)_4]^{2-}$ 的废水中，使 CN^- 被氧化破坏，Cd^{2+} 被沉淀而除去。

注意：镉有毒，含镉的废水必须经处理达标后才能排放！

3.2 非金属元素性质

3.2.1 氧、氮、硫、磷、碳的性质

3.2.1.1 氧（oxygenium）及其化合物

（1）氧（O）

氧是地壳中含量最多的元素，约占总质量的 48.6%；游离氧在空气中的体积分数约为 21%；氧能形成 O_2 和 O_3 两种单质。在适当条件下氧能与某些单质直接化合，也能将许多氢化物、硫化物或低价化合物氧化。实验室常用 $KClO_3$ 或 $KMnO_4$ 等含氧化合物的热分解法制备氧气。

氧的用途广泛，主要用于助燃和呼吸。炼钢采用纯（富）氧吹炼；切割、焊接金属的氧炔焰温度高达 3000℃；液态氧、氢的剧烈燃烧可使火箭飞向太空；木屑、煤粉浸泡在液氧中制成的"液态炸药"使用方便，成本低廉；富氧空气在医疗急救、登山、高空飞行中普遍使用。

（2）臭氧

臭氧是浅蓝色气体，因它有特殊的鱼腥臭味，故名臭氧。O_3 是 O_2 的同素异形体。空气中放电，例如雷击、闪电或电焊时，都会有部分氧气转变成臭氧，人们就能嗅到它的臭味。离地面 20～40km 的高空处，存在较多的臭氧，称为臭氧层。其中的 O_3 是由太阳的紫外辐射引发 O_2 分子离解成的 O 原子与 O_2 作用形成的。生成的 O_3 在紫外辐射的作用下能重新分解为 O 和 O_2，如此保证 O_3 在臭氧层的平衡，也避免了过多的太阳紫外线到达地球表面，减弱了它对地球生物的伤害。

在平常条件下，O_3 能氧化许多不活泼的单质如 Hg、Ag、S 等，而 O_2 则不能。例如，在臭氧的作用下，润湿的硫黄能被氧化成 H_2SO_4，金属银被氧化成黑色的过氧化银。碘遇淀粉呈蓝色，因此浸过 KI 的淀粉试纸可用来检出臭氧：

$$2KI+O_3+H_2O \longrightarrow I_2+O_2+2KOH$$

（3）过氧化氢

过氧化氢 H_2O_2 俗称双氧水，纯品是无色黏稠液体，能和水以任意比例混合。市售品有 30% 和 3% 两种规格。H_2O_2 的主要性质有：

① 热稳定性差。H_2O_2 中过氧键—O—O—的键能较小，不稳定，可按下式分解：

$$2H_2O_2 \longrightarrow 2H_2O + O_2 \uparrow$$

浓度高于 65% 的 H_2O_2 和有机物接触时，容易发生爆炸。因光照、加热或在碱性溶液中分解加速，故常用棕色瓶储存，放置于阴凉处。微量的 Mn^{2+}、Cr^{3+}、Fe^{3+}、Fe^{2+}、MnO_2 等对 H_2O_2 的分解有催化作用，所以 H_2O_2 的生产中需尽量防止这些重金属离子，特别是 Fe^{2+} 的污染。然而也有一些物质，如微量锡酸钠、焦磷酸钠或 8-羟基喹啉等能增加它的稳定性，被用作稳定剂。

② 弱酸性。H_2O_2 是极弱的酸：

$$H_2O_2 \rightleftharpoons H^+ + HO_2^-$$

$K_1^{\ominus} = 2.2 \times 10^{-12}$（25℃），$K_2^{\ominus}$ 更小，约为 10^{-25}。H_2O_2 可与碱反应而生成盐（过氧化物）。

$$H_2O_2 + Ca(OH)_2 \longrightarrow CaO_2 + 2H_2O$$
$$H_2O_2 + Ba(OH)_2 \longrightarrow BaO_2 + 2H_2O$$

③ 氧化性和还原性。H_2O_2 中氧的氧化值为 -1，这种中间氧化态预示它既具有氧化性又具有还原性。其还原产物和氧化产物分别为 H_2O（或 OH^-）和 O_2，因此不会给介质带入杂质，是一种理想的氧化剂或还原剂。H_2O_2 的还原性较弱，只有遇到比它更强的氧化剂时才能表现出来。例如：

$$2MnO_4^- + 5H_2O_2 + 6H^+ \longrightarrow 2Mn^{2+} + 5O_2 \uparrow + 8H_2O$$
$$MnO_2 + H_2O_2 + 2H^+ \longrightarrow Mn^{2+} + O_2 \uparrow + 2H_2O$$
$$Cl_2 + H_2O_2 \longrightarrow 2HCl + O_2 \uparrow$$

第一个反应可用来测定 H_2O_2 的含量；第二个反应用于清洗黏附有 MnO_2 污迹的器皿；最后一个反应用以除去残留氯。

H_2O_2 的主要用途是基于它的氧化性。3% H_2O_2 溶液在医药上作消毒剂；在纺织上用作漂白剂和脱氯剂。在精细化工生产中，H_2O_2 无论作氧化剂或还原剂都很"干净"，因为它反应后的生成物不会留下杂质。用它制造过硼酸盐或过碳酸盐，也用作消毒水。在近代高空技术中，纯 H_2O_2 曾被用作火箭燃料。

H_2O_2 浓溶液和蒸气对人体都有较强的刺激作用和烧蚀性。30% H_2O_2 溶液接触皮肤时会使皮肤变白并有刺痛感，H_2O_2 蒸气对眼睛黏膜有强烈的刺激作用，人体若接触浓的 H_2O_2 须立即用大量的水冲洗。

注意：浓的双氧水对人体有伤害！

3.2.1.2 氮（nitrogen）及其化合物

(1) 氮气（N_2）

氮气是无色、无臭、无味的气体，主要存在于大气中。它虽是典型的非金属元素，但在常温下化学性质极不活泼，远不如同周期的 F_2 和 O_2。例如，F_2 与 H_2 在 -192℃ 仍能发生爆炸式反应；O_2 与 H_2 在一定范围内按比例混合点燃也会发生爆鸣；而 N_2 与 H_2 必须在高温、高压下并辅以催化剂才能合成 NH_3。N_2 和金属不容易发生反应，即使像钙、镁、锶和钡这些活泼金属，也只有在加热下才能作用。氮气常用作保护气体。

(2) 氨（NH_3）

氨是氮的重要化合物，主要用于化肥的生产，如 $(NH_4)_2SO_4$、NH_4NO_3、NH_4HCO_3、尿素等，氨本身也是一种化肥。大量的氨还用来生产 HNO_3。实验室需要少量的氨气时，常用碱分解铵盐制得：

$$2NH_4Cl+Ca(OH)_2\longrightarrow CaCl_2+2NH_3\uparrow+2H_2O$$

氨是无色、有臭味的气体。在常压下冷到 $-33℃$，或 $25℃$ 加压到 $990kPa$ 时氨即凝聚为液体，称为液氨，储存在钢瓶中备用。必须注意，在使用液氨钢瓶时，减压阀不能用铜制品，因铜会迅速被氨腐蚀。液氨汽化时，汽化热较高，故氨可作制冷剂。

氨的化学反应主要有以下三方面：

① 加合反应。从结构上看，氨分子中的氮原子上有孤对电子，倾向于与别的分子或离子形成配位键。例如，NH_3 与酸中的 H^+ 反应：

NH_4^+ 具有正四面体结构，其中 4 个 N-H 键均处于等同地位。NH_3 还能和许多金属离子加合成氨合离子，例如 $[Cu(NH_3)_4]^{2+}$、$[Ag(NH_3)_2]^+$ 等。氨易溶于水，这和氨与水通过氢键形成氨的水合物有关。已确定的水合物有 $NH_3\cdot H_2O$ 和 $2NH_3\cdot H_2O$。

② 氧化反应。NH_3 分子中 N 的氧化值为 -3，处在最低氧化态，只具有还原性。NH_3 经催化氧化，可得到 NO，这是制硝酸的基础反应。NH_3 很难在空气中燃烧，但能在纯氧中燃烧，生成 N_2：

$$4NH_3+3O_2\xrightarrow{燃烧}2N_2\uparrow+6H_2O$$

氨在空气中的爆炸极限体积分数为 $16\%\sim27\%$，因此要注意防止明火。

氨和氯或溴会发生强烈反应。用浓氨水检查氯气或液溴管道是否漏气，就利用了氨的还原性。

③ 取代反应。NH_3 遇活泼金属，其中的 H 可被取代。例如，氨和金属钠生成氨基钠的反应：

$$2NH_3+2Na\xrightarrow{Fe}2NaNH_2+H_2\uparrow$$

除氨基（$-NH_2$）化合物外还有亚氨基（$=NH$）和氮（$\equiv N$）化合物，如亚氨基银（Ag_2NH）和氮化锂（Li_3N）等。这类反应只能在液氨中进行。

(3) 铵盐（NH_4^+）

铵盐多是无色晶体，易溶于水，有热稳定性低、易水解的特征。

① 热稳定性。不少铵盐在常温或温度不高的情况下即可分解，其分解产物取决于对应酸的特点。对应的酸有挥发性时，分解生成 NH_3 和相应的挥发性酸：

$$NH_4Cl\xrightarrow{\triangle}NH_3\uparrow+HCl\uparrow$$

$$NH_4HCO_3\longrightarrow NH_3\uparrow+CO_2\uparrow+H_2O$$

对应的酸难挥发时，分解过程中只有 NH_3 挥发，而酸式盐或酸残留在容器中：

$$(NH_4)_2SO_4\xrightarrow{100℃}NH_3\uparrow+NH_4HSO_4$$

$$(NH_4)_3PO_4\xrightarrow{100℃}3NH_3\uparrow+H_3PO_4$$

对应的酸有氧化性时，分解的同时 NH_4^+ 被氧化，生成 N_2、N_2O 等：

$$NH_4NO_3\xrightarrow{210℃}N_2O\uparrow+2H_2O\uparrow$$

$$NH_4NO_3\xrightarrow{300℃}N_2\uparrow+2H_2O\uparrow+\frac{1}{2}O_2\uparrow（爆炸）$$

$$(NH_4)_2Cr_2O_7\xrightarrow{150℃}N_2\uparrow+Cr_2O_3+4H_2O\uparrow$$

② 水解性。由于组成铵盐的碱（$NH_3 \cdot H_2O$）是弱碱，铵盐在溶液中都有不同程度的水解作用。若是强酸组成的铵盐，如 NH_4Cl、$(NH_4)_2SO_4$、NH_4NO_3 等，其水溶液显酸性：

$$NH_4^+ + H_2O \Longrightarrow NH_3 + H_3O^+$$

根据化学平衡移动原理，若在铵盐溶液中加入强碱并稍加热，上述平衡右移，即有氨气逸出。这一反应常用来鉴定 NH_4^+，也是从其溶液中分离出 NH_3 的有效方法。

常见的铵盐有 NH_4NO_3、$(NH_4)_2SO_4$、NH_4HCO_3、NH_4Cl 等，它们都是化学肥料，而 NH_4NO_3 易发生爆炸，$(NH_4)_2SO_4$ 易使土壤板结；NH_4HCO_3 易挥发；NH_4Cl 易使土壤"盐碱化"。我国氮肥的主要品种有 NH_4HCO_3 和尿素，它们约占化肥总量的80%，其余是磷肥和钾肥。

注意： ① 液氨钢瓶中减压阀不能用铜制品，因铜会迅速被氨腐蚀引起泄漏！② 氨在空气要防止明火引起爆炸！

3.2.1.3 硫（sulfur）及其化合物

周期表ⅥA族元素，能形成 -2、+2、+4、+6 等多种氧化值的化合物。硫在地壳中的含量只有 0.052%，居元素丰度第16位，但在自然界的分布很广。它的矿物常以3种形态存在，即单质硫、硫化物矿和硫酸盐，其中以硫化物矿为主。

（1）单质硫（S）

硫的同素异形体常见的有3种：斜方硫（菱形硫）、单斜硫和弹性硫。天然硫即斜方硫，为柠檬黄色固体，它在95.5℃以上逐渐转变为颜色较深的单斜硫。

硫的化学性质与氧比较，氧化性较弱，但在一定条件下也能与许多金属和非金属作用形成硫化物，硫与热的浓 H_2SO_4 和 HNO_3 反应表现出还原性：

$$S + 2H_2SO_4(浓) \xrightarrow{\triangle} 3SO_2\uparrow + 2H_2O$$

$$S + 2HNO_3 \xrightarrow{\triangle} H_2SO_4 + 2NO\uparrow$$

在碱性溶液中也可发生歧化反应：

$$3S + 6NaOH \xrightarrow{\triangle} 2Na_2S + Na_2SO_3 + 3H_2O$$

（2）硫的氧化物和含氧酸

① 二氧化硫和亚硫酸。SO_2 是无色气体，有强烈的刺激气味。容易液化，液化温度为 -10℃，在 0℃ 时液化压力仅需 193kPa。液态 SO_2 用作制冷剂，能使系统的温度降至 -50℃。

SO_2 易溶于水，常温下 1L 水能溶 40L SO_2，相当于 10% 的溶液。若加热可将溶解的 SO_2 完全赶出。SO_2 溶于水生成不稳定的亚硫酸（H_2SO_3），它只能在水溶液中存在，游离态的 H_2SO_3 尚未制得。H_2SO_3 是二元中强酸，分两步离解：

$$H_2SO_3 \Longrightarrow H^+ + HSO_3^- ; K_1^\ominus = 1.3 \times 10^{-2}$$

$$HSO_3^- \Longrightarrow H^+ + SO_3^{2-} ; K_2^\ominus = 6.1 \times 10^{-8}$$

因此，它能形成正盐和酸式盐，如 Na_2SO_3 和 $NaHSO_3$。

SO_2 和 H_2SO_3 中硫的氧化位为 +4，这是 S 的中间氧化态。它既有氧化性又有还原性，但以还原性为主。SO_2 或 H_2SO_3 能将 MnO_4^-、Cl_2、Br_2 分别还原为 Mn^{2+}、Cl^- 和 Br^-，碱性或中性介质中，SO_3^{2-} 更易于氧化，其氧化产物一般都是 SO_4^{2-}：

$$2MnO_4^- + 5SO_3^{2-} + 6H^+ \longrightarrow 2Mn^{2+} + 5SO_4^{2-} + 3H_2O$$

$$Cl_2 + SO_3^{2-} + H_2O \longrightarrow 2Cl^- + SO_4^{2-} + 2H^+$$

后一反应在织物漂白工艺中，用作脱氯剂。酸性介质中，与较强还原剂相遇时，SO_2或H_2SO_3才能表现出氧化性，

$$H_2SO_3 + 2H_2 \longrightarrow S\downarrow + 3H_2O$$

② 三氧化硫。在450℃温度V_2O_5催化剂作用下SO_2与O_2混合气体进行反应可得到SO_3。纯净的SO_3是易挥发的无色固体，熔点为16.8℃，沸点为44.8℃，极易与水化合，生成H_2SO_4并放出大量热。因此SO_2在潮湿空气中易形成酸雾。SO_3有强氧化性。

（3）硫的含氧酸盐

硫的含氧酸盐种类繁多，其相应的含氧酸除H_2SO_4和焦硫酸外，多数只能存在于溶液中，但盐却比较稳定。表3-5列出了一些硫主要类型的含氧酸及其盐。

表3-5　硫主要类型的含氧酸及其盐

硫的氧化值	酸的名称	化学式	结构式	存在形式（代表物）
+2	硫代硫酸	$H_2S_2O_3$	$\begin{array}{c} S \\ \| \\ HO-S-OH \\ \| \\ O \end{array}$	盐（$Na_2S_2O_3$）
+3	连二亚硫酸	$H_2S_2O_4$	$\begin{array}{c} O \quad O \\ \| \quad \| \\ HO-S-S-OH \end{array}$	盐（$Na_2S_2O_4$）
+4	亚硫酸	$H_2S_2O_3$	$\begin{array}{c} O \\ \| \\ HO-S-OH \end{array}$	酸溶液，盐（Na_2SO_3）
+4	焦亚硫酸	H_2SO_5	$\begin{array}{c} O \\ \| \\ HO-S-O-S-OH \\ \| \\ O \end{array}$	酸溶液，盐（$Na_2S_2O_5$）
+6	硫酸	H_2SO_4	$\begin{array}{c} O \\ \| \\ HO-S-OH \\ \| \\ O \end{array}$	酸溶液，盐（Na_2SO_4）
+6	焦硫酸	$H_2S_2O_7$	$\begin{array}{c} O \quad O \\ \| \quad \| \\ HO-S-O-S-OH \\ \| \quad \| \\ O \quad O \end{array}$	酸溶液，盐（$Na_2S_2O_7$）
+7	过二硫酸	$H_2S_2O_8$	$\begin{array}{c} O \quad O \\ \| \quad \| \\ HO-S-O-O-S-OH \\ \| \quad \| \\ O \quad O \end{array}$	酸溶液，盐（$Na_2S_2O_8$）

从表3-5得知，由于含氧酸的组成和结构不同，有"焦""代""连""过"等类型，其他无机含氧酸也是如此。所谓"焦酸"，是指两个含氧酸分子失去1分子水所得产物，如焦硫酸（$H_2S_2O_7$）即2个H_2SO_4分子脱去1分子H_2O。"代酸"是氧原子被其他原子所代替的含氧酸，如硫代硫酸（$H_2S_2O_3$）就是H_2SO_4中的1个O原子被1个S原子所代替。"连酸"是指中心原子互相连在一起的含氧酸，如2个S原子相连的连二亚硫酸（$H_2S_2O_4$）。"过酸"是指含有过氧基—O—O—的含氧酸，如过二硫酸（$H_2S_2O_8$）。

（4）硫化氢和硫化物

① 硫化氢。H_2S是无色有臭蛋味的气体，当空气中含有十万分之一的H_2S时，就能明显地察觉这种臭味，人吸入后引起头疼、晕眩，具有麻醉神经中枢的作用，大量吸入会严重

中毒，甚至死亡。工业生产场所规定空气中 H_2S 含量不得超过 0.01mg/L。

H_2S 的分子结构与 H_2O 相似，呈 V 形，也是极性分子，但其极性比 H_2O 弱，熔点（$-85.5℃$）和沸点（$-60.7℃$）比水低得多。它不如水稳定，400℃就开始分解。

H_2S 能溶于水，20℃时 1 体积水能溶解 2.6 体积的 H_2S。完全干燥的 H_2S 气体是很稳定的，不易和空气中的 O_2 作用。其水溶液的稳定性却显著下降，在空气中很快析出游离硫，而使溶液变浑浊：

$$2H_2S + O_2 \longrightarrow 2S\downarrow + 2H_2O$$

使用的 H_2S 溶液必须现用现配。

H_2S 的水溶液称为氢硫酸，它是二元弱酸，氢硫酸溶液中 S^{2-} 浓度的大小，在很大程度上取决于溶液的酸度。在酸性溶液中通入 H_2S，它只能供给极低浓度的 S^{2-}，但在碱性溶液中则可供给较高浓度的 S^{2-}。金属硫化物在水中的溶解度差异甚大，通过改变 H^+ 浓度可控制 S^{2-} 浓度的作用，可以达到各种金属硫化物的分级沉淀，使其得以分离。

在硫的化合物中，H_2S 中硫的氧化值最低，为 -2，它有较强的还原性。在碱性溶液中还原性更强一些。S^{2-} 被氧化成单质 S，但遇强氧化剂时也可生成 S^{4+} 或 S^{6+} 的化合物。例如：

$$I_2 + H_2S \longrightarrow S\downarrow + 2HI$$

$$3H_2SO_4(浓) + H_2S \longrightarrow 4SO_2 + 4H_2O$$

$$4Cl_2 + H_2S + 4H_2O \longrightarrow H_2SO_4 + 8HCl$$

实验室制备少量 H_2S，常利用以下反应：

$$FeS + 2HCl \longrightarrow FeCl_2 + H_2S\uparrow$$

注意：H_2S 有毒，制备时必须在通风状态下进行！

② 硫化物。常见的金属硫化物有 20 多种，它们有广泛的用途。Na_2S 在工业上称为硫化碱，价格比较便宜，常代替 NaOH 作为碱使用，也是生产硫化染料的重要原料。Ca、Sr、Ba、Zn、Cd 等的硫化物，以及硒化物、氧化物，都是很好的发光材料，广泛用于夜光仪表和黑白、彩色电视中。下面对硫化物的性质作一概述：

许多硫化物具有特殊的颜色（见表 3-6），同一种硫化物，由于制备时的工艺条件不同，也可能有不同的颜色。这与硫化物的结构、颗粒大小以及存在某种微量杂质等因素有关。

表 3-6 金属硫化物的颜色和溶解性

溶于水的硫化物			不溶于水而溶于稀酸[①]的硫化物			不溶于水和稀酸的硫化物		
化学式	颜色	$K_{sp}^{\ominus}$	化学式	颜色	$K_{sp}^{\ominus}$	化学式	颜色	$K_{sp}^{\ominus}$
Na_2S	白		MnS	肉红	2.5×10^{-10}	SnS_2	深棕	2.5×10^{-27}
K_2S	白		FeS	黑	6.3×10^{-18}	CdS	黄	8.0×10^{-27}
BaS	白		NiS[②]	黑	3.0×10^{-19}	PbS	黑	8.0×10^{-32}
			CoS[②]	黑	4.0×10^{-21}	CuS	黑	6.3×10^{-36}[②]
			ZnS	白	2.5×10^{-24}	Ag_2S	黑	6.3×10^{-50}
						HgS	黑	1.6×10^{-52}

①稀酸指 0.3mol/L HCl。②此线以下的硫化物，浓 HCl 也不能溶。

3.2.1.4 磷（phosphorus）及其化合物

（1）磷（P）

磷位于元素周期表的ⅤA族，是典型的非金属元素，其单质及化合物均多见而重要。单质磷有多种同素异形体，常见的是白磷和红磷。白磷见光逐渐变为黄色，故又叫黄磷。值得注意的是，二者虽由同一元素构成，但其性质差异甚大，见表3-7。

表3-7 白磷和红磷性质的比较

白磷	红磷
白色或黄色透明蜡状固体，质软	暗红色固体
化学性质活泼	比较稳定
在空气中自燃（燃点40℃）	热至400℃才能燃烧
暗处发光	不发光
需储存在水中	一般密闭保存
易溶于CS_2	不溶于CS_2
剧毒（经口0.1g即可致死）	无毒
磷蒸气迅速冷却得白磷	白磷在高温下缓慢转化为红磷
价格较低	价格较高

单质磷的用途广泛，白磷主要用于制备纯度较高的H_3PO_4、PCl_3、$POCl_3$（三氯氧磷）、P_4O_{10}（供制备农药用）等，少量用于生产红磷，军事上用它制作磷燃烧弹、烟幕弹等。红磷是生产安全火柴和有机磷的主要原料。

（2）磷的氧化物

常见磷的氧化物有六氧化四磷和十氧化四磷，它们分别是磷在空气不足和充足情况下燃烧后的产物，分子式是P_4O_6和P_4O_{10}，其结构都与P_4的四面体结构有关（见图3-4），有时简写成P_2O_3和P_2O_5。

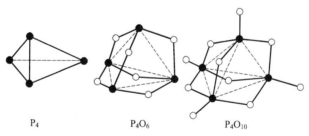

$$P_4 \qquad P_4O_6 \qquad P_4O_{10}$$

图3-4 P_4，P_4O_6，P_4O_{10}的分子结构

六氧化四磷（P_4O_6）是有滑腻感的白色固体，气味似蒜，在24℃时熔融为易流动的无色透明液体。能逐渐溶于冷水而生成亚磷酸，故又叫亚磷酸酐：

$$P_4O_6 + 6H_2O(冷) \longrightarrow 4H_3PO_3$$

在热水中则激烈地发生歧化反应，生成磷酸和磷：

$$P_4O_6 + 6H_2O(热) \longrightarrow 3H_3PO_4 + PH_3 \uparrow$$

十氧化四磷（P_4O_{10}）为白色雪花状晶体，即磷酸酐，工业上俗称无水磷酸。358.9℃时升华，极易吸潮。它能浸蚀皮肤和黏膜，切勿与人体接触。P_4O_{10}常用作半导体掺杂剂、脱水及干燥剂、有机合成缩合剂、表面活性剂等，也是制备高纯磷酸和制药工业的原料。

P_4O_{10} 有很强的吸水性，表 3-8 说明它的干燥效果很好。

表 3-8　几种常用干燥剂的干燥效果

干燥剂	P_2O_5	KOH	H_2SO_4	NaOH	$CaCl_2$	$ZnCl_2$	$CuSO_4$
水蒸气含量(5℃) /(g/m^3)	1.0×10^{-5}	2.0×10^{-3}	3.0×10^{-3}	0.16	0.34	0.8	1.4

注意: PH_3 为剧毒！P_4O_{10} 对人体有浸蚀，不能与人体接触！

(3) 磷的含氧酸及其盐

① 磷的含氧酸。磷有多种含氧酸，现将其中比较重要的列于表 3-9。

表 3-9　磷的各种含氧酸

氧化值	名称及分子式	结构式	酸性强弱
+1	次磷酸 H_3PO_2		一元酸 $K^{\ominus} = 1.0 \times 10^{-2}$
+3	亚磷酸 H_3PO_3		二元酸 $K_1^{\ominus} = 6.3 \times 10^{-2}$
+5	(正)磷酸 H_3PO_4		三元酸 $K_1^{\ominus} = 7.1 \times 10^{-3}$
+5	焦磷酸 $H_4P_2O_7$		四元酸 $K_1^{\ominus} = 3.0 \times 10^{-2}$
+5	偏磷酸 HPO_3		一元酸 $K^{\ominus} = 10^{-1}$

② 磷酸盐。磷酸盐在水中的溶解度差异很大，正盐和二取代酸式盐中除了 Na^+、K^+、NH_4^+ 盐外大多难溶。如表 3-10 所示，H_3PO_4 可以形成 1 种正盐和 2 种酸式盐，一取代酸式盐均易溶于水。可溶性磷酸盐在溶液中有不同程度的水解作用，PO_4^{3-} 和其他多元弱酸根一样，分步水解，其中第一步水解是主要的，因此 Na_3PO_4 溶液有很强的碱性。

表 3-10　三种磷酸氢盐

一取代盐	二取代盐	三取代盐(正盐)
NaH_2PO_4 磷酸二氢钠	Na_2HPO_4 磷酸氢二钠	Na_3PO_4 磷酸钠
$NH_4H_2PO_4$ 磷酸二氢铵	$(NH_4)_2HPO_4$ 磷酸氢二铵	$(NH_4)_3PO_4$ 磷酸铵
$Ca(H_2PO_4)_2$ 磷酸二氢钙	$CaHPO_4$ 磷酸氢钙	$Ca_3(PO_4)_2$ 磷酸钙

HPO_4^{2-} 兼有离解和水解双重作用：

$$HPO_4^{2-} \rightleftharpoons H^+ + PO_4^{3-} \ ; K_3^{\ominus} = 4.2 \times 10^{-13}$$

$$HPO_4^{2-} + H_2O \rightleftharpoons H_2PO_4^- + OH^-$$

由于离解常数 $K_3^{\ominus}$ 值较小，故 Na_2HPO_4 以水解反应为主，溶液呈弱碱性。

$H_2PO_4^-$ 也有离解和水解双重作用：

$$H_2PO_4^- \rightleftharpoons H^+ + HPO_4^{2-} \;;\; K_2^{\ominus} = 6.3 \times 10^{-8}$$

$$H_2PO_4^- + H_2O \rightleftharpoons H_3PO_4 + OH^-$$

其离解作用占优势，故 NaH_2PO_4 溶液呈弱酸性。

H_3PO_4 的三种钠盐都可由 H_3PO_4 和 $NaOH$ 直接合成，只要严格控制溶液的酸碱度即可制备任何一种，实际生产中所控制的条件是：

$$H_3PO_4 + NaOH \xrightarrow{pH4.0\sim4.2} NaH_2PO_4 + H_2O$$

$$H_3PO_4 + 2NaOH \xrightarrow{pH8.0\sim8.4} Na_2HPO_4 + 2H_2O$$

$$H_3PO_4 + 3NaOH \xrightarrow{强碱性} Na_3PO_4 + 3H_2O$$

③ 磷的氯化物。

a. 三氯化磷（PCl_3）：无色透明液体，在空气中发烟，有刺激性，能刺激眼结膜，并引起咽喉疼痛、支气管炎等，用作半导体掺杂源、有机合成的氯化剂和催化剂、光导纤维材料及医药工业原料等。

PCl_3 可由干燥的氯气和过量的磷反应制得：

$$2P + 3Cl_2 \longrightarrow 2PCl_3$$

$$2P + 5Cl_2 \longrightarrow 2PCl_5$$

$$3PCl_5 + 2P \longrightarrow 5PCl_3$$

PCl_3 极易按下式水解：

$$PCl_3 + 3H_2O \longrightarrow H_3PO_3 + 3HCl$$

上述反应被用于制备 H_3PO_3。因此制备 PCl_3 时，一切原料、设备、容器都须经过严格干燥，以防水解。

注意：PCl_3 对眼及呼吸道有刺激，实验中一定要做好防护。

b. 五氯化磷（PCl_5）：白色或淡黄色结晶，易潮解，在空气中发烟，易分解为 PCl_3 和 Cl_2。有类似 PCl_3 的刺激性气味，有毒和腐蚀性，用作氯化剂和催化剂、分析试剂，也用于医药、染料、化纤等工业。

PCl_5 由 PCl_3 和过量的氯气作用而制得：

$$PCl_3 + Cl_2 \longrightarrow PCl_5$$

PCl_5 和 PCl_3 相似，也容易水解。若水量不足，生成氯氧化磷和氯化氢：

$$PCl_3 + H_2O \longrightarrow POCl_3 + 2HCl$$

在过量的水中则完全水解：

$$POCl_3 + 3H_2O \longrightarrow H_3PO_4 + 3HCl$$

3.2.1.5 碳（carbon）及其化合物

(1) 碳（C）

碳只占地壳总质量的 0.4%，碳原子的价层电子构型为 $2s^2 2p^2$。根据它的原子结构和它的电负性（2.50），可知它得电子和失电子的倾向都不强，因此经常形成共价化合物。其中碳的氧化值大多为 $+4$。

金刚石和石墨是人们熟知的碳的两种同素异形体，金刚石的硬度大，被大量用于切削和研磨材料；石墨由于导电性能良好，又具化学惰性，耐高温，广泛用作电极和高转速、轴承的高温润滑剂，也用来作铅笔芯。活性炭是经过加工后的碳单质，因其表面积很大，有很强的吸附能力，用于化工、制糖工业的脱色剂，以及气体和水的净化剂。近年发展起来的碳纤维，密度小，强度高（抗拉强度和比强度分别是钢的 4 倍和 12 倍），抗腐蚀（长期在王水中使用亦不被腐蚀），耐高、低温性能好（ $-180℃$ 时仍很柔软；2000℃ 仍可保持原有强度），线膨胀系数和导热系数均小，导电性能优良，可与铜媲美，因而它在工业，特别是国防工业和科技研究中起着重要作用，也为宇航工业提供了优异材料。

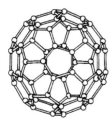

图 3-5　C_{60} 结构

碳的第三种同素异形体是 20 世纪 80 年代中期发现的 C_n 原子簇（$40<n<200$），其中 C_{60} 是最稳定的分子，它是由 60 个碳原子构成的近似于足球的 32 面体，即由 12 个正五边形和 20 个正六边形组成，如图 3-5 所示。因为这类球形碳分子具有烯烃的某些特点，所以被称为球烯（常被称为富勒烯）。

（2）碳的氧化物

① 一氧化碳（CO）。CO 是无色无臭的有毒气体，它是煤炭及烃类燃料在空气不充分条件下燃烧产生的。当空气中 CO 的体积分数达到 0.1% 时，就会引起中毒。它能和血液中的血红蛋白结合，破坏其输氧功能（CO 与血红蛋白中的 Fe^{3+} 的结合力比 O_2 大 210 倍），使人的心、肺和脑组织受到严重损伤，甚至死亡。

② 二氧化碳（CO_2）。CO_2 是无色无臭的气体，易液化，常温加压成液态，储存在钢瓶中。液态 CO_2 汽化时能吸收大量的热，可使部分 CO_2 被冷却为雪花状固体，称作"干冰"。

CO_2 能溶于水，20℃时 1L 水中约溶解 $0.9LCO_2$，溶解的 CO_2 只有部分生成 H_2CO_3，饱和的 CO_2 水溶液 pH 为 4 左右。H_2CO_3 很不稳定，只能在水溶液中存在，是二元弱酸。实验室常由盐酸和 $CaCO_3$ 作用来制备 CO_2：

$$CaCO_3 + 2HCl \longrightarrow CaCl_2 + CO_2 \uparrow + H_2O$$

大气中 CO_2 的含量约 0.03%，它主要来自生物的呼吸、各种含碳燃料和有机物的燃烧及动植物的腐烂分解等，又通过植物的光合作用与碳酸盐的形成而被消耗。所以大气中 CO_2 的含量几乎保持恒定。CO_2 有吸收太阳光中红外线的功能，如同给地球罩上一层硕大无比的塑料薄膜，留下温暖的红外线使地球成为昼夜温差不大的温室，为生命提供了合适的生存环境。

（3）碳酸盐

H_2CO_3 能形成正盐和酸式盐，它们的溶解性和热稳定性有着显著差异。

① 溶解性。多数碳酸盐难溶于水，工农业上常用的 Na_2CO_3、K_2CO_3、$(NH_4)_2CO_3$ 易溶于水，其相应的酸式盐通常比正盐的溶解度大一些。

② 热稳定性。多数碳酸盐的热稳定性较差，分解产物通常是金属氧化物和 CO_2。比较其热稳定性，大致有以下规律：碳酸＜酸式碳酸盐＜碳酸盐。对不同金属离子的碳酸盐，其热稳定性表现为：铵盐＜过渡金属盐＜碱土金属盐＜碱金属盐。

注意： CO 为有毒气体，实验中如产生 CO 一定要注意防止中毒！

3.2.2　卤素的性质

元素周期表中ⅦA族的氟、氯、溴、碘和砹统称为卤素，它们都容易形成盐，氯、溴、碘的化合物是盐卤的主要成分。卤素的主要性质列于表 3-11。

表 3-11 卤素的性质

卤素	氟 F	氯 Cl	溴 Br	碘 I
原子序数	9	17	35	53
价层电子构型	$2s^2 2p^5$	$3s^2 3p^5$	$4s^2 4p^5$	$5s^2 5p^5$
氧化值	-1	$-1,+1,+3,+5,+7$	$-1,+1,+3,+5,+7$	$-1,+1,+3,+5,+7$
共价半径 r_{cor}/pm	64	99	114	127
第一电离能 $I_1/(kJ/mol)$	1681	1251	1140	1008
电子亲和能 $Y/(kJ/mol)$	327.9	348.8	324.6	295.3
电负性	4.0	3.0	2.8	2.5
$E^{\ominus}(X^2/X^-)/V$	2.87	1.36	1.07	0.54
熔点 $t_m/℃$	-220	-101	-7.3	113
沸点 $t_b/℃$	-188	-34.5	59	183
物态(常压)	气体	气体	液体	固体
颜色	淡黄色	黄绿色	红棕色	紫黑色

卤素单质的非金属性很强，表现出明显的氧化性。原子半径按 F、Cl、Br、I 顺序递增，得电子能力递减，氧化性依次减弱。卤素在化合物中最常见的氧化值是 -1。在形成卤素的含氧酸及其盐时，可以表现出正氧化值 $+1$、$+3$、$+5$ 和 $+7$。氟的电负性最大，不能出现正氧化值。

3.2.2.1 卤素的单质

（1）物理性质

卤素单质是同种卤原子之间以共价键结合而成的双原子分子，如 F_2、Cl_2、Br_2、I_2。它们都是非极性分子，在固态时为分子晶体。由 F_2 至 I_2，随着分子量的增大，分子间的色散力逐渐增强，熔、沸点依次升高。常温下，氟、氯为气体，溴为液体，碘为紫黑色固体（易升华）。

卤素单质的颜色也随着分子量的增大从 F_2 到 I_2 逐渐加深，这是由于聚集态不同，分子间的距离由大变小使得色泽变深；同时，随着分子量的增大，卤素单质分子的半径递增，核对外层电子的引力减弱，外层电子受光作用激发时需要的光子能量较低，故物质所显示的颜色较深。

（2）化学性质

卤素在其同周期的元素中非金属性最为突出，它们都显示出活泼的化学性质。

① 与金属、非金属作用。F_2 能与所有的金属，以及除了 O_2 和 N_2 以外的非金属直接化合，它与 H_2 在低温暗处也能发生爆炸。Cl_2 能与多数金属和非金属直接化合，但有些反应需要加热。Br_2 和 I_2 要在较高温度下才能与某些金属或非金属化合。

② 与水、碱的反应。卤素与水可发生两类反应：

$$X_2 + H_2O \Longrightarrow 2H^+ + 2X^- + 0.5O_2 \uparrow$$

$$X_2 + H_2O \Longrightarrow H^+ + X^- + HXO$$

F_2 与水的反应能激烈地放出 O_2。Cl_2 与水发生歧化反应，生成盐酸和次氯酸，在日光照射下可以分解出 O_2：

$$2HClO \xrightarrow{\text{光}} 2HCl + O_2$$

Br_2 和 I_2 与纯水的反应极不明显，只是在碱性溶液中才能显著发生歧化反应：

$$Br_2 + 2KOH \longrightarrow KBr + KBrO + H_2O$$
$$I_2 + 6NaOH \longrightarrow 5NaI + NaIO_3 + 3H_2O$$

③ 卤素间的置换反应。卤素单质从 F_2 到 I_2 氧化性逐渐减弱，前面的卤素可以从卤化物中将后面的卤素置换出来，例如：

$$Cl_2 + 2KBr \longrightarrow 2KCl + Br_2$$
$$Cl_2 + 2KI \longrightarrow 2KCl + I_2$$

此外，还可以发生另一类置换反应，如

$$I_2 + ClO_3^- \longrightarrow IO_3^- + Cl_2 \uparrow$$
$$Br_2 + ClO_3^- \longrightarrow BrO_3^- + Cl_2 \uparrow$$

④ 几种特殊反应。F_2、Cl_2、Br_2 可与饱和烃、不饱和烃分别发生取代和加成反应生成卤化烃，氯的这类反应在有机化学中极为重要。

氯气与氨相遇能产生白雾，这是因为反应生成了 NH_4Cl。此反应可用以检查氯气管道是否漏气。

I_2 难溶于水，但易溶于含 I^- 的水溶液，这是因为生成了可溶性的 I_3^-：

$$I_2 + I^- \Longleftarrow I_3^-$$

3.2.2.2 卤化氢和氢卤酸

卤素与氢的化合物 HF、HCl、HBr、HI 合称卤化氢，以通式 HX 表示。卤化氢都是无色气体，具有刺激性气味。表 3-12 列出了它们的主要性质。

表 3-12　卤化氢的主要性质

卤化氢	HF	HCl	HBr	HI
分子量	20.0	36.46	80.91	127.91
键长 l/pm	91.8	127.4	140.8	160.8
生成热 $\triangle_f H^\ominus$/(kJ/mol)	-271.0	-92.3	-36.4	26.5
键能 E/(kJ/mol)	568.6	431.8	365.7	298.7
分子偶极矩 P/(10^{-30}C·m)	6.4	3.61	2.65	1.27
熔点 t_m/℃	-83.1	-114.8	-88.5	-50.8
沸点 t_b/℃	-19.5	-84.9	-67.0	-35.4
饱和溶液浓度 ω/%	35.3	42.0	49.0	57.0

卤化氢都是共价型分子，在固态时为分子晶体，熔点、沸点都很低，但随分子量增大，按 HCl、HBr、HI 顺序递增。若按分子偶极的大小，其取向力应依次递减，但分子的变形性在递增，其色散力依次增大，故 HX 分子间的范德华力依次增大，致使其熔点、沸点递增。HF 反常，它的熔点、沸点并不是最低的。这是由于在 HF 分子间还有另一种作用力——氢键，形成了氟化氢的缔合分子 $(HF)_n$ 之故。卤化氢溶于水即成氢卤酸，它们都有广泛的用途。表 3-13 列出了实验室常用的试剂级氢卤酸的主要规格。

表 3-13　试剂氢卤酸的主要规格

氢卤酸(HX)	外观	溶液浓度	密度 ρ/(g/cm³)	包装
氢氟酸(HF)	无色透明	>40%	>1.130	白色塑料瓶
盐酸(HCl)	无色透明	36%～38%	1.1789～1.885	无色玻璃瓶

氢卤酸(HX)	外观	溶液浓度	密度 $\rho/(g/cm^3)$	包装
氢溴酸(HBr)	无色或浅黄色[①]，透明	>40%	>1.3772	棕色玻璃瓶
氢碘酸(HI)	浅黄色[①]，透明	>45%	1.50~1.55	棕色玻璃瓶(外裹黑纸)

[①]氢溴酸和氢碘酸本应无色，由于不稳定，易为空气中的氧所氧化，分解出部分的游离溴或碘，使相应的酸略带颜色。尤其氢碘酸，若存放过久甚至变成棕黑色。

浓的氢卤酸打开瓶盖就会"冒烟"，这是由于挥发出的卤化氢与空气中的水蒸气结合形成了酸雾。这种挥发性质会导致酸的浓度有所下降。

3.2.2.3 氢卤酸的化学性质

(1) 氢卤酸的酸性

氢卤酸（18℃，0.1mol/L）的表观离解度如表 3-14 所示

表 3-14 氢卤酸的离解度

HX	HF	HCl	HBr	HI
离解度/%	10	93	93	95

由表 3-14 表明除氢氟酸外，其余氢卤酸都是强酸。

(2) 氢卤酸的还原性

在水溶液中卤素阴离子还原能力的顺序依次是 $F^-<Cl^-<Br^-<I^-$，其中 F^- 的还原能力最弱，I^- 的最强。事实上，HF 不能被任何氧化剂所氧化，HCl 只为一些强氧化剂如 $KMnO_4$、PbO_2、$K_2Cr_2O_7$、MnO_2 等所氧化。例如：

$$2KMnO_4+16HCl \longrightarrow 2KCl+2MnCl_2+5Cl_2\uparrow+8H_2O$$

$$MnO_2+4HCl \xrightarrow{\triangle} MnCl_2+Cl_2\uparrow+2H_2O$$

上述反应可用于实验室制取氯气。

3.2.2.4 氯的含氧酸及其盐

氟以外的卤素能形成多种含氧酸及其盐，其中的卤素都呈正氧化态。表 3-15 是卤素的几种含氧酸。

表 3-15 卤素的几种含氧酸

名称	卤素氧化值	氯	溴	碘
次卤酸	+1	HClO	HBrO	HIO
亚卤酸	+3	$HClO_2$	$HBrO_2$	
卤酸	+5	$HClO_3$	$HBrO_3$	HIO_3
高卤酸	+7	$HClO_4$	$HBrO_4$	H_5IO_6，HIO_4

在这些酸中，除了碘酸和高碘酸能得到比较稳定的固体结晶外，其余都不稳定，且大都只能存在于水溶液中。它们的盐则较稳定，并得到普遍应用。

(1) 次氯酸及其盐

将氯气通入水中即发生水解：

$$Cl_2+H_2O \Longrightarrow HClO+HCl$$

生成的次氯酸（HClO）是一种弱酸（$K_a^{\ominus}=2.95\times10^{-3}$）且很不稳定，只能以稀溶液存在。HClO 比 Cl_2 有更强的氧化性，故氯水的漂白和杀菌能力比氯气更强。但是 Cl_2 在水

中的溶解度不大，而且溶解的氯只有 30％ 左右水解，稳定性较差，运输、储存困难，因此氯水的实用价值不太大。如果将氯气通入冷的碱溶液中，则歧化反应进行得很彻底：

$$Cl_2 + 2NaOH \longrightarrow NaClO + NaCl + H_2O$$

常温下平衡常数为 7.5×10^{15}，可获得高浓度的 ClO^-，而且 NaClO 的稳定性远高于 HClO。工业上常以 NaClO 做漂白剂。漂白粉是 $Ca(ClO)_2 \cdot 2H_2O$ 和 $CaCl_2 \cdot Ca(OH)_2 \cdot H_2O$ 的混合物，有效成分是 $Ca(ClO)_2$，约含有效氯 35％。将漂白粉分离提纯，可得到高效漂白粉，主要成分仍是 $Ca(ClO)_2 \cdot 2H_2O$，其中的有效氯可高达 60％～70％。漂白粉广泛用于纺织漂染、造纸等工业中，也是常用的廉价消毒剂。因其易水解且 CO_2 会使其分解，所以保存时不要暴露在空气中。

注意：漂白粉使用时不要与易燃物混合，否则可能引起爆炸！漂白粉有毒，吸入体内会引起鼻喉疼痛，甚至全身中毒！

（2）氯酸及其盐

$HClO_3$ 是强酸，其强度与 HCl 和 HNO_3 接近。$HClO_3$ 虽比 HClO 或 $HClO_2$ 稳定，也只能在溶液中存在。当进行蒸发浓缩时，控制浓度不要超过 40％。若进一步浓缩，则会有爆炸危险。$HClO_3$ 也是一种强氧化剂，但氧化能力不如 $HClO_2$ 和 HClO。

$KClO_3$ 是最重要的氯酸盐，为无色透明结晶，它比 $HClO_3$ 稳定。$KClO_3$ 在碱性或中性溶液中氧化作用很弱，在酸性溶液中则为强氧化剂。

在有催化剂（如 MnO_2，CuO）存在时，$KClO_3$ 热至300℃左右就会放出氧气：

$$2KClO_3 \xrightarrow[\text{催化剂}]{\triangle} 2KCl + 3O_2 \uparrow$$

若无催化剂，高温时歧化成 $KClO_4$ 和 KCl：

$$4KClO_3 \xrightarrow{\triangle} 3KClO_4 + KCl$$

600℃以上，$KClO_4$ 分解放出全部的氧：

$$KClO_4 \xrightarrow[>600℃]{\triangle} KCl + 2O_2 \uparrow$$

故 $KClO_3$ 在高温时是很强的氧化剂。$KClO_3$ 对热的稳定性虽然比较高，但与有机物或可燃物混合受热，特别是受到撞击极易发生燃烧或爆炸。在工业上 $KClO_3$ 用于制造火柴、烟火及炸药等。$KClO_3$ 有毒，内服 2～3g 就会致命。目前工业上制备 $KClO_3$ 以电解法为主，如氯碱工业的电解，但电解反应是在无隔膜的电解槽中进行，初级产物与电解法制烧碱相似。阳极区产生 Cl_2（不放出），阴极区产生 H_2（放出）和 NaOH。由于阴、阳极间并无隔膜并且彼此靠近，Cl_2 进一步和 NaOH 作用而歧化分解成为 $NaClO_3$ 和 NaCl，后者又作为原料进行电解，反应式为

$$2NaCl + 2H_2O \xrightarrow{\text{电解}} Cl_2 \uparrow + H_2 \uparrow + 2NaOH$$
$$3Cl_2 + 6NaOH \longrightarrow NaClO_3 + 5NaCl + 3H_2O$$

在制得的 $NaClO_3$ 溶液中加入 KCl，降温时溶解度较小的 $KClO_3$ 即结晶析出：

$$NaClO_3 + KCl \longrightarrow KClO_3 \downarrow + NaCl$$

（3）高氯酸及其盐

无水 $HClO_4$ 为无色透明的发烟液体，是一种极强的氧化剂，木片纸张与之接触即着火，遇有机物极易引起爆炸，并有极强的腐蚀性。储存和使用要格外小心！但 $HClO_4$ 的氧化性在冷的稀溶液中则很弱。$HClO_4$ 与水能以任意比例混合，是无机酸中最强的酸。工业级含量在 60％ 以上，试剂级为 70％～72％。$HClO_4$ 广泛用作分析试剂，还用于电镀、医

药、人造金刚石的提纯等。$HClO_4$ 可由 $KClO_4$ 与浓 H_2SO_4 复分解制得，再在低于 92℃下真空精馏出 $HClO_4$：

$$KClO_4 + H_2SO_4（浓）\longrightarrow KHSO_4 + HClO_4$$

高氯酸盐多是无色晶体，它们的溶解度颇为特殊。例如 K^+、Rb^+、Cs^+ 的硫酸盐、硝酸盐等都是可溶的，而这些离子的高氯酸盐却难溶，分析化学中用高氯酸定量测定 K^+、Rb^+、Cs^+。高氯酸盐的水溶液几乎没有氧化性，但固体盐在高温下能分解出氧，有强氧化性。由于它产生的氧气多，固体残渣（KCl）又少，与燃烧剂混合可制成威力较大的炸药。

注意： 高氯酸盐遇有机物易爆炸，使用时一定要注意安全！

3.2.3 溶液的浓度

3.2.3.1 物质的量浓度

(1) 浓度及其表示法

① 质量百分浓度（质量分数，m/m）：指每 100g 的溶液中，溶质的质量（以 g 计）。

② 体积百分浓度（体积分数，V/V）：指每 100mL 的溶液中，溶质的体积（以 mL 计）。

③ 百万分浓度（ppm）：指每 1kg 溶液所含的溶质质量（以 mg 计）。

(2) 物质的量浓度

物质的量浓度定义：溶液中溶质 B 的物质的量除以混合物的体积，用符号 $c(B)$ 表示：

$$c(B) = \frac{n(B)}{V}$$

式中　$c(B)$——代表溶质 B 的物质的量浓度，mol/L；

　　　n——代表溶质 B 的物质的量，mol；

　　　V——代表溶液的体积，L。

3.2.3.2 滴定度

(1) 滴定度

滴定度是指与每 1mL 某浓度的滴定液 B（标准溶液）所相当的被测组分 A 的质量，用 $T_{A/B}$（或 $T_{待测组分/标准溶液}$）表示，单位为 g/mL。

$$T_{A/B} = \frac{m_A}{V_B}$$

下标 A/B 中 B 指标液，A 指被测物，m_A 指被测物质 A 的质量，V_B 指滴定相应 m_A 质量的 A 所用的标准溶液 B 的体积。

对大批试样进行某组分的例行分析，由于对分析对象固定，标准溶液浓度若以滴定度表示，则计算被测组分含量时非常方便简单，只需将滴定度 $T_{A/B}$ 乘以滴定时所消耗标准溶液的 V_B，即可求得试样中所含被测组分的 m_A。滴定度有时也指 1L 标准滴定溶液中所含溶质的质量，以 T_B 表示。如 $T_{HCl} = 0.0028g/mL$ 即表示 1mL 盐酸标准滴定溶液中含有氯化氢 0.0028g。

(2) 物质的量浓度与滴定度之间的换算

$$c(B) = \frac{b/a \times T \times 1000}{M_A}$$

a、b 是反应方程式中 A 和 B 的计量系数，M_A 是 A 的摩尔质量，1000 是为了由 L 换算成 mL。同理

$$T = \frac{c(\text{B}) \times M_A \times \dfrac{a}{b}}{1000}$$

单位是 g/mL，若单位为 mg/mL，则不用除 1000。

3.2.3.3 溶液浓度的换算

(1) 浓度的计算

【例 3-2-1】 配制 500mL 0.1mol/L NaOH 溶液，需称取 NaOH 固体多少克？

解：已知溶液体积 $V=500$mL，溶液浓度 $c(\text{NaOH})=0.1$mol/L，NaOH 的摩尔质量 $M(\text{NaOH})=40$g/mol。由下式

$$c = \frac{n}{V} = \frac{\dfrac{m}{M}}{V} = \frac{m}{MV}$$

$$m(\text{NaOH}) = cVM = 0.1\,\frac{\text{mol}}{\text{L}} \times 0.5\text{L} \times 40\,\frac{\text{g}}{\text{mol}} = 2\text{g}$$

答：需称取 NaOH 固体 2g。

【例 3-2-2】 求浓盐酸（$w=36.5\%$，$\rho=1.19$g/mL）和浓硫酸（$w=98\%$，$\rho=1.84$g/mL）的物质的量浓度。

解：每升溶液中溶质的质量 $m = \rho \times 1000 \times w$

每升溶液中溶质的物质的量

$$n = \frac{m}{M}$$

HCl 和 H_2SO_4 的摩尔质量分别为 36.5g/mL 和 98g/mL

$$c(\text{HCl}) = \frac{n(\text{HCl})}{V} = \frac{m(\text{HCl})}{M(\text{HCl})V}$$

$$= \frac{\rho(\text{HCl}) \times 1000 \times w(\text{HCl})}{M(\text{HCl})V}$$

$$= \frac{1.19\text{g/mL} \times 1000\text{mL} \times 36.5\%}{36.5\text{g/mol} \times 1\text{L}}$$

$$= 11.9\text{mol/L}$$

$$c(H_2SO_4) = \frac{\rho(H_2SO_4) \times 1000 \times w(H_2SO_4)}{M(H_2SO_4)V}$$

$$= \frac{1.84\text{g/mL} \times 1000\text{mL} \times 98\%}{98\text{g/mol} \times 1\text{L}}$$

$$= 18.4\text{mol/L}$$

答：浓盐酸和浓硫酸的物质的量浓度分别为 11.9mol/L 和 18.4mol/L。

(2) 两种溶液间的滴定计算

在滴定分析中，若以 $c(\text{A})$ 表示待测组分以 A 为基本单元的物质的量浓度，$c(\text{B})$ 表示滴定剂以 B 为基本单元的物质的量浓度；V_A、V_B 分别代表 A、B 两种溶液的体积，则达到化学计量点时

$$c(\text{A})V_A = c(\text{B})V_B$$

【例 3-2-3】 滴定 25.00mL NaOH 溶液消耗 $c\left(\dfrac{1}{2}H_2SO_4\right)=0.1000\text{mol/L}$ 的 H_2SO_4 溶液 24.20mL，求该氢氧化钠溶液的物质的量浓度。

解：
$$H_2SO_4 + 2NaOH \longrightarrow Na_2SO_4 + 2H_2O$$

$$c(NaOH)V(NaOH)=c\left(\frac{1}{2}H_2SO_4\right)V(H_2SO_4)$$

$$c(NaOH)=\frac{c\left(\dfrac{1}{2}H_2SO_4\right)V(H_2SO_4)}{V(NaOH)}$$

$$=\frac{0.1000\text{mol/L}\times24.20\text{mL}\times10^{-3}}{25.00\text{mL}\times10^{-3}}$$

$$=0.09680\text{mol/L}$$

等物质的量规则还可用于溶液稀释的计算。由于在稀释时只加入了溶剂，未加入溶质，因此稀释前后溶质的质量 m 及物质的量并未发生变化，所以若以 $c_{浓}$、$V_{浓}$ 分别表示稀释前溶液的浓度和体积，$c_{稀}$、$V_{稀}$ 分别表示稀释后溶液的浓度和体积，则

$$c_{浓}V_{浓}=c_{稀}V_{稀}$$

（3）固体物质 A 与溶液 B 之间反应的计算

对于固体物质 A，当其质量为 m_A 时，有 $n_A=m_A/M_A$；对于溶液 B，其物质的量 $n_B=c(B)V_B$。若固体物质 A 与溶液 B 完全反应，达到化学计量点时，根据等物质的量规则得

$$c(B)V_B=\frac{m_A}{M_A}$$

【例 3-2-4】 欲标定某盐酸溶液，准确称取无水碳酸钠 1.3078g，溶解后稀释至 250mL。移取 25.00mL 上述碳酸钠溶液，以欲标定盐酸溶液滴定至终点，消耗盐酸溶液的体积为 24.28mL，计算该盐酸溶液的准确浓度。

解：
$$2HCl+Na_2CO_3 \longrightarrow 2NaCl+H_2O+CO_2\uparrow$$

则
$$n(HCl)=n\left(\frac{1}{2}Na_2CO_3\right)$$

$$c(HCl)V(HCl)=\frac{m(Na_2CO_3)}{M\left(\dfrac{1}{2}Na_2CO_3\right)}$$

$$c(HCl)=\frac{1.3078\text{g}\times\dfrac{25.00\times10^{-3}\text{L}}{250.00\times10^{-3}\text{L}}}{\dfrac{1}{2}\times105.99\text{g/mol}\times24.28\times10^{-3}\text{L}}$$

$$=0.1016\text{mol/L}$$

答： 盐酸溶液的准确浓度为 0.1016mol/L。

（4）求待测组分的质量分数及质量浓度

在滴定分析中，设试样质量为 m_S，试液的体积为 V_S，试样中待测组分 A 的质量为 m_A，则待测组分的质量分数和质量浓度如下。

① 待测组分的质量分数：

$$w(A) = \frac{m_A}{m_S} = \frac{c(B)V_B M_A}{m_S}$$

式中 $w(A)$——待测组分 A 的质量分数；

  $c(B)$——滴定剂 B 以 B 为基本单元的物质的量浓度，mol/L；

  V_B——滴定剂 B 所消耗的体积，L；

  M_A——待测组分 A 以 A 为基本单元的摩尔质量，g/mol。

② 待测组分的质量浓度：

$$\rho_A = \frac{m_A}{V_S} = \frac{c(B)V_B M_A}{V_S}$$

式中 ρ_A——待测组分 A 的质量浓度，g/L；

  $c(B)$——滴定剂 B 以 B 为基本单元的物质的量浓度，mol/L；

  V_B——滴定剂 B 所消耗的体积，L；

  M_A——待测组分 A 以 A 为基本单元的摩尔质量，g/mol。

【例 3-2-5】 准确称取含钙试样 0.4086g，溶解后定量转移至 250mL 容量瓶中，稀释至标线。吸取 50.00mL 溶液用 $c(EDTA)=0.02043mol/L$ 的 EDTA 标准滴定溶液滴定，消耗 33.50mL，计算该试样中 CaO 的质量分数。

解：
$$Ca^{2+} + Y^{4-} \longrightarrow [CaY]^{2-}$$

$$n(Y^{4-}) = n(EDTA) = n(Ca^{2+}) = n(CaO)$$

$$w(CaO) = \frac{m(CaO)}{m_S} = \frac{c(EDTA)V(EDTA)M(CaO)}{m_S}$$

$$= \frac{0.2043mol/L \times 33.50 \times 10^{-3}L \times 56.08g/mol}{0.4086g \times \frac{50.00mL}{250mL}}$$

$$= 0.4697 = 46.97\%$$

答：试样中 CaO 的质量分数为 46.97%。

【例 3-2-6】 移取某硫酸溶液 25.00mL，以 $c(NaOH)=0.2056mol/L$ 的氢氧化钠标准滴定溶液滴定，以甲基橙为指示剂，滴定至终点，共消耗氢氧化钠标准滴定溶液 30.12mL，求该硫酸溶液的质量浓度。

解：
$$H_2SO_4 + 2NaOH \longrightarrow Na_2SO_4 + 2H_2O$$

$$\rho(H_2SO_4) = \frac{m(H_2SO_4)}{V_S} = \frac{c(NaOH)V(NaOH)M(\frac{1}{2}H_2SO_4)}{V_S}$$

$$= \frac{0.2056mol/L \times 30.12 \times 10^{-3}L \times 49.04g/mol}{25.00 \times 10^{-3}L}$$

$$= 12.15g/L$$

答：硫酸溶液的质量浓度为 12.15g/L。

(5) 滴定度的计算

从滴定度概念出发不难得出滴定度与物质的量浓度之间的换算关系为：

$$T_{A/B} = \frac{c(B)M_A}{1000}$$

式中 $T_{A/B}$——标准滴定溶液 B 对待测组分 A 的滴定度，g/mL；

c(B)——标准滴定溶液 B 以 B 为基本单元的物质的量浓度，mol/L；

M_A——待测组分 A 以 A 为基本单元的摩尔质量，g/mol。

【例 3-2-7】 计算 c(HCl)=0.1135mol/L 的盐酸溶液对氨水的滴定度。若用该盐酸标准滴定溶液滴定 0.3898g 氨水试样，终点时消耗盐酸标准滴定溶液 34.16mL，计算氨水试样中氨的质量分数。

解： 滴定反应为

$$HCl+NH_3 \longrightarrow NH_4Cl$$

$$T_{NH_3/HCl} = \frac{c(HCl) \times M(NH_3)}{1000}$$

$$= \frac{0.1135mol/L \times 17.03g/mol}{1000}$$

$$= 0.001933g/mL$$

氨水中氨的质量为：

$$m_{NH_3} = T_{NH_3/HCl}V(HCl) = 0.001933/mL \times 34.16mL = 0.06603(g)$$

氨水中氨的质量分数为：

$$w(NH_3) = \frac{m_{NH_3}}{m_s} = \frac{0.06603g}{0.3898g} = 16.94\%$$

答： 试样中氨的质量分数为 16.94%。

3.3 酸与碱的性质

3.3.1 酸的性质及应用

3.3.1.1 盐酸的性质及应用

（1）盐酸的物理性质

纯盐酸为无色溶液，有氯化氢的刺激性气味。一般浓盐酸的浓度约为 37%，密度为 1190kg/m³。工业用的盐酸浓度约 30%，由于含有杂质（主要是 $FeCl_3$）而略带黄色。

（2）盐酸的化学性质

盐酸是典型的强酸之一，它具有一切强酸的通性。能与许多金属反应放出氢气并生成相应的氯化物。盐酸能与许多金属氧化物反应生成盐和水，盐酸能与碱反应生成盐和水。盐酸常用来制备金属氯化物。

$$2HCl+Zn \longrightarrow ZnCl_2+H_2\uparrow$$

$$2HCl+CaO \longrightarrow CaCl_2+H_2O$$

$$2HCl+Mg(OH)_2 \longrightarrow MgCl_2+2H_2O$$

$$HCl+AgNO_3 \longrightarrow AgCl\downarrow+HNO_3$$

（3）盐酸的工业制法及应用

盐酸工业生产是以电解食盐水溶液生成的氢气和氯气为原料，在反应炉中直接合成 HCl，然后经冷却器降温，在吸收塔用水吸收制得。盐酸是化工生产的基本化工原料，广泛用于机械工业、食盐工业、皮革和其他工业中。

3.3.1.2 硫酸的性质及应用

(1) 硫酸物理性质

纯硫酸是一种无色透明的油状液体,故有"矾油"之称,在 10.5℃时凝固成晶体。市售浓硫酸相对密度为 1.84~1.86。浓度 98% 的硫酸沸点为 330℃。

工业上的硫酸是指三氧化硫与水以任意比例溶合的溶液。如果三氧化硫与水的摩尔比小于 1 则形成硫酸水溶液,若其摩尔比等于 1 则是 100% 的纯硫酸,若其摩尔比大于 1 称之为发烟硫酸。工业硫酸及发烟硫酸的产品规格参见表 3-16。

表 3-16 硫酸的组成

名称	H_2SO_4 /%(质量分数)	SO_3/H_2O (分子数比)	组成/%(质量分数)	
			SO_3/%	H_2O/%
92%硫酸	92.00	0.680	75.10	24.90
98%硫酸	98.00	0.903	80.00	20.00
无水硫酸	100.00	1.000	81.63	18.37
20%发烟硫酸	104.50	1.306	85.30	14.70
65%发烟硫酸	114.62	3.290	93.57	6.43

(2) 主要化学性质

① 硫酸与金属及金属氧化物反应生成该金属硫酸盐:

$$Zn + H_2SO_4(稀) \longrightarrow ZnSO_4 + H_2 \uparrow$$
$$CuO + H_2SO_4 \longrightarrow CuSO_4 + H_2O$$
$$Al_2O_3 + 3H_2SO_4 \longrightarrow Al_2(SO_4)_3 + 3H_2O$$

$ZnSO_4$ 可用于制造锌钡白等,$Al_2(SO_4)_3$ 作胶凝剂广泛用于水处理,$CuSO_4$ 在农业上是波尔多液的主要原料,用于防治果林害虫。

② 硫酸与氨及其水溶液反应,生成硫酸铵:

$$2NH_3 + H_2SO_4 \longrightarrow (NH_4)_2SO_4$$

根据此反应,可净化焦炉气中的氨制成化肥。

③ 硫酸与其他酸类盐反应,生成较弱和较易挥发的酸:

$$Ca_3(PO_4)_2 + 3H_2SO_4 \longrightarrow 2H_3PO_4 + 3CaSO_4$$
$$2Ca_5F(PO_4)_3 + 7H_2SO_4 + 3H_2O \longrightarrow 3[Ca(H_2PO_4)_2 \cdot H_2O] + 7CaSO_4 + 2HF$$

④ 硫酸与水的强烈反应,能夺取木材、布、纸张甚至动植物组织有机体中的水分,使有机体烧焦(碳化)。人体组织中含有大量的水分,遇到浓硫酸时,就会发生严重的灼伤。糖是碳水化合物,遇到浓硫酸发生碳化反应,夺去这类物质里与水分子组成相当的氢和氧,而留下游离的炭。

⑤ 在有机合成工业中,硫酸常用作磺化剂,以 $-SO_2OH$ 基团取代有机化合物的氢原子,从而发生磺化反应。苯用硫酸磺化则为一典型的例子:

$$C_6H_6 + H_2SO_4 \longrightarrow C_6H_5SO_3H + H_2O$$

注意: 硫酸溶液在配制过程中只能将硫酸慢慢地向水中加而不能将水往硫酸中加,否则反应产生的热会使上层的水沸腾溅出,带出硫酸将人烫伤!

(3) 硫酸生产方法及用途

① 硫酸生产方法。硫酸的工业生产有两种方法,即亚硝基法和接触法。接触法的基本原理是在催化剂存在下,用空气中的氧气氧化二氧化硫,其生产过程分三步:

a. 用含硫原料制造二氧化硫气体：

$$S + O_2 \longrightarrow SO_2$$

$$4FeS_2 + 11O_2 \longrightarrow 2Fe_2O_3 + 8SO_2$$

b. 将 SO_2 氧化为三氧化硫：

$$2SO_2 + O_2 \longrightarrow 2SO_3$$

该反应若无催化剂很难进行，工业上借助于 V_2O_5 催化剂，在一定温度下可大大提高反应速度，接触法则因此得名。

c. 三氧化硫与水结合生成硫酸。接触法不仅可制得任意浓度的硫酸，而且可制得无水三氧化硫及不同浓度的发烟酸。该法操作简单、稳定，热能利用率高，在硫酸工业中占有重要地位。

② 硫酸用途。硫酸素有"工业之母"之称，在国民经济各部门有着广泛用途。据统计，化学工业本身使用的硫酸量为最大，占总产量的 $70\%\sim80\%$，其中化学肥料所用量占 $1/3\sim2/3$。

3.3.1.3 硝酸的性质及应用

(1) 硝酸物理性质

纯硝酸是无色、易挥发、有刺激性气味的液体。密度为 $1.50g/cm^3$，沸点为 356K，熔点为 231K，它能以任意比例溶解于水中。一般商品硝酸的浓度为 $65\%\sim70\%$（约相当于 15mol/L）、密度为 $1.42g/cm^3$。浓度高于 86% 的硝酸因挥发在空气中易形成酸雾，通常称其为发烟硝酸。在硝酸中溶解过量 NO_2，便形成红色发烟硝酸，它比纯硝酸具有更强的氧化性，可作火箭燃料的氧化剂。

(2) 硝酸化学性质

① 硝酸的不稳定性。硝酸不稳定，易分解。不仅纯硝酸沸腾时分解，浓硝酸常温下见光也会分解，受热时分解得更快。

$$4HNO_3 \xrightarrow[\text{或光照}]{\triangle} 4NO_2 \uparrow + O_2 \uparrow + 2H_2O$$

硝酸越浓，越容易分解。分解出的 NO_2 溶于 HNO_3 中，使酸呈黄色。为了防止硝酸的分解，常将硝酸贮存于棕色瓶中，低温暗处保存。

② 硝酸的氧化性。硝酸是一种很强的氧化剂，无论浓、稀硝酸均具有氧化性，它几乎能和所有金属（除 Au、Pt 外）或非金属发生氧化还原反应。硝酸是一种强酸，在水溶液中完全解离。酯化反应是利用硝酸的酸性，无烟火药——硝化棉 $[C_6H_7(ONO_2)_3]n$ 是纤维素的硝酸酯。

某些金属如 Al、Cr、Fe 等能溶于稀 HNO_3，却不溶于冷的浓 HNO_3。这是由于这些金属表面被浓 HNO_3 氧化，形成一层致密的氧化膜，保护内层金属不再与酸反应而处于"钝化状态"，因此可用铝制设备储运浓硝酸。

硝酸和金属反应时，被还原为一系列较低价态的含氮化合物。

$$\overset{+5}{H}NO_3 \longrightarrow \overset{+4}{N}O_2 \longrightarrow \overset{+3}{H}NO_2 \longrightarrow \overset{+2}{N}O \longrightarrow \overset{+1}{N_2}O \longrightarrow \overset{0}{N_2} \longrightarrow \overset{-3}{N}H_3$$

通常得到的往往是几种产物的混合物。至于哪一种产物多些，取决于硝酸的浓度和金属的活泼性。浓硝酸主要被还原为 NO_2，稀硝酸则通常被还原为 NO。当较活泼的金属和稀硝酸作用时可得到 N_2O，很稀的硝酸可被较活泼的金属还原为 NH_3，并与过量硝酸生成硝酸盐。

$$Cu + 4HNO_3(浓) \longrightarrow Cu(NO_3)_2 + 2NO_2 \uparrow + 2H_2O$$

$$3Cu + 8HNO_3(稀) \longrightarrow 3Cu(NO_3)_2 + 2NO \uparrow + 4H_2O$$

$$4Zn+10HNO_3(稀)\longrightarrow 4Zn(NO_3)_2+N_2O\uparrow+5H_2O$$
$$4Zn+10HNO_3(很稀)\longrightarrow 4Zn(NO_3)_2+NH_4NO_3+3H_2O$$

在上述反应中，氮的氧化值由+5分别改变到+4、+2、+1和-3，但不能认为稀硝酸的氧化性比浓硝酸强。相反，硝酸愈稀，氧化性愈弱。

浓硝酸和浓盐酸的混合物（体积比为1：3）称为王水，氧化能力强于浓硝酸，能溶解金和铂。

硝酸能把许多非金属单质如炭、硫、磷、碘等氧化成相应的含氧酸，本身则被还原为NO_2或NO。

$$C+4HNO_3(浓)\xrightarrow{\triangle}4NO_2\uparrow+CO_2\uparrow+2H_2O$$
$$P+5HNO_3(浓)\xrightarrow{\triangle}H_3PO_4+5NO_2\uparrow+H_2O$$

硝酸还能氧化许多含碳的有机物，松节油（$C_{10}H_{16}$）遇浓HNO_3可以燃烧，木材、纸张、织物等纤维制品遇到它就会被氧化而损坏，许多有色物质接触它则被氧化而褪色。

③ 硝酸的硝化性：硝酸中的硝基（—NO_2）可以取代碳氢化合物中的一个或多个氢原子，这种作用称为硝化作用。实际应用上，硝化反应常常是以浓硝酸和浓硫酸的混酸作硝化剂。例如

（3）硝酸的用途及制法

① 硝酸的制法。硝酸是工业上重要的无机酸之一，目前普遍采用氨催化氧化法制取硝酸。将氨和空气的混合物通过灼热（800℃）的铂铑丝网（催化剂），氨可以相当完全地被氧化为NO：

$$4NH_3(g)+5O_2(g)\longrightarrow 4NO(g)+6H_2O(g)$$

生成的NO被O_2氧化为NO_2，后者再与水发生歧化反应生成硝酸和NO：

$$3NO_2+H_2O\longrightarrow 2HNO_3+NO$$

生成的NO再经氧化、吸收。这样得到的是质量分数为47%～50%的稀硝酸，加入硝酸镁作脱水剂进行蒸馏可制得浓硝酸。

用硫酸与硝石$NaNO_3$，共热也可制得硝酸：

$$NaNO_3+H_2SO_4\longrightarrow NaHSO_4+HNO_3$$

② 硝酸的用途。硝酸主要用于制造硝铵等重要的化肥及三硝基甲苯（TNT）、硝化甘油和三硝基苯酚等含氮的烈性炸药等。生产硝酸的中间产物——液体四氧化二氮是火箭、导弹发射的高能燃料。硝酸还广泛用于合成含氮的染料、塑料和医药等有机合成工业，用硝酸将苯硝化并经还原制得苯胺，硝酸氧化苯制造邻苯二甲酸，均可用于染料生产。

3.3.1.4 磷酸的性质及应用

（1）磷酸的性质

磷的含氧酸中以磷酸最为稳定。P_4O_{10}与水作用时，发生剧烈反应，同时放出大量的热。随着反应条件的不同，可以生成偏磷酸（HPO_3）或磷酸（H_3PO_4）等几种主要的P（V）的含氧酸：

$$P_4O_{10}+2H_2O(冷)\longrightarrow 4HPO_3（偏磷酸）$$
$$3P_4O_{10}+10H_2O\longrightarrow 4H_5P_3O_{10}（三聚磷酸）$$
$$P_4O_{10}+4H_2O\longrightarrow 2H_4P_2O_7（焦磷酸）$$

$$P_4O_{10} + 6H_2O(\text{热}) \longrightarrow 4H_3PO_4(\text{正磷酸})$$

正磷酸 H_3PO_4（常简称为磷酸）是磷酸中最重要的一种。将磷燃烧成 P_4O_{10}，再与水化合可制得正磷酸。工业上也用硫酸分解磷灰石来制取正磷酸：

$$Ca_3(PO_4)_2 + 3H_2SO_4 \longrightarrow 2H_3PO_4 + 3CaSO_4$$

但得到的磷酸含有 Ca^{2+}、Mg^{2+} 等杂质。

纯净的磷酸为无色晶体，熔点为 42.3℃，极易溶于水，是一种高沸点酸。磷酸不形成水合物，但可与水以任何比例混溶。市售磷酸试剂是黏稠的、不挥发的浓溶液，磷酸含量为 83%～98%。

磷酸是磷的最高氧化值化合物，但却没有氧化性。浓磷酸和浓硝酸的混合液常用作化学抛光剂来处理金属表面，以提高其粗糙度。磷酸是化学试剂，是不挥发性酸，无氧化性，主要用于制造磷酸盐和磷肥、硬水软化剂、金属抗蚀剂以及用于有机合成工业。

磷酸是三元强酸，其三级解离常数为：$K_1^{\ominus} = 6.7 \times 10^{-3}$，$K_2^{\ominus} = 6.2 \times 10^{-8}$，$K_3^{\ominus} = 4.5 \times 10^{-13}$。它能形成三种类型的盐：两种酸式盐和一种正盐，即磷酸二氢盐（如 NaH_2PO_4）、磷酸氢盐（如 Na_2HPO_4）和磷酸盐（如 Na_3PO_4）。磷酸正盐比较稳定，一般不易分解。但酸式磷酸盐受热容易脱水成为焦磷酸盐或偏磷酸盐。

所有的磷酸二氢盐都易溶于水，而磷酸氢盐和磷酸盐中除钾、钠和铵盐外，几乎都不溶于水。植物所能直接吸收利用的只是可溶性磷酸二氢盐。因此，制造磷肥的主要步骤就是使难溶于水的磷矿石转化为较易溶于水（或弱酸）的酸式磷酸盐。

可溶性磷肥如过磷酸钙等不能和消石灰、草木灰这类碱性物质一起施用，否则会生成不溶性磷酸盐而降低肥效。

$$Ca(H_2PO_4)_2 + 2Ca(OH)_2 \longrightarrow Ca_3(PO_4)_2 \downarrow + 4H_2O$$

PO_4^{3-} 具有较强的配位能力，能与许多金属离子形成可溶性的配合物。Fe^{3+} 与 PO_4^{3-}、HPO_4^{2-} 形成无色的 $H_3[Fe(PO_4)_2]$、$H[Fe(HPO_4)_2]$，在分析化学上常用 PO_4^{3-} 作为 Fe^{3+} 的掩蔽剂。

（2）PO_4^{3-} 离子的定性检验

PO_4^{3-} 在硝酸溶液中与钼酸铵溶液反应，可得磷钼酸铵黄色晶形沉淀：

$$PO_4^{3-} + 3NH_4^+ + 12MoO_4^{2-} + 26H^+ + 2NO_3^- =\!=\!=$$
$$(NH_4)_3PO_4 \cdot 12MoO_3 \cdot 2HNO_3 \cdot 2H_2O \downarrow + 10H_2O$$

如果溶液中有 AsO_4^{3-} 离子存在，在检验前要先加 Na_2SO_3 再通入 H_2S，除去 AsO_4^{3-}。

在磷酸盐溶液中加入硝酸银溶液，生成磷酸银黄色沉淀，可用于中性或弱碱性溶液中检验 PO_4^{3-} 的存在。

$$3Ag^+ + PO_4^{3-} \longrightarrow Ag_3PO_4 \downarrow$$

工业上大量使用磷酸的盐类处理钢铁构件，使其表面生成难溶磷酸盐保护膜，这一过程称为磷化。另外，磷酸盐还用来处理锅炉用水。

注意：白磷有剧毒，会在 40℃ 时在空气中自燃！磷酸没有毒，而偏磷酸有剧毒！在使用过程中要当心。

3.3.1.5　混合酸的应用示例

（1）王水

王水是体积比为 1∶3 浓硝酸和浓盐酸的混合物，在王水中发生下列反应：

$$HNO_3 + 3HCl \longrightarrow Cl_2 + NOCl + 2H_2O$$

因此实际上王水中存在着 HNO_3、Cl_2 和 $NOCl$ 等几种氧化剂。王水的氧化性比硝酸更强，可以将金、铂等不活泼金属溶解。例如：

$$Au + HNO_3 + 4HCl \longrightarrow HAuCl_4 + NO + 2H_2O$$

另外，王水中有大量的 Cl^-，能与 Au^{3+} 形成 $[AuCl_4]^-$，从而降低了金属电对的电极电势，增强了金属的还原性。

（2）硝酸和浓硫酸的混酸

在硝化反应中，常用硝酸和浓硫酸的混合物作为硝化剂，硝化剂离解能力越大（即产生 NO_2^+ 的能力越大）则硝化能力越强。在混酸中增加硫酸浓度可以得到 NO_2^+。

$$HNO_3 + 2H_2SO_4 \Longleftrightarrow NO_2^+ + H_3O^+ + 2HSO_4^-$$

实验表明，当混酸中浓硫酸浓度增加到 89% 或更高时，硝酸全部离解为硝化反应所需要的活性质点 NO_2^+，则硝化能力增强。如：苯与混酸反应，在浓硫酸催化作用下，可得到硝基苯。

$$C_6H_6 + HNO_3 \xrightarrow{H_2SO_4} C_6H_5NO_2 + H_2O$$

（3）浓硝酸和氢氟酸的混合液

浓硝酸和氢氟酸的混合液也具有强氧化性和配位作用，能溶解铌和钽。

3.3.2 碱的性质及应用

碱金属和碱土金属的氢氧化物都是白色固体。它们在空气中易吸水而潮解，故固体 $NaOH$ 和 $Ca(OH)_2$ 常用作干燥剂。

碱金属的氢氧化物在水中都是易溶的（其中 $LiOH$ 的溶解度稍小些），溶解时还放出大量的热。碱土金属的氢氧化物的溶解度则较小，其中 $Be(OH)_2$ 和 $Mg(OH)_2$ 是难溶的氢氧化物。碱土金属的氢氧化物的溶解度列入表 3-17 中。由表中数据可见，对碱土金属来说，由 $Be(OH)_2$ 到 $Ba(OH)_2$ 溶解度依次增大，这是由于随着金属离子半径的增大，阴、阳离子之间的作用力逐渐减小，容易为水分子所解离。

表 3-17　碱土金属氢氧化物的溶解度（20℃）

氢氧化物	$Be(OH)_2$	$Mg(OH)_2$	$Ca(OH)_2$	$Sr(OH)_2$	$Ba(OH)_2$
溶解度/(mol/L)	8×10^{-6}	2.1×10^{-4}	2.3×10^{-2}	6.6×10^{-2}	1.2×10^{-1}

碱金属、碱土金属的氢氧化物中，除 $Be(OH)_2$ 为两性氢氧化物外，其他氢氧化物都是强碱或中强碱。这两族元素氢氧化物碱性的递变次序如下：

$$\underset{\text{中强碱}}{LiOH} < \underset{\text{强碱}}{NaOH} < \underset{\text{强碱}}{KOH} < \underset{\text{强碱}}{RbOH} \quad \underset{\text{强碱}}{CsOH}$$

$$\underset{\text{两性}}{Be(OH)_2} < \underset{\text{中强碱}}{Mg(OH)_2} \quad \underset{\text{强碱}}{Ca(OH)_2} < \underset{\text{强碱}}{Sr(OH)_2} < \underset{\text{强碱}}{Ba(OH)_2}$$

3.3.2.1 强碱性质及应用

（1）氢氧化钠（NaOH）

氢氧化钠是白色固体，暴露在空气中易潮解，同时吸收空气中的 CO_2 生成碳酸钠，因此要密闭保存。氢氧化钠极易溶于水，溶解时放出大量的热量。$NaOH$ 浓溶液腐蚀动、植物的细胞组织，对皮肤、纸张等有强烈的腐蚀性，因此又称苛性钠、火碱或烧碱。使用它的固体或浓溶液时，要配戴防护眼镜。氢氧化钠溶于水后全部电离成 Na^+ 和 OH^-，具有碱的一切性质，能同酸、酸性氧化物、盐类反应。

与某些金属反应，但铁、银、镍这三种金属对 NaOH 具有较强的抗腐蚀作用。

$$2Al + 2NaOH + 6H_2O \longrightarrow 2Na[Al(OH)_4] + 3H_2 \uparrow$$

$$Zn + 2NaOH + 2H_2O \longrightarrow Na_2[Zn(OH)_4] + H_2 \uparrow$$

与某些非金属反应，如与卤素反应：

$$Cl_2 + 2NaOH \longrightarrow NaCl + NaClO + H_2O$$

与酸性氧化物反应，如与 SiO_2 反应：

$$2NaOH + SiO_2 \xrightarrow{\triangle} Na_2SiO_3 + H_2O$$

硅酸钠的水溶液俗称水玻璃，是一种黏合剂。实验室中盛放氢氧化钠的玻璃瓶，不可用玻璃塞而要用橡皮塞。因为氢氧化钠能与玻璃中的 SiO_2 反应生成 Na_2SiO_3，将瓶颈与塞子黏在一起。酸式滴定管不能装碱溶液也是这个缘故。

氢氧化钠除能与无机酸反应生成盐和水外，还可以和有机酸反应生成有机酸的钠盐，如与乙酸（CH_3COOH）反应生成乙酸钠（CH_3COONa）和 H_2O。

氢氧化钠和氯化镁反应生成难溶的 $Mg(OH)_2$ 白色沉淀：

$$MgCl_2 + 2NaOH \longrightarrow Mg(OH)_2 \downarrow + 2NaCl$$

利用这类反应可制取难溶的碱。

氢氧化钠是重要的基本化工原料之一，它主要用于精炼石油、肥皂、造纸、化学纤维、纺织、有机合成、洗涤剂等生产中。在实验室可用于干燥氨、氧、氢等气体。工业上主要采用电解水溶液的方法生产氢氧化钠。

$$2NaCl + 2H_2O \xrightarrow{电解} 2NaOH + H_2 \uparrow + Cl_2 \uparrow$$

注意：NaOH 对皮肤有强烈的腐蚀性，与玻璃也能反应，在平时的实验中应严格按照实验室操作规范做好安全防范工作。

（2）氢氧化镁[$Mg(OH)_2$]

氢氧化镁是一种中强的碱，具有碱的一切通性，此外还能与铵盐反应：

$$Mg(OH)_2 + 2NH_4^+ \longrightarrow Mg^{2+} + 2NH_3 \cdot H_2O$$

在足够的 NH_4^+ 存在下可使 $Mg(OH)_2$ 完全溶解。氢氧化镁是一种微溶于水的白色粉末，是造纸和其他工业的白色填充剂。

（3）氢氧化钙[$Ca(OH)_2$]

氢氧化钙是白色粉末状固体，微溶于水，其溶解度随温度的升高而减小。它的饱和水溶液称为石灰水。氢氧化钙是一种最便宜的强碱，在工业生产上，如不需要很纯的碱，可将氢氧化钙制成石灰乳代替烧碱。制漂白粉、制纯碱、制糖等工业都需要大量的氢氧化钙，但更多的是用来做建筑材料。

（4）钠、钾、镁、钙、钡的定性检验

焰色反应可以检验碱金属及碱土金属：钠呈黄色、钾呈紫色、钙呈橙红色、钡呈绿色。

镁的检验可用镁试剂。镁试剂本身在酸性溶液中呈黄色、碱性溶液中呈红色或紫红色。Mg^{2+} 与 NaOH 作用生成 $Mg(OH)_2$ 沉淀，沉淀吸附镁试剂后，呈现天蓝色。

含有 Ca^{2+} 的溶液中加氨水呈碱性后加（NH_4）$_2C_2O_4$ 溶液，生成白色 CaC_2O_4 沉淀：

$$Ca^{2+} + C_2O_4^{2-} \longrightarrow CaC_2O_4 \downarrow$$

含有 Ba^{2+} 的溶液中加入 K_2CrO_4，生成 $BaCrO_4$ 黄色沉淀：

$$Ba^{2+} + CrO_4^{2-} \longrightarrow BaCrO_4 \downarrow$$

3.3.2.2 弱碱性质及应用

(1) 氢氧化铝[Al(OH)₃]

氢氧化铝是难溶于水的白色胶状物质，在实验室中可用铝盐溶液与氨水作用来制备。

$$Al_2(SO_4)_3 + 6NH_3 \cdot H_2O \longrightarrow 2Al(OH)_3 \downarrow + 3(NH_4)_2SO_4$$
$$Al^{3+} + 3NH_3 \cdot H_2O \longrightarrow Al(OH)_3 \downarrow + 3NH_4^+$$

氢氧化铝是典型的两性氢氧化物，它能溶于酸或碱溶液中，但不溶于氨水。因此氨水和铝盐作用能使 Al^{3+} 盐沉淀完全。若用苛性碱代替氨水则过量的碱又会使生成的 $Al(OH)_3$ 沉淀逐渐溶解。

$$Al^{3+} + 3OH^- \longrightarrow Al(OH)_3 \downarrow$$
$$Al(OH)_3 + OH^- \longrightarrow [Al(OH)_4]^-$$

铝酸盐易发生水解，溶液呈碱性，若在该溶液中通入 CO_2，促使水解平衡右移，即有氢氧化铝沉淀产生，这也是氢氧化铝的一种工业制法。

$$2[Al(OH)_4]^- + CO_2 \longrightarrow CO_3^{2-} + 2Al(OH)_3 \downarrow + H_2O$$

氢氧化铝用于制备铝盐和纯氧化铝。在医药上用来治疗胃病、十二指肠溃疡，是一种较好的药物，由于它碱性很弱，服用过量也不会发生碱中毒危险，并能中和胃酸后生成氯化铝，还有收敛、止血的作用。

(2) 氢氧化铜[Cu(OH)₂]

在 Cu^{2+} 盐溶液中，加入适量的碱液，立即生成蓝色的氢氧化铜沉淀。

$$Cu^{2+} + 2OH^- \longrightarrow Cu(OH)_2 \downarrow$$

氢氧化铜不溶于水，受热时易分解为黑色的氧化铜和水：

$$Cu(OH)_2 \xrightarrow{\triangle} CuO + H_2O$$

氢氧化铜是两性偏碱性物质，易溶于酸，也能溶于较浓的碱液中：

$$Cu(OH)_2 + 2H^+ \longrightarrow Cu^{2+} + 2H_2O$$
$$Cu(OH)_2 + 2OH^- \longrightarrow [Cu(OH)_4]^{2-}$$

氢氧化铜可溶于氨水，生成深蓝色的四氨合铜离子（$[Cu(NH_3)_4]^{2+}$）。

$$Cu(OH)_2 + 4NH_3 \cdot H_2O \longrightarrow [Cu(NH_3)_4]^{2+} + 2OH^- + 4H_2O$$

四氨合铜溶液能溶解纤维素，可用于人造丝的生产。

(3) 氢氧化锌[Zn(OH)₂]

在锌盐溶液中加入适量的强碱可析出氢氧化锌沉淀，它具有两性，可溶于酸也可溶于碱。

$$Zn(OH)_2 + 2H^+ \longrightarrow Zn^{2+} + 2H_2O$$
$$Zn(OH)_2 + 2OH^- \longrightarrow [Zn(OH)_4]^{2-}$$

氢氧化锌可溶于氨水形成配位化合物：

$$Zn(OH)_2 + 4NH_3 \cdot H_2O \longrightarrow [Zn(NH_3)_4]^{2+} + 2OH^- + 4H_2O$$

利用这一性质可将 Zn^{2+} 与 Al^{3+} 分离。

氢氧化锌受热到 398K（约 125℃）时即脱水生成 ZnO：

$$Zn(OH)_2 \xrightarrow{\triangle} ZnO + H_2O$$

所以 $Zn(OH)_2$ 是制造纯 ZnO 的原料，亦用做造纸填料。

(4) 氢氧化铬[Cr(OH)₃]

Cr_2O_3 常用作涂料的颜料（铬绿），它易溶于玻璃熔体而使玻璃带有美丽的绿色，它也是冶炼铬的原料和某些有机合成的催化剂。

Cr_2O_3 的水化物是 $Cr(OH)_3$，在铬盐溶液中加入适量的 NaOH 或氨水均可得到 $Cr(OH)_3$ 的蓝灰色胶状沉淀。

$$Cr^{3+} + 3OH^- \longrightarrow Cr(OH)_3 \downarrow$$

$$Cr^{3+} + 3NH_3 \cdot H_2O \longrightarrow Cr(OH)_3 \downarrow + 3NH_4^+$$

$Cr(OH)_3$ 在溶液中存在如下平衡：

$$Cr^{3+} + 3OH^- \rightleftharpoons Cr(OH)_3 \rightleftharpoons H_2O + HCrO_2 \rightleftharpoons H^+ + CrO_2^- + H_2O$$

加酸平衡向生成 Cr^{3+} 的方向移动，加碱平衡向生成 CrO_2^- 的方向进行：

$$Cr(OH)_3 + 3HCl \longrightarrow CrCl_3 + 3H_2O$$

$$Cr(OH)_3 + NaOH \longrightarrow NaCrO_2 + 2H_2O$$

$Cr(OH)_3$ 的性质与 $Al(OH)_3$ 相似，具有两性。Cr^{3+} 能与过量氨水作用而 Al^{3+} 不能。由于 $Cr(OH)_3$ 的酸性或碱性都较弱，因此铬（Ⅲ）盐在水中易水解。

（5）$Fe(OH)_2$ 和 $Fe(OH)_3$

在可溶性铁盐溶液中加入碱，可以得到铁的氢氧化物。例如：

$$FeSO_4 + 2NaOH \longrightarrow Fe(OH)_2 \downarrow (白色絮状) + Na_2SO_4$$

$$Fe_2(SO_4)_3 + 6NaOH \longrightarrow 2Fe(OH)_3 \downarrow (红褐色絮状) + 3Na_2SO_4$$

生成的 $Fe(OH)_2$ 很不稳定，在空气里很快被氧化，由白色变成蓝绿色，最后变成绿褐色的 $Fe(OH)_3$ 沉淀。

$$4Fe(OH)_2 + O_2 + 2H_2O \longrightarrow 4Fe(OH)_3 \downarrow$$

$Fe(OH)_3$ 受热时分解成氧化铁和水：

$$2Fe(OH)_3 \xrightarrow{\triangle} Fe_2O_3 + 3H_2O$$

$Fe(OH)_2$ 和 $Fe(OH)_3$ 都是不溶于水的碱，都能与酸反应生成盐和水。

3.4 化学反应

3.4.1 化学反应的类别

3.4.1.1 化学反应

化学反应是指分子破裂成原子，原子重新排列组合生成新物质的过程。在反应中常伴有发光、发热、变色、生成沉淀物等现象发生。判断一个反应是否为化学反应的**依据**是反应是否生成新的物质。

3.4.1.2 化学反应类别

（1）按反应物与生成物的类型分

① 化学合成：由两种或两种以上的物质生成一种新物质的反应。如：

$$NH_3 + HCl \longrightarrow NH_4Cl$$

② 化学分解：一种化合物在特定条件下分解成两种或两种以上较简单的单质或化合物的反应。如：

$$2KClO_3 \xrightarrow{\triangle, MnO_2} 2KCl + 3O_2 \uparrow$$

③ 置换反应（单取代反应）：指一种单质和一种化合物生成另一种单质和另一种化合物的反应。如：

$$Cl_2 + 2NaBr \longrightarrow Br_2 + 2NaCl$$

④ 复分解反应：由两种化合物互相交换成分生成另外两种化合物的反应。如：

$$Na_2SO_4 + BaCl_2 \longrightarrow 2NaCl + BaSO_4 \downarrow$$

（2）按电子得失可分为氧化还原反应和非氧化还原反应

氧化还原反应：包括自身氧化还原、还原剂与氧化剂反应、异构化（化合物是形成结构重组而不改变化学组成物）等类型。氧化剂发生还原反应，得电子，化合价降低，有氧化性，被还原，生成还原产物。还原剂发生氧化反应，失电子，化合价升高，有还原性，被氧化，生成氧化产物。如：

$$H_2 + Cl_2 \longrightarrow 2HCl$$

此反应可分为两个半反应式即氧化反应和还原反应。

氧化反应：$H_2 - 2e^- \longrightarrow 2H^+$

还原反应：$Cl_2 + 2e^- \longrightarrow 2Cl^-$

（3）按照化学反应的特性或过程的特点归类

根据反应的过程、特性，化学反应又可分为表 3-18 的类型。

表 3-18　化学反应的分类

分类依据		分类
反应机理		单一反应、复合反应（平行反应、连串反应、平行-连串反应等）
反应可逆性		可逆反应、不可逆反应
反应级数		零级反应、一级反应、二级反应、多级反应、非整数级反应
反应热效应		放热反应、吸热反应
均相反应	催化反应	气相反应、液相反应
	非催化反应	
非均相反应	催化反应	液-液反应、气-液反应、气-固反应、液-固反应、气-液-固三相反应
	非催化反应	
温度变化		等温反应、绝热反应、变温反应
压力变化		常压反应、高压反应、变压反应
操作方式		间歇反应、连续反应、半连续反应

3.4.2　化学反应速率及平衡

3.4.2.1　速率的表达方式

化学反应速率是衡量化学反应快慢的物理量，反应速率越大进行得越快。对气体恒容或在溶液中进行的反应，通常用单位时间内反应物浓度的减小或生成物浓度的增大来表示：

$$r_i = \frac{\Delta c_i}{\Delta t}$$

式中　r_i——以 i 物质表示的反应速率，mol/(L·S)；

　　　Δc_i——物质的浓度变化值（反应物为减小，生成物为增大），mol/L；

Δt——浓度变化所需要的时间，s。

在化学反应中，由于各物质的浓度随时间而改变，因此在某一时间间隔内的化学反应速率也随时间不断变化，所以不同的时间间隔内的平均速率是不同的，要真实反映出这种不同，必须采用瞬时速率。瞬时速率是指某一时刻的真实速率。反应时间越短，平均速率就越接近瞬时速率。一般，用粗略的平均速率描述化学反应快慢时，要指明具体时间间隔。

3.4.2.2　影响化学反应速率的因素

化学反应速率的大小主要取决于反应物的本性（组成、结构），此外还受浓度、压力、温度和催化剂等外界条件的影响。

(1) 浓度对反应速率的影响

实验表明，在其他条件不变时增大反应物浓度会增大反应速率，减小反应物浓度会减小反应速率。

通常，把一步就能完成的反应叫作简单反应（又称基元反应）。例如：

$$NO_2 + CO \xrightarrow{\ >523K\ } NO + CO_2$$

实验证明，在一定的温度下，它们的反应速率与反应物的浓度有如下关系：

$$r \propto c(NO_2)c(CO)$$

当其他条件不变时，基元反应速率与各反应物浓度的幂的乘积成正比，这一规律叫作质量作用定律。

在一定条件下，对任何一个基元反应：

$$aA + bB \longrightarrow cC + dD$$
$$r = kc^a(A)c^b(B)$$

式中　　　　　　　　r——反应速率，$mol/(L \cdot S)$；

$c(A)$、$c(B)$——分别表示物质 A、B 的瞬时浓度，mol/L；

a、b——分别表示反应式中 A、B 的化学计量数；

k——速率常数。

当 $c(A) = c(B) = 1mol/L$ 时，$r = k$。因此 k 的物理意义是单位浓度时的反应速率。当两个反应都为单位浓度时 k 值较大的反应速率较大。k 的大小由反应物的本性所决定，还受温度、催化剂等因素的影响，而与浓度无关。

在应用速率方程时，必须注意下列问题。

① 速率方程只适用于基元反应。对于非基元反应，反应物浓度的指数必须由实验测出，它往往与反应式中的化学计量数不一致。其数学表达式为：

$$r = kc^\alpha(A)c^\beta(B)$$

式中，α、β 分别为对反应物 A 及 B 的反应级数，$\alpha + \beta = n$ 为反应的总级数。

例如，实验证明，当温度高于 523K 时，反应：

$$NO_2 + CO \xrightarrow{\ >523K\ } NO + CO_2$$

分两步进行

$$NO_2 + NO_2 \longrightarrow NO_3 + NO（慢反应）$$
$$NO_3 + CO \longrightarrow NO_2 + CO_2（快反应）$$

其速率方程为 $r = kc^2(NO_2)$。可见，非基元反应的速率决定于最慢的一步。

② 反应中出现反应物的浓度几乎不变的物质（如纯固态、纯液态物质，其浓度可视为

常数；稀水溶液中进行的反应，由于反应过程中水的浓度变化不大，亦可视为常数）时，速率方程表达式中不必列入该物质的浓度。例如，一定条件下煤的燃烧：

$$C(s) + O_2(g) \xrightarrow{\text{燃烧}} CO_2(g)$$

其速率方程可表示为：$\qquad r = kc(O_2)$

金属钠颗粒与水的反应：

$$2Na(s) + 2H_2O \longrightarrow 2NaOH + H_2 \uparrow$$

其速率方程可表示为：$\qquad r = k$

这时，化学反应速率只与 k 有关。

(2) 压力对反应速率的影响

当温度不变时，一定量气体的体积与其所受的压力成反比。若压力增大到原来的二倍，气体的体积就缩小到原来的一半，单位体积内分子数就增大到原来的二倍，即浓度增大到原来的二倍。因此，对于气体反应物，增大压力就是增大反应物的浓度，反应速率增大；反之，减小压力就是减小反应物浓度，则反应速率减小。

如果参加反应的物质是固体、纯液体或溶液时，改变压力它们的体积几乎不变，可以认为不影响反应速率。

(3) 温度对化学反应速率的影响

温度对化学反应速率的影响特别显著。一般情况下，大多数化学反应的速率随着温度的升高而增大，随着温度的降低而减小。大量实验证明，对于一般反应来说，温度每升高 10K，反应速率大约增大到原来的 2～4 倍，即范特霍夫（J. H. Van't Hoff）规则。当浓度一定时升高温度反应速率增大的倍数就是 k 增大的倍数。

(4) 催化剂对反应速率的影响

催化剂是能改变化学反应速率而本身的质量和化学性质在反应前后都没有变化的物质。有催化剂参加的反应叫催化反应，催化剂能改变反应速率的作用称催化作用。催化剂能改变反应速率常数，因而能改变反应速率。这种改变有增大和减小两种情况：能增大反应速率的叫作正催化剂，能减小反应速率的叫作负催化剂，若无特殊说明均指正催化剂。催化剂在不同的场合又有不同的称呼，如生物体内的催化剂通称为酶（如胃蛋白酶、酯酶和麦芽糖酶等），工业上的催化剂又称为触媒，用于延缓金属腐蚀的称为缓蚀剂，能防止橡胶和塑料老化的称为抗老化剂，防止化学试剂分解的称为稳定剂等。

在催化反应中，由于某些杂质或副产物会使催化剂降低或失去催化作用（称为催化剂中毒），所以实际工作中常需对原料或催化剂进行必要的处理。

(5) 其他因素对反应速率的影响

发生在固-气、固-液、固-固及溶液-纯液体之间的反应是在界面上进行的，因此反应速率还与接触面和接触机会有关。如稀硫酸与锌粉的反应，比与相同质量的锌粒反应剧烈，这是因为前者有较大接触面；而燃烧煤粉时，鼓风要比不鼓风烧得旺，这是由于鼓风既能使 O_2 不断地接触界面，又能使生成的 CO_2 等产物迅速离开界面，这种扩散增加了反应物间的接触机会，因而反应加快。

3.4.2.3 化学平衡

对于可逆反应，如：

$$N_2(g) + 3H_2(g) \Longleftrightarrow 2NH_3(g)$$

反应开始时，体系中只有氮气和氢气，只能发生正向反应，此时体系中氮气和氢气浓度最大，正反应速率最大。随着反应的进行，氮和氢的浓度逐渐减小，因而正反应速率逐渐减小。但体系中一有氨生成就出现了逆向反应，且随着反应的进行，氨的浓度逐渐增大，逆反应速率逐渐加大，直到体系内正、逆反应速率相等时，即 $r_正 = r_逆$，这时体系达到平衡，称这种状态为化学平衡状态，简称化学平衡。化学平衡的特征如下。

① 平衡时，$r_正 = r_逆 \neq 0$，即反应并没有停止，正逆反应仍在继续进行，即动态平衡。

② 平衡时，反应物和生成物的浓度（称平衡浓度）不随时间而改变。

③ 化学平衡是动态平衡。当外界因素如浓度、压力、温度等改变时，平衡发生移动，在新的条件下，重新建立新的平衡。

3.4.2.4 化学平衡常数

（1）平衡常数

对于可逆反应：

$$a\text{A} + b\text{B} \Longrightarrow c\text{C} + d\text{D}$$

在一定温度下达到平衡时，实验平衡常数用各生成物平衡浓度（或平衡分压）幂的乘积与各反应物平衡浓度（或平衡分压）幂的乘积之比表示，即：

$$K_c = \frac{c^c(\text{C})c^d(\text{D})}{c^a(\text{A})c^b(\text{B})}$$

K_c 称为浓度平衡常数。

$$K_p = \frac{p^c(\text{C})p^d(\text{D})}{p^a(\text{A})p^b(\text{B})}$$

K_p 称为压力平衡常数，其中分压以 Pa（或 kPa）为单位。

（2）标准平衡常数

标准平衡常数又称热力学平衡常数，用 $K^\ominus$ 表示。在标准平衡常数表达式中，各物质的浓度用相对浓度 $c(\text{A})/c^\ominus$ 表示。对气体反应，各物质的分压用相对分压 $p(\text{A})/p^\ominus$ 表示。$c^\ominus$ 为标准浓度，且 $c^\ominus = 1\text{mol/L}$；$p^\ominus$ 为标准压力，且 $p^\ominus = 0.101325\text{MPa}$。

对于反应 $\qquad a\text{A} + b\text{B} \Longrightarrow g\text{G} + h\text{H}$

若为稀溶液反应，一定温度下达平衡时，则有

$$K^\ominus = \frac{[c(\text{G})/c^\ominus]^g [c(\text{H})/c^\ominus]^h}{[c(\text{A})/c^\ominus]^a [c(\text{B})/c^\ominus]^b}$$

若为气体反应，一定温度下达平衡时，则有

$$K^\ominus = \frac{[p(\text{G})/p^\ominus]^g [p(\text{H})/p^\ominus]^h}{[p(\text{A})/p^\ominus]^a [p(\text{B})/p^\ominus]^b}$$

可见，标准平衡常数 $K^\ominus$ 与经验平衡常数 K（K_c 或 K_p）不同，$K^\ominus$ 的量纲为 1。由于 $c^\ominus = 1\text{mol/L}$，$p^\ominus = 0.101325\text{MPa}$. 所以，对稀溶液中的反应，$K^\ominus$ 和 K_c 两者在数值上是相等的；而对气体反应，由 $K^\ominus$、K_p 的表达式可以得出 $K^\ominus$ 与 K_p 的关系为 $K^\ominus = K_p$ $(p^\ominus)^{-\Delta n}$。

（3）平衡常数的意义

平衡常数是可逆反应的特征常数，它的大小表明了在一定条件下反应进行的程度。对于同一类型反应，在给定条件下，K 值越大，表明正反应进行的程度越大，即正反应进行得越完全。

平衡常数与反应体系的浓度（或分压）无关，它只是温度的函数。对同一反应，温度不同，K 值不同。因此，使用时必须注明对应的温度。

（4）有关化学平衡的计算

【例3-4-1】 已知二氧化碳气体与氢气的反应为：
$$CO_2(g) + H_2(g) \Longleftrightarrow CO(g) + H_2O(g)。$$

在某温度下达到平衡时 CO_2 和 H_2 的浓度均为 0.44mol/L，CO 和 H_2O 的浓度均为 0.56mol/L，计算该温度下的平衡常数 K_c。

解： $K_c = \dfrac{c(CO)c(H_2O)}{c(CO_2)c(H_2)} = \dfrac{0.56mol/L \times 0.56mol/L}{0.44mol/L \times 0.44mol/L} = 1.62$

已知平衡常数和起始浓度，计算平衡组成和平衡转化率。

平衡转化率简称为转化率，它是指反应达到平衡时，某反应物转化为生成物的百分率，常以 a 来表示。

$$a = \frac{某反应物已转化的量(n)}{反应前该反应物的总量(n_总)} \times 100\%$$

若反应前后体积不变，反应物的量可用浓度表示。

$$a = \frac{某反应物已转化的浓度(c)}{该反应物的起始浓度(c_始)} \times 100\%$$

【例3-4-2】 某温度时，反应 $CO(g) + H_2O(g) \Longleftrightarrow H_2(g) + CO_2(g)$ 的平衡常数 $K_c = 9$。若反应开始时 CO 和 H_2O 的浓度均为 0.02mol/L，计算平衡时体系中各物质的浓度及 CO 的平衡转化率。

解： 设反应达到平衡时体系中 H_2 和 CO_2 的浓度为 x

$$CO(g) + H_2O(g) \Longleftrightarrow H_2(g) + CO_2(g)$$

起始浓度/(mol/L)	0.02	0.02	0	0
平衡浓度/(mol/L)	0.02−x	0.02−x	x	x

$$K_c = \frac{c(H_2)c(CO_2)}{c(CO)c(H_2O)}$$

$$K_c = \frac{x^2}{(0.02-x)^2} = 9$$

$$x = 0.015mol/L$$

平衡时
$$c(H_2) = c(CO_2) = 0.015mol/L$$
$$c(CO) - c(H_2O) = 0.02mol/L - 0.015mol/L = 0.005mol/L$$

CO 的平衡转化率：

$$\alpha(CO) = \frac{0.015mol/L}{0.02mol/L} \times 100\% = 75\%$$

3.4.2.5 化学平衡的移动

因外界条件的改变使化学反应从原来的平衡状态转变到新的平衡状态的过程叫作化学平衡的移动。影响化学平衡的主要外界因素有浓度、压力和温度。

（1）浓度对化学平衡的影响

在任意状态时，各生成物浓度（或分压）幂的乘积与各反应物浓度（或分压）幂的乘积之比为反应商（Q）。即

$$Q = \frac{c^c(\text{C})c^d(\text{D})}{c^a(\text{A})c^b(\text{B})}$$

或

$$Q = \frac{p^c(\text{C})p^d(\text{D})}{p^a(\text{A})p^b(\text{B})}$$

当 $Q=K$ 时，体系处于平衡状态。当 $Q \neq K$ 时，体系处于非平衡状态。若 $Q<K$，说明生成物的浓度（或分压）小于平衡浓度（或分压），反应向正向进行，直到 Q 重新等于 K。反之，若 $Q>K$，则反应向逆向进行，直到 $Q=K$ 为止。

（2）压力对化学平衡的影响

压力的变化对固态或液态物质的体积影响很小，因此在没有气态物质参加反应时，可忽略压力对化学平衡的影响。但是对于有气体参加的反应，压力的影响必须考虑。

对于可逆反应：　　　　$a\text{A}(\text{g}) + b\text{B}(\text{g}) \Longleftrightarrow c\text{C}(\text{g}) + d\text{D}(\text{g})$

平衡时

$$K_p = \frac{p^c(\text{C})p^d(\text{D})}{p^a(\text{A})p^b(\text{B})}$$

若在此体系中，保持温度不变，将系统的体积从原体积 V 压缩到 $(1/x)V$，则系统的总压力增大为原来的 x 倍，相应各组分的分压也都增大至原来的 x 倍，则

$$Q = \frac{[xp(\text{C})]^c[xp(\text{D})]^d}{[xp(\text{A})]^a[xp(\text{B})]^b} = x^{c+d-a-b}K = x^{\Delta n}K$$

当生成物气体分子总数大于反应物气体分子总数时，$Q>K$，平衡向左移动（即平衡向气体分子总数减少的方向移动）。当生成物气体分子总数小于反应物气体分子总数时，$Q<K$，平衡向右移动（即平衡向气体分子总数减少的方向移动）。当反应前后气体分子总数相等，此时，$Q=K$，压力变化对平衡没有影响。即在一定温度下，增大压力，化学平衡向气体分子总数减少的方向移动；减小压力，化学平衡向气体分子总数增加的方向移动。

（3）温度对化学平衡的影响

温度也是影响化学平衡移动的重要因素之一，它与浓度、压力的影响有着本质的区别。浓度、压力变化时，平衡常数不变，只导致平衡发生移动。但温度变化时，平衡常数发生改变。升高温度，化学平衡向吸热方向移动；降低温度，化学平衡向放热方向移动。

3.5　化学溶液

3.5.1　化学试剂的分类

3.5.1.1　标准试剂

具有已知含量（有的是指纯度）或特性值，其存在量和反应消耗量可作为分析测定度量标准的试剂称为标准试剂。这种试剂的特性值应具有很好的准确度，而且还应能与 SI 制单位进行换算，并可得到一致性的标准值，其标准值是用准确的标准化方法测定的。标准试剂的确定和使用具有国际性。

国际纯粹化学和应用化学联合会（IUPAC）的分析化学分会将酸碱滴定的标准试剂分成了五类（表 3-19），其中 C 级和 D 级的纯度是用准确度很高的方法测定的。

表 3-19　IUPAC 的标准试剂分类

等级	标准
A 级	原子量标准
B 级	最接近 A 的标准物质
C 级	含量为(100±0.02)%的标准物质
D 级	含量为(100±0.05)%的标准物质
E 级	以 C 或 D 级试剂为标准进行的对比测定所提的纯度或相当于这种纯度的试剂,比 D 级的纯度低。

中国习惯将容量分析用的标准试剂和相当于 IUPAC 的 C 级的 pH 标准试剂称为基准试剂。分类情况如表 3-20 所示。

表 3-20　部分标准试剂的分级

类别	级别	测定单位	相当于 IUPAC
容量分析标准	第一基准	中国计量科学研究院测含量	C 级
	工作基准	生产厂以第一基准为标准测含量	D 级
pH 标准	pH 基准	中国计量科学研究院测 pH	C 级
	pH 基准	生产厂以 pH 基准为标准测 pH	D 级

标准试剂本身分为许多类别,最常用的(表 3-21)是 18 类,每类又各自包含有许多试剂品种。

表 3-21　标准试剂的分类

类别	状态	类别	状态
容量分析第一基准	固体	色层分析用标准	固体
容量分析工作基准	固体	杂质标准溶液	溶液
容量分析标准溶液	固体	光谱分析标准溶液	溶液
有机元素分析标准	固体	油溶分析标准溶液	溶液
pH 基准试剂	固体	热值分析标准溶液	固体
pD 基准试剂	固体	临床分析标准溶液	溶液
离子选择电极标准	固体	农药分析标准	固体
标准缓冲溶液	溶液	核磁分析标准	固体
气相色谱标准	液、固体	高纯金属标准	固体

3.5.1.2　普通试剂

普通化学试剂,区别于特殊化学试剂。目前中国主要划分为高纯、光谱纯、基准、分光纯、优级纯、分析纯和化学纯等 7 种,其中主要以优级纯、分析纯和化学纯三种较为常见。普通化学试剂一般以玻璃瓶、塑料瓶或塑料袋盛装,并在其上贴有标签注明试剂的基本性质。表 3-22 列出了我国化学试剂的分级。

表 3-22　化学试剂的分级

级别	习惯等级与代号	标签颜色	附注
一级	保证试剂　优级纯(GR)	绿色	99.8%,纯度很高,适用于精确分析和科学研究工作,有的可作为基准物质

级别	习惯等级与代号	标签颜色	附注
二级	分析试剂　分析纯（AR）	红色	99.7%，纯度较高，略次于优级纯，适用于一般分析及科研用
三级	化学试剂　化学纯（CP）	蓝色	≥99.5%，纯度与分析纯相差较大，适用于工业分析与化学试验
四级	实验试剂（LR）	棕色	只适用于一般化学实验用和要求较高的工业生产

3.5.1.3　特殊试剂

根据生产、研究、教学使用者需求，尚有其他特殊规格的试剂。这些试剂虽尚未经有关部门明确规定和正式颁布，但多年来为广大的化学试剂厂生产、销售和使用者所熟悉与沿用的特殊规格的化学试剂统称为特殊试剂。如表 3-23 中所列的特殊规格化学试剂。

表 3-23　特殊规格的化学试剂

规格	代号	用途	备注
高纯物质	EP	配制标准溶液	超纯、特纯、高纯、光谱纯
基准试剂	PT	标定标准溶液	已有国家标准
pH 基准缓冲物质		配制 pH 标准缓冲溶液	已有国家标准
色谱纯试剂	GC	气相色谱分析专用	
	LC	液相色谱分析专用	
实验试剂	LR	配制普通溶液或化学合成用	瓶签为棕色的四级试剂
指示剂	Ind.	配制指示剂溶液	
生化试剂	BR	配制生物化学检验试液	标签为咖啡色
生物染色剂	BS	配制微生物标本染色液	标签为玫瑰红色
光谱纯试剂	SP	光谱分析	
特殊专用试剂		特定监测项目，如无砷锌	锌粒含砷不得超过 4×10^{-5}%

3.5.1.4　化学试剂的包装及标志

化学试剂的包装单位，是指每个包装容器内盛装化学试剂的净重（固体）或体积（液体）。包装单位的大小是根据化学试剂的性质、用途和经济价值决定的。

我国化学试剂规定以下列五类包装单位包装：

第一类　0.1g、0.25g、0.5g、1g、5g 或 0.5mL、1mL；

第二类　5g、10g、25g 或 5mL、10mL、25mL；

第三类　25g、50g、100g 或 20mL、25mL、50mL、100mL；

第四类　100g、250g、500g 或 100mL、250mL、500mL；

第五类　500g、1000g 至 5000g（每 500g 为一间隔）或 500mL、1000mL、2500mL、5000mL。

GB 规定化学试剂的级别分别以不同颜色的标签表示，如表 3-24。

表 3-24　化学试剂的级别与标签颜色对照表

试剂级别	标签颜色
优级纯	深绿色

试剂级别	标签颜色
分析纯	金光红色
化学纯	蓝色
基准试剂	浅绿色
生化试剂	咖啡色
生物染色剂	玫瑰红色

3.5.1.5 化学试剂使用注意事项

化学试剂的选用应以分析要求，包括分析任务、分析方法、对结果准确度等为依据，来选用不同等级的试剂。如痕量分析要选用高纯或优级纯试剂，以降低空白值和避免杂质干扰。在以大量酸碱进行样品处理时，其酸碱也应选择优级纯试剂。同时，对所用的纯水的制取方法和玻璃仪器的洗涤方法也应有特殊要求。做仲裁分析也常选用优级纯、分析纯试剂。一般车间控制分析，选用分析纯、化学纯试剂。某些制备实验、冷却浴或加热浴的药品，可选用工业品。不同分析方法对试剂有不同的要求，如配位滴定最好用分析纯试剂和去离子水，否则因试剂或水中的杂质金属离子封闭指示剂，使滴定终点难以观察。

(1) 掌握试剂的性质

实验室工作人员应熟悉常用化学试剂的性质，如市售酸碱的浓度、试剂在水中的溶解度，有机溶剂的沸点、燃点，试剂的腐蚀性、毒性、爆炸性等。

(2) 正确使用标签

所有试剂、溶液以及样品的包装瓶上必须有标签。标签要完整、清晰，标明试剂的名称、规格、质量。溶液除了标明品名外，还应标明浓度、配制日期等。若标签脱落，应照原样贴牢。绝对不允许在容器内装入与标签不相符的物品。无标签的试剂必须取小样检定后才可使用。不能使用的化学试剂要慎重处理，不能随意乱倒。

(3) 操作要规范

① 为了保证试剂不受污染，应当用清洁的牛角勺或不锈钢小勺从试剂瓶中取出试剂，绝不可用手抓取。

② 若试剂结块，可用洁净的玻璃棒或瓷药铲将其捣碎后取用。

③ 液体试剂可用洗干净的量筒倒取，不要用吸管伸入原瓶试剂中吸取液体。从试剂瓶内取出的、没有用完的剩余试剂，不可倒回原瓶。

④ 打开易挥发的试剂瓶塞时，不可把瓶口对准自己脸部或对着别人。

⑤ 不可用鼻子对准试剂瓶口猛吸气。如果需嗅试剂的气味，可将瓶口远离鼻子，用手在试剂瓶上方扇动，使空气流向自己而闻出其味。

⑥ 化学试剂绝不可用舌头品尝。化学试剂一般不能作为药用或食用。医药用药品和食品的化学添加剂都有安全卫生的特殊要求，由专门厂家生产。

3.5.2 电解质溶液

3.5.2.1 电离及电离度

(1) 电解质

凡是在水溶液中（或在熔融状态下）能导电的物质叫电解质，反之就是非电解质。无机物中的酸、碱、盐溶液都能导电，因此它们都是电解质。而酒精、蔗糖以及大部分有机物均属非电解质。

（2）强电解质和弱电解质

不同电解质溶液的导电能力是不同的，在溶液中导电能力强的物质称为强电解质，导电能力弱的物质称为弱电解质。电解质溶液在导电能力上的差别主要决定于电解质的本质，即化学键的性质。

常见强电解质、弱电解质如表 3-25 所示。

表 3-25　常见强电解质、弱电解质

常见强电解质	常见弱电解质
强酸：HCl、HBr、HI、H_2SO_4、HNO_3、$HClO_3$、$HClO_4$ 等； 强碱：NaOH、KOH、$Ba(OH)_2$、$Ca(OH)_2$ 等； 绝大多数可溶性盐：如 NaCl、$(NH_4)_2SO_4$、$Fe(NO_3)_3$ 等	弱酸：HF、HClO、H_2S、H_2SO_3、H_3PO_4、H_2CO_3 等； 弱碱：$NH_3 \cdot H_2O$、$Fe(OH)_3$、$Al(OH)_3$、$Cu(OH)_2$ 等； 少数盐：$HgCl_2$、乙酸铅等 水（极弱的电解质）

（3）电离度

电离度用 α 表示，它的数学表达式是：

$$\alpha = \frac{已电离的溶质的分子数}{未电离前溶质的分子总数} \times 100\%$$

或

$$\alpha = \frac{已电离的物质的量浓度}{未电离前物质的量浓度} \times 100\%$$

$$= \frac{已电离的溶质的物质的量浓度}{溶解中溶质原始物质的量浓度} \times 100\%$$

强电解质在溶液中由于全部被离解成离子，不存在未电离的分子，所以强电解质溶液的电离度是 100%。但是，实验测得的强电解质在溶液中的电离度往往小于 100%，原因是离子是一种带电荷的粒子，每一个离子在运动中都要受到其他离子的影响。在强电解质溶液中，离子浓度较大，由于带相反电荷的离子的互相牵制，使离子不能完全地自由移动，因而影响了溶液的导电能力。这样使实验中所测得的电离度数据总是小于 100%。

电离度同溶液的浓度及温度有关。浓度减小则电离度增大，温度升高电离度相应增大。在温度、浓度相同时，电离度的大小可以表示弱电解质的相对强弱。电离度大的电解质较强，电离度小的电解质较弱。如在同一温度下，测得 0.1mol/L HAc 的电离度为 1.34%，0.1mol/L HCOOH（甲酸）的电离度为 4.24%，说明 HCOOH 的酸性比 HAc 的酸性强。

（4）弱电解质的电离平衡

① 电离平衡和电离常数。弱电解质分子在水溶液中，一方面由于受水分子的作用离解成离子进入到溶液中，另一方面离子间互相碰撞又要结合成分子，这样弱电解质的电离实际上是个可逆过程。根据化学平衡原理，当正、逆反应速度相等时，弱电解质在溶液中的电离就达到平衡状态。这种平衡称为电离平衡。

以 HAc 的电离为例：弱电解质 HAc 在溶液中，达到平衡时溶液中各种离子浓度和分子浓度是一定的，不再发生改变。即在一定温度下，离子浓度的乘积与未电离的分子浓度之比是一个常数，叫作电离平衡常数（或电离常数），用 K_i 表达。一般用 K_a 表示弱酸的电离常数，用 K_b 表示弱碱的电离常数。电离常数（K_i）可以表示电离平衡时，弱电解质电离成离子的趋势的大小，K_i 愈大表示电离程度愈大。因此，电离常数可以用来衡量弱电解质的相对强弱，如：25℃ 时，$K_{HCOOH} = 1.8 \times 10^{-4}$、$K_{HAc} = 1.8 \times 10^{-5}$，说明弱电解质 HCOOH 比 HAc 更强些。

电离常数 K_i 不随浓度的变化而变化。K 虽然受温度的影响，但其受温度变化的影响不显著，由于一些实验通常是在常温下进行的，所以应用电离常数时常常可以忽略温度对 K_i 的影响。电离常数可以通过实验测得，表 3-26 是部分常见弱电解质的电离常数。

表 3-26　25℃时部分弱电解质的电离常数

名称	化学式	电离常数 K_i
甲酸	HCOOH	$1.8×10^{-4}$
乙酸	CH_3COOH	$1.8×10^{-5}$
氢氰酸	HCN	$7.2×10^{-11}$
碳酸	H_2CO_3	$K_1=4.2×10^{-7}$
		$K_2=5.6×10^{-11}$
氢硫酸	H_2S	$K_1=1.32×10^{-7}$
		$K_2=7.2×10^{-15}$
草酸	$H_2C_2O_4$	$K_1=5.4×10^{-2}$
		$K_2=5.4×10^{-5}$
次氯酸	HClO	$3.2×10^{-3}$
氨水	$NH_3·H_2O$	$1.8×10^{-5}$

② 关于电离平衡的计算。在弱电解质溶液的平衡体系中，根据平衡常数 K_i 可以计算弱酸、弱碱溶液中有关的离子浓度。

【例 3-5-1】 计算 0.1mol/L HAc 溶液中的 H^+ 浓度及电离度 $α$（已知 $K_{HAc}=1.8×10^{-5}$）。

解：设电离平衡时，已电离的 HAc 浓度为 x mol/L，用 $[H^+]$ 和 $[Ac^-]$ 分别代表 H^+ 和 Ac^- 的浓度，则：

$$[H^+]=[Ac^-]=x\,mol/L$$

$$HAc \Longleftrightarrow H^+ + Ac$$

原始浓度/(mol/L)　　　0.1　　　0　　　0

平衡浓度/(mol/L)　　　0.1-x　　x　　x

$$K(HAc)=\frac{[H^+][Ac^-]}{[HAc]}$$

$$\frac{x^2}{0.1-x}=1.8×10^{-5}$$

当 K 比较小时，上述计算可作近似处理，即 $0.1-x≈0.1$；

$$x^2=1.8×10^{-6} \qquad x=1.34×10^{-3}$$

$$∴[H^+]=1.34×10^{-3}\,mol/L$$

$$α=\frac{1.34×10^{-3}\,mol/L}{0.1mol/L}×100\%=1.34\%$$

电离度和电离平衡常数都能表示弱电解质之间的相对强弱，二者既有区别又有联系。电离平衡常数是化学平衡常数的特例，因而它与浓度无关而与温度有关；电离度是转化率的一种特例，它随浓度的增加而降低。二者之间有一定的定量关系。现以 HAc 为例来说明电离度 $α$ 与电离平衡常数 K_i 的关系：假设 HAc 原始浓度为 c mol/L 电离度为 $α$，平衡时

$$[H^+]=[Ac^-]=c\alpha$$

$$HAc \longrightarrow H^+ + Ac^-$$

原始浓度/(mol/L) c 0   0

平衡浓度/(mol/L) $c-c\alpha$ $c\alpha$ $c\alpha$

$$K_{HAc}=\frac{[H^+][Ac^-]}{[HAc]}=\frac{c\alpha^2}{1-\alpha}$$

如果作近似计算，$1-\alpha\approx1$，则：

$$\alpha=\sqrt{\frac{K_i}{c}}$$

这个公式反映了电离度、电离常数及溶液浓度之间的关系。同一电解质的电离度与其浓度的平方根成反比，即当溶液稀释时，其电离度是增大的。这种关系也叫稀释定律。

从表 3-27 可看出，在同一温度下，不论乙酸的浓度如何变化，电离常数不发生变化，而电离度有很大变化。因此，用电离常数比较同类型弱电解质的相对强弱，在实际应用中更为重要些。

表 3-27　不同浓度 HAc 溶液的电离度和电离常数

溶液浓度/(mol/L)	电离度 $\alpha/\%$	电离常数 K_i
0.2	0.938	1.76×10^{-5}
0.1	1.33	1.76×10^{-5}
0.02	2.96	1.76×10^{-5}
0.001	13.3	1.76×10^{-5}

(5) 多元弱酸的电离平衡

一元弱酸（或弱碱）的电离平衡，其原理也适用于多元弱酸的电离平衡。多元弱酸的电离过程比较复杂，它的电离是分步进行的，每一步电离都有相应的电离常数。

现以二元弱酸 H_2S 电离为例（25℃）：

$$H_2S \Longrightarrow H^+ + HS^-$$

$$K_1=\frac{[H^+][HS^-]}{[H_2S]} \qquad K_1=1.32\times10^{-7}$$

$$HS^- \Longrightarrow H^+ + S^{2-}$$

$$K_2=\frac{[H^+][S^{2-}]}{[HS^-]} \qquad K_2=7.1\times10^{-15}$$

$$K=K_1K_2=\frac{[H^+][HS^-]}{[H_2S]}\times\frac{[H^+][S^{2-}]}{[HS^-]}$$

$$=1.32\times10^{-7}\times7.1\times10^{-15}$$

$$=9.3\times10^{-22}$$

这个方程式说明在电离平衡时，在 H_2S 溶液中 H^+、S^{2-} 和 H_2S 三者的浓度之间的关系：在一定浓度的 H_2S 溶液中，S^{2-} 浓度与 H^+ 浓度的平方成反比。因此，可以用调节溶液的 H^+ 离子浓度，控制溶液中的 S^{2-} 浓度，这一关系在分析化学中得到广泛应用。

从上述两步电离常数 $K_1\gg K_2$ 可以看出，第二步电离要比第一步电离困难得多。因此，溶液中的 H^+ 主要来自第一步电离。如果近似地计算多元弱酸中的 H^+ 离子浓度时，只要考虑第一步电离。

3.5.2.2 水的电离和溶液的 pH 值

(1) 水的电离

在精密的导电实验中，纯水是一种很弱的电解质，能微弱地电离出 H^+ 和 OH^-。

$$H_2O \rightleftharpoons H^+ + OH^-$$

$$K_i = \frac{[H^+][OH^-]}{[H_2O]} \quad 或 \quad K_i[H_2O] = [H^+][OH^-]$$

由于 22℃ 时，1L 水的浓度大约为 55.6mol/L。常将它作为常数，这样水的浓度与 K_i 的乘积仍为常数，用 K_w 表示。即：$K_w = K_i[H_2O]$。因此：

$$K_w = [H^+][OH^-]$$

K_w 称为水的离子积常数，在 22℃ 下测得 $K_w = [H^+][OH^-] = 10^{-14}$，即纯水中

$$[H^+] = [OH^-] = 10^{-7} \text{mol/L}$$

水的离子积常数表明，当水的电离平衡被破坏后平衡会发生移动。达到新的平衡时溶液中 H^+ 浓度和 OH^- 浓度虽然不再相等，但是 H^+ 浓度与 OH^- 浓度的乘积始终等于 K_w。水的离子积常数 K_w 与其他常数一样，和浓度无关，和温度有关。温度对 K_w 的影响比较显著，见表 3-28。

表 3-28 不同温度时水的离子积常数

温度/℃	0	18	22	25	50	100
K_w	1.3×10^{-15}	7.4×10^{-15}	1.00×10^{-14}	1.27×10^{-14}	5.6×10^{-14}	7.4×10^{-13}

常温时，一般采用 $K_w = 1.00 \times 10^{-14}$。

(2) 溶液的酸碱性和 pH 值

溶液的酸碱性是由溶液中 $[H^+]$ 和 $[OH^-]$ 的大小决定的。从水的电离平衡可知，在纯水中 $[H^+] = [OH^-] = 10^{-7} \text{mol/L}$，这时水显中性。

当在水中加入少量的酸或碱时，由于同离子效应使水的电离平衡被破坏，达到新的平衡时，溶液中 $[H^+] \neq [OH^-]$。结果溶液就显酸性或碱性。如：在水中加入少量盐酸，使溶液中 $[H^+] = 10^{-3} \text{mol/L}$，$[OH^-] = 10^{-11} \text{mol/L}$，使得溶液中 $[H^+] > [OH^-]$ 溶液显酸性。

同样，在水中加入少量 NaOH，使 $[OH^-] = 10^{-3} \text{mol/L}$，则 $[H^+] = 10^{-11} \text{mol/L}$，结果 $[H^+] < [OH^-]$，溶液显碱性。

当 $[H^+] = [OH^-]$ 时，溶液显中性。平时采用 H^+ 浓度的负对数即 pH 值来表示溶液的酸碱性。当某溶液中 $[H^+] = 10^{-3} \text{mol/L}$ 时，其 $pH = -lg([H^+]) = -lg10^{-3} = 3$。反之，如果已经知道 pH 值，就可以计算溶液中的 H^+ 浓度。与 pH 值相对应的溶液的 pOH 值是溶液中 OH^- 浓度的负对数值。中性溶液中 $pH = 7$，碱性溶液中 $pH > 7$，酸性溶液中 $pH < 7$。

对于酸性或碱性较强的溶液用 pH 值表示酸碱度不简便，如 $[H^+] = 2 \text{mol/L}$，则 $pH = -0.3$，都小于 0，所以当溶液的 $[H^+]$ 或 $[OH^-]$ 大于 1mol/L 时，均不用 pH 值或 pOH 值来表示溶液的酸碱度，而直接用 H^+ 浓度或 OH^- 浓度表示更为合适。

pH 值是反映溶液酸碱性的重要数据，因此在生产和科学实验中，控制和测定溶液的 pH 值是非常重要的。用酸度计可准确测量溶液的 pH 值，在实际工作中常用酸碱指示剂和 pH 试纸调节和控制 pH 值，pH 试纸是由多种指示剂的混合液浸透的试纸，因此不同 pH 值的溶液能使其显示不同的颜色。

3.5.3 缓冲溶液

3.5.3.1 缓冲溶液的性质

在稀盐酸（1.8×10^{-5} mol/L）溶液中加入少量 NaOH 或 HCl，pH 有较明显的变化，但在 HAc-NaAc 这对共轭酸碱组成的溶液中，加入少量的强酸或强碱，溶液的 pH 改变极小。这种具有能保持 pH 相对稳定性能的溶液称为缓冲溶液。常见的缓冲溶液见表 3-29。

表 3-29　常见的缓冲溶液

弱酸	共轭碱	$pK^{\ominus}$	pH 范围
邻苯二甲酸	邻苯二甲酸氢钾	1.3×10^{-3}	$1.9 \sim 3.9$
乙酸	乙酸钠	1.8×10^{-5}	$3.7 \sim 5.7$
磷酸二氢钠	磷酸氢二钠	6.2×10^{-8}	$6.2 \sim 8.2$
氯化铵 NH_4Cl	氨水 NH_3	5.6×10^{-10}	$8.3 \sim 10.3$
磷酸氢二钠	磷酸钠	4.5×10^{-13}	$11.3 \sim 13.3$

（1）缓冲原理

以 HAc-NaAc 为例来说明缓冲溶液的缓冲原理。HAc 是弱电解质，在溶液中部分地发生电离。NaAc 是强电解质，在溶液中全部电离。当在 HAc 溶液中加入 NaAc 溶液后，由于同离子效应的缘故，抑制了 HAc 的电离（即降低了 HAc 的电离度）。因此，在该溶液中〔HAc〕和〔Ac^-〕都很高，而〔H^+〕相对比较低。

$$HAc \longrightarrow H^+ + Ac^-$$
$$NaAc \longrightarrow Na^+ + Ac^-$$

当在该溶液中加入少量的强酸时，H^+ 和 Ac^- 结合生成 HAc 分子，使 HAc 的电离平衡向左移动。这样溶液中的 H^+ 并没因强酸的加入而显著增大。因此该溶液的 pH 值在加入酸前后仍保持基本不变。在该溶液中加入少量强碱，溶液中 H^+ 与加入的 OH^- 结合生成水，这时 HAc 的电离平衡向右移动，溶液中未电离的 HAc 分子不断电离出 H^+ 以抵御 OH^- 的影响，使溶液中的 H^+ 浓度保持稳定，因而 pH 值基本不变。加水稀释时由于并不影响 HAc 溶液的电离平衡，pH 值仍保持基本不变。

（2）缓冲溶液 pH 的计算

在讨论缓冲溶液的缓冲原理时，已经知道，缓冲溶液中的 H_3O^+ 浓度取决弱酸的解离常数和共轭酸、碱浓度的比值。即：

$$c(H_3O^+) = K_a^{\ominus}(HA) \times \frac{c(HA)}{[c(A^-)]}$$

这一关系式实际上来源于弱酸 HA 的平衡组成的计算，与同离子效应的计算完全一样。如果将等式两边分别取负对数：

$$-\lg[c(H_3O^+)] = -\lg K_a^{\ominus}(HA) - \lg \frac{c(HA)}{c(A^-)}$$

$$pH = pK_a^{\ominus}(HA) - \lg \frac{c(HA)}{c(A^-)}$$

或

$$pH = pK_a^{\ominus}(HA) + \lg \frac{c(A^-)}{c(HA)}$$

对共轭酸碱对来说，25℃时 $pK_a^{\ominus} + pK_b^{\ominus} = 14.00$

$$pH = 14.00 - pK_b^\ominus(A^-) + \lg \frac{c(A^-)}{c(HA)}$$

【例 3-5-2】 若在 $50.00mL$ 的 $0.150mol/L$ $NH_3(aq)$ 和 $0.200mol/L$ NH_4Cl 缓冲溶液中，加入 $0.100mL$ $1.00mol/L$ 的 HCl 溶液。计算加入 HCl 溶液前后溶液的 pH 各为多少？

解： 加盐酸之前

$$pH = pK_a^\ominus(NH_4^+) - \lg \frac{c(NH_4^+)}{c(NH_3)}$$

$$= -\lg \frac{K_w^\ominus}{K_b^\ominus(NH_3)} - \lg \frac{c(NH_4^+)}{c(NH_3)}$$

$$= -\lg \frac{1.0 \times 10^{-14}}{1.8 \times 10^{-5}} - \lg \frac{0.200mol/L}{0.150mol/L}$$

$$= 9.26 - 0.12 = 9.14$$

加入 $0.100mL$ $1.00mol/L$ 的 HCl 溶液之后，溶液的体积为 $50.10mL$。HCl 在该溶液中未反应前浓度是：

$$c(HCl) = \frac{1.00mol/L \times 0.100mL}{50.10mL} mol/L$$

$$= 0.0020mol/L$$

由于加入 HCl，它全部解离产生的 H_3O^+ 与缓冲溶液中的 NH_3 反应生成了 $NH4^+$；这样使 NH_3 的浓度减少了 $0.0020mol/L$，而 NH_4^+ 浓度增加了 $0.0020mol/L$。

$$NH_3(aq) + H_2O \rightleftharpoons NH_4^+(aq) + OH^-(aq)$$

加 HCl 前浓度/ (mol/L^{-1}) 0.150   0.200

加入 HCl 后变化了

的浓度/ (mol/L) -0.0020 $+0.0020$

平衡浓度/ (mol/L) $(0.150 - 0.0020) - x$ $(0.200 + 0.0020) + x$

         $= 0.148 - x$ $= 0.202 + x$

$$\frac{x(0.202 + x)}{0.148} = 1.8 \times 10^{-5}$$

$$x = 1.3 \times 10^{-5}$$

即 $c(OH^-) = 1.3 \times 10^{-5}mol/L$ $pH = 14.00 + \lg(1.3 \times 10^{-5}) = 9.11$

3.5.3.2 缓冲溶液的配制

能组成缓冲溶液的物质很多，除了已经知道的弱酸和它的盐（HAc-NaAc）、弱碱和它的盐（$NH_3 \cdot H_2O$-NH_4Cl）外，多元酸的酸式盐与其对应的次级盐（如 NaH_2PO_4-Na_2HPO_4）的水溶液都具有对酸或碱的缓冲能力，可以用来配制各种不同 pH 值范围的缓冲溶液。根据式 $pH = pK_a^\ominus \pm 1$，决定缓冲溶液 pH 值的主要是缓冲对中的弱酸或弱碱的电离平衡常数 $pK_a^\ominus$。因此不同类型的缓冲溶液 pH 值不同，如 HAc-NaAc 型的 $pH = 4.7 \pm 1$；$NH_3 \cdot H_2O$-NH_4Cl 型的 $pH = 9.3 \pm 1$。

以配制 pH 为 7.40 的磷酸盐缓冲溶液为例，说明缓冲溶液的配置步骤。

第一步：计算 $pK_{ai}^\ominus$ 值。根据已知条件，查酸碱的解离常数，计算 $pK_{ai}^\ominus$ 值。

磷酸是三元弱酸：

$$H_3PO_4(aq) + H_2O(l) \rightleftharpoons H_3O^+(aq) + H_2PO_4^-(aq)$$
$$K_{a1}^\ominus = 6.7 \times 10^{-3}, pK_{a1}^\ominus = 2.17$$

$$H_2PO_4^-(aq) + H_2O(l) \rightleftharpoons H_3O^+(aq) + HPO_4^{2-}(aq)$$
$$K_{a2}^\ominus = 6.2 \times 10^{-8}, pK_{a2}^\ominus = 7.21$$

$$HPO_4^{2-}(aq) + H_2O(l) \rightleftharpoons H_3O^+(aq) + PO_4^{3-}(aq)$$
$$K_{a3}^\ominus = 4.5 \times 10^{-13}, pK_{a3}^\ominus = 12.35$$

第二步：计算缓冲溶液中主要组分的物质量的比值。比较 $pK_{ai}^\ominus$ 值与目标 pH 值，选择接近目标值的 $pK_{ai}^\ominus$，计算平衡体系中各组分物质的量的比值。在三种缓冲系统中，最适宜的是 $H_2PO_4^--HPO_4^{2-}$，因为 $pK_{a2}^\ominus$ 与要求的 pH 最接近。

$$pH = pK_{a2}^\ominus + \lg \frac{c(HPO_4^{2-})}{c(H_2PO_4^-)}$$

$$7.40 = 7.21 + \lg \frac{c(HPO_4^{2-})}{c(H_2PO_4^-)}$$

$$\lg \frac{c(HPO_4^{2-})}{c(H_2PO_4^-)} = 0.19$$

可得

$$\frac{c(HPO_4^{2-})}{c(H_2PO_4^-)} = 1.5$$

第三步：根据计算结果按比例进行配制。按 $n(HPO_4^{2-}):n(H_2PO_4^-) = 1.5:1$，将 Na_2HPO_4 和 NaH_2PO_4 溶解在水中。如将 1.5mol Na_2HPO_4 和 1.0mol NaH_2PO_4 溶解在足量的水中配制成 1.0L 溶液，即配制成 pH 为 7.40 的磷酸盐缓冲溶液。

3.6 无机物质制备

以高锰酸钾的制备为示例。

3.6.1 制备原理

高锰酸钾又称灰锰氧，是一种黑紫色的晶体，可溶于水形成深紫红色的溶液，微溶于甲醇、丙酮和硫酸；遇乙醇、过氧化氢则分解；加热至 240℃ 以上放出氧气；在酸性介质中常用作强氧化剂。

制备高锰酸钾工艺：

① 二氧化锰在氯酸钾这一强氧化剂存在的条件下与氢氧化钾共熔，制备锰酸钾（绿色）。

$$3MnO_2 + 6KOH + KClO_3 \longrightarrow KCl + 3K_2MnO_4 + 3H_2O$$

② 把锰酸钾熔融物溶于水，加入乙酸，边加边搅拌，使锰酸钾歧化，得到高锰酸钾溶液。

$$3K_2MnO_4 + 4HAc \longrightarrow 2KMnO_4 + MnO_2 + 4KAc + 2H_2O$$

③ 将得到的高锰酸钾溶液蒸发浓缩（温度控制在 80℃）、结晶、得到高锰酸钾晶体。

④ 在酸性条件下，用已知浓度的标准草酸（乙二酸）溶液滴定制得的产品，计算产品的纯度。

$$2KMnO_4 + 5H_2C_2O_4 + 3H_2SO_4 \longrightarrow K_2SO_4 + 2MnSO_4 + 10CO_2 + 8H_2O$$

根据下面的公式，计算产物高锰酸钾的纯度。

$$w = \frac{2cV_1V_总 M}{5V_2 m} \times 100\%$$

在酸性条件下，用 $Na_2C_2O_4$ 标定 $KMnO_4$ 的反应为：

$$2MnO_4^- + 5C_2O_4^{2-} + 16H^+ \longrightarrow 2Mn^{2+} + 10CO_2 + 8H_2O$$

3.6.2 制备方案

高锰酸钾制备流程图如图 3-6 所示。

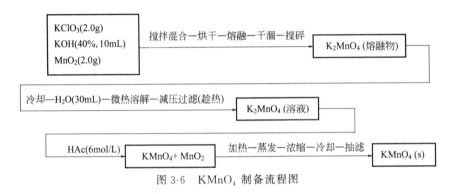

图 3-6 $KMnO_4$ 制备流程图

(1) 锰酸钾的制备

将 2.0g 氯酸钾和 10mL40％氢氧化钾溶液及 2.0g 二氧化锰粉末置于 20mL 铁坩埚内，用铁棒搅拌均匀后，缓慢烘干，逐渐升温至混合物熔融。慢慢的反应物会干涸，当其干涸后，继续加热 5min，翻动混合物，将熔融物搅碎。可得到墨绿色的锰酸钾熔融物（此阶段实验应特别注意安全，勿使化合物蹦出）。

将制得的熔融物静置，自然冷却。将其用铁棒搅碎，并转移至盛有 30.0mL 水的烧杯中，用酒精灯小火慢慢加热（微热），搅拌直到熔融物全部溶解为止。趁热减压过滤此溶液（所用漏斗为玻璃砂芯漏斗），便可得到锰酸钾的溶液。

(2) 高锰酸钾的制备

将锰酸钾溶液移入烧杯中，缓慢地加入 6mol/L 的乙酸，边加边用玻璃棒搅拌。同时用玻璃棒蘸取少量的溶液，涂在滤纸上，观察滤纸上溶液颜色的变化，如果滤纸上只有紫红色而没有墨绿色，即可认为锰酸钾已经歧化完全，否则锰酸钾没有歧化完全，还需要继续滴加乙酸，加入乙酸的量大约为 8.0mL，而且 pH 值大约等于 9。静置片刻抽滤，得到高锰酸钾溶液。

将高锰酸钾溶液转移至蒸发皿中，加热，蒸发浓缩（温度控制在 80℃，防止高锰酸钾分解）。直到溶液表面有高锰酸钾晶膜形成时停止加热，静置使其自然冷却结晶。然后将其抽滤，在抽滤的过程中尽可能地把高锰酸钾晶体抽干。观察其颜色、晶形并称量此高锰酸钾晶体的质量，计算产率。

(3) 纯度分析

① 配制 0.02mol/L 高锰酸钾溶液 500mL。称取自制的高锰酸钾晶体 1.6g 于小烧杯中加水溶解，盖上表面皿，加热至沸并保持微沸状态下 1h，冷却后于室温下放置 2～3 天后，

用微孔玻璃漏斗过滤，滤液置于清洁带塞的棕色瓶中。

② 高锰酸钾溶液的标定。准确称取 0.13～0.16g 基准物 $Na_2C_2O_4$ 置于 250mL 锥形瓶中，加 40mL 水、3mol/L 的硫酸 10mL，加热至 70℃～80℃（即开始冒蒸汽时的温度），趁热用高锰酸钾溶液进行滴定。由于开始时滴定反应速度较慢，滴定速度也要慢，一定要等前一滴高锰酸钾溶液的红色完全退去再滴入下一滴。随着滴定的进行，溶液中产物即催化剂 Mn^{2+} 的浓度不断增大，反应速度加快，滴定速度也可以适当加快，此为自身催化剂。直到滴定的溶液呈微红色，半分钟不褪色即为终点（注意终点时的温度应保持在 60℃ 以上）。平行滴定 3 份，计算高锰酸钾溶液的浓度和相对平均偏差。

思 考 题

① 制备高锰酸钾时用铁坩埚而不用瓷坩埚，为什么？

② 配制高锰酸钾标准溶液时，为什么要将溶液煮沸一定时间并放置数天？配好的溶液为何要过滤后才能保存？过滤时是否可以用滤纸？

③ 在滴定时，高锰酸钾溶液为何要放在酸式滴定管中？

④ 盛放高锰酸钾溶液的容器放置久后，其壁上常有棕色沉淀物是什么？应怎样洗涤除去此沉淀物？

3.7 无机化学发展趋势

无机化学的发展趋向主要是新型化合物的合成和应用，以及新研究领域的开辟和建立。21 世纪计算方法的运用大大促进理论和实验紧密的结合，各学科间的深入发展和学科间的相互渗透，形成许多学科新的研究领域。例如，生物无机化学就是无机化学与生物学结合的边缘学科，固体无机化学是十分活跃的新兴学科；作为边缘学科的配位化学与其他相关学科相互渗透与交叉。

无机化学的研究特点是运用现代物理实验方法。例如，X 射线、中子衍射、电子衍射、磁共振、光谱、质谱、色谱等方法的应用，使无机化学的研究由宏观深入到微观，从而将元素及其化合物的性质和反应同结构联系起来，形成现代无机化学。

（1）配位化学（coordination chemistry）

配位化学是研究金属原子或离子与其他无机或者有机离子、分子相互反应形成配位化合物的特点以及他们的成键、结构、反应及制备的一种化学分支。而配位化合物中最明显的结构特点就是中心原子和配位体之间可以进行配位结合，价键理论以及分子轨道理论能够更加直观地解释这种现象出现的原因。目前，配合物已被广泛地应用于无机及分析化学、生物化学、药物化学、电化学、染料化学、有机化学等诸多领域中，我国配位化学研究已步入国际先进行列，研究水平大为提高。如：①小新型配合物、簇合物、有机金属化合物和生物无机配合物，特别是配位超分子化合物的基础无机合成及其结构研究取得了丰硕成果，丰富了配合物的内涵；②开展了热力学、动力学和反应机理方面的研究，特别在溶液中离子萃取分离和均相催化等应用方面取得了成果；③现代溶液结构的谱学研究及其分析方法以及配合物的结构和性质的基础研究水平大为提高；④随着高新技术的发展，具有光、电、热、磁特性和生物功能配合物的研究正在取得进展，它的很多成果还包含在其他不同学科的研究和化学教学中。

在配位化学学科发展的同时创造出更为奇妙的新材料，揭示出更多生命科学的奥妙。从超分子之类的新观点研究分子的合成和组装，在我国日益受到重视。配位化学包含在超分子化学概念之中。配位化学的原理和规律，无疑将在分子水平上对未来复杂的分子层次以上聚集态体系的研究起着重要的作用，其概念及方法也将超越传统学科的界限。配位化学与化学其他分支学科的结合研究将给配位化学带来新的发展前景。

（2）固体无机化学（solid inorganic chemistry）

固体无机化学是跨越无机化学、固体物理、材料科学、计算机工程等学科的综合性学科，主要研究固体中缺陷平衡、扩散以及化学反应三部分内容。犹如一个以固体无机物的"结构""物理性能""化学反应性能"及"材料"为顶点的正四面体，是当前无机化学学科十分活跃的新兴分支学科。

近年来该领域不断发现具有特异性能及新结构的化合物。如，高温超导材料、纳米材料、C_{60} 等。固体无机化学主要从固体无机化合物的制备和应用及室温和低热固相化学反应两大方面开展大量的基础性和应用基础性研究工作，取得了一批举世瞩目的研究成果，向信息、能源等各个应用领域提供了各种新材料。例如，在固体无机化合物的制备及应用方面，展开了对光学材料、多孔晶体材料、纳米相功能材料、无机膜敏感材料、电和磁功能材料及 C_{60} 及其衍生物、多酸化合物、金属氢化物的研究。在室温和低热固相反应方面，进行了固相反应机理与合成、原子簇与非活性光学材料合成纳米材料新方法、绿色化学等方面的研究。

（3）生物无机化学（bioinorganic chemistry）

生物无机化学的主要研究对象是生物体内的金属元素和少量非金属元素以及化合物。生物无机化学的出现能够帮助我们更加清楚、全面地了解到人体的构造和各种人体机能的实现原理，在探索生物无机化学的过程中也帮助我们找到解决生理疾病的药物和有效治疗方法，为了达到实验的研究目的，经常会选择模拟人体内环境的方法。

生物无机化学的研究经历了 3 个台阶，研究对象从生物小分子到生物大分子；从研究分离的生物大分子到研究生物体系。近年来又开始了对细胞层次的无机化学研究，其研究水平逐年提高。我国在①金属离子及其配合物与生物大分子的作用；②药物中的金属及抗癌活性配合物的作用机理；③稀土元素生物无机化学；④金属离子与细胞的作用；⑤金属蛋白与金属酶；⑥生物矿化；⑦环境生物无机化学等方面进行了大量的研究工作。在金属配合物与生物大分子的相互作用、金属蛋白结构与功能、金属离子生物效应的化学基础以及无机药物化学、生物矿化方面都有了相对固定的研究方向。

（4）绿色化学（green chemistry）

绿色化学即是用化学的技术和方法减少或消灭那些对人类健康、社会安全、生态危害的原料、催化剂、溶剂和试剂、产物、副产物的使用和产生。绿色化学的理想在于不再使用有毒有害物质，不再产生废物，不再处理废物，它是一门从源头上阻止污染的化学。

近几年来开发新的原子经济反应已成为绿色科学研究的热点之一。研究开发无毒无害原料代替有毒、有害的原料来生产所需要的化工产品，采用无毒无害催化剂，其中采用新型分子筛催化剂的乙苯液相烃技术引人注目。这种催化剂选择性很高，乙苯重复利用率超过99.6%，而且催化剂寿命长。采用无毒、无害溶剂，如开发超临界流体（SCF），特别是超临界二氧化碳作溶剂，其最大优点是无毒、无害、不可燃、价廉等。针对钛硅分子筛催化剂反应体系，开发降低钛硅分子筛合成成本的技术，开发与反应匹配的工艺和反应器仍是今后努力的方向。还可以利用再生的资源合成化学品，即把废物转化成动物饲料、工业化学品和燃料。此外，保护大气臭氧层的氟氯烃代用品已在开始使用，防止白色污染的生物降解塑料也在使用。绿色化学发展正在勃勃兴起。

综合能力测试

一、应知客观测试（O）

（一）选择题（单选）

1. 下列关于氯气的叙述中，正确的是（　　）。

A. 在通常情况下，氯气比空气轻

B. 氯气能与氢气化合生成氯化氢

C. 红热的铜丝在氯气中燃烧后生成蓝色的 $CuCl_2$

D. 液氯与氯水是同一种物质

2. 下列物质中不能起漂白作用的是（　　）。

A. Cl_2　　　　　　　B. $CaCl_2$　　　　　　　C. $HClO$　　　　　　　D. $Ca(ClO)_2$

3. 鉴别 Cl^-、Br^-、I^- 可以选用的试剂是（　　）。

A. 碘水、淀粉溶液　　　　　　　　　　B. 溴水四氯化碳

C. 淀粉碘化钾溶液　　　　　　　　　　D. 硝酸银稀硝酸溶液

4. 下列酸中能腐蚀玻璃的是（　　）。

A. 氢氟酸　　　　　　　B. 盐酸　　　　　　　C. 硫酸　　　　　　　D. 硝酸

5. 在与金属的反应中，硫比较容易（　　）。

A. 得到电子，是还原剂　　　　　　　　B. 失去电子，是还原剂

C. 得到电子，是氧化剂　　　　　　　　D. 失去电子，是氧化剂

6. 实验室用硫酸亚铁与酸反应制取硫化氢气体时，可选用的酸是（　　）。

A. 浓 H_2SO_4　　　　B. 稀 H_2SO_4　　　　C. 浓盐酸　　　　　　D. 稀 HNO_3

7. 在常温下，下列物质可盛放在铁制或铝制容器中的是（　　）。

A. 浓 H_2SO_4　　　　B. 稀 H_2SO_4　　　　C. 稀盐酸　　　　　　D. $CuSO_4$ 溶液

8. 下列单质能和水剧烈反应的是（　　）。

A. Fe　　　　　　　　B. Mg　　　　　　　C. Cu　　　　　　　D. Na

9. 下列物质中既溶于盐酸又溶于氢氧化钠溶液的是（　　）。

A. Fe_2O_3　　　　　B. ZnO　　　　　　C. $CaCO_3$　　　　　D. SiO_2

10. 决定化学反应速率的主要因素是（　　）。

A. 各反应物的浓度　　　　　　　　　　B. 参加反应的物质的性质

C. 催化剂　　　　　　　　　　　　　　D. 温度

（二）判断题（下列叙述中对的打"√"，错的打"×"）。

1. 与硝酸银溶液反应有白色沉淀生成的物质中必定含有氯离子。（　　）

2. I^- 和 I_2 一样，遇淀粉变蓝。（　　）

3. 氢硫酸除与碱、盐等物质反应表现出酸性外还具有氧化性和还原性。（　　）

4. 蔗糖中加入浓硫酸，变成多孔的炭，这是由于浓硫酸具有强吸水性。（　　）

5. 硝酸具有酸的通性，能与活泼金属反应放出氢气。（　　）

6. 比较活泼的金属单质都容易被空气氧化。（　　）

7. 钢材在潮湿的空气中要比在干燥条件下易腐蚀。（　　）

8. 在稀酸中，含有杂质的锌比纯锌溶解得快。（　　）

9. 增加反应物的浓度，可以提高反应速率，是因为浓度增大后，其速率常数增大了。
（　　）

10. 当反应 $2A(g) + B(g) \longrightarrow 2C(g)$ 达到平衡时，增大压力，化学平衡不发生移动。（　　）

二、应知主观测试（J）

1. 请写出下列各反应的化学反应方程式。

（1）实验室中制取氯气。

（2）电解食盐水。

（3）高锰酸钾氧化双氧水。

（4）金属锌与盐酸反应。

（5）碘与硫代硫酸钠反应。

（6）铜盐与碘化钾反应。

（7）制备漂白粉的反应。

（8）重铬酸钾在酸性条件下与二价铁反应。

（9）实验室制备氧气。

（10）金属铝与碱反应。

2. 请列出常见的基准试剂并说明其应用。

3. 请设计实验室制备硫酸铜的方案。

4. 请按照 HSE 要求列出实验室常见酸碱可能对人体造成的伤害现象。

有机化学基础知识

4.1 重要有机物质的性质

4.1.1 烃的性质

4.1.1.1 脂环烃的性质

分子中含有环状碳骨架，性质和脂肪烃相似的化合物，称为脂环烃（alicyclic hydrocarbon）。

（1）脂环烃的分类

根据脂环烃分子中是否存在不饱和键，分为饱和脂环烃和不饱和脂环烃两种。饱和脂环烃即环烷烃，不饱和脂环烃即环烯烃和环炔烃。根据分子中碳环的数目分为单环或多环脂环烃。

（2）脂环烃的结构

同烷烃的碳原子一样，环烷烃的碳原子也是以 sp^3 杂化的方式成键。与相邻碳或氢原子成键，碳原子彼此连接成环，成环碳原子的数目决定了环烷烃结构的稳定性。三碳环最不稳定，四碳环比三碳环稍稳定，五碳环较稳定，六碳环及六碳以上的环烷烃都具有较大的稳定性。

环丙烷（cyclopropane）分子内三个碳原子连接构成一个正三角形，因此碳碳之间的 sp^3 杂化轨道，只能以弯曲的方式相互重叠，被称为弯曲键，碳原子间的键角为 105.5°，如图 4-1 所示。由于形成弯曲键的电子云重叠较少，并且电子云分布在碳碳连线的外侧，易受试剂的进攻发生开环反应。

环丁烷（cyclobutane）的结构与环丙烷相似，碳碳键也是弯曲的，只是弯曲的程度小一些，且碳原子不都在一个平面上，成键轨道的重叠较环丙烷大，所以环丁烷的性质比环丙烷

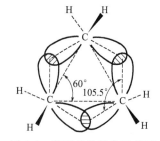

图 4-1　环丙烷的结构示意图

稍稳定。随着成环碳原子数的增多，成环碳原子之间 sp^3 杂化轨道重叠程度逐渐增大，因此稳定性也随之增大。

（3）脂环烃的物理性质（physical property）

常温下环丙烷和环丁烷是气体，$C_5 \sim C_{11}$ 环烷烃是液体，C_{12} 以上的环烷烃为固体。环烷烃的熔点（melting point）和沸点（boiling point）随分子中碳原子数增加而升高。同碳

数的环烷烃的熔点、沸点高于开链烷烃。环烷烃的相对密度（relative density）比相应的开链烷烃的相对密度大，但都小于1。环烷烃不溶于水，易溶于有机溶剂。常见环烷烃的物理常数见表4-1。

表 4-1　常见环烷烃的物理常数

名称	熔点/℃	沸点/℃	相对密度	折射率(n_D^{20})
环丙烷	−127.6	−33	0.720(−79℃)	1.3799(沸点时)
环丁烷	−80	13	0.703(0℃)	1.3752(0℃)
环戊烷	−90	49	0.745	1.4065
环己烷	6.5	80.8	0.779	1.4266
环庚烷	−12	118.5	0.810	1.4436
环辛烷	14.8	149	0.836	1.4586
环十二烷	61	—	0.861	—
甲基环戊烷	−142.2	72	0.7486	1.4097
甲基环己烷	−126.6	101	0.7694	1.4231

（4）脂环烃的化学性质（chemical property）

① 取代反应（substitution reaction）。在加热或光照的条件下，环烷烃与卤素发生取代反应，生成卤代环烷烃。

② 氧化反应（oxidation reaction）

在常温下，环烷烃包括环丙烷和环丁烷这样的小环烷烃，都不能与一般的氧化剂（如高锰酸钾）发生氧化反应。若环的支链上含有不饱和键时，则不饱和键被氧化断裂，而环不发生破裂。例如：

$$\triangle\!-\!CH=\!CHCH_3 \xrightarrow{KMnO_4} \triangle\!-\!COOH+CH_3COOH$$

小环烷烃能与溴加成但不能被高锰酸钾溶液氧化，可利用这一性质将其与烷烃、烯烃或炔烃区别开来。

如果在加热、催化剂、强氧化剂或空气作氧化剂条件下，环烷烃也可发生氧化反应。

③ 开环反应（ring-opening reaction）。具有较大张力的小环，在一定条件下可以开环形成链状化合物。

a. 催化加氢：环丙烷、环丁烷、环戊烷等小环烷烃，在加热和催化剂（catalyst）的条件下，可以发生加氢反应，开环形成链状化合物。环己烷难以发生加氢反应。

$$\triangle + H_2 \xrightarrow[80℃]{Ni} CH_3CH_2CH_3$$

$$\square + H_2 \xrightarrow[200℃]{Ni} CH_3CH_2CH_2CH_3$$

b.与卤素（halogen）反应：环丙烷、环丁烷在一定条件下可以与卤素发生开环反应。环戊烷以上的环烷烃与卤素的加成反应比较难。

$$\triangle + Br_2 \xrightarrow[\text{常温}]{CCl_4} BrCH_2CH_2CH_2Br$$

c.与卤化氢（hydrogen halides）反应：环丙烷、环丁烷可以与卤化氢发生开环反应。环戊烷及其以上的环烷烃与卤化氢不发生加成反应。

$$\triangle + HBr \longrightarrow BrCH_2CH_2CH_3$$

取代的环丙烷、环丁烷与卤化氢发生反应时，碳碳键的断裂一般发生在取代基最多和最少的碳原子之间，即符合马氏规则。

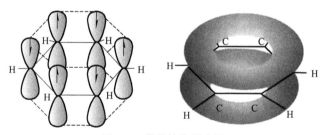

4.1.1.2 芳烃的性质

芳烃（aromatic）又称为芳香烃，通常指分子中含有苯环结构的碳氢化合物。分子中只含有一个苯环的芳烃称为单环芳烃。苯（benzene）是其中结构最简单的芳烃。

（1）芳烃的结构

苯分子的六个碳原子和六个氢原子都在同一平面上，其中六个碳原子构成平面正六边形，C-C键键长相等，长度介于碳碳双键和碳碳单键键长之间，各键角均为120°。价键理论认为，每个碳原子以 sp^2 杂化轨道与相邻碳原子的 sp^2 杂化轨道构成六个等同的 C—Cσ 键。同时，又各以一个 sp^2 杂化轨道，与一个氢原子的 1s 轨道构成六个等同的 C—Hσ 键。每一个碳原子剩下一个空的 p 轨道，其对称轴垂直于这个平面，彼此相互平行肩并肩重叠组成了一个闭合的大 π 键。这种结构使电子云平均分布，苯环能量降低，分子稳定（如图 4-2 所示）。苯的这种特殊结构，通常采用 ⬡ 来表示。

图 4-2 苯的结构示意图

（2）芳烃的物理性质

常温下，单环芳烃为无色液体，密度小于水。芳烃极性很弱，不溶于水，溶于醇、醚、汽油等有机溶剂。其中二甘醇、环丁砜和 N,N-二甲基甲酰胺等溶剂对芳烃有很高的选择性，可用这些溶剂萃取芳烃。苯的沸点为80℃，甲苯分子量较大，沸点为110℃。芳烃易燃，有特殊气味，有毒，其中甲苯的毒性低于苯。

（3）芳烃的化学性质

① 取代反应。苯及其衍生物容易受到亲电试剂的进攻，使苯环上的氢原子被取代，生成相应的取代苯，这类反应称为亲电取代反应。单环芳烃的主要亲电反应有卤代反应、硝化反应、磺化反应、费里德-克拉夫茨烷基化和硝基化反应。

a.卤代反应（halogenation reaction）。在三卤化铁、三卤化铝等催化剂作用下，芳香烃与氯、溴发生卤代反应。卤原子取代苯环上的氢原子，生成一卤代苯和卤化氢。

若反应温度升高，一卤代苯会进一步发生卤代反应生成二卤代苯，两个卤原子一般在邻位和对位。

烷基苯的卤代反应更加容易，产物主要为烷基邻位和对位的卤代苯。

在加热或光的条件下，卤原子与烷基苯的取代反应一般发生在侧链上。

b. 硝化反应（nitration reaction）。在浓硝酸和浓硫酸的混合酸存在的条件下加热，芳烃苯环上的氢原子会被硝基取代，生成硝基苯或取代硝基苯，这个反应称为芳烃的硝化反应。

提高加热温度并且发烟硝酸和浓硫酸存在下，硝基苯会进一步和硝酸发生硝化反应，产物为间二硝基苯。

烷基苯比苯更容易发生硝化反应，主要生成邻位和对位的硝化产物。

c. 磺化反应（sulfonation reaction）。在浓硫酸或发烟硫酸的作用下，芳烃苯环上的氢原子被磺酸基（-SO$_3$H）取代生成苯磺酸或取代苯磺酸，这个反应称为芳烃的磺化反应。苯磺酸在更高的温度下会继续反应，生成间苯二磺酸。

磺化反应是可逆反应，逆反应是苯磺酸的水解。因此，除去反应中生成的水，有利于反应向着正向进行。如用含 SO_3 的发烟硫酸，可使反应在较低温度下向着正向进行。

$$\text{（苯）}+H_2SO_4 \cdot SO_3 \underset{}{\overset{25℃}{\rightleftharpoons}} \text{（苯）}-SO_3H + H_2SO_4$$

在有机合成中，磺化反应的可逆性是一个非常有用的性质。可以先用磺化反应保护芳环上的某一位置，待其他反应完成后，再利用可逆反应将磺酸基去掉。

烷基苯比苯容易发生磺化反应，主要得到邻位和对位的取代产物。提高温度有利于得到对位产物。

$$2 \text{（甲苯）} + 2H_2SO_4 \rightleftharpoons \text{（邻甲苯磺酸）} + \text{（对甲苯磺酸）} + 2H_2O$$

d. 费里德-克拉夫茨反应（Friedel-Crafts reaction）。在催化剂作用下芳烃上的氢原子被烷基取代生成烷基苯，称为费里德-克拉夫茨（简称费-克反应）烷基化反应；芳烃上的氢原子被酰基取代，生成芳酮，称为费-克酰基化反应。

费-克反应的催化剂为三氯化铝、三氯化铁等 Lewis 酸。在这类催化剂的作用下，芳烃与卤代烷反应生成烷基苯。除了卤代烷之外，烯烃、醇也可以和芳烃发生烷基化反应，这类试剂称为烷基化试剂（alkylation reagent）。如苯与氯乙烷或乙烯在三氯化铝的催化下反应生成乙苯。

$$\text{（苯）}+CH_3CH_2Cl \xrightarrow{AlCl_3} \text{（乙苯）} + HCl$$

$$\text{（苯）}+CH_2CH_2 \xrightarrow[\text{微量 HCl}]{AlCl_3} \text{（乙苯）}$$

当烷基化试剂含有三个或三个以上碳原子时，烷基会发生异构化。如苯与 1-氯丙烷反应时，主要产物是异丙苯。

$$2 \text{（苯）} + 2CH_3CH_2CH_2Cl \xrightarrow{AlCl_3} \text{（异丙苯）} + \text{（正丙苯）} + 2HCl$$

烷基化反应生成的烷基苯比苯更容易发生烷基化反应。因此反应中常有多烷基化产物生成。

$$\text{（苯）} + CH_3Cl \xrightarrow{AlCl_3} \text{（甲苯）} \xrightarrow{CH_3Cl}{AlCl_3} \left[\text{（邻二甲苯）} + \text{（对二甲苯）} \right] \xrightarrow{CH_3Cl}{AlCl_3} \text{（1,2,4-三甲苯）}$$

苯环上如果有硝基或磺酸基时，不发生费-克反应。而苯和三氯化铝溶于硝基苯，因此常用硝基苯作为该反应的溶剂。同样在三氯化铝的催化作用下，芳烃与酰卤、酸酐等发生酰基化反应。这是制备芳酮的重要方法之一。酰卤和酸酐等被称为酰化试剂（ $R-\overset{O}{\overset{\|}{C}}-$ ）。

$$\text{C}_6\text{H}_6 + \text{CH}_3\text{-CO-Cl} \xrightarrow{\text{无水 AlCl}_3} \text{C}_6\text{H}_5\text{-CO-CH}_3 + \text{HCl}$$

$$\text{C}_6\text{H}_6 + \text{CH}_3\text{-CO-O-CO-CH}_3 \xrightarrow{\text{无水 AlCl}_3} \text{C}_6\text{H}_5\text{-CO-CH}_3 + \text{CH}_3\text{COOH}$$

费-克酰基化反应一般停留在一元取代的阶段，并且没有重排的现象。在制备直链烷基苯时可以先进行费-克酰基化反应，再还原羰基即制得直链烷基苯。

② 加成反应（addition reaction）。由于苯环的稳定性，不容易发生加成反应。但是在催化剂、加热、加压或光照的条件下，也可以发生环的加成反应。

a. 加氢反应（hydrogenation reaction）：在金属镍的催化下，加热到一定的温度，苯发生加氢反应生成环己烷（cyclohexane）。这是工业上制备环己烷的重要方法之一。

$$\text{C}_6\text{H}_6 + 3\text{H}_2 \xrightarrow[180\sim250℃]{\text{Ni}} \text{C}_6\text{H}_{12}$$

b. 加氯反应（chlorination reaction）：在紫外光的照射下，苯与氯发生加成反应生成六氯化苯，即为俗称的"六六六"，是曾经广泛使用的农药，因其对环境和人类的危害，现已停用。

$$\text{C}_6\text{H}_6 + 3\text{Cl}_2 \xrightarrow{\text{紫外线}} \text{C}_6\text{H}_6\text{Cl}_6$$

③ 氧化反应。

a. 苯环的氧化反应：苯环的氧化反应只有在高温和催化剂的条件下苯环才破裂发生氧化反应。

$$2\text{C}_6\text{H}_6 + 9\text{O}_2 \xrightarrow[400\sim500℃]{\text{V}_2\text{O}_5} 2\,\text{C}_4\text{H}_2\text{O}_3 + 4\text{CO}_2 + 4\text{H}_2\text{O}$$

b. 侧链的氧化反应：烷基苯的侧链容易氧化，在强氧化剂如高锰酸钾、重铬酸钾、硝酸等的氧化下，或在催化剂作用下，用空气或氧气氧化，具有 α 氢的烷基被氧化成羧基。而且不论烷基碳链的长短，通常都生成苯甲酸（benzoic acid）。

$$\begin{array}{c}\text{C}_6\text{H}_5\text{-CH}_3 \\ \text{C}_6\text{H}_5\text{-CH}_2\text{CH}_3 \\ \text{C}_6\text{H}_5\text{-CH(CH}_3)_2\end{array} \xrightarrow[\text{H}^+]{\text{KMnO}_4} \text{C}_6\text{H}_5\text{-COOH}$$

若侧链烷基上没有 α 氢时，氧化反应更加困难。强烈氧化时，苯环被破坏。

4.1.1.3　卤代烃的性质

烃分子中的氢原子被卤原子取代后的产物称为卤代烃（halohydrocarbon）。用通式 R-X 表示，其中卤原子是卤代烃的官能团。

(1) 卤代烃的分类

卤代烃有不同的分类。根据烃基结构的不同分为卤代脂肪烃（包括卤代烷、烯、炔等）、卤代脂环烃、卤代芳香烃等。根据卤代烃分子中所含卤原子数目分为一卤代烃、二卤代烃、多卤代烃。根据分子中与卤原子直接相连的碳原子类型不同分为伯卤代烃、仲卤代烃、叔卤代烃。

（2）卤代烃的物理性质

在常温常压下，四个碳以下的氟代烷、两个碳以下的氯代烷和溴甲烷是气体，中级卤代烃为液体，高级卤代烃为固体。卤代烷的沸点随分子量的增加而升高。由于分子具有极性，卤代烷的沸点比相应的烷烃高。在同分异构体中，直链分子的沸点最高，支链越多沸点越低。

一氯代烃和一氟代烃的相对密度小于1，溴代烃、碘代烃和多卤代烃的相对密度大于1。分子中卤原子数增加，密度变大。在同系列中，卤代烷的相对密度随着分子量的增加而减小。这是由于卤原子在分子中质量分数逐渐减小的原因。部分卤代烷的物理常数见表4-2。

表4-2 部分卤代烷的物理常数

物质	氟化物		氯化物		溴化物		碘化物	
	沸点/℃	相对密度	沸点/℃	相对密度	沸点/℃	相对密度	沸点/℃	相对密度
卤代甲烷	−78.4		−24.2	0.916	3.6		12.4	2.279
卤代乙烷	−37.7		12.3	0.898	38.4	1.440	72.3	1.933
卤代正丙烷	−2.5		46.6	0.891	71.0	1.335	102.5	1.747
卤代异丙烷	−9.4		34.8	0.859	59.4	1.310	89.5	1.705
正丁烷	32.5	0.779	78.4	0.884	101.6	1.276	130.5	1.617
卤代仲丁烷	25.3	0.764	68.3	0.871	91.2	1.258	120	1.595
卤代异丁烷	25.1		68.8	0.875	91.4	1.261	121	1.605
卤代叔丁烷	12.1		50.7	0.840	73.1	1.222	100分解	1.545
卤代正己烷			108	0.883	130	1.223	157	1.517
卤代环己烷			142.5	1.000	165			
二卤甲烷	−52		40.0	1.336	99	2.49	180分解	3.325
三卤甲烷	−83		61.2	1.489	151	2.89	升华	4.008
四卤甲烷	−128		76.8	1.595	189.5	3.42	升华	4.32

卤代烃不溶于水，能溶于大多数有机溶剂，与烃类能以任意比例混溶，并能溶解许多有机物，是常用的有机溶剂（organic solvent）。卤代烃的蒸气有毒。分子中的卤原子数增多，则卤代烃的可燃性降低，如 CCl_4 可用作灭火剂。

（3）卤代烃的化学性质

卤代烷分子中卤原子的电负性很强，C—X键上的电子云偏向于卤原子，使卤原子带部分负电荷，碳原子带部分正电荷。卤原子易被负离子（HO^-、RO^-、NO_3^-、CN^- 等）或具有未共用电子对的分子（如 NH_3、H_2O 等）取代，发生水解、醇解、氨解等反应。这些试剂都具有亲核的性质因此称为亲核试剂，常用 Nu^-: 或 Nu: 表示。由亲核试剂进攻而引起的取代反应称为亲核取代反应，以 S_N 表示。反应可用下列通式表示：

$$R-X \ + \ Nu{:}^- \longrightarrow R-Nu \ + \ X^-$$

底物　　亲核试剂　　　取代产物　离去基团

亲核取代反应是卤代烷的典型反应，通过这类反应可以生成许多类型的有机化合物，这类反应在有机合成上具有特别重要的意义。

① 水解：卤代烷与水溶液共热时，卤原子被羟基取代生成醇，这个反应称为卤代烷的水解反应。水解反应为可逆反应，加入碱中和反应中产生的氢卤酸，使反应向正方向移动。

$$CH_3Br + NaOH \xrightarrow[\triangle]{H_2O} CH_3OH + NaBr$$

② 与醇钠作用反应：卤代烷与醇钠在相应的醇溶液中，卤原子会被烷氧基（—OR）取代生成醚，称为卤代烷的醇解，又称为威廉姆森（Williamson）合成法。这是合成醚的重要方法之一。

$$CH_3CH_2CH_2Br+(CH_3)_3CONa \xrightarrow[\triangle]{(CH_3)_3COH} CH_3CH_2CH_2OC(CH_3)_3+NaBr$$

反应中使用的卤代烷一般是伯卤代烷，若用仲卤代烷产率较低，若用叔卤代烷则主要得到烯烃。

③ 与氰化物反应：卤代烷与氰化钠（sodium cyanide）或氰化钾（potassium cyanide）在醇溶液中加热回流进行反应，卤原子会被氰基（—CN）取代生成腈。

$$CH_3CH_2CH_2CH_2Br+NaCN \longrightarrow CH_3CH_2CH_2CH_2CN+NaBr$$

氰基是腈类化合物的官能团。这个反应使分子中增加了一个碳原子，是有机合成中增长碳链的重要方法。

④ 与氨（ammonia）反应：卤代烷和过量的氨作用，卤原子被氨基取代，生成胺，这就是卤代烷的氨解反应。

$$CH_3CH_2CH_2CH_2Br+2NH_3（过量）\longrightarrow CH_3CH_2CH_2CH_2NH_2+NH_4Br$$

⑤ 与硝酸银反应：卤代烷与硝酸银的乙醇溶液作用，生成硝酸酯和卤化银沉淀。不同结构的卤代烷与硝酸的醇溶液作用，显示出不同的活性。烃基相同时反应活性次序：RI＞RBr＞RCl。卤原子相同时反应活性次序：叔卤代烷＞仲卤代烷＞伯卤代烷。如在室温下叔氯代烷立刻反应产生氯化银沉淀，仲氯代烷反应片刻后出现沉淀，而伯氯代烷在室温下一般不产生沉淀，加热后才有沉淀生成。

⑥ 消除反应：从分子中脱去简单分子，如水、卤化氢、氨等生成不饱和烃的反应被称为消除反应。卤代烷与强碱的乙醇溶液共热时，卤代烷脱去一分子卤化氢生成不饱和烃。

$$RCH_2-CH_2X+NaOH \xrightarrow[\triangle]{乙醇} RCH=CH_2+NaX+H_2O$$

卤代烷脱卤化氢的难易与烃基结构有关。叔卤代烷最容易脱卤化氢，仲卤代烷次之，伯卤代烷最难。脱 HX 是在相邻的两个碳原子上发生的，也就是说脱去的是 β-C 原子上的氢。叔卤代烷和仲卤代烷分子中若有几个不同的 β-C 原子，则进行消除反应时，可以生成几种不同的烯烃，例如：

$$2H_3C-\underset{H}{\overset{}{CH}}-\underset{Br}{\overset{}{CH}}-\underset{H}{\overset{}{CH_2}}+2KOH \xrightarrow[\triangle]{乙醇溶液} CH_3CH_2CH=CH_2+CH_3CH=CHCH_3+2KBr+2H_2O$$

卤代烷消除卤化氢时，主要从含氢较少的 β-C 原子上脱去氢原子，这个规则叫作扎依采夫（Saytzeff）规则。

⑦ 与金属（metal）反应：卤代烷能与某些金属反应生成由金属原子与碳原子直接相连的化合物，称为有机金属化合物。室温下，卤代烷在无水溶剂［如无水乙醚（anhydrous ether）、苯、四氢呋喃（tetrahydrofuran）］中与镁反应，可生成有机镁化合物，这种产物称为格利雅试剂（Grignard Reagent），简称为格氏试剂，一般用 RMgX 表示。如碘甲烷与镁屑在无水乙醚中于 35℃时反应，可制得格氏试剂甲基碘化镁。不同的卤代烷与金属镁反应制备格氏试剂时，其反应活性为 R-I＞R-Br＞R-Cl。格氏试剂中 C-Mg 键是一个很强的极性键，成键的电子云偏向于碳原子而使碳原子带有部分负电荷，镁带有部分正电荷。所以格氏试剂的性质非常活泼，能与多种含有活泼氢的化合物（水、醇、酸、炔、氨等）作用生成相应的烃，是有机合成上常用的试剂。

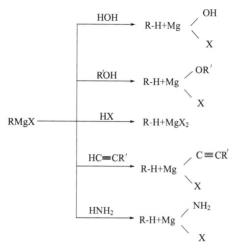

由于格氏试剂性质活泼遇水就分解，因此操作条件比较苛刻。在制备时所用的仪器和试剂必须经过严格的干燥处理。操作时也要隔绝空气中的湿气，同时避免使用含活泼氢的试剂。否则反应很难进行或使生成的格氏试剂分解。

4.1.2 醇、醚、酚的性质

4.1.2.1 醇（alcohol）的性质

（1）醇的分类

根据和羟基直接相连的碳原子类型的不同，醇可以分为伯醇（羟基与伯碳原子相连）、仲醇（羟基与仲碳原子相连）和叔醇（羟基与叔碳原子相连）。

根据醇分子中羟基所连接烃基的类别又可分为脂肪醇、脂环醇和芳香醇。例如：

CH_3CH_2OH ⬡—OH ⬡—CH_2—OH

脂肪醇　　　　　脂环醇　　　　　芳香醇

根据醇分子中是否含有不饱和烃称为饱和醇和不饱和醇。例如：

$CH_3CH_2CH_2OH$ ⬡—CH＝$CHCH_2$—OH

饱和醇　　　　　　　不饱和醇

根据醇分子中所含羟基的数目可以分为一元醇、多元醇。例如：

$CH_3CH_2CH_2CH_2$—OH

一元醇

$\begin{array}{l} CH_2OH \\ | \\ CH_2OH \end{array}$

二元醇

$\begin{array}{l} CH_2OH \\ | \\ CH_2OH \\ | \\ CH_2OH \end{array}$

三元醇

（2）醇的物理性质

直链饱和一元醇中，$C_1 \sim C_4$ 的醇为无色透明有酒味的液体，$C_5 \sim C_{11}$ 的醇为无色具有不愉快气味的油状液体，含 C_{12} 以上的醇为无色蜡状固体。低级的二元醇或三元醇是无色具有甜味的黏稠液体。

低级醇的沸点要高于相近分子量的烷烃和卤代烃，这种差别会随着分子量的增大而变小。随着碳原子数的增加，直链饱和一元醇的沸点和相应的烷烃越来越接近。这是因为醇羟基中 O—H 键是极性键，醇分子能形成分子间氢键（hydrogen bond）。醇中烃基对氢键的形成有阻碍作用。烃基越大，阻碍作用也越大。支链增多时，阻碍作用也越大。因此，随着直链饱和一元醇碳原子数的增加，分子间形成氢键的能力减弱，醇的沸点和同碳数的烷烃越来越接近。同时支链越多沸点越低。

醇在水中的溶解性也与形成氢键的能力有关。甲醇、乙醇、丙醇等低级醇，由于羟基能和水形成氢键，能和水混溶。随着醇分子中烃基的增大，形成氢键的能力减弱，醇在水中的溶解度也逐渐减小。C_4 以上的醇在水中的溶解度明显降低，高级醇甚至不溶于水而溶于有机溶剂。

多元醇由于分子中含有两个或两个以上的羟基，可以形成更多的氢键，所以多元醇沸点较高，在水中的溶解度也较大。如乙二醇的沸点为 $198℃$，甘油的沸点为 $290℃$（分解），并且均与水混溶。常见醇的物理常数见表 4-3。

表 4-3　常见醇的物理常数

名称	沸点/℃	熔点/℃	相对密度	溶解度/(g/100g)
甲醇	64.7	−93.9	0.7914	∞
乙醇	78.5	−117.3	0.7893	∞
1-丙醇	97.4	−126.5	0.8035	∞
2-丙醇	82.4	−89.5	0.7855	∞
1-丁醇（正丁醇）	117.2	−89.5	0.8098	7.9
2-丁醇（仲丁醇）	99.5	−89	0.8080	9.5
2-甲基-1-丙酸（异丁醇）	108	−108	0.8018	12.5
2-甲基-2-丙酸（叔丁醇）	82.3	25.5	0.7887	∞
1-戊醇	137.3	−79	0.8144	2.7
1-己醇	158	−46.7	0.8136	0.59
1-庚醇	176	−34.1	0.8219	0.2
1-辛醇	194.4	−16.7	0.8270	0.05
1-十二醇	255~259	26	0.8309	—
烯丙醇	97.1	−129	0.8540	∞
环己醇	161.1	25.1	0.9624	3.6
苯甲醇	205.3	−15.3	1.0419	4
乙二醇	198	−11.5	1.1088	∞
丙三醇	290（水解）	20	1.2613	∞

低级醇与水相似，也能和一些无机盐类形成结晶醇化物。例如：$CaCl_2 \cdot 4C_2H_5OH$、$MgCl_2 \cdot 6CH_3OH$ 等。因此实验室中不能用无水 $CaCl_2$ 或无水 $MgCl_2$ 干燥醇类。

(3) 醇的化学性质

由于氧的电负性大于碳和氢，所以醇分子中 C—O 键和 O—H 键都有较强的极性。受羟基的影响，α-C 上的氢也具有一定的活泼性。因此醇的化学反应主要发生在 C—O、C—H、O—H 上。

① 与活泼金属反应。醇羟基中的氢可以和活泼金属如钠、钾、镁、铝反应，生成醇钠和氢气。

$$2ROH + 2Na \longrightarrow 2RONa + H_2 \uparrow$$

此反应没有水与钠反应激烈，说明醇的酸性比水的酸性弱。这是由于烷基的供电性使得烷氧基中氧原子上的电子云密度增大，从而降低了 O—H 键的极性。各类醇与钠反应的活性顺序为：甲醇＞伯醇＞仲醇＞叔醇。钠醇在有机合成中常用作强碱和烷氧基化试剂。

② 与氢卤酸反应。醇与氢卤酸反应，生成卤代烷和水，是制备卤代烷的方法之一。

$$ROH + HX \longrightarrow RX + H_2O$$

醇和氢卤酸的反应速率与氢卤酸的类型及醇的结构有关。氢卤酸的活性顺序为 HI＞HBr＞HCl；醇的活性顺序是：烯丙基型醇＞叔醇＞仲醇＞伯醇。可以利用卢卡斯（Lucas）

试剂（无水氯化锌的浓盐酸溶液）区别 C_6 以下的伯、仲、叔醇。不同的醇与卢卡斯试剂反应的速度不同，烯丙基醇、叔醇与卢卡斯试剂在室温下立即反应生成卤代烷使溶液混浊或分层，仲醇反应较慢，伯醇需要加热后才出现浑浊现象。

③ 脱水反应。醇在浓硫酸或三氧化二铝作用下发生脱水反应，脱水方式有分子内脱水生成烯或分子间脱水生成醚两种。

$$CH_3CH_2OH \xrightarrow[\text{或 Al}_2\text{O}_3,360℃]{\text{浓 H}_2\text{SO}_4,170℃} CH_2=CH_2 + H_2O$$

$$2CH_3CH_2OH \xrightarrow{\text{浓 H}_2\text{SO}_4,140℃} CH_3CH_2-O-CH_2CH_3 + H_2O$$

醇分子内脱水是 C—O 键断裂的消除反应，即羟基和 β-C 上的氢原子以水的形式脱去。不同类型的醇脱水反应的难易程度是：叔醇＞仲醇＞伯醇。如果分子中含有 2 种或 2 种以上的 β-H，脱水反应遵守扎依采夫消除规则，即从含氢较少的 β-C 原子上脱去氢原子，以双键上连有烃基最多的烯烃为主要产物。分子间脱水生成醚是取代反应。

$$2H_3C-\underset{\underset{CH_3}{|}}{\overset{\overset{OH}{|}}{C}}H-\underset{\underset{CH_3}{|}}{\overset{\overset{CH_3}{|}}{C}}H-CH_3 \xrightarrow[80℃]{85\% H_3PO_4} H_3C-\underset{\underset{CH_3}{|}}{C}=\overset{\overset{CH_3}{|}}{C}-CH_3 + H_3C-\underset{\underset{CH_3}{|}}{\overset{\overset{CH_3}{|}}{C}}H-C=CH_2 + 2H_2O$$

④ 酯化反应（esterification reation）。醇与酸反应生成酯和水的反应叫酯化反应。醇和硫酸反应生成硫酸氢酯，生成的硫酸氢酯是酸性酯，在减压蒸馏的条件下，可以得到中性硫酸酯。

$$CH_3CH_2OH + HOSO_2OH \xrightarrow{<100℃} CH_3CH_2OSO_2OH + H_2O$$

$$2CH_3CH_2OSO_2OH \xrightarrow{\text{减压蒸馏}} (CH_3CH_2O)_2SO_2 + H_2SO_4$$

工业上用浓硝酸和甘油制备甘油三硝酸酯（硝化甘油），是一种烈性炸药。

$$\begin{array}{c} CH_2-OH \\ | \\ CH-OH \\ | \\ CH_2-OH \end{array} + 3H-ONO_2 \xrightarrow[10\sim20℃]{\text{浓 H}_2\text{SO}_4} \begin{array}{c} CH_2-ONO_2 \\ | \\ CH-ONO_2 \\ | \\ CH_2-ONO_2 \end{array} + 3H_2O$$

⑤ 氧化反应。有机化合物分子中加入氧或脱去氢的反应叫氧化反应。由于羟基的影响，α-C 原子上的 H 比较活泼，容易被氧化。伯醇分子中含有两个 α-H，先被氧化成醛，醛容易继续被氧化而生成羧酸。如果把生成的醛立即从氧化环境中分离可得到醛。以三氧化铬、吡啶的混合物作为氧化剂，将伯醇氧化成醛而不继续被氧化。

$$CH_3CH_2CH_2OH \xrightarrow{K_2Cr_2O_7 \cdot H_2SO_4} CH_3CH_2\overset{\overset{O}{\|}}{C}-H \xrightarrow{K_2Cr_2O_7 \cdot H_2SO_4} CH_3CH_2COOH$$

$$(CH_3)_2CHCH_2CH_2OH \xrightarrow[\text{吡啶}]{CrO_3} (CH_3)_2CHCH_2CH_2CHO$$

仲醇分子中 α-C 原子上仅含一个 α-H 原子，易被氧化生成酮。

$$CH_3CH_2\underset{\underset{OH}{|}}{C}HCH_2CH_3 \xrightarrow[90℃]{Na_2Cr_2O_7 + H_2SO_4} CH_3CH_2\overset{\overset{O}{\|}}{C}CH_2CH_3$$

叔醇 α-C 原子上没有氢原子，一般条件下不被氧化。若在剧烈的氧化条件下可发生碳链断裂，生成小分子的羧酸等氧化产物。

⑥ 脱氢反应（dehydrogenation reaction）。伯醇和仲醇在铜或银催化剂及高温的作用下发生脱氢反应，生成醛和酮。

$$CH_3CH_2OH \overset{Cu \text{ 或 Ag},325℃}{\rightleftharpoons} CH_3CHO + H_2 \uparrow$$

$$CH_3CHCH_3 \underset{}{\overset{Cu,325℃}{\rightleftharpoons}} CH_3CCH_3 + H_2 \uparrow$$

（OH 下方，O 下方）

叔醇中没有 α-H 氢原子，不发生脱氢反应，只能发生脱水反应。

4.1.2.2　醚（ether）的性质

氧原子与两个烃基相连的有机化合物称为醚，醚可以看作是水分子中的两个氢原子被烃基取代的产物，也可看作是醇分子中羟基上氢原子被烃基取代的产物。其中—O—称为醚键，是醚的官能团。碳原子数相同的醇和醚互为同分异构体。

(1) 醚的分类

醚分子中的两个烃基可以相同，也可以不同。两个烃基相同的叫单醚，可用 R—O—R 表示，两个烃基不同的叫混醚，可用 R—O—R′ 表示。两个烃基是脂肪烃基的叫脂肪醚，脂肪醚又可分为饱和脂肪醚和不饱和脂肪醚。如果醚键所连的烃基有一个是芳基的叫芳醚，若醚键所连烃基连成环状结构的则叫环醚。

(2) 醚的物理性质

常温下，甲醚、甲乙醚和环氧乙醚为无色气体，其余的醚大多是无色、有特殊气味、易燃的液体。由于醚分子中没有与氧原子相连的氢，分子间不能形成氢键，因此醚的沸点低于同分子量醇的沸点。如甲醚与乙醇是同分异构体，甲醚的沸点是 $-23℃$，乙醇的沸点是 $78.5℃$。醚与烷烃的沸点相近。醚具有较弱的极性，与水分子间可形成氢键，所以在水中的溶解度与相应的醇接近。醚本身是良好的有机溶剂，可以溶解多种有机化合物。几种常见醚的熔点、沸点、密度和溶解度见表 4-4。

表 4-4　常见醚的物理常数

名称	熔点/℃	沸点/℃	相对密度	在水中的溶解度
甲醚	-140	-24		1 体积水溶解 37 体积气体
乙醚	-116	34.5	0.713	约 8g/100g 水
正丙醚	-122	91	0.736	微溶
正丁醚	-95	142	0.773	微溶
正戊醚	-69	188	0.774	不溶
乙烯醚	<-30	28.4	0.773	微溶
乙二醇二甲醚	-58	$82\sim83$	0.836	溶于水
苯甲醚	-37.3	155.5	0.996	不溶
二苯醚	28	259	1.075	不溶
β-萘甲醚	$72\sim73$	274		不溶

(3) 醚的化学性质

由于醚键为 C—O—Cσ 共价键，因此醚的化学性质比较稳定。对碱性物质、氧化剂、还原剂较稳定，与金属钠也不作用，故可用金属钠来干燥醚类化合物，也常用醚作为有机反应中的溶剂等。

由于 C 和 O 的电负性不同，醚键也是极性键，氧原子上具有未成键的电子对，醚可与强酸作用，在一定条件下也可发生一些特有的反应。

① 锌（拼音：yáng）盐的生成。醚分子中氧原子上的孤电子对能够接受质子，醚与强酸作用生成的化合物称为锌盐。例如：

$$C_2H_5-\overset{..}{\underset{..}{O}}-C_2H_5+HCl \longrightarrow [C_2H_5-\overset{H}{\overset{|}{\underset{..}{O}}}-C_2H_5]^+Cl^-$$

锌盐不稳定只能在低温下存在于浓酸中，遇水很快分解为原来的醚。这一性质可以用于鉴别和提纯不溶于水的醚。

② 醚键的断裂。醚与氢碘酸一起加热时，可发生醚键的断裂。先是氢碘酸与醚形成锌盐，使醚键极性增强，C—O 键削弱，然后 I^- 作为亲核试剂发生取代反应生成碘代烃和醇（或酚）。例如：

$$CH_3CH_2-O-CH_2CH_3 + HI \rightleftharpoons [C_2H_5-\overset{+}{\underset{H}{O}}-C_2H_5] I^- \xrightarrow{\triangle} C_2H_5OH + C_2H_5I$$

若 HI 过量，则生成的乙醇可继续与 HI 作用，全部生成碘代烃。

$$C_2H_5OH + HI \longrightarrow C_2H_5I + H_2O$$

混合醚与氢碘酸反应时，一般是较小的烷基生成碘代烷，较大的烃基生成醇。

$$CH_3CH_2CH_2-O-CH_3 + HI \longrightarrow CH_3CH_2CH_2OH + CH_3I$$

$$CH_3\overset{CH_3}{\underset{|}{CH}}-O-CH_3 + HI \longrightarrow (CH_3)_2CHOH + CH_3I$$

如果混合醚是芳烷基醚，与氢碘酸反应时，总是烷氧键断裂，生成酚和碘代烷。这是由于氧原子和苯环发生 p-π 共轭比较牢固的缘故。例如：

$$\text{⟨⟩}-O-CH_3 + HI \longrightarrow \text{⟨⟩}-OH + CH_3I$$

③ 过氧化物（peroxide）的生成。含有 α-H 的醚在空气中长期暴露会被空气逐渐氧化成过氧化物，一般认为是在 α-C 的 C—H 键上形成过氧键。例如：

$$CH_3CH_2-O-CH_2CH_3 + O_2 \longrightarrow CH_3\overset{}{\underset{O-OH}{CH}}-OC_2H_5$$

过氧化物不稳定受热易分解，发生强烈爆炸。因此醚类化合物放置时应尽量避免与空气接触，使用时须检验和除去可能存在的过氧化物。

检验醚中是否已生成过氧化物，可用碘化钾-淀粉试纸，看是否变蓝；或用 $FeSO_4$-KSCN 溶液，看是否生成血红色来鉴别。除去醚中生成的过氧化物，通常在醚中加入还原剂（如稀 $FeSO_4$ 溶液）、蒸馏，即可得到纯净的醚。在贮存醚时，也可以加入少许金属钠或铁屑，以防止过氧化物的产生。

注意：过氧化物不稳定易发生强烈爆炸，请注意安全！

4.1.2.3 酚（phenol）的性质

羟基直接连接在芳环上的化合物称为酚，通式为 Ar—OH。羟基为酚的官能团，称为酚羟基。

（1）酚的物理性质

除个别烷基酚（如间甲基苯酚）为高沸点液体外，常温下大多数酚为结晶固体。纯净的酚为无色结晶，酚在空气中易被氧化，通常均不同程度呈现黄色、粉色甚至红色。苯酚及其同系物微溶于水，易溶于乙醇、乙醚、苯等有机溶剂中。随着酚羟基数目的增多，酚在水中的溶解度增大，沸点也相应地升高。酚的毒性较大。

（2）酚的化学性质

酚的特殊结构导致酚羟基在性质上与醇羟基有较大的差别。酚中的芳香环也受到酚羟基的活化，比相应的芳烃更容易发生亲电取代反应。

① 酚的酸性。酚与醇的显著不同是酚具有弱酸性，苯酚的 $pK_a = 10$，它与 NaOH 作用生成苯酚钠溶于水，而醇却不与 NaOH 反应。

$$\text{⟨⟩}-OH + NaOH \longrightarrow \text{⟨⟩}-ONa + H_2O$$

苯酚的酸性比醇强，但比羧酸、碳酸的酸性弱。在苯酚钠的水溶液中通入 CO_2，苯酚又会重新游离出来。

$$\text{C}_6\text{H}_5-\text{ONa} + \text{CO}_2 + \text{H}_2\text{O} \longrightarrow \text{C}_6\text{H}_5-\text{OH} + \text{NaHCO}_3$$

苯环上的取代基对酚的酸性也有影响。一般来说，邻、对位上有强吸电子基团（如-NO_2）时，酚的酸性增强。有供电基团（—R）时，酚的酸性减弱。除此之外，取代基的空间效应也会影响酚的酸性。

② 与 FeCl_3 的显色反应。大多数酚可以与 FeCl_3 的水溶液作用生成有色络合物，不同酚产生的颜色各不相同。苯酚可以与 FeCl_3 的水溶液作用生成蓝紫色络合物，邻苯二酚生成深绿色络合物，对苯二酚生成暗绿色络合物。可以用这一显色反应来检验酚的存在。

③ 生成醚。酚和醇也可以生成醚，但由于 p-π 共轭，C—O 键断裂较难，一般不能用分子间脱水生成醚。通常是由酚金属与卤代烷或硫酸酯反应得到。

$$\text{C}_6\text{H}_5\text{ONa} + (\text{CH}_3)_2\text{SO}_4 \xrightarrow{\text{OH}^-} \text{C}_6\text{H}_5\text{OCH}_3 + \text{CH}_3\text{OSO}_2\text{ONa}$$

$$\text{C}_6\text{H}_5\text{ONa} + \text{CH}_3\text{CH}_2\text{CH}_2\text{I} \xrightarrow{\text{OH}^-} \text{C}_6\text{H}_5\text{OCH}_2\text{CH}_2\text{CH}_3 + \text{NaI}$$

④ 苯环的反应。羟基是较强的邻、对位定位基，酚芳环的邻位、对位较容易发生亲电取代反应。

a. 卤代反应：苯酚与溴水作用立即生成2,4,6-三溴苯酚的白色沉淀。微量的苯酚水溶液也能与溴水反应生成三溴苯酚沉淀。此反应迅速、灵敏，可定量完成，因此常用于苯酚的定性和定量测定。

$$\text{C}_6\text{H}_5\text{OH} + 3\text{Br}_2 \xrightarrow{\text{H}_2\text{O}} \text{Br}_3\text{C}_6\text{H}_2\text{OH}\downarrow + 3\text{HBr}$$

在低温条件和非极性溶剂（如 CS_2、CCl_4 等）中进行溴代反应可得到一溴代产物。

$$2\,\text{C}_6\text{H}_5\text{OH} + \text{Br}_2 \xrightarrow[0\,℃]{\text{CCl}_4} o\text{-Br-C}_6\text{H}_4\text{OH} + p\text{-Br-C}_6\text{H}_4\text{OH}$$

b. 硝化反应：在室温下，苯酚与稀硝酸可以发生硝化反应，生成邻硝基苯酚和对硝基苯酚的混合物。

$$2\,\text{C}_6\text{H}_5\text{OH} + 2\text{HNO}_3\,(\text{稀}) \longrightarrow o\text{-NO}_2\text{-C}_6\text{H}_4\text{OH} + p\text{-NO}_2\text{-C}_6\text{H}_4\text{OH} + 2\text{H}_2\text{O}$$

苯酚如果用浓硝酸酸化则生成2,4-二硝基苯酚和2,4,6-三硝基苯酚（苦味酸）。

c. 缩合反应：酚羟基邻位或对位上的氢和羰基化合物发生缩合反应。例如，在稀碱存在下，苯酚和甲醛作用生成邻羟基苯甲醇或对羟基苯甲醇，产物和苯酚进一步反应生成酚醛树脂。

$$2\,\text{C}_6\text{H}_5\text{OH} + 2\text{H}_2\text{C}=\text{O} \xrightarrow[\text{OH}^-]{\text{催化剂}} p\text{-HOCH}_2\text{-C}_6\text{H}_4\text{OH} + o\text{-HOCH}_2\text{-C}_6\text{H}_4\text{OH}$$

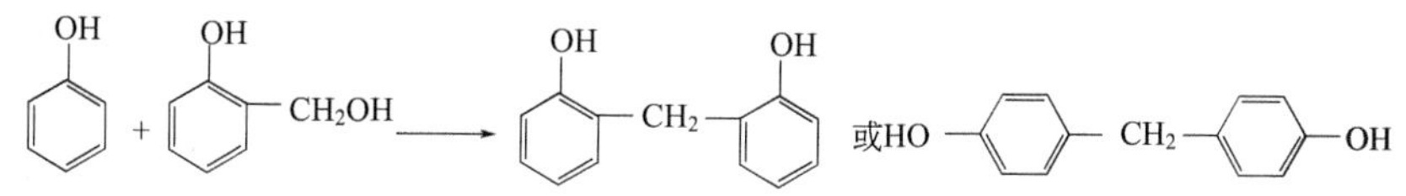

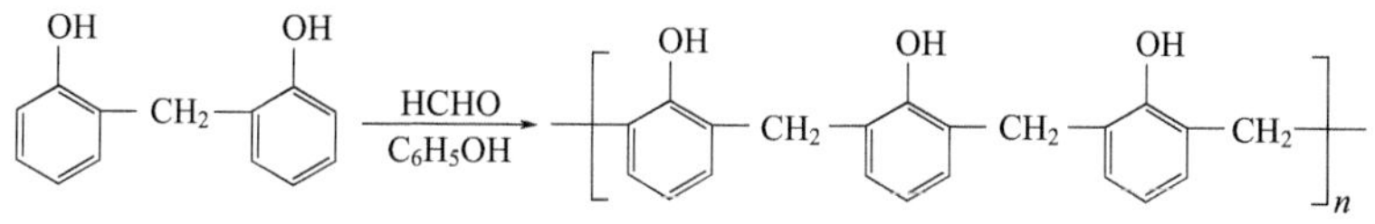

⑤ 氧化反应。苯酚在空气中就能慢慢被空气中的氧气氧化而带粉红色，酚氧化物的颜色随着氧化程度的深化而逐渐加深，由黄色到红色甚至深褐色。如用 $K_2Cr_2O_7$ 与苯酚作用，得到黄色对苯醌。

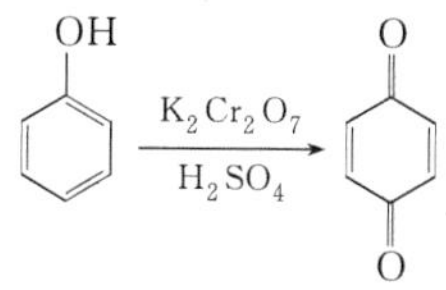

4.1.3　醛、酮、羧酸、酯的性质

4.1.3.1　醛（aldehyde）、酮（ketone）的性质

碳原子和氧原子以双键相连的基团称为羰基 —C—，醛、酮的分子中都含羰基官能团。

羰基至少与一个氢原子相连的称为醛，故 —C—H 称为醛基，通式为 RCHO，其中 R 代表烃基或者 H。当 R 代表 H 时就是甲醛（formaldehyde）。羰基与两个烃基直接相连的称为酮，

通式为 R—C—R′，其中 R 和 R′ 不能是 H 或其他非碳基团。

（1）醛、酮的分类

根据醛、酮分子中烃基的类型可分为脂肪族醛、酮和芳香族醛、酮。其中脂肪族醛、酮还可根据烃基是否含不饱和键分为饱和与不饱和醛、酮。根据分子中含醛、酮羰基数目，可分为一元、二元和多元醛、酮。若羰基碳为成环碳原子称为环内酮。按酮羰基所连的两个烃基是否相同，又分为单酮和混酮等。

（2）醛、酮的物理性质

① 室温下饱和一元醛、酮（除甲醛外）为气体，其他醛、酮都是液体或固体。

② 羰基为高度极化的官能团，醛、酮分子间作用力较强，沸点都比相近分子量的烃和醚高。

③ 醛、酮本身分子间不能形成氢键，沸点低于相近分子量的醇。

④ 醛、酮羰基氧原子能与水分子形成氢键，低级醛、酮溶于水。

⑤ 脂肪族醛、酮相对密度小于1，芳香族醛、酮大于1。

部分常见醛、酮的物理常数见表 4-5。

表 4-5　部分常见醛、酮的物理常数

名称	熔点/℃	沸点/℃	相对密度	折射率(n_D^{20})	溶解度/(g/100g)
甲醛	−92	−21	0.815		混溶
乙醛	−121	20.8	0.783	1.3316	混溶
丙醛	−81	48.8	0.8058	1.3636	16

名称	熔点/℃	沸点/℃	相对密度	折射率(n_D^{20})	溶解度/(g/100g)
丁醛	−99	75.7	0.8170	1.3843	7
戊醛	−91.5	103.4	0.8095	1.3944	微溶
丙烯醛	−87	52.8	0.8410	1.4017	40
苯甲醛	−26	178.1	1.0460	1.5463	0.33
丙酮	−95.4	56.2	0.7899	1.3588	混溶
丁酮	−86	79.6	0.8050	1.3788	37
2-戊酮	−77.8	102.4	0.8089	1.3895	微溶
3-戊酮	−39.9	101.7	0.8138	1.3924	4.7
环己酮	−45	155.7	0.9478	1.4507	2.4
苯乙酮	19.7	202	1.0281	1.5372	微溶

(3) 醛、酮的化学性质

① 羰基的加成反应。

a. 与氢氰酸的加成反应：在微碱性条件下，醛、脂肪族甲基酮可以和氢氰酸发生加成反应，生成 α-羟基腈，亦称 α-氰醇。反应通式可表示为：

产物比原料醛、酮增加了一个碳原子，这是有机合成上增长碳链的一种方法。

将醛和酮转化为氰醇的反应形成了新的 C—C 键，产物中的氰基可以水解成酸，能还原成胺，羟基可以脱水生成碳碳双键。

b. 与格氏试剂的加成反应：由于格氏试剂是一种很强的碳负离子亲核试剂，能与绝大多数醛、酮发生亲核加成反应，加成产物水解生成醇。反应通式为：

由甲醛可制得伯醇，其他醛可制得仲醇，酮可制得叔醇：

$$\text{HCHO} + \text{CH}_3\text{MgBr} \xrightarrow{\text{无水乙醚}} \text{CH}_3\text{CH}_2\text{OMgBr} \xrightarrow{\text{H}_2\text{O}} \text{CH}_3\text{CH}_2\text{OH} + \text{Mg(OH)Br}$$

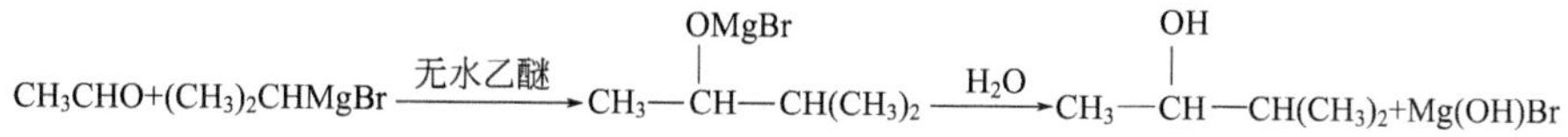

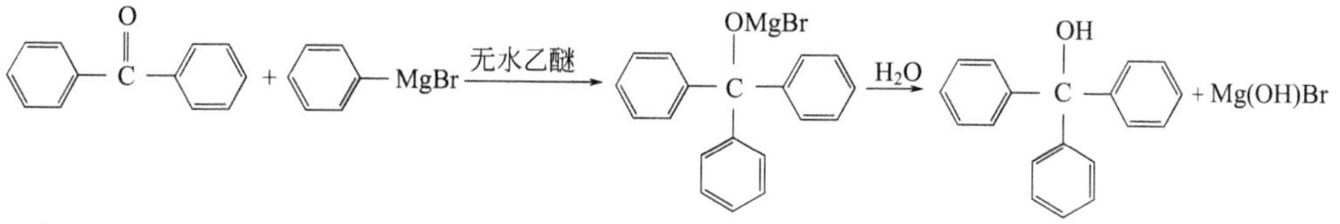

$$\text{CH}_3\text{CHO} + (\text{CH}_3)_2\text{CHMgBr} \xrightarrow{\text{无水乙醚}} \underset{\text{OMgBr}}{\text{CH}_3-\text{CH}-\text{CH}(\text{CH}_3)_2} \xrightarrow{\text{H}_2\text{O}} \underset{\text{OH}}{\text{CH}_3-\text{CH}-\text{CH}(\text{CH}_3)_2} + \text{Mg(OH)Br}$$

c. 与亚硫酸氢钠的加成反应：醛、脂肪族甲基酮和环内酮与亚硫酸氢钠发生加成反应。该反应的实质是 $NaHSO_3$ 中含非键电子对的硫原子对醛、酮羰基碳原子进行亲核加成反应：

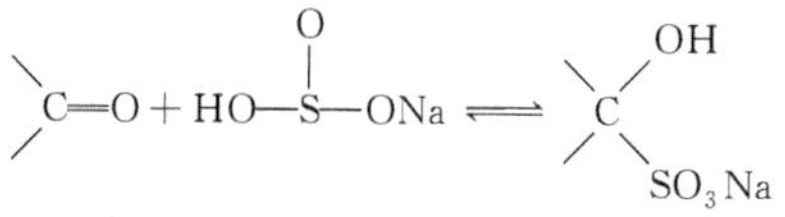

加成产物 α-羟基磺酸钠易溶于水，不溶于醚。由于同离子效应也不溶于饱和亚硫酸氢钠的水溶液中，以白色结晶形式析出。若滤出结晶与酸或碱性水溶液共热，产物分解，又可得到原来的醛、酮。故该反应常用来分离、提纯和鉴别醛及脂肪族甲基酮和环内酮。

d. 与醇的加成反应：在干燥氯化氢或浓硫酸作用下，醛与无水醇发生加成反应生成半缩醛。

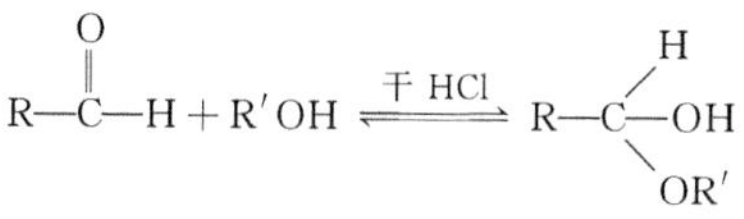

半缩醛很不稳定，它立即与另一分子的醇作用，失去一分子水，生成稳定的缩醛。

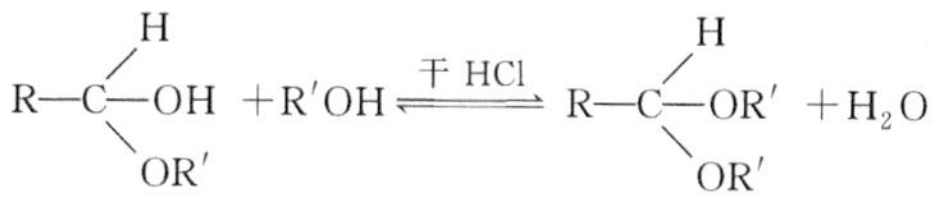

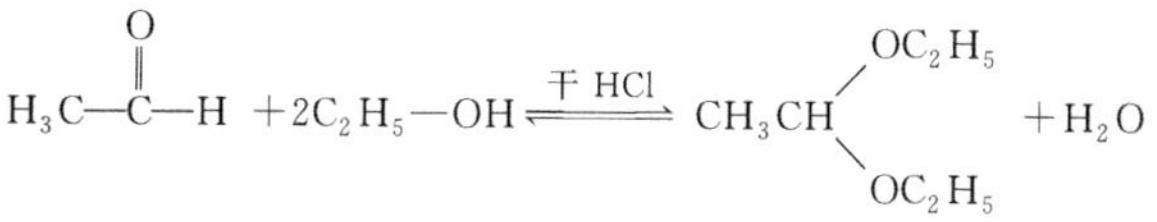

缩醛的性质比较稳定，不受碱的影响，对氧化剂稳定，也不与还原剂作用，但在稀酸中易水解成原来的醛。

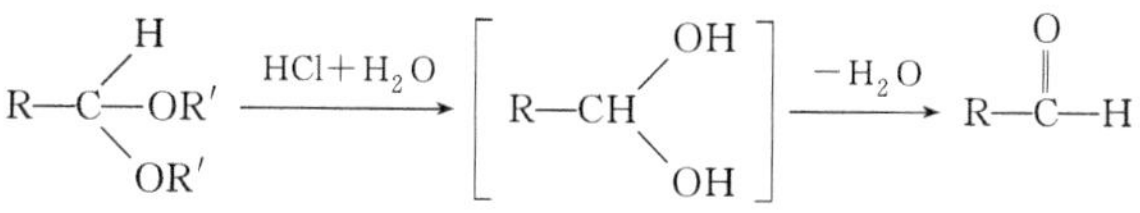

这个反应在有机合成中用来保护活泼的醛基。利用生成缩醛的方法把醛基保护起来，待目标反应完成后，再水解缩醛，得到原来的醛基。酮生成半缩酮或缩酮的反应比醛困难。

e. 与氨及其衍生物的加成反应：由于氨及其行生物的氮原子上都有一对非键电子，都可做为亲核试剂与醛、酮羰基进行亲核加成反应。得到的羟胺一般会失水得到亚胺，可表示为：

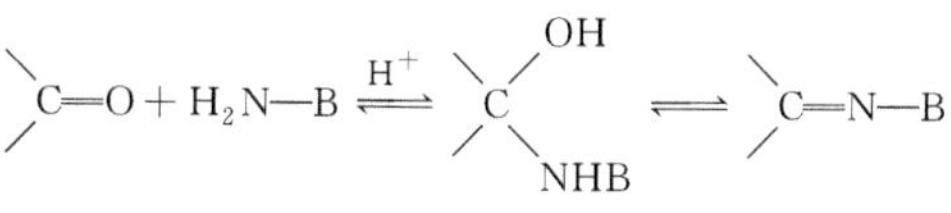

脂肪族伯胺与醛、酮反应生成的亚胺（schiff 碱），一般不稳定，易分解。芳香族伯胺与醛、酮生成的亚胺较稳定。

$$C_6H_5{-}CHO + H_2N{-}C_6H_5 \underset{}{\overset{H^+}{\rightleftharpoons}} \left[\begin{array}{c} OH \\ C_6H_5{-}\underset{}{\overset{|}{C}}H{-}NH{-}C_6H_5 \end{array} \right] \underset{}{\overset{-H_2O}{\rightleftharpoons}} C_6H_5{-}CH{=}N{-}C_6H_5$$

醛、酮与氨的衍生物，如羟氨（$NH_2{-}OH$）、肼（$NH_2{-}NH_2$）、苯肼（苯环—NH—NH_2）等发生羰基上的加成反应，所得产物分子内脱水得到含有碳氮双键的化合物。

$$\underset{}{\overset{|}{\underset{|}{C}}}{=}O + H{-}\underset{}{\overset{H}{\underset{|}{N}}}{-}Y \xrightarrow{\text{加成}} \underset{}{\overset{OH\,H}{\underset{|}{\overset{|}{C}}}}{-}\underset{}{\overset{|}{N}}{-}Y \xrightarrow{-H_2O} \underset{}{\overset{|}{\underset{|}{C}}}{=}N{-}Y$$

$$\underset{(R')H}{\overset{R}{C}}{=}O + H_2N{-}OH \longrightarrow \underset{(R')H}{\overset{R}{C}}{=}N{-}OH \quad (\text{肟})$$

$$\underset{(R')H}{\overset{R}{C}}{=}O + H_2N{-}NH_2 \longrightarrow \underset{(R')H}{\overset{R}{C}}{=}N{-}NH_2 \quad (\text{腙})$$

$$\underset{(R')H}{\overset{R}{C}}{=}O + H_2N{-}NH{-}\bigcirc \longrightarrow \underset{(R')H}{\overset{R}{C}}{=}N{-}NH{-}\bigcirc \quad (\text{苯腙})$$

$$\underset{(R')H}{\overset{R}{C}}{=}O + H_2N{-}NH{-}\underset{NO_2}{\bigcirc}{-}NO_2 \longrightarrow \underset{(R')H}{\overset{R}{C}}{=}N{-}NH{-}\underset{NO_2}{\bigcirc}{-}NO_2 \quad (2,4\text{-二硝基苯腙})$$

这些产物大多数为白色固体，具有固定的熔点和晶型，所以常用来鉴别醛、酮。

② 与希夫试剂的反应。希夫试剂又名品红醛试剂，是一种无色水溶液。它能与醛反应，并显紫红色。酮类与品红试剂无此反应，因此它是鉴别醛与酮的特效试剂。同时甲醛与品红醛试剂所显示的颜色加硫酸后不褪色，而其他醛所显示的颜色加硫酸后褪去。因此品红醛试剂还可用于区别甲醛和其他醛。

③ 还原反应。

a. 还原成醇：醛、酮在 Pt、Pd、Ni 等的催化下发生加氢反应得到醇。分子中如果含有可以发生加氢反应的不饱和键，这时也会发生反应。

$$\underset{R'(H)}{\overset{R}{C}}{=}O \xrightarrow[Ni]{H_2} \underset{R'(H)}{\overset{R}{C}}H{-}OH$$

$$CH_3CH{=}CHCHO + 2H_2 \xrightarrow{Ni} CH_3CH_2CH_2CH_2OH$$

用 $LiAlH_4$ 和 $NaBH_4$ 金属氢化物做还原剂，可以使醛、酮羰基还原成醇，并保留分子中的不饱和键。例如：

$$CH_3CH{=}CHCHO \xrightarrow[\text{②}H_2O/H^+]{\text{①}NaBH_4} CH_3CH{=}CHCH_2OH$$

$$\bigcirc{-}CH_2CHO \xrightarrow[\text{②}H_2O/H^+]{\text{①}LiAlH_4} \bigcirc{-}CH_2CH_2OH$$

b. 还原成烃：将醛、酮在浓盐酸中与锌汞齐（Zn-Hg）一起回流加热，直接把醛、酮羰基还原为亚甲基。这种方法称为克莱门森（Clemmensen）还原法。

$$CH_3{-}\overset{O}{\overset{\|}{C}}{-}CH_2CH_3 \xrightarrow[HCl]{Zn\text{-}Hg} CH_3CH_2CH_2CH_3$$

若被还原的羰基化合物中有对酸敏感的基团，可让醛或酮与肼在高沸点溶剂中与碱共热，羰基先与肼生成腙，腙在碱性加热条件下失去氮，使羰基还原成亚甲基。这种方法称为沃尔夫-基希纳（Wolff-Kishner）-黄鸣龙反应。

$$CH_3O-\!\!\!\bigcirc\!\!\!-\overset{\overset{O}{\|}}{C}-CH_2CH_3 \xrightarrow[\text{(HOCH}_2\text{CH}_2)_2\text{O, }\triangle]{NH_2NH_2, NaOH} CH_3O-\!\!\!\bigcirc\!\!\!-CH_2CH_2CH_3 + H_2O + N_2\uparrow$$

④ 氧化反应。与羧酸的羧基碳相比，醛、酮的羰基碳是处在较低的氧化态。选用合适的氧化剂和氧化条件，可以把醛酮氧化。醛是极易被氧化的物质，酮较难氧化。

托伦（Tollens）试剂是银氨溶液，费林（Fehling）试剂是硫酸铜的酒石酸钾钠强碱性水溶液，都是弱氧化剂。分别简化表示为 $Ag(NH_3)_2^+OH^-$ 和 $Cu^{2+}(OH^-)_2$。在反应过程中，托伦试剂析出的银附着在洁净的试管壁上产生光亮的银镜，又称为银镜反应。费林试剂由深蓝色溶液产生砖红色 Cu_2O 沉淀，现象明显。两者都只能氧化醛不氧化酮。费林试剂只能氧化脂肪醛、不氧化芳香醛。因此两者是鉴别醛与酮、脂肪醛与芳香醛的有效试剂。这两种试剂都不氧化碳碳双键或三键，因此是选择性较高的氧化剂。

⑤ 醛的歧化。不含 α-H 的醛，如 HCHO、$\bigcirc$—CHO 等，在浓碱存在下加热，可发生分子间的氧化还原反应，即一分子醛被氧化为对应的羧酸，另一分子醛被还原为对应的醇。这个反应称为歧化反应，也叫康尼查罗（Cannizzaro）反应。例如：

$$2HCHO \xrightarrow[\triangle]{\text{浓 NaOH}} HCOONa + CH_3OH$$

$$2\bigcirc\!\!\!-CHO \xrightarrow[\triangle]{\text{浓 NaOH}} \bigcirc\!\!\!-COONa + \bigcirc\!\!\!-CH_2OH$$

⑥ α-H 的反应。

a. 卤代反应：醛、酮分子中的 α-H 原子被卤素取代，生成 α-卤代醛、酮。

$$H_3C-\overset{\overset{O}{\|}}{C}-CH_3 + Br_2 \xrightarrow{\text{稀 NaOH}} CH_3\overset{\overset{O}{\|}}{C}-CH_2-Br + HBr$$

$$\bigcirc\!\!=\!\!O + Br_2 \xrightarrow{\text{稀 NaOH}} \bigcirc\!\!=\!\!O + HBr$$

b. 羟醛或羟酮缩合：有 α-H 的醛、酮在稀碱作用下与醛、酮羰基进行亲核加成生成 β-羟基醛、酮。如果 α-C 上至少有两个 H，产物在碱存在下受热失水得 α，β 不饱和醛、酮。故此反应常称为羟醛或羟酮缩合反应。例如：

$$2CH_3CHO \xrightleftharpoons{\text{稀 OH}^-} H_3C-\overset{\overset{OH}{|}}{CH}-CH_2CHO \xrightarrow{\triangle} CH_3CH\!\!=\!\!CH_2-CHO + H_2O$$

$$2CH_3CH_2CH_2CHO \xrightleftharpoons{} CH_3CH_2CH_2\overset{\overset{OH}{|}}{CH}-\overset{\overset{}{\underset{\underset{CH_2CH_3}{|}}{CH}}}CHO \xrightarrow{\triangle} CH_3CH_2CH_2CH\!\!=\!\!\overset{}{\underset{\underset{CH_2CH_3}{|}}{C}}-CHO + H_2O$$

4.1.3.2 羧酸（carboxylic acid）的性质

羧酸的官能团是羧基 $-\overset{\overset{O}{\|}}{C}-O-H$，可以简写成—COOH。甲酸以外的羧酸可以看作是烃分子中的氢原子被羧基取代的产物。一元羧酸的通式表示为 R—COOH。

（1）羧酸的分类

根据分子中羧基的个数，羧酸分为一元酸和多元酸。根据所连烃基不同，羧酸分为脂肪酸、脂环酸和芳香酸。根据是否有不饱和键，脂肪酸又可以分为饱和脂肪酸和不饱和脂肪酸。

（2）羧酸的物理性质

饱和一元脂肪酸中甲酸（formic acid）、乙酸（acetic acid）、丙酸（propionic acid）为具有刺激气味的液体，中级脂肪酸为有臭味的油状液体，高级脂肪酸是无色无味的蜡状固体。多元脂肪酸和芳香酸多数为晶体。

由于羧基中的 O—H 键具有强极性，所以羧酸分子间易形成氢键，羧酸分子与水分子之间也易形成氢键，这导致了羧酸的沸点高于相近分子量的醇，在水中的溶解度也较大。羧酸在水中的溶解度随分子量的增加而减小，分子中含有十个碳原子以上的羧酸不溶于水，芳香酸在水中的溶解度都很小。

羧酸的熔点随分子中碳原子数的增多呈锯齿状升高。分子中偶数碳原子的羧酸比相邻奇数碳原子熔点高，这是因为偶数碳原子的羧酸具有较强的对称性，排列更加紧密。部分羧酸的物理常数和电离常数见表 4-6。

表 4-6　部分羧酸的物理常数和电离常数

名称	熔点/℃	沸点/℃	溶解度/(g/100g 水)	pK_a(25℃)
甲酸	8.4	100.6	∞	3.77
乙酸	16.6	118	∞	4.76
丙酸	−21	141	∞	4.82
丁酸	−6.2	163.5	5.62	4.81
戊酸	−34.0	186.5	4	4.82
己酸	−3	205	1.08	4.85
庚酸	−7.5	223	0.24	4.89
苯甲酸	122	250	2.9	4.19

（3）羧酸的化学性质

① 酸性。由于羧基中 p-π 共轭体系，使 O-H 键的极性加强。羧酸溶于水电离出氢离子，并生成稳定的羧酸根离子，表现出明显的酸性。

$$R-\overset{O}{\overset{\|}{C}}-OH \Longrightarrow R-\overset{O}{\overset{\|}{C}}-O^- + H^+$$

绝大多数非取代羧酸的 pK_a 为 3.5～5。因此多数羧酸属于弱酸，但酸性强于碳酸（pK_a=6.38）。可以与氢氧化钠、碳酸钠、碳酸氢钠等反应。

$$R-COOH + NaOH \longrightarrow RCOONa + H_2O$$

$$R-COOH + NaHCO_3 \longrightarrow RCOONa + CO_2\uparrow + H_2O$$

当羧酸分子中烃基上的氢原子被吸电子基团取代时则酸性增强。而且吸电子基的吸电能力越强，数目越多，距羧基越近，酸性增强越甚。

② 羧羟基被取代的反应。羧羟基可以被卤原子、羧酸根、烃氧基、氨基等取代分别生成酰卤、酸酐、酯、酰胺（取代酰胺）。

a. 生成酰卤（acyl halide）：除甲酸外的其它羧酸可与三卤化磷、五卤化磷、亚硫酰氯反应，羧羟基被卤原子取代生成酰卤。

$$3R-\overset{O}{\overset{\|}{C}}-OH + PCl_3 \longrightarrow 3R-\overset{O}{\overset{\|}{C}}-Cl + H_3PO_3$$

$$R-\overset{O}{\overset{\|}{C}}-OH + PCl_5 \longrightarrow R-\overset{O}{\overset{\|}{C}}-Cl + POCl_3 + HCl$$

$$R-\overset{O}{\overset{\|}{C}}-OH + SOCl_2 \longrightarrow R-\overset{O}{\overset{\|}{C}}-Cl + SO_2\uparrow + HCl\uparrow$$

b. 生成酸酐（anhydride）：除甲酸外，羧酸在脱水剂的作用下或受热时，羧基之间相互作用脱水生成酸酐。

$$2CH_3COOH \xrightarrow[\triangle]{P_2O_5} H_3C-\overset{\displaystyle O}{\overset{\|}{C}}-O-\overset{\displaystyle O}{\overset{\|}{C}}-CH_3 + H_2O$$

一些二元酸可以发生分子内脱水。

$$\text{邻苯二甲酸} \xrightarrow{196\sim199℃} \text{邻苯二甲酸酐} + H_2O$$

c.酯（ester）的生成：酸与醇在适当温度和催化剂的催化下，发生分子间脱水，生成酯的反应叫作酯化反应。这是制备酯的重要方法。

$$R-\overset{\displaystyle O}{\overset{\|}{C}}-OH + HOR' \underset{}{\overset{H^+}{\rightleftharpoons}} RC\overset{\displaystyle O}{\overset{\|}{{}}}-OR' + H_2O$$

该反应是可逆的，为提高酯的产率，通常采用加过量的酸或醇，或在反应过程中不断除去生成的水分，促使平衡向正方向移动。

d.酰胺（amide）的生成：羧酸与氨或碳酸铵、胺作用，一般先在常温下生成铵盐，该盐再受热脱水生成酰胺。如：

$$CH_3\overset{\displaystyle O}{\overset{\|}{C}}-OH + NH_3 \longrightarrow CH_3\overset{\displaystyle O}{\overset{\|}{C}}-O^-\ NH_4^+ \xrightarrow{\triangle} CH_3\overset{\displaystyle O}{\overset{\|}{C}}-NH_3 + H_2O$$

当羧酸与芳胺作用时，一般不经由胺盐阶段而直接生成酰胺。如：

$$CH_3\overset{\displaystyle O}{\overset{\|}{C}}-OH + \text{苯胺} \xrightarrow{\triangle} CH_3\overset{\displaystyle O}{\overset{\|}{C}}-NH\text{苯基} + H_2O$$

③ 还原反应。羧基里的羰基由于受酸、羟基的影响活性降低，还原反应比较困难。在催化剂、高温和一定压力下可使羧基氢化，同时分子中的碳碳不饱和键也被氢化。因此一般不采用这种直接能氢化的方法，而采用强还原剂氢化铝锂还原法。

$$H_3C-CH=CH-CH_2COOH \xrightarrow[②H_2O]{①LiAlH_4} H_3C-CH=CH-CH_2-CH_2OH$$

④ 脱羧反应。多数非取代羧酸对热是稳定的，但羧酸盐受热时易放出二氧化碳失去羧基。

$$H_3C-\overset{\displaystyle O}{\overset{\|}{C}}-ONa + NaOH \xrightarrow[\triangle]{CaO} CH_4\uparrow + Na_2CO_3$$

当羧酸的 α-C 原子上连有吸电基团时其脱羧反应变得异常容易。

$$CCl_3-\overset{\displaystyle O}{\overset{\|}{C}}-OH \xrightarrow{\triangle} CHCl_3 + CO_2\uparrow$$

芳香酸比脂肪酸容易脱羧，尤其是芳环上连有吸电子基时，更容易发生脱羧反应。例如：

$$\text{2,4,6-三硝基苯甲酸} \xrightarrow{100\sim150℃} \text{1,3,5-三硝基苯} + CO_2\uparrow$$

⑤ α-H 原子被取代的反应。在羧基的影响下 α-H 原子有一定的活性，在催化剂的作用下，可以被卤原子取代，但比醛、酮的 α-H 的卤代难。控制反应条件可使反应停留在一元或二元取代阶段，也可以发生多元取代。

$$CH_3COOH \xrightarrow[P]{Cl_2} CH_2COOH \xrightarrow[P]{Cl_2} CHCOOH \xrightarrow[P]{Cl_2} Cl-\underset{\underset{Cl}{|}}{\overset{\overset{Cl}{|}}{C}}-COOH$$

4.1.3.3　酯（ester）的性质

羧酸和醇发生酯化反应的产物称为酯，官能团为 $-\overset{\overset{\displaystyle O}{\|}}{C}-O-$ ，一般用通式 RCOOR′表示。

（1）酯的分类

根据酸的不同分为有机酸酯和无机酸酯，根据羧酸分子中羧基的数目分为一元酸酯、二元酸酯和多元酸酯。

（2）酯的物理性质

大多数中低级酯是无色液体，高级酯是蜡状固体。酯的沸点与分子量相近的醛、酮差不多。酯基在碳链的位置不同时，对酯的沸点影响不大。如丙酸甲酯（methyl propionate）沸点为80℃，乙酸乙酯（ethyl acetate）沸点为81℃。酯在水中的溶解度较小，可溶于多种有机溶剂。

（3）酯的化学性质

① 酯的水解。酯在酸或碱的催化下可以发生水解反应，生成一分子羧酸和一分子醇，是酯化反应的逆反应。在碱作用下的水解生成羧酸盐和醇。

$$CH_3COOC_2H_5 + NaOH \longrightarrow CH_3COONa + C_2H_5OH$$

油脂在碱性条件下水解，生成脂肪酸（fatty acid）的钠或钾盐及甘油。日常用的肥皂就是高级脂肪酸的钠盐，也称为皂化反应（saponification）。

② 酯的醇解。酯中的—OR被另一个醇的—OR′置换，称为酯的醇解。酯发生醇解后生成新的酯，因此这一反应又叫作酯交换反应。

③ 酯的胺解。酯可以与氨或胺反应形成酰胺，这叫作酯的氨解或胺解。

$$R-\overset{\overset{\displaystyle O}{\|}}{C}-O-R' + NH_3 \longrightarrow R-\overset{\overset{\displaystyle O}{\|}}{C}-NH_2 + R'OH$$

④ 酯与格氏试剂的反应。酯与格氏试剂反应时，生成的酮更容易与格氏试剂反应生成叔醇，所以难以控制在酮的阶段。

⑤ 酯的还原反应。酯被氢化铝锂还原为两分子的醇，而且氢化铝锂不还原孤立的碳碳双键，因此可以用来还原不饱和的酯。例如：

$$CH_3CH=CHCH_2COOCH_3 \xrightarrow[\text{②}H_3O^+]{\text{①}LiAlH_4\ 醚} CH_3CH=CHCH_2CH_2OH + CH_3OH$$

⑥ 酯的缩合反应（condensation reaction）。酯分子中 α-氢与醛酮的氢很相似，比较活

泼，在醇钠的作用下，能与另一分子酯缩去一分子醇，生成 β-羰基酸酯。这样的缩合反应叫作酯缩合反应。分子间的酯缩合反应又叫作克莱森（Claisen）缩合反应。如：

$$CH_3-\overset{O}{\underset{}{C}}-O-C_2H_5 + CH_3-\overset{O}{\underset{}{C}}-O-C_2H_5 \xrightarrow{C_2H_5ONa}$$

$$CH_3-\overset{O}{\underset{}{C}}-CH_2-\overset{O}{\underset{}{C}}-O-C_2H_5 + C_2H_5OH$$

任何含 α-氢的酯分子之间都可发生克莱森缩合反应，它是制备 β-酮酸酯的重要方法。但是当两种不相同的酯缩合时，产物是多种 β-酮酸酯的混合物。酯缩合反应也可在分子内进行，生成环酯。分子内的酯缩合反应称为狄克曼（Dieckmann）缩合反应。

4.1.4　含氮化合物的性质

4.1.4.1　硝基化合物

（1）硝基化合物的分类

根据与硝基相连的烃基结构，可以分为脂肪族硝基化合物（$R-NO_2$）和芳香族硝基化合物（$Ar-NO_2$）。根据和硝基相连的碳原子类型的不同，又可分为一级、二级、三级（或称伯、仲、叔）硝基化合物。

（2）硝基化合物的物理性质

脂肪族硝基化合物一般是无色具有香味的液体，难溶于水，易溶于有机溶剂。芳香族一元硝基化合物是无色或淡黄色高沸点液体或固体，有苦杏仁味，难溶于水。多硝基化合物多为黄色晶体。

芳香族多硝基化合物受热时易分解，有很强的爆炸性，可用作炸药（如三硝基甲苯）。硝基化合物一般都有毒性，芳香族硝基化合物能通过皮肤吸收，它和血液中的血红素作用而引起肝、肾和血液中毒，须注意安全。

（3）硝基化合物的化学性质

① 还原反应。在酸性介质中，用铁、锌、锡、氢化铝锂等作还原剂或催化氢化，都可以使硝基化合物还原为相应的伯胺。

$$R-NO_2 + 3H_2 \xrightarrow{Ni} R-NH_2 + 2H_2O$$

由芳香族硝基化合物还原是制取芳香族胺的重要途径。

用碱金属的硫化物或多硫化物、硫氢化铵、硫化铵或多硫化铵为还原剂还原芳香族多硝基化合物时，可以选择性地还原硝基。

② 酸性。含 α-H 的硝基化合物，α-H 有一定的活泼性，在一定条件下可以失去 H^+ 变成其共轭碱，表现出一定的酸性。

③ 与羰基的缩合反应。一级和二级硝基化合物分子中有 α-H 原子时，在碱的催化下可以与醛或酮发生缩合反应，生成硝基醇或硝基烯烃。例如：

$$CH_3CHO + CH_3NO_2 \xrightarrow{KOH} CH_3\underset{OH}{CH}CH_2NO_2$$

④ 与亚硝酸的反应。一级硝基烷与亚硝酸作用生成结晶的硝肟酸。

$$R_2CH_2NO_2 + HONO \longrightarrow R-\overset{NOH}{\underset{NO_2}{C}} + H_2O$$

⑤ 硝基对苯环上取代基的影响。硝基和苯环相连后，苯环上的电子云密度降低，钝化苯环，不利于亲电试剂的进攻。它的影响可以通过苯环传递到邻位、对位，对间位的影响较弱。苯环上没有硝基时氯苯很稳定，难以发生水解等亲核取代反应。在氯原子的邻位、对位引入硝基后，由于硝基的吸电子作用有利于亲核试剂的进攻，水解反应容易进行。邻位、对位引入的硝基越多，水解反应越易进行。在苯酚的苯环上引入硝基后，由于硝基的吸电子作用，增加了酚羟基中的氢原子离解成质子的能力，使其酸性增强。尤其是在酚羟基的邻位或对位引入硝基时，硝基的吸电子作用可以通过共轭效应传递。当邻位和对位都有硝基存在时，如 2,4,6-三硝基苯酚的酸性已接近无机强酸，它可以和氢氧化钠、碳酸钠以及碳酸氢钠作用。

4.1.4.2 胺

(1) 胺的分类

按照氨分子中氢原子被烃基取代的数目分为伯胺（一级）、仲胺（二级）、叔胺（三级）。铵盐或氢氧化铵的四个氢原子被四个烃基取代的产物称为季铵。根据胺分子中氮原子上所连烃基的结构，又可分为脂肪胺和芳香胺。根据胺分子中氨基数目的多少，还可以将其分为一元胺、二元胺和三元胺。

(2) 胺的物理性质

低级的脂肪族胺如甲胺（methylamine）、二甲胺（dimethylamine）、三甲胺（trimethylamine）和乙胺（ethylamine），在常温下为气体，其他低级胺为液体，高级胺为固体。低分子量的胺有氨的气味。芳胺多为高沸点液体或低熔点固体，具有特殊的气味，毒性较大，皮肤接触或吸入蒸气都会引起中毒。

注意：芳胺有毒，使用时注意防护！

(3) 胺的化学性质

① 碱性。与氨相似，胺分子中氮原子上有未共用电子对，因此胺能接收质子形成铵离子，表现出碱性。胺在水溶液中，存在下列平衡：

$$RNH_2 + H_2O \Longrightarrow RNH_3^+ + OH^-$$

胺是一种弱碱，它可以与盐酸、硫酸等反应生成相应的铵盐，在铵盐中加入碱时，又可以置换出原来的弱胺。例如：

$$(CH_3)_2NH + HCl \longrightarrow [(CH_3)_2NH_2]^+Cl^-$$
$$[(CH_3)_2NH_2]^+Cl^- + NaOH \longrightarrow (CH_3)_2NH + NaCl + H_2O$$

利用胺的这个性质，可以将胺与其他有机化合物分离。对于不溶于水的胺，可以先形成盐而溶于稀盐酸中，然后再用强碱把胺从铵盐中置换出来。

② 酰基化反应。伯胺、仲胺和酰氯、酸酐反应，能在氮原子上引入酰基生成 N-取代酰胺，称为胺的酰基化反应。

$$C_6H_5NH_2 + (CH_3CO)_2O \longrightarrow C_6H_5NHCOCH_3 + CH_3COOH$$

N-取代酰胺在强酸或强碱的水溶液中加热很容易水解生成胺。因此，在有机合成中常把氨基进行酰化，再进行目标反应，最后用水解法去掉酰基。这种方法可以用来保护氨基。

对甲苯磺酰氯或苯磺酰氯与胺的反应同酰氯相似，生成相应的磺酰胺。伯胺、仲胺与对甲苯磺酰氯反应生成相应的对甲苯磺酰胺。伯胺生成的对甲苯磺酰胺，氨基上的氢原子受酰基的影响呈弱酸性，可与氢氧化钠成盐，并溶于碱液中。仲胺生成的对甲苯磺酰胺，氨基上没有氢原子，不能成盐。叔胺可以认为不与对甲苯磺酰氯反应。因此，常用对甲苯磺酰氯鉴别或分离三类胺。这个反应称为兴斯堡（Hinsberg）反应。

③ 与亚硝酸的反应。脂肪族伯胺与亚硝酸反应生成重氮盐（diazonium salt），脂肪胺的重氮盐非常不稳定，立即分解并进行一系列反应，最后得到氮气、醇、烯等复杂产物。但是这个反应释放的氮是定量的，因此可用这个反应测定伯胺的含量。仲胺与亚硝酸的反应生成 N-亚硝基胺。脂肪族叔胺与亚硝酸不发生亚硝化反应。

$$CH_3CH_2-\overset{\overset{\displaystyle CH_3}{|}}{N}H \xrightarrow[\text{HCl}]{\text{NaNO}_2} CH_3CH_2-\overset{\overset{\displaystyle CH_3}{|}}{N}-NO$$

④ 芳胺的氧化。脂肪族胺在常温下比较稳定，不易被空气氧化，而芳香族胺特别是芳香族伯胺极易被氧化。新蒸过的苯胺为无色透明液体，在空气中放置即逐渐变为黄色甚至红棕色，这是由于部分苯胺发生了氧化，缩合成有色的物质。芳胺的氧化过程很复杂，很难用简单的反应式来表示。如果用酸性重铬酸钾氧化苯胺，反应的主要产物是对苯醌。

$$\text{苯胺} \xrightarrow{\text{K}_2\text{Cr}_2\text{O}_7,\ \text{H}_2\text{SO}_4} \text{对苯醌}$$

⑤ 芳胺环上的取代反应。

a. 卤代反应：苯胺的卤代反应在不加催化剂的情况下即可发生，生成三卤代苯胺。如苯胺与溴的水溶液作用，立即生成 2,4,6-三溴苯胺白色沉淀，而且反应很难停留在一取代阶段。

$$\text{苯胺} + 3\text{Br}_2 \longrightarrow \text{2,4,6-三溴苯胺} \downarrow + 3\text{HBr}$$

b. 磺化反应：苯胺在室温下与浓硫酸作用先生成苯胺硫酸盐，苯胺硫酸盐加热则发生分子内重排生成对氨基苯磺酸。

$$\text{苯胺} \xrightarrow{\text{H}_2\text{SO}_4} \overset{+}{N}H_3 HSO_4^- \xrightarrow[-\text{H}_2\text{O}]{\triangle} NHSO_3H \xrightarrow{180℃} \text{对氨基苯磺酸}$$

c. 硝化反应：芳胺易被氧化，在发生苯胺的硝化反应之前要先把氨基保护起来。常用酰化法或成盐法保护氨基。产物为邻位、对位或间位的硝基苯胺。

4.1.4.3　重氮化合物和偶氮化合物

重氮化合物和偶氮化合物分子中都含有基团—N＝N—。这个基团的两端都连有烃基的化合物称为偶氮化合物；基团一端与烃基相连，另一端与非碳原子或原子团相连的化合物，称为重氮化合物。

$$CH_3-N＝N-CH_3 \qquad \text{苯}-N＝N-OH$$

偶氮甲烷　　　　　　　　氢氧化重氮苯

（1）重氮化反应

在强酸性溶液中，较低温度下（0～5℃），芳香族伯胺与亚硝酸作用，生成重氮盐的反应称为重氮化反应。

$$\text{—NH}_2 + \text{NaNO}_2 + 2\text{HCl} \xrightarrow{0\sim5℃} \text{—N}_2\text{Cl} + \text{NaCl} + 2\text{H}_2\text{O}$$

（2）重氮盐的性质

重氮盐具有盐的典型性质，易溶于水，不溶于有机溶剂。重氮盐的化学反应分为两大类：一是重氮基被取代同时放出氮气的反应，二是保留氮原子的反应。

① 取代反应。

a. 被羟基取代：重氮盐和硫酸共热发生水解，生成酚并放出氮气。

$$\text{—N}_2^+\text{HSO}_4^- + \text{H}_2\text{O} \xrightarrow[100℃]{\text{H}^+} \text{—OH} + \text{N}_2\uparrow + \text{H}_2\text{SO}_4$$

b. 被氢原子取代：重氮盐与还原剂次磷酸或乙醇作用，重氮基可被氢原子取代生成芳烃。

$$\text{—N}_2^+\text{HSO}_4^- + \text{H}_3\text{PO}_2 + \text{H}_2\text{O} \longrightarrow \text{—} + \text{H}_3\text{PO}_3 + \text{N}_2\uparrow + \text{H}_2\text{SO}_4$$

$$\text{—N}_2^+\text{HSO}_4^- + \text{CH}_3\text{CH}_2\text{OH} \xrightarrow{\triangle} \text{—} + \text{CH}_3\text{CHO} + \text{N}_2\uparrow + \text{H}_2\text{SO}_4$$

c. 被卤素取代：在氯化亚铜的催化下，芳香族重氮盐与盐酸溶液反应，重氮基被氯原子取代。在溴化亚铜的催化下，芳香族重氮盐与氢溴酸溶液共热，重氮基被溴原子取代。碘原子较易取代重氮基，只需要把重氮盐与碘化钾溶液共热，就能得到碘化物。

$$\text{—N}_2\text{Cl} \xrightarrow[\text{Cu}_2\text{Cl}_2,\ \triangle]{\text{HCl}} \text{—Cl} + \text{N}_2\uparrow$$

$$\text{—N}_2\text{Br} \xrightarrow[\text{Cu}_2\text{Br}_2,\ \triangle]{\text{HBr}} \text{—Br} + \text{N}_2\uparrow$$

$$\text{—N}_2\text{Cl} + \text{KI} \xrightarrow{\triangle} \text{—I} + \text{N}_2\uparrow + \text{KCl}$$

d. 被氰基取代：把氰化亚铜的氰化钾溶液与重氮盐溶液共热，重氮基被氰基取代。

$$\text{—N}_2\text{Cl} \xrightarrow[\triangle]{\text{CuCN-KCN}} \text{—CN} + \text{N}_2\uparrow$$

② 保留氮原子的反应。

a. 还原反应：重氮盐与还原剂亚硫酸钠，或者在盐酸溶液中与锡、氯化亚锡反应，氮氮键可以不断裂而生成苯肼。

$$\text{—N}_2\text{Cl} \xrightarrow[\triangle]{\text{SnCl}_2\text{-HCl}} \text{—NHNH}_2 \cdot \text{HCl} \xrightarrow{\text{NaOH}} \text{—NHNH}_2$$

b. 偶合反应：芳香族重氮盐与酚、芳胺等在一定的条件下作用生成偶氮化合物的反应称为偶合反应，也叫偶联反应。

$$\text{—N}_2\text{Cl} + \text{—OH} \xrightarrow[0℃]{\text{NaOH, H}_2\text{O}} \text{—N}=\text{N—}\text{—OH} + \text{HCl}$$

$$\text{—N}_2\text{Cl} + \text{—N(CH}_3)_2 \xrightarrow[0℃]{\text{CH}_2\text{COONa, H}_2\text{O}} \text{—N}=\text{N—}\text{—N(CH}_3)_2 + \text{HCl}$$

4.2 有机物质的制备

4.2.1 合成路径

有机合成是利用化学方法将简单的无机物或简单的有机物制备成较复杂的有机物的过程。有机合成路线设计是合成工作的第一步，也是最重要的一步。任何一条合成路线，只要能合成出所要的化合物，应该说都是合理的。

4.2.1.1　合成实验具备的条件

合成一个有机化合物要具备的条件有三个方面：合成目标化合物分子的骨架；引入所需的官能团；解决好目标化合物的立体化学方面的要求。其中碳胳的形成和变化包括以下方法：增长碳链或增加支链、减短碳链、合成碳环、引入官能团、官能团的相互转化。

4.2.1.2　合成方法设计

评判一个合成路线是否有效一般有以下标准：

① 合成步数多少？每增加一步总的产率就降低一次。

② 每步的产率如何？第一步的产率决定最终的总产率大小。

③ 是线性合成还是汇聚合成？线性合成就是直线的反应类型；汇聚合成就是有几个起始原料分别有独立的合成路线，尽管所有路线全部进行汇聚合成是不可能的，但如果可行的话，汇聚合成具有很大的优势（图4-3）。

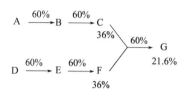

图 4-3　汇聚合成路线示意图

4.2.2　反应装置的选择

4.2.2.1　合成实验中常用的玻璃仪器

（1）普通玻璃仪器

有机合成中常用的普通玻璃仪器：锥形瓶（conical flask）、分液漏斗（separatory funnel）、布氏漏斗（buchner funnel）、抽滤瓶（filter flask）、蒸发皿（evaporation pan）、表面皿（glass-surface vessel）、干燥管（drying tube）等，如图4-4所示。

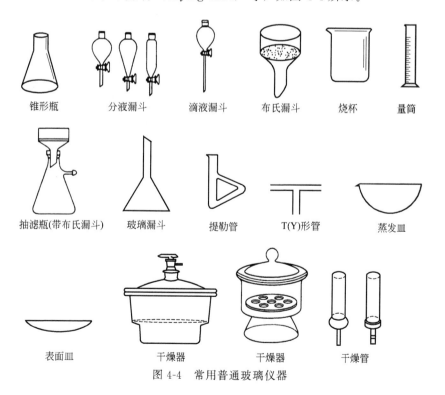

图 4-4　常用普通玻璃仪器

（2）标准磨口玻璃仪器

常用的标准磨口仪器有：烧瓶（flask）、冷凝管（condenser tube）、分液漏斗（separatory funnel）、接液管（adapter）、干燥管（drying pipe）、温度计套管（thermowells）、蒸馏头（distillation head）、克莱森（Claisen）蒸馏头（简称克氏蒸馏头）。标准口有10、14、19、24、29和34等多种型号，这些数字指磨口直径（mm）。图4-5为常用的标准磨口玻璃仪器。

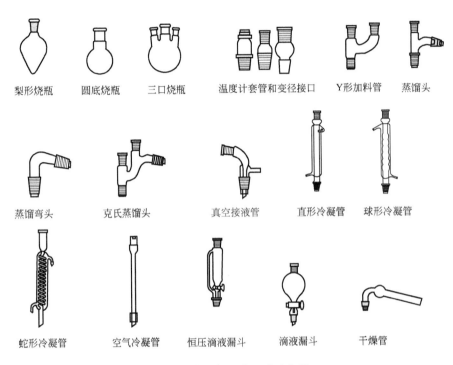

梨形烧瓶　　圆底烧瓶　　三口烧瓶　　温度计套管和变径接口　　蒸馏头

蒸馏弯头　　克氏蒸馏头　　真空接液管　　直形冷凝管　　球形冷凝管

蛇形冷凝管　　空气冷凝管　　恒压滴液漏斗　　滴液漏斗　　干燥管

图4-5　常用标准磨口玻璃仪器

使用标准磨口玻璃仪器时注意事项：

① 磨口必须清洁无杂物，否则磨口连接不紧密，导致漏气甚至损坏磨口。

② 用后应立即拆卸洗净，否则磨口的连接处会粘连而难以拆开。

③ 一般磨口无需涂润滑剂，以免玷污反应物或产物。若反应物中有强碱，则应涂润滑剂，以免磨口连接处因腐蚀而粘连，无法拆开。减压蒸馏时，磨口应涂真空油脂以达到密封的效果。在涂真空油脂时应在磨口大的一端约三分之一处涂上薄薄一圈，切勿涂得太多，以免玷污产物。旋转磨口，至连接处均匀透明。

④ 安装磨口仪器时，应注意整齐、端正，磨口对齐，松紧适度。使磨口连接处不受歪斜的应力，否则仪器易破裂。

（3）反应装置

① 回流装置。有机化学反应大多需要加热才能有效进行，因此常选择合适沸点的溶剂或直接利用液体反应物进行加热回流。常用的回流装置是在反应瓶上直接连接回流冷凝管，常用的冷却液体为水，有时根据回流温度选择其它冷却液或空气冷凝。

图4-6（a）为一般的回流装置；图4-6（b）为隔绝潮气的回流装置；图4-6（c）为置换反应体系中的气体后，使用气球进行保护的密闭反应装置；图4-6（d）为带有气体吸收功能的回流装置；图4-6（e）为回流时可以同时滴加液体的装置，该装置也可以根据同时滴加液体

的种类选择二口瓶、三口瓶来替代。使用这些回流装置加热前应先放入沸石。根据液体的沸腾温度，选用加热方式。回流的速率应控制在液体蒸气浸润不超过冷凝管的1/3为宜。

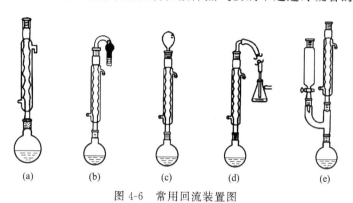

图 4-6　常用回流装置图

② 蒸馏装置。蒸馏是分离两种以上沸点相差较大（30℃以上）液体的常用方法，也可以用于除去反应体系中的有机溶剂，图 4-7(a) 是最常用的蒸馏装置。分离沸点差别更小的液体要用精馏［如图 4-7(b)］的方法。如果蒸馏沸点在 140℃ 以上的液体，应用空气冷凝管［如图 4-7(c)］，以免回流不充分或温差过大而使冷凝管炸裂。［如图 4-7(d)］为减压蒸馏装置，用于高沸点液体的分离、纯化或常压蒸馏时未达到沸点已受热分解、氧化或聚合物质的分离。

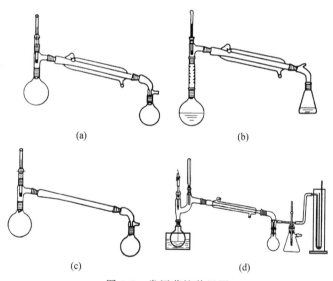

图 4-7　常用蒸馏装置图

③ 气体吸收装置。气体吸收装置（图 4-8）用于吸收反应过程中生成的有刺激性或有毒有害的气体。图 4-8(a) 和图 4-8(b) 两种装置都可以用作气体的吸收。其中 a 装置的玻璃漏斗应略微倾斜，使漏斗口一半在水中，一半在水面上，保持与大气相通。这样既能防止气体逸出，又能防止水被倒吸至反应容器中。b 装置的气体导管一定要伸入吸收液液面以下。

实验装置的装配正确与否，关系到实验的成败。安装仪器应按照先下后上，从左到右的顺序，做到严密、正确、整齐和稳妥。实验装置的轴线应与实验台的边缘平行，横看一个面，纵看一条线，不仅给人以美感，同时保证实验装置使用的安全性。拆卸时，按照与装配时相反的顺序，逐个拆除。

4.2.2.2 合成化学实验中常用的设备

(1) 烘箱（drying oven）

实验室常用带有自动温度控制系统的电热鼓风干燥箱，通常使用温度应控制在 $100 \sim 200 ℃$。烘箱用来干燥玻璃仪器或烘干无腐蚀、无挥发性、加热不分解的物品。放被烘干仪器时应自上而下依次放入，以免上层仪器上残留的水滴滴到下层，使已热的下层玻璃仪器炸裂。注意橡皮塞、塑料制品等不能放入烘箱烘烤。用完烘箱，要及时切断电源，确保安全。

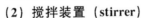

图 4-8　气体吸收装置

(2) 搅拌装置（stirrer）

搅拌是有机制备实验中常见的基本操作之一。反应在均相溶液中进行时，加热时溶液存在一定程度的对流，从而保持液体各部分均匀地受热，因此可以不用搅拌。如果是非均相反应或需不断加入某些反应物时，为了尽可能使其迅速均匀地混合，避免因局部过热而导致其他副反应发生，则需要进行搅拌。搅拌装置主要有两种，机械搅拌和电磁搅拌。

① 电磁搅拌。电磁搅拌又称磁力搅拌，是以电动机带动磁场转动，并以磁场控制磁子转动达到搅拌的目的。主要用于反应物是黏度较低的液体或固体量很少的实验中。电磁搅拌器［见图 4-9(a)］都有加热装置，兼备加热、搅拌、控温等多种功能。磁力搅拌子（简称磁子）是一个包裹着聚四氟乙烯或玻璃外壳的软铁棒，外形为棒状（适合于平底容器）、橄榄状（适用于圆底容器）等［见图 4-9(b)］。磁子应沿瓶壁小心置于瓶底，不可直接丢入，以免造成容器底部破裂。开启搅拌时，应缓慢调节转速，使搅拌均匀平稳地进行。如调速过急或物体过于黏稠，会使磁子跳动而撞击瓶壁，此时应立即关闭搅拌，等磁子静止后再重新缓缓开启。

② 机械搅拌。机械搅拌主要用于反应物较多或黏度较大的实验中。机械搅拌装置相对于电磁搅拌装置操作比较复杂，包括电动搅拌器、搅拌棒、密封装置等部分。机械搅拌器的主要部件是具有活动夹头的小电动机和调速器，它们一般固定在铁架台上，电动机带动搅拌棒起搅拌作用，用变速器调节搅拌速度。机械搅拌一般安装在三口瓶的中间口，回流或滴加装置安装在侧口上，必要

(a)　　　　　　　　　(b)

图 4-9　电磁搅拌器和磁力搅拌子

时也可用多口瓶。机械搅拌的搅拌棒通常由玻璃棒和聚四氟乙烯制成或由不锈钢外镀聚四氟乙烯制成。搅拌时搅拌棒的位置以接近反应瓶底部 $3 \sim 5mm$ 处为宜。

③ 旋转蒸发仪（rotary evaporator）。旋转蒸发仪是由马达带动的可旋转蒸发器、冷凝器、接收器和加热锅组成（见图 4-10），可在常压使用，也可以连接减压装置在减压下使用。由于蒸发器的不断旋转，可免加沸石而不会暴沸。蒸发器旋转时，液体的蒸发面积增加，加快了蒸发速度。因此，它是蒸发和回收溶剂的理想装置。使用时应注意：减压蒸馏时，当温度高、真空度低时，瓶内液体可能会暴沸。此时应降低真空度以便平稳地进行蒸馏；停止蒸发时，应先停止加热，再停止抽真空，最后切断电源停止旋转。

④ 加热设备（heating equipment）。加热设备是化学实验室最常用的设备之一。实验常用的加热装置是加热套、水浴、油浴、沙浴、空气浴、电热板、电炉、红外灯、煤气灯、酒

精灯等。根据需要温度的高低和物质的性质来选择合适的热源。

当加热温度在100℃以下时，用水浴加热安全方便。加热温度在100～250℃时可用油浴。当加热温度在250～350℃时应采用沙浴，但由于沙浴散热太快，温度上升较慢，不易控制。空气浴加热就是让热源把局部空气加热，空气再把热能传导给反应容器。

电热套是比较实用方便的加热装置。它可以提供的加热范围很宽，最高温度可达400℃。使用调压变压器控制温度，加热迅速。电热套有50mL～5L不同规格，使用时应根据反应容器的大小进行选择。

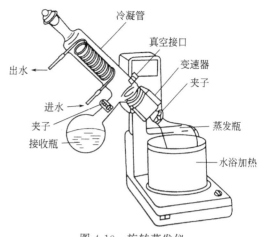

图 4-10 旋转蒸发仪

⑤ 油泵（oil pump）。实验室的油泵（图4-11）主要用在减压蒸馏操作中，油泵的真空效率取决于油泵的机械结构和泵油蒸气压的高低，油泵真空度可达13.3Pa（0.1mmHg）。油泵的结构比较精密，工作条件要求严格，为保障油泵正常工作，使用时要防止有机溶剂、水或酸气等抽进泵内腐蚀泵体、污染油泵、增大蒸气压。使用时，为保护泵体，在蒸馏系统和油泵之间必须安装合格的冷阱、安全防护、污染防护和测压装置。

⑥ 循环水式多用真空泵（water pump）。循环水式真空泵（图4-12）是一种喷射泵，由液体喷射产生负压，以循环水作为工作液体。用于减压蒸馏的前级蒸馏和减压抽滤，实验室中也常用来提供循环水。

⑦ 玻璃仪器气流烘干器（flow drying apparatus）。气流烘干器（图4-13）用于实验室各类玻璃仪器的烘干，有冷风、热风两档气流，能够快速烘干。

图 4-11 真空油泵

图 4-12 循环水式多用真空泵

图 4-13 气流烘干器

4.2.3 有机物的转化率、选择性和产率

（1）转化率（conversion）

转化率定义为每摩尔反应物 A 所反应掉的百分数。其计算方程式为：

$$转化率 = \frac{反应消耗原料 A 的物质的量}{反应加入原料 A 的物质的量} \times 100\%$$

（2）选择性（selectivity）

选择性定义为反应掉的原料中，生成目的产物所占的百分数。其计算方程式为

$$\text{选择性} = \frac{\text{反应生成主产物所消耗原料 A 的物质的量}}{\text{反应消耗原料 A 的物质的量}} \times 100\%$$

(3) 产率（yield）

产率定义为加入的原料中，生成目的产物所占的比例。其计算方程式为

$$\text{产率} = \frac{\text{反应生成主产物所消耗原料 A 的物质的量}}{\text{反应加入原料 A 的物质的量}} \times 100\%$$

产率为转化率和选择性的乘积，收率为转化率和选择性的综合函数。

转化率、选择性、产率的计算公式分别为：

$$X = \frac{c_{A0} - c_A}{c_{A0}} \times 100\%$$

$$S = \frac{c_p}{c_{A0} - c_A} \times 100\%$$

$$Y = \frac{c_p}{c_{A0}} \times 100\%$$

式中　X——转化率；

　　　S——选择性；

　　　Y——产率；

　　c_{A0}——未反应前 A 组分的浓度；

　　　c_A——反应到某一时刻 A 组分的浓度；

　　　c_p——主产物浓度。

4.3　有机化合物的纯化与分离技术

4.3.1　萃取

利用不同物质在溶剂中溶解度的不同进行分离和提纯的操作叫作萃取（extraction），从混合物中提取纯物质的萃取称为抽提，除去物质中少量杂质的萃取常称为洗涤。被萃取的物质一般是液体或固体，从液体中萃取常用分液漏斗，从固体中萃取一般用脂肪提取器。

4.3.1.1　萃取剂的选择

用于萃取的溶剂又叫萃取剂（extractant）。常用的萃取剂为有机溶剂、水、稀酸溶液、稀碱溶液和浓硫酸等。主要根据被萃取物质在此溶剂中的溶解度进行选择。

苯、乙醇、乙醚和石油醚等有机溶剂可将混合物中的有机产物提取出来，也可除去某些产物中的有机杂质。水可用来提取混合物中的水溶性产物，又可用于洗去有机产物中的水溶性杂质。稀酸或稀碱溶液常用于洗涤产物中的碱性或酸性杂质。浓硫酸可用于除去产物中的醇、醚等少量有机杂质。

一般难溶于水的物质用石油醚萃取，较易溶者用乙醚或苯萃取，易溶者用乙酸乙酯或其他类似溶剂萃取。另外，溶剂对杂质溶解度要小；溶剂沸点不宜过高，以便于与萃取物分离；溶剂应具有一定的化学稳定性及毒性小等条件。

4.3.1.2　液体物质的萃取（或洗涤）

液体物质的萃取（或洗涤）常在分液漏斗中进行。分液漏斗的使用方法如下。

(1) 使用前的准备

将分液漏斗洗净后，取下旋塞，用滤纸吸干旋塞及旋塞孔道中的水分，在旋塞微孔的两

侧涂上薄薄一层凡士林，然后小心地将其插入孔道并旋转几周，至凡士林分布均匀呈透明为止。在旋塞细端伸出部分的圆槽内，套上一个橡胶圈，以防操作时旋塞脱落。关好旋塞，在分液漏斗中装上水，检查分液漏斗顶塞、旋塞的密封性，检查开启旋塞时，**液体能否通畅流出**。

（2）萃取（或洗涤）操作

先轻轻振荡，再把分液漏斗向上倾斜，使漏斗的下口略朝上，不要对着有人及火源的方向，打开活塞，放出蒸气或产生的气体，以解除分液漏斗内的压力。握漏斗振荡及放气的手势如图 4-14 所示，以右手捏住漏斗上口颈部，用手掌或食指根部压紧盖子，左手握住活塞，握持方式应既能防止活塞转动或脱落，又便于旋开活塞。放气很重要，如不及时放气，盖子或活塞可能被顶开而漏液。反复放气，待漏斗中只有很小气压时才能较剧烈振摇 2～3min，然后静置分液漏斗。

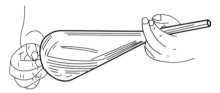

图 4-14　萃取操作

（3）分离操作

当两层液体界面清晰后，便可进行分离操作。先把分液漏斗下端靠在接收器的内壁上，

图 4-15　分离操作

再缓慢旋开旋塞，放出下层液体（如图 4-15 所示）。当液面间的界线接近旋塞处时，暂时关闭旋塞，将分液漏斗轻轻振摇一下，再静置片刻，使下层液聚集得多一些，然后打开旋塞，仔细放出下层液体。当液面间的界线移至旋塞孔的中心时，关闭旋塞。上层液体从漏斗上口倒出。将溶液倒回分液漏斗，再用新的溶剂或洗液萃取或洗涤，一般操作 2～3 次。

（4）操作注意事项

① 分液漏斗中装入的液体量不得超过其容积的 1/2。如果液体量过多，进行萃取操作时，不便振摇漏斗，两相液体难以充分接触，影响萃取效果。

② 在萃取碱性和表面活性强的物质时，或者由于存在少量轻质的沉淀、溶剂互溶、两液相的相对密度相差较小等原因容易产生乳化（emulsification）现象，使两层液体很难清晰地分开。破坏乳化的方法有：

a.长时间静置，往往可使液体分层清晰；

b.加入少量电解质如氯化钠饱和溶液，以增加水相的密度，利用盐析作用，破坏乳化现象；

c.若因碱性物质而乳化，可加入少量稀酸来破坏；

d.滴加数滴乙醇、正丁醇等，改变液体表面张力，促使两相分层；

e.当含有絮状沉淀时，可将两相液体进行过滤。

③ 在提取过程中，因中和放热，或使用低沸点易挥发的溶剂，尤其是用碳酸钠溶液提取时，产生二氧化碳气体，应特别注意轻摇放气。

④ 分液漏斗使用完毕，应用水洗净，擦去旋塞和孔道中的凡士林，在顶部和旋塞处垫上纸条，以防久置粘连。

4.3.1.3　固体物质的萃取

固体物质的萃取采用浸取法，即将固体物质浸泡在选好的溶剂中，其中的易溶成分被慢慢浸取出来。这种方法可在常温或低温条件下进行，适用于受热容易发生分解或变质物质的

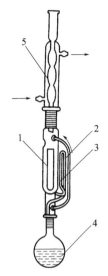

图 4-16 索氏提取器
1—滤纸套筒；2—蒸气上升管；3—虹吸管；4—圆底烧瓶；5—冷凝管

分离。在实验室中常采用索氏提取器（Soxhlet extractor）萃取固体物质，它是利用溶剂回流和虹吸原理，使固体物质不断被新的纯溶剂浸泡，实现连续多次的萃取。索氏提取器装置如图 4-16 所示，主要由圆底烧瓶、提取器和冷凝管等三部分组成。使用时，先在圆底烧瓶中装入溶剂。将固体样品研细放入滤纸套筒内，封好上下口，置于提取器中，按图 4-16 安装好装置。检查各连接部位的密封性后，先通入冷却水，再对溶剂进行加热。溶剂受热沸腾时，蒸气通过蒸气上升管进入冷凝管内，被冷凝为液体，滴入提取器中，浸泡固体并萃取出部分物质。当萃取液液面超过虹吸管的最高点时即虹吸流回烧瓶。这样循环往复，利用溶剂回流和虹吸作用，使固体中可溶物质富集到烧瓶中，然后再用适当方法除去溶剂，便可得到要提取的物质。

4.3.2　水蒸气蒸馏

　　将水蒸气通入有机物中，或将水与有机物一起加热，使有机物与水共沸而蒸馏出来的操作叫作水蒸气蒸馏（steam distillation）。水蒸气蒸馏是分离、提纯有机化合物的常用方法之一，适用于以下几种情况：

　　① 从大量树脂状杂质或不挥发性杂质中分离有机物；

　　② 除去挥发性的有机杂质；

　　③ 从固体多的反应混合物中分离被吸附的液体产物；

　　④ 某些热敏物质在达到沸点时易氧化或分解。

　　使用水蒸气蒸馏时，被提纯物质应具备下列条件：

　　① 不溶于或几乎不溶于水；

　　② 与水一起长时间沸腾不发生化学反应；

　　③ 在 100℃ 左右具有一定的蒸气压，一般不小于 1333.2Pa（10mmHg）。

4.3.2.1　水蒸气蒸馏的装置

　　水蒸气蒸馏装置由水蒸气发生器、蒸馏、冷凝和接收四部分组成。水蒸气发生器一般为金属制水蒸气发生器 [图 4-17(a)] 或圆底烧瓶 [图 4-17(b)]。通常加水量以不超过其容积的 2/3 为宜。在水蒸气发生器上口插入一支长约 1m、直径约 5mm 的玻璃管（图 4-18，2）并使其接近底部，作安全管用。当容器内压力增大时，水就会沿安全管上升，从而调节内压。

　　水蒸气发生器（图 4-18，1）与蒸馏装置之间应装 T 形管（图 4-18，6）。在 T 形管下端连一个螺旋夹，以便及时除去冷凝下来的水滴，同时保障发生操作失误时及时降低系统压力。

　　蒸馏部分一般用 500mL 的长颈圆底烧瓶（图 4-18，3）。为防止瓶中液体因跳溅而冲入冷凝管内，圆底烧瓶的位置如图所示倾斜 45°，且瓶内的液体不超过其容积的 1/3。蒸气导入管（图 4-18，4）的末端应弯曲，使之垂直地正对瓶底中央并伸入到接近瓶底位置。馏出液通过接引管进入接收瓶（图 4-18，9）中。

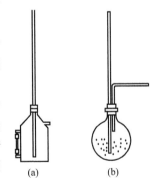

图 4-17　水蒸气发生器

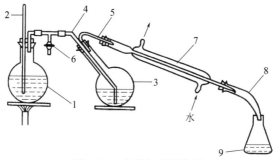

图 4-18 水蒸气蒸馏装置

1—水蒸气发生器；2—玻璃管；3—长颈圆底烧瓶；4—蒸气导入管；5—蒸气导出管；
6—弹簧夹；7—冷凝管；8—接引管；9—接收瓶

4.3.2.2 水蒸气蒸馏的操作

① 搭建装置，检查气密性。

② 把要蒸馏的物质倒入长颈圆底烧瓶中，其量不宜超过烧瓶容量的 1/3。

③ 开通冷凝水，打开 T 形管上的螺旋夹，加热水蒸气发生装置至水沸腾。

当有大量水蒸气从 T 形管的支管冲出时，夹紧螺旋夹，水蒸气进入烧瓶中。这时瓶中的混合物不断翻腾，表明水蒸气蒸馏开始进行。不久在冷凝管中出现有机物质和水的混合物。注意控制加热速率，应使瓶内的混合物不致飞溅得太厉害，并控制馏出速率约为每秒2～3 滴。为了使水蒸气不在烧瓶内过多地冷凝，在蒸馏时通常也可用小火加热烧瓶。

④ 当馏出液澄清透明不再含有有机物质的油滴时，停止蒸馏。

4.3.2.3 水蒸气蒸馏注意事项

① 在蒸馏过程中，如果发现安全玻璃管中的水位上升很快，则表示整个装置发生了阻塞，应立刻打开螺旋夹，移开热源。待故障排除后再继续进行水蒸气蒸馏。

② 蒸馏过程中若发现有过多的蒸气在烧瓶内冷凝，可适当加热烧瓶以防液体量过多冲出烧瓶进入冷凝管中。

③ 用圆底烧瓶作水蒸气发生器时必须加沸石。

④ 水蒸气蒸馏结束时一定要先打开 T 形管上的螺旋夹通大气，然后再停止加热水蒸气发生器，否则烧瓶中的液体会倒吸入水蒸气发生器中。

⑤ 加热圆底烧瓶时要密切注视瓶内混合物的迸溅现象。如果迸溅剧烈则应暂停加热，以免发生意外。

4.3.3 减压蒸馏

减压蒸馏（vacuum distillation）是分离和提纯有机化合物的常用方法之一，适用于那些在常压蒸馏时未达沸点即已受热分解、氧化或聚合的物质。

4.3.3.1 减压蒸馏的装置

减压蒸馏装置是由蒸馏、减压、测压和安全保护四个部分组成。

(1) 蒸馏部分

在圆底烧瓶上安装克氏（Claisen）蒸馏头（图 4-19，1），又叫减压蒸馏头，有两个颈，其目的是避免瓶内液体沸腾时由于暴沸或泡沫的产生而冲入冷凝管。在克氏蒸馏头的直管口插入一根末端拉成毛细管的厚壁玻璃管（图 4-19，3），毛细管末端距圆底烧瓶底部约1～

2mm，玻璃管的上端套上一段附有螺旋夹（图4-19，4）的橡胶管，用来调节空气进入量是让微量空气进入液体形成汽化中心，防止暴沸。温度计安装在克氏蒸馏头的侧管中，位置与普通蒸馏相同。

常用耐压的圆底烧瓶作接收器。不可使用平底烧瓶或锥形瓶。当需要分段接收馏分而又不中断蒸馏时可使用多尾接液管（图4-19，2）。转动多尾接液管，便可将不同馏分收入指定的接收器中。

（2）减压部分

实验室中常用水泵或油泵对体系抽真空来进行减压。水泵的真空度可以达到1.1～3.3kPa，能够满足一般减压蒸馏的需要。使用油泵能达到较高的真空度（0.13kPa以下），但油泵结构精密，使用条件严格，水、酸性蒸气或挥发性的有机溶剂等都会使其受到损坏。因此，使用油泵减压时要安装防止有害物质侵入的保护系统，其装置较为复杂（见图4-19，6）。使用油泵必须满足以下条件：①在蒸馏系统和油泵之间必须装有吸收装置；②蒸馏前必须先用水泵彻底抽去系统中有机溶剂的蒸气；③减压系统必须保持密封不漏气，橡皮管要用厚壁的真空橡皮管。

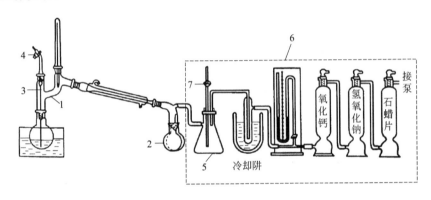

图 4-19　减压蒸馏装置

1—克氏蒸馏头；2—多尾接液管和接收瓶；3—毛细管；4—螺旋夹；5—安全瓶；6—保护系统；7—三通旋塞

（3）测压部分

测量减压系统的压力常使用开口式或封闭式水银压力计。图4-20(a)为开口式水银压力计，其两臂汞柱高度之差就是大气压与被测系统压力之差，被测系统内的实际压力（真空度）等于大气压减去汞柱高度差。相反，当被测系统压力高于大气压时，被测系统内的实际压力等于大气压加上汞柱高度差。这种压力计准确度较高，容易装汞，但操作不当汞会冲出，安全性差。图4-20(b)为封闭式水银压力计，其两臂汞柱高度之差即为被测系统内的实际压力（真空度）。这种压力计读数方便，操作安全，但有时会因空气等杂质的混入而影响其准确性。

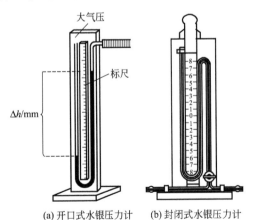

(a) 开口式水银压力计　(b) 封闭式水银压力计

图 4-20　测压装置

（4）保护部分

使用不同的减压设备，其保护装置也不相同。利用水泵进行减压时，只需在接收器、水泵和压力计之间连接一个安全瓶（图4-19，5），以防止压力下降时水流倒吸。瓶上装配三通旋塞（图 4-19，7），以供调节系统压力及放入空气解除系统真空用。停止蒸馏时要先放气，然后关水泵。利用油泵减压时，则需在接收器、压力计和油泵之间依次连接安全瓶、冷却阱（置于盛有冷却剂的广口保温瓶中）及 3 个分别装有无水氯化钙、粒状氢氧化钠、片状石蜡的吸收塔，以冷却和吸收蒸馏系统产生的水汽、酸雾及有机溶剂等，防止其侵害油泵。

4.3.3.2　减压蒸馏的操作步骤

（1）搭建装置

按照自下而上、自左而右的顺序，搭好减压蒸馏装置。

（2）检查气密性

旋紧毛细管上的螺旋夹，开动减压泵，逐渐关闭安全瓶上的旋塞，观察体系的压力。若达不到需要的真空度应检查装置各连接部位是否漏气，必要时磨口仪器的所有接口部分涂真空油脂。

（3）加入物料

加入待蒸的液体，加入量不要超过蒸馏瓶体积的 1/2。关好安全瓶上的活塞，开动减压泵，通过螺旋夹调节毛细管导入的空气量，以能冒出一连串小气泡为宜。

（4）加热蒸馏

当压力稳定后，开通冷却水，用适当热浴加热。液体沸腾后应注意控制温度并观察沸点变化情况。待沸点稳定时，转动多尾接液管接收馏分，蒸馏速率以每秒 0.5～1 滴为宜。记录第一滴馏出液滴入接收器时及蒸馏结束时的温度和压力。

（5）结束蒸馏

蒸馏完毕或减压蒸馏过程中需停止蒸馏应除去热源，待蒸馏瓶稍冷后，先慢慢开启安全瓶上的活塞，平衡内外压力（若开得太快，水银柱很快上升，有冲破测压计的可能），旋开夹在毛细管上橡胶管的螺旋夹，关闭减压泵，关闭冷却水，结束蒸馏。如果活塞开启顺序颠倒或空气从其它位置进入装置中，而控制毛细管的螺旋夹却仍旧关闭，液体就可能倒灌入毛细管中。

4.3.3.3　减压蒸馏的注意事项

① 减压蒸馏装置中所用的玻璃仪器必须完好无损并能耐压，以免系统内负压较大时发生内向爆炸。

② 使用封闭式水银压力计时，一般先关闭压力计的旋塞，当需要观察和记录压力时再缓慢打开，以免系统压力突变时水银冲破玻璃管而溢出。

③ 打开安全瓶上的旋塞时，一定要缓慢，否则汞柱快速上升会冲破压力计。

④ 若中途停止蒸馏再重新开始时，应检查毛细管是否畅通，若有堵塞现象需更换毛细管。

注意： 该实验装置中有溶液暴沸及汞外泄的可能，注意安全！

4.3.4　结晶和重结晶

4.3.4.1　结晶

结晶（crystallization）是指溶液达到过饱和，从溶液中析出晶体的过程。通常将经过蒸发浓缩的溶液冷却放置一定时间后，晶体就会自然析出。对于溶解度随温度变化较大的物质可减小蒸发量甚至不经蒸发，而采用冰-水浴或冰-盐浴进行冷却，以促使结晶析出完全。在结晶过程中，一般需要适当加以搅拌，以避免结成大块。

从溶液中析出晶体的纯度与晶体颗粒的大小有关。小颗粒生成速度较快，晶体内不易裹入母液或其他杂质，有利于纯度的提高。大颗粒生成速度较慢，晶体内容易裹入母液或其他杂质，影响纯度。但颗粒过细或参差不齐的晶体容易形成稠厚的糊状物，不便过滤和洗涤，也会影响纯度。

晶体颗粒的形成与结晶条件有关。当溶液浓度较大、溶质溶解度较小、冷却速度较快或结晶过程中剧烈搅拌时，较易析出细小的晶体颗粒。反之则容易得到较大的晶体颗粒。适当控制结晶条件，就能得到颗粒均匀、大小适中的理想晶体。

4.3.4.2 重结晶

在加热下，用适当的溶剂溶解含有杂质的晶体物质，趁热滤去不溶性杂质，然后使滤液冷却析出结晶，过滤、洗涤收集晶体并进行干燥处理，这一系列操作称为重结晶（recrystallization）或再结晶。重结晶是提纯固体有机化合物最常用的方法之一。重结晶的操作步骤：

(1) 选择溶剂

在进行重结晶时，选择理想溶剂是关键，理想溶剂应具备以下条件：

① 不与被提纯物质发生化学反应。

② 溶剂对被提纯物质的溶解度随温度变化较大。高温时溶解度大，低温时溶解度小。

③ 杂质在溶剂中溶解度很大，晶体析出，杂质留在母液中；杂质在溶剂中溶解度极小，在热过滤时除去杂质。

④ 溶剂沸点不宜太高，易挥发、易与晶体分离。

⑤ 价廉易得，无毒或毒性很小。

当一种物质在一些溶剂中的溶解度太大，而在另一些溶剂中的溶解度又太小，没有一种合适的溶剂时可使用混合溶剂。常用的混合溶剂有：乙醇-水、乙醚-甲醇、乙醇-丙酮、乙醚-丙酮、丙酮-水、乙醚-石油醚、吡啶-水、苯-石油醚等。

(2) 溶解样品

将样品置于适当容器中，加入比需要量略少的溶剂，在加热回流下溶解样品。并分次补加溶剂，直至样品全溶。如果使用的不是易挥发或易燃的有机溶剂（如水），则可以不使用回流装置。溶剂的用量应适当。如不需要热过滤，则溶剂的用量以恰好溶完为宜。如需要热过滤，则应使溶剂适当过量，一般过量 20% 左右。

(3) 脱色 (decoloration)

当重结晶产品含有有色杂质时可加入适量的活性炭脱色。使用活性炭脱色时要注意以下几点：①先将待结晶化合物加热溶解在溶剂中，待溶液稍冷后再加入活性炭。千万不能直接将活性炭加到沸腾的溶液中，有溶液冲出容器的危险。②加入活性炭的量，可以根据杂质的多少而定，一般为固体化合物质量的 1%～5%。加入量过多，活性炭会吸附部分纯产品。

注意：加入活性炭的操作步骤必须正确，否则会引起暴沸！

(4) 热过滤 (filtration)

趁热过滤以除去不溶性杂质、脱色剂及吸附于脱色剂上的其他杂质叫作热过滤。热过滤主要是要避免在过程中有结晶析出。热过滤的方法有常压过滤和减压过滤。

① 常压过滤。采用短颈三角漏斗以避免或减少晶体在漏斗颈中析出影响过滤。采用折叠滤纸以加快过滤速度，滤纸的折法如图 4-21 所示。

热过滤的关键是要保证溶液在较高温度下通过滤纸。因此过滤前应把漏斗放在烘箱中预热，待过滤时才取出使用。

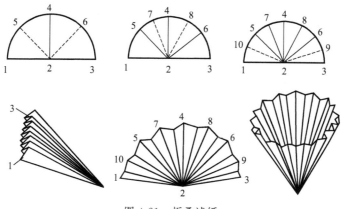

图 4-21 折叠滤纸

对于极易析出晶体的溶液，或当需要过滤的溶液量较多时最好使用保温漏斗过滤，装置如图 4-22 所示。使用时在夹层中注入约 3/4 容积的水安放在铁圈上，将玻璃三角漏斗连同扇形滤纸放入其中，在支管端部加热，至水沸腾后过滤。在过滤的过程中漏斗和滤纸始终保持在 100℃ 左右。

② 减压过滤。减压过滤也称抽滤、吸滤或真空过滤。减压过滤的最大优点是过滤速度快，结晶一般不易在漏斗中析出，操作亦较简便。其缺点是遇到沸点较低的溶液时在减压条件下易沸腾蒸发，可能从抽气管中抽走，导致溶液浓度改变，使结晶在滤瓶中析出。

减压过滤所用滤纸应略小于布氏漏斗的底面，但以能完全遮盖滤孔为宜。布氏漏斗在使用之前应在烘箱中预热（预热时应将橡胶塞取下）。如果以水为溶剂，也可将布氏漏斗置于沸水中预热。

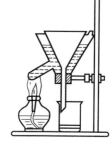

图 4-22 保温漏斗

（5）冷却结晶

将热滤液冷却，使溶质溶解度减小，溶质即可部分析出。不要将热滤液置于冷水中迅速冷却或在冷却下剧烈搅拌，因为这样形成的结晶颗粒很小，表面积大，吸附在表面上的杂质和母液较多。但如果结晶过大又会有母液或杂质包藏在结晶中给干燥带来困难，同时也使产品纯度降低。将经过严格处理后得到的过滤液静置，慢慢冷却，得到纯净晶体。实验中可以用下列方法促进化合物晶体的析出：

① 用玻璃棒摩擦容器内壁，以形成粗糙面或玻璃小点作为晶核，促使晶体析出。

② 加入少量的晶种促使晶体析出，这种操作称为"种晶"或"接种"。

③ 冷冻过饱和溶液，温度越低越易结晶。

（6）分离收集晶体

一般用减压过滤分离结晶和母液。为了除去晶体表面的母液，也可用少量的新鲜溶剂洗涤 1～2 次。如果所用溶剂沸点较高，不易干燥，则可选用合适的低沸点溶剂将原来的溶剂洗去，以利于干燥。

（7）干燥晶体

抽滤收集的产品必须充分干燥，以除去吸附在晶体表面的少量溶剂。应根据所用溶剂及晶体的性质来选择干燥的方法。不吸潮的产品可放在表面皿上，盖上一层滤纸在室温下放置数天，让溶剂自然挥发晾干，也可用红外灯烘干。对数量较大或易吸潮、易分解的产品，可放在真空恒温干燥箱中干燥。

4.4 有机反应中产生废气的处理装置

实验室废气（exhaust gas）处理方法：产生少量有毒气体的实验应在通风橱（fume hood）内进行，通过排风排到室外，使排出气在外面大量空气中稀释，避免污染室内空气。产生毒气量大的实验必须备有吸收或处理装置，如二氧化碳、氧化氮、二氧化硫、氯气、硫化氢、氟化氢等可用导管通入碱液中，大部分被吸收后再排出，一氧化碳可点燃生成二氧化碳，可燃性有机废液可于燃烧炉中通氧气完全燃烧。

4.4.1 吸收

吸收（absorb）法是采用合适的液体作为吸收剂来处理废气，以除去其中有毒有害气体的方法。比较常见的吸收溶液有水、酸性溶液、碱性溶液、有机溶液和氧化剂溶液。它们可以被用于净化含有 SO_2、Cl_2、NO_x、H_2S、SiF、HF_4、NH_3、HCl、酸雾、汞蒸气、各种有机蒸气和沥青烟等废气。这些溶液在吸收完废气后又可以被用作配制某些定性化学试剂的母液。

4.4.2 吸附

吸附法（adsorption）是先让废气与特定的固体吸收剂充分接触，通过固体吸收剂表面的吸附作用，使废气中含有的污染物质被吸附，再通过充分的震荡或久置，从而达到分离的目的，此法一般适合用于净化废气中含有的低浓度的污染物质。例如，若要吸收几乎所有常见的有机及无机气体，可以选择将适量活性炭或者新制取的木炭粉放入有残留废气的容器中；若要选择性吸收 H_2S、SO_2 及汞蒸气，就要用硅藻土；若要选择性吸收 NO_x、CS_2、H_2S、NH_3、C_mH_n、CCl_4 等，就要用到分子筛。

4.5 有机化学发展趋势

自 1806 年贝采利乌斯（J.Berzelius）首次使用"有机化学"名称以来，有机化学仅有两百年的历史，但发展却是异常迅猛。在人类已知的化合物中，有机化合物占了绝大多数。与生命活动密切相关的有机化合物广泛存在于人类居住的地球上，使地球充满生机与活力。近年来，新合成的有机化合物数量以千万计，极大地丰富了我们的物质世界，满足了日益增长的社会需要，提高了人们对物质及其变化的认识。当今，有机化合物的应用已深入到人类生活的各个领域，有机化学也已发展成一个学科相互交叉、相互包容的基础学科。

（1）物理有机化学（physical organic chemistry）

运用现代光谱、波谱和显微技术表征分子及反应活性中间体结构，探索其结构与性能的关系；研究电子转移、分子间相互作用和超分子化学；探讨新的计算化学方法、分子力学和动力学、分子设计软件包等。

（2）有机合成化学（organic synthetic chemistry）

运用新的合成方法、新的合成试剂从较简单的小分子合成到目标分子合成；具有独特性能的分子合成及绿色合成等。

（3）有机化学生物学（organic chemistry biology）

在分子水平上研究生物机体的代谢产物、变化规律和调控生命体系过程；生理活性物质的提取、分离、纯化、分析、富集和结构表征；生物大分子快速序列和构象分析、合成和应用；中药药效成分的研究；生物活性分子（糖、核酸、肽、酶、蛋白质）及靶分子间的相互作用、识别和信息传递、调控等。

（4）金属有机化学（metal-organic chemistry）

研究金属有机化合物的结构、合成、反应及其应用；金属有机新型高效催化剂的合成及应用。

（5）药物有机化学（pharmaceutical organic chemistry）

研究与生命现象有关的创新药物研制、药物作用靶点和在构效关系指导下的分子设计和组合化学库设计；创新、仿生及先导药物的发现、开发。

（6）有机新材料化学（chemistry of new organic meterials）

研究以有机化合物为基础的新型分子材料的开发；具有特殊和潜在光、电、磁功能分子的合成和器件有序组装。

（7）有机分离分析化学（organic separation analytical chemistry）

利用近代光谱、波谱、色谱技术对微量痕量有机物的高效分析鉴定；复杂的生物活性大分子和混合物中的有效组分及环境样品的分离分析方法的建立。

未来有机化学的发展首先是研究能源和资源的开发利用问题。迄今我们使用的大部分能源和资源，如煤、天然气、石油、动植物和微生物，都是太阳能的化学贮存形式。今后一些学科的重要课题是更直接、更有效地利用太阳能。对光合作用做更深入的研究和有效的利用，是植物生理学、生物化学和有机化学的共同课题。有机化学可以用光化学反应生成高能有机化合物，加以贮存；必要时则利用其逆反应，释放出能量。另一个开发资源的目标是在有机金属化合物的作用下固定二氧化碳，以产生无穷尽的有机化合物。其次是研究和开发新型有机催化剂，使它们能够模拟酶的高速高效和温和的反应方式。

综合能力测试

一、应知客观测试（O）

（一）选择题

1. 分子组成符合 C_nH_{2n} 通式的化合物可能是（   ）。

A. 环烷烃　　　　B. 环烯烃　　　　C. 环状共轭二烯烃　　　　D. 单环芳烃

2. 下列物质中不能发生费-克反应的是（   ）。

A. 甲苯　　　　B. 硝基苯　　　　C. 氯苯　　　　D. 叔丁基苯

3. 2-甲基-3-氯己烷与 NaOH 的醇溶液共热发生消除反应得到的烯烃是（   ）。

A. 2-甲基-1-己烯　　B. 2-甲基-2-己烯　　C. 2-甲基-3-己烯

4. 卤代烷在无水溶剂中与（   ）反应，可生成格氏试剂。

A. 金属镁　　　　B. 醇　　　　C. 氢氧化钠　　　　D. 溴

5. 下列物质中能与三氯化铁溶液发生显色反应的是（   ）。

A. 乙醇　　　　B. 苯　　　　C. 乙醚　　　　D. 苯酚

6. 以下试剂中可用于醇的干燥剂是（   ）。

A. 无水 $CaCl_2$　　B. 无水 $MgCl_2$　　C. 金属 Na　　D. 无水 Na_2SO_4

7. 苯酚、乙醇、碳酸、乙酸这四种物质酸性大小的排列顺序是（   ）。

A. 苯酚＞乙醇＞碳酸＞乙酸　　　　B. 乙酸＞碳酸＞苯酚＞乙醇

C. 碳酸＞乙酸＞苯酚＞乙醇   D. 碳酸＞乙酸＞乙醇＞苯酚

8. 下列物质中不与格氏试剂反应的是（   ）。

A. 醚   B. 醛   C. 酸   D. 水

9. 下列物质中酸性最强的是（   ）。

A. 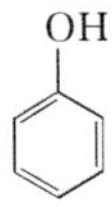 苯酚   B. 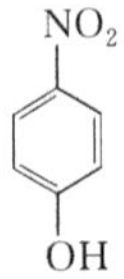 对硝基苯酚   C. 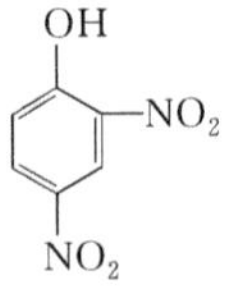 2,4-二硝基苯酚   D. 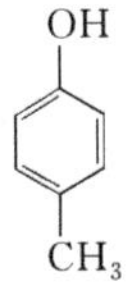 对甲基苯酚

10. 下列物质中的伯胺是（   ）。

A. $CH_3CH_2\overset{\underset{CH_3}{|}}{N}H$ B. 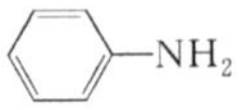 苯胺

C. $(CH_3)_3N$ D. $[HOCH_2CH_2\overset{\underset{CH_3}{|}}{\overset{\overset{CH_3}{|}}{N^+}}-CH_3]Cl^-$

（二）判断题

1. 环丙烷分子内碳原子间的键角为正常键角，不存在环张力，分子很稳定，表现出同饱和脂肪烃一样的性质。（   ）

2. 苯乙烷被高锰酸钾氧化，产物通常为苯甲酸而不是苯乙酸。（   ）

3. 格氏试剂可以与多种含有活泼氢的化合物（水、醇、酸、炔、氨等）作用生成相应的醇。（   ）

4. 以下卤代烷与硝酸银醇溶液反应的活性次序为 $CH_3\overset{\underset{CH_3}{|}}{C}HCH_2CH_2Br$ ＞ $CH_3\overset{\underset{CH_3}{|}}{C}H\overset{\underset{Br}{|}}{C}HCH_3$ ＞ $CH_3CH_2\overset{\underset{CH_3}{|}}{\overset{\overset{Br}{|}}{C}}CH_3$。（   ）

5. 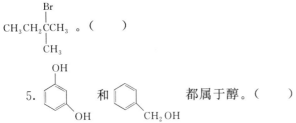 都属于醇。（   ）

6. 下列四种醇与氢卤酸反应的活性顺序是：2-甲基-3-戊醇＞α-苯乙醇＞2-甲基-2-戊醇＞1-戊醇。（   ）

7. 腈可以溶解许多极性、非极性物质以及无机盐类。（   ）

8. 芳香族多硝基化合物受热时易分解，有很强的爆炸性，可用作炸药（如三硝基甲苯）。（   ）

二、主观知识测试（J）

（一）实验题

1. 在蒸馏装置中，温度计的水银球应该位于什么位置才能准确地测出馏分蒸气的温度？

2. 可否将厚壁玻璃器皿或计量仪器加热？减压蒸馏中可否用磨口锥形瓶作接收容器？

3. 气体吸收装置中倒置的玻璃漏斗应如何放置？为什么？

4. 用分液漏斗进行液体物质的萃取操作中常常发生的乳化现象是什么原因引起的？如何破坏乳化现象？

5.索氏提取器的原理和优点是什么？

6.水蒸气蒸馏适合于哪些物质的提纯？安全管为什么要接近烧瓶底部？T形管的作用是什么？如何判断水蒸气蒸馏的馏出液中，有机成分在上层还是下层？

7.减压蒸馏使用油泵有哪些注意事项？

8.在重结晶操作中，用活性炭脱色为什么要待固体物质完全溶解后才能加入？可否往热的溶液中直接加入活性炭？正确的做法是什么？

（二）HSE工作要求

1.请列出在有机合成实验中有哪些环节可能产生泄漏、暴沸或给操作者造成伤害？

2.请列出有机合成中常见的可能伤害操作者的试剂及药品。

3.请列出有哪些有机试剂对环境可能造成污染？如何回收及处置？

5

分析化学基础知识

5.1 分析化学概要

分析化学是一门研究获得物质的化学组成、结构信息、分析方法及相关理论的科学，它所要解决的问题是确定物质中含有哪些组分，这些组分在物质中是如何存在的，各个组分的相对含量是多少，以及如何表征物质的化学结构。

分析方法的分类有以下几种。

(1) 按任务的要求分类

根据分析任务的不同可分为：定性分析、定量分析和结构分析。定性分析的任务是鉴定物质是由哪些元素和离子所组成，对于有机物还需确定其官能团及分子结构。定量分析的任务是测定物质各组成部分的含量。结构分析的任务是研究物质结构、键与空间构型。

(2) 按测定原理分类

根据测定原理的不同可分为化学分析法和仪器分析法。

① 化学分析法：化学分析法常用于常量组分的测定，即待测组分的含量一般在1%以上。包括重量分析法和滴定分析法：重量分析法包括沉淀法、汽化法、电解法等；滴定分析法包括酸碱滴定法、氧化还原滴定法、配位滴定法、沉淀滴定法。

② 仪器分析法：仪器分析法是以物质的物理或物理化学性质为基础，并利用较精密的仪器测定被测物质的分析方法。包括电化学分析、光谱分析、色谱分析等。电化学分析是利用物质的电学或电化学性质建立的方法，如电位分析法、电解分析法、库仑分析法、极谱分析法和电导分析法；光谱分析法是根据物质对特定波长的辐射能的吸收或发射建立起来的分析方法，如紫外-可见吸收光谱法、红外吸收光谱法、发射光谱法、原子吸收光谱法、荧光光谱法、波谱分析等；色谱分析是以物质的吸附或溶解性能不同而建立起来的分离、分析方法，主要有气相色谱分析法和高效液相色谱分析法。

(3) 按试样用量和被测组分含量分类

① 按试样用量分类。根据试样用量的不同可分为常量分析、半微量分析、微量分析和超微量分析，如表5-1所示。

表 5-1　按试样用量分类

项目	常量分析	半微量分析	微量分析	超微量分析
试样质量/g	>0.1	0.01~0.1	0.0001~0.01	<0.0001
试样体积/mL	>10	1~10	0.01~1	<0.01

② 按被测组分含量分类：见表 5-2。

表 5-2　按被测组分含量分类

项目	常量分析	微量分析	痕量分析
试样含量	>1%	0.01%～1%	<0.01%

（4）按测定对象分类

根据测定对象的不同可分为无机分析和有机分析。

① 无机分析：分析的对象是无机物。无机物大多是电解质，故一般都是由测定离子或原子团表示或计算各组分的含量的。

② 有机分析：分析的对象是有机物。它们大多是非电解质，由于组成有机物的元素虽不多，但其结构非常复杂，所以不仅要求鉴定其组成的元素，更多的是要进行官能团分析或进行结构分析。

（5）按生产要求分类

根据生产要求的不同可分为例行分析和仲裁分析。例行分析指一般实验室配合生产的日常分析也称常规分析；仲裁分析指当供需双方对产品质量发生异议时，由国家法定的仲裁机构，或双方同意的仲裁单位，用指定的方法进行准确的分析。

5.2　滴定分析法

5.2.1　滴定分析专用术语

滴定分析的基本概念、滴定法的分类分别见表 5-3 和表 5-4、表 5-5。

表 5-3　滴定分析的基本概念

概念	定义
滴定剂（标准滴定溶液）	在滴定分析过程中已知准确浓度的试剂溶液
试液	被测物质的溶液
滴定	用滴定管将标准溶液准确加入到试液中，使之发生反应的操作过程
化学计量点（等量点）	当加入的标准溶液的量和被测物的量相当时，即恰好按照化学计量关系定量反应时的点
指示剂	能在化学计量点附近变色来指示化学计量点到来的物质
滴定终点	滴定过程中，指示剂发生颜色变化滴定停止时的那一点
终点误差（滴定误差）	滴定终点与化学计量点不一致造成的误差

表 5-4　按滴定分析法分类

分类	基础	应用范围
酸碱滴定法	酸碱中和反应	测定酸碱以及能与酸或碱进行定量反应的物质
氧化还原滴定法	氧化还原反应	测定具有氧化性或还原性的物质，以及能与氧化剂和还原剂间接反应的物质
配位滴定法	配合反应	测定金属离子
沉淀滴定法	沉淀反应	主要应用于 Ag^+、CN^-、CNS^-、卤素等物质的测定

表 5-5　按滴定方式分类

分类	概念及适用范围	实例
直接滴定法	凡能满足滴定分析要求的反应都可用标准滴定溶液直接滴定被测物质	NaOH 标准溶液可直接滴定 HAc、HCl、H_2SO_4 等
返滴定法	又称为剩余量回滴法，是在待测试液中准确加入适当过量的标准溶液，待反应完成后，再用另一种标准溶液返滴定剩余的第一种标准溶液，从而测定待测组分的含量。这种滴定方式主要用于滴定反应速率较慢、需要加热才能反应完全的物质，或反应物是固体，加入符合计量关系的标准滴定溶液后反应常常不能立即完成的情况。有时也适用于直接法无法选择指示剂等类反应	Al^{3+} 与 EDTA（一种配位剂）溶液反应速率慢，不能直接滴定，可采用返滴定法。即在一定的 pH 条件下，在待测的 Al^{3+} 离子试液中加入过量的 EDTA 溶液，加热促使反应完全，然后再用另外一种标准锌溶液滴定剩余的 EDTA 溶液，从而计算出试样中 Al^{3+} 的含量
置换滴定法	先加入适当的试剂与待测组分定量反应，生成另一种可滴定的物质，再利用标准溶液滴定反应产物，然后由滴定剂的消耗量、反应生成的物质与待测组分等物质的量关系计算出待测组分的含量。这种滴定方式主要用于因滴定反应没有定量关系或伴有副反应而无法直接滴定的测定	用 $K_2Cr_2O_7$ 标定 $Na_2S_2O_3$ 溶液的浓度时，就是以一定量的 $K_2Cr_2O_7$ 在酸性溶液中与过量的 KI 作用，析出相当量的 I_2，再以淀粉为指示剂，用 $Na_2S_2O_3$ 溶液滴定析出的 I_2，进而求得 $Na_2S_2O_3$ 溶液的浓度
间接滴定法	某些待测组分不能直接与滴定剂反应，但可通过其他的化学反应间接测定其含量	溶液中 Ca^{2+} 几乎不发生氧化还原反应，但利用它与 $C_2O_4^{2-}$ 作用形成 CaC_2O_4 沉淀，过滤洗净后，加入 H_2SO_4 使其溶解，用 $KMnO_4$ 标准滴定溶液滴定 $C_2O_4^{2-}$，就可以间接测定 Ca^{2+} 的含量

5.2.2　滴定分析对化学反应的要求

滴定分析法是以化学反应为基础的分析方法，但是并非所有的化学反应都能作为滴定分析法的基础，作为滴定分析法基础的化学反应必须满足以下几点：

① 反应要有确切的定量关系，即按一定的反应方程式进行，并且反应进行得完全（达到 99.9% 以上），没有副反应。

② 反应速度要快，对速度慢的反应，可以通过加热或者加催化剂等措施来加快反应速率。

③ 反应不受杂质的干扰，若有干扰，可采用适当的方法消除干扰。

④ 有适当的指示剂或者其他物理化学方法来指示反应的滴定终点。

5.2.3　滴定分析的计算

5.2.3.1　溶液浓度的表示方法

(1) 质量分数

表示待测组分的质量 m_B 除以试液的质量 m_S，以符号 w_B 表示

$$w_B = \frac{溶质质量}{溶液质量} \times 100\% = \frac{溶质质量}{溶液密度 \times 溶液体积} \times 100\%$$

【例 5-2-1】 欲配制 20% 的 HCl 溶液 500mL，问需 38% 的 HCl 溶液多少毫升？

解：查表得 20% 的 HCl 溶液密度 ρ_2 为 1.100g/mL，38% 的 HCl 溶液密度 ρ_1 为 1.194g/mL。

设需要 HCl 的体积为 V_1，利用稀释前后质量不变的原则，即

$$V_1 \rho_1 w_1 = V_2 \rho_2 w_2$$

则 $V_1 = \dfrac{V_2 \rho_2 w_2}{\rho_1 w_1} = \dfrac{500\text{mL} \times 1.100\text{g/mL} \times 20\%}{1.194\text{g/mL} \times 38\%} = 242.5\text{mL}$

答：需 38％的 HCl 溶液 242.5mL。

（2）质量浓度

表示单位体积试液中被测组分 B 的质量，以符号 ρ_B 表示。单位为 g/L、mg/L，或 μg/mL、μg/L 等。有时也用被测组分 B 的质量占试液体积的百分比来表示：

$$\rho_B = \frac{\text{溶质质量}}{\text{溶液总体积}} \times 100\% = \frac{m_B}{V_B} \times 100\%$$

【例 5-2-2】 欲配制 15％$BaCl_2$ 溶液 500mL，需称取 $BaCl_2$ 固体的质量为多少？

解： $m_B = \rho_B \times V_B = 15\% \times 500 = 75(\text{g})$

答：需称取 $BaCl_2$ 固体的质量为 75g。

（3）物质的量浓度

表示待测组分的物质的量 n_B 除以试液的体积 V_S，以符号 $c(B)$ 表示，常用单位 mol/L。

$$c(B) = \frac{n_B}{V_S}$$

【例 5-2-3】 欲配制 $c\left(\dfrac{1}{6}K_2Cr_2O_7\right) = 0.1000$mol/L 的溶液 250mL，应称取多少克 $K_2Cr_2O_7$？

解：
$$M\left(\frac{1}{6}K_2Cr_2O_7\right) = \frac{294.18\text{g/mol}}{6} = 49.03\text{g/mol}$$

$$m = c\left(\frac{1}{6}K_2Cr_2O_7\right) \times V \times M\left(\frac{1}{6}K_2Cr_2O_7\right)$$

$$= 0.1000\text{mol/L} \times 0.2500\text{L} \times 49.03\text{g/mol}$$

$$= 1.2258\text{g}$$

答：应称取 $K_2Cr_2O_7$ 1.2258g。

（4）体积分数

表示待测组分的体积 V_B 除以试液的体积 V_S。以符号 ϕ_B 表示

$$\phi_B = \frac{V_B}{V_S}$$

【例 5-2-4】 欲配制 $\varphi_{H_2O_2} = 3\% H_2O_2$ 溶液 500mL，用市售 H_2O_2 浓度为 30％的溶液如何配制？

解：
$$V_{H_2O_2} = \frac{500\text{mL} \times 3\%}{30\%} = 50\text{mL}$$

配制方法：量取市售 H_2O_2 50mL，加水稀释至 500mL。

（5）体积比浓度

即用溶质试剂（市售原装浓溶液）与溶剂体积之比来表示的浓度。如果溶液中溶质试剂

和溶剂的体积比为 $a:b$（或 $a+b$），需要配制溶液的总体积为 V，则加入溶质试剂和溶剂的倍数为 x

$$x=\frac{V}{a+b}$$

即溶质试剂体积为 ax，溶剂体积为 bx。

【例 5-2-5】 欲配制 1+3 氨水 1500mL，求所用浓氨水和蒸馏水各为多少毫升？

解：

$$x=\frac{V}{a+b}=\frac{1500\text{mL}}{1+3}=375\text{mL}$$

$$\text{浓氨水体积 } 1\times375\text{mL}=375\text{mL}$$

$$\text{蒸馏水体积 } 3\times375\text{mL}=1125\text{mL}$$

答：所用浓氨水和蒸馏水的体积各为 375mL、1125mL。

5.2.3.2 溶液的配制和计算

(1) 质量分数表示

① 溶质是固体物质：

$$m_B=m_{液}\ w_B$$

$$m_{剂}=m_{液}-m_B$$

式中　m_B——固体溶质 B 的质量，g；

$m_{液}$——欲配溶液的质量，g；

$m_{剂}$——溶剂的质量，g；

w_B——欲配溶液的质量分数，%。

【例 5-2-6】 欲配制 5% 的铬酸钾溶液 500g，如何配制？

解：计算所需溶质和溶剂的质量。

$$m(K_2CrO_4)=m_{液}\times w(K_2CrO_4)=500\text{g}\times5\%=25\text{g}$$

$$m(H_2O)=500\text{g}-25\text{g}=475\text{g}$$

答：称取 25g 铬酸钾，加入盛有 475g 水的烧杯中，搅拌溶解均匀即可。

② 溶质是浓溶液：先查阅酸、碱溶液浓度-密度关系表，查得溶液的密度后可计算出体积，然后进行配制。依据稀释前后溶质的质量保持不变

$$\rho_{前}\ V_{前}\ w_{前}=\rho_{后}\ V_{后}\ w_{后}$$

式中　$\rho_{前}$，$\rho_{后}$——浓溶液、欲配溶液的密度，g/mL；

$V_{前}$，$V_{后}$——溶液稀释前后的体积，mL；

$w_{前}$，$w_{后}$——浓溶液、欲配溶液的质量分数，%。

【例 5-2-7】 欲配制 30%，密度为 1.22g/cm³ 的 H_2SO_4 溶液 1000mL，需要密度为 1.84g/cm³ 的 98% 的浓 H_2SO_4 溶液多少毫升？如何配制？

解：根据稀释前后溶质的质量不变

$$\rho_{前}\ V_{前}\ w_{前}=\rho_{后}\ V_{后}\ w_{后}$$

则代入数据　$1.84\text{g/cm}^3\times V_{前}\times98\%=1.22\text{g/cm}^3\times1000\text{mL}\times30\%$

$$V_{前}=203\text{mL}$$

答：需要密度为 $1.84g/cm^3$ 的 98% 的浓 H_2SO_4 溶液 203mL。量取 98% 的浓硫酸 203mL，在不断搅拌下慢慢倒入适量水中，冷却后用水稀释至 1000mL，混匀。

注意：切不可将水倒入浓硫酸中，以防浓硫酸溅出伤人！

（2）用质量浓度表示

$$m_B = \rho_B V_{液}$$

式中　m_B——溶质 B 的质量，g；

　　　　ρ_B——溶液的质量浓度，g/L；

　　　　$V_{液}$——溶液的体积，L。

【例 5-2-8】 欲配制 5g/L 的酚酞指示剂 1000mL，如何配制？

解：酚酞指示剂通常是用 90% 的酒精做溶剂配制的

$$m_{酚酞} = \rho（酚酞）V_{液} = 5g/L \times 1L = 5g$$

答：称取 5g 固体酚酞溶于 90% 的酒精中，稀释至 1000mL 即可。

（3）用体积分数表示

$$V_B = \phi_B V_{液}$$

式中　V_B——B 的体积，L；

　　　　ϕ_B——B 的体积分数；

　　　　$V_{混}$——混合物的体积，L。

【例 5-2-9】 欲配制体积分数为 70% 的酒精溶液 1000mL，问需要 95% 的酒精溶液多少毫升？

解：
$$V_{酒精} = \rho（酒精）V_{液}/95\%$$
$$= 1000mL \times 70\% \div 95\%$$
$$= 736mL$$

答：量取 95% 酒精溶液 736mL，加水稀释至 1000mL，混匀。

（4）用体积比浓度表示

如果溶液中溶质试剂与溶剂的体积比为 $a+b$，需配制溶液的总体积为 V，则

$$V_{质} = \frac{a}{a+b} \times V_{液}$$

式中　$V_{质}$——溶质试剂的体积，L；

　　　　$V_{液}$——欲配制溶液的体积，L。

【例 5-2-10】 欲配制 $1+4$ 的氨水溶液 500mL，如何配制？

解：
$$V_{浓氨水} = \frac{1}{1+4} \times 500mL = 100mL$$
$$V_{水} = 500mL - 100mL = 400mL$$

答：用量筒量取 100mL 浓氨水于烧杯中，再加入 400mL 水混匀即可。

（5）用物质的量浓度表示

① 溶质是固体物质：

$$m_B = c(B)V_{液}M_B$$

式中 m_B——固体溶质 B 的质量，g；

$c(B)$——欲配制溶液的物质的量浓度，mol/L；

$V_液$——欲配制溶液的体积，L；

M_B——溶质 B 的摩尔质量，g/mol。

【例 5-2-11】 欲配制 $c\left(\dfrac{1}{6}K_2Cr_2O_7\right)=0.1000mol/L$ 溶液 1000mL，如何配制？

解：计算所需溶质的质量。

$$m\left(\frac{1}{6}K_2Cr_2O_7\right)=c\left(\frac{1}{6}K_2Cr_2O_7\right)\times V_液\times M\left(\frac{1}{6}K_2Cr_2O_7\right)$$

$$=0.1000mol/L\times1000mL\times10^{-3}\times\frac{294.2g/mol}{6}$$

$$=4.903g$$

答：称取 4.903g $K_2Cr_2O_7$ 于烧杯中，加水溶解后，再稀释至 1000mL，混匀即可。

② 溶质是浓溶液：依据稀释前后溶质的质量或物质的量不变进行计算后配制。

【例 5-2-12】 欲配制 0.1mol/L 稀 H_2SO_4 溶液 500mL，需要密度为 1.84g/cm³ 的 98% 的浓 H_2SO_4 溶液多少毫升？如何配制？

解：根据稀释前后溶质的质量不变有

$$\rho_前 V_前 w_前=C_后 V_后 M(H_2SO_4)$$

则代入数据 $1.84g/cm^3\times V_前\times98\%=0.1mol/L\times500mL\times10^{-3}\times98g/mol$

$$V_前=2.7cm^3=2.7mL$$

答：需要密度为 1.84g/cm³ 的 98% 的浓 H_2SO_4 溶液 2.7mL。量取 98% 的浓硫酸 2.7mL，在不断搅拌下慢慢倒入适量水中，冷却后用水稀释至 500mL，混匀。

5.2.3.3 基本单元的概念及确定

在滴定分析中，通常以试剂反应的最小单元为基本单位，基本单元可以是分子、原子、离子、电子等基本粒子，也可以是这些基本粒子的特定组合。基本单元的确定一般可根据滴定反应中的质子转移数（酸碱反应），电子的得失数（氧化还原反应）或反应的定量关系来确定。

对于质子转移的酸碱反应，通常以转移一个质子的特定组合作为反应物的基本单元。例如，盐酸和碳酸钠的反应

$$2HCl+Na_2CO_3\longrightarrow2NaCl+H_2O+CO_2\uparrow$$

反应中盐酸给出一个质子，碳酸钠接受两个质子，因此分别选取 HCl 和 $\left(\dfrac{1}{2}Na_2CO_3\right)$ 作为基本单元。由于反应中盐酸给出的质子数必定等于碳酸钠接受的质子数，因此到达化学计量点时

$$n(HCl)=n\left(\frac{1}{2}Na_2CO_3\right)$$

氧化还原反应是电子转移的反应，通常以转移一个电子的特定组合作为反应物的基本单元。例如，高锰酸钾标准溶液滴定 Fe^{2+} 的反应

$$MnO_4^-+5Fe^{2+}+8H^+\longrightarrow5Fe^{3+}+Mn^{2+}+4H_2O$$

$$MnO_4^-+5e+8H^+\longrightarrow Mn^{2+}+4H_2O$$

$$Fe^{2+} - e \longrightarrow Fe^{3+}$$

高锰酸钾在反应中得到 5 个电子，Fe^{2+} 离子在反应中失去一个电子，因此应分别选取 $\left(\dfrac{1}{5}KMnO_4\right)$ 和 Fe^{2+} 作为基本单元。则反应到达化学计量点时

$$n\left(\frac{1}{5}KMnO_4\right) = n(Fe^{2+})$$

关于基本单元，若以 Z 表示转移的质子或电子数，存在以下关系式

$$M\left(\frac{1}{Z}B\right) = \frac{1}{Z}M(B)$$

$$n\left(\frac{1}{Z}B\right) = Zn(B)$$

$$c\left(\frac{1}{Z}B\right) = Zc(B)$$

5.2.3.4　等物质的量反应规则

物质的量反应规则是滴定分析计算的基础。其含义是：在滴定分析中，若根据滴定反应选取适当的基本单元，则滴定到达化学计量点时被测组分的物质的量 n_A 等于所消耗的标准滴定溶液中溶质的物质的量 n_A，即：

$$n_A = n_B$$

若反应的两种物质均为溶液，则等物质的量反应规则可表示为：

$$c(B)V_B = c(A)V_A$$

若反应的两种物质一种为溶液，一种为固体，则等物质的量反应规则表示为：

$$c(A)V_A = \frac{m_B}{M_B}$$

应用等物质的量反应规则时，物质的量浓度、物质的量和摩尔质量必须注明基本单元。

5.3.2.5　计算示例

(1) 两种溶液间的滴定计算

$$c(B)V_B = c(A)V_A$$

【例 5-2-13】 滴定 25.00mL 氢氧化钠溶液，消耗 $c\left(\dfrac{1}{2}H_2SO_4\right) = 0.1000mol/L$ 硫酸溶液 24.20mL，求该氢氧化钠溶液的物质的量浓度？

解：
$$H_2SO_4 + 2NaOH \longrightarrow Na_2SO_4 + H_2O$$

$$c(NaOH)V_{(NaOH)} = c\left(\frac{1}{2}H_2SO_4\right)V_{H_2SO_4}$$

$$c(NaOH) = \frac{c\left(\dfrac{1}{2}H_2SO_4\right)V_{(H_2SO_4)}}{V_{(NaOH)}} = \frac{0.1000mol/L \times 24.20mL \times 10^{-3}}{25.00mL \times 10^{-3}} = 0.09680mol/L$$

答： 氢氧化钠溶液的物质的量浓度为 0.09680mol/L。

等物质的量反应规则，还可用于溶液稀释的计算，因为稀释前后溶质的质量 m 及物质的量 n_B 并未发生变化，所以

$$c(浓)V_B = c(稀)V_A$$

（2）固体物质 B 与溶液 A 之间反应的计算

对于固体物质 A，当其质量为 m_A 时，有 $n_A = m_A/M_A$；对于溶液 B，其物质的量 $n_B = c(B)V_B$。若固体物质 A 与溶液 B 完全反应达到化学计量点时，根据等物质的量规则得

$$c(B)V_B = \frac{m_A}{M_A}$$

【**例 5-2-14**】 欲标定某盐酸溶液，准确称取无水碳酸钠 1.3078g，溶解后稀释至 250mL。移取 25.00mL 上述碳酸钠溶液，用盐酸溶液滴定至终点时，消耗盐酸溶液的体积为 24.28mL，计算该盐酸溶液的准确浓度。

解：

$$2HCl + Na_2CO_3 \longrightarrow 2NaCl + H_2O + CO_2\uparrow$$

$$n(HCl) = n\left(\frac{1}{2}Na_2CO_3\right)$$

$$c(HCl)V_{(HCl)} = \frac{m(Na_2CO_3)}{M\left(\frac{1}{2}Na_2CO_3\right)}$$

$$c(HCl) = \frac{1.3078g \times \frac{25.00mL \times 10^{-3}}{250.00mL \times 10^{-3}}}{\frac{1}{2} \times 105.99g/mol \times 24.28mL \times 10^{-3}} = 0.1016mol/L$$

答： 该盐酸溶液的准确浓度为 0.1016mol/L。

（3）求待测组分的质量分数及质量浓度

在滴定过程中，设试样质量为 m_S，试样中待测组分 A 的质量为 m_A，则待测组分的质量分数为

$$\omega_A = \frac{m_A}{m_S} = \frac{c(B)V_B M_A}{m_S}$$

式中　ω_A——待测组分 A 的质量分数；

　　$c(B)$——滴定剂 B 以 B 为基本单元的物质的量浓度，mol/L；

　　V_B——B 所消耗的体积，L；

　　M_A——待测组分 A 以 A 为基本单元的摩尔质量，g/mol。

待测组分的质量浓度为

$$\rho_A = \frac{m_A}{V} = \frac{c(B)V_B M_A}{V}$$

式中　ρ_A——待测组分 A 的质量浓度；

　　$c(B)$——滴定剂 B 以 B 为基本单元的物质的量浓度，mol/L；

　　V_B——滴定剂 B 所消耗的体积，L；

　　M_A——待测组分 A 以 A 为基本单元的摩尔质量，g/mol；

　　V——试液的体积，L。

【**例 5-2-15**】 称取 0.5238g 含有水溶性氯化物的样品，用 0.1000mol/L AgNO₃ 标准滴定溶液滴定，到达滴定终点时，消耗了 25.70mL AgNO₃ 溶液，求样品中氯的质量分数。

解：

$$Ag^+ + Cl^- \longrightarrow AgCl$$

$$n(Ag^+) = n(AgNO_3) = n(Cl^-) = n(Cl)$$

$$w(\text{Cl}) = \frac{m(\text{Cl})}{m_\text{S}} = \frac{c(\text{AgNO}_3)V(\text{AgNO}_3)M(\text{Cl})}{m_\text{S}}$$

$$= \frac{0.1000\text{mol/L} \times 25.70\text{mL} \times 10^{-3} \times 35.45\text{g/mol}}{0.5238\text{g}}$$

$$= 0.1739 = 17.39\%$$

答： 样品中氯的质量分数为 17.39%。

5.2.4 标准滴定溶液的配制与标定

5.2.4.1 标准溶液的配制

已知准确浓度的溶液称为标准溶液。标准溶液浓度的准确度直接影响分析结果的准确度，因此配制标准溶液在方法、使用仪器、量具和试剂方面都有严格的要求。一般按照国标 GB/T 601—2016 要求制备标准溶液，它有如下一些规定：

(1) 一般规定

① 制备标准溶液用水，在未注明其他要求时，应符合 GB/T 6682—2009 三级水的规格；

② 所用试剂的纯度应在分析纯以上。

③ 所用分析天平的砝码、滴定管、容量瓶及移液管均需定期校正。

④ 标定标准溶液所用的基准试剂应为容量分析工作基准试剂，制备标准溶液所用试剂为分析纯以上试剂。

⑤ 制备标准溶液的浓度系指 20℃ 时的浓度，在标定和使用时，如温度有差异，应进行补正。

⑥ "标定" 或 "比较" 标准溶液浓度时采用 "四标四复法"，即平行试验不得少于 8 次，两人各作 4 次平行测定，每人 4 次平行测定结果的极差（即最大值和最小值之差）与平均值之比不得大于 0.1%，两人测定结果平均值之差不得大于 0.1%，结果取平均值。浓度值取四位有效数字。

⑦ 对凡规定用 "标定" 和 "比较" 两种方法测定浓度时，不得略去其中任何一种，且两种方法测得的浓度值之差不得大于 0.2%，以标定结果为准。

⑧ 制备的标准溶液浓度与规定浓度相对误差不得大于 5%。

⑨ 配制浓度等于或低于 0.02mol/L 的标准溶液时，应于临用前将浓度高的标准溶液用煮沸并冷却的蒸馏水稀释，必要时重新标定。

⑩ 碘量法反应时，溶液的温度不能过高，一般在 15～20℃ 进行。滴定分析用标准溶液在常温下，保存时间一般不得超过 2 个月。

(2) 直接法配制

准确称量一定量的基准试剂，溶解后准确稀释至一定体积，根据基准物质量和液体体积，可求得标准溶液浓度，直接配制成标准溶液。

例如，配制 $K_2Cr_2O_7$ 标准滴定溶液，可直接称取基准 $K_2Cr_2O_7$ 若干克，称准至 0.0002g，溶解后移入容量瓶中，稀释至刻度，充分摇匀，按下式计算其浓度

$$c\left(\frac{1}{6}K_2Cr_2O_7\right) = \frac{m}{M\left(\frac{1}{6}K_2Cr_2O_7\right)V} \times 1000$$

式中　$c\left(\dfrac{1}{6}K_2Cr_2O_7\right)$ ——$K_2Cr_2O_7$ 标准滴定溶液的物质的量浓度，mol/L；

　　　　m ——$K_2Cr_2O_7$ 的质量，g；

　　　　$M\left(\dfrac{1}{6}K_2Cr_2O_7\right)$ ——$\left(\dfrac{1}{6}K_2Cr_2O_7\right)$ 的摩尔质量，g/mol；

　　　　V ——配制溶液的体积，mL。

基准物质应符合如下条件：

① 组成要与其化学式完全相符，所含结晶水也应与化学式相符。

② 物质纯度要高，一般要求纯度在 99.95% 以上，而杂质含量不应影响分析结果的准确度。

③ 在一般情况下性质稳定，在空气中不吸湿，不和空气中 O_2、CO_2 等作用，加热干燥时不分解。

④ 基准物质摩尔质量以较大为好，因为摩尔质量大，称取量大，称量的相对误差较小。

常用基准物质及其处理方法见表 5-6。

表 5-6　常用基准物质的处理和用途

名称	化学式	干燥条件	标定对象
碳酸钠	Na_2CO_3	270～300℃（2～2.5h）	酸
邻苯二甲酸氢钾	$KHC_8H_4O_4$	110～120℃（1～2h）	碱
重铬酸钾	$K_2Cr_2O_7$	研细，105～110℃（3～4h）	还原剂
溴酸钾	$KBrO_3$	120～140℃（1.5～2h）	还原剂
碘酸钾	KIO_3	120～140℃（1.5～2h）	还原剂
三氧化二砷	As_2O_3	105℃（3～4h）	氧化剂
草酸钠	$Na_2C_2O_4$	130～140℃（1～1.5h）	氧化剂
碳酸钙	$CaCO_3$	105～110℃（2～3h）	EDTA
锌	Zn	依次用（1+1）HCl、水、乙醇洗后，置干燥器中保存	EDTA
氧化锌	ZnO	800～900℃（2～3h）	EDTA
氯化钠	$NaCl$	500～650℃（40～45min）	$AgNO_3$
氯化钾	KCl	500～650℃（40～45min）	$AgNO_3$

（3）标定法（间接配制法）

标定法是将一般试剂先配成所需的近似浓度溶液，然后用基准物质或另一种标准溶液来测定其准确的浓度。

① 用基准物质标定：称取一定量的基准物质，溶解后用待标定的溶液进行滴定。根据基准物质的质量与消耗滴定剂的体积计算出待标定溶液的准确浓度。平行测定多次（一般 2～4 次），取算术平均值为测定结果。

$$c=\frac{m_{\text{基}}\times 1000}{M_{\text{基}}\times V_{\text{标}}}$$

式中　$m_{\text{基}}$ ——基准物质质量，g；

　　　　$V_{\text{标}}$ ——标定时，消耗待标定溶液的体积，mL；

　　　　$M_{\text{基}}$ ——基准物的摩尔质量，g/mol。

② 用标准溶液标定：用已知浓度的标准溶液与被标定溶液互相滴定。根据两种溶液所消耗的体积及标准溶液的浓度，可计算出待标定溶液的准确浓度，这种方法也称为互标法。

$$c_1 V_1 = c_2 V_2$$

$$c_2 = \frac{c_1 V_1}{V_2}$$

式中　c_1——已知浓度的标准溶液的物质的量浓度，mol/L；

　　　V_1——已知浓度的标准溶液的体积，mL；

　　　c_2——待标定溶液的物质的量浓度，mol/L；

　　　V_2——待标定溶液的体积，mL。

5.2.4.2　配制溶液注意事项

① 实验所用的溶液应用纯水配制，容器应用纯水洗三次以上。特殊要求的溶液应事先做纯水的空白值检验。如配制 $AgNO_3$ 溶液，应检验水中无 Cl^-，配制用于 EDTA 配位滴定的溶液应检验水中无杂质阳离子。

② 要用带塞的试剂瓶盛装，见光易分解的溶液要装于棕色瓶中，挥发性试剂瓶塞要严密，见空气易变质及放出腐蚀性气体的溶液也要盖紧，长期存放时要用蜡封住。浓碱液应用塑料瓶装，如装在玻璃瓶中，要用橡胶塞塞紧，不能用玻璃磨口塞。

③ 每瓶试剂溶液必须有标明名称、规格、浓度和配制日期的标签。

④ 溶液储存时可能的变质原因：

(a) 玻璃与水和试剂作用或多或少会被侵蚀（特别是碱性溶液），使溶液中含有钠、钙、硅酸盐等杂质。某些离子被吸附于玻璃表面，这对于低浓度的离子标准液不可忽略。故低于 1mg/mL 的离子溶液不能长期储存。

(b) 由于试剂瓶密封不好，空气中的 CO_2、O_2、NH_3 或酸雾侵入使溶液发生变化，如氨水吸收 CO_2 生成 NH_4HCO_3，KI 溶液见光易被空气中的氧气氧化生成 I_2 而变为黄色，$SnCl_2$、$FeSO_4$、$Na_2S_2O_3$ 等还原剂溶液易被氧化。

(c) 某些溶液见光分解，如硝酸银、汞盐等。有些溶液放置时间较长后逐渐水解，如铋盐、锑盐等。$Na_2S_2O_3$ 还能受微生物作用逐渐使浓度变低。

(d) 某些配位滴定指示剂溶液放置时间较长后发生聚合和氧化反应等，不能敏锐指示终点，如铬黑 T、二甲酚橙等。

(e) 由于易挥发组分的挥发，使浓度降低，导致实验出现异常现象。

⑤ 配制硫酸、磷酸、硝酸、盐酸等溶液时，都应把酸倒入水中。对于溶解时放热较多的试剂，不可在试剂瓶中配制，以免炸裂。配制硫酸溶液时，应将浓硫酸分为小份慢慢倒入水中，边加边搅拌，必要时以冷水冷却烧杯外壁。

⑥ 用有机溶剂配制溶液时（如配制指示剂溶液），有时有机物溶解较慢，应不时搅拌，可以在热水浴中温热溶液，不可直接加热。易燃溶剂使用时要远离明火。几乎所有的有机溶剂都有毒，应在通风柜内操作。应避免有机溶剂不必要的蒸发，烧杯应加盖。

⑦ 要熟悉一些常用溶液的配制方法。如碘溶液应将碘溶于较浓的碘化钾水溶液中才可稀释。配制易水解的盐类的水溶液应先加酸溶解后，再以一定浓度的稀酸稀释。如配制 $SnCl_2$ 溶液时，如果操作不当已发生水解，加相当多的酸仍很难溶解沉淀。

⑧ 浓度低于 0.1mg/mL 的微量分析用离子标准溶液，如比色法、原子吸收法等，常在临用前用较浓的标准溶液在容量瓶中稀释而成。因为太稀的离子液，浓度易变，不宜存放太长时间。

⑨ 不能用手接触腐蚀性及有剧毒的溶液。剧毒废液应先解毒后再处理，不可直接倒入

下水道。

⑩ 标准溶液标定时的温度和使用时的温度最好接近。一般要求温差为：0.1mol/L 标准溶液不大于 10℃，0.5mol/L 和 1mol/L 标准溶液不大于 5℃。

> **注意：** 在化学类实验中凡是配制溶液时均必须配戴乳胶手套、口罩和护目镜，加热溶液时必须戴粗布隔热手套。凡是配制有挥发性气体、有毒或对人体可能造成伤害的溶液时均必须在通风橱中进行操作！

5.3 数据处理

5.3.1 数据统计

5.3.1.1 有效数字的修约与运算

(1) 有效数字

① 有效数字的意义。有效数字是指在分析工作中实际能测量到的数字。如天平称量可以称量至 0.0001g，滴定管可以读到 0.01mL 等。在有效数字中只有最末一位数字是可疑的，可能存在有±1 的误差。一般有效数字指的是数中左起第一个非零数到最末一个数（包括零）。如：0.0135 有三位有效数字，8700 有四位有效数字。

② 有效数字位数。

a. 有效数字位数包括所有准确数字和一位可疑数字，例如滴定读数 20.30mL，最多可以读准三位，第四位欠准（估计读数）。

b. 在 0～9 中只有 0 既是有效数字又是无效数字，如 0.06050 为四位有效数字，3600 写成 3.6×10^3 为两位有效数字而写成 3.60×10^3 为三位有效数字。

c. 单位变换不影响有效数字位数，如 10.00[mL] 写成 0.001000[L] 均为四位有效数字。

d. pH，pM，pK，lg$c$，lg$K$ 等对数值，其有效数字的位数取决于小数部分（尾数）数字的位数，整数部分只代表该数的幂次方，如 pH=11.20，则 $[H^+]=6.3 \times 10^{-12}[mol \cdot L^{-1}]$ 为两位有效数字。

e. 结果首位为 8 和 9 时有效数字可以多计一位，如 90.0% 可示为四位有效数字。

(2) 有效数字的修约规则

"四舍六入五留双"即当尾数≤4 时将其舍去，尾数≥6 时就进一位。如果尾数为 5 而后面的数为 0 时则前方为奇数就进位，前方为偶数则舍去。当"5"后面还有不是 0 的任何数时都须向前进一位，无论前方是奇还是偶数，"0"则以偶数论。

例：0.53664→0.5366　　0.58346→0.5835　　10.2750→10.28

　　16.4050→16.40　　27.1850→27.18　　18.06501→18.07

必须注意：进行数字修约时只能一次修约到指定的位数，不能数次修约，否则会得出错误的结果。

> **注意：** 欧洲标准中遵循的是"四舍五入"原则。

(3) 有效数字的运算法则

① 加减法。当几个数据相加或相减时，它们的和或差的有效数字的保留，应以小数点后位数最少，即绝对误差最大的数据为依据。

例如 0.0121、25.64 及 1.05782 三数相加，若各数最后一位为可疑数字，则 25.64 中的 4 已是可疑数字，三数相加后第二位小数已属可疑，其余两个数据可按规则进行修约、整理到只保留两位小数。因此，0.0121 应写成 0.01，1.05782 应写成 1.06，三者之和为 0.01＋25.64＋1.06＝26.71。

在大量数据的运算中，为使误差不迅速积累，对参加运算的所有数据可以多保留一位可疑数字（多保留的这一位数字叫"安全数字"），如计算 5.2727、0.075、3.7 及 2.12 的总和时，根据上述规则只应保留一位小数，但在运算中可以多保留一位，故 5.2727 应写成 5.27；0.075 应写成 0.08；2.12 应写成 2.12。因此其和为 5.27＋0.08＋3.7＋2.12＝11.17，然后，再把 11.17 整化成 11.2。

② 乘除法。几个数据相乘除时，积或商的有效数字的保留，应以其中相对误差最大的那个数，即有效数字位数最少的那个数为依据。

例如：求 0.0121、25.64 和 1.05782 三数相乘之积。设此三数的最后一位数字为可疑数字，且最后一位数字都有±1 的绝对误差，则它们的相对误差分别为：

$$0.0121: \pm 1/121 \times 1000‰ = \pm 8‰$$
$$25.64: \pm 1/2564 \times 1000‰ = \pm 0.4‰$$
$$1.05782: \pm 1/105782 \times 1000‰ = \pm 0.009‰$$

第一个数是三位有效数字，其相对误差最大，以此数据为依据，确定其他数据的位数，即按规则将各数都保留三位有效数字然后相乘：

$$0.0121 \times 25.6 \times 1.06 = 0.328$$

若是多保留一位可疑数字时，则

$$0.0121 \times 25.64 \times 1.058 = 0.3282$$

然后再按"四舍六入五留双"规则，将 0.3282 改写成 0.328。

5.3.1.2 分析测试中的误差

(1) 误差及其产生的原因

严格地说，误差是指观测值与真值之差，偏差是指观测值与平均值之差。但习惯上常将两者混用而不加区别。根据误差的种类、性质以及产生的原因，可将误差分为系统误差、偶然误差两种。

① 系统误差。系统误差又称可测误差，是由某种固定的原因引起的误差，因此也就能够设法加以测定，从而消除它对测定结果的影响，所以系统误差又叫可测误差。根据系统误差产生的具体原因，又可把系统误差分为：

a. 方法误差：是由分析方法本身不够完善或有缺陷而造成的，如滴定分析中所选用的指示剂的变色点和化学计量点不相符，分析中干扰离子的影响未消除，称量分析中沉淀的溶解损失而产生的误差。

b. 仪器误差：由仪器本身不准确造成的。如天平两臂不相等，滴定管刻度不准，砝码未经校正。

c. 试剂误差：所使用的试剂或蒸馏水不纯而造成的误差。

d. 主观误差（或操作误差）：由操作人员一些生理上或习惯上的主观原因造成的，如终点颜色的判断有人偏深、有人偏浅，重复滴定时有人总想第二份滴定结果与前一份相吻合，在判断终点或读数时就不自觉地受这种"先入为主"的影响。

② 偶然误差（或称随机误差，未定误差）。它是由某些无法控制和避免的偶然因素造成的。如测定时环境温度、湿度、气压的微小波动，仪器性能的微小变化，或个人一时的辨别的差异而使读数不一致等。

(2) 测定值的准确度与精密度

在实际工作中，常根据准确度和精密度评价测定结果的优劣。

① 真实值、平均值与中位数。

a. 真实值：试样中各组分客观存在的真实含量，不可能准确的知道。

b. 平均值：对某试样平行测定数次，取其算术平均值作为分析结果。即：

$$\overline{x} = \frac{1}{n}(x_1 + x_2 + \cdots + x_n) = \frac{1}{n}\sum_{i=1}^{n} x_i$$

样本平均值不是真实值，只能说是真实值的最佳估计。

c. 中位数：一组数据按大小顺序排列，中间一个数即为中位数 X_M。当测定次数为偶数时，中位数为中间相邻两个数据的平均值。

② 准确度与误差

a. 准确度：指测量结果与真值的接近程度。

b. 误差：

绝对误差 E_a：测量值与真实值之差

$$E_a = x - T$$

相对误差 E_r：绝对误差占真实值百分比

$$E_r = \frac{E_a}{T} \times 100\%$$

误差越小表示分析结果的准确度越高，反之误差越大，准确度就越低。若绝对误差相同，真实值越大则相对误差越小。如对于 1000g 和 10g，绝对误差相同（±1g）但产生的相对误差却不同，前者为 0.1%，后者为 10%，所以分析结果的准确度常用相对误差表示。绝对误差和相对误差都有正值和负值。正值表示分析结果偏高，负值表示分析结果偏低。

③ 精密度与偏差。精密度是指平行测量的各测量值间相互接近的程度。精密度用"偏差"表示，偏差越小说明分析结果的精密度越高。

a. 绝对偏差、平均偏差和相对平均偏差：

绝对偏差：单次测量值与平均值之差

$$d_i = x_i - \overline{x}(i = 1, 2 \cdots)$$

相对偏差：绝对偏差占平均值的百分比

$$\overline{x} = \frac{x_1 + x_2 + x_3 + \cdots + x_n}{n} = \frac{\sum x_i}{n}$$

$$\frac{|d_1| + |d_2| + |d_3| + \cdots + |d_n|}{n} = \frac{\sum |d_i|}{n}$$

相对平均偏差%：

$$\overline{d}_r = \frac{\overline{d}}{\overline{x}} \times 100\%$$

值得注意的是：平均偏差不计正负号，而个别测定值的偏差要记正负号。

使用平均偏差表示精密度比较简单，但这个表示方法有不足之处，因为在一列的测定中，小偏差的测定总是占多数，而大偏差的测定总是占少数，按总的测定次数去求平均偏差所得的结果偏小，大偏差得不到充分的反映。所以，用平均偏差表示精密度方法在数理统计上一般是不采用的。

b. 标准偏差：突出较大偏差对测定结果的影响

$$S = \sqrt{\frac{\sum (x_i - \overline{x})^2}{n-1}}$$

相对标准偏差（变异系数，CV）：

$$s_r = \frac{s}{\overline{x}} \times 100\%$$

用标准偏差表示精密度要比用平均偏差好,因为单次测量的偏差取平方值之后,较大的偏差更显著地反映出来,这就更能说明数据的分散程度。例如甲乙二人打靶,每人两次,甲击中处离靶中心为1寸和3寸,乙击中处则为2寸和2寸。这两人射击的平均偏差都为2,但乙的射击精密度要比甲的高些。

c. 极差:除偏差之外,还可用极差 R 表示样本平行测定值的精密度。极差是测定数据中的最大值与最小值之差($R = x_{max} - x_{min}$),其值越大表明测定值越分散。计算简单,在对数据进行简单分析时应用广泛。因无充分利用所有数据,故精确性较差。

d. 准确度和精密度的关系。准确度与精密度是两个截然不同的概念,二者既有联系又有区别。准确度和精密度是评价一组分析结果的可靠程度的两个方面,缺一不可。准确度高,要求精密度一定高,但精密度好,准确度不一定高。

5.3.2 数据分析

5.3.2.1 正态分布和 t 分布

(1)随机误差正态分布

由图5-1可以看出,测定数据的分布并非杂乱无章,而是呈现出某些规律性。测定值出现在平均值附近的频率相当高,具有明显的集中趋势;而与平均值相差越大的数据出现的频率越小。当测定次数无限增多,组距无限减少,直方图趋于一条连续曲线即正态分布曲线,关于直线 $x = \mu$ 呈钟形对称。

(2)t 分布曲线

正态分布是无限次测量数据的分布规律,而通常的分析测试只进行3~5次测定,是小样本实验,因而无法求得总体平均值 μ 和总体偏差 σ,只能用样本标准偏差 S 和样本的平均值 $\overline{x}$ 来估计测量数据的分散情况,而用 S 代替 σ 时必然引起误差。英国统计学家兼化学家戈塞特(W. S. Gosset)研究了这个课题,提出用 t 值代替 μ 值,以补偿这一误差,这时随机误差不是正态分布,而是 t 分布。统计量 t 定义为:

$$t = \frac{|\overline{x} - \mu|}{S_{\overline{x}}} = \frac{|\overline{x} - \mu|}{S} \sqrt{n}$$

t 分布曲线的纵坐标是概率密度,横坐标则表示 t。t 分布曲线随自由度 f 变化,图5-2给出了一组不同 f 值的 t 分布曲线。

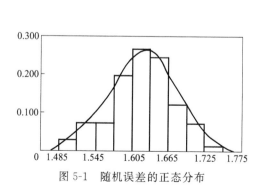

图5-1 随机误差的正态分布

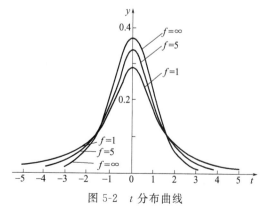

图5-2 t 分布曲线

由图 5-2 可以看出，曲线的形状在 $f<10$ 时与正态分布曲线差别较大，当 $f>10$ 时已与正态分布曲线很近似了，当 $f\to\infty$ 时 t 分布曲线即为正态分布曲线，t 分布曲线下面一定区间内的积分面积就是该区间内随机误差出现的概率。t 分布曲线形状不仅随 t 值改变，还与 f 值有关。

(3) 置信度与 μ 的置信区间

为了正确的表示分析结果，不仅要表明其数值的大小，还应该反映出测定的准确度、精密度以及为此进行的测定次数。因此最基本的参数为样本的平均值、样本的标准偏差和测定次数，也可以采用置信区间表示分析结果。

日常分析中测定次数是有限的，总体平均值自然不为人所知。但是随机误差的分布规律表明，测定值总是在以 μ 为中心的一定范围内波动，并有着向 μ 集中的趋势。因此，如何根据有限的测定结果来估计 μ 可能存在的范围（称之为置信区间）是有实际意义的。该范围越小，说明测定值与 μ 越接近，即测定的准确度越高。但由于测定次数较少，由此计算出的置信区间也不可能百分之百将 μ 包含在内，只能以一定的概率进行判断。

① 已知总体标准偏差 σ 时。对于经常进行测定的某种试样积累了大量的测定数据，可认为 σ 是已知的。根据公式并考虑 μ 的符号可得：

$$x=\mu\pm u\sigma$$

由随机误差区间概率可知，测定值出现的概率由 u 决定。例当 $u=\pm1.96$ 时，x 在 $\mu-1.96\sigma$ 至 $\mu+1.96\sigma$ 区间出现的概率为 0.95。如果希望用单次测定值 x 来估计 μ 可能存在的范围，则可以认为区间 $x\pm1.96\sigma$ 能以 0.95 的概率将真值包含在内，即有

$$\mu=x\pm u\sigma$$

平均值较单次测定值的精密度更高，因此常用样本平均值来估计真值所在的范围。

置信度是以测量值为中心在一定范围内真值出现在该范围内的概率，一般设定在 2σ，即 95%。95% 是通常情况下置信度（置信水平）的设定值。置信区间是在某一置信度下以测量值为中心真值出现的范围。置信度是在置信区间内包含 μ 的概率，它表明了人们对所作的判断有把握的程度，用 P 表示。对真值进行区间估计时，置信度的高低要定得恰当。置信区间的大小取决于测定的精密度和对置信度的选择，对于平均值来说，还与测定的次数有关。当 σ 一定时，置信度定得越大，$|\mu|$ 值越大，过大的置信区间将使其失去实用意义。若将置信度固定，当测定的精密度越高和测定次数越多时，置信区间越小，表明 x 越接近真值，即测定的准确度越高。

μ 是确定且客观存在的，没有随机性，而区间是具有随机性的，即它们均与一定的置信度相联系。因此我们只能说置信区间包含真值的概率是 0.95，而不能认为真值落在上述区间的概率是 0.95。

② 已知样本标准偏差 S 时。实际工作中通过有限次的测定是无法得知 μ 和 σ 的，只能求出平均值和样本标准偏差，而且当测定次数较少时，测定值或随机误差也不呈正态分布，给少量测定数据的统计处理带来了困难。此时若用 S 代替 σ 从而对 μ 作出估计必然会引起偏离，而且测定次数越少，偏离就越大。如果采用另一新统计量 $t_{P,f}$ 取代 μ（仅与 P 有关），上述偏离即可得到修正。

$$t_{P,f}=\frac{|\bar{x}-\mu|}{S}\sqrt{n}$$

$$\mu=\bar{x}\pm\frac{tS}{\sqrt{n}}$$

t 分布是有限测定数据及其随机误差的分布规律。在置信度相同时，t 分布曲线的形状

随 $f(f=n-1)$ 而变化，反映了 t 分布与测定次数有关。随着测定次数增多，t 分布曲线越来越陡峭，测定值的集中趋势亦更加明显。当 $f \to \infty$ 时，t 分布曲线就与正态分布曲线合为一体，可以认为正态分布就是 t 的极限。其中 t 分布系数，其数值随置信度的增大而增大，随测定次数的增加而减小，表 5-7 为不同测定次数和不同置信度的 t 值。

表 5-7　不同测定次数和不同置信度的 t 值

测量次数 n	自由度 f	置信度 P，显著性水平 α		
		$P=0.90, \alpha=0.10$	$P=0.95, \alpha=0.05$	$P=0.99, \alpha=0.01$
2	1	6.31	12.71	63.66
3	2	2.92	4.30	9.92
4	3	2.35	3.18	5.84
5	4	2.13	2.78	4.60
6	5	2.02	2.57	4.03
7	6	1.94	2.45	3.71
8	7	1.90	2.36	3.50
9	8	1.86	2.31	3.36
10	9	1.83	2.26	3.25
11	10	1.81	2.23	3.17
21	20	1.72	2.09	2.84
31	30	1.70	2.04	2.75
∞	∞	1.64	1.96	2.58

（4）t 检验法

为了检验一个方法是否可靠，是否有足够的准确度，常用已知含量的标准试样进行试验，用 t 检验法将测定的平均值与已知值比较。公式如下：

$$t_{P,f} = \frac{|\bar{x} - \mu|}{s}\sqrt{n}$$

在一定 P 时，查临界表，如 $t > t_{P,f}$，则存在显著性差异，有系统误差，方法不可靠；如 $t < t_{P,f}$，则不存在显著性差异，无系统误差，方法可靠。

5.3.2.2　异常值的检验与取舍

当得到一系列数据，个别离群值是否保留下来提高精密度，有三种检验方法。

（1）Q 检验法（舍弃商）

① 将测定值由小至大按顺序排列，其中可疑值为 x_1 或 x_n。

② 计算 Q 值

$$Q_{计算} = \frac{|x_{可疑} - x_{相邻}|}{x_{极大} - x_{极小}}$$

$$Q = \frac{x_n - x_{n-1}}{x_n - x_1}$$

③ 查表

将 Q 值与表 5-8 中给出的 $Q_{0.90}$ 值比较，若 $Q \geqslant Q_{0.90}$，则可放弃可疑值，否则予以保留。

表 5-8　不同测定次数的 Q 值

测定次数	3	4	5	6	7	8	9	10
$Q_{0.90}$	0.94	0.76	0.64	0.56	0.51	0.47	0.44	0.41

（2）格鲁布斯法

将测定值由小至大排列，其中可疑值为 x_1 或 x_n。先计算该组数据的平均值和标准偏差，再计算统计量 G。

若 x_1 可疑，

$$G = \frac{\overline{x} - x_1}{S}$$

若 x_n 可疑，

$$G = \frac{x_n - \overline{x}}{S}$$

根据置信度和测定次数查表 5-9。若 $G > G_{P,n}$ 可疑值对相对平均值的偏离较大，弃去可疑值，反之则保留。

表 5-9　$G_{P,n}$ 表

测定次数 n	置信度 P		测定次数 n	置信度 P	
	95%	99%		95%	99%
3	1.15	1.15	8	2.03	2.22
4	1.46	1.49	9	2.11	2.32
5	1.67	1.75	10	2.18	2.41
6	1.82	1.94	11	2.23	2.48
7	1.94	2.10	12	2.29	2.55

在运用格鲁布斯法判断可疑值的取舍时，由于引入了 t 分布中最基本的两个参数，故该方法的准确度较 Q 法高，因此得到普遍采用。

（3）$4\overline{d}$ 法

首先求出可疑值以外的其余数据的平均值 $\overline{x}$ 和平均偏差 $\overline{d}$。然后，将可疑值与平均值之差的绝对值与 $4\overline{d}$ 比较，如其绝对值大于或等于 $4\overline{d}$，则可疑值舍弃，否则应保留。该法比较粗略，准确性较前两个方法差，故一般不用。

5.4　酸碱滴定法

5.4.1　溶液酸碱度的计算

（1）酸碱反应的理论基础

① 酸碱质子理论：凡是能给出质子（H^+）的物质是酸；凡是能接受质子（H^+）的物质是碱。酸碱可以是阳离子，阴离子，也可以是中性分子。

② 共轭酸碱对：因质子得失而互相转变的每一对酸碱称为共轭酸碱对。共轭酸碱对彼此之间只差一个质子。质子理论有相对性。如 HPO_4^{2-}，在 $H_2PO_4^- \text{-} HPO_4^{2-}$ 共轭酸碱对体系中为碱，而在 $HPO_4^{2-} \text{-} PO_4^{3-}$ 体系中则为酸。

（2）酸碱的强度

① 酸碱的强弱不仅取决于酸碱的本质，而且与它所在的溶剂的性质关系很大。在水溶

液中，酸碱的强弱取决于物质给出质子或接受质子能力的强弱。通常用酸碱在水中的离解常数的大小来衡量。

② 共轭酸碱具有相互依存的关系，酸性越强，其共轭碱的碱性越弱。

$$K_a \cdot K_b = K_w$$

③ 酸碱溶液 PH 计算：

一元强酸 $[H^+] = c_{酸}$，如：HCl 中 $[H^+] = c(HCl)$；

二元强酸 $[H^+] = 2c_{酸}$，如：H_2SO_4 中 $[H^+] = 2c(H_2SO_4)$；

一元弱酸 $[H^+] = \sqrt{K_a c(HA)}$，如：HAc 中 $[H^+] = \sqrt{K_a c(HAC)}$；

酸式盐 $[H^+] = \sqrt{K_{a1} K_{a2}}$（两性）。

碱也类似，只是用 K_b 替换 K_a 即可。

5.4.2 酸碱指示剂

酸碱指示剂一般是有机弱酸、弱碱或两性物质，它们在不同酸度的溶液中具有不同的结构，并呈现不同的颜色。当被滴溶液的 pH 改变时，指示剂失去 H^+ 由酸式体变为碱式体，或得到 H^+ 由碱式体变为酸式体，从而引起颜色的变化。

5.4.2.1 酸碱指示剂的变色范围

指示剂发生颜色变化的 pH 范围称为指示剂的变色范围。

以 HIn 表示指示剂的酸式体、以 In^- 表示指示剂的碱式体，它们在水溶液中存在如下酸碱平衡。

$$HIn \rightleftharpoons H^+ + In^-$$
$$酸式 \qquad 碱式$$

$$K_{HIn} = \frac{[H^+][In^-]}{[HIn]}$$

K_{HIn} 称为指示剂的电离常数。可见，溶液的颜色取决于指示剂酸式体与碱式体的浓度比，即 $[HIn]$ 与 $[In^-]$ 的比值。对于给定的指示剂，因为一定温度下 K_{HIn} 为一常数，故 $[HIn]/[In^-]$ 值只取决于溶液中 H^+ 的浓度，当 $[H^+]$ 发生改变时，$[HIn]/[In^-]$ 也随之改变，从而使溶液呈现不同的颜色。由于人的眼睛对各种颜色的敏感程度不同而且能力有限，只有当酸式体与碱式体两种型体的浓度相差 10 倍以上时，人的眼睛才能辨别出其中浓度大的型体的颜色，而浓度小的另一型体的颜色则辨别不出来。

当两型体的浓度差别不是很大（一般在 10 倍以内）时，则人眼观察到的是这两种型体颜色的混合色。即当 $[HIn]/[In^-] = 10$ 时，看到的主要是酸式体 HIn 的颜色，碱式体 In^- 的颜色几乎看不出来，此时 $pH = pK_{HIn} - 1$；当 $[HIn]/[In^-] = 1/10$ 时，看到的主要是碱式体 In^- 的颜色，酸式体 HIn 的颜色几乎看不出来，此时 $pH = pK_{HIn} + 1$；而在 $1/10 \leqslant [HIn]/[In^-] \leqslant 10$ 之间，即 $pH = pK_{HIn}$ 附近，看到的是酸式体 HIn 和碱式体 In^- 的互补颜色，亦即两种型体的过渡色，见表 5-10。

表 5-10 酸碱指示剂的变色过程

$[HIn]/[In^-]$	pH	颜色	
		酸式色	碱式色
>10	<$pK_{HIn}-1$	酸式体 HIn 的颜色	
=10	=$pK_{HIn}-1$	酸色为主略带碱色	

[HIn]/[In⁻]	pH	颜色	
		酸式色	碱式色
1/10≤[HIn]/[In⁻]≤10	$pK_{HIn}\pm1$	酸式体 HIn 和碱式体 In⁻ 的互补颜色	
=1/10	$pK_{HIn}+1$	碱色为主略带酸色	
<1/10	$>pK_{HIn}+1$	碱式体 In⁻ 的颜色	

常见的酸碱指示剂及其配制方法见表 5-11。

表 5-11　常见的酸碱指示剂及其配制方法

指示剂名称	变色范围 pH	变色点 pK_{HIn}	颜色		配制方法
			酸色	碱色	
甲基橙	3.1～4.4	3.4	红	黄	0.1g 溶于 100mL 水溶液中
溴酚蓝	3.1～4.6	4.1	黄	紫	0.1g 溶于含有 3mL 0.05mol/L NaOH 溶液的 100mL 水溶液中
溴甲酚绿	3.8～5.4	4.9	黄	蓝	0.1g 溶于含有 2.9mL 0.05mol/L NaOH 溶液的 100mL 水溶液中
甲基红	4.4～6.2	5.2	红	黄	0.1g 溶于 100mL 60%乙醇溶液中
中性红	6.8～8.0	7.4	红	黄橙	0.1g 溶于 100mL 60%乙醇溶液中
酚红	6.7～8.4	8.0	黄	红	0.1g 溶于 100mL 60%乙醇溶液中
百里酚蓝	8.0～9.6	8.9	黄	蓝	0.1g 溶于 100mL 20%乙醇溶液中
酚酞	8.0～10.0	9.1	无	红	0.1g 溶于 100mL 90%乙醇溶液中
百里酚酞	9.4～10.6	10.0	无	蓝	0.1g 溶于 100mL 90%乙醇溶液中

5.4.2.2　混合指示剂

混合指示剂主要是利用颜色互补的作用原理，使得酸碱滴定的终点变色敏锐，变色范围变窄。常用的混合指示剂有两类，一类是由两种或两种以上酸碱指示剂混合而成，如溴甲酚绿（$pK_{HIn}=4.9$）和甲基红（$pK_{HIn}=5.2$）。溴甲酚绿酸式型体呈黄色、碱式型体呈蓝色；甲基红酸式型体呈红色、碱式型体呈黄色。在不同的酸度条件下，两种指示剂的酸式型体颜色、碱式型体颜色分别叠加后，所呈现的互补颜色与其单独使用时的有所不同，在 pH＜5.1 呈酒红色、pH＞5.1 时呈绿色，而在 pH＝5.1 变色点处，甲基红-溴甲酚绿的过渡色为浅灰色，使终点的颜色变化十分敏锐、变色范围相对减小。另一类是在某种常用酸碱指示剂中加入一种惰性染料，如甲基橙在单独使用时，在 pH≤3.1 时为酸式型体呈红色、pH≥4.4 时为碱式型体呈黄色，其过渡色是橙色。当与靛蓝二磺酸钠（本身为蓝色）一起组成混合指示剂后，由于颜色互补的作用，使其酸式型体颜色变为紫色、碱式型体颜色变为黄绿色，中间过渡色为灰色（变色点时 pH＝4.1），使颜色变化明显。常用的混合指示剂见表 5-12。

表 5-12　常用的混合指示剂

指示剂名称	变色点 pH	颜色		备注
		酸式色	碱式色	
一份 1.0g/L 甲基橙水溶液 一份 2.5g/L 靛蓝二磺酸钠水溶液	4.1	紫	黄绿	pH=4.1 灰色

指示剂名称	变色点 pH	颜色		备注
		酸式色	碱式色	
三份 1.0g/L 溴甲酚绿乙醇溶液 一份 2.0g/L 甲基红乙醇溶液	5.1	酒红	绿	pH＝5.1 灰色
一份 1.0g/L 中性红乙醇溶液 三份 1.0g/L 亚甲基蓝乙醇溶液	7.0	蓝紫	绿	pH＝7.0 蓝紫色
一份 1.0g/L 甲酚红钠盐水溶液 三份 1.0g/L 百里酚蓝钠盐水溶液	8.3	黄	紫	pH＝8.2 玫瑰色 pH＝8.4 紫色
一份 1.0g/L 酚酞乙醇溶液 一份 1.0g/L 百里酚酞乙醇溶液	9.9	无	紫	pH＝9.6 玫瑰色 pH＝10.0 紫色
三份 0.2%甲基红乙醇溶液 二份 0.2%亚甲基蓝乙醇溶液	5.4	红紫	绿	pH＝5.2 红紫;pH＝5.4 暗蓝;pH＝5.6 绿色

实验室中使用的 pH 试纸，就是基于混合指示剂的原理而制成的。使用指示剂时应注意溶液温度，指示剂用量等问题。此外一般多选用滴定终点时颜色变化为由浅变深的指示剂，这样更易于观察，减小终点误差。

5.4.2.3 影响酸碱指示剂变色范围的因素

(1) 温度

指示剂的变色范围和指示剂的离解常数 K_{HIn} 有关，而 K_{HIn} 与温度有关，因此当温度改变时，指示剂的变色范围也随之改变。几种常见指示剂在 18℃ 与 100℃ 时的变色范围见表 5-13。

表 5-13　几种常见指示剂在 18℃ 与 100℃ 时的变色范围

指示剂	变色范围(pH)		指示剂	变色范围(pH)	
	18℃	100℃		18℃	100℃
百里酚蓝	1.2～2.8	1.2～2.6	甲基红	4.4～6.2	4.0～6.0
甲基橙	3.1～4.4	2.5～3.7	酚红	6.4～8.0	6.6～8.2
溴酚蓝	3.0～4.6	3.0～4.5	酚酞	8.0～10.0	8.0～9.2

由表 5-13 可以看出，温度上升对各种指示剂的影响是不一样的。因此，为了确保滴定结果的准确性，滴定分析宜在室温下进行。如果必须在加热时进行，也应当将标准溶液在同样条件下进行标定。

(2) 指示剂的用量

指示剂的用量（或浓度）是一个非常重要的因素。对于双色指示剂（如甲基红），在溶液中有如下离解平衡：

$$HIn \rightleftharpoons H^+ + In^-$$

如果溶液中指示剂的浓度较小，则在单位体积溶液中 HIn 的量也少，加入少量标准溶液即可使之完全变为 In^-，因此指示剂颜色变化灵敏；反之，若指示剂浓度较大，则发生同样的颜色变化所需标准溶液的量也较多，从而导致滴定终点时颜色变化不敏锐。所以，双色指示剂的用量以小为宜。

同理，对于单色指示剂（如酚酞），也是指示剂的用量偏少时滴定终点变色敏锐。但如用单色指示剂滴定至一定 pH，则必须严格控制指示剂的浓度。因为单色指示剂的颜色深度仅取决于有色离子的浓度（对酚酞来说就是碱式 $[In^-]$），即

$$[In^-] = \frac{K_{HIn}}{[H^+]}[HIn]$$

如果 $[H^+]$ 维持不变，在指示剂变色范围内，溶液颜色的深浅便随指示剂 HIn 浓度的增加而加深。因此，使用单色指示剂时必须严格控制指示剂的用量，使其在终点时的浓度等于对照溶液中的浓度。

此外，指示剂本身是弱酸或弱碱，也要消耗一定量的标准溶液。因此，指示剂用量以少为宜，但却不能太少，否则，由于人眼辨色能力的限制，无法观察到溶液颜色的变化。实际滴定过程中，通常都是使用指示剂浓度为 1g/L 的溶液，用量比例为每 10mL 试液滴加 1 滴左右的指示剂溶液。

(3) 滴定程序

由于深色较浅色明显，所以当溶液由浅色变为深色时，人眼容易辨别。例如，以甲基橙作指示剂，用碱标准滴定溶液滴定酸时，终点颜色的变化是由橙红色变黄色，没有用酸标准滴溶液滴定碱时终点颜色由黄色变橙红色明显。所以用酸标准滴定溶液滴定碱时可用甲基橙作指示剂；而用碱标准滴定溶液滴定酸时，一般采用酚酞作指示剂，因为终点从无色变为红色比较敏锐。

5.4.3 滴定条件的选择

5.4.3.1 一元酸碱的滴定

(1) 强酸强碱的滴定

以 0.1000mol/L 的氢氧化钠溶液滴定 20.00mL0.1000mol/L 的 HCl 溶液为例，讨论强碱滴定强酸过程中溶液 pH 的变化情况及指示剂的选择。

滴定前，溶液中 $c(H^+) = c(HCl) = 1.00 \times 10^{-1}$ mol/L，所以 pH＝1.00。

滴定开始至化学计量点前，溶液的酸碱性取决于剩余 HCl 的浓度：

$$c(H^+) = \frac{c(HCl)V(HCl) - c(NaOH)V(NaOH)}{V(HCl) + V(NaOH)}$$

当滴入 NaOH 的体积为 19.98mL 时（即相对误差为 -0.1% 时）得 pH＝4.30。

化学计量点时，HCl 与 NaOH 恰好完全反应，溶液呈中性，即

$$c(H^+) = c(OH^-) = 1.00 \times 10^{-7} \text{mol/L} \quad pH＝7.00$$

化学计量点后，溶液的酸碱性取决于过量的 NaOH 浓度。

$$c(OH^-) = \frac{c(NaOH)V(NaOH) - c(HCl)V(HCl)}{V(HCl) + V(NaOH)}$$

当滴入 NaOH 的体积为 20.02mL 时（即相对误差为 +0.1% 时）得 pH＝9.70。将各点的数值变化统计如表 5-14 所示。从表 5-14 可以看出：从滴定开始到滴入 19.80mLNaOH 溶液时（相当于 HCl 被中和 99.0%），溶液的 pH 仅改变 2.30 个单位，再滴入 0.18mL（累加体积为 19.98mL）NaOH 溶液时（相当于 HCl 被中和 99.90%），溶液的 pH 又增加了 1 个单位，当继续滴入 0.02mLNaOH 溶液时（相当于 HCl 被中和 100.00%），恰好是酸碱滴定反应的化学计量点，此时溶液的 pH 迅速达到 7.00；再滴入 0.02mL 过量的 NaOH 溶液时溶液的 pH 迅速升到 9.70；这种 pH 的突然改变便称为滴定突跃，突跃所在的 pH 范围称为滴定突跃范围。

表 5-14　用 0.1000mol/L NaOH 滴定 HCl pH 的变化

加入的 NaOH 体积/mL	与 HCl 的体积比/%	溶液的 H^+ 浓度 /(mol/L)	溶液的酸度 pH
0.00	0.00	1.00×10^{-1}	1.00
18.00	90.00	5.26×10^{-3}	2.28
19.00	95.00	2.56×10^{-3}	2.59
19.80	99.00	5.03×10^{-4}	3.30
19.96	99.80	1.00×10^{-4}	4.00
19.98	99.90	5.00×10^{-5}	4.30 ⎫
20.00	100.00	1.00×10^{-7}	7.00 ⎬ 突跃范围
20.02	100.10	2.00×10^{-10}	9.70 ⎭
20.04	100.20	1.00×10^{-10}	10.00
20.20	101.00	2.01×10^{-11}	10.70
22.00	110.00	2.10×10^{-12}	11.68
40.00	200.00	3.00×10^{-13}	12.52

　　若用 0.1000mol/L 的 HCl 溶液滴定 20.00mL 0.1000mol/L 的氢氧化钠溶液（pH 变化方向为由大到小），滴定突跃范围为 pH 为 9.70～4.30，如图 5-3 所示，不宜使用甲基橙作指示剂，否则，即使是滴定至溶液由黄色变为橙色（过渡色），也有不小于 0.20％的终点误差；也不宜选用酚酞指示剂，因为其变色方向是由红色变为无色，滴定终点不易观察；此时选用甲基红指示剂较为合适，滴定至溶液由黄色变为橙色（过渡色）即为终点。若选用中性红-亚甲基蓝（变色点为 pH＝7.0）混合指示剂，终点颜色由蓝紫色转变为绿色、误差将会更小。

　　如果强酸、强碱滴定溶液的浓度发生了改变，尽管化学计量点的 pH 仍然是 7.0，但滴定突跃范围却发生了变化。酸碱的浓度越小，突跃范围越窄；酸碱的浓度越大，突跃范围越宽。结果如图 5-4 所示。

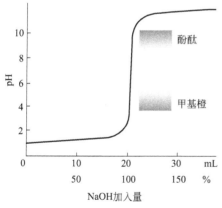

图 5-3　0.1000mol/L NaOH 溶液滴定 0.1000mol/L HCl 溶液的滴定曲线

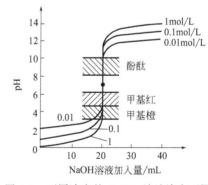

图 5-4　不同浓度的 NaOH 溶液滴定不同浓度 HCl 溶液的滴定曲线

　　应当注意，对强碱强酸相互滴定而言，尽管使用浓度较高的溶液，能使滴定突跃范围变宽，但这并不意味着指示剂的选择余地增大了，因为其化学计量点的 pH 还是 7.0。况且，倘若滴定过程中所用的滴定剂浓度较高，在接近化学计量点时也容易过量滴入（即使是半滴），从而导致终点误差较大。因此，酸碱滴定中的标准滴定溶液的浓度通常为 0.1～

0.2mol/L。

（2）一元弱酸弱碱的滴定

弱酸、弱碱可分别用强碱、强酸来滴定，与强碱滴定强酸的情况类似，用0.1000mol/L的氢氧化钠溶液滴定20.00mL0.1000mol/L的乙酸溶液，溶液的pH变化也可通过如下四个阶段进行计算。

滴定前，乙酸溶液的浓度为$c(HAc)=0.1000mol/L$。

$$c(H^+)=\sqrt{c(HAc)}=\sqrt{0.10mol/L\times1.8\times10^{-5}mol/L}=1.3\times10^{-3}(mol/L)$$
$$pH=2.87$$

滴定开始至化学计量点前，溶液中未反应的HAc与反应产物Ac^-同时存在，形成了HAc-Ac^-缓冲体系。

$$c(H^+)=K_a\frac{c_a}{c_b}$$

其中
$$c(H^+)=\frac{c(HAc)V(HAc)-c(NaOH)V(NaOH)}{V(HAc)+V(NaOH)}$$

$$c(OH^-)=\frac{c(NaOH)V(NaOH)}{V(HAc)+V(NaOH)}$$

故
$$c(H^+)=K_a\times\frac{c(HAc)V(HAc)-c(NaOH)V(NaOH)}{c(NaOH)V(NaOH)}$$

当滴入NaOH的体积为19.98mL时，得pH=7.74。

化学计量点时，HAc全部与NaOH反应生成NaAc，$c_b=c(Ac^-)=0.5000mol/L$

$$c(OH^-)=\sqrt{c_bK_B}=\sqrt{0.5000mol/L\times5.6\times10^{-10}mol/L}=5.3\times10^{-6}(mol/L)$$
$$pH=8.72$$

用NaOH滴定HAc，达到化学计量点时溶液的pH大于7.0，溶液呈碱性。

滴定达到化学计量点后，由于过量NaOH的存在，使得Ac^-所产生的碱性显得微不足道，故溶液的[OH^-]主要取决于过量NaOH的量。

$$c(OH^-)=\frac{c(NaOH)V(NaOH)-c(HAc)V(HAc)}{V(HAc)+V(NaOH)}$$

与强碱滴定强酸达到化学计量点后溶液的酸碱性计算情况类似，当滴入NaOH的体积为20.02mL时（即相对误差为+0.1%），得

$$c(OH^-)=5.0\times10^{-5}(mol/L)$$
$$c(H^+)=2.0\times10^{-10}(mol/L)$$

故
$$pH=9.70$$

如此多处取点计算，结果如图5-5所示。

如图5-5所示，强碱滴定一元弱酸具有以下特点：

① 滴定的pH突跃范围明显变窄，化学计量点为pH=8.72，只能选择在碱性范围内变色的酚酞、百里酚酞等指示剂，不能使用甲基红等指示剂。

② 滴定过程的pH变化与强碱滴定强酸有所不同。滴定前，因乙酸的解离较弱，0.1000mol/L HAc溶液的pH=2.87。滴定开始后，由于反应生成的Ac^-同离子效应，使HAc的解离变得更弱，所以[H^+]较快速降低，pH增加的幅度较大，随着滴定的进行，HAc的浓度不断降低、NaAc的浓度不断增加，两者构成了HAc-Ac^-缓冲体系，这时溶液的pH变化缓慢，当接近化学计量点时，剩余HAc的浓度很小，体系的缓冲作用减弱，溶液的pH变化逐渐加快，HAc的浓度急剧减少生成了大量的NaAc，而Ac^-在水溶液中接受

H^+ 后会产生可观数量的 OH^-，使溶液的 pH 发生突跃。化学计量点后，溶液的 pH 变化规律与强碱滴定强酸时的情形基本相同。

③ 强碱滴定一元弱酸滴定突跃范围的大小，不仅与溶液的浓度有关，而且与弱酸的相对强弱有关。当被滴定酸的浓度一定时，K_a 值越大、突跃范围越大；反之亦然。

如果弱酸的 K_a 值很小且浓度也很低，突跃范围必然很窄，就很难选择合适的指示剂。实践证明，只有一元弱酸的 $cK_a \geqslant 10^{-8}$ 时，才能获得较为准确的滴定结果，终点误差不大于 $\pm 0.20\%$，这也是判断弱酸能否被强碱滴定的基本条件。

强酸滴定一元弱碱的情况与上述强碱滴定一元弱酸的情况非常类似，如图 5-6 所示。用于判断强碱滴定一元弱酸的基本条件类似地适用于强酸滴定一元弱碱。

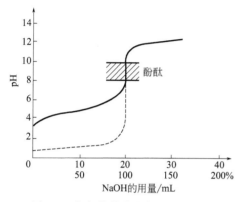

图 5-5 氢氧化钠溶液与 HAc 溶液
的滴定曲线

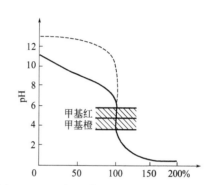

图 5-6 HCl 标准滴定溶液滴定 $NH_3 \cdot H_2O$
溶液的滴定曲线

综上所述，无论是强碱滴定一元弱酸还是强酸滴定一元弱碱，其直接准确滴定的基本条件为 cK_a 或 cK_b 应不小于 10^{-8}。否则，由于滴定突跃范围太窄，难以选择合适的指示剂而无法确定滴定终点。

5.4.3.2 多元酸碱的滴定

(1) 强碱滴定多元酸

① 滴定可行性判断和滴定突跃。大量的实验证明，多元酸的滴定可按下述原则判断：

a. 当 $c_a K_{a1} \geqslant 10^{-8}$ 时，这一级离解的 H^+ 可以被直接滴定。

b. 当相邻的两个 K_a 的比值等于或大于 10^5 时，较强的那一级离解的 H^+ 先被滴定，出现第一个滴定突跃，较弱的那一级离解的 H^+ 后被滴定。但能否出现第二个滴定突跃，则取决于酸的第二级离解常数值是否满足 $c_a K_{a2} \geqslant 10^{-8}$。

c. 如果相邻的两个 K_a 的比值小于 10^5，则滴定时两个滴定突跃将混在一起，这时只出现一个滴定突跃。

② H_3PO_4 的滴定。H_3PO_4 是三元酸，在水溶液中分步离解：

$$H_3PO_4 \Longleftrightarrow H^+ + H_2PO_4^- \qquad pK_{a1} = 2.16$$
$$H_2PO_4^- \Longleftrightarrow H^+ + HPO_4^{2-} \qquad pK_{a2} = 7.12$$
$$HPO_4^{2-} \Longleftrightarrow H^+ + PO_4^{3-} \qquad pK_{a3} = 12.32$$

如果用 NaOH 滴定 H_3PO_4，那么 H_3PO_4 首先被滴定成 $H_2PO_4^-$，即

$$H_3PO_4 + NaOH \longrightarrow NaH_2PO_4 + H_2O$$

但当反应进行到大约 99.4% 的 H_3PO_4 被中和为 $H_2PO_4^-$ 之时（pH＝4.7），已经有大约 0.3% 的 $H_2PO_4^-$ 被进一步中和成 HPO_4^{2-} 了，即

$$NaH_2PO_4 + NaOH \longrightarrow Na_2HPO_4 + H_2O$$

这表明前面两步中和反应并不是分步进行的，而是稍有交叉地进行的。所以，严格说来，对 H_3PO_4 而言，实际上并不真正存在两个化学计量点。由于多元酸的滴定准确度要求不太高（通常分步滴定为±0.5%），因此，在满足一般分析的要求下 H_3PO_4 还是能够进行分步滴定的，第一化学计量点时溶液的 pH＝4.68，第二化学计量点时溶液的 pH＝9.76，第三化学计量点因 pK_{a_2}＝12.32，说明 HPO_4^{2-} 已太弱，故无法用 NaOH 直接滴定，如果在溶液中加入 $CaCl_2$ 溶液，则会发生如下反应：

$$2HPO_4^{2-} + 3Ca^{2+} \longrightarrow Ca_3(PO_4)_2 + 2H^+$$

则弱酸转化成强酸，就可以用 NaOH 直接滴定了。NaOH 滴定 H_3PO_4 的滴定曲线一般采用仪器法（电位滴定法）绘制，见图 5-7。

（2）强酸滴定多元碱

滴定可行性判断和滴定突跃与多元酸类似。以 Na_2CO_3 的滴定为例。

Na_2CO_3 是二元弱碱，在水溶液中存在如下离解平衡：

$$CO_3^{2-} + H_2O \Longrightarrow HCO_3^- + OH^- \qquad pK_{b1}＝3.75$$

$$HCO_3^- + H_2O \Longrightarrow H_2CO_3 + OH^- \qquad pK_{b2}＝7.62$$

在满足一般分析的要求下，Na_2CO_3 还是能够进行分步滴定的，只是滴定突跃较小。如果用 HCl 滴定，则第一步生成 $NaHCO_3$，反应式为：

$$HCl + Na_2CO_3 \longrightarrow NaHCO_3 + NaCl$$

继续用 HCl 滴定，则生成的 $NaHCO_3$ 进一步反应生成 H_2CO_3，H_2CO_3 本身不稳定，很容易分解生成 CO_2 与 H_2O。

HCl 滴定 Na_2CO_3 的滴定曲线一般也采用电位滴定法绘制。0.1000mol/L HCl 标准滴定溶液滴定 20.00mL 0.1000mol/L Na_2CO_3 溶液的滴定曲线如图 5-8 所示。

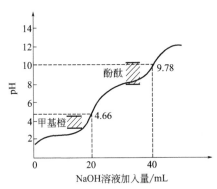

图 5-7 NaOH 标准滴定溶液滴定 H_3PO_4
溶液的滴定曲线

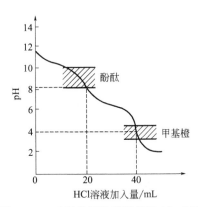

图 5-8 HCl 标准滴定溶液滴定 Na_2CO_3
溶液的滴定曲线

第一化学计量点时，HCl 与 Na_2CO_3 反应生成 $NaHCO_3$，$NaHCO_3$ 为两性物质，其浓度为 0.050mol/L，H^+ 浓度计算的最简式（H_2CO_3 的 $pK_{a1}＝6.38$，$pK_{a2}＝10.25$）

$$c(H^+)_1 = \sqrt{K_{a_1}K_{a_2}} = \sqrt{10^{-6.38} \times 10^{-10.25}} = 10^{-8.32} (mol/L)$$

$$pH_1 = 8.32$$

选用酚酞为指示剂终点误差较大，滴定准确度不高。若采用酚红与百里酚蓝混合指示剂，并用同浓度 NaHCO$_3$ 溶液作参比时，终点误差约为 0.5%。

第二化学计量点时，HCl 进一步与 NaHCO$_3$ 反应，生成 H$_2$CO$_3$（分解为 H$_2$O ＋ CO$_2$），其在水溶液中的饱和浓度约为 0.040mol/L。二元弱酸 pH 的最简公式计算，则

$$c(H^+)_2 = \sqrt{cK_{a1}} = \sqrt{0.040 \times 10^{-6.38}} = 1.3 \times 10^{-4}(mol/L)$$
$$pH_2 = 3.89$$

若选择甲基橙为指示剂，在室温下滴定时终点变化不敏锐。为提高滴定准确度，可采用被 CO$_2$ 所饱和并含有相同浓度 NaCl 和指示剂的溶液作对比。也有选择甲基红为指示剂的，不过滴定时需加热除去 CO$_2$。实际操作中当滴到溶液变红（pH＜4.4）时，暂时中断滴定，加热除去 CO$_2$，则溶液又变回黄色（pH＞6.2），继续滴定到红色。重复此操作 2～3 次，至加热驱赶 CO$_2$ 并将溶液冷却至室温后溶液颜色不发生变化为止。此种方式滴定终点敏锐，准确度高。

5.4.4 案例分析

5.4.4.1 0.1mol/L NaOH 的配制与标定

（1）制备不含碳酸钠的氢氧化钠溶液

① 按照国家标准将市售氢氧化钠制备成饱和溶液，即 1 份固体氢氧化钠与 1 份水制成的溶液，浓度约为 50%，18mol/L。在这种浓碱液中，碳酸钠几乎不溶解而沉降下来，吸取一定量的上层澄清溶液，用无 CO$_2$ 的蒸馏水稀释至所需的浓度。这是一种最常用的配制方法。NaOH 饱和溶液量取体积见表 5-15。

表 5-15　NaOH 饱和溶液量取体积

c(NaOH)/(mol/L)	1	0.5	0.1
NaOH 饱和溶液的体积/mL	54	27	5.4

② 先配制浓度约为 1mol/L 的 NaOH 溶液，在该溶液中加入适量的氢氧化钡或氯化钡，使碳酸钠转变为碳酸钡沉淀，静置后吸收一定量的上层澄清溶液，用无 CO$_2$ 的蒸馏水稀释至所需浓度。

③ 如果仅有极少量的碳酸钠存在对分析测定妨碍不大，可以用比较简便的方法配制氢氧化钠溶液，即称取比需要量较多的固体氢氧化钠置于烧杯中用少量蒸馏水迅速洗涤 2～3 次，弃去洗涤液以除去固体表面形成的碳酸盐。将洗涤后的氢氧化钠溶解在无 CO$_2$ 的蒸馏水中，并稀释至一定的体积。

配制好的氢氧化钠溶液贮存在塑料瓶中，也可以保存在用橡胶塞密塞的试剂瓶中。

（2）标定

① 用基准物质标定：标定氢氧化钠溶液的基准物质有邻苯二甲酸氢钾（KHP）和草酸等。

a. 标定原理：用基准邻苯二甲酸氢钾进行标定，以酚酞为指示剂。反应如下：

根据邻苯二甲酸氢钾的质量和 NaOH 的用量计算 NaOH 溶液的浓度。

邻苯二甲酸氢钾易精制，无吸湿性，摩尔质量大，易保存，是标定氢氧化钠溶液的较好的基准物质，使用前应在 105～110℃ 的烘箱中干燥 2～3h，于干燥器中冷却至室温后备用。

b. 标定步骤：准确称取在 105～110℃ 烘至恒重的基准邻苯二甲酸氢钾 0.5～0.6g 放入

250mL 锥形瓶中，以 50mL 不含 CO_2 的蒸馏水溶解，加酚酞指示剂（10g/L）2 滴，用 0.1mol/L 氢氧化钠溶液滴定至溶液由无色变为粉红色 30s 不褪色为终点。平行测定三次，做空白试验。

  c. 数据记录：实验数据记录于表 5-16 中。

表 5-16 标定氢氧化钠溶液的数据记录表

名称	第一份	第二份	第三份
倾样前称量瓶＋KHP 质量/g			
倾样后称量瓶＋KHP 质量/g			
KHP 质量/g			
滴定时溶液的温度/℃			
滴定温度下溶液的体积校正值/(mL/1000mL)			
滴定管校正值/mL			
滴定消耗 NaOH 标准滴定溶液的体积/mL			
实际消耗 NaOH 标准滴定溶液的体积/mL			
空白试验消耗 NaOH 标准滴定溶液的体积/mL			
氢氧化钠溶液浓度/(mol/L)			
氢氧化钠平均浓度/(mol/L)			
相对极差/%			

  d. 计算公式：

$$c(\mathrm{NaOH}) = \frac{m \times 1000}{(V_1 - V_0) \times M(\mathrm{KHC_8H_4O_4})}$$

式中 $c(\mathrm{NaOH})$——氧化钠标准滴定溶液的浓度，mol/L；

    m——基准邻苯二甲酸氢钾的质量，g；

    V_1——氢氧化钠溶液的体积，mL；

    V_0——空白试验氢氧化钠溶液的体积，mL；

$M(\mathrm{KHC_8H_4O_4})$——基准邻苯二甲酸氢钾的摩尔质量，g/mol。

  ② 用盐酸标准滴定溶液标定（互标法）。

  a. 标定原理：用盐酸标准滴定溶液与氢氧化钠溶液互相滴定，根据两种溶液所消耗的体积及盐酸标准滴定溶液的浓度，可计算出氢氧化钠溶液的准确浓度。

  b. 计算公式：

$$c(\mathrm{NaOH}) = \frac{V(\mathrm{HCl})c(\mathrm{HCl})}{V(\mathrm{NaOH})}$$

式中 $c(\mathrm{NaOH})$——氢氧化钠标准滴定溶液的浓度，mol/L；

   $V(\mathrm{HCl})$——盐酸标准滴定溶液的体积，mL；

   $c(\mathrm{HCl})$——盐酸标准滴定溶液的浓度，mol/L；

  $V(\mathrm{NaOH})$——氢氧化钠溶液的体积，mL。

  以上两种标定方法测得氢氧化钠标准溶液浓度值的相对误差不得大于 0.2%，并以基准邻苯二甲酸氢钾标定所得数值为准。

5.4.4.2 混合碱的分析

(1) 实验原理

氢氧化钠俗称烧碱，在生产和存放过程中常因吸收空气中的 CO_2 而含有少量杂质 Na_2CO_3。在氢氧化钠和碳酸钠混合溶液中，当用盐酸标准滴定溶液进行滴定时，盐酸和氢氧化钠作用突跃 pH 范围为 4.3～9.7，HCl 和 Na_2CO_3 作用时，第一个等量点 pH 为 8.3，第二个等量点 pH 为 3.9。以酚酞为指示剂用 HCl 标准滴定溶液滴定混合碱试液，当红色刚好消失时溶液中的 Na_2CO_3 被滴定到 $NaHCO_3$，消耗盐酸标准滴定溶液的体积为 V_1。再以甲基橙为指示剂，继续用盐酸标准滴定溶液滴定，当溶液由黄色变为橙色时为终点，消耗盐酸标准滴定溶液的体积为 V_2。这时溶液中的 $NaHCO_3$ 和由 Na_2CO_3 生成的 $NaHCO_3$ 全部滴定生成 CO_2。则：

NaOH 消耗 HCl 体积为 $V_1 - V_2$

Na_2CO_3 消耗 HCl 体积为 $2V_2$

分析结果的计算：

$$w(Na_2CO_3) = \frac{c \times 2V_2 \times 10^{-3} \times M\left(\frac{1}{2}Na_2CO_3\right)}{m \times \frac{25.00}{250}} \times 100\%$$

$$w(NaOH) = \frac{c \times (V_1 - V_2) \times 10^{-3} \times M(NaOH)}{m \times \frac{25.00}{250}} \times 100\%$$

式中
V_1——用酚酞作指示剂，消耗盐酸标准滴定溶液的体积，mL；

V_2——用甲基橙作指示剂，消耗盐酸标准滴定溶液的体积，mL；

c——盐酸标准溶液的物质的量浓度，mol/L；

m——试样的质量，g；

$M(1/2Na_2CO_3)$——以 $1/2Na_2CO_3$ 为基本单元的 Na_2CO_3 摩尔质量，g/mol；

$M(NaOH)$——以 NaOH 为基本单元的 NaOH 摩尔质量，g/mol。

双指示剂法还可以用于 Na_2CO_3 和 $NaHCO_3$ 的混合碱分析，以酚酞为指示剂，用 HCl 标准滴定溶液滴定，当溶液的颜色由红色变到无色时，Na_2CO_3 被滴定到 $NaHCO_3$，消耗盐酸标准溶液的体积为 V_1。再以甲基橙为指示剂继续用盐酸标准溶液滴定，当溶液变为橙色时为终点，消耗盐酸标准溶液的体积为 V_2。$NaHCO_3$ 消耗 HCl 的体积为 $V_2 - V_1$，Na_2CO_3 消耗 HCl 体积为 $2V_1$。

(2) 实验过程（以 NaOH、Na_2CO_3 混合碱含量测定为例）

准确称取 1.5～1.7g 混合碱试样于洗净的 150mL 烧杯中，加少量水，使其溶解。待溶液冷却后，移入 250mL 容量瓶中，加水稀释至刻度，摇匀。用移液管移取 25.00mL 上述试液于锥形瓶中，加入 2～3 滴酚酞指示液（1%酒精溶液），用 $c(HCl) = 0.1000mol/L$ 的盐酸标准滴定溶液滴定到溶液呈粉红色时，每加一滴 HCl 溶液，就充分摇动，以免局部 Na_2CO_3 直接滴至 H_2CO_3。与参比溶液对照，慢慢地滴到酚酞红色恰好褪色为止，记下消耗 HCl 标准溶液体积 V_1。在上述溶液中加 1 滴甲基橙指示液，继续用 HCl 标准溶液滴定到黄色变为橙色为终点。记下用去 HCl 标准滴定溶液的体积 V_2。平行测定三次并做空白试验，数据记入表 5-17 中。NaOH 消耗 HCl 体积为 $V_1 - V_2$，Na_2CO_3 消耗 HCl 体积为 $2V_2$。

表 5-17　NaOH、Na₂CO₃ 混合碱含量测定数据记录表

项目		测定次数		
		1	2	3
样品称量	敲样前质量/g			
	敲样后质量/g			
	样品质量/g			
移取混合碱试样的体积/mL				
滴定管初读数/mL				
酚酞终点读数/mL				
酚酞终点消耗数/mL				
甲基橙终点读数/mL				
甲基橙终点消耗数/mL				
终点时溶液温度/℃				
终点温度补正值/(mL/L)				
酚酞终点时滴定管体积校正值/mL				
酚酞终点溶液温度校正值/mL				
酚酞终点实际消耗标准溶液体积/mL				
甲基橙终点时滴定管体积校正值/mL				
甲基橙终点溶液温度校正值/mL				
甲基橙终点实际消耗标准溶液体积/mL				
盐酸标准溶液的浓度/(mol/L)				
酚酞做指示剂空白试验消耗标准溶液体积/mL				
甲基橙做指示剂空白试验消耗标准溶液体积/mL				
试样中 NaOH 的质量分数/%				
试样中 NaOH 的平均质量分数/%				
NaOH 测定的精密度(相对极差)/%				
试样中 Na₂CO₃ 的质量分数/%				
试样中 Na₂CO₃ 的平均质量分数/%				
Na₂CO₃ 测定的精密度(相对极差)/%				

(3) 注意事项

① 试样和试液不宜在空气中放置过久以免吸收空气中的 CO_2 而影响分析结果。

② 以酚酞为指示剂进行滴定时，滴定速度不要过快，应不断地摇动，以防止局部酸的浓度过大，使碳酸直接分解为 CO_2 逸出，造成碳酸钠的分析结果偏低。

③ 用盐酸标准溶液滴定碳酸钠时，第一个化学计量点附近没有明显的 pH 突跃，易产生滴定误差。若选用甲酚红-百里酚蓝混合指示剂，终点颜色变化明显，由紫色变为黄色。第二个化学计量点附近的 pH 突跃也较小，若采用甲基红-亚甲基蓝混合指示剂，终点由绿色变为红紫色，可以减小误差。

5.5 氧化还原滴定法

氧化还原滴定法是以氧化还原反应为基础的滴定分析法。通常利用一些氧化剂或还原剂作标准滴定溶液来测定本身具有氧化性或还原性的物质的含量，也可以间接测定一些本身不具备氧化还原性质，但能与氧化剂或还原剂发生定量反应的物质的含量。

5.5.1 氧化还原反应进行的程度与反应速率

5.5.1.1 氧化还原反应进行的程度

氧化还原反应进行的程度用化学反应平衡常数来衡量。

$$n_2 \text{ 氧化型}_1 + n_1 \text{ 还原型}_2 \Longleftrightarrow n_2 \text{ 还原型}_1 + n_1 \text{ 氧化型}_2$$

反应平衡常数与条件电极电位的关系是

$$\varphi_1^{\ominus'} - \varphi_2^{\ominus'} = \frac{0.059}{n_1 n_2} \lg K \tag{a}$$

若 $\Delta\varphi = \varphi_1^{\ominus'} - \varphi_2^{\ominus'}$，则

$$\lg K = \frac{n_1 n_2}{0.059} \Delta\varphi \tag{b}$$

由式（b）可知，条件平衡常数 K 的大小与两电对的条件电极电位之差 $\Delta\varphi$ 和电子转移数有关。$\Delta\varphi$ 越大，K 越大，反应进行得越完全。

由于滴定分析要求相对误差 $\leq 0.1\%$，即反应完成 99.9% 以上时，认为反应进行完全，满足滴定分析的要求，所以可计算出

$$\lg K \geq 3(n_1 + n_2) \tag{c}$$

代入式（a）得

$$\Delta\varphi \geq 3(n_1 + n_2)\frac{0.059}{n_1 n_2} \tag{d}$$

当氧化还原反应的平衡常数 K 或两电对的条件电极电位之差 $\Delta\varphi$ 满足式（c）或式（d）时，认为该反应可定量进行。由于两电对的条件电极电位可以通过计算或查表得到，所以通常用 $\Delta\varphi$ 的大小判断反应能否定量进行。反应类型不同，n_1、n_2 不同，$\Delta\varphi$ 的大小要求不同。

当分析误差 $\leq 0.1\%$ 时，两电对的最小电极电位差与 n 的关系见表 5-18。

表 5-18　反应定量进行时 n 与两电对的最小电极电位差的关系

n_1	n_2	$\Delta\varphi$
1	1	$\Delta\varphi \geq 3 \times (1+1) \times \dfrac{0.059}{1} = 0.35(V)$
2	2	$\Delta\varphi \geq 3 \times (2+2) \times \dfrac{0.059}{2 \times 2} = 0.18(V)$
3	3	$\Delta\varphi \geq 3 \times (3+3) \times \dfrac{0.059}{3 \times 3} = 0.12(V)$
1	2	$\Delta\varphi \geq 3 \times (1+2) \times \dfrac{0.059}{1 \times 2} = 0.27(V)$

通常认为只要两电对的条件电极电位之差 $\Delta\varphi \geq 0.4V$ 时，该反应的完全程度就能够满足滴定分析的要求。

【例 5-5-1】 判断 1mol/L HCl 介质中 Fe^{3+} 与 Sn^{2+} 的反应能否定量进行。

解 Fe^{3+} 与 Sn^{2+} 的反应式为：

$$2Fe^{3+} + Sn^{2+} \longrightarrow Sn^{4+} + 2Fe^{2+}$$

查表可知，1mol/L HCl 介质中，两电对的电极电位值分别为：

$$Fe^{3+} + e \longrightarrow Fe^{2+} \qquad \varphi^{\ominus\prime}(Fe^{3+}/Fe^{2+}) = 0.70V$$

$$Sn^{4+} + 2e \longrightarrow Sn^{2+} \qquad \varphi^{\ominus\prime}(Sn^{4+}/Sn^{2+}) = 0.14V$$

由式（d）可知：

$$\Delta\varphi \geqslant 3(n_1 + n_2)\frac{0.059}{n_1 n_2}$$

将 $n_1 = 1$，$n_2 = 2$ 代入，得 $\Delta\varphi = 0.56V > 0.27V$，所以此反应能够定量进行。

5.5.1.2 氧化还原反应的速率

从电对的电极电位判断氧化还原反应的方向和完全程度只能说明反应的可能性，却无法判断反应的快慢问题，对于反应速率慢的反应就不能直接进行滴定。如 Ce^{4+} 与 H_3AsO_3 的反应：

$$2Ce^{4+} + H_3AsO_3 + H_2O \longrightarrow 2Ce^{3+} + H_3AsO_4 + 2H^+$$

$$\varphi^{\ominus}(Ce^{4+}/Ce^{3+}) = 1.46V \qquad \varphi^{\ominus}(AsO_4^{3-}/AsO_3^{3-}) = 0.56V$$

计算得该反应的平衡常数为 $K \approx 10^{30}$。仅从平衡考虑，此常数很大，反应可以进行得很完全。实际上此反应速率极慢，若不加催化剂，反应则无法实现。

5.5.2 氧化还原指示剂

(1) 氧化还原滴定用指示剂的类型

氧化还原滴定用指示剂的类型见表 5-19。

表 5-19　氧化还原滴定用指示剂的类型

类型	自身指示剂	显色指示剂	氧化还原指示剂
定义	在氧化还原滴定中，不另加指示剂而利用反应物（滴定剂或被测物质）在反应前后颜色的变化来指示滴定终点的指示剂称为自身指示剂	本身不具有氧化还原性，但能与滴定剂或被测物质产生特殊的颜色，而且显色反应是可逆的，因而可以指示氧化还原反应滴定终点的指示剂	本身是氧化剂或还原剂，由于其氧化型和还原型具有不同的颜色在等量点附近变色，指示滴定终点的指示剂
特点	不需要外加指示剂	专属指示剂、特殊指示剂	具有氧化性或还原性，参与反应
举例	$KMnO_4$ 本身显紫红色，用它来滴定 Fe^{2+}、$C_2O_4^{2-}$ 溶液时，反应产物 Mn^{2+}、Fe^{3+} 等颜色很浅或是无色，滴定到化学计量点后，只要 $KMnO_4$ 稍微过量半滴就能使溶液呈现淡红色，指示滴定终点的到达	可溶性淀粉与碘溶液反应生成深蓝色的化合物，当 I_2 被还原为 I^- 时，深蓝色立刻消失，反应极为明显，在碘量法中多用淀粉溶液作指示液。用淀粉指示液可以检出约 10^{-5} mol/L 的碘，但淀粉指示液与 I_2 的显色灵敏度与淀粉的性质和加入时间、温度及反应介质等条件有关，如温度升高，显色灵敏度下降	$K_2Cr_2O_7$ 滴定 Fe^{2+} 时，常用二苯胺磺酸钠为指示剂。二苯胺磺酸钠的还原型无色，当滴定至化学计量点时，稍过量的 $K_2Cr_2O_7$ 使二苯胺磺酸钠由还原型转变为氧化型，溶液显紫红色，指示滴定终点的到达

(2) 氧化还原指示剂变色的电位范围

若以 In(O) 和 In(R) 分别代表指示剂的氧化型和还原型，滴定过程中，指示剂的电极反应用下式表示：

$$\text{In(O)} + n\text{e} \longrightarrow \text{In(R)}$$

随着滴定过程中溶液电位值的改变，[In(O)]和[In(R)]比值也在改变，因而溶液的颜色也发生变化。与酸碱指示剂在一定 pH 范围内发生颜色转变一样，氧化还原指示剂只能在一定的电位范围内看到这种颜色变化，这个范围就是指示剂变色电位范围。指示剂的电位变色范围是：

$$\varphi' = \varphi^{\ominus'}(\text{In}) \pm \frac{0.059}{n}$$

当被滴定溶液的电位值恰好等于 $\varphi^{\ominus'}(\text{In})$ 时，指示剂呈现中间颜色，称为指示剂的变色点。若指示剂的一种形式的颜色比另一种形式的颜色深得多，则变色点电位将偏离 $\varphi^{\ominus'}$ (In) 值。部分常用的氧化还原提示剂见表 5-20。

表 5-20　部分常用的氧化还原指示剂

指示剂	$\varphi^{\ominus'}(\text{In})/\text{V}$ $\{[\text{H}^+]=1(\text{mol/L})\}$	颜色变化		配制方法
		氧化型	还原型	
次甲基蓝	+0.52	蓝色	无色	0.5g/L 水溶液
二苯胺磺酸钠	+0.85	紫红色	无色	0.5g 加 2gNa$_2$CO$_3$，加水稀释至 100mL
邻苯氨基苯甲酸	+0.89	紫红色	无色	0.11g 溶于 20mL50g/LNa$_2$CO$_3$ 溶液中,加水稀释至 100mL
邻二氮菲亚铁	+1.06	浅蓝色	红色	1.485g 及 0.695gFeSO$_4$·7H$_2$O,加水稀释至 100mL

(3) 选择氧化还原指示剂的原则

① 指示剂变色点的电位应在滴定的电位突跃范围内，尽可能选择指示剂的变色点电位 $\varphi^{\ominus'}$ 与化学计量点时的电位 $\varphi_{\text{等}}$ 相接近。

② 指示剂在终点时颜色变化要明显，以便于观察。

例如，在 0.5mol/L H$_2$SO$_4$ 溶液中，用 Ce^{4+} 滴定 Fe^{2+}，滴定的电位突跃范围是 0.86~1.26V。显然，选择邻苯氨基苯甲酸或邻二氮菲亚铁是合适的。若选二苯胺磺酸钠，终点会提前到达，终点误差将会大于允许误差。指示剂本身消耗滴定剂，若滴定剂浓度太小则应做指示剂空白校正。

5.5.3　高锰酸钾法及案例分析

5.5.3.1　滴定原理

(1) 高锰酸钾法方法原理

高锰酸钾是一种强氧化剂，其氧化能力与溶液的酸度有关，高锰酸钾的氧化能力与溶液酸度的关系见表 5-21。

表 5-21　高锰酸钾的氧化能力与溶液酸度的关系

酸度	半反应	电极电位(V)	氧化能力	用途
强酸性介质	MnO$_4^-$+8H$^+$+5e $\longrightarrow$ Mn^{2+}+4H$_2$O	1.51V	很强	常在 0.5~1mol/L 的 H$_2$SO$_4$ 介质中使用
弱酸性、中性、弱碱性介质	MnO$_4^-$ + 2H$_2$O + 3e $\longrightarrow$ MnO$_2$↓+4OH$^-$	0.59V	弱	由于反应生成棕色的 MnO$_2$ 沉淀,影响终点观察,所以不用于滴定分析

酸度	半反应	电极电位(V)	氧化能力	用途
pH>12的强碱性介质	$MnO_4^- + e \longrightarrow MnO_4^{2-}$	0.56V	弱	常用于测定有机物

由于盐酸具有还原性，能诱发副反应，而硝酸具有氧化性，所以高锰酸钾法通常不使用盐酸和硝酸做介质。

（2）高锰酸钾法特点

① KMnO4 氧化能力强，应用广泛，可以直接测定多种还原性物质，也可以间接测定一些非氧化还原物质。

② 滴定时不需要外加指示剂，KMnO4 为自身指示剂。

③ KMnO4 标准滴定溶液不能直接配制，且标准滴定溶液不够稳定，不能久置，需经常标定。

④ KMnO4 氧化能力强，所以高锰酸钾法选择性差，而且 KMnO4 与还原性物质的反应历程复杂，常有副反应发生。

5.5.3.2 滴定条件的选择

高锰酸钾标准滴定溶液的制备（执行 GB/T 601—2016）。

① 高锰酸钾标准滴定溶液的配制。市售的高锰酸钾试剂为黑褐色晶体，常含有少量的 MnO2 及其他杂质，配制时使用的蒸馏水中也含有少量尘埃、有机物等还原性物质，这些物质都能使高锰酸钾被还原，所以高锰酸钾标准滴定溶液不能直接配制。为了配制较稳定的 KMnO4 溶液，常采用以下措施：

a. 由于市售的高锰酸钾试剂不纯，须称取稍多于理论量的高锰酸钾。

b. 将配制好的 KMnO4 溶液加热煮沸，并保持微沸 15min，冷却后置于暗处密闭静置两周，待各还原性物质完全氧化后再标定。

c. 用 G4 微孔玻璃砂芯漏斗过滤，除去析出的沉淀。微孔砂芯玻璃漏斗上的棕色 MnO2 用浓盐酸泡洗后用水冲洗即可。

d. 为避免高锰酸钾见光分解，过滤后的滤液应装入棕色试剂瓶中放于暗处。

② 高锰酸钾标准滴定溶液的标定。

a. 基准物质：标定高锰酸钾时，$Na_2C_2O_4$、$H_2C_2O_4 \cdot 2H_2O$、$(NH_4)_2Fe(SO_4)_2 \cdot 6H_2O$、$As_2O_3$ 和纯铁丝均可作基准物质。其中 $Na_2C_2O_4$ 易于提纯，性质稳定，不含结晶水，较为常用。$Na_2C_2O_4$ 在 105～110℃时烘干约 2h 即可使用。

b. 标定：准确称取一定质量的基准试剂草酸钠，在强酸性介质中用待标定的高锰酸钾标准滴定溶液滴定至溶液呈现淡红色，保持 30s 不褪色即为终点，由所称草酸钠的质量和消耗高锰酸钾溶液的体积，可求其准确浓度。滴定时需要控制的条件见表 5-22。

$$2MnO_4^- + 5C_2O_4^{2-} + 16H^+ \longrightarrow 2Mn^{2+} + 10CO_2\uparrow + 8H_2O$$

表 5-22 标定高锰酸钾标准滴定溶液时需控制的滴定条件

滴定条件	具体指标	解释
温度	75～85℃	近终点不能低于 65℃，不能高于 90℃，否则草酸分解，分析结果偏高
酸度	开始时为 0.5～1.0mol/L，终点时为 0.2～0.5mol/L	酸度不够，反应产物有 MnO2 沉淀出现；酸度过高，草酸分解

滴定条件	具体指标	解释
滴定速度	先慢后快再慢	滴定开始,反应速率极慢;当有催化剂 Mn^{2+} 生成后,反应速率加快;近等量点时,反应速率又变得很慢
终点判断	溶液呈现淡红色,保持 30s 不褪色即为终点	由于空气中的还原性物质及尘埃等杂质落入溶液中能使 $KMnO_4$ 分解而使红色消失

c. 计算:

$$c\left(\frac{1}{5}KMnO_4\right) = \frac{m}{M\left(\frac{1}{2}Na_2C_2O_4\right) \times (V - V_0) \times 10^{-3}}$$

式中 $c\left(\frac{1}{5}KMnO_4\right)$——高锰酸钾标准滴定溶液的浓度,mol/L;

m——基准草酸钠的质量,g;

V——滴定时消耗高锰酸钾标准滴定溶液的体积,mL;

V_0——空白试验消耗高锰酸钾标准滴定溶液的体积,mL;

$M\left(\frac{1}{2}Na_2C_2O_4\right)$——基准草酸钠的摩尔质量,g/mol。

5.5.3.3 典型案例分析

(1) 直接滴定法测定双氧水含量

双氧水是过氧化氢的俗名,化学式为 H_2O_2,分子量为 34.02,可以通过电解法及蒽醌法制得。工业上生产的双氧水分为五种规格:即含量为 27.5%、30.0%、35.0%、50.0% 和 70.0%。

① 实验原理。准确移取一定体积的双氧水于锥形瓶中,加水稀释后,在酸性溶液中,用 $KMnO_4$ 标准滴定溶液滴定至溶液呈现淡红色,保持 30s 不褪色即为终点,记录消耗高锰酸钾标准滴定溶液的体积。

$$2MnO_4^- + 5H_2O_2 + 6H^+ \longrightarrow 2Mn^{2+} + 5O_2\uparrow + 8H_2O$$

H_2O_2 的质量浓度为

$$\rho(H_2O_2) = \frac{c\left(\frac{1}{5}KMnO_4\right)(V - V_0)M\left(\frac{1}{2}H_2O_2\right)}{V_s}$$

式中 $c\left(\frac{1}{5}KMnO_4\right)$——高锰酸钾标准滴定溶液的浓度,mol/L;

$\rho(H_2O_2)$——双氧水中过氧化氢的质量浓度,g/L;

V_s——双氧水样品的体积,mL;

V——滴定时消耗高锰酸钾标准滴定溶液的体积,mL;

V_0——空白试验消耗高锰酸钾标准滴定溶液的体积,mL;

$M\left(\frac{1}{2}H_2O_2\right)$——$\left(\frac{1}{2}H_2O_2\right)$ 的摩尔质量,g/mol。

② 实验过程。准确移取 2.00mL 双氧水试样于事先装有 100mL 蒸馏水的 250mL 容量瓶中,加水稀释至刻度,并摇匀。然后用移液管准确移取上述试液 25.00mL 于 250mL 锥形瓶中,加 3mol/L H_2SO_4 溶液 20mL,用 $c\left(\frac{1}{5}KMnO_4\right) = 0.1mol/L$ 的高锰酸钾标准滴定溶

液滴定至溶液呈现淡红色，保持 30s 不褪色即为终点，记录消耗高锰酸钾标准滴定溶液的体积。平行测定三次，同时做空白试验，实验数据记入表 5-23 中。

表 5-23　双氧水含量测定数据处理表

内容	测定次数		
	1	2	3
移取双氧水样品的体积/mL			
稀释后的双氧水液体体积/mL			
移取稀双氧水试液的体积/mL			
滴定体积初读数/mL			
滴定体积终读数/mL			
消耗 $KMnO_4$ 标准溶液体积/mL			
滴定管校正值/mL			
溶液温度/℃			
溶液温度补正值/(mL/L)			
实际消耗 $KMnO_4$ 溶液体积/mL			
$KMnO_4$ 标准滴定溶液的浓度/(mol/L)			
空白试验消耗 $KMnO_4$ 体积/mL			
双氧水含量/(g/L)			
双氧水平均含量/(g/L)			
相对极差/%			

③ 注意事项：

a. 此反应滴定开始前可加入 Mn^{2+} 做催化剂加快 $KMnO_4$ 与 H_2O_2 的反应。若滴定前不加 Mn^{2+} 做催化剂，则开始滴定时，加入 1 滴 $KMnO_4$ 后，溶液褪色较慢，必须等高锰酸钾的红色褪去后再滴加第二滴。

b. 若工业产品双氧水中含有稳定剂如乙酰苯胺，也消耗 $KMnO_4$，使分析结果偏高，应用碘量法或铈量法进行测定。

(2) COD_{Mn} 测定

化学耗氧量 COD 是 1L 水中还原性物质（无机或有机的）在一定条件下被氧化时所消耗的氧含量，通常用 $COD(O_2, mg/L)$ 表示。

① 实验原理。酸性介质中利用 $KMnO_4$ 的氧化性氧化需氧有机物来测定 COD 含量。实验中加入过量的 $KMnO_4$ 标准滴定溶液，使其与需氧有机物充分反应后，再加入过量的 $Na_2C_2O_4$ 标准溶液，用 $KMnO_4$ 标准滴定溶液返滴定。

$$2MnO_4^- + 5C_2O_4^{2-} + 16H^+ \longrightarrow 2Mn^{2+} + 10CO_2 \uparrow + 8H_2O$$

注意：高锰酸钾法测定的化学耗氧量 COD 只适用于较为清洁水样的测定。

② 实验过程。准确移取 100.00mL 水样，加入 5mL(1+3) 的硫酸溶液，自滴定管准确加入 $c\left(\dfrac{1}{5}KMnO_4\right) = 0.01mol/L$ 的高锰酸钾标准溶液 10.00mL(V_1)。立即放在沸水浴中加热 30min，趁热加入 10.00mL$c\left(\dfrac{1}{2}Na_2C_2O_4\right) = 0.01mol/L$ 的草酸钠标准溶液，立即用高锰

酸钾标准滴定溶液滴至浅粉红色，保持 30s 不褪色即为终点，记录消耗高锰酸钾标准滴定溶液的体积（V_2）。则高锰酸钾标准滴定溶液总体积 $V = V_1 + V_2$。

在上述溶液中加热至约 70℃准确加入 $10.00\text{mL}c\left(\dfrac{1}{2}\text{Na}_2\text{C}_2\text{O}_4\right) = 0.01\text{mol/L}$ 的草酸钠标准溶液，立即用高锰酸钾标准滴定溶液滴至浅粉红色，保持 30s 不褪色即为终点，记录消耗高锰酸钾标准滴定溶液的体积（V_3）。每毫升 KMnO_4 标准滴定溶液相当于 $\text{Na}_2\text{C}_2\text{O}_4$ 标准溶液的体积（mL）为 $K = 10.00/V_3$。COD 法测定试验的数据记入表 5-24 中。

表 5-24 水中化学耗氧量测定数据表

内容	测定次数		
	1	2	3
移取水样的体积/mL			
滴定体积初读数/mL			
滴定体积终读数/mL			
消耗 KMnO_4 标准溶液体积 V_2'/mL			
滴定管校正值/mL			
溶液温度/℃			
溶液温度补正值/(mL/L)			
实际消耗 KMnO_4 溶液体积 V_2/mL			
测定校正系数消耗 KMnO_4 体积 V_3/mL			
KMnO_4 标准滴定溶液浓度/(mol/L)			
化学耗氧量/(mg/L)			
化学耗氧量平均含量/(mg/L)			
相对极差/%			

按下列进行计算：

$$\text{COD}(\text{O}_2, \text{mg/L}) = \dfrac{\left[(V_1 + V_2)K - 10.00\right] \times c\left(\dfrac{1}{2}\text{Na}_2\text{C}_2\text{O}_4\right) \times 8.00}{100.00} \times 1000$$

5.5.4 重铬酸钾法及案例分析

5.5.4.1 滴定原理

（1）重铬酸钾法方法概述

重铬酸钾法是用 $\text{K}_2\text{Cr}_2\text{O}_7$ 作标准滴定溶液的氧化还原滴定法。重铬酸钾是橙红色结晶颗粒或粉末，是一种常用的氧化剂。室温下不受 Cl^- 还原作用的影响。在酸性介质中与还原剂作用的半反应为：

$$\text{Cr}_2\text{O}_7^{2-} + 14\text{H}^+ + 6\text{e} \longrightarrow 2\text{Cr}^{3+} + 7\text{H}_2\text{O}$$
$$\varphi^{\ominus}(\text{Cr}_2\text{O}_7^{2-}/2\text{Cr}^{3+}) = 1.33\text{V}$$

（2）重铬酸钾法特点

重铬酸钾法应用也比较广泛，可以直接测定多种还原性物质，也可以间接测定一些非氧化还原物质。但 $\text{Cr}_2\text{O}_7^{2-}$ 的氧化性不如 MnO_4^-，重铬酸钾法与高锰酸钾法的比较见表 5-25。

表 5-25　重铬酸钾法与高锰酸钾法的比较

区别	方法	
	高锰酸钾法	重铬酸钾法
配制方法	间接配制法	直接配制法
标准溶液的稳定性	不够稳定,不能久置,需经常标定	相当稳定,保存在密闭容器中,浓度可长期保持不变
介质要求	不能用盐酸、硝酸做介质,只能用硫酸做介质	当盐酸浓度小于 3.5mol/L 或温度不高时,可以用盐酸做介质
指示剂	$KMnO_4$ 为自身指示剂	氧化还原指示剂(如二苯胺磺酸钠、邻苯氨基苯甲酸等)

5.5.4.2　典型案例分析

(1) 铁矿石中全铁量的测定

用重铬酸钾法测定铁矿石中全铁含量时有三种方法,一种是氯化亚锡-氯化汞法;第二种是三氯化钛-重铬酸钾法;第三种是氯化亚锡-甲基橙指示剂法。

① 实验原理

三种方法的原理相似,都是用浓盐酸溶解样品后,加入 $SnCl_2$ 将 Fe^{3+} 还原为 Fe^{2+},以二苯胺磺酸钠作指示剂,用重铬酸钾标准滴定溶液滴定生成的 Fe^{2+}。但三种方法控制还原终点的方式不同,具体见表 5-26。

表 5-26　铁矿石中三种全铁测定还原终点的确定方法比较

测定方法	氯化亚锡-氯化汞法	三氯化钛-重铬酸钾法	氯化亚锡-甲基橙指示剂法
控制终点方式	用过量的 $SnCl_2$ 将 Fe^{3+} 还原为 Fe^{2+},过量的 $SnCl_2$ 再用 $HgCl_2$ 氧化,析出白色丝状的 Hg_2Cl_2 沉淀	用 $SnCl_2$ 将大部分 Fe^{3+} 还原为 Fe^{2+} 后,以钨酸钠为指示剂,用 $TiCl_3$ 溶液定量还原剩余的部分 Fe^{3+},过量 1 滴 $TiCl_3$ 溶液使钨酸钠还原为蓝色的五价钨的化合物(俗称钨蓝),使溶液呈蓝色,滴加 $K_2Cr_2O_7$ 溶液使钨蓝刚好褪色	样品溶解后加入甲基橙指示剂,趁热加入 $SnCl_2$ 至溶液的黄色消失,终点时稍过量的 $SnCl_2$ 将橙红色的甲基橙还原为无色
相关反应	$2Fe^{3+}+Sn^{2+}\longrightarrow 2Fe^{2+}+Sn^{4+}$ $Sn^{2+}+2Hg^{2+}+2Cl^-\longrightarrow$ $Sn^{4+}+Hg_2Cl_2\downarrow$ $6Fe^{2+}+$ $Cr_2O_7^{2-}+14H^+\longrightarrow 6Fe^{3+}+$ $2Cr^{3+}+7H_2O$	$2Fe^{3+}+Sn^{2+}\longrightarrow 2Fe^{2+}+Sn^{4+}$ $Fe^{3+}(余)+Ti^{3+}\longrightarrow Fe^{2+}+Ti^{4+}$ $6Fe^{2+}+Cr_2O_7^{2-}+14H^+\longrightarrow 6Fe^{3+}+$ $2Cr^{3+}+7H_2O$	$2Fe^{3+}+Sn^{2+}\longrightarrow$ $2Fe^{2+}+Sn^{4+}$ $6Fe^{2+}+Cr_2O_7^{2-}+$ $14H^+\longrightarrow 6Fe^{3+}+$ $2Cr^{3+}+7H_2O$
优点	经典方法,准确度高	没有毒,对环境没有污染	操作方便、简单,适用于中间控制分析
缺点	$HgCl_2$ 造成环境污染,不利于环保	精密度、准确度都不高	分析结果偏高,精密度、准确度较差

② 实验过程:

a. 样品处理。准确称取铁矿石样品 0.2～0.3g,(称准至 0.0002g),放入锥形瓶中,以少量水湿润,加入 10mL 浓盐酸,盖上表面皿,缓缓加热使其溶解,此时溶液为橙黄色,用少量水冲洗表面皿及烧杯内壁,加热近沸。待测。

b. 氯化亚锡-氯化汞法。在不断摇动下趁热滴加 10%$SnCl_2$ 溶液至黄色消失,溶液变为无色或浅绿色，再补加一滴 $SnCl_2$ 溶液。加水 20mL，试液用流动的水冷却至室温后一次迅速加入 10mL $HgCl_2$ 饱和溶液，震荡，有白色丝状 Hg_2Cl_2 沉淀析出。以少量水吹洗锥形瓶内壁，放置 3～5min，加入硫磷混酸 20mL，0.5% 二苯胺磺酸钠溶液 5 滴，立即用重铬酸钾标准滴定溶液滴定至溶液由绿色变为蓝紫色为终点。记录消耗 $K_2Cr_2O_7$ 标准滴定溶液的体积。平行测定三次，同时做空白实验。

c. 三氯化钛-重铬酸钾法。在不断摇动下趁热滴加 $SnCl_2$ 溶液至溶液呈浅黄色（$SnCl_2$ 不宜过量），冲洗瓶内壁，加 10mL 水、1mL10% Na_2WO_4 溶液，滴加 15g/L$TiCl_3$ 溶液至刚好出现钨蓝。再加水 60mL，放置 10～20s，用 $K_2Cr_2O_7$ 标准溶液滴至恰好无色（不计读数）。加入 10mL 硫磷混酸溶液和 4～5 滴 2g/L 二苯胺磺酸钠指示液，立即用 $K_2Cr_2O_7$ 标准溶液滴定至溶液呈稳定的紫色即为终点。记录消耗 $K_2Cr_2O_7$ 标准溶液的体积。平行测定三次，同时做空白实验。

d. 氯化亚锡-甲基橙指示剂法

加入 5～6 滴甲基橙，边摇边滴加 $SnCl_2$ 溶液，使溶液由橙红色到红色再到无色（当溶液变为淡红色时，要慢慢滴加 $SnCl_2$），立刻用流水冷却，加入 20mL 硫磷混酸溶液和 4～5 滴二苯胺磺酸钠指示液，立即用 $K_2Cr_2O_7$ 标准溶液滴定至溶液呈稳定的紫色即为终点。记录消耗 $K_2Cr_2O_7$ 标准溶液的体积。平行测定三次，同时做空白实验。

③ 结果计算：

$$w(Fe) = \frac{c\left(\frac{1}{6}K_2Cr_2O_7\right) \times (V_1 - V_0) \times 10^{-3} \times M(Fe)}{m} \times 100\%$$

式中　$c\left(\frac{1}{6}K_2Cr_2O_7\right)$——$K_2Cr_2O_7$ 标准溶液的浓度，mol/L；

$\quad\quad V_1$——滴定消耗 $K_2Cr_2O_7$ 标准溶液的体积，mL；

$\quad\quad V_0$——空白实验消耗 $K_2Cr_2O_7$ 标准溶液的体积，mL；

$\quad\quad M(Fe)$——Fe 的摩尔质量，g/mol；

$\quad\quad m$——铁矿石试样的质量，g。

实验过程的数据可记入表 5-27 中。

表 5-27　铁矿石中全铁含量的测定数据处理表

内容	测定次数		
	1	2	3
称取样品前质量/g			
称取样品后质量/g			
铁矿石样品质量/g			
滴定体积初读数/mL			
滴定体积终读数/mL			
消耗 $K_2Cr_2O_7$ 标准滴定溶液体积/mL			
滴定管校正值/mL			
溶液温度/℃			
溶液温度补正值/(mL/L)			
实际消耗 $K_2Cr_2O_7$ 标准滴定溶液体积/mL			

内容	测定次数		
	1	2	3
$K_2Cr_2O_7$ 标准滴定溶液的浓度/(mol/L)			
空白试验消耗 $K_2Cr_2O_7$ 体积/mL			
铁矿石中铁含量/%			
铁矿石中铁的平均含量/%			
相对极差/%			

④ 注意事项:

a. 测定中加入 H_3PO_4 的目的:一是降低 Fe^{3+}/Fe^{2+} 电对的电极电位,使滴定突跃范围增大,让二苯胺磺酸钠变色点的电位落在滴定突跃范围之内;二是使滴定反应的产物生成无色的 $[Fe(HPO_4)_2]^-$,消除 Fe^{3+} 黄色的干扰,有利于滴定终点的观察。

b. 用 $SnCl_2$ 还原 Fe^{3+} 时应趁热进行,如温度低于 60℃,反应很慢。

c. 氯化亚锡-氯化汞法中加入的 $SnCl_2$ 不能过量太多,否则生成的不是白色丝状沉淀,而是灰黑色沉淀,这说明 $SnCl_2$ 与 $HgCl_2$ 反应生成的 Hg_2Cl_2 沉淀又与过量的 $SnCl_2$ 作用生成了 Hg,金属 Hg 也会与 $K_2Cr_2O_7$ 反应,造成误差。在操作中 $HgCl_2$ 饱和溶液要一次迅速加入,防止缓慢加入时造成 $SnCl_2$ 过量生成 Hg。若实验中出现灰黑色沉淀,则实验失败,需要重做。

d. 三氯化钛-重铬酸钾法中加入的 $SnCl_2$ 不能过量,否则使测定结果偏高。如不慎过量,可滴加 2%$KMnO_4$ 溶液使溶液呈浅黄色;Fe^{2+} 在磷酸介质中极易被氧化,必须在"钨蓝"褪色后 1min 内立即滴定,否则滴定结果偏低。

(2) COD_{Cr} 测定

① 实验原理。在硫酸酸性溶液中,准确加入一定量的 $K_2Cr_2O_7$ 标准溶液,加热回流将水样中的还原性物质(主要是有机物)氧化,过量的 $K_2Cr_2O_7$ 溶液以试亚铁灵为指示剂,用硫酸亚铁铵标准溶液滴定。反应式为:

$$6Fe^{2+} + Cr_2O_7^{2-} + 14H^+ \longrightarrow 6Fe^{3+} + 2Cr^{3+} + 7H_2O$$

a. 硫酸银-硫酸溶液:于 2500mL 浓硫酸中加入 33.3g 硫酸银,放置 1~2 天,不断摇动使其溶解(每 75mL 硫酸中含 1g 硫酸银)。

b. 试亚铁灵指示剂:称取 1.49g 邻菲罗啉,0.695g 硫酸亚铁溶于水中,稀释至 100mL,贮存于棕色试剂瓶中。

② 实验过程。准确移取 50.00mL 均匀水样,置于 500mL 磨口锥形瓶中,加入 $K_2Cr_2O_7$ 标准溶液 25.00mL,慢慢加入 75mL 硫酸银-硫酸溶液和数粒玻璃珠,轻轻摇动锥形瓶使溶液混匀,加热回流 2h。冷却后,先用少量蒸馏水冲洗冷凝器内壁,取下锥形瓶,用蒸馏水稀释至约 350mL,加入 2~3 滴试亚铁灵指示剂,用硫酸亚铁铵标准溶液滴定至溶液由黄色经蓝绿色至刚转变为红褐色即为终点。记录消耗硫酸亚铁铵标准溶液的体积。同时以 50.00mL 蒸馏水代替水样做空白试验。

③ 分析结果的计算。由原理可分析得到,重铬酸钾与氧气的关系为:

$$\frac{1}{6}K_2Cr_2O_7 \backsim \frac{1}{4}O_2$$

$$COD_{Cr} = \frac{c[(NH_4)_2 \cdot FeSO_4 \cdot 6H_2O] \times (V_0 - V_1) \times M\left(\frac{1}{4}O_2\right)}{V} \times 100$$

式中　　　　　　　　　　V_0——空白试验消耗硫酸亚铁铵标准溶液的体积，mL；

V_1——滴定水样消耗硫酸亚铁铵标准溶液的体积，mL；

$c[(NH_4)_2 \cdot FeSO_4 \cdot 6H_2O]$——硫酸亚铁铵标准溶液的浓度，mol/L；

$M\left(\dfrac{1}{4}O_2\right)$——以 $\dfrac{1}{4}O_2$ 为基本单元时 O_2 的摩尔质量，g/mol；

V——水样的体积，mL。

实验过程的数据记入表 5-28 中。

表 5-28　化学耗氧量测定记录表

内容	测定次数		
	1	2	3
移取水样的体积/mL			
滴定体积初读数/mL			
滴定体积终读数/mL			
消耗 Fe^{2+} 标准溶液体积/mL			
滴定管校正值/mL			
溶液温度/℃			
溶液温度补正值/(mL·L)			
实际消耗 Fe^{2+} 溶液体积 V/mL			
空白试验消耗 Fe^{2+} 体积/mL			
Fe^{2+} 标准滴定溶液浓度/(mol/L)			
化学耗氧量/(mg·L)			
化学耗氧量平均含量/(mg·L)			
相对极差/%			

④ 注意事项：

a. 化学耗氧量的测定结果受实验条件的影响较大。如氧化剂的浓度、反应液的酸度和温度、试剂加入顺序及反应时间等条件对测定结果均有影响，必须严格按操作步骤进行。

b. 干扰离子主要有 Cl^- 和 NO_2^- 两种离子，可加入硫酸汞和氨基磺酸分别消除。

$$6HCl + K_2Cr_2O_7 + 4H_2SO_4 \longrightarrow Cr_2(SO_4)_3 + K_2SO_4 + 7H_2O + 3Cl_2\uparrow$$

$$Hg^{2+} + 3Cl^- \longrightarrow [HgCl_3]^-$$

$$NH_2SO_3H + HNO_2 \longrightarrow H_2SO_4 + H_2O + N_2\uparrow$$

水样氯离子含量大于 30mg/L 时，取水样 50.00mL，加 0.4g 硫酸汞和 5mL 浓硫酸，摇匀。待硫酸汞溶解后，再加入 25.00mL $K_2Cr_2O_7$ 标准溶液，75mL 硫酸银-硫酸溶液和数粒玻璃珠，回流。NO_2^- 的干扰，可按每毫克亚硝酸氮加入 10mg 氨基磺酸来消除。

c. 在滴定前需要将溶液稀释，否则酸度太大使终点颜色变化不明显。

d. 回流过程中若溶液颜色变绿，说明水样的化学耗氧量太高，需将水样适当稀释后重新测定。若水样化学耗氧量太低，则可以用较低浓度的重铬酸钾和硫酸亚铁铵标准溶液进行测定。

e. 若水样含易挥发有机物，在加入硫酸银-硫酸溶液时，应从冷凝器顶端慢慢加入，防止其挥发损失。

注意：COD_{Cr} 测定主要用于工业污水的测定。

5.5.5 碘量法及案例分析

5.5.5.1 滴定原理

碘量法是利用 I_2 的氧化性或 I^- 的还原性进行滴定的氧化还原滴定法。其基本反应为：

$$I_2 + 2e \longrightarrow 2I^-$$

由于固体 I_2 在水中的溶解度很小（298K 时为 $1.18 \times 10^{-3}\, mol/L$），且易于挥发，通常将 I_2 溶解于 KI 溶液中以 I_3^- 配离子形式存在，I^- 起到助溶作用。

$$I_3^- + 2e \longrightarrow 3I^-$$

$$\varphi^\ominus(I_3^-/3I^-) = +0.545V$$

从 $\varphi^\ominus(I_3^-/3I^-)$ 可以看出，I_2 是较弱的氧化剂，能与较强的还原剂作用；而 I^- 是中等强度的还原剂，能与许多的氧化剂作用。因此碘量法可以分为间接碘量法和直接碘量法两种。

(1) 间接碘量法（滴定碘法）

在一定条件下，利用 I^- 的还原作用与氧化物质反应，产生 I_2，然后用 $Na_2S_2O_3$ 标准溶液滴定释放出的 I_2。这种方法就叫作间接碘量法或滴定碘法。间接碘量法在近终点时加入淀粉，溶液从蓝色变为无色。

(2) 直接碘量法（碘滴定法）

直接碘量法又称碘滴定法，它是利用 I_2 标准溶液直接滴定一些还原性物质的方法。滴定时采用淀粉作指示剂，终点非常明显地由无色变为蓝色。用碘滴定法还可测定 As_2O_3、$Sb(III)$、$Sn(II)$ 等还原性物质。

碘量法既可测定氧化剂，又可测定还原剂，$I_3^-/3I^-$ 电对反应可逆性好，副反应少，又有很灵敏的淀粉指示剂指示终点，因此碘量法的应用范围广泛。两种碘量法的对比见表 5-29。

表 5-29　直接碘量法和间接碘量法的对比

区别	直接碘量法（碘滴定法）	间接碘量法（滴定碘法）
定义	电极电位小于 0.545V 的还原性物质，可用 I_2 做标准滴定溶液直接进行滴定的碘量法	电极电位大于 0.545V 的氧化性物质,在一定的条件下用 I^- 还原,用 $Na_2S_2O_3$ 标准滴定溶液滴定释放出的 I_2,这种方法称为间接碘量法
测定对象	电极电位小于 0.545V 的还原性物质如 S^{2-}、SO_3^{2-}、Sn^{2+}、$S_2O_3^{2-}$、$As(III)$、维生素 C 等	电极电位大于 0.545V 的氧化性物质如 Cu^{2+}、$Cr_2O_7^{2-}$、IO_3^-、BrO_3^-、AsO_4^{3-}、ClO^-、NO_2^-、H_2O_2 等
标准滴定溶液	I_2	$Na_2S_2O_3$
基本反应	$2I^- - 2e \longrightarrow I_2$	$2I^- - 2e \longrightarrow I_2$ $I_2 + 2S_2O_3^{2-} \longrightarrow 2I^- + S_4O_6^{2-}$
溶液酸度要求及原因	不能在碱性溶液中进行,因为碘与碱发生歧化反应: $3I_2 + 6OH^- \longrightarrow IO_3^- + 5I^- + 3H_2O$	在中性或弱酸性溶液中进行,因为在碱性溶液中碘与碱发生歧化反应;$S_2O_3^{2-}$ 与碘发生反应生成 SO_4^{2-},在强酸性溶液中,$Na_2S_2O_3$ 会发生分解生成 S;I^- 容易被空气中的 O_2 氧化

区别	直接碘量法 （碘滴定法）	间接碘量法 （滴定碘法）
指示剂加入时间	滴定前	近终点时（溶液呈现浅黄色）若过早加入淀粉，它与I_2形成的蓝色配合物会吸留部分I_2，往往易使终点提前且不明显
终点颜色	无色——蓝色	蓝色——无色

5.5.5.2　滴定条件的选择

（1）淀粉指示液的配制与使用

I_2溶液与淀粉作用呈现蓝色，其显色灵敏度除与I_2的浓度有关以外，还与淀粉的性质、加入的时间、温度及反应介质等条件有关。因此在使用淀粉指示液时要注意以下几点：

① 所用的淀粉必须是可溶性淀粉。

② I_2与淀粉指示液的蓝色在热溶液中会消失，不能在热溶液中进行滴定。

③ 在弱酸性介质中显色。

④ 淀粉指示液的用量一般为$5g/L$淀粉指示液$2\sim5mL$。

（2）碘量法的误差来源和防止措施

① 误差来源：一是I_2容易挥发，二是在酸性溶液中I^-容易被空气中的氧气氧化。

② 防止措施。为了防止I_2的挥发和I^-被空气氧化，测定时必须采取以下措施：

a.加入过量的KI，一般过量$2\sim3$倍，使I_2生成I_3^-，以减少I_2的挥发。

b.由于I^-被空气氧化的反应随光照及酸度增高而加快，因此在反应时应将碘量瓶置于暗处，控制溶液酸度不能太高。

c.使用碘量瓶，滴定时不要剧烈摇动，要轻摇。

d.反应析出I_2后立即进行滴定，滴定速度应适当快些。

e.Cu^{2+}、NO_2^-等离子可催化空气对I^-的氧化，应设法消除干扰。

5.5.5.3　典型案例分析

（1）维生素C的含量测定

试剂维生素C（即Vc）在分析化学中常用作掩蔽剂和还原剂，在空气中极易被氧化变黄，味酸，易溶于水或醇，水溶液呈酸性，有显著的还原性，尤其在碱性溶液中更容易被氧化，在弱酸（HAc）条件下较稳定。维生素C中的稀二醇基具有还原性，能被I_2氧化为二酮基，故可用I_2标准溶液直接测定。

① 实验原理。维生素C的半反应式为：

$$C_6H_6O_6+2H^++2e\longrightarrow C_6H_8O_6$$
$$\varphi^{\ominus}(C_6H_6O_6/C_6H_8O_6)=+0.18V$$

维生素C的还原性很强，在空气中极易被氧化，尤其是在碱性介质中，所以测定时应加入HAc，使溶液呈弱酸性，以减少维生素C的副反应。

② 实验过程。准确称取维生素C试样约0.2g（若试样为粒状或片状各取1粒或1片），放于250mL锥形瓶中，加入新煮沸并冷却的蒸馏水100mL，乙酸溶液10mL，轻摇使之溶解。加入淀粉指示液2mL，立即用I_2标准滴定溶液滴定至溶液呈现稳定的蓝色为终点。平行测定三次，同时做空白实验。实验数据记入表5-30中。

表 5-30　维生素 C 含量的测定数据处理表

内容	测定次数		
	1	2	3
称取样品前质量/g			
称取样品后质量/g			
样品质量/g			
滴定体积初读数/mL			
滴定体积终读数/mL			
消耗 I_2 标准溶液体积/mL			
滴定管校正值/mL			
溶液温度/℃			
溶液温度补正值/(mL/L)			
实际消耗 I_2 溶液体积/mL			
I_2 标准滴定溶液的浓度/(mol/L)			
空白试验消耗 I_2 体积/mL			
维生素 C 含量/%			
维生素 C 平均含量/%			
相对极差/%			

③ 分析结果的计算：

$$w(\mathrm{Vc}) = \frac{c\left(\frac{1}{2}\mathrm{I}_2\right) \times (V_1 - V_0) \times 10^{-3} \times M\left(\frac{1}{2}\mathrm{Vc}\right)}{m} \times 100\%$$

式中　$w(\mathrm{Vc})$——试样维生素 C 的质量分数，%；

$c\left(\dfrac{1}{2}\mathrm{I}_2\right)$——$I_2$ 标准溶液的浓度，mol/L；

V_1——滴定时消耗 I_2 标准溶液的体积，mL；

V_0——空白实验消耗 I_2 标准溶液的体积，mL；

$M\left(\dfrac{1}{2}\mathrm{Vc}\right)$——以 $\dfrac{1}{2}$Vc 为基本单元维生素 C 的摩尔质量，g/mol；

m——称取维生素 C 试样的质量，g。

要求：平行测定相对平均偏差≤0.5%。

(2) 硫酸铜中铜含量的测定

硫酸铜中的 Cu^{2+} 不具有酸碱性，但可以通过生成 CuI 沉淀使电对 Cu^{2+}/Cu^+ 的 $\varphi^{\ominus}(Cu^{2+}/Cu^+)$ 由 +0.17V 增大到 +0.88V，从而可以使 Cu^{2+} 先与过量的 I^- 作用生成一定量的 I_2，再用硫代硫酸钠标准滴定溶液滴定生成的 I_2 即可。

① 实验原理。准确称取一定量的硫酸铜试样，加水溶解后，在弱酸性溶液中，加入过量的 KI 使其生成一定量的 I_2，再用淀粉做指示剂，用 $Na_2S_2O_3$ 标准滴定溶液滴定生成的 I_2。反应式为：

$$2Cu^{2+} + 4I^- \longrightarrow 2CuI\downarrow + I_2$$

$$2S_2O_3^{2-} + I_2 \longrightarrow S_4O_6^{2-} + 2I^-$$

② 实验过程。准确称取硫酸铜试样 $0.5\sim0.6g$，置于 250mL 碘量瓶中，加入 1mol/L H_2SO_4 溶液 5mL，蒸馏水 100mL 使其溶解，加 20% NH_4HF_2 溶液 10mL，10% KI 溶液 10mL（也可以称取 3g 固体碘化钾，倾入碘量瓶），迅速盖上瓶塞，摇匀，水封。于暗处放置 10min，此时出现 CuI 白色沉淀。打开碘量瓶塞，用少量蒸馏水冲洗瓶塞和瓶内壁，立即用 $Na_2S_2O_3$ 标准溶液滴定至呈浅黄色，加入 3mL5g/L 淀粉指示液，继续滴定至浅蓝色，再加入 10% KSCN 溶液 10mL，继续用 $Na_2S_2O_3$ 标准滴定溶液滴定至溶液蓝色刚好消失为终点。此时溶液为米色的 CuSCN 悬浮液。平行测定三次，同时做空白实验。实验数据记入表 5-31 中。

表 5-31 硫酸铜中铜含量的测定数据处理表

内容	测定次数		
	1	2	3
称取样品前质量/g			
称取样品后质量/g			
硫酸铜样品质量/g			
滴定体积初读数/mL			
滴定体积终读数/mL			
消耗 $Na_2S_2O_3$ 标准溶液体积/mL			
滴定管校正值/mL			
溶液温度/℃			
溶液温度补正值/(mL/L)			
实际消耗 $Na_2S_2O_3$ 溶液体积/mL			
$Na_2S_2O_3$ 标准滴定溶液的浓度/(mol/L)			
空白试验消耗 $Na_2S_2O_3$ 体积/mL			
硫酸铜中铜的含量/%			
硫酸铜中铜的平均含量/%			
相对极差/%			

③ 分析结果的计算。

$$w(Cu) = \frac{c(Na_2S_2O_3) \times (V_1 - V_0) \times 10^{-3} \times M(Cu)}{m} \times 100\%$$

式中　　$w(Cu)$——硫酸铜试样中 Cu 的质量分数，%；

$c(Na_2S_2O_3)$——$Na_2S_2O_3$ 标准滴定溶液的浓度，mol/L；

V_1——滴定时消耗 $Na_2S_2O_3$ 标准溶液的体积，mL；

V_0——空白实验消耗 $Na_2S_2O_3$ 标准溶液的体积，mL；

$M(Cu)$——以 Cu 为基本单元 Cu 的摩尔质量，g/mol；

m——称取硫酸铜试样的质量，g。

④ 注意事项：

a. 加入的 KI 必须过量，使生成 CuI 沉淀的反应更完全，并使 I_2 形成 I_3^- 增大 I_2 的溶解性，提高滴定的准确度。

b. 由于 CuI 沉淀表面吸附 I_3^-，使分析结果偏低。为了减少 CuI 对 I_3^- 的吸附，可在临近终点时加入 KSCN，使 CuI 沉淀完全。

c. 为防止铜盐水解，试液需加 H_2SO_4（不能加 HCl，避免形成 $[CuCl_3]^-$、$[CuCl_4]^{2-}$ 配合物）。控制 pH 在 $3.0 \sim 4.0$ 之间，酸度过高，则 I^- 易被空气中的氧气氧化为 I_2（Cu^{2+} 可催化此反应），使结果偏高。

d. Fe^{3+} 对测定有干扰，因 Fe^{3+} 能将 I^- 氧化成 I_2，使结果偏高。加入 NH_4HF_2 与 Fe^{3+} 形成稳定的 $[FeF_6]^{3-}$ 配离子，消除 Fe^{3+} 的干扰。NH_4HF_2 又是缓冲剂，可使溶液的 pH 保持在 $3.0 \sim 4.0$。

e. 用碘量法测定铜时，用纯铜标定 $Na_2S_2O_3$ 溶液，以抵消方法的系统误差。

5.6　配位滴定法

5.6.1　EDTA 及其配合物

5.6.1.1　EDTA 及其二钠盐

配位滴定中最常用的氨羧配位剂是乙二胺四乙酸，简称 EDTA，这类配位剂与金属离子配位时形成具有环状结构的螯合物，该螯合物比同种配位原子所形成的简单配合物稳定得多。

乙二胺四乙酸用 H_4Y 表示，其结构式为：

$$HOOCH_2C \quad CH_2COO^-$$
$$^-OOCH_2C \quad NH^+-CH_2-CH_2-NH^+ \quad CH_2COOH$$

EDTA 为白色结晶粉末，具有酸味，它在水中的溶解度较小，且难溶于酸和有机溶剂，易溶于 NaOH 和 NH_3 溶液生成相应的盐。由于 EDTA 在水中的溶解度小，通常用其二钠盐，即 $Na_2H_2Y \cdot 2H_2O$ 表示，它在水中溶解度较大，溶液的浓度约 $0.3mol/L$，pH 约为 4.4。

5.6.1.2　EDTA 与金属离子形成配合物的特点

① EDTA 具有广泛的配位性能，几乎能与所有金属离子形成配合物。

② EDTA 与金属离子形成的配合物的配位比较简单。多数情况下都形成 1∶1 的配合物。如：

$$Zn^{2+} + H_2Y^{2-} \longrightarrow ZnY^{2-} + 2H^+$$
$$Al^{3+} + H_2Y^{2-} \longrightarrow AlY^- + 2H^+$$

③ EDTA 配合物的稳定性高。EDTA 的氮原子和氧原子与金属离子相键合，生成具有多个五元环的螯合物，结构化学的理论研究证明，五元环的螯合物最稳定，所以形成的 MY 配合物非常稳定。Co(Ⅲ)-EDTA 螯合物的立体结构示意图如图 5-9 所示。

④ EDTA 与金属离子形成的配合物易溶于水，配位反应迅速。

⑤ EDTA 与无色金属离子还形成无色的配合物，有利于终点的判断；与有色金属离子所形成的 EDTA 配合物颜色更深，不利于终点的观察。所以在滴定有色金属离子时要控制它的浓度不能过大，常见的有色金属离子形成的配合物的颜色如下：

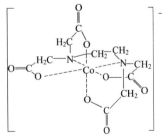

图 5-9　Co（Ⅲ）-EDTA 螯合物的立体结构

CoY^{2-}	MnY^{2-}	NiY^{2-}	CuY^{2-}	CrY^-	FeY^-
紫红	紫红	蓝绿	深蓝	深紫	黄色

5.6.1.3 EDTA 的离解平衡

当 H_4Y 溶解于水时，如果溶液的酸度很高，它的两个羧基可再接受两个 H^+ 形成 H_6Y^{2+}，使 EDTA 相当于一个六元酸，所以它存在六级离解平衡。EDTA 的离解平衡及离解常数见表 5-32。

表 5-32 EDTA 的离解平衡及离解常数

解离反应式	解离常数
$H_6Y^{2+} \longrightarrow H^+ + H_5Y^+$	$K_{a1} = [H^+][H_5Y^+]/[H_6Y^{2+}] = 1.26 \times 10^{-1}$
$H_5Y^+ \longrightarrow H^+ + H_4Y$	$K_{a2} = [H^+][H_4Y]/[H_5Y^+] = 2.51 \times 10^{-2}$
$H_4Y \longrightarrow H^+ + H_3Y^-$	$K_{a3} = [H^+][H_3Y^-]/[H_4Y] = 1.00 \times 10^{-2}$
$H_3Y^- \longrightarrow H^+ + H_2Y^{2-}$	$K_{a4} = [H^+][H_2Y^{2-}]/[H_3Y^-] = 2.16 \times 10^{-3}$
$H_2Y^{2-} \longrightarrow H^+ + HY^{3-}$	$K_{a5} = [H^+][HY^{3-}]/[H_2Y^{2-}] = 6.92 \times 10^{-7}$
$HY^{3-} \longrightarrow H^+ + Y^{4-}$	$K_{a6} = [H^+][Y^{4-}]/[HY^{3-}] = 5.50 \times 10^{-11}$

在水溶液中，EDTA 总是以 H_6Y^{2+}，H_5Y^+，H_4Y，H_3Y^-，H_2Y^{2-}，HY^{3-}，Y^{4-} 等七种形式存在。它们的分布系数 δ 与溶液 pH 的关系如图 5-10 所示。

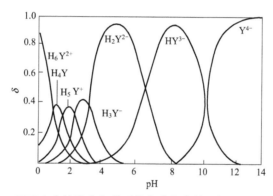

图 5-10 EDTA 在溶液中各种型体的分布分数 δ 与溶液 pH 的关系

由图 5-10 可以看出：在 pH<1 的强酸性溶液中，EDTA 主要以 H_6Y^{2+} 形式存在；在 pH 为 2.67~6.10 的溶液中，EDTA 主要以 H_2Y^{2-} 形式存在；在 pH>10.26 的碱性溶液中，EDTA 主要以 Y^{4-} 的形式存在。在 EDTA 与金属离子形成的配合物中，以 Y^{4-} 与金属离子形成的配合物最为稳定，而 Y^{4-} 的浓度与溶液的 pH 有关，所以溶液的酸度便成为影响 MY 配合物稳定性的一个重要因素。

5.6.2 稳定常数

EDTA 与金属离子形成的配合物，存在着如下的配位平衡：

$$M + Y \longrightarrow MY$$

其平衡常数表达式为：

$$K_{MY} = \frac{[MY]}{[M][Y]}$$

该平衡常数也即是该配合物的稳定常数，通常用 $K_稳$ 来表示。$K_稳$ 称为绝对稳定常数，数值越大配合物就越稳定。表5-33列出了一些常见金属离子和EDTA形成配合物的稳定常数 $\lg K_{MY}$ 的值。

表 5-33　部分金属离子与 EDTA 所形成的配合物的 $\lg K_{MY}$ 值

金属离子	$\lg K_{MY}$	金属离子	$\lg K_{MY}$	金属离子	$\lg K_{MY}$
Ag^+	7.32	Co^{3+}	36.00	Pb^{2+}	18.04
Al^{3+}	16.30	Cr^{3+}	23.40	Pt^{3+}	16.40
Ba^{2+}	7.68(a)	Cu^{2+}	18.80	Sn^{2+}	18.30
Be^{2+}	9.20	Fe^{2+}	14.32(a)	Sn^{4+}	34.50
Bi^{3+}	27.94	Fe^{3+}	25.10	Sr^{2+}	8.73(a)
Ca^{2+}	10.70	Li^+	2.79(a)	Zn^{2+}	16.50
Cd^{2+}	16.46	Mg^{2+}	8.70(a)	Hg^{2+}	21.80
Ce^{3+}	16.00	Mn^{2+}	13.87	Ni^{2+}	18.60
Co^{2+}	16.31	Na^+	1.66(a)	Zr^{2+}	29.90

注：(a) 指在 0.1mol/L KCl 溶液中，其他条件相同。

5.6.3　金属指示剂

5.6.3.1　金属指示剂原理

(1) 原理

金属指示剂是一种有机染料，也是一种配位剂，能与某些金属离子反应生成与其本身颜色显著不同的配合物以指示终点。在滴定前加入金属指示剂（用 In 表示金属指示剂的配位基团），则 In 与待测金属离子 M 有如下反应：

$$M + In \rightleftharpoons MIn$$

溶液呈现配合物 MIn 的颜色。当滴入 EDTA 溶液后，Y 先与游离的金属离子 M 结合，至化学计量点时 Y 夺取配合物 MIn 中的 M 使指示剂 In 游离出来，溶液由配合物 MIn 的颜色转变为游离指示剂 In 的颜色，从而指示滴定终点的到达。

(2) 金属指示剂应具备的条件

配位滴定中的指示剂必须满足以下条件：

① 在滴定 pH 范围内，MIn 与 In 的颜色有明显的区别。

② 金属指示剂与金属离子形成的配合物 MIn 要有适当的稳定性。K'_{MIn} 太小终点提前出现且变色不敏锐，K'_{MIn} 太大终点拖后出现甚至得不到终点。一般要求 $K'_{MY} > K'_{MIn} > 10^5$ 且 $\lg K'_{MY} - \lg K'_{MIn} \geqslant 2$ 作为指示剂的选择条件。

③ 与金属离子形成的配合物应易溶于水。

④ 指示剂与金属离子的反应要迅速，且变色可逆，有一定的选择性。

⑤ 指示剂应较为稳定，便于储存和使用。

5.6.3.2　金属指示剂在使用中的封闭与僵化现象

(1) 指示剂的封闭现象与消除方法

指示剂与金属离子所形成的配合物的稳定性比 EDTA 与金属离子所形成的配合物的稳定性更大，当达到化学计量点时，EDTA 也不能将指示剂置换出来，即使加入过量的 ED-TA 也没有终点出现，这种现象称为指示剂的封闭。例如 EBT（铬黑 T）与 Al^{3+}、Fe^{3+}、

Cu^{2+}、Ni^{2+}、Co^{2+}等生成的配合物非常稳定，若用 EDTA 滴定这些金属离子，过量较多的 EDTA 也无法将 EBT 从 MIn 中置换出来。因此滴定这些离子不能用 EBT 作指示剂。

消除指示剂封闭现象的方法：加入适当的配位剂以掩闭封闭指示剂的离子。如 Al^{3+}、Fe^{3+} 对铬黑 T 的封闭可加三乙醇胺进行消除；Cu^{2+}、Ni^{2+}、Co^{2+} 可用 KCN 掩蔽；Fe^{3+} 也可先用抗坏血酸还原为 Fe^{2+}，再加 KCN 掩蔽。若干扰离子的量太大，则需预先分离除去。

(2) 指示剂的僵化现象与消除方法

达到化学计量点后终点颜色变化不明显或反应缓慢，终点拖长的现象称为指示剂的僵化。引起这种现象的原因是有些指示剂与金属离子的配合物在水中的溶解度太小或 K'_{MIn} 与 K'_{MY} 相差不大。如用 PAN（吡啶偶氮类显色剂）作指示剂测定 Cu^{2+} 时，它与 Cu^{2+} 形成的配合物在水中的溶解度小，会生成胶体溶液或沉淀，以致终点时 Cu^{2+} 不能很快地被释放出来，产生了僵化现象。

消除僵化现象的方法：在不影响测定结果的情况下，可以通过加热或加入适当的有机溶剂，以增大 MIn 的溶解度和提高置换速度，使指示剂变色明显。例如用 PAN 作指示剂时，温度较低易发生僵化，所以经常采用加入酒精或在加热条件下滴定消除僵化现象。

5.6.3.3 常用的金属指示剂

(1) 铬黑 T

铬黑 T 是褐色粉末，溶于水，属于 O,O'-二羟基偶氮类染料，化学名称为：1-(1-羟基-2-萘偶氮)-6-硝基-2-萘酚-4 磺酸钠，简称 EBT。铬黑 T 是一个三元弱酸，在水溶液中有如下平衡：

$$H_3In \rightleftharpoons H_2In^- \rightleftharpoons HIn^{2-} \rightleftharpoons In^{3-}$$

pH<6.3	pH=6.3~11.6	pH>11.6
紫红色 　　　　　紫红色	蓝色	橙色

在 pH<6.3 时，铬黑 T 在水溶液中呈紫红色；pH>11.6 时，铬黑 T 呈橙色。而铬黑 T 与 2 价离子形成的配合物颜色为红色或紫红色，游离指示剂的颜色为蓝色，用 EDTA 滴定金属离子终点是由红色变为蓝色，所以只有在 pH 为 7~11 范围内指示剂才有明显的颜色变化。实验表明铬黑 T 最适宜的酸度是 pH 为 9.0~10.5。

铬黑 T 固体相对稳定，但其水溶液仅能保存几天，这是聚合反应的缘故。聚合后的铬黑 T 不能再与金属离子结合显色。pH<6.5 的溶液中聚合更为严重。所以，在配制时应加入三乙醇胺防止其聚合；加入盐酸羟胺防止其氧化；或与 NaCl 固体粉末配成（1+100）的混合物使用。

(2) 钙指示剂（NN）

钙指示剂为紫黑色粉末，溶于水为紫色，在水溶液中不稳定，通常与 NaCl 固体粉末配成（1+100）混合物使用。其化学名称为 2-羟基-1-(2-羟基-4-磺酸基-1-萘偶氮)-3-萘甲酸，它是一个三元弱酸，在水溶液中有如下平衡：

$$H_2In^- \rightleftharpoons HIn^{2-} \rightleftharpoons In^{3-}$$

pH<7.4	pH=8~13	pH>13.5
酒红色	蓝色	酒红色

钙指示剂在 pH<7.4 及 pH>13.5 的溶液中呈酒红色，在 pH=8~13 的溶液中呈蓝色，钙指示剂与 Ca^{2+} 作用呈红色化合物，选择在 pH=12~14 用于钙镁混合物中钙的测定，终点由红色变为纯蓝色，Mg^{2+} 生成 $Mg(OH)_2$ 沉淀不参与反应。

（3）二甲酚橙（XO）

二甲酚橙为紫黑色结晶，易溶于水，水溶液可稳定几周。化学名称为：3,3′-双［N,N′-（二羟甲基）氨甲基］-邻甲酚磺酞，在水溶液中有如下平衡：

$$H_3In^{4-} \rightleftharpoons H_2In^{5-} + H^+$$

$$pH < 6.3 \qquad\qquad pH > 6.3$$

$$\text{黄色} \qquad\qquad\qquad \text{红色}$$

二甲酚橙与金属离子形成的配合物为红紫色，游离指示剂的颜色为黄色，滴定终点由红色变为黄色，只适用于在 pH < 6.3 的酸性溶液中进行滴定。

（4）PAN

PAN 属于吡啶偶氮类显色剂，纯的 PAN 是橙红色针状结晶，难溶于水，易溶于有机溶剂。化学名称为 1-（2-吡啶偶氮-2-萘酚）。PAN 在水溶液中存在如下平衡：

$$H_2In^+ \rightleftharpoons HIn \rightleftharpoons In^-$$

$$pH < 1.9 \qquad pH = 1.9 \sim 12.2 \qquad pH > 12.2$$

$$\text{黄绿色} \qquad\qquad \text{黄色} \qquad\qquad \text{红色}$$

PAN 在 pH 为 1.9～12.2 范围内呈黄色，与金属离子形成的配合物为红色，所以 PAN 可在 pH 为 1.9～12.2 范围内使用，终点由红色变为黄色。

（5）酸性铬蓝 K

酸性铬蓝 K 的化学名称为 1,8-二羟基 2-（2-羟基-5-磺酸基-1-偶氮苯）-3,6-二磺酸萘钠盐。在 pH 为 8～13 时呈蓝色，与 Ca^{2+}、Mg^{2+}、Mn^{2+}、Zn^{2+} 等离子形成红色螯合物。它对 Ca^{2+} 的灵敏度较铬黑 T 高。通常将酸性铬蓝 K 与萘酚绿 B 混合使用，简称 K-B 指示剂。将常用金属指示剂汇总于表 5-34 中。

表 5-34　常用金属指示剂及应用

指示剂	使用 PH 范围	颜色变化		直接滴定离子	配制方法
		In	MIn		
铬黑 T(EBT)	8～10	蓝	红	Mg^{2+}、Zn^{2+}、Cd^{2+}、Pb^{2+}、Hg^{2+}、Mn^{2+}	1g 铬黑 T 与 100g NaCl 混合研细或 5g/L 乙醇溶液加 20g 盐酸羟胺
钙指示剂(NN)	12～13	蓝	红	Ca^{2+}	1g 钙指示剂与 100g NaCl 混合研细或 4g/L 甲醇溶液
二甲酚橙(XO)	<6	黄	红紫	pH = 5～6：Zn^{2+}、Cd^{2+}、Pb^{2+}、Hg^{2+}、稀土	5g/L 水溶液
PAN	2～12	黄	红	pH = 4～5：Cu^{2+}、Ni^{2+}	1g/L 或 2g/L 乙醇溶液
K-B 指示剂	8～13	蓝绿	红	pH=10：Mg^{2+}、Zn^{2+} pH=13：Ca^{2+}	1g 酸性铬蓝 K 与 2.5g 萘酚绿 B 和 50g KNO_3 混合研细
磺基水杨酸(SS)	1.5～2.5	无	紫红	Fe^{3+}（加热）	50g/L 水溶液

5.6.4 酸效应曲线及其应用

5.6.4.1 酸效应系数

(1) 配位反应中主反应和副反应

在滴定过程中，一般将 EDTA（Y）与被测金属离子 M 的反应称为主反应，溶液中存在的其他反应都称为副反应，M 或 Y 发生的副反应都不利于主反应的进行，MY 发生的副反应则有利于主反应的进行。

(2) 酸效应和酸效应系数

由于 H^+ 的存在，使 M 与 Y 主反应的配位能力下降的现象称为酸效应。酸效应的大小用酸效应系数 $\alpha_{Y(H)}$ 来表示。

$$\alpha_{Y(H)} = \frac{[Y']}{[Y]}$$

式中 $[Y']$ 代表未与 M 配位的 EDTA 的总浓度，$[Y]$ 为游离的 Y^{4-} 的浓度。$\alpha_{Y(H)}$ 随 $[H^+]$ 的增大而增大，随 pH 的增大（$[H^+]$ 的减小）而减小，即 $\lg\alpha_{Y(H)}$ 值随溶液 pH 增大而减小，表 5-35 列出不同 pH 的 $\lg\alpha_{Y(H)}$。

表 5-35　EDTA 的酸效应系数（$\lg\alpha_{Y(H)}$）

pH	$\lg\alpha_{Y(H)}$	pH	$\lg\alpha_{Y(H)}$	pH	$\lg\alpha_{Y(H)}$
0.0	21.18	3.4	9.71	6.8	3.55
0.4	19.59	3.8	8.86	7.0	3.32
0.8	18.01	4.0	8.04	7.5	2.78
1.0	17.20	4.4	7.64	8.0	2.26
1.4	15.68	4.8	6.84	8.5	1.77
1.8	14.21	5.0	6.45	9.0	1.29
2.0	13.52	5.8	5.69	9.5	0.83
2.4	12.24	5.8	4.98	10.0	0.45
2.8	11.13	6.0	4.65	11.0	0.07
3.0	10.63	6.4	4.06	12.0	0.00

也可将 pH 与 $\lg\alpha_{Y(H)}$ 的对应值绘成如图 5-11 所示的 $\lg\alpha_{Y(H)}$-pH 曲线。由图 5-11 可以看出，仅当 $pH \geqslant 12$ 时，$\lg\alpha_{Y(H)}$ 接近零，$\alpha_{Y(H)} \approx 1$，即此时 Y 才不与 H^+ 发生副反应。

5.6.4.2 配位滴定曲线

在一定 pH 条件下，金属离子浓度（pM）随着配位滴定剂的加入量的变化而变化的曲线称为配位滴定曲线。配位滴定曲线反映了滴定过程中配位滴定剂的加入量与待测金属离子浓度之间的变化关系，金属离子不断与配位剂反应生成配合物，其浓度不断减小，当滴定到达化学计量点时，金属离子浓度（pM）发生突变。

(1) 曲线的绘制

现以 pH=12 时用 0.01000mol/L 的 EDTA 标准滴定溶液滴定 20.00mL 0.01000mol/L 的 Ca^{2+} 溶液为例。由于 Ca^{2+} 既不易水解也不与其他配位剂反应，所以在处理此配位平衡时只考虑 EDTA 的酸效应。即在 pH=12 的条

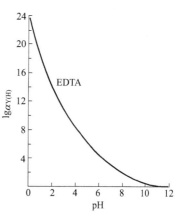

图 5-11　$\lg\alpha_{Y(H)}$ 与 pH 关系

件下，CaY^{2-} 的条件稳定常数为：

$$lgK'_{CaY}=lgK_{CaY}-lg\alpha_{Y(H)}=10.70-0=10.70$$

① 滴定前 pCa 由溶液中的 $[Ca^{2+}]$ 决定。

$$[Ca^{2+}]=0.01000mol/L,pCa=2.00$$

② 化学计量点前 pCa 由溶液中剩余的金属离子浓度 $[Ca^{2+}]$ 决定。当滴入 EDTA 溶液的体积为 18.00mL 时：

$$[Ca^{2+}]=\frac{2.00\times0.01000}{20.00+18.00}mol/L=5.3\times10^{-4}mol/L$$

$$pCa=-lg[Ca^{2+}]=3.28$$

当滴入 EDTA 溶液的体积为 19.98mL 时：

$$[Ca^{2+}]=\frac{0.02\times0.01000}{20.00+19.98}mol/L=5.0\times10^{-6}mol/L$$

$$pCa=-lg[Ca^{2+}]=5.30$$

③ 化学计量点时 pCa 由 CaY^{2-} 解离出来的 $[Ca^{2+}]$ 决定。

$$[CaY^{2-}]=\frac{20.00\times0.01000}{20.00+20.00}mol/L=5.0\times10^{-3}mol/L$$

$$K'_{CaY}=\frac{[CaY^{2-}]}{[Ca^{2+}][Y^{4-}]}$$

$pH\geqslant12$，$lg\alpha_{Y(H)}=0$，$[Ca^{2+}]=[Y^{4-}]$

$$10^{10.70}=\frac{5.0\times10^{-3}}{[Ca^{2+}]^2}$$

$$[Ca^{2+}]=3.2\times10^{-7}mol/L$$

$$pCa=6.49$$

④ 化学计量点后。当加入 EDTA 溶液的体积为 20.02mL 时，过量的 EDTA 的体积为 0.02mL。

$$[Y^{4-}]=\frac{0.02\times0.01000}{20.00+20.02}mol/L=5.0\times10^{-6}mol/L$$

$$10^{10.70}=\frac{5.0\times10^{-3}}{[Ca^{2+}]\times5.0\times10^{-6}}$$

$$[Ca^{2+}]=10^{-7.69}mol/L \qquad pCa=7.69$$

根据实验数据，以 pCa 值为纵坐标、加入 EDTA 的体积为横坐标作图，得到如图 5-12 所示的滴定曲线。

从图 5-12 可以看出，在 pH=12 时，用 0.01000mol/L EDTA 标准滴定溶液滴定 0.01000mol/L Ca^{2+}，计量点时的 pCa 为 6.49，滴定突跃的 pCa 为 5.30～7.69，滴定突跃较大，可以准确滴定。

（2）滴定突跃范围的影响因素

① 配合物的条件稳定常数对滴定突跃的影响。

由图 5-13 可以看出，配合物的条件稳定常数 lgK'_{MY} 越大，滴定突跃（ΔpM）越大。而影响配合物 lgK'_{MY} 大小的因素是稳定常数 lgK_{MY}，对某一指定的金属离子来说绝对稳定常数 lgK_{MY} 是一常数，所以溶液酸度将会对 K'_{MY} 起决定作用，酸度高时，$lg\alpha_{Y(H)}$ 大，lgK'_{MY} 减小，滴定突跃减小，反之酸度低时滴定突跃将增大。

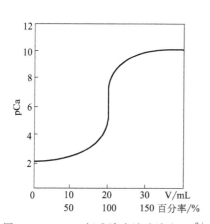

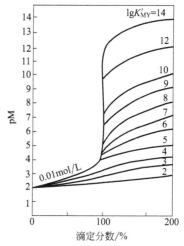

图 5-12　EDTA 标准滴定溶液滴定 Ca^{2+}
溶液的滴定曲线

图 5-13　金属离子浓度一定的情况下不同
$\lg K'_{MY}$ 时的滴定曲线

② 浓度对滴定突跃的影响

图 5-14 是用 EDTA 滴定不同浓度溶液时的滴定曲线，由图 5-14 可以看出金属离子浓度越大，滴定曲线起点越低，滴定突跃也越大，反之滴定突跃则越小。

5.6.4.3　单一金属离子的测定

(1) 单一金属离子准确滴定的判别

金属离子的准确滴定与允许误差和检测终点方法的准确度有关，还与被测金属离子的原始浓度有关。如果金属离子的原始浓度为 $c(M)$，用等浓度的 ED-TA 滴定，滴定分析的允许误差为 E_t，在化学计量点时应符合下列条件：

① 被测定的金属离子几乎全部发生配位反应，即 $[MY]=c(M)$；

② 被测定的金属离子的剩余量应符合准确滴定的要求，即 $c(M)_{(余)} \leqslant c(M)E_t$；

③ 过量的 EDTA 也符合准确度的要求，即 $c(EDTA)_{(余)} \leqslant c(EDTA)E_t$。

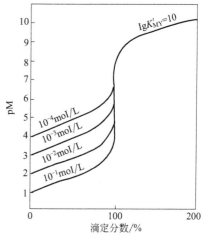

图 5-14　EDTA 滴定不同浓度
溶液时的滴定曲线

将这些数值代入条件稳定常数的关系式，若允许误差 $E_t=0.1\%$，整理后得

$$\lg(c(M)K'_{MY}) \geqslant 6$$

上式为单一金属离子被 EDTA 准确滴定的可行性判断条件。

在金属离子的起始浓度 $c(M)=0.010\text{mol/L}$ 的条件下，则

$$\lg K'_{MY} \geqslant 8$$

即，金属离子 M 和 EDTA 所形成配合物的条件稳定常数必须大于或等于 8 时，金属离子 M 才能被准确滴定。

【例 5-6-1】 在 pH 为 2.00 和 6.00 的介质中，能否用 0.01000mol/L EDTA 标准溶液准确滴定 0.010mol/L Zn^{2+} 溶液？

解： 查表得 $\lg K_{ZnY} = 16.50$，

查表得 pH=2.00 时 $\lg \alpha_{Y(H)} = 13.52$，得

$\lg K'_{ZnY} = 16.50 - 13.52 = 2.98 < 8$

查表得 pH=6.00 时 $\lg \alpha_{Y(H)} = 4.65$，得

$\lg K'_{ZnY} = 16.50 - 4.65 = 11.85 > 8$

所以当 pH=2.00 时 Zn^{2+} 是不能被 EDTA 准确滴定的，而当 pH=6.00 时可以被 EDTA 准确滴定。

由此可以看出，用 EDTA 滴定金属离子，若要准确测定金属离子的含量，必须选择合适的 pH，可见酸度是金属离子被 EDTA 准确滴定的重要影响因素。

（2）单一离子滴定的最高酸度（最低 pH）与酸效应曲线

① 最高酸度（最低 pH）。若滴定反应中除 EDTA 酸效应外没有其他副反应，则根据单一离子准确滴定的判别式，在被测金属离子的浓度为 0.01mol/L 时，$\lg K'_{MY} \geqslant 8$，

$$\lg K'_{MY} = \lg K_{MY} - \lg \alpha_{Y(H)} \geqslant 8$$

即 $$\lg \alpha_{Y(H)} \leqslant \lg K_{MY} - 8 \qquad (a)$$

由 $\lg \alpha_{Y(H)}$ 值查表得与它对应的最小 pH。

【例 5-6-2】 对于浓度为 0.01mol/L 的 Cu^{2+} 溶液的滴定，$\lg K_{CuY} = 18.80$，求其最小 pH。

解： 把 $\lg K_{CuY} = 18.80$ 代入式(a)，得

$$\lg \alpha_{Y(H)} \leqslant 18.80 - 8 = 10.80$$

查表得 0.01mol/L 的 Cu^{2+} 溶液被准确滴定的最小 pH 为 2.9。

② 酸效应曲线。将金属离子的 $\lg K_{MY}$ 值或对应的 $\lg \alpha_{Y(H)}$ 与最小 pH 绘成曲线，称为酸效应曲线（又称为林旁曲线），如图 5-15 所示。

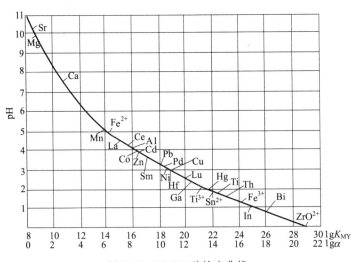

图 5-15　EDTA 酸效应曲线

从曲线上可以看出当 $\lg K_{MY}$ 较大时金属离子进行配位滴定所允许的最小 pH 较小，可以在酸性溶液中进行滴定，而当 $\lg K_{MY}$ 较小时金属离子进行配位滴定所允许的最小 pH 较大，这些金属离子只能在弱酸性或碱性溶液中进行滴定。酸效应曲线的应用及使用条件见表 5-36。

表 5-36   酸效应曲线的应用及使用条件

酸效应曲线的应用	使用条件
可以查出单独滴定某种金属离子时所允许的最低 pH	金属离子浓度为 0.01mol/L；允许测定的相对误差为±0.1%；溶液中除 EDTA 酸效应外金属离子未发生其他副反应
可以看出在一定 pH 范围内哪些离子对被测定的离子有干扰	

(3) 最低酸度（最高 pH）

为了能准确滴定被测金属离子，滴定时酸度一般要小于所允许的最高酸度，但溶液的酸度不能过低，因为酸度太低，金属离子将会发生水解，形成 $M(OH)n$ 沉淀，影响分析测定的结果及反应的正常进行。因此需要考虑滴定时金属离子不发生水解的最低酸度（最高 pH）。在没有其他配位剂存在下，金属离子不水解的最低酸度可由 $M(OH)n$ 的溶度积求得。

【例 5-6-3】 对于浓度为 0.01mol/L 的 Cu^{2+} 溶液的滴定，求其最大 pH。
已知 $K_{SP}[Cu(OH)_2]=2.6\times10^{-19}$。

解：防止开始时形成 $Cu(OH)_2$ 的沉淀必须满足下式

$$[OH^-]=\sqrt{\frac{K_{sp[Cu(OH)_2]}}{[Cu^{2+}]}}=\sqrt{\frac{2.6\times10^{-19}}{0.01}}=5.1\times10^{-9}$$

pOH=8.29   pH=14.00−8.29=5.71

因此，EDTA 滴定浓度为 0.01mol/L 的 Cu^{2+} 溶液应在 pH 为 2.9～5.7 范围内，pH 越近高限，K'_{MY} 越大，滴定突跃也越大。

5.6.4.4   混合离子的选择性测定

(1) 控制酸度分别滴定

若溶液中含有能与 EDTA 形成配合物的金属离子 M 和 N，且 $K_{MY}>K_{NY}$，则用 EDTA 滴定时，首先被滴定的是 M 离子。如果 K_{MY} 与 K_{NY} 相差足够大，此时可准确滴定 M 离子（若有合适的指示剂），而 N 离子不干扰。M 离子被滴定后，如果 N 离子满足单一离子准确滴定的条件，则又可用 EDTA 继续滴定 N 离子，这种情况下混合离子 M 和 N 可以分别被 EDTA 滴定。

① 分步滴定可能性的判别。若溶液中只有 M、N 两种离子，当 $\Delta pM=\pm0.2$，$E_t\leqslant\pm0.1\%$ 时，要准确滴定 M 离子而使 N 离子不干扰，必须使 $\lg(c(M)K'_{MY})\geqslant6$，

即 $$\Delta\lg K+\lg\frac{c(M)}{c(N)}\geqslant6$$

上式是判断能否用控制酸度的方法准确滴定 M 离子而 N 离子不干扰的判别式。滴定 M 离子后，如果满足 $\lg(c(N)K'_{NY})\geqslant6$，则可继续准确滴定 N 离子。

如果 $\Delta pM=\pm0.2$，$E_t\leqslant\pm0.5\%$ 时（混合离子滴定通常允许误差 $\leqslant\pm0.5\%$），则可用下式判断控制酸度分别滴定的可能性：

$$\Delta \lg K + \lg \frac{c(M)}{c(N)} \geqslant 5$$

② 分别滴定的酸度控制。

a. 最高酸度（最低 pH）：即当 $c(M) = 0.01 \text{mol/L}$，$E_t \leqslant \pm 0.5\%$ 时，$\lg \alpha_{Y(H)} \leqslant \lg K_{MY} - 8$，根据 $\lg \alpha_{Y(H)}$ 查出对应的 pH 即为最高酸度。

b. 最低酸度（最高 pH）。N 离子不干扰 M 离子滴定的条件是：

$$\Delta \lg K + \lg \frac{c(M)}{c(N)} \geqslant 5$$

即 $\lg (c(M) K'_{MY}) - \lg (c(N) K'_{NY}) \geqslant 5$，由于准确滴定 M 时 $\lg (c(M) K'_{MY}) \geqslant 6$，

因此 $\lg (c(N) K'_{NY}) \leqslant 1$，当 $c(N) = 0.01 \text{mol/L}$ 时

$$\lg \alpha_{Y(H)} \geqslant \lg K_{NY} - 3$$

根据 $\lg \alpha_{Y(H)}$ 查出对应的 pH 即为最低酸度。

值得注意的是，易发生水解反应的金属离子若在所求的酸度范围内发生水解反应，则适宜酸度范围的最低酸度为形成 $M(OH)n$ 沉淀时的酸度。M 离子滴定后，滴定 N 离子的最高酸度、最低酸度及适宜酸度范围与单一离子滴定相同。

【例 5-6-4】 溶液中 Pb^{2+} 和 Mg^{2+} 浓度均为 0.01mol/L。如用相同浓度 EDTA 标准溶液滴定，要求 $E_t \leqslant \pm 0.5\%$，问①能否用控制酸度分步滴定 Pb^{2+} 和 Mg^{2+}？

②滴定 Pb^{2+} 的酸度范围是多少？

解：①由于两种金属离子浓度相同，且要求 $E_t \leqslant \pm 0.5\%$。

此时判断能否用控制酸度分步滴定的判别式为：

$$\Delta \lg K \geqslant 5$$

查表得 $\lg K_{PbY} = 18.04$，$\lg K_{MgY} = 8.70$，则

$$\Delta \lg K = 18.04 - 8.70 = 9.34 > 5$$

所以可以用控制酸度分步滴定 Pb^{2+} 和 Mg^{2+}。

②由判别式得

$$\lg \alpha_{Y(H)} \leqslant \lg K_{PbY} - 8 = 18.04 - 8 = 10.04$$

查表得 $\lg \alpha_{Y(H)} \leqslant 10.04$ 时，pH $= 3.2$。所以滴定 Pb^{2+} 的最高酸度 pH $= 3.2$。

滴定 Pb^{2+} 的最低酸度应先考虑滴定 Pb^{2+} 时 Mg^{2+} 不干扰，由最低酸度判别式得

$$\lg \alpha_{Y(H)} \geqslant \lg K_{MgY} - 3 = 8.70 - 3 = 4.70$$

查表得 $\lg \alpha_{Y(H)} = 4.70$ 时，pH $= 6.0$。所以滴定 Pb^{2+} 的最高酸度为 pH $= 6.0$。因此，准确滴定 Pb^{2+} 而 Mg^{2+} 不干扰的酸度范围应是 pH 为 $3.2 \sim 6.0$。

考虑 Pb^{2+} 的水解

$$[OH^-] = \sqrt{\frac{K_{sp[Pb(OH)_2]}}{[Pb^{2+}]}} = \sqrt{\frac{10^{-15.7}}{0.01}} = 10^{-6.9}$$

$$pH \leqslant 7.1$$

在 pH < 6.0 时，Pb^{2+} 不会水解。故滴定 Pb^{2+} 适宜的酸度范围是 pH 为 $3.2 \sim 6.0$。

（2）使用掩蔽剂的选择性滴定

当 $\lg K_{MY} - \lg K_{NY} < 5$ 时，可加入掩蔽剂降低干扰离子的浓度以消除干扰。按掩蔽反应类型的不同掩蔽方法分为配位掩蔽法、氧化还原掩蔽法和沉淀掩蔽法等，常用的掩蔽方法及

使用见表5-37。

表 5-37　常用的掩蔽方法及使用

掩蔽类型	定义	常用掩蔽剂	被掩蔽离子	适用 pH 范围	注意事项
配位掩蔽法	通过加入能与干扰离子形成更稳定配合物的配位剂(通称掩蔽剂)掩蔽干扰离子的方法	三乙醇胺	Fe^{3+}、Al^{3+}	10	①掩蔽剂(L)与干扰离子形成的配合物的稳定性应远比干扰离子与 EDTA 形成的配合物的稳定性大,形成的配合物应为无色或浅色; ②掩蔽剂与待测离子不发生配位反应或形成的配合物稳定性远小于待测离子与 EDTA 配合物的稳定性; ③掩蔽作用与滴定反应的 pH 条件大致相同
		氟化物	Al^{3+}、Sn^{4+}	>4	
		邻二氮菲	Cu^{2+}、Co^{2+}、Ni^{2+}、Cd^{2+}、Hg^{2+}	5～6	
氧化还原掩蔽法	利用加入一种氧化剂或还原剂改变干扰离子价态,降低 K_{NY} 的值或使其不与 Y 发生配位反应,以消除干扰的方法	抗坏血酸	Fe^{3+}	酸性	要求掩蔽作用与滴定反应的 pH 条件相同,否则加入也起不到掩蔽作用
		盐酸羟胺	Fe^{3+}		
沉淀掩蔽法	加入选择性沉淀剂与干扰离子形成沉淀,从而降低干扰离子的浓度,以消除干扰的方法	氢氧化物	Mg^{2+}	12	①要求所生成的沉淀溶解度小,沉淀的颜色为无色或浅色; ②沉淀是晶形沉淀,吸附作用小
		碘化钾	Cu^{2+}	5～6	
		硫酸盐	Ba^{2+}、Sr^{2+}	10	

5.6.5　案例分析

5.6.5.1　水中硬度测定

我国目前采用的表示水的硬度的方法主要有两种,一种是以每升水中所含 $CaCO_3$ 的量(mg/L 或 mmol/L)表示,另一种是以每升水中含 10mgCaO 为 1 度（$1°$）表示。水质的分类见表5-38。

表 5-38　水质的分类

总硬度	0～4°	4～8°	8～16°	16～25°	25～40°	40～60°	>60°
水质	很软水	软水	中硬水	硬水	高硬水	超硬水	特硬水

（1）实验原理

水硬度的测定分为钙镁总硬度和测定钙和镁硬度两种。实验方法为用 NH_3-NH_4Cl 缓冲溶液控制水样 pH 为 10,以铬黑 T 为指示剂,用三乙醇胺掩蔽 Fe^{2+}、Al^{3+} 等共存离子,用 EDTA 标准溶液直接滴定 Ca^{2+} 和 Mg^{2+},溶液由红色变为纯蓝色为终点。钙硬度测定是用 NaOH 调节水样至 pH=12,Mg^{2+} 形成 $Mg(OH)_2$ 沉淀,用 EDTA 标准溶液直接滴定 Ca^{2+},加钙指示剂,终点时溶液由红色变为蓝色。镁硬度则可由总硬度与钙硬度之差求得。

水的硬度计算公式（以 CaO 表示）如下：

$$\rho_{总}(CaO) = \frac{c(EDTA)(V_1 - V_0)M(CaO)}{V_{样}} \times 10^3$$

$$\rho_{钙}(CaO) = \frac{c(EDTA)(V_2 - V_0')M(CaO)}{V_{样}} \times 10^3$$

$$\rho_{镁}(CaO) = \rho_{总}(CaO) - \rho_{钙}(CaO)$$

式中　　$\rho_{总}(CaO)$ ——水样的总硬度，mg/L；

$\quad\quad\quad \rho_{钙}(CaO)$ ——水样的钙硬度，mg/L；

$\quad\quad\quad \rho_{镁}(CaO)$ ——水样的镁硬度，mg/L；

$\quad\quad\quad c(EDTA)$ ——EDTA 标准滴定溶液的浓度，mol/L；

$\quad\quad\quad V_1$ ——测定总硬度时消耗 EDTA 标准滴定溶液的体积，mL；

$\quad\quad\quad V_0$ ——测定总硬度时空白试验消耗 EDTA 标准滴定溶液的体积，mL；

$\quad\quad\quad V_2$ ——测定钙硬度时消耗 EDTA 标准滴定溶液的体积，mL；

$\quad\quad\quad V_0'$ ——测定钙硬度时空白试验消耗 EDTA 标准滴定溶液的体积，mL；

$\quad\quad\quad V_{样}$ ——水样的体积，mL；

$\quad\quad M(CaO)$ ——CaO 摩尔质量，g/mol。

（2）实验内容及步骤

① 总硬度的测定。用 50mL 移液管移取水样 50.00mL，置于 250mL 锥形瓶中，加入 3mL 三乙醇胺溶液、5mLNH$_3$-NH$_4$Cl 缓冲溶液，4 滴铬黑 T 指示剂溶液，用 0.02000mol/L 的 ED-TA 标准滴定溶液滴定至溶液由红色变为纯蓝色即为终点。平行测定三次，同时做空白试验，取平均值计算水样的总硬度。

请将原始数据记录及计算结果填入表 5-39。

表 5-39　总硬度测定实验数据记录表

内容	平行测定次数		
	1	2	3
移取水样的体积 $V_{样}$/mL			
EDTA 标准滴定溶液的浓度 c/(mol/L)			
滴定消耗 EDTA 标准滴定溶液的体积 V_1/mL			
滴定管校正值/mL			
溶液温度补正值/(mL/L)			
实际消耗 EDTA 标准滴定溶液的体积 $V_{实}$/mL			
空白试验消耗 EDTA 标准滴定溶液的体积 V_0/mL			
水样的总硬度/(mg/L)			
水样总硬度的平均值/(mg/L)			
平行测定结果的相对极差/%			

② 钙硬度的测定。用 50mL 移液管移取水样 50.00mL，置于 250mL 锥形瓶中，加入 4mol/L NaOH 溶液 4mL，再加少量钙指示剂，用 0.01000mol/L 的 EDTA 标准滴定溶液滴定至溶液由红色变为纯蓝色即为终点。平行测定 3 次，同时做空白试验，取平均值计算水样的钙硬度。

请将原始记录及计算结果填入表 5-40。

表 5-40　钙硬度测定实验数据记录表

内容	平行测定次数		
	1	2	3
移取水样的体积 $V_{样}$/mL			
EDTA 标准滴定溶液的浓度 c/(mol/L)			
滴定消耗 EDTA 标准滴定溶液的体积 V_2/mL			
滴定管校正值/mL			
溶液温度补正值/(mL/L)			
实际消耗 EDTA 标准滴定溶液的体积 $V_{实}$/mL			
空白试验消耗 EDTA 标准滴定溶液的体积 V_0'/mL			
水样的钙硬度/(mg/L)			
水样钙硬度的平均值/(mg/L)			
平行测定结果的相对极差/%			

③ 注意事项：

a. 滴定速度不能过快，接近终点时要慢，以免滴定过量。

b. 加入 NaOH 后，由于有沉淀生成，滴定时摇动要剧烈。

5.6.5.2　铝盐中铝含量测定

由于铝与 EDTA 的反应在室温下较慢，所以不宜采用直接滴定法，可以使用返滴定法和置换滴定法测定铝盐中的铝含量。

(1) 测定原理

Al^{3+} 与 EDTA 的配合反应比较缓慢，需加过量的 EDTA 并加热煮沸才能反应完全，Al^{3+} 对二甲酚橙指示剂有封闭作用，酸度不高时 Al^{3+} 又要水解，所以不能用直接滴定法测定，采用置换滴定法测定。在 pH 为 3～4 的条件下，在铝盐试液中加入过量的 EDTA 溶液，加热煮沸使 Al^{3+} 配位完全。调节溶液 pH 为 5～6，以二甲酚橙为指示剂，用 Zn^{2+} 标准滴定溶液滴定剩余的 EDTA 至溶液由黄色变为紫红色为止。再加入过量 NH_4F 加热煮沸，置换出与 Al^{3+} 配位的等量的 EDTA，再用 Zn^{2+} 标准滴定溶液滴定至溶液由黄色变为紫红色即为终点。相关的反应式如下：

$$H_2Y^{2-} + Al^{3+} \longrightarrow AlY^- + 2H^+$$
$$H_2Y^{2-}（剩余） + Zn^{2+} \longrightarrow ZnY^{2-} + 2H^+$$
$$AlY^- + 6F^- + 2H^+ \longrightarrow [AlF_6]^{3-} + H_2Y^{2-}$$
$$H_2Y^{2-}（置换生成） + Zn^{2+} \longrightarrow ZnY^{2-} + 2H^+$$

铝含量的计算：

$$w(Al) = \frac{c(Zn^{2+})[V(Zn^{2+}) - V_0] \times 10^{-3} \times M(Al)}{m \times \dfrac{25}{250}} \times 100\%$$

式中　$w(Al)$——铝盐试样中铝的质量分数，%；

　　　$c(Zn^{2+})$——Zn^{2+} 标准滴定溶液的浓度，mol/L；

　　　$V(Zn^{2+})$——Zn^{2+} 标准滴定溶液的体积，mL；

V_0——空白试验消耗 Zn^{2+} 标准滴定溶液的体积，mL；

$M(A1)$——A1 的摩尔质量，g/mol；

m——硫酸铝试样的质量，g。

（2）实验内容及步骤

准确称取硫酸铝试样 (1.7 ± 0.08) g，加少量盐酸 $(1+1)$ 及水溶解，定量移入 250mL 容量瓶中稀释至刻度，摇匀。用移液管移取试液 25.00mL 于锥形瓶中，加水 25mL 及 c(EDTA)＝0.05mol/L EDTA 溶液 15mL，加 2～3 滴 0.5%甲基橙指示剂，用氨水中和至恰呈橙色。煮沸后加六次甲基四胺溶液 10mL，使 pH 至 5～6。用水冷却，加二甲酚橙指示剂溶液 3 滴，用 0.02000mol/L Zn^{2+} 标准溶液滴定至溶液由黄色变为紫红色（不计体积）。加 NH_4F 1～2g，加热煮沸 2min，冷却，再补加二甲酚橙指示剂溶液 2 滴，继续用 0.02000mol/L Zn^{2+} 标准溶液滴定至溶液由黄色变为紫红色为终点，记下消耗 Zn^{2+} 标准溶液的体积。平行测定三次，同时做空白试验，取平均值计算铝盐试样中铝的含量。实验数据记入表 5-41 中。

表 5-41　铝盐中铝含量测定实验数据记录表

内容	平行测定次数		
	1	2	3
试样的质量 m/g			
稀释后试液的体积 V/mL			
移取试液的体积 V/mL			
锌标准滴定溶液的浓度 c/(mol/L)			
滴定消耗锌标准溶液的体积 V/mL			
滴定管校正值/mL			
溶液温度补正值/(mL/L)			
实际消耗锌标准滴定溶液的体积 V/mL			
空白试验消耗锌标准滴定溶液的体积 V_0/mL			
试样中被测组分含量 $w(Al)$/%			
试样中被测组分含量 $w(Al)$平均值/%			
平行测定结果的相对极差/%			

（3）注意事项

① 加入 EDTA 的量要过量，不然指示剂没有颜色的变化。

② 加六次甲基四胺缓冲溶液前，酸度要调整到 pH 为 3～4，否则指示剂不能正确的指示终点。

③ 第二次煮沸后，溶液的颜色有时会出现黄中带红的现象，导致终点不容易判断。

5.7　沉淀滴定法

5.7.1　沉淀滴定的原理

（1）沉淀滴定法概述

沉淀滴定法是以沉淀-溶解平衡反应为基础的滴定分析方法。其中以利用生成难溶性银盐反应进行沉淀滴定的方法称为"银量法"。此法是目前应用最广泛的一种方法，可以定量测定 Cl^-、Br^-、CN^-、SCN^-、I^-、Ag^+ 等离子及一些含卤素的有机化合物。例如：

$$Ag^+ + Cl^- \longrightarrow AgCl \downarrow \qquad Ag^+ + SCN^- \longrightarrow AgSCN \downarrow$$

白色   白色

$$Ag^+ + Br^- \longrightarrow AgBr \downarrow \qquad Ag^+ + I^- \longrightarrow AgI \downarrow$$

浅黄色   黄色

（2）能用于沉淀滴定的沉淀反应必须要符合的条件

① 沉淀反应必须迅速，并且反应按一定的化学计量关系进行。

② 反应速度要快，不易形成过饱和溶液。

③ 生成的沉淀应具有恒定的组成，且沉淀的溶解度必须很小。对于 1:1 型的沉淀，要求其 $K_{sp} \leq 10^{-10}$。

④ 能够用适当的指示剂或其他方法来指示滴定终点。

⑤ 沉淀的吸附现象和共沉淀现象不影响滴定终点。

（3）沉淀滴定法的分类

① 根据滴定方式的不同进行分类。银量法可以分为直接滴定法和返滴定法。直接滴定法是用 $AgNO_3$ 标准滴定溶液直接滴定待测定的组分，返滴定法是在待测定组分的试液中加入一定量过量的 $AgNO_3$ 标准滴定溶液，再用 NH_4SCN 标准滴定溶液滴定剩余的 $AgNO_3$ 溶液。

② 根据所选用的指示剂的不同进行分类。银量法分为莫尔法（即铬酸钾指示剂法）、福尔哈德法（即铁铵矾指示剂法）和法扬司法（即吸附指示剂法）。

5.7.2 莫尔法

以铬酸钾为指示剂，在中性或弱碱性介质中，用 $AgNO_3$ 标准滴定溶液测定卤素化合物含量的方法称为莫尔法。

5.7.2.1 莫尔法的原理

莫尔法的基本原理是分步沉淀原理。用 $AgNO_3$ 标准滴定溶液直接滴定溶液中的氯离子，当 Cl^- 和 CrO_4^{2-} 同时存在时，由于 AgCl 的溶解度小于 Ag_2CrO_4 的溶解度，从溶度积概念分析，氯化银沉淀比铬酸银沉淀所需 Ag^+ 浓度要小。所以在滴定开始时，AgCl 首先沉淀，当滴定到化学计量点附近时，溶液中 Cl^- 浓度越来越小，Ag^+ 浓度逐渐增加，直到 $[Ag^+]^2[CrO_4^{2-}] > K_{sp}(Ag_2CrO_4)$ 时，稍过量的 $AgNO_3$ 溶液便与 CrO_4^{2-} 立即生成砖红色的铬酸银沉淀，指示终点的到达。其反应如下：

测定反应 $Ag^+ + Cl^- \longrightarrow AgCl \downarrow$（白色） （$K_{sp} = 1.8 \times 10^{-10}$）

终点指示反应 $2Ag^+ + CrO_4^{2-} \longrightarrow Ag_2CrO_4 \downarrow$（砖红色） （$K_{sp} = 2.0 \times 10^{-12}$）

莫尔法可直接滴定 Cl^-、Br^-、I^- 等卤化物。

5.7.2.2 莫尔法的滴定条件

（1）指示剂的用量

用 $AgNO_3$ 标准滴定溶液滴定 Cl^-，指示剂 K_2CrO_4 的用量对于终点指示有较大的影响，如果溶液中 CrO_4^{2-} 浓度过高，终点出现过早，使分析结果偏低；如果溶液中 CrO_4^{2-} 浓度过低，终点出现过迟，使分析结果偏高。欲使 Ag_2CrO_4 沉淀恰好在化学计量点时产生，减少终点误差，提高分析结果的准确度，关键是控制指示剂铬酸钾的浓度。滴定反应到达等量点时溶液恰好为难溶化合物的饱和溶液，此时 Ag^+ 的浓度为：

$$[Ag^+]=[Cl^-]=\sqrt{K_{sp}(AgCl)}=\sqrt{1.8\times10^{-10}}=1.34\times10^{-5}(mol/L)$$

若此时刚好生成 Ag_2CrO_4 沉淀指示终点的到达，则 CrO_4^{2-} 的浓度为：

$$[CrO_4^{2-}]=K_{sp}(Ag_2CrO_4)/[Ag^+]^2=2.0\times10^{-12}/1.8\times10^{-10}=0.01(mol/L)$$

由于 K_2CrO_4 显黄色，当其浓度较高时颜色较深，不易判断砖红色的出现。为了能观察到明显的终点，指示剂的浓度以略低一些为好。实验证明，在一般浓度（0.10mol/L）的滴定中，所含 CrO_4^{2-} 离子最适宜的浓度约为 5×10^{-3} mol/L（相当于终点体积为 50mL 时，应加入 5% 的铬酸钾溶液 1mL）。

显然，K_2CrO_4 浓度降低后要使 Ag_2CrO_4 沉淀析出必须多加一些 $AgNO_3$ 标准滴定溶液，这时滴定剂就过量了，滴定终点将在化学计量点后出现。在这种情况下通常以指示剂的空白值对测定结果进行校正以减少误差，但由于产生的终点误差一般小于 0.1%，不会影响分析结果的准确度。如用 0.01000mol/L 的 $AgNO_3$ 标准滴定溶液滴定 0.01000mol/L 的 Cl^- 溶液，滴定误差可达 0.6%，影响分析结果的准确度，此时应做指示剂空白试验进行校正。

（2）滴定时的酸度

① 酸性溶液：铬酸是二元酸，其 $K_{a2}=3.2\times10^{-7}$，酸性较弱，在酸性溶液中，CrO_4^{2-} 易于 H^+ 结合，形成难电离的 $HCrO_4^-$，反应如下：

$$2CrO_4^{2-}+2H^+ \rightleftharpoons 2HCrO_4^- \rightleftharpoons Cr_2O_7^- +H_2O$$

因而降低了 CrO_4^{2-} 的浓度，如果在酸性溶液中滴定达到等量点时，由于不能生成 Ag_2CrO_4 沉淀，使指示剂失去指示作用，将不能判断终点。

② 强碱性溶液：在强碱性溶液中，Ag^+ 水解，并随即转变成灰黑色的 Ag_2O 沉淀析出，反应为：

$$2Ag^+ +2OH^- \longrightarrow 2AgOH\downarrow \longrightarrow Ag_2O\downarrow +H_2O$$

因此，莫尔法只能在中性或弱碱性（pH≈6.5～10.5）溶液中进行。如果试样本身酸性太强可用较弱的碱（$Na_2B_4O_7\cdot10H_2O$ 或 $NaHCO_3$）中和，若碱性太强可用稀 HNO_3 溶液中和。在有 NH_4^+ 存在时滴定的 pH 范围应控制在 6.5～7.2 之间，否则，pH 较高时会有游离的 NH_3 生成，NH_3 与 Ag^+ 形成 $[Ag(NH_3)]^+$ 及 $[Ag(NH_3)_2]^+$ 从而增大了 AgCl 和 Ag_2CrO_4 沉淀的溶解度，影响滴定终点的准确性。若试液中 NH_4^+ 较多，需设法先除去。方法是在试液中加入适量的碱使形成 NH_3 挥发，再用稀 HNO_3 中和至适当的酸度。

5.7.2.3 滴定时应注意的问题

（1）干扰离子

莫尔法的选择性较差，凡是能和 Ag^+ 生成微溶化合物或配合物的阴离子，例如 PO_4^{3-}、AsO_4^{3-}、SO_3^{2-}、CO_3^{2-}、$C_2O_4^{2-}$、S^{2-}、NH_3 等；能和 CrO_4^{2-} 形成微溶化合物的阳离子，如 Pb^{2+}、Ba^{2+}、Hg^{2+}；在弱碱性溶液中发生水解的离子，如 Al^{3+}、Fe^{3+}、Bi^{3+}、Sn^{4+} 等都会干扰测定。大量的有色离子如 Cu^{2+}、Ni^{2+}、Co^{2+} 等会妨碍终点的观察，影响测定的准确性。对于以上干扰离子，必须除去或改变价态使之除去干扰才能进行滴定分析。

（2）滴定速度

莫尔法在测定过程中，由于先产生的 AgCl 沉淀容易吸附溶液中的 Cl^-，使溶液中 Cl^-

浓度降低，与其平衡的 Ag^+ 浓度增加，Ag_2CrO_4 沉淀提前出现，产生误差。因此，滴定速度不能太快，以防形成局部过量而造成 Ag_2CrO_4 砖红色提前出现；滴定时必须剧烈摇动溶液，减少吸附，使被吸附的 Cl^- 释放出来，以提高分析结果的准确度。

5.7.2.4 莫尔法的应用范围

莫尔法主要适用于测定 Cl^-、Br^- 和 Ag^+，如氯化物、溴化物纯度测定以及天然水中氯含量的测定。当试样中 Cl^- 和 Br^- 共存时，测得的结果是它们的总量。莫尔法不适于测定碘化物和硫氰酸盐，是由于 AgI 和 AgCNS 沉淀会强烈地吸附 I^- 和 SCN^-，使滴定终点过早出现，造成较大的测定误差。此法不能用直接滴定法测定 Ag^+，否则将首先生成砖红色的 Ag_2CrO_4，滴定终点时，Ag_2CrO_4 转化成 AgCl 的速度很慢，致使 Cl^- 过量太多而不准确。可采用返滴定法测定 Ag^+，即向含 Ag^+ 的试液中加入过量的 NaCl 标准溶液，生成 AgCl 沉淀后，剩余的 Cl^- 用 K_2CrO_4 做指示剂，再用 $AgNO_3$ 标准溶液滴定。

5.7.3 福尔哈德法

5.7.3.1 福尔哈德法原理

福尔哈德法是在酸性介质中，以铁铵矾$[NH_4Fe(SO_4)_2 \cdot 12H_2O]$作指示剂确定滴定终点的一种银量法。根据滴定方式的不同可分为直接滴定法和返滴定法。

5.7.3.2 直接滴定法测定 Ag^+

(1) 测定原理

在含有 Ag^+ 的 HNO_3 介质中，以铁铵矾作指示剂，用 NH_4SCN 标准溶液直接滴定，当滴定到化学计量点时，微过量（一般在 0.02mL 以内）的 SCN^- 与 Fe^{3+} 结合，生成红色的$[Fe(SCN)]^{2+}$，即为滴定终点。其反应是：

测定反应　　　$Ag^+ + SCN^- \longrightarrow AgSCN \downarrow$（白色）　（$K_{sp} = 2.0 \times 10^{-12}$）

终点指示反应　　$Fe^{3+} + SCN^- \longrightarrow [Fe(SCN)]^{2+} \downarrow$（红色）　（$K_{sp} = 200$）

(2) 滴定条件的选择

福尔哈德法的滴定条件见表 5-42。

表 5-42　福尔哈德法的滴定条件

指示剂铁铵矾的用量	正常用量	一般为 40% 的铁铵矾溶液 1mL（相当于终点体积为 75mL）
溶液的酸度	酸性溶液(稀硝酸)	许多弱酸的阴离子(如 PO_4^{3-}、S^{2-}、AsO_4^{3-} 等)都不会与 Ag^+ 生成沉淀
	中性或碱性溶液	Fe^{3+} 将水解,形成深色配合物
	强碱性溶液	产生 $Fe(OH)_3$ 沉淀
	合适的酸碱度	酸度一般控制为 $0.1 \sim 1.0$mol/L

(3) 滴定时应注意的问题

① 干扰离子：强氧化剂、氮的低价氧化物、铜盐、汞盐等都能与 SCN^- 作用而干扰测定；大量的有色离子如 Cu^{2+}、Mn^{2+}、Co^{2+} 等的存在也会影响终点的观察。

② 控制滴定速度：用 NH_4SCN 标准溶液滴定 Ag^+ 溶液时，生成的 AgSCN 沉淀能吸附溶液中的 Ag^+，使 Ag^+ 浓度降低，以致红色的出现略早于化学计量点，在滴定过程中需剧烈摇动，使被吸附的 Ag^+ 释放出来。

此法的优点在于可用来直接测定 Ag^+，并可在酸性溶液中进行滴定。和莫尔法相比，许多弱酸根离子如 PO_4^{3-}、AsO_2^{2-}、$C_rO_4^{2-}$ 都不和 Ag^+ 反应生成沉淀，不发生干扰，故此方法的选择性较高。

5.7.3.3 返滴定法测定卤素离子

(1) 测定原理

在酸性（HNO_3 介质）待测溶液中，先加入已知过量的 $AgNO_3$ 标准滴定溶液，再用铁铵矾作指示剂，用 NH_4SCN 标准滴定溶液回滴剩余的 Ag^+（HNO_3 介质），等量点以后，微过量的 SCN^- 与 Fe^{3+} 结合，生成红色的 $[Fe(SCN)]^{2+}$ 配位化合物，即为滴定终点。

(2) 测定 Cl^- 时应注意的问题

用福尔哈德法测定 Cl^-，滴定到临近终点时，经摇动后形成的红色会褪去。这是因为 AgSCN 的溶解度小于 AgCl 的溶解度，加入的 NH_4SCN 将与 AgCl 发生沉淀转化反应：

$$AgCl + SCN^- \longrightarrow AgSCN \downarrow (白色) + Cl^-$$

沉淀的转化速率较慢，滴加 NH_4SCN 形成的红色随着溶液的摇动而消失。这种转化作用将继续进行到 Cl^- 与 SCN^- 浓度之间建立一定的平衡关系，才会出现持久的红色，无疑滴定已多消耗了 NH_4SCN 标准滴定溶液。为了减少上述现象的发生，通常采用以下措施：

① 试液中加入一定过量的 $AgNO_3$ 标准滴定溶液之后，将溶液煮沸，使 AgCl 沉淀凝聚，以减少 AgCl 沉淀对 Ag^+ 的吸附。滤去沉淀并用稀 HNO_3 充分洗涤沉淀，然后用 NH_4SCN 标准滴定溶液回滴滤液中的过量 Ag^+。

② 在滴入 NH_4SCN 标准滴定溶液之前，加入有机溶剂硝基苯或邻苯二甲酸二丁酯或 1, 2-二氯乙烷，用力摇动后，有机溶剂将 AgCl 沉淀包住，使 AgCl 沉淀与外部溶液隔离，阻止 AgCl 沉淀与 NH_4SCN 发生转化反应。

③ 提高 Fe^{3+} 的浓度，以减小终点时 SCN^- 的浓度，从而减小上述误差（实验证明，一般溶液中 $c(Fe^{3+}) = 0.2mol/L$ 时，终点误差将小于 0.1%）。

福尔哈德法在测定 Br^-、I^- 和 SCN^- 时，滴定终点十分明显，不会发生沉淀转化，因此不必采取上述措施。但是在测定碘化物时，必须加入过量 $AgNO_3$ 溶液，之后再加入铁铵矾指示剂，以免 I^- 对 Fe^{3+} 的还原作用而造成误差。

5.7.4 法扬司法

以吸附指示剂确定滴定终点的银量法称为法扬司法。

吸附指示剂是一类有机染料，例如荧光黄是一种有机弱酸，用 HFI 表示，它在水中离解为荧光黄阴离子 FI^-，呈黄绿色。

$$HFI \Longrightarrow H^+ + FI^- (黄绿色)$$

滴定开始时，溶液中的 Cl^- 和 Ag^+ 生成 AgCl 沉淀，此时溶液中的 Cl^- 过剩，因而 AgCl 沉淀吸附 Cl^- 而形成带负电的胶粒 $(AgCl)Cl^-$，排斥荧光黄的 FI^- 阴离子，从而溶液出现荧光黄 FI^- 阴离子的黄绿色。

化学计量点附近，由于 Cl^- 浓度很小，吸附作用很小，因而沉淀凝结较快。化学计量点后，溶液中有微过量的 $AgNO_3$，可使 AgCl 沉淀吸附 Ag^+，形成 $(AgCl) \cdot Ag^+$ 而带正电荷，此带正电荷的胶粒 $(AgCl) \cdot Ag^+$ 强烈地吸附荧光黄阴离子 FI^-，使其结构发生变化，呈现粉红色，使整个溶液由黄绿色变成粉红色，指示终点的到达。

$$\text{化学计量点前 AgCl}\downarrow \xrightarrow{\text{吸附 Cl}^-} (\text{AgCl}\downarrow)\text{Cl}^-|\text{K}^+ + \text{FI}^-$$

（黄绿色）

$$\text{化学计量点后 AgCl}\downarrow \xrightarrow{\text{吸附 Ag}^+} (\text{AgCl}\downarrow)\text{Ag}^+|\text{FI}^- + \text{K}^+$$

（淡红色）

5.7.4.1 测定条件的选择

对于卤化物的测定，溶液的酸度随所选择的吸附指示剂而定。常用的吸附指示剂大多是有机弱酸，起指示剂作用的是它们的阴离子。酸度大时，H^+ 与指示剂阴离子结合成不被吸附的指示剂分子。酸度的大小与指示剂的离解常数有关，离解常数大，酸度可以大一些。例如荧光黄的 $pK_a \approx 7$，适用于 pH 为 7～10 的条件下进行滴定。若 pH<7，荧光黄主要以分子（HFI）形式存在，不被带正电荷的胶粒吸附，则不能改变颜色，无法指示终点。

5.7.4.2 吸附剂的应用

常用吸附指示剂及其应用见表 5-43。

表 5-43　常用吸附指示剂及其应用

指示剂	被测离子	滴定剂	滴定条件	终点颜色变化
荧光黄	Cl^-、Br^-、I^-	$AgNO_3$	pH=7～10	黄绿→粉红
二氯荧光黄	Cl^-、Br^-、I^-	$AgNO_3$	pH=4～10	黄绿→红
曙红	Br^-、I^-、SCN^-	$AgNO_3$	pH=2～10	橙黄→红紫
溴酚蓝	生物碱盐类	$AgNO_3$	弱酸性	黄绿→灰紫
甲基紫	Ag^+	NaCl	酸性溶液	黄红→红紫

5.7.5 案例分析

5.7.5.1 直接测定法测定银含量

（1）测定 $AgNO_3$ 溶液和 NH_4SCN 溶液的体积比 K

由滴定管准确放出 20.00～25.00mL（V_1）$AgNO_3$ 溶液于锥形瓶中，加入 5mL6mol/L 的 HNO_3 溶液，加 1mL 铁铵矾指示剂，在剧烈摇动下用 NH_4SCN 标准滴定溶液滴定直至出现淡红色并继续振荡不再消失为止，记录消耗 NH_4SCN 标准溶液的体积（V_2）。计算 1mL NH_4SCN 溶液相当于 $AgNO_3$ 溶液的毫升数（K）。实验数据记入表 5-44 中。

$$K = \frac{V_1}{V_2}$$

（2）用福尔哈德法标定 $AgNO_3$ 溶液

准确称取 0.25～0.30g 基准物质 NaCl，用适量不含 Cl^- 的蒸馏水溶解，移入 250mL 容量瓶中稀释定容，摇匀。吸取 25.00mL 溶液于锥形瓶中，加入 5mL6mol/L HNO_3 溶液，在剧烈摇动下由滴定管准确放出 45.00～50.00mL（V_3）$AgNO_3$ 溶液（此时生成 AgCl 沉淀），加入 1mL 铁铵矾指示剂，加入 5mL 硝基苯或邻苯二甲酸二丁酯，用 NH_4SCN 溶液滴定至溶液出现淡红色，并在轻微振荡下不再消失为终点，记录消耗 NH_4SCN 溶液的体积 V_4，平行测定三次，同时做空白试验。实验数据记入表 5-45 中。

表 5-44　AgNO₃ 溶液和 NH₄SCN 溶液体积比（K）记录表

项目	测定次数		
	1	2	3
加入 AgNO₃ 标准溶液的体积/mL			
滴定时溶液温度/℃			
滴定温度下溶液的体积校正值/(mL/L)			
滴定管校正值/mL			
加入 AgNO₃ 标准溶液的实际体积/mL			
滴定消耗 NH₄SCN 标准溶液的体积/mL			
空白试验消耗 NH₄SCN 标准溶液的体积/mL			
滴定时溶液温度/℃			
滴定温度下溶液的体积校正值/(mL/L)			
滴定管校正值/mL			
实际消耗 NH₄SCN 标准溶液的体积/mL			
AgNO₃ 标准溶液的体积与 NH₄SCN 标准溶液的体积比（K 值）			
K 的平均值			

表 5-45　福尔哈德法标定 AgNO₃ 溶液记录表

项目	测定次数		
	1	2	3
基准物质 NaCl 的质量/g			
移取 NaCl 溶液的体积/mL			
加入 AgNO₃ 标准溶液的体积/mL			
滴定时溶液温度/℃			
滴定温度下溶液的体积校正值/(mL/L)			
滴定管校正值/mL			
加入 AgNO₃ 标准溶液的实际体积/mL			
滴定消耗 NH₄SCN 标准溶液的体积/mL			
空白试验消耗 NH₄SCN 标准溶液的体积/mL			
滴定时溶液温度/℃			
滴定温度下溶液的体积校正值/(mL/L)			
滴定管校正值/mL			
实际消耗 NH₄SCN 标准溶液的体积/mL			
AgNO₃ 标准溶液的浓度/(mol/L)			
AgNO₃ 标准溶液的平均浓度/(mol/L)			
相对极差/%			

(3) 数据处理

① $AgNO_3$ 溶液的浓度计算：

$$c(AgNO_3) = \frac{m(NaCl) \times 25/250 \times 1000}{M(NaCl)(V_3 - V_4 K)}$$

② NH_4SCN 溶液的浓度计算：

$$c(NH_4SCN) = c(AgNO_3)K$$

5.7.5.2 返滴定法测定酱油中 NaCl 的含量

(1) 实验过程

准确称取酱油样品 5.00g，定量移入 250mL 容量瓶中，加蒸馏水稀至刻度，摇匀。准确移取酱油样品稀释溶液 10.00mL 置于 250mL 锥形瓶中，加水 50mL，加 6mol/L HNO_3 溶液 15mL，0.02mol/L $AgNO_3$ 标准滴定溶液 25.00mL，再加邻苯二甲酸二丁酯 5mL，用力振荡摇匀。待 AgCl 沉淀凝聚后，加入铁铵矾指示剂 5mL，用 0.02mol/L NH_4SCN 标准滴定溶液滴定至血红色为终点，记录消耗的 NH_4SCN 标准滴定溶液体积，平行测定三次，同时做空白试验。实验数据记入表 5-46 中。

表 5-46　测定酱油中 NaCl 含量记录表

项目	测定次数		
	1	2	3
称取酱油的质量/g			
移取酱油溶液的体积/mL			
加入 $AgNO_3$ 标准溶液的体积/mL			
滴定时溶液温度/℃			
滴定温度下溶液的体积校正值/(mL/L)			
滴定管校正值/mL			
加入 $AgNO_3$ 标准溶液的实际体积/mL			
滴定消耗 NH_4SCN 标准溶液的体积/mL			
空白试验消耗 NH_4SCN 标准溶液的体积/mL			
滴定时溶液温度/℃			
滴定温度下溶液的体积校正值/(mL/L)			
滴定管校正值/mL			
实际消耗 NH_4SCN 标准溶液的体积/mL			
酱油中 NaCl 的质量分数/%			
酱油中 NaCl 质量分数的平均值/%			
相对极差/%			

(2) 数据处理

酱油中 NaCl 含量的计算：

$$w(NaCl) = \frac{[c(AgNO_3)V(AgNO_3) - c(NH_4SCN)[V(NH_4SCN) - V_0]]}{5.00 \times \frac{10.00}{250}} \times 0.05845 \times 100\%$$

或

$$w(\text{NaCl}) = \frac{[c(\text{AgNO}_3)V(\text{AgNO}_3) - K[V(\text{NH}_4\text{SCN}) - V_0]]}{5.00 \times \frac{10.00}{250}} \times 0.05845 \times 100\%$$

5.8 电位分析法

5.8.1 原电池和电解池

5.8.1.1 原电池

(1) 组成

将化学能转变为电能的装置称为原电池 (galvanic cell)。以铜银原电池为例：由一块 Ag 浸入 AgNO₃ 溶液中，一块 Cu 浸入 CuSO₄ 溶液中，AgNO₃ 与 CuSO₄ 之间用盐桥隔开。这种电池存在着液体与液体的接界面故称为有液接电池。若用导线将 Cu 极与 Ag 极接通，则有电流由 Ag 极流向 Cu 极 (与电子流动方向相反)，发生化学能转变成电能的过程，形成自发电池。

(2) 阳极、阴极、正极、负极

任何电极都有两个电极。电化学上规定：凡起氧化反应的电极称为阳极 (anode)，凡起还原反应的电极称为阴极 (cathode)。规定：外电路电子流出的电极为负极 (negative pole)，电子流入的电极为正极 (positive pole)。

(3) 电池的表示方法

(阳极)Cu｜CuSO₄(0.02mol/L)┊┊AgNO₃(0.02mol/L)｜Ag(阴极)

5.8.1.2 电解池

电解池 (electrolytic cell) 是将电能转变为化学能的装置，组成与原电池相似，但电解池必须有一个外电源。如果外电源的电压略大于该原电池的电动势，则：

Cu 极： $Cu^{2+} + 2e^- \longrightarrow Cu$

Ag 极： $Ag - e^- \longrightarrow Ag^+$

电池反应： $2Ag + Cu^{2+} \longrightarrow Cu + 2Ag^+$

此反应不能自发进行，必须外加能量，即电解才能进行。

5.8.2 标准电极电位和条件电位

(1) 电极电位 (electrode potential) 及其测量

① 电极电位：金属电极与溶液接触的界面之间的电势差称为电极电位。

② 测定。测定时，规定以标准氢电极 (standard hydrogen electrode，SHE) 作负极与待测电极组成电池，即

(一)标准氢电极 SHE┊┊待测电极(＋)

测得此电池的电动势 (electromotive force)，就是待测电池的电位。若测得的电池电动势为正值，即测电极的电位较 SHE 高；若测得的电池电动势为负值，即待测电极的电位较 SHE 低。

(2) 指示电极、工作电极与参比电极

① 指示电极 (indicating electrode)：

在原电池中反映离子活度的电极，即电极电位随溶液中待测离子活度的变化而变化，并

能指示待测离子活度。

② 工作电极（working electrode）：

在电解池中，发生所需要电极反应的电极。

③ 参比电极（reference electrode）：

电极电位稳定且已知，用作比较标准的电极。电化学分析中常用的参比电极是：饱和甘汞电极（SCE）和 Ag/AgCl 电极。

5.8.3 离子选择性电极

5.8.3.1 离子选择性电极的电极电位

离子选择性电极（ion selective electrode，ISE）是其电极电位对离子具有选择性响应的一类电极，它是一种电化学传感器，敏感膜是其主要组成部分。

（1）膜电位（membrane potential）

扩散电位 φ_d（diffusion potential）：两种不同离子或离子相同而活度不同的溶液，其液-液界面上由于离子的扩散速度不同，能形成液接电位，也可称扩散电位。离子的扩散属于自由扩散，没有强制性和选择性，正、负离子均可进行。扩散电位不仅存在于液-液界面，也存在于固体膜内部。在离子选择性电极的敏感膜中也可产生扩散电位。

扩散电位与离子的迁移数 t_i 有关，当扩散阳离子和阴离子的迁移数（t_+、t_-）相同时，$\varphi_d = 0$。对于一价离子 φ_d 可表示为：

$$\varphi_d = \frac{RT}{F}(t_+ - t_-)\ln\frac{a_2}{a_1}$$

式中 R——为气体常数，8.314J/(mol·K)；

　　　T——为热力学温度，K；

　　　F——为法拉第常数，96486.7C/mol；

a_1、a_2——同一离子在两种溶液中的活度；

　　　t——离子迁移数。

唐南电位 φ_D（donnan potential）：若有一种带负电荷载体的膜（阳离子交换物质）或选择性渗透膜，它能发生交换或只让被选择的离子通过，当膜与溶液接触时，膜相中可活动的阳离子的活度比溶液中高，或者只允许阳离子通过，而阻止阴离子通过，最终结果造成液和膜两相界面上正、负电荷分布不均匀，形成双电层结构而产生电势差。这种电荷的迁移形式带有选择性或强制性，产生的电位是相间电位，称为唐南电位。

（2）ISE 的膜电位 φ_M

φ_M 包括液、膜两相界面离子扩散或交换所产生的唐南电位 φ_D 及膜中内、外两表面间离子扩散产生的扩散电位 φ_d：

$$\varphi_M = \varphi_{D外} + \overline{\varphi}_d + \varphi_{D内} = \frac{RT}{zF}\ln\frac{a}{a_外} + \frac{RT}{zF}(t_+ + t_-)\ln\frac{\overline{a}_外}{\overline{a}_内} + \frac{RT}{zF}\ln\frac{\overline{a}_内}{a_内}$$

（3）ISE 的电极电位 φ_{ISE}

$$\varphi_{ISE} = K \pm \frac{RT}{zF}\ln a$$

可见 φ_{ISE} 取决于待测离子的活度，K 也可以写成 φ_{ISE0}，它包括 φ 内参比电位、内膜界面电位、膜内扩散电位、膜不对称电位等。

5.8.3.2 离子选择性电极的分类

根据国际纯粹与应用化学联合会（IUPAC）建议，以敏感膜材料为基本依据，将离子选择性电极分为基本电极和敏化离子选择性电极两大类，基本电极是指敏感膜直接与液体接触的离子选择性电极，敏化离子选择性电极是以基本电极为基础装配成的离子选择性电极。pH玻璃电极是世界上使用最早的离子选择性电极。

(1) 玻璃电极的结构及类型

玻璃电极包括对 H^+ 响应的 pH 玻璃电极及对 K^+、Na^+ 离子响应的 pK、pNa 玻璃电极。玻璃电极的结构同样由电极腔体（玻璃管）、内参比溶液、内参比电极及敏感玻璃膜组成，而关键部分为敏感玻璃膜。现在不少 pH 玻璃电极制成复合电极，它集指示电极和外参比电极于一体，使用起来甚为方便和牢靠。

玻璃电极依据玻璃球膜材料的特定配方不同，可以做成对不同离子响应的电极。如常用的以考宁 015 玻璃做成的 pH 玻璃电极，其配方为：Na_2O 21.4%、CaO 6.4%、SiO_2 72.2%（摩尔百分比），其 pH 测量范围为 1～10，若加入一定比例的 Li_2O，可以扩大测量范围。

(2) pH 玻璃电极的响应机理

① 硅酸盐玻璃的结构：玻璃中有金属离子、氧、硅三种元素，Si—O 键在空间中构成固定的带负电荷的三维网络骨架，金属离子与氧原子以离子键的形式结合，存在并活动于网络之中承担着电荷的传导。当玻璃膜与纯水或稀酸接触时，由于 Si—O 与 H^+ 的结合力远大于与 Na^+ 的结合力，反应的平衡常数很大，向右反应的趋势大，玻璃膜表面形成了水化胶层。因此水中浸泡后的玻璃膜由三部分组成：膜内外两表面的两个水化胶层及膜中间的干玻璃层。

② pH 玻璃电极的膜电位及电极电位：形成水化胶层后的电极浸入待测试液中时，在玻璃膜内外界面与溶液之间均产生界面电位，而在内、外水化胶层中均产生扩散电位，膜电位是这四部分电位的总和。

③ pH 玻璃电极的不对称电位 $\varphi_{不}$：当膜内外的溶液相同时，$\varphi_M = 0$，但实际上仍有一很小的电位存在，称为不对称电位，其产生的原因是膜内外表面的性状不可能完全相同。影响它的因素主要是制造时玻璃膜内外表面产生的表面张力不同，使用时膜内外表面所受的机械磨损及化学吸附、浸蚀不同。

不同电极或同一电极不同使用状况、使用时间，$\varphi_{不}$ 不一样，所以 $\varphi_{不}$ 难以测量和确定。干的玻璃电极使用前经长时间在纯水或稀酸中浸泡，以形成稳定的水化胶层，可降低 $\varphi_{不}$；pH 测量时先用 pH 标准缓冲溶液对仪器进行定位，可消除 $\varphi_{不}$ 对测定的影响。各种离子选择性电极均存在不同程度的 φ，而玻璃电极较为突出。

④ pH 玻璃电极的"钠差"和"酸差"："钠差"是当测量 pH 较高或 Na^+ 浓度较大的溶液时测得的 pH 值偏低，称为"钠差"或"碱差"。产生钠差的原因是因为钠参与了响应；"酸差"是当测量 pH 小于 1 的强酸、盐度大或某些非水溶液时测得的 pH 值偏高称为"酸差"。产生"酸差"的原因是当测定酸度大的溶液时，玻璃膜表面可能吸附 H^+ 所致，当测定盐度大或非水溶液时，溶液中 α_{H^+} 变小所致。

(3) pH 的实用（操作性）定义及 pH 的测量

pH 的热力学定义为：$pH = -\lg\alpha_{H^+} = -\lg\gamma_{H^+}[H^+]$

活度系数 γ_{H^+} 难以准确测定，此定义难以与实验测定值严格相关。因此提出了一个与实验测定值严格相关的实用（操作性）定义。如下的测量电池：

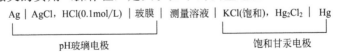

$$\text{Ag} \mid \text{AgCl, HCl(0.1mol/L)} \mid \text{玻膜} \mid \text{测量溶液} \mid \text{KCl(饱和), } Hg_2Cl_2 \mid \text{Hg}$$

pH玻璃电极　　　　　　　　　饱和甘汞电极

$$E=\varphi_{SCE}-\varphi_{G}\xrightarrow{25℃}\varphi_{SCE}-K+0.0591pH=K'+0.0591pH$$

因此 K' 是一个不确定的常数,所以不能通过测定 E 直接求算 pH,而是通过与标准 pH 缓冲溶液进行比测,分别测定标准缓冲溶液(pH$_s$)及试液(pH$_x$)的电动势(E_s 及 E_x),得到:

$$\begin{cases}E_s=K_1'+0.0591pH_s\\E_x=K_2'+0.0591pH_x\end{cases} \quad K_1'=K_2'$$

解得

$$pH_x=pH_s+\frac{E_x-E_s}{0.0591}$$

即 pH 值是试液和 pH 标准缓冲溶液之间电动势差的函数,这就是 pH 的实用(操作性)定义。美国国家标准局已确定了七种 pH 标准溶液,我们常用的三种标准溶液为邻苯二甲酸氢钾、磷酸二氢钾-磷酸一氢钾、硼砂、25℃时的 pH 分别为 4.01、6.86、9.18。实际工作中,用 pH 计测量 pH 值时,先用 pH 标准溶液对仪器进行定位,然后测量试液,从仪表上直接读出试液的 pH 值。

5.8.3.3 离子选择性电极的特性参数

(1)Nernst 响应、线性范围和检测下限

φ_{ISE} 随离子活度变化的特性称为响应(response),若这种响应符合 Nernst 方程式,这称为 Nernst 响应:

即

$$\varphi_{ISE}=K\pm\frac{RT}{ZF}\ln a\xrightarrow{25℃}K\pm\frac{0.0591}{2}\lg a$$

在实际测量中,以 φ 对 $\lg a$(或 pa)作图,所得的曲线称为校正曲线,对阳离子来说,当待测离子的活度降低到某一定值时曲线开始偏离 Nernst 方程的线性。校正曲线的直线部分所对应的离子活度范围称为 ISE 响应的线性范围(range of linearity)。直线部分与水平部分延长线的交点所对应的离子活度称为 ISE 的检测下限(lower detection limit)。

(2)响应斜率(response slope)

校正曲线线性响应部分的直线斜率 $S=\dfrac{d\varphi}{d\lg a}$ 称为 ISE 的实际响应斜率,S 也称为级差。

(3)电位选择系数(potential selection coefficient)

任何一个 ISE 对一特定离子的响应都不会是绝对专一的,溶液中的某些共存离子可能会有响应,即共存离子对 ISE 的电极电位也有贡献,借助选择系数,可以估计干扰离子对待测离子的测量结果所产生的误差。

(4)响应时间(response time)

ISE 的实际响应时间是指从 ISE 和参比电极一起接触测量溶液到电极电位数值稳定(波动在 1mv 以内)所经历的时间。影响响应时间的因素有:ISE 膜电位平衡的时间(膜性能)、参比电极的稳定性、搅拌速度以及响应离子的性质、介质条件、温度等。测量时,常用搅拌测量溶液来缩短 ISE 的响应时间。

5.8.3.4 测量仪器与参比电极

电位分析法的测量电池由离子选择性电极、参比电极及待测溶液组成,用磁力搅拌器搅拌测量溶液,用高输入阻抗的测量仪器测量电动势。特别指出的是测量电动势的仪器必须是高输入阻抗的电子伏特计,这是因为 ISE 的内阻极高,尤以玻璃电极最高,达 $10^8\Omega$。若不是采用高输入阻抗的测量仪器,当有极微小的电流(如 $10^{-9}A$)通过回路时,在内阻 $10^8\Omega$ 的电极上电位降达 0.1V,造成 pH 测量误差近 2pH 单位。若要达到 0.1% 的测量误差,对

于内阻 $10^8 \Omega$ 的电极来说，仪器输入阻抗需 $10^{11} \Omega$。

参比电极要求具有可逆性、重现性、稳定性。常用的参比电极有氢电极、Ag/AgCl、Hg/Hg_2Cl_2（SCE），饱和甘汞电极在 $25℃$ 时电位为 $0.2438V$，稳定性很好，但使用温度不能超过 $80℃$，否则 Hg_2Cl_2 发生歧化反应。甘汞电极测量时温度滞后现象较为严重。

5.8.4 电位分析方法

5.8.4.1 电位分析法的分类和特点

(1) 电位分析法的分类

① 直接电位法。利用离子选择性电极，选择性地把待测离子的活度（或浓度）转化为电极电位加以测量，根据 Nernst 方程式，求出待测离子的活度（或浓度），也称为离子选择电极法。

② 电位滴定法：利用指示电极在滴定过程中电位的变化及化学计量点附近电位的突跃来确定滴定终点的滴定分析方法。电位滴定法与一般的滴定分析法的根本差别在于确定终点的方法不同。

(2) 电位分析法的特点

① 离子选择电极法。应用范围广，可用于阴离子、阳离子、有机物离子的测定，尤其是一些其他方法较难测定的碱金属离子、碱土金属离子、一价阴离子及气体的测定，也可以用于化学平衡、动力学、电化学理论的研究及热力学常数的测定；测定速度快；测定的离子浓度范围宽。

② 电位滴定法。准确度比指示剂滴定法高，更适合于较稀浓度的溶液的滴定；可以用于指示剂法难以进行的滴定，如极弱酸、碱的滴定，配合物稳定常数较小的滴定，浑浊、有色溶液的滴定等；较好地应用于非水滴定。

5.8.4.2 电位法

(1) 标准曲线法

标准曲线法适于大批量且组成较为简单的试样分析。具体做法为配制一系列（一般为 5 个）与试样溶液组成相似的标准溶液 c_i，与试样溶液同样加入总离子强度调节缓冲溶液（TISAB），分别测量 E（或 φ）。绘制 $E \sim \lg c_i$（或 $\varphi \sim pc_i$）标准曲线，由未知试样溶液所测的 E_x 从曲线中求及 c_x。

(2) 标准加入法

标准加入法也称添加法。具体做法为将小体积 V_s（一般为试液的 $1/50 \sim 1/100$）而大浓度 c_s（一般为试液的 $100 \sim 50$ 倍）的待测组份标准溶液，加入一定体积的试样溶液中，分别测量标准加入前后的电动势，从而求出 c_x。可分为单次标准加入法和连续标准加入法两种。

① 单次标准加入法。按照上述测量电池的构成图示式，对于阳离子的测量要先测量体积为 V_x 的试样溶液的电动势 E_x，再加入浓度为 c_s、体积为 V_s 的标准溶液后测定 E_{x+s}，则

$$\Delta E = E_x - E_{x+s} = S \lg \frac{c_x V_x + c_s V_s}{(V_x + V_s) c_x}$$

$$c_x = \frac{c_s V_s}{V_x} \left(10^{\Delta E/S} - \frac{V_x}{V_x + V_s} \right)^{-1}$$

式中 S 为 ISE 的实际响应斜率。当 $V_s \ll V_x$ 时：

$$C_x = \frac{C_s V_s}{V_x} (10^{|\Delta E|/S} - 1)^{-1}$$

若是测定阴离子,则 $\Delta E = E_{x+s} - E$。

② 连续标准加入法——格兰(Gran)作图法。在测定过程中,连续多次(3～5次)加入标准溶液,多次测定 E 值。对于阴离子测量来说,每次 E 值为

$$E = K' + S \lg \frac{c_x V_x + c_s V_s}{V_x + V_s}$$

变换整理后得:

$$(V_x + V_s) 10^{E/S} = (c_x V_x + c_s V_s) 10^{K'/S'} = K''(c_x V_x + c_x V_x)$$

所以 $(V_x + V_s) 10^{E/S}$ 与 V_s 成线性关系:

$$c_x = -\frac{c_s V_s'}{V_x}$$

(3) 直读法

① 直接比较法。如测量离子 A,组成电池为:

$$\text{ISE}_A \mid A^z (a_A) \mid \text{SCE}$$

$$E = \varphi_{\text{SCE}} - \varphi_{\text{ESE}} = K \pm \frac{RT}{ZF} \ln a_A \xrightarrow{25℃} K \pm \frac{0.0591}{Z} \ln a$$

或 $\qquad\qquad E = K \mp \frac{0.0591}{Z} pA \begin{pmatrix} \text{阳离子为}+ \\ \text{阴离子为}- \end{pmatrix}$

先测定标准溶液 pA_s 的电动势 E_s,再测未知溶液 pA_x 的电动势 E_x,得到

$$c_x = \frac{c_s V_s}{V_x} (10^{|\Delta E|/S} - 1)$$

在实际测量中,需用两个不同浓度的标准溶液,pA_{s_1},pA_{s_2},且 $pA_{s_1} < pA_x < pA_{s_2}$ 分别用两个标准溶液对离子计进行斜率校正及定位,然后测定未知溶液,从离子计上直接读出 pA_x 值。

② 直接电位法的误差。直接电位法测定浓度结果的误差主要是由电动势 E 的测量误差引起的。

$$E = K' + \frac{RT}{ZF} \ln c \text{(阴离子)}$$

$$dE = \frac{RT}{ZF} \frac{dc}{c} \text{ 或 } \Delta E = \frac{RT}{ZF} \frac{\Delta c}{c}$$

$$\frac{\Delta c}{c} = \frac{ZF}{RT} \Delta E \xrightarrow{25℃} \frac{2.303Z}{0.0591} \Delta E = 39Z \Delta E$$

则相对误差

$$\frac{\Delta c}{c} \% = 3900 Z \Delta E \text{(E 的单位为伏特)}$$

若 E 测量误差为 $\pm 0.1 \text{mv}$ 时,测定一价离子的浓度相对误差为 $\pm 0.4\%$,二价离子为 $\pm 0.8\%$。

5.8.4.3 电位滴定法

电位滴定法与直接电位法的不同,在于它是以测量滴定过程中指示电极的电极电位(或电池电动势)的变化为基础的一类滴定分析方法。滴定过程中,随着滴定剂的加入,待测离子或与之有关的离子活度(浓度)发生变化,指示电极的电极电位(或电池电动势)也随着

发生变化，在化学计量点附近，电位（或电动势）发生突跃，由此确定滴定的终点。因此电位滴定法与一般滴定分析法的根本区别是确定终点的方法不同。电位滴定法的装置由电池、搅拌器、测量仪表、滴定装置四部分组成，滴定终点的确定有作图法和二级微商计算法两种。

（1）作图法

① $\varphi \sim V$ 曲线（即一般的滴定曲线）。以测得的电位 φ（或 E）对滴定的体积作图，曲线的突跃点（拐点）所对应的体积为终点的滴定体积 V_e。

② $\Delta\varphi/\Delta V \sim V$ 曲线（即一级微分曲线）。对于滴定突跃较小或计量点前后滴定曲线不对称的可以用 $\Delta\varphi/\Delta V$ 或 $\Delta E/\Delta V$ 对 ΔV 相应的两体积的平均值作图，曲线极大值所对应的体积为 V_e。

③ $\Delta^2\varphi/\Delta V^2 \sim V$ 曲线（即二级微商曲线）。以 $\Delta^2\varphi/\Delta V^2$（或 $\Delta^2 E/\Delta V^2$）对二次体积的平均值作图，曲线与 V 轴交点，即 $\Delta^2\varphi/\Delta V^2 = 0$ 所对应的体积为 V_e。

④ $\Delta V/\Delta\varphi \sim V$ 曲线。只要在计量点前后几对数据，以 $\Delta V/\Delta\varphi$ 对 V 作图，可得到两条直线，其交点所对应的体积为 V_e。

（2）二级微商计算法

从二级微商曲线可见，当 $\Delta^2\varphi/\Delta V^2$ 的两个相邻值出现相反符号时，两个滴定体积 V_1、V_2 之间，必有 $\Delta^2\varphi/\Delta V^2 = 0$ 的一点，该点对应的体积为 V_e。用线性内插法求得 φ_e、V_e：

$$V_e = V_1 + (V_2 - V_1) \times \frac{\Delta^2\varphi_1/\Delta V_1^2}{(\Delta^2\varphi_1/\Delta V_1) + |\Delta^2\varphi_2/\Delta V_2^2|}$$

$$\varphi_e = \varphi_1 + (\varphi_2 - \varphi_1) \times \frac{\Delta^2\varphi_1/\Delta V_1^2}{(\Delta^2\varphi_1/\Delta V_1^2) + |\Delta^2\varphi_2/\Delta V_2^2|}$$

5.8.5 案例分析

5.8.5.1 水中氯离子的测定

（1）实验原理

在酸性水溶液中，以银电极为指示电极，以甘汞电极为参比电极，用硝酸银标准溶液滴定，借助电位突跃确定反应终点。

（2）实验过程

① 实验仪器和设备。指示电极：银电极；参比电极：双液接型饱和甘汞电极；pH 计；电磁搅拌器：带外包聚四氟乙烯套的搅拌子；棕色滴定管：50mL。

② 实验试剂和材料。硝酸银标准溶液；硝酸溶液：2+3；氢氧化钠溶液：10g/L；溴酚蓝指示剂。

③ 实验步骤。安装电位滴定装置，开启仪器。移取适量待测液至 250mL 烧杯中，加水稀释至 100mL，加入溴酚蓝指示剂，用酸碱调节溶液 pH 至适宜范围。将烧杯置于磁力搅拌器上，开启搅拌器，调至适当的搅拌速度，用硝酸银标准滴定溶液进行电位滴定（每加一次，记录一次平衡电位值，滴定次数不低于 15 次），测定未知试样中氯离子含量。平行测定两次。用二次微商计算滴定终点时消耗的硝酸银标准滴定溶液的体积。按正式进行结果计算：

$$\text{氯化物}(\text{Cl}^-, \text{mg/L}) = \frac{(A - B) \times M \times 35.45 \times 1000}{V}$$

式中　A——滴定样品时消耗的硝酸银标准溶液的体积，mL；

　　　　B——空白试验消耗硝酸银标准溶液的体积，mL；

　　　　M——硝酸银标准溶液的浓度，mol/L；

　　　　V——滴定所需的水样体积，mL；

　　35.45——氯离子的摩尔质量，g/mol。

　　④ 电位滴定结果记录：实验数据记入表 5-47 中。

表 5-47　水中氯离子含量的测定数据记录表

数据	测定次数			
	1	2	备用	空白
滴定管初读数/mL				
$V_消$（消耗硝酸银体积）/mL				
体积校正值/mL				
溶液温度/℃				
温度补正值/(mL/L)				
溶液温度校正值/mL				
$V_实$（实际消耗硝酸银体积）/mL				
$c(AgNO_3)$/(mol/L)				
$w(Cl^-)$/(mg/L)				
$\overline{w}(Cl^-)$/(mg/L)				
平行测定的相对偏差/%				

5.8.5.2　电位滴定法测定盐酸的浓度

(1) 实验原理

　　酸碱滴定时使用 pH 玻璃电极为指示电极。在滴定过程中，随着滴定剂的不断加入，反应液 pH 不断发生变化，pH 发生突跃时，说明滴定到达终点。电位滴定示意图如图 5-16 所示。

　　在被测溶液中插入一个参比电极和一个指示电极组成工作电池。随着滴定剂的加入，被测离子浓度不断变化，指示电极的电位（本实验为 pH）也相应地变化，在等当点附近发生电位（本实验为 pH）的突跃。因此测量工作电池电动势（本实验为 pH）的变化，可确定滴定终点。从图 5-17 和图 5-18 很容易看出，用微分曲线比普通滴定曲线更容易准确地确定滴定终点。这要求在临近滴定终点时数据比较密集，即临近 ep 时应每加入一小体积滴定剂就记录一次 pH。

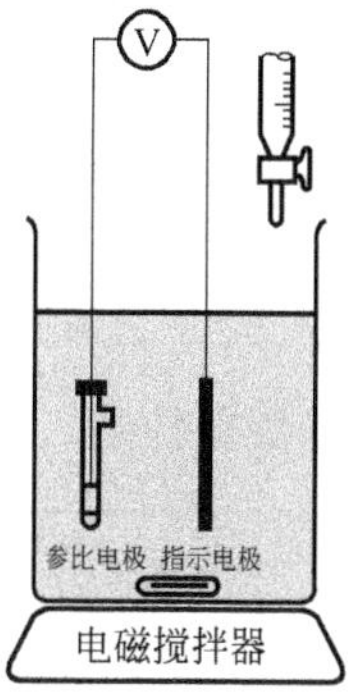

　　判断何时临近滴定终点的方法：

　　① 理论估算：

　　a. 体积理论估算法：根据试液待测物估计含量、标准溶液浓度和滴定反应方程式来估算滴定剂理论估算消耗量，当滴定剂滴加量临近滴定剂计算量时视为临近滴定终点。

　　b. 根据试液待测物估计含量、标准溶液浓度和滴定反应方程式来估算化学计量点时的指示电极的电位（本实验为 pH≈4）理论估算值，当滴定至该值附近即视为临近滴定终点。

　　② 实验法。每次加入一个较大体积的滴定剂体积（如 1.00mL）并记录相应指示电极的电位（本实验为 pH）。由指示电极的电位（本实验为 pH）开始变化较大（即开始突跃）处

图 5-16　电位滴定示意图

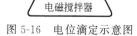

对应的体积为临近滴定终点。

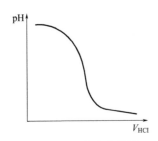
图 5-17 电位滴定曲线

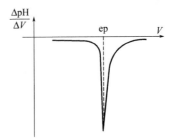
图 5-18 电位滴定曲线的一次微分曲线

（2）实验过程

① 仪器与试剂：pHSJ—3F 型 pH 计、复合 pH 玻璃电极、电磁搅拌器、磁子、酸式滴定管、烧杯；碳酸钠、盐酸、蒸馏水。

② 实验步骤。

a. 准备实验：连接好 pH 计和清洗好的复合 pH 玻璃电极。预热仪器。称取碳酸钠基准试剂 0.10～0.16g 于干净烧杯中，加入蒸馏水，放入磁子并在电磁搅拌器上搅拌使之溶解完全后停止搅拌。取洁净的酸式滴定管装以 0.1mol/L 盐酸溶液，将复合 pH 玻璃电极插入烧杯中开启搅拌。

b. 实验与记录数据：在滴加盐酸之前记录 $V=0.00$mL 时 pH，以后每滴加一定量盐酸后均记录相应加入盐酸的体积 V 和对应的 pH（读取加入盐酸后的稳定值）。第一次可滴加 5.00mL，以后逐次减少每次盐酸滴加量。临近终点时每次滴加量为 0.1mL 或更少，越过终点一段以后逐次增加每次盐酸滴加量。滴定至加入一个较大体积的盐酸（如 3.00mL）时对应的 pH 变化不大为止。

③ 数据及处理

a. 数据表：

滴定剂体积 V/mL	电位计读数（pH）	滴定剂体积 V/mL	电位计读数（pH）

b. 数据处理：

一阶微分 $\Delta E/\Delta V$	平均体积 V $(V_n+V_{n+1})/2$	一阶微分 $\Delta E/\Delta V$	平均体积 V $(V_n+V_{n+1})/2$

c. 数据作图：利用表中数据做出一阶微分图 $\Delta E/\Delta V$-V。

d. 求取盐酸浓度：由一阶微分图获得 V_{ep}（mL）。根据下式计算盐酸浓度 c（HCl）。

$$c(\mathrm{HCl})=\frac{2m}{MV_{ep}\times 10^{-3}}$$

式中 m——碳酸钠质量，g；

　　　M——碳酸钠式量，g/mol。

5.9 紫外-可见分光光度法

5.9.1 光吸收定律

5.9.1.1 分子吸收光谱

(1) 分子吸收光谱的产生

在分子中，除了电子相对于原子核的运动外还有核间相对位移引起的振动和转动，这三种运动能量都是量子化的，并对应有一定能级。在每一电子能级上有许多间距较小的振动能级，在每一振动能级上又有许多更小的转动能级。

若用 $\Delta E_{电子}$、$\Delta E_{振动}$、$\Delta E_{转动}$ 分别表示电子能级、振动能级、转动能级差，即有 $\Delta E_{电子} > \Delta E_{振动} > \Delta E_{转动}$。处在同一电子能级的分子，可能因其振动能量不同，而处在不同的振动能级上。当分子处在同一电子能级和同一振动能级时，它的能量还会因转动能量不同，而处在不同的转动能级上。所以分子的总能量可以认为是这三种能量的总和：

$$E_{分子} = E_{电子} + E_{振动} + E_{转动}$$

当用电磁波照射分子，分子的较高能级与较低能级之差 ΔE 恰好等于该电磁波的能量 $h\upsilon$ 时，即有

$$\Delta E = h\upsilon \quad (h \text{ 为普朗克常数})$$

分子由较低的能级跃迁到较高的能级，透射光的强度变小。若用一连续辐射的电磁波照射分子，将照射前后光强度的变化转变为电信号并记录下来，以波长为横坐标，以电信号（吸光度 A）为纵坐标，就可以得到一张光强度变化对波长的关系曲线图，即分子吸收光谱图。

(2) 分子吸收光谱类型

根据吸收电磁波的范围不同，可将分子吸收光谱分为远红外光谱、红外光谱及紫外、可见光谱三类。分子的转动能级差一般在 $0.005 \sim 0.05\text{eV}$。产生此能级的跃迁，需吸收波长约为 $50 \sim 1000\mu\text{m}$ 的远红外光，形成的光谱称为转动光谱或远红外光谱。分子的振动能级差一般在 $0.05 \sim 1\text{eV}$，需吸收波长约为 $0.75 \sim 50\mu\text{m}$ 的红外光才能产生跃迁。在分子振动时同时有分子的转动运动，分子振动产生的吸收光谱中包括转动光谱，称为振-转光谱。由于它吸收的能量处于红外光区，故又称红外光谱。电子的跃迁能差约为 $1 \sim 20\text{eV}$，比分子振动能级差要大几十倍，所吸收光的波长约为 $200 \sim 800\text{nm}$，主要在真空紫外到可见光区，对应形成的光谱称为电子光谱或紫外-可见吸收光谱。

通常分子是处在基态振动能级上，当用紫外-可见光照射分子时，电子可以从基态激发到激发态的任一振动（或不同的转动）能级上。电子能级跃迁产生的吸收光谱包括了大量谱线，并由于这些谱线的重叠而成为连续的吸收带，这就是为什么分子的紫外、可见光谱不是线状光谱而是带状光谱的原因。又因为绝大多数的分子光谱分析都是用液体样品，加之仪器的分辨率有限，因而使记录所得电子光谱的谱带变宽。

由于氧、氮、二氧化碳、水等在真空紫外区（$60 \sim 200\text{nm}$）均有吸收，因此在测定这一范围的光谱时，必须将光学系统抽成真空，然后充以一些惰性气体，如氦、氖、氩等。鉴于真空紫外吸收光谱的研究需要昂贵的真空紫外分光光度计，故在实际应用中受到一定的限制。我们通常所说的紫外-可见分光光度法实际上是指近紫外-可见分光光度法。

5.9.1.2 化合物紫外-可见光谱

在紫外和可见光谱区范围内，有机化合物的吸收带主要由 $\sigma \rightarrow \sigma^*$、$\pi \rightarrow \pi^*$、$n \rightarrow \sigma^*$、

$n \rightarrow \pi^*$ 及电荷迁移跃迁产生。无机化合物的吸收带主要由电荷迁移和配位场跃迁（即 d—d 跃迁和 f—f 跃迁）产生。

由于电子跃迁的类型不同，实现跃迁需要的能量不同，因此吸收光的波长范围也不相同。其中 $\sigma \rightarrow \sigma^*$ 跃迁所需能量最大，$n \rightarrow \pi^*$ 及配位场跃迁所需能量最小，因此，它们的吸收带分别落在远紫外和可见光区。从图 5-19 中可知，$\pi \rightarrow \pi^*$（电荷迁移）跃迁产生的谱带强度最大，$\sigma \rightarrow \sigma^*$、$n \rightarrow \pi^*$、$n \rightarrow \sigma^*$ 跃迁产生的谱带强度次之，配位跃迁的谱带强度最小。

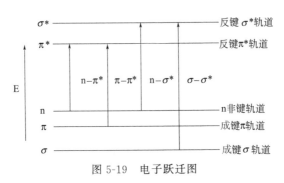

图 5-19　电子跃迁图

(1) 有机化合物的紫外-可见吸收光谱

① 跃迁类型。基态有机化合物的价电子包括成键电子、成键电子和非键电子（以 n 表示）。分子的空轨道包括反键 σ^* 轨道和反键 π^* 轨道，可能的跃迁为 $\sigma \rightarrow \sigma^*$、$\pi \rightarrow \pi^*$、$n \rightarrow \sigma^*$、$n \rightarrow \pi^*$ 等。

$\sigma \rightarrow \sigma^*$ 跃迁：它需要的能量较高，一般发生在真空紫外光区。饱和烃中的—C—C—键属于这类跃迁，例如乙烷的最大吸收波长 λ_{max} 为 135nm。

$n \rightarrow \sigma^*$ 跃迁：实现这类跃迁所需要的能量较高，其吸收光谱落于远紫外光区和近紫外光区，如 CH_3OH 和 CH_3NH_2 的 n* 跃迁光谱分别为 183nm 和 213nm。

$\pi \rightarrow \pi^*$ 跃迁：它需要的能量低于 $\pi \rightarrow \sigma^*$ 跃迁，吸收峰处于近紫外光区，在 200nm 左右，其特征是一般摩尔吸光系数 $\varepsilon_{max} \geq 10^4$，为强吸收带。如乙烯（蒸气）的最大吸收波长 λ_{max} 为 162nm。

$n \rightarrow \pi^*$ 跃迁：这类跃迁发生在近紫外光区。它是简单的生色团如羰基、硝基等中的孤对电子向反键轨道跃迁。其特点是谱带强度弱，摩尔吸光系数小，通常小于 100，属于禁阻跃迁。

电荷迁移跃迁：所谓电荷迁移跃迁是指用电磁辐射照射化合物时电子从给予体向与接受体相联系的轨道上跃迁。因此，电荷迁移跃迁实质是一个内氧化-还原的过程，而相应的吸收光谱称为电荷迁移吸收光谱。例如某些取代芳烃可产生这种分子内电荷迁移跃迁吸收带。电荷迁移吸收带的谱带较宽，吸收强度较大，最大波长处的摩尔吸光系数 ε_{max} 可大于 10^4。

② 常用术语：

a. 生色团：指分子中可以吸收光子而产生电子跃迁的原子基团，通常将能吸收紫外、可见光的原子团或结构系统定义为生色团。

b. 助色团：指带有非键电子对的基团，如—OH、—OR、—NHR、—SH、—Cl、—Br、—I 等，它们本身不能吸收大于 200nm 的光，但是当它们与生色团相连时，会使生色团的吸收峰向长波方向移动，并且增加其吸光度。

c. 红移与蓝移（紫移）：某些有机化合物经取代反应引入含有未共享电子对的基团（—OH、—OR、—NH₂、—SH、—Cl、—Br、—SR、—NR₂）之后，吸收峰的波长将向长波方向移动，这种效应称为红移效应。这种会使某化合物的最大吸收波长向长波方向移动的基团称为向红基团。在某些生色团如羰基的碳原子一端引入一些取代基之后，吸收峰的波长会向短波方向移动，这种效应称为蓝移（紫移）效应。这些会使某化合物的最大吸收波长向短波方向移动的基团（如—CH_2、—CH_2CH_3、—$OCOCH_3$）称为向蓝（紫）基团。

③ 有机化合物紫外-可见吸收光谱：

a. 饱和烃及其取代衍生物：饱和烃类分子中只含有 σ 键，因此只能产生 σ→σ* 跃迁，即 σ 电子从成键轨道（σ）跃迁到反键轨道（σ*）。饱和烃的最大吸收峰一般小于 150nm，已超出紫外、可见分光光度计的测量范围。饱和烃的取代衍生物如卤代烃，其卤素原子上存在 n 电子，可产生 n→σ* 的跃迁。n→σ* 的能量低于 σ→σ*。例如，CH_3Cl、CH_3Br 和 CH_3I 的 n→σ* 跃迁分别出现在 173nm、204nm 和 258nm 处。这些数据说明氯、溴和碘原子引入甲烷后，其相应的吸收波长发生了红移，显示了助色团的助色作用。直接用烷烃和卤代烃的紫外吸收光谱分析这些化合物的实用价值不大。但是它们是测定紫外和（或）可见吸收光谱的良好溶剂。

b. 不饱和烃及共轭烯烃：在不饱和烃类分子中，除含有 σ 键外，还含有 π 键，它们可以产生 σ→σ* 和 π→π* 两种跃迁。π→π* 跃迁的能量小于 σ→σ* 跃迁。例如，在乙烯分子中，π→π* 跃迁最大吸收波长为 180nm。在不饱和烃类分子中，当有两个以上的双键共轭时，随着共轭系统的延长，π→π* 跃迁的吸收带将明显向长波方向移动，吸收强度也随之增强。在共轭体系中，π→π* 跃迁产生的吸收带又称为 K 带。

c. 羰基化合物：羰基化合物含有 ＼C=O 基团。＼C=O 基团主要可产生 π→π*、n→σ*、n→π* 三个吸收带，n→π* 吸收带又称 R 带，落于近紫外或紫外光区。醛、酮、羧酸及羧酸的衍生物，如酯、酰胺等，都含有羰基。由于醛酮这类物质与羧酸及羧酸的衍生物在结构上的差异，因此它们 n→π* 吸收带的光区稍有不同。羧酸及羧酸的衍生物虽然也有 n→π* 吸收带，但是，羧酸及羧酸的衍生物的羰基上的碳原子直接连结含有未共用电子对的助色团，如—OH、—Cl、—OR 等，由于这些助色团上的 n 电子与羰基双键的 π 电子产生 n→π 共轭，导致 π* 轨道的能级有所提高，但这种共轭作用并不能改变 n 轨道的能级，因此实现 n→π* 跃迁所需的能量变大，使 n→π* 吸收带蓝移至 210nm 左右。

d. 苯及其衍生物：苯有三个吸收带，它们都是由 π→π* 跃迁引起的。E_1 带出现在 180nm（$\varepsilon_{max}=60000$）；E_2 带出现在 204nm（$\varepsilon_{max}=8000$）；B 带出现在 255nm（$\varepsilon_{max}=200$）。在气态或非极性溶剂中，苯及其许多同系物的 B 谱带有许多的精细结构，这是由于振动跃迁在基态电子上的跃迁上的叠加而引起的。在极性溶剂中，这些精细结构消失。当苯环上有取代基时，苯的三个特征谱带都会发生显著的变化，其中影响较大的是 E_2 带和 B 谱带。

e. 稠环芳烃及杂环化合物：稠环芳烃，如萘、蒽、芘等，均显示苯的三个吸收带，但是与苯本身相比较，这三个吸收带均发生红移，且强度增加。随着苯环数目的增多，吸收波长红移越多，吸收强度也相应增加。当芳环上的—CH 基团被氮原子取代后，则相应的氮杂环化合物（如吡啶、喹啉）的吸收光谱，与相应的碳化合物极为相似，即吡啶与苯相似，喹啉与萘相似。此外，由于引入含有 n 电子的 N 原子的，这类杂环化合物还可能产生 n→π* 吸收带。

（2）无机化合物的紫外-可见吸收光谱

产生无机化合物紫外-可见吸收光谱的电子跃迁形式，一般分为两大类：电荷迁移跃迁和配位场跃迁。

① 电荷迁移跃迁：无机配合物有电荷迁移跃迁产生的电荷迁移吸收光谱。在配合物的

中心离子和配位体中，当一个电子由配体的轨道跃迁到与中心离子相关的轨道上时，可产生电荷迁移吸收光谱。不少过度金属离子与含生色团的试剂反应所生成的配合物以及许多水合无机离子，均可产生电荷迁移跃迁。此外一些具有 d^{10} 电子结构的过渡元素形成的卤化物及硫化物，如 AgBr、HgS 等，也是由于这类跃迁而产生颜色。电荷迁移吸收光谱出现的波长位置，取决于电子给予体和电子接受体相应电子轨道的能量差。

② 配位场跃迁：配位场跃迁包括 d-d 跃迁和 f-f 跃迁。元素周期表中第四、第五周期的过渡金属元素分别含有 3d 和 4d 轨道，镧系和锕系元素分别含有 4f 和 5f 轨道。在配体的存在下，过渡元素五个能量相等的 d 轨道和镧系元素七个能量相等的 f 轨道分别分裂成几组能量不等的 d 轨道和 f 轨道。当它们的离子吸收光能后，低能态的 d 电子或 f 电子可以分别跃迁至高能态的 d 或 f 轨道，这两类跃迁分别称为 d-d 跃迁和 f-f 跃迁。由于这两类跃迁必须在配体的配位场作用下才可能发生，因此又称为配位场跃迁。

(3) 溶剂对紫外-可见吸收光谱的影响

溶剂对紫外-可见光谱的影响较为复杂，改变溶剂的极性会引起吸收带形状的变化。例如，当溶剂的极性由非极性改变到极性时，精细结构消失，吸收带变平滑。改变溶剂的极性还会使吸收带的最大吸收波长发生变化，当溶剂的极性增大时，由 n→π * 跃迁产生的吸收带发生蓝移，而由 π→π * 跃迁产生的吸收带发生红移。因此，在测定紫外-可见吸收光谱时，应注明在何种溶剂中测定。

由于溶剂对电子光谱图影响很大，因此，在吸收光谱图上或数据表中必须注明所用的溶剂。与已知化合物紫外光谱作对照时也应注明所用的溶剂是否相同。在进行紫外光谱法分析时，必须正确选择溶剂。选择溶剂时注意下列几点：①溶剂应能很好地溶解被测试样，溶剂对溶质应该是惰性的。即所成溶液应具有良好的化学和光化学稳定性。②在溶解度允许的范围内，尽量选择极性较小的溶剂。③溶剂在样品的吸收光谱区应无明显吸收。

5.9.1.3　Lambert -Beer 定律

(1) 光吸收基本定律

当一束平行的单色光通过含有均匀的吸光物质的吸收池（或气体、固体）时，光的一部分被溶液吸收，一部分透过溶液，一部分被吸收池表面反射。设入射光强度为 I_0，吸收光强度为 I_a，透过光强度为 I_t，反射光强度为 I_r，则它们之间的关系应为：

$$I_0 = I_a + I_t + I_r$$

若吸收池的质量和厚度都相同，则 I_r 基本不变，在具体测定操作时 I_r 的影响可互相抵消，上式可简化为：

$$I_0 = I_a + I_t$$

实验证明：当一束强度为 I_0 的单色光通过浓度为 c、液层厚度为 b 的溶液时，一部分光被溶液中的吸光物质吸收后透过光的强度为 I_t，则它们之间的关系为：

$$\ln \frac{I_0}{I_t} = K'bc \longrightarrow -\lg \frac{I_t}{I_0} = Kbc$$

式中，K 为比例系数；$\dfrac{I_t}{I_0}$ 称为透光率，用 $T\%$ 表示；$-\lg \dfrac{I_t}{I_0}$ 称为吸光度，用 A 表示，则

$$A = -\lg T = Kbc$$

此即 Lambert-Beer 定律（朗伯-比尔定律）的数学表达式，可表述为当一束平行的单色光通过溶液时溶液的吸光度（A）与溶液的浓度（c）和厚度（b）的乘积成正比。它是分光光度法定量分析的依据。

（2）吸光度的加和性

设某一波长（λ）的辐射通过几个相同厚度的不同溶液 $c_1, c_2 \cdots c_n$，其透射光强度分别

为 $I_1, I_2 \cdots I_n$，根据吸光度定义体系的总吸光度为 $A = \lg \dfrac{I_0}{I_n}$，而各溶液的吸光度分别为：

$$A_1 + A_2 + \cdots A_n = \lg \frac{I_0}{I_1} + \lg \frac{I_1}{I_2} + \cdots \lg \frac{I_{n-1}}{I_n} = \lg \frac{I_0 \cdot I_1 \cdot I_2 \cdots I_{n-1}}{I_1 \cdot I_2 \cdots I_{n-1} \cdot I_n} = \lg \frac{I_0}{I_n}$$

吸光度的和为：

$$A = \lg \frac{I_0}{I_n} = A_1 + A_2 + \cdots + A_n$$

即几个（同厚度）溶液的吸光度等于各分层吸光度之和。

如果溶液中同时含有 n 种吸光物质，只要各组分之间无相互作用，则：

$$A = K_1 c_1 b_1 + K_2 c_2 b_2 + \cdots K_n c_n b_n = A_1 + A_2 + \cdots + A_n$$

应用：①进行光度分析时，试剂或溶剂有吸收，则可由所测的总吸光度 A 中扣除，即以试剂或溶剂为空白的依据；②测定多组分混合物；③校正干扰。

（3）吸光系数

Lambert-Beer 定律（也称 L-B 定律）中的比例系数 "K" 的物理意义是吸光物质在单位浓度、单位厚度时的吸光度。一定条件（T、λ 及溶剂）下 K 是物质的特征常数，是定性的依据。K 在标准曲线上为斜率是定量的依据。常有两种表示方法：

① 摩尔吸光系数（ε）。当 c 用 mol/L、b 用 cm 为单位时用摩尔吸光系数 ε 表示，$A = \varepsilon bc$，ε 与 b 及 c 无关。吸收系数不可能直接用 1mol/L 浓度的吸光物质测量，一般是由较稀溶液的吸光系数换算得到。

② 吸光系数。当 c 用 g/L，b 用 cm 为单位时，K 用吸光系数 a 表示，$A = abc$。ε 与 a 之间的关系为 $\varepsilon = Ma$，ε 用于研究分子结构，a 用于测定含量。

（4）引起偏离 Lambert-Beer 定律的因素

根据 L-B 定律，A 与 c 的关系应是一条通过原点的直线，称为 "标准曲线"，但事实上往往容易发生偏离直线的现象而引起误差。导致偏离 L-B 定律的因素主要有：

① 吸收定律本身的局限性。事实上 L-B 定律是一个有限的定律，只有在稀溶液中才能成立。由于在高浓度时（通常 $c > 0.01 \text{mol/L}$），吸收质点之间的平均距离缩小到一定程度，邻近质点彼此的电荷分布都会相互受到影响，此影响能改变它们对特定辐射的吸收能力，相互影响程度取决于 c，因此，此现象可导致 A 与 c 线性关系发生偏差。

② 化学因素。溶液中的溶质可随 c 的改变而有离解、缔合、配位以及与溶剂间的作用等原因发生偏离 L-B 定律的现象。在水溶液中 Cr(VI) 的两种离子存在如下平衡：

$$Cr_2O_7^{2-} + H_2O \Longleftrightarrow 2CrO_4^{2-} + 2H^+$$

$Cr_2O_7^{2-}$、CrO_4^{2-} 有不同的 A 值，溶液的 A 值是二种离子的 A 之和。但由于随着浓度的改变或改变溶液的 pH 值，$[Cr_2O_7^{2-}]/[CrO_4^{2-}]$ 会发生变化，使 $c_{总}$ 与 $A_{总}$ 的关系偏离直线。

③ 仪器因素（非单色光的影响）。L-B 定律的重要前提是 "单色光"，即只有一种波长的光，实际上真正的单色光却难以得到。由于吸光物质对不同 λ 的光的吸收能力不同（ε 不同），就导致偏离。"单色光" 仅是一种理想情况，实际上是有一定波长范围的光谱带，"单

色光"的纯度与狭缝宽度有关，狭缝越窄，包含的波长范围也越窄。

④ 其他光学因素：

a.散射和反射：浑浊溶液由于散射光和反射光而偏离 L-B 定律。

b.非平行光。

5.9.2 紫外-可见分光光度法

5.9.2.1 显色反应

(1) 显色反应和显色剂

在分光光度分析中，很少利用金属水合离子本身的颜色进行光度分析，因为它们的吸光系数值都很小。一般都是选适当的试剂，利用显色反应把待测组分转变为有色化合物，然后进行测定。将待测组分转变为有色化合物的反应叫显色反应，与待测组分形成有色化合物的试剂称为显色剂。对显色反应的要求：(a) 应有较高的灵敏度与选择性；(b) 形成的有色配合物应组成恒定、性质稳定；(c) 显色条件易于控制；(d) 有色化合物与显色剂之间的颜色差别要大。

显色剂主要分为无机显色剂和有机显色剂两大类。

① 无机显色剂。无机显色剂在比色分析中应用得并不很多，主要原因是生成的配合物不够稳定；灵敏度和选择性也不高。目前应用较多的主要有硫氰酸盐〔测定 Fe、Mo(Ⅵ)、W(Ⅴ)、Nb 等〕，钼酸铵（测定 Si、P、W 等）和过氧化氢〔测定 Ti (Ⅳ)〕。

② 有机显色剂。大多数有机显色剂与金属离子生成极其稳定的螯合物，而且具有特征的颜色，因此，选择性和灵敏度都较高。不少螯合物易溶于有机溶剂，可以进行萃取比色，这对进一步提高灵敏度和选择性很有利。有机显色剂大多是含有生色团和助色团的化合物。在有机化合物分子中，一些含有不饱和键的基团，它们能吸收大于 200nm 波长的光，这种基团称为广义的生色团。某些含有孤对电子的基团，它们与生色团上的不饱和键相互作用，可以影响有机化合物对光的吸收，使颜色加深，这些基团称为助色团。有机显色剂的种类极其繁多，简单介绍以下几种：

a.邻二氮菲：属于 NN 型螯合显色剂，是目前测定 Fe^{2+} 较好的试剂。

b.双硫腙（即二苯硫腙）：属于含 S 的显色剂，是分光光度分析中最重要的显色剂，是目前萃取比色测定 Cu^{2+}、Pb^{2+}、Zn^{2+}、Cd^{2+}、Hg^{2+} 等很多重金属离子的重要试剂。

c.二甲酚橙（缩写为 XO）：属三苯甲烷显色剂，是配位滴定中常用的指示剂，也是光度分析中良好的显色剂。在酸性溶液中能与多种金属离子生成红色或紫红色的配合物。

d.偶氮胂Ⅲ（又称为铀试剂Ⅲ）：属偶氮类螯合显色剂。它可以在强酸性溶液中，与 Th(Ⅳ)、Zr (Ⅳ)、U (Ⅳ) 等生成特别稳定的有色配合物。在此酸度下金属离子的水解现象可不考虑，因而简化了操作手续，提高了测定结果的重现性和可靠性。目前偶氮胂Ⅲ已广泛用于矿石中铀、钍、锆以及钢铁和各种合金中稀土元素的测定。

e.铬天蓝 S（也称铬天菁 S，简称为 CAS）：属于三苯甲烷类螯合显色剂，是测量铝的良好试剂。

(2) 影响显色反应的因素

① 显色剂用量。对稳定性较高的配合物只要加入稍过量的试剂，显色反应即能定量进行。对于有些显色反应，显色剂如果加入太多，有时反而会引起副反应，必须严格控制试剂的用量。例如：以 SCN^- 作显色剂测定钼时生成红色的 $Mo(SCN)_5$ 配合物，当 SCN^- 浓度过高时生成浅红色的 $Mo(SCN)_6^-$ 配合物，反而使其吸光度值降低。

$$Mo(SCN)_3^{2+} \rightleftharpoons Mo(SCN)_5 \rightleftharpoons Mo(SCN)_6^-$$
（浅红）   （橙红）   （浅红）

以 SCN^- 作显色剂测定 Fe^{3+} 时，随 SCN^- 浓度增大逐步生成颜色更深的不同配位数的配合物，使吸光度值增大。对上述两种情况，就必须严格控制显色剂的用量，才能得到准确的结果。

② 溶液的酸度。酸度对显色反应的影响主要有以下几方面：（a）影响显色剂的浓度和颜色；（b）影响被测金属离子的存在状态；（c）影响配合物的组成。对于某些生成逐级配合物的显色反应，酸度不同，配合物的配位比不同，其色调也不同。例如：磺基水杨酸与 Fe^{3+} 的显色反应，在不同酸度条件下，可能生成 1∶1，1∶2，1∶3 三种颜色不同的配合物，故测定时应控制溶液的酸度。

③ 显色时间。不同的显色反应颜色达到最大的吸收强度所需时间是不同的，而且保持颜色稳定的时间范围也是不同的。为了测得准确的结果，应在保持颜色稳定的时间内测定吸光度。

④ 温度的影响。显色反应的进行与温度有很大关系。一般显色反应可在室温下完成，但有的在室温下进行得很慢，需要加热促使反应迅速完成；有的显色反应所形成的配合物在温度高时发生分解或褪色；有的需放置一段时间才能使反应进行完全。显然，对于不同的显色反应，应选择适宜的温度进行，使反应能进行完全。同样，标样和试样显色时其温度应很近似，以减小其误差。

⑤ 溶剂的影响。有机溶剂会降低有色化合物的离解度，提高显色反应的灵敏度。同时，有机溶剂还可能提高显色反应的速度以及影响有色配合物的溶解度和组成。

⑥ 干扰离子的影响。干扰离子的存在对光度测定的影响大致有以下三种情况：（a）干扰离子本身有颜色，在被测物所选用的波长附近有明显的光吸收，但不因加入试剂而改变。（b）干扰离子（不论本身有无颜色）能与显色剂生成有色化合物。（c）干扰离子阻止被测离子与显色剂的反应，致使显色反应进行不彻底，而产生负干扰。

消除干扰作用有以下几种方法：（a）控制酸度；（b）选择适当的掩蔽剂；（c）利用生成惰性配合物；（d）选择适当的测量波长；（e）选用适当的参比溶液；（f）分离。

5.9.2.2 紫外-可见吸收光谱

（1）比较吸收光谱曲线法

吸收光谱的形状、吸收峰的数目和位置及相应的摩尔吸光系数，是定性分析的光谱依据，而最大吸收波长 λ_{max} 及相应的 ε_{max} 是定性分析的最主要参数。比较法有标准物质比较法和标准谱图比较法两种。

利用标准物质比较，在相同的测量条件下测定和比较未知物与已知标准物的吸收光谱曲线，如果两者的光谱完全一致，则可以初步认为它们是同一化合物。为了能使分析更准确可靠，要注意如下几点：

① 尽量保持光谱的精细结构。采用与吸收物质作用力小的非极性溶剂，且采用窄的光谱通带。

② 吸收光谱采用 lgA 对 λ 作图，如果未知物与标准物的浓度不同，则曲线只是沿 lgA 轴平移，而不是像 A-λ 曲线那样以 εb 的比例移动，便于比较分析。

③ 往往还需要用其他方法进行证实，如红外光谱等。

（2）计算不饱和有机化合物最大吸收波长的经验规则

计算不饱和有机化合物最大吸收波长的经验规则有伍德沃德（Woodward）规则和斯科特（Scott）规则。当采用其他物理或化学方法推测未知化合物有几种可能结构后，可用经验规则计算它们最大吸收波长，然后再与实测值进行比较，以确认物质的结构。

5.9.2.3　定量分析方法

（1）单组分的定量分析

如果在一个试样中只需要测定一种组分，且在选定的测量波长下，试样中其他组分对该组分不干扰，则这种单组分的定量分析较简单。一般有标准对照法和标准曲线法两种。

① 标准对照法。在相同条件下，平行测定试样溶液和某一浓度 c_s（应与试液浓度接近）的标准溶液的吸光度 A_x 和 A_s，则由 c_s 可计算试样溶液中被测物质的浓度 c_x。

② 标准曲线法。配制一系列不同浓度的标准溶液，以不含被测组分的空白溶液作参比，测定标准系列溶液的吸光度，绘制吸光度对浓度的曲线，称为校正曲线（也叫标准曲线或工作曲线）。在相同条件下测定试样溶液的吸光度，从校正曲线上找出与之对应的未知组分的浓度。此外，有时还可以采用标准加入法。

（2）多组分的定量分析

根据吸光度具有加和性的特点，在同一试样中可以同时测定两个或两个以上组分。假设要测定试样中的两个组分 A、B，如果分别绘制 A、B 两纯物质的吸收光谱，则可绘出三种情况，如图 5-20 所示。

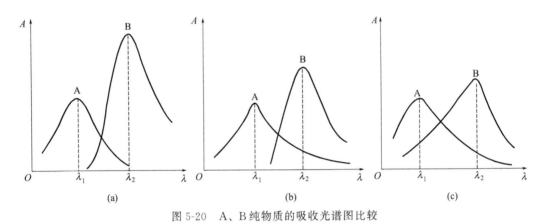

图 5-20　A、B 纯物质的吸收光谱图比较

图 5-20(a) 表明两组分互不干扰，可以用测定单组分的方法分别在 λ_1、λ_2 测定 A、B 两组分；

图 5-20(b) 表明 A 组分对 B 组分的测定有干扰，而 B 组分对 A 组分的测定无干扰，则可以在 λ_1 处单独测量 A 组分，求得 A 组分的浓度 c_A。然后在 λ_2 处测量溶液的吸光度 $A_{\lambda_2}^{A+B}$ 及 A、B 纯物质的 $\varepsilon_{\lambda_2}^A$ 和 $\varepsilon_{\lambda_2}^B$ 值，根据吸光度的加和性，即得

$$A_{\lambda_2}^{A+B}=A_{\lambda_2}^A+A_{\lambda_2}^B=\varepsilon_{\lambda_2}^A bc_A+\varepsilon_{\lambda_2}^B bc_B$$

则可以求出 c_B；用下式：

$$A_{\lambda_2}^{A+B}=A_{\lambda_2}^A+A_{\lambda_2}^B=\varepsilon_{\lambda_2}^A bc_A+\varepsilon_{\lambda_2}^B bc_B$$

则可以求出 c_B；

图 5-20(c) 表明两组分彼此互相干扰，此时，在 λ_1、λ_2 处分别测定溶液的吸光度 $A_{\lambda_1}^{A+B}$ 及 $A_{\lambda_2}^{A+B}$，而且同时测定 A、B 纯物质的 $\varepsilon_{\lambda_1}^A$、$\varepsilon_{\lambda_1}^B$ 及 $\varepsilon_{\lambda_2}^A$、$\varepsilon_{\lambda_2}^B$ 值。然后列出联立方程式

$$A_{\lambda_1}^{A+B}=\varepsilon_{\lambda_1}^A bc_A+\varepsilon_{\lambda_1}^B bc_B$$

$$A_{\lambda_2}^{A+B}=\varepsilon_{\lambda_2}^A bc_A+\varepsilon_{\lambda_2}^B bc_B$$

解得 c_A、c_B。显然，如果有 n 个组分的光谱互相干扰，就必须在 n 个波长处分别测定吸光度的加和值，然后解 n 元一次方程以求出各组分的浓度。

（3）双波长分光光度法

当试样中两组分的吸收光谱较为复杂时用解联立方程式的方法测定两组分的含量可能误差较大，这时可以用双波长分光光度法测定，可以进行一组分在其他组分干扰下测定该组分的含量，也可以同时测定两组分的含量。双波长分光光度法定量测定两混合物组分的主要方法有等吸收波长法和系数倍率法两种。

① 等吸收波长法。试样中含有 A、B 两组分，若要测定 B 组分，A 组分有干扰，采用双波长法进行 B 组分测量，方法如下：为了要能消除 A 组分的吸收干扰，一般首先选择待测组分 B 的最大吸收波长 λ_2 为测量波长，然后用作图法选择参比波长 λ_1，作法如图 5-21 所示。

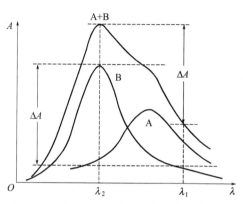

图 5-21　A、B 两组分有吸收干扰的光谱图

在 λ_2 处作一波长轴的垂直线，交于组分 A 吸收曲线的某一点，再从这点作一条平行于波长轴的直线交于组分 B 吸收曲线的另一点，该点所对应的波成为参比波长 λ_1。可见组分 A 在 λ_2 和 λ_1 处是等吸收点，$A_{\lambda_2}^A = A_{\lambda_1}^B$，由吸光度的加和性可见，混合试样在 λ_2 和 λ_1 处的吸光度可表示为：

$$A_{\lambda_2} = A_{\lambda_2}^A + A_{\lambda_2}^B$$

$$A_{\lambda_1} = A_{\lambda_1}^A + A_{\lambda_1}^B$$

双波长分光光度计的输出信号为 ΔA：

$$\Delta A = A_{\lambda_2} - A_{\lambda_1} = A_{\lambda_2}^B + A_{\lambda_2}^A - A_{\lambda_1}^B - A_{\lambda_1}^A$$

$$A_{\lambda_2}^A = A_{\lambda_1}^A$$

$$\Delta A = A_{\lambda_2}^B - A_{\lambda_1}^B = (\varepsilon_{\lambda_2}^B - \varepsilon_{\lambda_1}^B) b c_B$$

可见仪器的输出信号 ΔA 与干扰组分 A 无关，它只正比于待测组分 B 的浓度，即消除了 B 的干扰。

② 系数倍率法。当干扰组分 A 的吸收光谱曲线不呈峰状，仅是陡坡状时，不存在两个波长处的等吸收点时，如图 5-22 所示。

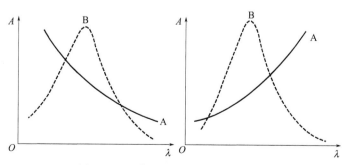

图 5-22　干扰组分 A 的吸收光谱曲线

在这种情况下，可采用系数倍率法测定 B 组分，并采用双波长分光光度计来完成。选择两个波长 λ_1、λ_2，分别测量 A、B 混合液的吸光度 A_{λ_2}、A_{λ_1}，利用双波长分光光度计中差分函数放大器，把 A_{λ_2}、A_{λ_1} 分别放大 k_1、k_2 倍，获得两波长处测得的差示信号 S：

$$S = k_2 A_{\lambda_2}' - k_1 A_{\lambda_1} = k_2 A_{\lambda_2}^B + k_2 A_{\lambda_2}^A - k_1 A_{\lambda_1}^B - k_1 A_{\lambda_1}^A$$

调节放大器，使之满足

$$k_2 A_{\lambda_2}^A = k_1 A_{\lambda_1}^A$$

得到系数倍率 K 为

$$K = \frac{k_2}{k_1} = \frac{A_{\lambda_1}^A}{A_{\lambda_2}^A}$$

$$S = k_2 A_{\lambda_2}^B - k_1 A_{\lambda_1}^B = (k_2 \varepsilon_{\lambda_2}^B - k_1 \varepsilon_{\lambda_1}^B) b c_B$$

差示信号 S 与待测组分 B 的浓度 c_B 成正比，与干扰组分 A 无关，即消除了 A 的干扰。

5.9.3 紫外-可见分光光度计

5.9.3.1 紫外-可见分光光度计组成部件

紫外-可见分光光度计的基本结构是由光源、单色器、吸收池、检测器和信号指示系统五个部分组成。

(1) 光源

分光光度计中常用光源有热辐射光源和气体放电光源两类。热辐射光源用于可见光区，如钨丝灯和卤钨灯；气体放电光源用于紫外光区，如氢灯和氘灯。钨灯和碘钨灯可使用的范围在 $340 \sim 2500nm$。这类光源的辐射能量与施加的外加电压有关，在可见光区辐射的能量与工作电压的 4 次方成正比。光电流与灯丝电压的 n 次方（$n > 1$）成正比。因此必须严格控制灯丝电压，仪器必须配有稳压装置。在近紫外区测定时常用氢灯和氘灯。它们可在 $160 \sim 375nm$ 范围内产生连续光源。氘灯的灯管内充有氢的同位素氘，它是紫外光区应用最广泛的一种光源，其光谱分布与氢灯类似，但光强度比相同功率的氢灯要大 $3 \sim 5$ 倍。

(2) 单色器

单色器是能从光源辐射的复合光中分出单色光的光学装置，其主要功能：产生光谱纯度高的波长且波长在紫外可见区域内任意可调。单色器一般由入射狭缝、准光器（透镜或凹面反射镜使入射光成平行光）、色散元件、聚焦元件和出射狭缝等几部分组成。其核心部分是色散元件，起分光的作用。单色器的性能直接影响入射光的单色性，从而也影响到测定的灵敏度、选择性及校准曲线的线性关系等。能起分光作用的色散元件主要是棱镜和光栅。

① 棱镜。棱镜有玻璃和石英两种材料，它们的色散原理是依据不同的波长光通过棱镜时有不同的折射率而将不同波长的光分开。由于玻璃可吸收紫外光，所以玻璃棱镜只能用于 $350 \sim 3200nm$ 的波长范围。石英棱镜可使用的波长范围较宽，可从 $185 \sim 4000nm$，即可用于紫外、可见和近红外三个光域。

② 光栅。光栅是利用光的衍射与干涉作用制成的，它可用于紫外、可见及红外光域，而且在整个波长区具有良好的、几乎均匀一致的分辨能力。它具有色散波长范围宽、分辨本领高、成本低、便于保存和易于制备等优点。缺点是各级光谱会重叠而产生干扰。入射、出

射狭缝，透镜及准光镜等光学元件中狭缝在决定单色器性能上起重要作用。狭缝的大小直接影响单色光纯度，但过小的狭缝又会减弱光强。

（3）吸收池

吸收池用于盛放分析试样，一般有石英和玻璃材料两种。石英池适用于可见光区及紫外光区，玻璃吸收池只能用于可见光区。为减少光的损失，吸收池的光学面必须完全垂直于光束方向。在高精度的分析测定中（紫外区尤其重要），吸收池要挑选配对。因为吸收池材料的本身吸光特征以及吸收池的光程长度的精度等对分析结果都有影响。

（4）检测器

检测器的功能是检测信号、测量单色光透过溶液后光强度变化的一种装置。常用的检测器有光电池、光电管和光电倍增管等。硒光电池对光的敏感范围为 $300\sim800nm$，其中又以 $500\sim600nm$ 最为灵敏。这种光电池的特点是能产生可直接推动微安表或检流计的光电流，但由于容易出现疲劳效应而只能用于低档的分光光度计中。光电管在紫外-可见分光光度计上应用较为广泛，光电倍增管是检测微弱光最常用的光电元件，灵敏度比一般的光电管要高 200 倍，因此可使用较窄的单色器狭缝，从而对光谱的精细结构有较好的分辨能力。

（5）信号指示系统

信号指示系统的作用是放大信号并以适当方式指示或记录下来。常用的信号指示装置有直读检流计、电位调节指零装置以及数字显示或自动记录装置等。很多型号的分光光度计装配有微处理机，一方面可对分光光度计进行操作控制，另一方面可进行数据处理。

通常在实验室工作中，验收新仪器或实验室使用过一段时间后都要进行波长校正和吸光度校正。建议采用下述的较为简便和实用的方法来进行校正：镨钕玻璃或钬玻璃都有若干特征的吸收峰，可用来校正分光光度计的波长标尺，前者用于可见光区，后者则对紫外和可见光区都适用。也可用 K_2CrO_4 标准溶液来校正吸光度标度。

5.9.3.2　紫外-可见分光光度计的类型

（1）单光束分光光度计

经单色器分光后的一束平行光，轮流通过参比溶液和样品溶液，以进行吸光度的测定。这种分光光度计结构简单，操作方便，维修容易，适用于常规分析。

（2）双光束分光光度计

经单色器分光后经反射镜分解为强度相等的两束光，一束通过参比池，一束通过样品池。光度计能自动比较两束光的强度，此比值即为试样的透射比，经对数变换将它转换成吸光度并作为波长的函数记录下来。双光束分光光度计一般都能自动记录吸收光谱曲线。由于两束光同时分别通过参比池和样品池，还能自动消除光源强度变化所引起的误差。

（3）双波长分光光度计

由同一光源发出的光被分成两束，分别经过两个单色器，得到两束不同波长（λ_1 和 λ_2）的单色光；利用切光器使两束光以一定的频率交替照射同一吸收池，然后经过光电倍增管和电子控制系统，最后由显示器显示出两个波长处的吸光度差值 $\Delta A（\Delta A = A_{\lambda_1} - A_{\lambda_2}）$。对于多组分混合物、混浊试样（如生物组织液）分析，以及存在背景干扰或共存组分吸收干扰的情况下，利用双波长分光光度法，往往能提高方法的灵敏度和选择性。利用双波长分光光度计，能获得导数光谱。通过光学系统转换，使双波长分光光度计能很方便地转化为单波长工作方式。如果能在 λ_1 和 λ_2 处分别记录吸光度随时间变化的曲线，还能进行化学反应动力学研究。

5.9.4 案例分析

分光光度法测微量铁

（1）实验原理

磺基水杨酸是分光光度法测定铁的有机显色剂之一。磺基水杨酸（简式为 H_3R）与 Fe^{3+} 可以形成稳定的配合物，因溶液 pH 的不同，形成配合物的组成也不同。在 pH 为 4～9 的溶液中，Fe^{3+} 与磺基水杨酸反应生成红色配合物。在最大吸收波长 460nm 处，测量溶液吸光度，测定铁含量。

（2）实验过程

① 仪器与试剂：

a.仪器：分光光度计；11 只 50mL 容量瓶；1 只 100mL 烧杯；1 支 10mL 分刻度吸量管；1 只 10mL 量筒；1 对 1cm 比色皿；3 支塑料滴管；洗耳球；洗瓶；标签纸；记号笔；废纸篓；废液杯；手套；口罩；护目镜等。

b.试剂：50.00μg/mL 铁标准溶液；pH 为 6～7 缓冲溶液；100g/L 磺基水杨酸溶液；（2+1）盐酸；（1+9）过氧化氢；20～30ug/mL 未知铁试样溶液。

② 实验步骤。

a.标准曲线的绘制：在 7 只 50mL 容量瓶中，分别加入 0.00mL、2.00mL、4.00mL、5.00mL、6.00mL、8.00mL、10.00mL 铁标准溶液，3 滴盐酸、3 滴过氧化氢溶液，冷却后加入 5mL 磺基水杨酸溶液，5mL 缓冲溶液，用水稀释至刻度，放置 10min 后，以不加铁标准溶液的溶液为参比，于波长 460nm 测量其吸光度，绘制标准曲线。

b.未知样浓度的测定：取一定量的未知铁试样溶液三份，另取同样体积的试剂空白溶液一份，分别置于 4 只 50mL 容量瓶中，加入 3 滴盐酸、3 滴过氧化氢溶液，冷却后加入 5mL 磺基水杨酸溶液，5mL 缓冲溶液，用水稀释至刻度，放置 10min 后，以不加铁标准溶液的溶液为参比，于波长 460nm 测量其吸光度。由测得的吸光度从工作曲线查得未知铁试样溶液铁含量，以 μg/mL 表示。同时计算平行测定的极差的相对值。

（3）实验数据处理

① 比色皿配套性检验。

$A_1 = 0.000$ $\qquad$ $A_2 = $ _____

② 未知试样的定量测量。

a.工作曲线使用的铁标准溶液浓度：_____ μg/mL。

b.工作曲线的绘制。

测量波长：_____ nm $\qquad$ 吸收池：_____ cm

溶液编号	吸取标液体积/mL	$\rho/(\mu g/mL)$		A
1				
2				
3				
4				
5				
6				
7				

c. 未知液的配制：

稀释次数	吸取体积/mL	稀释后体积/mL	稀释倍数
1			
2			

d. 未知物铁含量的测定：

平行测定次数	1	2	3	备用
吸光度 A				
$\rho(Fe)$（查得的浓度）/$(\mu g/mL)$				
$\rho(Fe)$（原试液浓度）/$(\mu g/mL)$				
$\bar{\rho}(Fe)$（原试液平均浓度）/$(\mu g/mL)$				
平行测定的极差相对值/%				

计算公式为：
$$\rho_{试} = \rho_x \times n$$

式中　$\rho_{试}$——未知试液的浓度，$\mu g/mL$；

ρ_x——工作曲线上查得稀释后的浓度，$\mu g/mL$；

n——未知试液的稀释倍数。

5.10　色谱分析法

5.10.1　色谱法原理

5.10.1.1　色谱法分类

色谱法（chromatography）是利用物质的物理化学性质建立起来的分离、分析方法，广泛用于复杂化合物的分离分析。它的工作原理是基于组分通过互不相溶的两相而达到分离。样品溶解在流动相（mobile phase）中，从装填在柱子中或涂渍在载体表面的固定相（stationary phase）上通过，依据组分与固定相之间的相互作用力的不同，经过充分的运行时间被分离。通常按以下几种方式分类。

（1）按两相状态分类

根据流动相状态，流动相是气体的，称为气相色谱法（gas chromatography，GC）；流动相是液体的，称为液相色谱法（liquid chromatography，LC）。若流动相为超临界流体，则称为超临界流体色谱法（supercritical fluid chromatography，SFC）。根据固定相状态，是活性固体（吸附剂）还是不挥发液体或在操作温度下呈液体，气相色谱法又可分为气固色谱法（gas-solid chromatography，GSC）和气液色谱（gas-liquid chromatography，GLC）法；同理，液相色谱法也可分为液固色谱（liquid-solid chromatography，LSC）和液液色谱法（liquid-liquid chromatography，LLC）。

（2）按分离原理分类

根据不同组分在固定液体中溶解度的大小不同而分离的称为分配色谱（partition chromatography），气相色谱法中的气液色谱和液相色谱法中的液液色谱均属于分配色谱。根据不同组分在吸附剂上的吸附和解吸能力的大小不同而分离的称为吸附色谱（adsorption chromatography），气相色谱法中的气固色谱和液相色谱法中的液固色谱均属于吸附色谱。

（3）按固定相的形式分类

固定相在柱内的称为柱色谱，柱色谱有填充柱色谱和开管柱色谱。固定相填充满玻璃或金属管中的称为填充柱色谱（fill column chromatography）；固定相固定在管内壁的称为开管柱色谱或毛细管柱色谱（capillary column chromatography）。固定相呈平面状的称为平板色谱（tablet column chromatography），平板色谱有纸色谱（paper chromatography）和薄层色谱（thin layer chromatography）两种。前者以吸附水分的滤纸作固定相，后者以涂敷在玻璃板上的吸附剂作固定相。

（4）按固定相材料分类

根据固定相材料的不同进行分类。以离子交换剂为固定相的称为离子交换色谱（ion exchange chromatography）。以孔径有一定范围的多孔玻璃或多孔高聚物为固定相的称为尺寸排阻色谱（size exclusion chromatography）。采用化学键合相（即通过化学反应将固定液分子键合于多孔载体上，如硅胶上）的称为键合相色谱（bonded phase chromatography）。

5.10.1.2 色谱流出曲线及专用术语

（1）色谱流出曲线

通常，如果进样浓度很小，在吸附等温线的线性范围内，色谱流出曲线（即色谱图）可以假设为对称的，如图 5-23 所示。

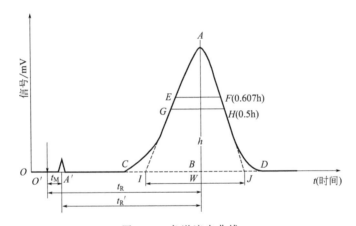

图 5-23　色谱流出曲线

A—峰面积，色谱峰与峰底间的面积；E、F—拐点，0.607 倍峰高处平行线与色谱峰的交点；G、H—半峰宽 $W_{1/2}$，峰高一半处色谱峰的宽度；I、J—峰底宽度 W，通过色谱峰两侧的拐点作切线，切线与基线交点间的距离为峰底宽度；t_M—死时间（图中 OO' 所示的距离），不与固定相作用的物质从进样到出现峰极大值时的时间，它与色谱柱的空隙体积成正比；t_R—保留时间，指待测组分从进样到柱后出现浓度最大值时所需要的时间；t_R'—调整保留时间，扣除死时间的保留时间

（2）色谱专用术语

① 相（phase）、固定相（fixed phase）和流动相（flow phase）。一个体系中的某一均匀部分称为相。在色谱分离过程中，固定不动的一相称为固定相，通过或沿着固定相移动的流体称为流动相。

② 色谱峰（chromatographic peak）。物质通过色谱柱进入检测器后，记录器上出现的一个个曲线称为色谱峰。

③ 基线（base line）。在色谱操作条件下，没有被测组分通过检测器时，记录器所记录的检测器噪声随时间变化的图线称为基线。

④ 峰高 (peak height) 与半峰宽 (semi-peak width)。由色谱峰的浓度极大点向时间坐标引垂线与基线相交点间的高度称为峰高，一般以 h 表示。色谱峰高一半处的宽为半峰宽，一般以 $x_1/2$ 表示。

⑤ 峰面积 (peak area)。流出曲线 (色谱峰) 与基线构成的面积称峰面积，用 A 表示。

⑥ 死时间 (dead time)、保留时间 (retention time) 及校正保留时间 (calibration retention time)。从进样到惰性气体峰出现极大值的时间称为死时间，以 t_d 表示。从进样到出现色谱峰最高值所需的时间称保留时间，以 t_r 表示。保留时间与死时间之差称校正保留时间，以 t_r' 表示。

⑦ 死体积 (dead volume)，保留体积 (retention volume) 与校正保留体积 (calibration retention volume)。死时间与载气平均流速的乘积称为死体积，以 V_d 表示。载气平均流速以 F_c 表示，$V_d = t_d \times F_c$。保留时间与载气平均流速的乘积称保留体积，以 V_r 表示，$V_r = t_r \times F_c$。

⑧ 保留值 (retention value) 与相对保留值 (relative retention value)。保留值是表示试样中各组分在色谱柱中的停留时间的数值，通常用时间或用将组分带出色谱柱所需载气的体积来表示。以一种物质作为标准，而求出其他物质的保留值对此标准物的比值，称为相对保留值。

⑨ 噪声 (noise)。基线的不稳定程度称噪声。

⑩ 基流 (background current)。氢焰色谱在没有进样时仪器本身存在的基始电流 (底电流)，简称基流。

5.10.2 气相色谱法

气相色谱仪由气路系统、进样系统、分离系统、检测系统组成。

(1) 气路系统

气源就是为 GC 仪器提供载气和/或辅助气体的高压钢瓶或气体发生器。GC 对各种气体的纯度要求较高，这是因为气体中的杂质会使检测器的噪声增大，还可能对色谱柱性能有影响。检测器辅助气体如果不纯，更会增大背景噪声，缩小检测器的线性范围，严重的会污染检测器。实际工作中要在气源与仪器之间连接气体净化装置，一般采用装有分子筛 (如 5A 分子筛或 13X 分子筛) 的过滤器以吸附有机杂质，采用活性炭除去气体中的碳氢化合物，采用变色硅胶除去水蒸气。可根据检测器的噪声水平判断气体的纯度，如果噪声明显增大，就要首先检查气体纯度。

(2) 进样系统

气相色谱进样系统的作用是将样品直接或经过特殊处理后引入气相色谱仪的汽化室或色谱柱进行分析，根据不同功能可划分为如下几种：

① 手动进样系统微量注射器。使用微量注射器抽取一定量的气体或液体样品注入气相色谱仪进行分析的手动进样，适用于热稳定的气体和沸点一般在 500℃ 以下的液体样品的分析。用于气相色谱的微量注射器种类繁多，可根据样品性质选用不同的注射器。对于水中有机物的分析通常采用固相微萃取 (SPME) 进样器，可用于萃取液体或气体基质中的有机物，萃取的样品可手动注入气相色谱仪的汽化室进行热解析汽化，然后进色谱柱分析。

② 液体自动进样器。液体自动进样器用于液体样品的进样，可以实现自动化操作，降低人为的进样误差，减少人工操作成本。适用于批量样品的分析。

③ 阀进样系统、气体进样阀。

a. 气体样品采用阀进样不仅定量重复性好，而且可以与环境空气隔离，避免空气对样品的污染，采用注射器的手动进样很难做到上面这两点。采用阀进样的系统可以进行多柱多阀的组合实现一些特殊分析。气体进样阀的样品定量管体积一般在 0.25mL 以上。

b.液体进样阀。液体进样阀一般用于装置中液体样品的在线取样分析，其样品定量环一般是阀芯处体积约 $0.1\sim1.0\mu L$ 的刻槽。

（3）分离系统

分离系统由色谱柱组成，它是色谱仪的核心部件。色谱柱有填充柱和毛细管柱两种。

填充柱：填充柱由不锈钢或玻璃材料制成，内装固定相，一般内径为 $2\sim4mm$，长 $1\sim3m$。填充柱的形状有 U 形和螺旋形二种。

毛细管柱：毛细管柱又叫空心柱，分为涂壁、多孔层和涂载体空心柱。涂壁空心柱是将固定液均匀地涂在内径为 $0.1\sim0.5mm$ 的毛细管内壁而成，毛细管材料可以是不锈钢、玻璃或石英。毛细管色谱柱渗透性好，传质阻力小，而柱子可以做到几十米长。与填充柱相比，其分离效率高、分析速度快、样品用量小，但柱容量低、要求检测器的灵敏度高，并且制备较难。

色谱柱分离条件的选择主要从以下几个方面考虑：

① 选择载气种类和流速。

② 选择柱温。当柱子确定后，组分的分离程度还与柱温有关。首先应使柱温在固定液的最高至最低使用范围内。柱温升高，分离度下降，保留时间缩短，色谱峰变窄变高；柱温下降，分离度增加，分析时间延长。一般选择接近或略低于组分平均沸点的温度为柱温。组分复杂、沸程很宽的试样应采用程序升温的方法。

③ 选择进样方式和进样量。液体试样采用色谱微量进样器，进样器规格有 $1\mu L$、$10\mu L$、$100\mu L$。填充柱一般使用 $10\mu L$ 进样器，进样量应控制在柱容量允许范围及检测器线性检测范围之内。进样动作要快，时间要短。气体试样应采用气体进样阀进样。

④ 选择汽化温度。在色谱仪进样口下端有一汽化器，液体试样进样后，需要在此瞬间汽化，汽化温度一般较柱温高 $30\sim70℃$。应防止汽化温度太高而造成试样分解。

（4）检测系统

① 热导池检测器（thermal conductivity detector，TCD）。热导池检测器是一种结构简单，性能稳定，线性范围宽，对无机、有机物质都有响应，灵敏度适中的检测器（浓度型检测器）。该检测器是根据各种物质和载气的导热系数不同，采用热敏元件进行检测的。桥路电流、载气、热敏元件的电阻值、电阻温度系数、池体温度等因素影响热导池的灵敏度。通常载气与样品的导热系数相差越大灵敏度越高。由于被测组分的导热系数都比较小，应选用导热系数高的载气。常用载气的导热系数大小顺序为 $H_2>He>N_2$，在使用热导池检测器时，一般选用 H_2 为载气。当桥电流和钨丝温度一定时，如果降低池体的温度，将使得池体与钨丝的温差变大，从而可提高热导池检测器的灵敏度。但检测器的温度应略高于柱温，以防组分在检测器内冷凝。

② 火焰离子化检测器（flame ionization detector，FID）。氢火焰离子化检测器简称氢焰检测器（质量型检测器），是以氢气和空气燃烧的火焰作为能源，利用含碳化合物在火焰中燃烧产生离子，在外加的电场作用下，使离子形成离子流，根据离子流产生的电信号强度，检测被色谱柱分离出的组分。它具有结构简单、灵敏度高、死体积小、响应快、稳定性好的特点，但它仅对含碳有机化合物有响应，对某些物质，如永久性气体、水、一氧化碳、二氧化碳、氮的氧化物、硫化氢等不产生信号或者信号很弱。

操作条件选择和注意事项：

a.载气的选择：载气——N_2；燃气——H_2；助燃气——空气。

b. 使用温度：高于柱温 50～100℃。

c. 注意问题：质量型检测器，$h \propto u$，以峰高 h 定量，应保持载气流速 u 恒定（峰高定量依据）。

5.10.3 气相色谱案例分析

5.10.3.1 内标法测定甲苯的组分

(1) 实验原理

① 相对校正因子（f_i'）。在一定色谱操作条件下，进入检测器的组分 i 的质量 m_i 或浓度与检测器的响应信号（色谱峰的峰高或峰面积 A_i）成正比，即

$$m_i = f_i A_i$$

式中 f_i 为定量校正因子。定量校正因子是一个与色谱操作条件有关的参数，其大小主要取决于仪器的灵敏度。定量校正因子分为绝对校正因子和相对校正因子，相对校正因子的是指组分 i 与另一标准物质 s 的绝对校正因子之比：

$$f_i' = \frac{f_i}{f_s}$$

相对校正因子通常也叫作校正因子，是一个量纲为 1 的量，通常用的是相对质量校正因子，公式为：

$$f_m' = \frac{f_{i(m)}}{f_{s(m)}} = \frac{m_i A_s}{m_s A_i}$$

式中　A_i，A_s——组分 i 和内标物 s 的面积；

　　　m_i，m_s——组分 i 和内标物 s 的质量。

根据所测的实验数据计算出各个物质的相对质量校正因子。

② 内标法。内标法是将一种纯物质作为标准物（称内标物 s）定量加入到待测样品中，依据待测组分与内标物在检测器上响应值之比及内标物加入量进行定量分析的一种方法。计算公式

$$\omega_i = f_i' \times \frac{A_i}{A_s} \times \frac{m_s}{m_{试样}} \times 100\%$$

式中　i——试样中各种物质；

　　　s——内标物；

　$m_{样}$——样品的质量，g。

内标法的优点是可消除进样量操作条件的微小变化所引起的误差，定量较准确。

(2) 实验过程

① 仪器：GC7890F 型气相色谱仪（或其他型号气相色谱仪），气体高压钢瓶（N_2、H_2 与空气，其中氢气、空气高压钢瓶可用氢气压缩机和空气压缩机代替），氮气、氢气、氧气减压阀，气体净化器，填充色谱柱 [DNP，2m×3mm，100～120 目（目是指边长为 2.54cm 的正方形上的孔眼数量）]，石墨垫圈，硅胶垫，色谱工作站，样品瓶、电子天平，微量注射器（1μL）。

② 实验试剂：苯、甲苯（GC 级别）、甲苯试样（C.P. 级）、正己烷（A.R.）、蒸馏水。

③ 实验步骤：

a. 配制标准溶液：在干燥洁净的样品瓶中加入 3mL 正己烷。加入 $100\mu L$ 甲苯（GC级），准确称其质量（m_{s_1}）；加入 $100\mu L$ 苯（GC级，内标物），准确称其质量（m_{s_2}）。摇匀备用，此为配制的甲苯测试标样。

b. 配制测试溶液：在另一个干燥洁净的样品瓶中加入 3mL 正己烷。加入 $100\mu L$ 所测甲苯试样，准确称其质量（$m_{样}$）；加入 $100\mu L$ 苯（GC级，内标物），准确称其质量（m_{s_3}）。摇匀备用，此为配制的甲苯测试试样。

④ 气相色谱仪的开机及参数设置：

a. 打开载气（N_2）钢瓶总阀，调节输出压力为 0.4MPa。

b. 打开载气净化器开关，调节载气合适的柱前压，如 0.14MPa，稳流阀控制为 4.4 圈，控制载气流量为约 35mL/min。

c. 打开气相色谱仪电源开关和加热开关。

注意： 气相色谱仪柱箱内预装 DNP 填充柱（$2m\times 3mm$，$100\sim 120$ 目），先完成老化操作（老化时注意不要超过填充色谱柱的最高使用温度 $140^{\circ}C$）。

d. 设置柱温为 $85^{\circ}C$、汽化室温度为 $160^{\circ}C$ 和检测器温度为 $140^{\circ}C$。

⑤ 氢火焰离子化检测器的基本操作：

a. 待柱温、汽化室温度和检测器温度到达设定值并稳定后，打开空气高压钢瓶，调节减压阀输出压力为 0.4MPa；打开氢气钢瓶，调节减压阀输出压力为 0.2MPa。

b. 打开空气净化器开关，调节空气稳流阀 5.0 圈，控制其流量为约 200mL/min。

c. 打开氢气净化器开关，调节氢气稳流阀 4.5 圈，控制其流量为约 30mL/min。

d. 用点火枪点燃氢火焰。

e. 让气相色谱仪走基线，待基线稳定。

⑥ 试样的定性定量分析：

a. 取两支 $10\mu L$ 微量注射器，以溶剂（如无水乙醇）清洗完毕后，备用。

b. 打开色谱工作站，观察基线是否稳定。

c. 基线稳定后，将其中一支微量注射器用甲苯测试标样润洗后，准确吸取 $1\mu L$ 该标样，按规范进样，启动色谱工作站，绘制色谱图。

d. 按相同方法再测定 2 次甲苯测试标样与 3 次甲苯试样，记录各主要色谱峰的峰面积。

e. 在相同色谱操作条件下，分别以苯、甲苯（GC级）标样（用正己烷稀释至适当浓度）进样分析，以各标样出峰时间（即保留时间）确定甲苯测试标样与甲苯测试试样中各色谱峰所代表的组分名称。

⑦ 结束工作：

a. 实验完毕后，先关闭氢气钢瓶总阀，待压力表回零后，关闭仪器上氢气稳压阀，关闭氢气净化器开关。

b. 关闭空气钢瓶总阀，待压力表回零后，关闭仪器上空气稳压阀，关闭空气净化器开关。

c. 设置汽化室温度、柱温在室温以上约 $10^{\circ}C$、检测器温度为 $120^{\circ}C$。

d. 待柱温达到设定值时关闭气相色谱仪电源开关

e. 关闭载气钢瓶和减压阀，关闭载气净化器开关。

f. 清理台面，填写仪器使用记录。

⑧ 数据处理：

a. 按下表记录色谱操作条件。

序号	步骤	项目		
1	载气等压力表示值/MPa	氮气(N₂)	氢气(H₂)	空气(AIR)
2	温度设置/℃	汽化室(INJ)	检测器(DET)	柱室(OVE)
3	流速/压力	分流/(mL/min)	吹扫/(mL/min)	尾吹/MPa
4	定性结果(各物质的保留时间)	单针标样	甲苯测试标样	甲苯测试试样
5	测定结果/%	第一次	第二次	第三次
6	平均值/%			
7	相对标准偏差/%			

b. 对每一次进样分析的色谱图进行适当优化处理。

c. 记录优化后的色谱图上显示出的峰面积等数值。

d. 处理数据。

相对校正因子的计算：对甲苯测试标样所绘制色谱图，按公式

$$f'_{im}=\frac{f_{i(m)}}{f_{s(m)}}=\frac{m_{s_1}A_{s(苯)}}{m_{s_2(苯)}A_{i(甲苯)}} \quad (以苯为基准物质)$$

计算甲苯的相对校正因子 f'_{im}。

市售甲苯试剂纯度的计算：对甲苯试样所绘制色谱图，按公式

$$\omega_i=f'_i\frac{A_{i(甲苯)}}{A_{s(苯)}}\times\frac{m_{s_3(苯)}}{m_{试样}}\times100\%$$

计算甲苯试剂中甲苯的质量分数（%），并计算其平均值与相对平均偏差（%）。

（3）注意事项

① 注射器使用前先用环己烷抽洗 15 次左右，然后再用所要分析的样品抽洗 15 次左右。

② 在完成定性操作时要注意进样与色谱工作站采集数据在时间上的一致性。

③ 氢气是一种危险气体，使用过程中一定要按要求规范操作，而且色谱实验室一定要有良好的通风设备。

④ 实验过程应注意防止高温烫伤。

5.10.3.2　归一化法测定丁醇异构体混合物组分

（1）实验原理

聚乙二醇是一种常用的具有强极性且带有氢键的固定液，用它制备的 PEG-20M 色谱柱，对醇类有很好的选择性，特别是对四种丁醇异构化合物的分析，在一定的色谱操作条件下，四种丁醇异构化合物可完全分离（正丁醇保留时间：3.15，以此为基准，叔丁醇、仲丁醇及异丁醇的相对保留时间分别为 0.26、0.50、0.70），而且分离时间短，一般只需 4min 左右。

① 定性分析。定性分析的目的是确定试样的组成，即明确每个色谱峰代表什么物质。由于色谱定性分析所依据的参数主要是各个组分的保留值，而不同组分在相同色谱条件下的保留行为可能相同。因此，仅凭色谱峰对未知物进行定性，有相当的困难，对于一个未知样

品，首先应尽可能充分地了解其来源、性质，分析目的，在此基础上对样品中可能含有的组分进行初步估计，然后再结合有关定性参数，采用适当的定性方法进行定性。

a. 利用相对保留值定性：利用已知标准物对照定性是最简单的定性方法，其依据是相同的色谱操作条件下组分有固定的保留值，由于不同物质在相同色谱条件下，也有可能有相同的保留值，因此，使用保留值进行定性时必须十分慎重。定性操作是测定试样中各组分的保留时间，求出相对保留值（γ），即各组分与标准物（异戊醇）的保留时间的比值 $\gamma_{is} = \dfrac{t'_{Ri}}{t'_{R_s}}$，将试样中各组分的相对保留值与标样的相对保留值进行比较定性。

b. 峰高增加法定性：色谱分析中，可将已知纯物质加入到样品中，观察各组分色谱峰的相对变化来进行定性，这种方法称为峰高增加法定性，特别适合于未知样品中组分色谱峰过于密集，相保留时间不易辨别的情况。

② 定量分析（归一化法）。设试样中有 n 个组分，各组分的质量分别为 $m_1, m_2, \cdots, m_n$，在一定色谱操作条件下测得各组分峰面积分别为 $A_1, A_2, \cdots, A_n$，则组分 i 的质量分数 w_i 为：

$$\omega_i = \frac{m_i}{m_{试样}} \times 100\% = \frac{m_i}{m_1 + m_2 + \cdots + m_n} \times 100\%$$
$$= \frac{f'_i A_i}{f'_1 A_1 + f'_2 A_2 + \cdots + f'_n A_n} \times 100\%$$

若试样中各组分的相对校正因子 f 很接近（如同分异构体或同系物）时，可不用校正因子，直接用峰面积归一化法进行定量，即

$$\omega_i = \frac{A_i}{\sum_{i=1}^{n} A_i} \times 100\%$$

归一化法的优点是简便、准确，进样量、流速、柱温等条件的变化对定量结果的影响很小；其不足是校正因子的测定比较麻烦，同时要求样品中各个组分能完全分离且均能在检测器上产生相应信号。

(2) 实验过程

① 仪器：GC9790J 型气相色谱仪（或其他型号气相色谱仪），气体高压钢瓶（N_2、H_2 与空气，其中氢气、空气高压钢瓶可用氢气压缩机和空气压缩机代替），氮气、氢气、氧气减压阀，气体净化器，填充色谱柱（PEG-20M，$2m \times 3mm$，$100 \sim 120$ 目），石墨垫圈，硅胶垫，色谱工作站，样品瓶、电子天平、微量注射器（$1\mu L$）。

② 试剂：异丁醇、仲丁醇、叔丁醇、正丁醇（GC），样品（含少量上述四种醇，纯溶剂为水），蒸馏水。

③ 实验步骤：

a. 测试标样的配制：取一个干燥洁净的样品瓶，吸取 3mL 水，再分别加入 $100\mu L$ 叔丁醇、仲丁醇、异丁醇与正丁醇，准确称其质量，其质量记为 m_{s_1}、m_{s_2}、m_{s_3}、m_{s_4}。摇匀备用，此为配置丁醇测试标样。

b. 测试样的准备：另取一个干燥洁净的样品瓶，加入约 3mL 丁醇试样，备用。

④ 试样的定性定量分析：

a. 取两支 $10\mu L$ 微量注射器，以溶剂（如无水乙醇）清洗完毕后，备用。

b. 打开色谱工作站，观察基线是否稳定。

c. 基线稳定后，将其中一支微量注射器用丁醇测试标样润洗后，准确吸取 $1\mu L$ 该标样，

按规范进样，启动色谱工作站，绘制色谱图，完毕后停止数据采集。

d. 按相同方法再测定 2 次丁醇测试标样与 3 次丁醇试样，记录各主要色谱峰的峰面积。

e. 在相同色谱操作条件下，分别以叔丁醇、仲丁醇、异丁醇与正丁醇（GC 级）标样（用蒸馏水稀释至适当浓度）进样分析，以各标样出峰时间（即保留时间）确定丁醇测试标样与丁醇测试试样中各色谱峰所代表的组分名称。

⑤ 数据处理：

a. 按下表记录色谱操作条件。

序号	步骤	项目		
1	载气等压力表示值/MPa	氮气（N₂）	氢气（H₂）	空气（AIR）
2	温度设置/℃	气化室（INJ）	检测器（DET）	柱室（OVE）
3	流速/压力	分流/(mL/min)	吹扫/(mL/min)	尾吹/MPa
4	定性结果 （各物质的保留时间）	单针标样	丁醇测试标样	丁醇试样
5	测定结果/%	第一次	第二次	第三次
6	平均值/%			
7	相对标准偏差/%			

b. 对每一次进样分析的色谱图进行适当优化处理。

c. 记录优化后的色谱图上显示出的峰面积等数值。

d. 数据处理

对丁醇测试标样所绘制色谱图，按公式：

$$f'_{im} = \frac{f_{i(m)}}{f_{s(m)}} = \frac{m_i A_s}{m_s A_i} \text{（以正丁醇或其他丁醇异构体为基准物质）}$$

计算各丁醇异构体混合物的相对校正因子 f'_{im}。

对丁醇试样所绘制色谱图，按公式：

$$\omega_i = \frac{f'_i A_i}{f'_1 A_1 + f'_2 A_2 + \cdots + f'_n A_n} \times 100\% = \frac{f'_i A_i}{\sum\limits_{i=1}^{n} f'_i A_i} \times 100\%$$

计算丁醇试样中各同分异构体的质量分数（%），并计算其平均值与相对平均偏差（%）。

5.10.4 高效液相色谱法

5.10.4.1 高效液相色谱仪

高效液相色谱（high performance liquid chromatography，HPLC）仪由贮液器、脱气装置、高压泵、梯度流脱装置、进样器、色谱柱和检测器等组成。

(1) 贮液器

贮液器主要用来提供足够数量的符合要求的流动相。对于贮液器的要求是：必须具有足够的容积，已备重复分析时保证供液；脱气方便；能耐一定的压力；所选用的材质对所使用的溶剂都是惰性的。贮液器一般是以不锈钢、玻璃、聚四氟乙烯和特种塑料聚醚醚酮（PEEK）衬里为材料，容积一般为 0.5～2.0L。

所有流动相在放入贮液罐之前必须经过 $0.45\mu m$ 滤膜过滤，除去流动相中的机械杂质，以防输液管道或进样阀产生阻塞现象。流动相在使用前必须脱气，因为色谱柱是带压力操作的，而检测器是在常压下工作的。若流动相中所含有的空气不除去，则流动相通过柱子时，其中的气泡受到压力而压缩，流出柱子后到检测器时因常压而将气泡释放出来，造成检测器噪声增大，基线不稳，仪器不能正常工作，在梯度洗脱时尤其突出。

（2）脱气装置

流动相脱气是 HPLC 系统能得到可靠数据的一个很有效的措施。HPLC 泵在输送液体时要产生很大的压力，由于气体的压缩与液体相比大得多，因而当气泡存在时会有瞬间的流速降低和系统压力下降。如果这个气泡足够大，液相泵将不能输送任何溶剂，当压力低于预先设定压力的低限时泵将停止工作。当一个气泡通过输液泵时，由于系统压力大，气泡通常会溶解在流动相溶液中，随流动相通过色谱柱，但是到达检测器流通池时系统压力恢复到了大气压，因而气泡可能在检测器流通之中又显现，在色谱图上会出现不规律的毛刺。在线脱气装置使用简单、低故障、有效。

（3）高压泵

高压输液泵是高效液相色谱仪的关键部件，其作用是将流动相以稳定的流速或压力输送到色谱分离系统，对于带有在线脱气装置的色谱仪，流动相先经过脱气装置后再输送到色谱柱。

① 高压输液泵的要求：

a. 泵体材料耐化学腐蚀。

b. 耐高压，且能在高压下连续工作 8～24h。目前商品化的 HPLC 高压泵最高设定工作压力一般在 41.36MPa（6000psi）左右，超高压液相色谱高压泵的最高压力甚至可达 68.94MPa（10000psi）。

c. 输液平衡，脉动小，流量重复性（±0.5%内）与准确度高（±0.5%）。

d. 流量范围宽，连续可调。HPLC 输液泵的流量范围一般在 0.001～10mL/min。制备色谱则要求流量范围在 1～1000mL/min。

e. 溶剂转化容易，系统死体积小。

f. 能够自动设定时间流速程序，定量开机、关机。

g. 具备梯度洗脱功能。

h. 耐用且维护方便，更换柱塞杆和密封圈方便、容易；具备柱塞杆清洗功能。

② 高压输液泵类型。高压输液泵一般可分为恒压泵和恒流泵两大类，恒流泵在一定操作条件下可输出恒定体积流量的流动相。目前常用的恒流泵有往复型泵和注射型泵，其特点是泵的内体积小，用于梯度洗脱尤为理想。恒压泵又称气动放大泵，是输出恒定压力的泵，其流量随色谱系统阻力的变化而变化。这类泵的优点是输出无脉冲，对检测器的噪声低，通过改变气源压力即可改变流速。缺点是流速不够稳定，随溶剂黏度不同而改变。

（4）梯度洗脱装置

在进行复杂样品的分离时，经常会碰到一些问题，如前面的一些组分分离不完全，而后面的一些组分分离度太大，且出峰很晚或峰型较差。为了使保留值相差很大的多种组分在合理的时间内全部洗脱并达到相互分离，往往要用到梯度洗脱技术。

在液相色谱中常用的梯度洗脱技术是指流动相梯度，即在分离过程中改变流动相的组成

（溶剂、极性离子强度、pH 值）或改变流动相的浓度。梯度洗脱装置依据梯度装置所能提供的流路个数可分为二元梯度、三元梯度等，根据溶液混合的方式又可分为高压梯度和低压梯度。

高压梯度系统一般只用于二元梯度，即用两个高压泵分别按设定比例输送两种不同溶液至混合器，在高压状态下将两种溶液进行混合，然后以一定的流量输出。就高压梯度系统的主要优点是只要通过梯度程序控制器控制每台泵的输出，就能获得任意形式的梯度曲线，而且精度很高，易于实现自动化控制。高压梯度系统的主要缺点是必须同时使用两台高压输液泵，因此仪器价格比较贵，故障率也比较高。

低压梯度系统是将两种溶剂或四种溶剂按一定比例输入高压泵前的一个比例阀中，混合均匀后以一定的流量输出。低压梯度系统的主要优点是只需要一个高压输液泵，成本低廉、使用方便。分析时多元梯度泵的流路可以部分空置，因此四元梯度泵也可以只进行二元梯度操作和三元梯度操作。

（5）进样器

① 六通阀进样器。目前液相色谱仪所采用的手动进样器几乎都是耐高压、重复性好和操作方便的阀进样器。六通阀进样器是最常用的，进样体积由定量管确定，高效液相色谱仪中通常使用的是 $10\mu L$ 和 $20\mu L$ 体积的定量管。操作时先将阀柄置于取样位置（load），这时进样口只与定量管接通，处于常压状态，用平头微量注射器（体积应约为定量管体积的 $4\sim5$ 倍）注入样品溶液，样品溶液停留在定量管中，多余的样品溶液从另一处溢出。将进样阀柄顺时针旋转 $60°$ 至进样位置（inject）时，流动相与定量管接通，样品被流动相带到色谱柱中进行分离分析。

② 自动进样器。自动进样器是由计算机自动控制定量阀，按预先编制的注射样品操作程序进行工作。取样、进样、复位、样品管路清洗和样品盘的转动，全部按预定程序自动进行，一次可进行几十个或上百个样品的分析。自动进样器的进样量可连续调节，重复性高，适合于大量样品的分析，节省人力，可实现自动化操作。

（6）色谱柱

① 色谱柱的结构。色谱柱管为内部抛光的不锈钢或塑料柱管。通过柱两端的接头与其他部件（如前接进样器，后接检测器）连接。通过螺帽将柱管和柱接头牢固地连接成一体。为了使柱管与柱接头牢固而紧密地连接，通常使用一套两个不锈钢管垫圈，呈细环状的后垫圈固定在柱管端头合适位置，呈圆锥形的前形圈再从柱管端头套出，正好与接头的倒锥形相吻合。用连接管将各部件连接时的接头也都采用类似的方法。另外，在色谱柱的两端还需各放置一块由多孔不锈钢材料烧结而成的过滤片，出口端的过滤片起挡住填料的作用，入口端的过滤片既可防止填料倒出，又可保护填充床在进样时不被损坏。

此外，色谱柱在装填料之前是没有方向性的，但填充完毕的色谱柱是有方向的，即流动相的方向应与柱的填充方向（装柱时填充液的流向）一致。色谱柱的管外都以箭头显著地标示了该柱的使用方向，安装和更换色谱柱时一定要使流动相能按箭头所指方向流动。

② 色谱柱的种类。市售的用于 HPLC 的各种微粒填料如硅胶以及硅胶为基质的键合相、氧化铝，有机聚合物微球（包括离子交换树脂），粒度一般为 $3\mu m$、$5\mu m$、$7\mu m$、$10\mu m$ 等，其柱效的理论值可达 $5000\sim16000$ 块/m 理论塔板数。对于一般的分析任务，只需要 500 块塔板数即可，对于较难分离物质可采用高达 2 万块理论塔板数柱效的柱子。因此，一般用 $100\sim300mm$ 的柱长就能满足复杂混合物分析的需要。常用液相色谱柱的内径有 $4.6mm$ 或 $3.9mm$ 两种规格。

③ 色谱柱的评价。一支色谱柱的好坏要用一定的指标来进行评价。一份合格的色谱柱

评价报告应给出色谱柱的基本参数，如柱长及内径，填充载体的种类，粒度，柱效等。评价液相色谱柱的仪器系统应满足相当高的要求，一是液相色谱仪器系统的死体积应尽可能小，二是采用的样品及操作条件应当合理，在此合理的条件下，评价色谱柱的样品可以完全分离并有适当的保留时间。

④ 保护柱。所谓保护柱即在分析柱的入口端、装有与分析柱相同固定相的短柱（5～30mm 长），可以经常而且方便的更换，因此，起到保护延长分析柱寿命的作用。虽然采用保护住会使分析柱损失一定的柱效，但是换一根分析柱不仅不经济，而且很麻烦，而保护柱对色谱系统的影响基本上可以忽略不计。

⑤ 色谱柱的恒温装置。提高柱温有利于降低溶剂黏度和提高样品溶解度，改变分离度，也是保留值重复稳定的必要条件，特别是对需要高精度测定保留体积的样品分析而言尤为重要。高效液相色谱仪中常用的色谱柱恒温装置有水浴式、电加热式和恒温箱式三种。恒温过程中要求最高温度不超过 $100℃$，否则流动相汽化会使分析工作无法进行。

(7) 检测器

检测器、泵与色谱柱是组成 HPLC 的三大关键部件。HPLC 检测器是用于连续监测被色谱系统分离后的柱流出物组成和含量变化的装置。其作用是将柱流出物中样品组成和含量的变化转化为可供检测的信号，完成定性定量分析的任务。

① HPLC 检测器的要求。理想的 HPLC 检测器应满足以下要求：（a）具有高灵敏度和可预测的响应；（b）对样品所有组分均有响应，或具有可预测的特异性，适用范围广；（c）温度和流动相流速的变化对响应没有影响；（d）响应与流动相的组成无关，可作梯度洗脱；（e）死体积小，不造成柱外谱带扩展；（f）使用方便、可靠、耐用，易清洗和检修；（g）响应值随样品组分量的增加而线性增加，线性范围宽；（h）不破坏样品组分；（i）能对被检测的峰提供定性和定量信息；（j）响应时间足够快。实际上很难找到满足上述全部要求的一致 HPLC 检测器，但可以根据不同的分离目的对这些要求予以取舍，选择合适的检测器。

② HPLC 检测器的分类。HPLC 检测器一般分为两类，通用型检测器和选择性检测器。通用型检测器可连续测量色谱柱流出物（包括流动相和样品组分）的全部特性变化，通常采用差分测量法。这类检测器包括示差折光检测器、电导检测器和蒸发激光散射检测器。通用型检测器适用范围广，但由于对流动相有响应，因此易受温度变化、流动相流速和组成变化的影响，噪声和漂移较大，灵敏度较低，一般不能用于梯度洗脱。选择型检测器用以测量被分离样品组分某种特性的变化，这类检测器对样品中组分的某种物理或化学性质敏感，而这一性质是流动相所不具备的，或至少在操作条件下不显示。这类检测器包括紫外检测器、荧光检测器、安培检测器等。选择性检测器灵敏度高，受操作条件变化和外界环境影响小，并且可用于梯度洗脱操作。但与总体性能检测器相比，应用范围受到一定的限制。

③ 几种常见的检测器

a. 紫外吸收检测器：紫外吸收检测器（UVD）属于非破坏型、浓度敏感型检测器，是高效液相色谱仪中使用最为广泛的一种检测器，其使用率约占 70%，对占物质总数约 80% 的在紫外-可见光区范围有吸收的物质均有响应。UVD 的检测波长范围包括紫外光区（190～350nm）和可见光区（350～710nm），部分检测器还可向近红外光区延伸。UVD 的工作原理是基于朗伯-比尔定律，即对于给定的检测池，在固定波长下，紫外吸收检测器可输出一个与样品浓度成正比的光吸收信号——吸光度（A）。UVD 的特点是灵敏度高，可达 0.001AU（对具有中等紫外吸收的物质，最小检出量可达 ng 数量级，最小检出浓度可达 pg/L 级）；噪声低，可降至 10^{-5}AU；范围宽，应用广泛；需选用无紫外吸收特性的溶剂作为流动相；对流动相流速和柱温变化不敏感，适于梯度洗脱，结构简单，使用维修方便。

b. 折射率检测器：折射率检测器（RID）又称示差折光检测器，它是通过连续监测参比池和测量池中溶液的折射率之差来测定试样浓度的检测器。溶液的光折射率是溶剂（流动相）和溶质各自的折射率乘以其物质的量浓度之和，溶有样品的流动相和流动相本身之间光折射率之差，即表示样品在流动相中的浓度。原则上凡是与流动相光折射率有差别的样品均可用 RID 检测。RID 按工作原理可分为反射式、偏转式和干涉式三种，其中干涉式造价昂贵，使用较少；偏转式池体积大（约 $10\mu L$），适用于各种溶剂折射率的测定；反射式池体积小（约 $3\mu L$），应用较多。反射式 RID 的理论依据是菲涅尔反射原理，当入射角小于临界角时，入射光分解成反射光和透射光；当入射光强度及入射角固定时，透射光强度取决于折射角；因此，一定条件下，测量透射光强度的变化可得到流动相与组分折射率之差，即可检测组分的浓度。RID 属于总体性能检测器，检测检出限可达 $10^{-6}\sim10^{-7}\,g/mL$，线性范围一般小于 10^5，一般不宜用于痕量分析；RID 对温度和压力的变化均很敏感，使用时为确保噪声水平在 $10^{-7}\,RIU$，需将温度和压力控制在 $\pm10^{-4}\,^{\circ}C$ 和几个厘米汞柱间；RID 最常用的溶剂是水，由于流动相组成的任何变化均可对测定造成明显的影响，因此一般不能用于梯度系统。

c. 荧光检测器（FLD）：许多化合物（如有机胺、维生素，激素和酶等）受到入射光的照射，吸收辐射能后，会发射比入射光频率低的特征辐射，当入射光停止照射则特征辐射亦同时消失，此即为荧光。利用测量化合物荧光强度对化合物进行检测的检测器即为荧光检测。荧光的强度与入射光强度、样品浓度成正比。当入射光强度固定时，荧光强度与样品浓度成正比，此即为 FLD 检测原理。FLD 灵敏度极高，最小检出限可达 $10^{-13}\,g$，特别适合痕量分析；具有良好的选择性，可避免不发荧光成分的干扰；线性范围较宽，约 $10^4\sim10^5$；受外界条件的影响较小；若所选流动相不发射荧光，则可用于梯度洗脱。

d. 蒸发激光散射检测器（ELSD）：蒸发激光散射检测器是一种新型通用型检测器，可检测任何挥发性低于流动相的样品。在光散射室中，光被散射的程度取决于散射式中溶质颗粒的大小和数量。粒子的数量取决于流动相的性质及喷雾气体和流动相的流速。当流动相和喷雾气体的流速恒定时，散射光的强度仅取决于溶质的浓度，这正是 ELSD 的定量基础。ELSD 响应值仅与光束中溶质颗粒的大小和数量有关，而与溶质的化学组成无关。ELSD 属于通用型、质量型检测器，灵敏度高于 RID，线性范围较窄；消除了溶剂峰的干扰，可进行梯度洗脱；对所有物质几乎具有相同的响应因子；对流动相系统温度变化不敏感；可消除流动相和杂质的干扰；使用 HPLC-ELSD 可以为 LC-MS 探索色谱操作条件。

5.10.4.2 固定相与流动相

吸附色谱法的固定相是固定固体吸附剂，主要基于各组分在吸附剂上吸附能力的差异进行分离。当混合物随流动相通过吸附剂时，与吸附剂结构和性质相似的组分易被吸附，呈现了高保留值；反之，与吸附剂结构和性质差异较大的组分不易被吸附，呈现了低保留值，从而实现了不同组分间的分离。

(1) 固定相

吸附色谱法的固定相可分为极性和非极性两大类。极性固定相主要有硅胶（酸性），氧化镁和硅酸镁分子筛（碱性）等。非极性固定相有高强度多孔微粒活性炭、多孔石墨化炭黑、高交联度 PS-DVB 共聚物的单分散多孔微球、碳多孔小球等，应用最广泛的是硅胶。目前，全多孔型和薄壳型硅胶微粒固定相已成为 HPLC 色谱柱填料的主体，其中薄壳型硅胶微粒固定相出峰快、柱效能高，适用于极性范围较宽的混合样品的分析，缺点是样品容量小；而全多孔型硅胶微粒固定相表面积大、柱效高，是吸附色谱法中使用最广泛的固定相。

（2）流动相

① 流动相的一般要求。HPLC 分析中，流动相（也称作淋洗液）对改善分离效果有重要的辅助效应。HPLC 所采用的流动相通常为各种低沸点的有机溶剂与水或缓冲溶液的混合物，对流动相一般要求是：化学稳定性好，不与固定相和样品组分发生化学反应；与所选检测器匹配；对待分析样品有足够的溶解能力，以提高测定灵敏度；黏度小，以保证合适的柱压降；沸点低，以有利于制备分离时样品的回收；纯度高，防止微量杂质在柱中积累，引起柱性能变化；避免使用具有显著毒性的溶剂，以保证分析人员的安全；价廉且易购。

② 吸附色谱法的流动相。在吸附色谱法中，若使用硅胶、氧化铝等极性固定相，应以弱极性的正戊烷、正己烷、正庚烷等作为流动相的主体，再适当加入二氯甲烷、氯仿、甲基叔丁基醚等中等极性溶剂，或四氢呋喃、乙腈、甲醇、水等极性溶剂，以调节流动相的洗脱强度，实现样品中各组分的完全分离。以氧化铝为吸附剂时，常用流动相洗脱强度次序为甲醇＞异丙醇＞二甲基亚砜＞乙腈＞丙酮＞四氢呋喃＞二氯乙烷＞二氯甲烷＞氯仿＞甲苯＞四氯化碳＞环己烷＞异戊烷＞正戊烷。若使用 PS-DVB 共聚物微球、石墨化碳黑微球等非极性固定相，是应以水、甲醇、乙醇等作为流动相的主体，再适当加入乙腈、四氢呋喃等改性剂，以调节流动相的洗脱强度。

应用 HPLC 分析样品时，可根据流动性的体系序列，通过实验，选择合适强度的流动相。若样品各组分的分配比差异比较大，可采用梯度洗脱。

5.10.4.3 高效液相色谱仪的使用和维护

（1）贮液器

① 高效液相色谱所用流动相溶剂在使用前都应用 0.45μm 的滤膜过滤后才可使用，以保持贮液器的清洁。

② 过滤器使用 3～6 个月后或出现阻塞现象时要及时更换，以保证仪器正常运行和进入 HPLC 系统流动相的质量。

③ 用普通溶剂瓶做流动相贮液器时，应根据使用情况不定期废弃瓶子，专用贮液器也应定期用酸、水和溶剂清洗（最后一次清洗应选用 HPLC 级的水或有机溶剂）。

（2）高压输液泵

① 每次使用之前应放空排除气泡，并使新流动相从放空阀流出 20mL 左右。

② 更换流动相时一定要注意流动相之间的互溶性问题，如更换非互溶性流动相则应在更换前使用能与新旧流动相均互溶的中介溶剂清洗输液泵。

③ 如用缓冲液做流动相或一段时间不使用泵，工作结束后应用超纯水或去离子水洗去系统中的盐，然后用纯甲醇或乙腈冲洗。

④ 要使用存放多日的蒸馏水及磷酸盐缓冲液；如果应用许可，可在溶剂中加入 0.0001～0.001mol/L 的叠氮化钠。

⑤ 溶剂变质或污染以及藻类的生长会堵塞溶剂过滤头，从而影响泵的运行。清洗溶剂过滤头的方法是：取下过滤头→用硝酸溶液（1+4）超声清洗 15min→用蒸馏水超声清洗 10min→用洗耳球吹出过滤头中的液体→用蒸馏水超声清洗 10min→用洗耳球吹净过滤头中的水分。清洗后按原位装上。

⑥ 仪器使用一段时间后，应用扳手卸下在线过滤器的压帽，取出其中的密封环和不锈钢烧结过滤片一同清洗，方法同⑤，清洗后按原位装上。

⑦ 使用缓冲液时，由于脱水或蒸发，盐会在柱塞杆后部形成晶体。泵运行时这些晶体会损坏密封圈和柱塞杆，所以应该经常清洗柱塞杆后部的密封圈。方法是：将合适大小的塑料管分别套入所要清洗泵的泵头上、下清洗管→用注射器吸取一定的清洗液（如去离子

水）→将针头插入连接清洗管的塑料管另一端→打开高压泵→缓慢将清洗液注入清洗管中，连续重复几次即可。

⑧ 泵长时间不使用，必须用去离子水清洗泵头及单向阀，以防阀球被阀座"黏住"，泵头吸不进流动相（操作时可参阅高压输液泵使用说明书，最好有维修人员现场指导）。

⑨ 柱塞和柱塞密封圈长期使用会发生磨损，应定期更换密封圈，同时检查柱塞杆表面有无损耗。

⑩ 实验室应常备密封圈，各式接头、保险丝等易耗部件和拆装工具。

（3）进样器

① 对六通阀进样器而言，保持清洁和良好的装置可延长阀的使用寿命。

② 进样前应使样品混合均匀，以保证结果的精确度。

③ 样品瓶应清洗干净，无可溶解的污染物。

④ 自动进样器的针头应有钝化斜面，侧面开孔；针头一旦弯曲应该换上新针头，不能弄直了继续使用；吸液时针头应没入样品溶液中，但不能碰到样品瓶底。

⑤ 为了防止缓冲液和其他残留物留在进样系统中，每次工作结束后应冲洗整个系统。

（4）色谱柱

① 在进样阀后加流路过滤器（$0.45\mu m$ 不锈钢烧结片），挡住来源于样品和进样阀垫圈的微粒。

② 在流路过滤器和分析柱之间加上"保护柱"，收集来自样品的会降低柱效能的"化学垃圾"。流动相流速不可一次改变过大，应逐渐增大或降低以避免色谱柱受突然变化的高压冲击引起紊乱产生空隙。

5.10.5　液相色谱案例分析

5.10.5.1　果汁中有机酸的分析

（1）实验原理

在食品中有机酸是乙酸、乳酸、丁二酸、苹果酸、柠檬酸、酒石酸等，这些有机酸在水溶液中都有较大的离解度，在波长 210nm 附近有较强的吸收。苹果汁中的有机酸主要是苹果酸和柠檬酸，可以用反相高效液相色谱、离子交换色谱和离子排斥色谱等方法分析，本实验采用反相高效液相色谱法。在 pH 为 2～5 流动相条件下，上述有机酸的离解得到抑制，利用分子状态的有机酸的疏水性，使其在 ODS 色谱柱中保留。不同有机酸的疏水性不同，疏水性大的有机酸在固定相中保留强，疏水性小的有机酸在固定相中保留弱，以此得到分离。

内标法是色谱定量中常用的方法，该法适用于只需对样品中某几个组分进行定量的情况，定量比较准确，对进样量与操作条件的稳定性要求不十分苛刻。本实验采用内标法（以酒石酸为内标物）定量测定苹果汁中的苹果酸和柠檬酸。

（2）实验过程

① 仪器与试剂：

a. 仪器：Agilent 1200 型高效液相色谱仪或其他型号液相色谱仪（普通配置，带紫外检测器）；Agilent ChemStation；色谱柱：Agilent Eclipse XDB-C18 反相键合色谱柱（$5\mu m$，4.6mm×150mm）；$100\mu L$ 平头微量注射器；超声波清洗器；流动相过滤器；无油真空泵；50mL 烧杯 4 个；250mL 容量瓶 4 个；5mL 移液管 3 支；20mL 移液管 1 支。

b. 试剂：苹果酸、柠檬酸与酒石酸（均为 A. R.）；磷酸二氢铵（A. R.）；蒸馏水；市售苹果汁。

② 实验步骤：

a. 流动相的预处理：称取优级纯磷酸二氢铵 460mg（准确称至 0.2mg）于一洁净 50mL 小烧杯中，用蒸馏水溶解，定量移入 1000mL 容量瓶，并稀释至标线（标准溶液浓度为 4mmol/L）。用 $0.45\mu m$ 水相滤膜减压过滤，脱气。取蒸馏水 1000mL，按照上述方法进行预处理。

b. 标准溶液的配制：

标准贮备溶液的配制：称取优级纯苹果酸和柠檬酸 250mg 于两个 50mL 干净小烧杯中，用蒸馏水溶解，分别定量移入两个 250mL 容量瓶，并稀释至标线。此为苹果酸和柠檬酸的标准贮备液。

内标溶液的配制：称取优级纯酒石酸 250mg 于 50mL 干净小烧杯中，用蒸馏水溶解，定量移入 250mL 容量瓶，并稀释至标线。此为内标物（酒石酸）的标准贮备液。

混合标准溶液的配制：分别移取苹果酸和柠檬酸的标准贮备液各 5mL 于一 50mL 容量瓶中，再加入 5mL 内标物（酒石酸）的标准贮备液，定容、摇匀，此为含内标物的苹果酸和柠檬酸的混合标准溶液。

c. 试样的预处理：市售苹果汁用 $0.45\mu m$ 水相滤膜减压过滤后，置于冰箱中冷藏保存。

d. 试样测试溶液的配制：移取经处理后的市售苹果汁 20mL 于 50mL 容量瓶中，加入 5mL 内标物（酒石酸）的标准贮备液，定容、摇匀，此为含内标物的市售苹果汁测试溶液。

e. 色谱柱的安装和流动相的更换：将 Agilent Eclipse XDB-C18 色谱柱（$5\mu m$，4.6mm× 150mm）安装在色谱仪上，将流动相更换成已处理过的 4mmol/L 磷酸二氢铵溶液。

f. 高效液相色谱仪的开机：开机，将仪器调试到正常工作状态，流动相流速设置为 1.0mL/min；柱温 30～40℃；UVD 检测波长 210nm。

g. 苹果酸、柠檬酸的标准溶液的分析测定：待基线稳定后，用 $100\mu L$ 平头微量注射器分别吸取苹果酸和柠檬酸的标准溶液各 $100\mu L$（实际进样体积以定量管的体积为准），记录下各样品对应的文件名，并打印出优化处理后的色谱图和分析结果。平行测定 3 次。

h. 含内标物的苹果酸、柠檬酸的混合标准溶液的分析测定：带基线稳定后，用 $100\mu L$ 平头微量注射器吸取含内标物的苹果酸和柠檬酸的标准溶液各 $100\mu L$（实际进样体积以定量管的体积为准），记录下各样品对应的文件名，并打印出优化处理后的色谱图和分析结果。平行测定 3 次。

i. 苹果汁测定样品的分析测定：带基线稳定后，用 $100\mu L$ 平头微量注射器吸取含内标物的市售苹果汁测试溶液 $100\mu L$（实际进样体积以定量管的体积为准），记录下各样品对应的文件名，并打印出优化处理后的色谱图和分析结果。平行测定 3 次。

将苹果汁样品的分离谱图与苹果汁和柠檬酸标准溶液的色谱图比较即可确认苹果汁中苹果酸和柠檬酸的峰位置。

（3）数据处理

① 记录含内标物的苹果酸、柠檬酸的混合标准溶液的分析测定数据，计算苹果酸和柠檬酸对应于酒石酸的相对校正因子。

② 记录含内标物的苹果汁测试溶液的分析测定数据，并计算其中苹果酸和柠檬酸的质量浓度和质量分数。

（4）注意事项

① 由于流动相为含缓冲盐溶液的流动相，所以在运行前应先用蒸馏水平衡色谱柱，然后再走流动相，且流速应逐步升到 1.0mL/min。实验完毕后，应再用纯水冲洗色谱柱 30min 以上，然后用甲醇＋水（85：15）或其他合适的流动相冲洗色谱柱。

② 色谱柱的个体差异很大，即使是同一厂家的同种型号的色谱柱，性能也会有差异。因此，色谱条件（主要是指流动相的配比）应根据所用色谱柱的实际情况作适当的调整。

5.10.5.2　天麻中的天麻素及对羟基苯甲醇含量的测定（外标法）

（1）外标法

外标法又称标准曲线法，是一种简便、快速的定量方法。先用纯物质配制不同浓度的标准系列溶液；在一定的色谱操作条件下，等体积准确进样，测量各峰的峰面积或峰高，绘制峰面积或峰高对浓度的标准曲线（其斜率为校正因子）；然后在完全相同的色谱操作条件下将试样等体积进样分析，测量其色谱峰峰面积或峰高，在标准曲线上查出样品中该组分的浓度。

（2）实验过程

① 仪器与试剂。

a. 仪器：Agilent 1260 Ⅱ VWD 检测器；色谱柱：ODS-C18-H4.6-250mm；抽滤装置；真空泵；超声仪。

b. 实验试剂：乙腈（色谱级）；天麻素储备液：0.52mg/mL；对羟基苯甲醇储备液：0.27mg/mL；磷酸（色谱级）；稀释剂：乙腈∶水（V∶V）＝3∶97。

② 标准系列溶液配制。稀释天麻素和对羟基苯甲醇储备液，用移取储备液 0.00mL、0.50mL、0.80mL、1.00mL、1.20mL、1.50mL 至 10mL 容量瓶中，加稀释剂稀释至刻线，摇匀备用。

（3）色谱条件

色谱条件如下表所示：

项目	参数	备注
流动相(V∶V)	乙腈∶0.05％磷酸＝3∶97	
流速/(mL/min)	1.00	
波长/nm	220	
进样量/µL	5	

（4）进样顺序

进样顺序如下表所示：

序号	样品名	进样位置	进样量/µL
1	空白	P1-A1	5
2	STD1	P1-A2	5
3	STD2	P1-A3	5
4	STD3	P1-A4	5
5	STD4	P1-A5	5
6	STD5	P1-A6	5
7	样品1	P1-A7	5
8	样品2	P1-A8	5

（5）实验记录表

实验数据记录填入下表中：

序号	样品名 项目	天麻素 浓度/(μg/mL)	天麻素 峰面积	对羟基苯甲醇 浓度/(μg/mL)	对羟基苯甲醇 峰面积
1	空白		0		0
2	STD1				
3	STD2				
4	STD3				
5	STD4				
6	STD5				
7	样品1				
8	样品2				

5.10.6 薄层色谱法

5.10.6.1 薄层层析基本原理

薄层色谱（thin layer chromatography，TLC）基本原理是当待分离的混合物随流动相通过固定相时，由于各组分的理化性质存在差异，与两相发生相互作用（吸附、溶解、结合等）的能力不同，在两相中的分配（含量对比）不同，而且随溶媒向前移动，各组分不断地在两相中进行再分配。与固定相相互作用力越弱的组分，随流动相移动时受到的阻滞作用小，向前移动的速度快。反之，与固定相相互作用越强的组分，向前移动速度越慢。因而样品中所含的各单一组分，可以达到分离的目的。

5.10.6.2 固定相支持剂的选择及处理

薄层层析可根据作为固定相的支持物不同，分为薄层吸附层析（吸附剂）、薄层分配层析（纤维素）、薄层离子交换层析（离子交换剂）、薄层凝胶层析（分子筛凝胶）等。一般实验中应用较多的是以吸附剂为固定相的薄层吸附层析。

（1）支持物的性质与适用范围

薄层层析硅胶有硅胶 G、硅胶 GF254、硅胶 H、硅胶 HF254，其次有硅藻土、硅藻土 G、氧化铝、氧化铝 G、微晶纤维素、微晶纤维素 F254 等。其颗粒大小直径为 $10\sim40\mu m$。

薄层涂布分无黏合剂和含黏合剂：前者将固定相直接涂布于玻璃板上；后者在固定相中加入一定量的黏合剂，一般常用 $10\%\sim15\%$ 煅石膏（$CaSO_4 \cdot 2H_2O$ 在 $140℃$ 烘 4h），混匀后加水适量使用，或用羧甲基纤维素钠水溶液（$0.5\%\sim0.7\%$）适量调成糊状，均匀涂布于玻璃板上。

氧化铝吸附剂分为：（a）碱性氧化铝，适用于碳氢化合物、生物碱及碱性化合物的分离，一般适用于 pH 为 $9\sim10$ 的环境。（b）中性氧化铝适用于醛、酮、醌、酯等 pH 约为 7.5 的中性物质的分离。（c）酸性氧化铝适用于 pH 为 $4\sim4.5$ 的酸性有机酸类的分离。

黏合剂及添加剂：为了使固定相（吸附剂）牢固地附着在载板上以增加薄层的机械强度，有利于操作，需要在吸附剂中加入合适的黏合剂。有时为了特殊的分离或检出需要，要在固定相中加入某些添加剂。

薄层板的活化：硅胶板于 $105\sim110℃$ 烘 30min，氧化铝板于 $150\sim160℃$ 烘 4h，可得活

性的薄层板。

（2）支持物的颗粒大小

吸附剂颗粒太大洗脱剂流速快分离效果不好，太细溶液流速太慢。一般说来吸附性强的颗粒稍大，吸附性弱的颗粒稍小。氧化铝一般在 $100\sim150$ 目。

5.10.6.3 薄层板的制作

将 1 份固定相和 3 份水在研钵中向一方向研磨混合，去除表面的气泡后倒入涂布器中，在玻板上平稳地移动涂布器进行涂布（厚度为 $0.2\sim0.3mm$），取下涂好薄层的玻板，置水平台上于室温下晾干，后在 $110^{\circ}C$ 烘 $30min$，即置于有干燥剂的干燥箱中备用。使用前检查其均匀度（可通过透射光和反射光检视）。

（1）软板制作

直接将吸附剂置于玻璃板上，涂铺成均匀薄层便制成了一块软板。软板简单方便，但易被吹散，现多用硬板。

（2）硬板制作

① 载板：多用玻璃板，也可用塑料膜和金属铝箔。

② 均浆的制备：取一定量的吸附剂放入研钵中，以 1 份固定相加 3 份水的量在研钵中向同一方向研磨混合，去除表面的气泡后，研磨至浓度均一。此时呈胶状物，色泽洁白为佳。为防止由于搅拌带入气泡加入少量的乙醇，并加入一些黏合剂。

③ 制版。手工倾注法：将均浆立即倾入玻璃板上，倾斜薄层板，使吸附剂流至薄层板一侧，待吸附剂蓄积一定量后，再反向倾斜薄层板，使吸附剂回流。再从另外两个方向重复操作，稍加震动，使载板薄层均匀。机械涂铺法：涂铺器的种类较多，可用有机玻璃自制，也可用不锈钢材制作，用涂铺器铺板，一次可铺成几块厚度均匀的板，具有较好的分离效果和重现性，可作定量分析用板。

④ 晾干：自然晾干。

⑤ 活化：将晾干的板子放在烘箱中于 $105\sim110^{\circ}C$ 活化 $0.5\sim1h$，取出，放入干燥器，备用。一般硅胶活化 $1h$，而氧化铝活化 $30min$ 即可。

5.10.6.4 薄层展开剂的选择

跟柱色谱类似，根据物质极性、溶解度和吸附剂活性综合考虑选择展开剂。溶剂极性大，洗脱能力大，分离度 R_f 大，反之相反。若各组分 R_f 均较大，则可换用较小的或原溶剂中加入适量极性较小的，反之相反。

展开剂也称溶剂系统、流动剂或洗脱剂，是在平面色谱中用作流动相的液体。展开剂的主要任务是溶解被分离的物质，在吸附剂薄层上转移被分离物质，使各组分的 R_f 值在 $0.2\sim0.8$ 之间并对被分离物质要有适当的选择性。作为展开剂的溶剂应满足以下要求：适当的纯度、适当的稳定性、低黏度、线性分配等温线、很低或很高的蒸气压以及尽可能低的毒性。

使用的溶剂必须是分析纯或色谱纯，溶剂组成采用体积量比（如正丁醇∶冰醋酸∶水＝$4\colon1\colon1$），或者绝对量（如 $18mL$ 甲苯＋$2mL$ 甲醇）。其总量应足以使 TLC/HPTLC 板的浸入深度约为 $5mm$。展开剂要求新鲜配制，不要多次反复使用，如需分层，则按要求放置分层后取需要的一相（上层或下层），备用。

（1）溶剂选择规则

① 考虑分离成分的极性、溶解度、吸附度。

② 先加入极性较小的溶剂，若不溶再加入少量极性大的溶剂。

③ 一般根据相似相溶原则，极性相差大的不混溶。

④ 混合溶剂通常使用一个高极性和低极性溶剂组成的混合溶剂。

⑤ 展开剂的比例要靠尝试，一般根据文献中报道的该类化合物用什么样的展开剂，就首先尝试使用该类展开剂，然后不断尝试比例，直到找到一个分离效果好的展开剂。

⑥ 一般把两种溶剂混合时，采用高极性/低极性的体积比为 1/3 的混合溶剂，如果有分开的迹象再调整比例（或者加入第三种溶剂），达到最佳效果；如果没有分开的迹象（斑点较"拖"），最好换溶剂。

(2) 展开剂的选择条件

① 对展开的所需成分有良好的溶解性。

② 可使成分间分开。

③ 待测组分的 R_f 在 0.2～0.8 之间，定量测定在 0.3～0.5 之间。

④ 不与待测组分或吸附剂发生化学反应。

⑤ 沸点适中，黏度较小。

⑥ 展开后组分斑点圆且集中。

⑦ 混合溶剂最好用新鲜配制的。

(3) 溶剂极性参数

环己烷：－0.2；正己烷：0.0；甲苯：2.4；二甲苯：2.5；苯：2.7；二氯甲烷：3.1；异丙醇：3.9；正丁醇：3.9；四氢呋喃：4.0；氯仿：4.1；乙醇：4.3；乙酸乙酯：4.4；甲醇：5.1；丙酮：5.1；乙腈：5.8；乙酸：6.0；水：10.2。

(4) 展开方式

① 单次展开。用同一种展开剂向一个方向展开一次，这种方式在平面色谱中应用最为广泛（垂直上行展开，垂直下行展开，一向水平展开，对向水平展开）。

② 多次展开。用相同的展开剂沿同一方向进行相同距离的重复展开，直至分离满意，广泛应用于薄层色谱法。

③ 双向展开。用于成分较多、性质比较接近的难分离组分的分离。

薄层展开室需预先用展开剂饱和，可在室中加入足够量的展开剂，并在壁上贴两条与室一样高、宽的滤纸条，一端浸入展开剂中，密封室顶的盖，使系统平衡。将点好样品的薄层板放入展开室的展开剂中，浸入展开剂的深度为距薄层板底边 0.5～1.0cm（切勿将样点浸入展开剂中），密封室盖，待展开至规定距离（一般为 10～15cm），取出薄层板，晾干，计算 R_f 值或按各品种的规定检测。

5.10.6.5 显色与定量分析

(1) 光学检出法

① 自然光（400～800nm）。

② 紫外光（254～365nm）。

③ 荧光：一些化合物吸收了较短波长的光，在瞬间发射出比照射光波长更长的光，而在纸或薄层上显出不同颜色的荧光斑点（灵敏度高、专属性高）。

(2) 蒸气显色法显色

多数有机化合物吸附碘蒸气后显示不同程度的黄褐色斑点，这种反应有可逆及不可逆两种情况，前者在离开碘蒸气后，黄褐色斑点逐渐消退，并且不会改变化合物的性质，且灵敏度也很高，故是定位时常用的方法；后者是由于化合物被碘蒸气氧化、脱氢增强了共轭体系，因此在紫外光下可以发出强烈而稳定的荧光，对定性及定量都非常有利，但是制备薄层时要注意被分离的化合物是否改变了原来的性质。

（3）物理显色法

用紫外照射分离后的纸或薄层后，使化合物产生光加成、光分解、光氧化还原及光异构等光化学反应，导致物质结构发生某些变化，如形成荧光发射功能团。发生荧光增强或淬灭及荧光物质的激发或发射波长发生移动等现象，从而提高了分析的灵敏度和选择性。

（4）溶剂显色

① 喷雾显色：显色剂溶液以气溶胶的形式均匀地喷洒在纸和薄层。

② 浸渍显色：薄层板垂直地插入盛有展开剂的浸渍槽中，设定浸板及抽出速度和规定在显色剂中浸渍的时间。

（5）显色试剂

① 通用显色剂：硫酸溶液（硫酸：水＝1：1，硫酸：乙醇＝1：1）；0.5％碘的氯仿溶液；0.05％中性高锰酸钾溶液；碱性高锰酸钾溶液（还原性化合物在淡红色背景上显黄色斑）。

② 专属显色剂：比如淀粉遇碘变蓝色。

（6）定量分析（薄层扫描）

薄层扫描法指用一定波长的光照射在经薄层层析后的层析板上，对具有吸收或能产生荧光的层析斑点进行扫描，用反射法或透射法测定吸收的强度，以检测层析谱。对于中成药复方制剂，亦可用相应的原药材按需要组合作阴、阳对照，然后比较其薄层扫描图谱加以鉴别。

如需用薄层扫描仪对色谱斑点作扫描检出，或直接在薄层上对色谱斑点作扫描定量，则可用薄层扫描法。薄层扫描的方法，可根据各种薄层扫描仪的结构特点及使用说明，结合具体情况，选择吸收法或荧光法，用双波长或单波长扫描。由于影响薄层扫描结果的因素很多，故应在保证供试品的斑点在一定浓度范围内呈线性的情况下，将供试品与对照品在同一块薄层上展开后扫描，进行比较并计算定量，以减少误差。各种供试品，只有得到分离度和重现性好的薄层色谱，才能获得满意的结果。

5.10.7 薄层层析案例分析

薄层色谱鉴定阿司匹林中的乙酰水杨酸

（1）实验仪器及试剂

① 仪器：GF-254 硅胶；研钵；短颈漏斗；紫外观察箱；薄层板；展缸；镊子。

② 试剂：复方阿司匹林；乙酰水杨酸；二氯甲烷；水杨酸；无水硫酸镁；展开剂：苯：乙醚：冰醋酸：甲醇＝120：60：18：1；正己烷：乙酸乙酯：冰醋酸＝15：5：1。

（2）实验步骤

① 样品液准备：取复方阿司匹林 50～100mg，在研钵中研细，然后转移到装有二氯甲烷（10mL）和水（10mL）的小烧杯中，充分搅拌（约 15min）使固体物几乎全部溶解。将有机层转移到锥形瓶中，用无水硫酸镁干燥，过滤除去干燥剂后，所得滤液可直接用于点样。

② 点样：用毛细管将样品点在距板端 1.5cm 起点线上，控制直径为 2～3mm。点样时拿毛细管稍蘸一下样液，轻轻地在预定的位置上一触即可，若样品浓度太稀时需重复点样，而且要待前次点样的溶剂挥发后方可重点，以防样点过大。点样要轻，切勿点样过重而使薄层破坏，点样后应使溶剂挥发至干再开始下一步的操作。若在同一块板上点几个样，样点间距应为 1～2cm。在同一块层析板上点三个样：一个为乙酰水杨酸，一个为水杨酸，另一个为复方阿司匹林。

③ 展开：将事先选好的展开剂放入干净的展开缸内，展开剂的深度达 1cm 即可（展开

剂一定要在点样线以下，不能超过），盖好玻璃盖，使缸内的蒸气达到饱和。放入点好样品的层析板，盖好盖子，使样品在缸内进行展开分离。当展开剂上升到预定的位置时（通常是上升到离板上端约 1cm 处），立即取出层析板并尽快用铅笔在展开剂上升的前沿处划一记号，再在水平位置上风干，然后吹风机或者烘箱烘干冰醋酸。

④ 显色：将烘干的层析板放入 254nm 紫外分析仪中照射显色，可清晰地看到展开得到的斑点。

⑤ 熔点测定：分别测定水杨酸及乙酰水杨酸的熔点并记录。

⑥ 数据处理。

测定 R_f 值并记录：

化合物名称	R_f 值	熔点/℃
水杨酸		
乙酰水杨酸		
非那西丁		
咖啡因		

5.11 物理性质测定

5.11.1 凝固点

（1）测定原理

冷却液态样品，当液体中有固体生成时，体系中固体、液体共存，两相达到平衡，温度保持不变，在规定的实验条件下，观察液态样品在凝固过程中温度的变化，就可测出其凝固点（condensation point）。

（2）测定步骤

加样品置于干燥的烧杯中，在温度超其凝固点的热浴内将其溶化，并加热至高于凝固点约 10℃，插入搅拌装好温度计，使水银球距杯底 15mm（勿使温度计接触杯壁），当样品冷却至高于凝固点 3～5℃时开始搅拌并观察温度。出现固体时，停止搅拌，这时温度突然上升，读取最高温度（准确至 0.1℃），所得温度即为样品的凝固点。

5.11.2 熔点

（1）实验原理

① 熔点：晶体物质受热由固态转变为液态时的温度称为熔点（melting point）。

② 熔程：全熔与初熔两个温度之差。初熔为晶体的尖角和棱边变圆时的温度（或观察到有少量液体出现时的温度），全熔是晶体刚好全部熔化时的温度。

③ 特点：操作正确时纯品有固定的熔点，熔程不超过 0.5～1℃；混有杂质时，熔点下降，熔距拉长。

④ 用途：由于纯净的固体有机化合物一般都有固定的熔点，故测定熔点可鉴定有机物，甚至能区别熔点相近的有机物；根据熔程的长短可检验有机物的纯度（说明：多晶体样品有多个熔点，固熔体共熔混合物有固定的熔点）。

⑤ 测定方法：毛细管法（Thiele 管法、全自动熔点仪）和显微熔点测定仪。

（2）操作步骤

① 装样：样品研细，装实，高度 2～3mm。易升华的化合物，装好试样后将上端封闭起来，因为压力对熔点的影响不大，所以用封闭的毛细管测定熔点其压力影响可忽略不计。易吸潮的化合物，装样动作要快，装好后也应立即将上端在小火上加热封闭，以免在测定熔点的过程中，试样吸潮使熔点降低。

② 准备热浴：选择浴液与用量（注意浓硫酸的安全使用）。

③ 装置：插入温度计毛细管，注意其放置至正确的位置。

④ 加热：控制加热速度。低于熔点 15℃时升温速度 5℃/min，温差为 15℃～10℃时升温速度 1～2℃/min，温差＜10℃时升温速度 0.5～1℃/min。

⑤ 读数：快速读数，注意有效数字。

⑥ 降温：降至熔点以下 20℃左右。

⑦ 平行实验：3～4 个。

⑧ 拆除装置：先擦干温度计上的浓硫酸再水洗，浓硫酸回收。

5.11.3 密度

5.11.3.1 质量体积法——测定密度的基本方法

根据密度（density）的定义 $\rho=m/V$ 可知：只要能测出物体的质量和体积，就可以计算出物质的密度，这种方法用到的主要测量工具是天平和量筒。下面分固体和液体两种情况加以分析。

（1）测定固体的密度

① 如果物块可以沉于水中：先在量筒中放入适量的水，记下体积 V_1，然后用细线系好待测物块慢慢放入水中浸没，并且抖动几下细线，排去物块周围吸附的气泡，读出总体积 V_2，物块的体积 $V=V_2-V_1$（放入物块时不能有水溅出）。

② 如果物块不能沉于水中：一种方法可以用细铁丝或小钢针将物块按入水中，其它方法同上。还可以用小铁块辅助下沉法：先用细线系好小铁块放入量筒的水中，记下总体积 V_1，然后取出小铁块并和待测物块捆在一起放入量筒的水中，记下总体积 V_2，待测物块的体积是 $V=V_2-V_1$。

③ 如果待测物体溶解于水时，可以考虑用细砂或其它粉状物体来代替水完成体积的测定，既让待测物块"浸没"在细砂等粉状物体中。

如果测量物块比较大，必须用杆秤或磅秤来测量质量；用溢水杯、烧杯、水才能测量它的体积。

（2）测定液体的密度

考虑到液体很难从容器中完全倒出而造成的误差，我们可以先在烧杯中装入适量的待测液体，用调节好的天平测出它的总质量 m_1，然后将部分液体倒入量筒中（最好使体积为整数，方便密度的计算），读出体积 V，最后再测出烧杯及剩余液体的总质量 m_2，则液体的密度 $\rho=(m_1-m_2)/V$。

（3）没有量筒时的密度测定

由于水的密度是已知的，在缺少量筒时我们可以用水、烧杯、天平来代替量筒完成体积的测定。

① 测液体的密度：取两只同样的烧杯，在相同的位置做一个标记，然后用天平测出每

只烧杯的质量 m_0；再将烧杯中分别装入水和待测液体至标记处（保证液体的体积相等），测出它们的总质量 $m_水$ 和 $m_液$，则：

$$V_液 = V_水 = (m_水 - m_0)/\rho_水$$
$$\rho_液 = (m_液 - m_0)\rho_水/(m_水 - m_0)$$

② 测固体的密度：固体的质量可以用天平直接测量，测量固体的体积可以有下面两种方法。

a. 在烧杯中注入适量的水用天平测出质量 m_1，不要取下烧杯，直接用细线系着物块吊入水中，使物体全部浸入水中但不接触容器底（吊着物体悬浮在水中）；再调节砝码和游码使天平平衡，读出天平的示数 m_2（天平读数增加的部分其实就是左盘中物体排开水的质量）。由于物块的体积等于排开水的体积，所以 $V_物 = (m_2 - m_1)/\rho_水$。

b. 取一只溢水杯并注满水，将待测物体浸入水中，用烧杯接住溢出的水，并用天平测出烧杯中水的质量 $m_水$，则 $V_物 = m_水/\rho_水$。

5.11.3.2 浮力法测密度

由于物体在液体中受到的浮力大小与液体的密度有关（阿基米德原理），我们可以用浮力的方法来测定物质的密度。

(1) 测固体的密度

① 对于密度比水大的物体可以用称重法来完成：先用弹簧测力计测出物体在空气中的重力 G，然后用弹簧测力计吊着物体浸入水中，读出弹簧测力计的示数 G^*，则：

$$m_物 = G/g$$
$$V_物 = V_排 = F_浮/(\rho_水 g) = (G - G^*)/(\rho_水 g)$$
$$\rho_物 = G\rho_水/(G - G^*)$$

② 对于密度比水小的物体可以用"漂浮测质量、沉底测体积"的方法来完成：先在量筒中放入适量的水，记下体积 V_1，然后将物体放入水中漂浮，读出总体积 V_2，由于漂浮时 $F_浮 = G_物$，所以 $m_物 = (V_2 - V_1)\rho_水$；再用细铁丝将物体压入水中，记下总体积 V_3，则 $V_物 = V_3 - V_1$，这样物体的密度：

$$\rho = (V_2 - V_1)\rho_水/(V_3 - V_1)$$

(2) 测液体的密度

① 密度计直接测量：物体漂浮时，$F_浮 = G_物$，所以 $\rho_液 gV_排 = G_物$，密度计的重力是一定的，根据密度计排开液体体积的多少就可以间接知道液体密度的大小。测密度比水大的液体时要用密度计中的重表，测密度比水小的液体密度时要用密度计中的轻表。

② 称重法来测定密度：用弹簧测力计测出一个密度大于水和待测液体的物块的重力 G，然后用弹簧测力计吊着物块分别浸没水和液体中，读出弹簧测力计的示数 $G_水$ 和 $G_液$，则：

$$G - G_水 = \rho_水 gV_排$$
$$G - G_液 = \rho_液 gV_排$$
$$\rho_液 = (G - G_液)\rho_水/(G - G_水)$$

③ 还可以用密度已知的、能漂浮于待测液体中的物块来测定：取一个长方体、能漂浮在待测液体中的物块，用刻度尺测出它的高 H，然后放入待测液体中漂浮，测出物块在液体外面部分的高度 h，则：

$$\rho_液 g(H-h)S = \rho_物 gHS \quad （S 为长方体的底面积）$$
$$\rho_液 = H\rho_物/(H-h)$$

5.11.3.3 压强法测液体密度

由于液体内部的压强与液体自身深度成正比，所以我们可以利用液体的压强来测液体的密度。

（1）U形管法

在U形管一侧注入已知密度的水，在另一侧注入待测液体（此液体不能互溶于水），用刻度尺分别测出水和液体的分界面到水面的高度 $H_水$、到待测液体的液面高度 $H_液$。则：

$$\rho_水 g H_水 = \rho_液 g H_液$$

$$\rho_液 = H_水 \rho_水 / H_液$$

（2）海尔法

将图 5-24 中的海尔管（一端一个开口，另一端两个开口连通玻璃管）两个开口的那端分别插入水和待测液体中（水面和液体面尽可能持平），在海尔管的单口端用抽气机适当抽气，当水和待测液体上升到一定的高度后，用刻度尺分别测出管内的水柱和液柱高度 $H_水$ 和 $H_液$，则：

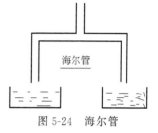

图 5-24　海尔管

$$\rho_水 g H_水 + p_内 = p_0 = \rho_液 g H_液 + p_内$$

式中　p_0——外界大气压；

　　　$p_内$——抽气后海尔管内的气压。

得出：

$$\rho_液 = H_水 \rho_水 / H_液$$

5.11.4　折射率

折射率（refractive index）定义为 $n = c_1 / c_2$，其中 c 表示在不同介质里的光速。比如光在玻璃里的速度是在真空中的 $\dfrac{1}{2}$，那么玻璃相对真空的折射率为 2。

物质的折射率因温度或光线波长的不同而改变，透光物质的温度升高，折射率变小；光线的波长越短，折射率越大。作为液体物质纯度的标准，折射率比沸点更为可靠。利用折射率，可以鉴定未知化合物，也用于确定液体混合物的组成。测定时须注明所用的光线和测定时的温度。

折射率的测定步骤如下。

（1）准备

将阿贝折光仪置于靠窗口的桌上或白炽灯前，但避免阳光直射，用超级恒温槽通入所需温度的恒温水于两棱镜夹套中，棱镜上的温度计应指示所需温度，否则应重新调节恒温槽的温度。松开锁钮，打开棱镜，滴 1~2 滴丙酮在玻璃面上，合上两棱镜，待镜面全部被丙酮湿润后再打开，用擦镜纸轻擦干净。

（2）校正

打开棱镜，滴 1 滴蒸馏水于下面镜面上，在保持下面镜面水平情况下关闭棱镜，转动刻度盘罩外手柄（棱镜被转动），使刻度盘上的读数等于蒸馏水的折射率（$n_D^{20} = 1.33299$，$n_D^{25} = 1.3325$）。调节反射镜使入射光进入棱镜组，并从测量望远镜中观察，使视场最明亮，调节测量镜（目镜），使视场十字线交点最清晰。转动消色调节器，消除色散，得到清晰的明暗界线，然后用仪器附带的小旋棒旋动位于镜筒外壁中部的调节螺丝，使明暗线对准十字交点，校正完毕。

（3）测定

用丙酮清洗镜面后，滴加 1～2 滴样品于毛玻璃面上，闭合两棱镜，旋紧锁钮。如样品很易挥发，可用滴管从棱镜间小槽中滴入。转动刻度盘罩外手柄（棱镜被转动），使刻度盘上的读数为最小，调节反射镜使光进入棱镜组，并从测量望远镜中观察，使视场最明亮，再调节目镜，使视场十字线交点最清晰。再次转动罩外手柄，使刻度盘上的读数逐渐增大，直到观察到视场中出现半明半暗现象，并在交界处有彩色光带，这时转动消色散手柄，使彩色光带消失，得到清晰的明暗界线，继续转动罩外手柄使明暗界线正好与目镜中的十字线交点重合。从刻度盘上直接读取折射率。

（4）注意事项

① 要特别注意保护棱镜镜面，滴加液体时防止滴管口划到镜面。

② 每次擦拭镜面时，只许用擦镜头纸轻擦，测试完毕，也要用丙酮洗净镜面，待干燥后才能合拢棱镜。

③ 不能测量带有酸性、碱性或腐蚀性的液体。

④ 测量完毕，拆下连接恒温槽的橡胶管，棱镜夹套内的水要排尽。

⑤ 若无恒温槽，所得数据要加以修正，通常温度升高 1℃，液态化合物折射率降低 $(3.5～5.5)×10^{-4}$。

5.11.5 比旋光度

手性分子能够把平面偏振光旋转到一定的角度，各对映体使其数值相同但方向相反，这种性质即光学活性。若是消旋体，两个异构体的量刚好相等，表现出来的却是无光学活性。同样，如果一个对映体的量超过了另一个，该手性化合物就有可能显示出光学活性。测定手性分子各对映异构体的组成（相对含量），对于开展不对称催化、手性药物合成等方面的研究具有十分重要的意义。对映体的纯度是手性质控的重要指标，可以通过测定旋光度或比旋光度（specific optical rotation）来反映对映体的光学纯度（optical purity）。光学纯度是衡量旋光性样品中一个对映体超过另一个对映体的量的量度，物质的旋光性是化合物使平面偏振光偏振面旋转的性质，具有旋光性的物质称为旋光物质（或称为光学活性物质），物质的旋光度（α）是指偏振面被旋转的角度。旋光性物质的旋光度和旋光方向可用旋光仪进行测定。

5.11.5.1 比旋光度测定的原理

旋光仪是由一个钠光源、两个尼科尔棱镜和一个盛有测试样品的盛液管组成。普通光经过一个固定不动的棱镜（起偏镜）变成偏振光，再通过盛液管，由一个可转动的棱镜（检偏镜）来检验偏振光的振动方向和旋转角度。由旋光仪测得的旋光度及旋光方向不仅与物质的结构有关而且与测定的条件有关，因为旋光现象是偏振光透过旋光性物质的分子时所造成的。透过的分子越多，偏振光旋转的角度越大。因此，由旋光仪式测得的旋光度与被测样品的浓度（如果是溶液），以及盛放样品的管子（旋光管）的长度密切相关。

右旋体和左旋体：若手性化合物能使偏振面右旋（顺时针）称为右旋体，用（＋）表示；而其对映体必使偏振面左旋（逆时针）相等角度，称为左旋体，用（－）表示。

比旋光度：通常规定旋光管的长度为 1dm，待测物质溶液的浓度为 1g/mL，在此条件下测得的旋光度叫作该物质的比旋光度，用 $[\alpha]$ 表示。比旋光度仅决定于物质的结构，因此，比旋光度是物质特有的物理常数。

5.11.5.2 比旋光度测定的步骤

以未知葡糖糖的比旋光度测定为例。

（1）旋光仪

旋光仪有两种：一种是数字自动显示测定结果的自动旋光仪，另一种是目测刻度而得结果的圆盘旋光仪。本实验用 SGW-1 自动旋光仪。

（2）旋光度的测定

① 样品溶液的配制：准确称取一定量的样品，在 50mL 的容量瓶中配成溶液，通常可以选用水、乙醇、氯仿作溶剂。若用纯液体样品直接测试，则测定前只需确定其相对密度即可。由于葡萄糖溶液具有变旋光现象，所以待测葡萄糖溶液应该提前 24h 配好，或加入少量氨水，以消除变旋光现象，否则测定过程中会出现读数不稳定的现象。

② 预热：打开旋光仪电源开关，预热 5～10min，待完全发出钠黄光后方可观察使用。

③ 调零：按"旋光度"进入比旋光度模式，输入试管长度、溶液浓度（g/mL）。在测定样品前，必须先用蒸馏水来调节旋光仪的零点。洗净样品管后装入蒸馏水，使液面略凸出管口。将玻璃盖沿管口边缘轻轻平推盖好，不要带入气泡，旋紧（随手旋紧不漏水为止，旋得太紧，玻片容易产生应力而引起视场亮度发生变化，影响测定准确度）上螺丝帽盖。将样品管通光面擦干，将样品管擦干后放入旋光仪，合上盖子。使用清零键显示 0 读数。

④ 测定：每次测定之前样品管必须先用蒸馏水清洗 1～2 遍，再用少量待测液润洗 2～3 次遍，以免受污物的影响，然后装上样品按相同方向进行测定。测定完后倒出样品管中溶液，用蒸馏水把管洗净，擦干放好。测定 5% 葡萄糖溶液的旋光度 4～5 次，再测定未知浓度的葡萄糖溶液的旋光度 4～5 次。

⑤ 数据记录与处理：按下表中设计的项目进行相应处理，最终求出未知浓度葡萄糖溶液的浓度。

项目	1	2	3	4	5
零点值					
零点平均值					
5% 葡萄糖的旋光度					
旋光度平均值					
差值①					
比旋光度					
未知浓度葡萄糖的旋光度					
旋光度平均值					
差值①					
葡萄糖溶液浓度					

① 差值＝旋光度平均值－零点平均值

（3）注意事项

① 仪器应放在空气流通和温度适宜的地方，并不宜低放，以免光学零部件、偏振片受潮发霉及性能衰退。

② 试管使用后，应及时用水或蒸馏水冲洗干净，擦干藏好。

③ 镜片不能用不洁或硬质布、纸擦试，以免镜片表面产生划痕等。

④ 仪器不用时，应将仪器放入箱内或用塑料罩罩上，以防灰尘侵入。

⑤ 仪器、钠光灯管、试管等装箱时，应按规定位置放置，以免压碎。

综合能力测试

一、应知客观测试 (O)

（一）选择题

1. 急性呼吸系统中毒后的急救方法正确的是（　　）。

A. 要反复进行多次洗胃

B. 立即用大量自来水冲洗

C. 用 3%～5% 碳酸氢钠溶液或用 (1/5000) 高锰酸钾溶液洗胃

D. 应使中毒者迅速离开现场，移到通风良好的地方，呼吸新鲜空气

2. 分别用浓度 $c(NaOH)$ 为 0.10mol/L 和浓度 $c(1/5KMnO_4)$ 为 0.10mol/L 的两种溶液滴定相同质量的 $KHC_2O_4 \cdot H_2C_2O_4 \cdot 2H_2O$，则滴定消耗的两种溶液的体积关系是（　　）。

A. $V(NaOH)=V(KMnO_4)$　　　　　　　B. $5V(NaOH)=V(KMnO_4)$

C. $3V(NaOH)=4V(KMnO_4)$　　　　　　D. $4V(NaOH)=3V(KMnO_4)$

3. 一浓度为 0.1mol/L 的三元弱酸，$K_{a1}=7.6\times10^{-2}$，$K_{a2}=6.3\times10^{-7}$，$K_{a3}=4.4\times10^{-13}$，则有（　　）个滴定突跃。

A. 1　　　　　　　B. 2　　　　　　　C. 3　　　　　　　D. 4

4. 用二甲酚橙作指示剂，EDTA 法测定铝盐中的铝常采用返滴定方式，原因不是（　　）。

A. 不易直接滴定到终点　　　　　　　B. Al^{3+} 易水解

C. Al^{3+} 对指示剂有封闭　　　　　　D. 配位稳定常数 $<10^8$

5. 用含有少量 Ca^{2+} 的蒸馏水配制 EDTA 溶液，于 pH=5.0 时用锌标准溶液标定 EDTA 溶液的浓度，然后用上述 EDTA 溶液，于 pH=10.0 时，滴定试样中 Ca^{2+} 的含量，对测定结果的影响是（　　）。

A. 基本上无影响　　B. 偏高　　　　　　C. 偏低　　　　　　D. 不能确定

6. 碘量法测定 $CuSO_4$ 含量，试样溶液中加入过量的 KI。下列叙述其作用错误的是（　　）。

A. 还原 Cu^{2+} 为 Cu^+　　　　　　　B. 防止 I_2 挥发

C. 与 Cu^+ 形成 CuI 沉淀　　　　　　D. 把 $CuSO_4$ 还原成单质

7. 用同一浓度的高锰酸钾溶液分别滴定相同体积的 $FeSO_4$ 和 $H_2C_2O_4$ 溶液，消耗的高锰酸钾溶液的体积也相同，则说明两溶液的浓度 c 的关系是（　　）。

A. $c(FeSO_4)=c(H_2C_2O_4)$　　　　　　B. $c(FeSO_4)=2c(H_2C_2O_4)$

C. $2c(FeSO_4)=c(H_2C_2O_4)$　　　　　　D. $c(FeSO_4)=4c(H_2C_2O_4)$

8. 莫尔法测 Cl^- 含量介质的 pH 值在 6.5～10.0 范围，若酸度过高，则（　　）。

A. AgCl 沉淀不完全　　　　　　　　B. AgCl 沉淀易胶溶

C. AgCl 沉淀 Cl^- 吸附增强　　　　　D. Ag_2CrO_4 沉淀不易形成

9. 用福尔哈德法测定 Cl^- 时，如果不加硝基苯会使分析结果（　　）。

A. 偏高　　　　　　　　　　　　B. 偏低

C. 无影响　　　　　　　　　　　D. 可能偏高也可能偏低

10. 称量法测定硫酸根时，洗涤沉淀应用（　　）。

A. 蒸馏水　　　　　　B. 10%盐酸溶液　　　C. 2%氯化钡溶液　　　D. 10%硫酸溶液

11. 玻璃电极的内参比电极是（　　）。

A. 银电极　　　　　　B. 氯化银电极　　　　C. 铂电极　　　　　　D. 银-氯化银电极

12. 在电位滴定中，以 E 为电位，V 为滴定剂体积作图绘制滴定曲线，滴定终点为
（　　）。

A. 曲线的最大斜率点　　　　　　　　　B. 曲线最小斜率点

C. E 为最大值的点　　　　　　　　　　D. E 为最小值的点

13. 在 300nm 进行分光光度测定时，应选用（　　）比色皿。

A. 硬质玻璃　　　　　B. 软质玻璃　　　　　C. 石英　　　　　　　D. 透明塑料

14. 摩尔吸光系数很大，则说明（　　）。

A. 该物质的浓度很大　　　　　　　　　B. 光通过该物质溶液的光程长

C. 该物质对某波长光的吸收能力强　　　D. 测定该物质方法的灵敏度低

15. 对气相色谱柱分离度影响最大的是（　　）。

A. 色谱柱柱温　　　　B. 载气的流速　　　　C. 柱子的长度　　　　D. 填料粒度的大小

16. 色谱分析中，归一化法的优点是（　　）。

A. 不需准确进样　　　B. 不需校正因子　　　C. 不需定性　　　　　D. 不用标样

17. 在高效液相色谱分析流程中，试样混合物在（　　）中被分离。

A. 检测器　　　　　　B. 记录器　　　　　　C. 色谱柱　　　　　　D. 进样器

18. 液相色谱中通用型检测器是（　　）。

A. 紫外吸收检测器　　　　　　　　　　B. 示差折光检测器

C. 热导池检测器　　　　　　　　　　　D. 氢焰检测器

19. 下列不属于薄层层析吸附剂的为（　　）。

A. 硅胶　　　　　　　B. 氧化铝　　　　　　C. 纤维素　　　　　　D. 活性炭

20. 在薄层色谱法中可用（　　）进行定性分析？

A. 保留值　　　　　　B. 相对保留值　　　　C. 比移值　　　　　　D. 调整保留值

（二）判断题

1. 当眼睛受到酸性灼伤时，最好的方法是立即用洗瓶的水流冲洗，然后用 200g/L 的硼酸溶液淋洗。（　　）

2. 在酸碱滴定分析中，只要滴定终点 pH 值在滴定曲线突跃范围内则没有滴定误差或终点误差。（　　）

3. 酸碱滴定法测定分子量较大的难溶于水的羧酸时可采用中性乙醇为溶剂。（　　）

4. 用 EDTA 进行配位滴定时，被滴定的金属离子（M）浓度增大，$\lg K'_{MY}$ 也增大，所以滴定突跃将变大。（　　）

5. 若被测金属离子与 EDTA 配位反应速率慢，则一般可采用置换滴定方式进行测定。
（　　）

6. 若某溶液中有 Fe^{2+}、Cl^- 和 I^- 共存，要氧化除去 I^- 而不影响 Fe^{2+} 和 Cl^-，可加入的试剂是 $FeCl_3$。（　　）

7. $K_2Cr_2O_7$ 标准溶液滴定 Fe^{2+} 既能在硫酸介质中进行，又能在盐酸介质中进行。（　　）

8. 用法扬司法测定 Cl^- 含量时，以二氯荧光黄（$K_a = 1.0 \times 10^{-4}$）为指示剂，溶液的 pH 值应大于 4 小于 10。（　　）

9.用福尔哈德法测定Ag^+，滴定时必须剧烈摇动。用返滴定法测定Cl^-时，也应该剧烈摇动。（　　　）

10.重量分析中对形成胶体的溶液进行沉淀时，可放置一段时间，以促使胶体微粒的胶凝，然后再过滤。（　　　）

11.使用甘汞电极一定要注意保持电极内充满饱和KCl溶液，并且没有气泡。（　　　）

12.电位法的基本原理是指示电极的电极电位与被测离子的活度符合能斯特方程。（　　　）

13.可见分光光度计检验波长准确度是采用苯蒸气的吸收光谱曲线检查。（　　　）

14.常见的紫外光源是氢灯或氘灯。（　　　）

15.在用气相色谱仪分析样品时载气的流速应恒定。（　　　）

16.气相色谱分析中，提高柱温能提高柱子的选择性，但会延长分析时间，降低柱效率。（　　　）

17.高效液相色谱分析中，选择流动相的一般原则为纯度高、黏度低、毒性小、对样品溶解度高以及对检测器来说无响应或响应不灵敏。（　　　）

18.高效液相色谱分析中，固定相极性大于流动相极性称为正相色谱法。（　　　）

19.薄层点样除另有规定外，在洁净干燥的环境，用专用毛细管或配合相应的半自动、自动点样器械点样于薄层板上。（　　　）

20.采用薄层色谱法进行分离时，在一块薄层板上只能点上一个样品。（　　　）

二、应知主观测试（J）

1.某企业污水排放严重影响到周围田间农作物的收成，市环保局特提出要对该企业排放污水进行分析，其中有一项COD值的检测。查阅资料和相关要求，独立设计方案并完成工业废水的COD值的测定。

2.请独立完成硝酸银标准溶液的配制，并查阅资料采用莫尔法准确标定其浓度，然后制定工作计划检测给定地下水水样氯离子含量。

3.某公司有一套年处理丁辛醇装置残液3万吨的装置，年初刚进行了工艺调整，提高其产能，现以新工艺生产出一批产品。为确定产品质量，公司委托第三方检测中心对该产品中正丁醇、异丁醇、叔丁醇和仲丁醇的含量进行测定。要求按照气相色谱相关检测标准，制定检测方案，完成产品中正丁醇、异丁醇、叔丁醇和仲丁醇的含量测定。

4.复方阿司匹林（APC）是应用广泛的解热镇痛药，其有效成分为乙酰水杨酸、非那西汀和咖啡因。乙酰水杨酸易水解，在生产及贮藏期间容易水解成水杨酸，《中国药典》收载的品种有阿司匹林片、阿司匹林肠溶片和阿司匹林肠溶胶囊，以及国家食品药品地标收载的小剂量阿司匹林肠溶片，这些药品成分相同，作用类似，所收载的检测方法有高效液相色谱法、分光光度法、酸碱滴定法等，但这些方法比较费时，用薄层色谱可以快速鉴别阿司匹林片剂中的乙酰水杨酸。请查找相关资料，要求利用薄层色谱TLC对阿司匹林片剂样品进行定性分析，鉴别出样品中的乙酰水杨酸。

5.请指出在化学分析中常用的试剂中有哪些可能对人体造成伤害。

6.请列出仪器分析中可能产生的废液并提出处置方法。

第三部分

实验操作技能训练

6

化学实验室基本操作技能训练

6.1 化学类实验玻璃仪器的选用及管理

6.1.1 一般玻璃仪器的管理

6.1.1.1 玻璃仪器的洗涤

(1) 玻璃仪器洗涤洁净的标准

仪器内壁既不聚成水滴也不成股流下，而是能够形成一层均匀的水膜。

(2) 一般玻璃仪器洗涤

用毛刷蘸取合成洗涤剂、去污粉或肥皂水从内到外刷洗，然后用自来水冲洗干净，最后用蒸馏水洗涤 3~4 次。

(3) 精密玻璃仪器洗涤

对于准确度较高的玻璃仪器，如移液管、吸量管、滴定管等，采用铬酸洗液浸泡的方式完成仪器的洗涤工作。具体操作如下：取预先配制好的铬酸洗液倒入玻璃仪器中并浸泡一段时间，然后轻轻转动并倾斜玻璃仪器，保证仪器内壁能被铬酸洗液均匀浸润。浸泡时间可以根据玻璃仪器的污染程度进行选择，污染较轻的玻璃仪器浸泡数分钟即可，而对于污染较为严重的玻璃仪器应适当延长浸泡时间（注意：由于铬酸洗液具有极强腐蚀性，使用时应注意安全，禁止将铬酸洗液溅于裸露的皮肤上）。浸泡结束后将铬酸洗液回收至原试剂瓶内，用自来水将玻璃仪器冲洗干净后，再用蒸馏水清洗 3~4 次。

6.1.1.2 玻璃仪器的管理

(1) 玻璃仪器的分类

① 烧器类：是指那些能直接或间接地进行加热的玻璃仪器，如烧瓶、圆底烧瓶、平底烧瓶、分馏（凯式）烧瓶、定氮烧瓶、锥形瓶、烧杯、试管、刻度试管、具塞试管等。

② 量器类：是指用于准确测量或粗略量取液体容积的玻璃仪器，如滴定管、单标线吸量管、分度吸量管、容量瓶、量杯、量筒等。

③ 容器类：是指用于存放固体或液体化学药品、化学试剂、水样等的玻璃仪器，如细口瓶、广口瓶、下口瓶、上口瓶、上下口瓶、滴瓶、采样瓶、称量瓶等。

④ 测量类：是指用于温度、密度、黏度等测定的玻璃仪器，如水银温度计、酒精温度计、波美密度计、密度瓶、乌氏黏度计等。

⑤ 分离类：主要用于液-液、液-固分离的玻璃仪器，如分馏头、二口连接管、冷凝管、三角漏斗、分液漏斗等。

⑥ 干燥类：如干燥器、干燥管等。

⑦ 成套仪器类：如回流装置、蒸馏装置、索氏提取器、旋转蒸发仪等。

⑧ 其他类：如表面皿、培养皿、玻璃研钵、微量进样器、酒精灯、玻璃棒、玻璃珠、比色皿、石英比色皿、比色管等。

（2）玻璃仪器的购置、登记

根据测试项目要求和使用报废情况，玻璃仪器管理员制定采购计划，注明名称、规格、数量、要求等，经质量控制室负责人审核，报质量管理部负责人批准后实施采购。

玻璃仪器入库时按购物清单逐一清点，去包装，验收入库，做好登记、保管工作。大型玻璃仪器建立账目，每年清查一次，一般低值易耗器皿在实验过程中出现破损、破碎时，应进行报损，并及时补充。

（3）外观要求

① 新购进的玻璃仪器到货后，应仔细检查，仪器应清澈、透明，滴定管、分度吸量管和量筒允许有蓝线、乳白衬背的双色玻璃管制成。

② 玻璃量器不允许有影响计量读数及使用强度等缺陷，包括密集的气线（气泡）、破气线（气泡）、擦伤、铁屑和明显的直棱线等。

③ 分度线和量的数值应清晰、完整、耐久。

④ 分度线应平直、分格均匀，必须与器轴相垂直。

⑤ 玻璃量器分度线的宽度和分度值应符合"玻璃量器检定标准操作规程"。

⑥ 玻璃量器应具有下列标记：

a.厂名或商标。

b.标准温度（20℃）。

c.型式标记有量入式用"In"，量出式用"Ex"，吹出式用"吹"或"Blow out"。

d.等待时间标注为××s。

e.标称总容量与单位为××mL。

f.准确度等级分为 A 或 B，有准确度等级而未标注的玻璃量器按 B 级处理。

g.用硼硅玻璃制成的玻璃量器，应标"Bsi"字样。

h.非标准的口与塞，活塞芯和外套，必须用相同的配合号码。无塞滴定管的流液口与管下部也应标有相同号。

（4）玻璃仪器的存放

① 玻璃仪器使用后应及时清洗、干燥。

② 所有玻璃仪器应按种类、规格顺序存放，尽可能倒置，既可自然控干，又能防尘。如烧杯等可直接倒扣于实验柜内，锥形瓶、烧瓶、量筒等可倒插于玻璃器皿柜的孔中。精密的玻璃仪器应加盖存放。

③ 吸量管洗净后置于防尘的盒中或移液管架上。

④ 滴定管用毕，倒去内装溶液，用蒸馏水冲洗之后，注满蒸馏水，上盖玻璃短试管或塑料套管，也可倒置夹于滴定管架上。

⑤ 成套仪器如索氏提取器、蒸馏水装置、凯氏定氮仪等，用完后立即洗净，成套放在专用的包装盒中保存。

（5）使用玻璃仪器的注意事项

① 使用时应轻拿轻放。

② 除试管等少数玻璃仪器外，不得用火直接加热。烧杯、烧瓶等加热时要垫石棉网。

③ 锥形瓶、平底烧瓶不得用于减压操作。

④ 广口容器（如烧杯）不能存放有机溶剂。

⑤ 不能用温度计作搅拌棒；温度计用后应缓慢冷却，不可立即用冷水冲洗，以免炸裂。

⑥ 玻璃容器不能存放如氢氟酸、碱液等对玻璃有腐蚀性的试剂和溶液。

⑦ 玻璃仪器的洗涤是否符合检验的准确度和精密度要求，洗涤时应严格按玻璃仪器洗涤标准操作规程进行操作。

⑧ 玻璃量器必须经校正后使用以确保测量的准确性；滴定管、容量瓶、吸量管在洗涤时不宜用硬毛刷或其他粗糙东西擦洗，避免损坏或划伤内壁。

⑨ 玻璃仪器的干燥可采用晾干、烘干、热风吹干等方法；称量用的称量瓶等在烘干后要放在干燥器中冷却和保存，量器不可放于烘箱中烘干。

⑩ 带磨口的玻璃仪器：

a. 容量瓶、比色管等应在使用或清洗前用小细绳或塑料套管把塞子和管口拴好，以免打破塞子或互相弄混。

b. 磨口处必须洁净，若粘有固体杂质，则会使磨口对接不严，导致漏气。若固体杂质较硬，还会损坏磨口。同理，不要用去污粉擦洗磨口部位。

c. 一般使用时，磨口无须涂润滑剂，以免沾污产物或反应物；若反应物中有强碱，则应涂润滑剂，以免磨口连接处因碱腐蚀而粘牢，不易拆开。

d. 安装磨口仪器时应特别注意整齐、正确，使磨口连接处很好地吻合；否则仪器易破裂。

e. 用后立即拆卸洗净，放置太久磨口连接处会粘牢难以拆开。

f. 需长期保存的磨口仪器要在塞间垫一张纸片，以免日久粘住。

g. 长期不用的滴定管要除掉凡士林后垫纸，用皮筋拴好活塞保存。

⑪ 石英玻璃仪器：

a. 石英玻璃仪器外表上与玻璃仪器相似，无色透明，比玻璃仪器价格贵、更脆、易破碎，使用时须小心，与玻璃仪器分别存放，妥善保管。

b. 石英玻璃不能耐氢氟酸的腐蚀，磷酸在150℃以上也能与其作用，强碱溶液包括碱金属碳酸盐也能腐蚀石英，因此石英玻璃仪器不应用于上述场合。

c. 石英比色皿测定前可用柔软的棉织物或滤纸吸去光学窗面的液珠，将擦镜纸折叠为四层轻轻擦拭至透明。比色皿用毕洗净，倒放在铺有滤纸的小磁盘中，晾干后放在比色皿盒中。

⑫ 微生物检验用器皿：

a. 微生物检验用器皿必须在每次使用前、使用完毕后，进行清洁灭菌，做好使用前的准备工作。

b. 洗涤方法同实验用玻璃器皿、量器的清洁规程。

c. 洗净的器皿内外壁不挂水珠，否则应重洗。

d. 洗净的器皿倒置于器皿框内晾干。

e. 待器皿晾干后，按"物品灭菌操作管理规程"规定进行操作。

f. 灭菌完的器皿，置于专用的器皿筐内递入无菌室备用。

g. 如洗涤灭菌后的器皿暂时不用，当放置超过 2 天后，使用前必须再次灭菌。

h. 微生物用的各种样品的抽样器、样品容器用前须经上述步骤的清洁灭菌。

6.1.2 计量玻璃仪器的选用与校准

滴定分析是根据滴定时消耗的标准溶液的体积及其准确浓度来计算分析结果的。标定溶液的准确浓度或用标准溶液测定某组分的含量时，都必须准确测量溶液的体积。溶液体积测量的误差是滴定分析误差的主要来源之一。要准确测量溶液体积，一方面取决于所用容量仪器的容积是否准确，另一方面还取决于能否正确使用这些仪器。

滴定管（buret）、移液管（pipet）和吸量管为"量出"式量器，量器上标有"A"字样，但我国目前统一用"Ex"字样表示"量出"，用于测定从量器中放出液体的体积。一般容量瓶为"量入"式量器，量器上标有"E"字样，但我国目前统一用"In"字样表示"量入"，用于测定注入量器中液体的体积。另一种是"量出"式容量瓶，瓶上标有"A"或"Ex"字样，它表示在标明温度下，液体充满到标线刻度后，按照一定方法倒出液体时，其体积与瓶上标明的体积相同。

6.1.2.1 滴定管的标准操作训练

滴定管是用来准确测量滴定时所消耗滴定剂的体积的仪器，其外壁上端通常标有：生产厂家、标称容量（mL）、量出式符号（Ex）、标准温度（20℃）以及精度级别（A级或B级）。滴定管的分类：按照颜色划分为无色和棕色两种，对于一些见光易分解的滴定剂（如：硫代硫酸钠标准溶液、硝酸银标准溶液、高锰酸钾标准溶液等）通常选用棕色滴定管；按照结构划分可分为自动定零位滴定管和普通滴定管；按照滴定管容量大小不同可分为三类：微量滴定管、半微量滴定管以及常量滴定管；按照所盛溶液的酸碱性不同，分为酸式滴定管和碱式滴定管，二者结构上的区别主要在于滴定管的下端，酸式滴定管的下端为玻璃活塞，而碱式滴定管下端连接一橡胶管和一尖嘴玻璃管，橡胶管内放有玻璃珠用以控制溶液的流出。此外，酸式滴定管用于盛放中性溶液、具有氧化性的溶液或酸性溶液，而碱式滴定管一般用于盛放无氧化性的溶液或者碱性溶液，两种滴定管不可混用。若滴定管的活塞为聚四氟乙烯则酸性、碱性或氧化性溶液均可使用。另外还有蓝带滴定管，功能是一样的，只是读数的方式有区别。

（1）使用前准备

① 试漏。酸式滴定管：首先检查滴定管的活塞与旋塞套是否配套，是否能灵活转动活塞；然后检查滴定管是否漏水，该步骤称为试漏。试漏的具体方法如下：在滴定管中装满自来水至零刻度线以上位置，关闭旋塞，先用滤纸将尖嘴附近及滴定管外壁的水擦拭干净，静止2min后用一干燥的滤纸检查尖嘴和旋塞两端是否有水渗出；然后，将滴定管旋塞旋转180°，静止2min，再次检查尖嘴附近是否有水渗出。若所用滴定管的旋塞可以灵活转动且不漏水，即可使用，否则应该将凡士林均匀地涂抹在旋塞和旋塞套之间。

碱式滴定管：使用前应检查尖嘴处的橡胶管是否老化，玻璃珠的尺寸大小是否合适（便于灵活控制滴定速度，过小会漏水，过大不方便操作控制），如果不符合要求则应重新更换橡胶管或玻璃珠。对于橡胶管和玻璃珠均合格的碱式滴定管需进行试漏：将滴定管装满水至零刻度线以上，静置数分钟观察尖嘴处是否会渗出水滴。若尖嘴渗出水滴，需要对橡胶管或玻璃珠进行进一步检查并及时对其进行更换，以保证实验结果的准确度。

② 涂凡士林。酸式滴定管使用前需要涂抹凡士林，其操作过程为：将滴定管平放在桌面上，先取下旋塞套头上的橡胶套，再拔出滴定管的旋塞，用滤纸片擦干净旋塞和旋塞槽，然后用手指蘸取少许凡士林均匀地在旋塞孔的两侧涂抹薄薄的一层凡士林（图6-1左所示，请切勿在靠近中间旋塞孔的位置附件涂抹凡士林，避免旋塞孔被凡士林堵塞造成液体不能顺利从尖嘴处流出）。将粘有均匀凡士林薄层的旋塞按照与滴定管平行的方向插入旋塞套中，

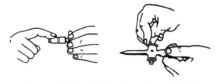

图 6-1 旋塞涂凡士林（左）和插入
旋塞向同一方向旋转（右）

然后向同一方向连续旋转旋塞（图 6-1 右所示，不可来回旋转），直至旋塞上的凡士林全部均匀透明为止。如果凡士林的量太少，旋塞难以灵活地转动或旋塞套上出现明显纹路；相反如果涂得太多，则会看到凡士林从旋塞槽两侧被挤出。若出现以上现象，均须重复上述步骤重新进行涂凡士林的操作。

③ 洗涤。对于试漏合格的滴定管，需进行充分的洗涤，若滴定管黏附较难清洗的油污可用铬酸洗液洗涤。洗涤前应将滴定管中的水沥干，关闭下端旋塞，倾斜滴定管倒入 10～15mL 铬酸洗液，双手平托滴定管的两端并轻轻旋转滴定管，使其整个内壁均能被洗液浸润，清洗完将洗液放回原瓶中。若滴定管沾污较为严重，可用洗液浸泡数小时。洗液洗涤结束后先用自来水冲洗干净，再用蒸馏水润洗三次。对于经常使用的滴定管不必每次都用洗液洗涤，只需在实验结束后及时用自来水和蒸馏水洗涤干净即可。

（2）标准溶液的装入

装液之前应先将试剂瓶中的标准溶液摇匀，为了保证转入滴定管中的溶液浓度与转移前一致，应先用标准溶液润洗滴定管 2～3 次以置换出滴定管内壁的蒸馏水。润洗方法为：从试剂瓶往滴定管中慢慢倒入 10～15mL 已摇均匀的标准溶液，先从下端尖嘴处放出少量液体，然后关闭旋塞，双手平托两端并轻轻转动滴定管，使整个管内壁能够被标准溶液浸润，最后将标准溶液从上端口放出。重复以上操作步骤 2～3 次。

滴定管润洗结束后，从其上管口加入标准溶液至零刻度线以上，操作时左手大拇指、食指、中指捏住滴定管上部无刻度线处并保持倾斜，右手握住试剂瓶的瓶身（标签向手心），将溶液倾倒于滴定管中。装完后先检查下端尖嘴处有无气泡，如果有应及时排出气泡，以免引入较大误差。酸式滴定管若有气泡，在装满标准溶液后右手捏住滴定管并保持倾斜约 30°，左手迅速打开下端旋塞便于气泡从尖嘴处冲出，反复操作数次一般可排出气泡；如果气泡依然存在，可在打开活塞的同时上下晃动滴定管，直至滴定管尖嘴处充满标准溶液为止。而对于碱式滴定管，可将其垂直地固定在滴定管架上，左手拇指和食指夹住橡胶管中的玻璃珠并使滴定管的尖嘴部分向上弯曲翘起（图 6-2），然后轻轻捏挤玻璃珠外侧的橡胶管，使溶液从尖嘴喷出的同时排尽气泡（注意：为了避免再次出现气泡，滴定操作过程中不可捏挤玻璃珠以下的橡皮管）。

图 6-2 碱式滴定管排气泡

（3）滴定操作

先将装好标准溶液的滴定管进行调节"零点"（记录起始读数）的操作，然后将其垂直地固定在滴定管架上，滴定管正下方可以垫一块白瓷板作为背景，便于观察滴定时锥形瓶中溶液颜色的变化情况。滴定操作前应调整好滴定管、滴定台以及锥形瓶之间的高度，滴定过程中滴定管尖嘴大约伸入锥形瓶瓶口 1cm 的深度，桌面前沿距离滴定台前沿 10～15cm，锥形瓶瓶底与滴定台台面保持 2～3cm 距离。

使用酸式滴定管时，应用左手的前三指（大拇指在前、中指及食指在后）控制滴定管旋塞，无名指和小指向手心弯曲，手心空握。右手轻轻握住并靠腕力摇动锥形瓶使溶液向同一个方向作圆周运动。滴定时左手不可离开滴定管旋塞，边滴加标准溶液边摇动锥形瓶，使标准溶液与待测溶液充分混合均匀（图 6-3）。

使用碱式滴定管时，尖嘴处被左手无名指和小指固定住，拇指及食指轻轻捏住玻璃珠稍上靠右侧位置的橡胶管，玻璃珠便偏移至近手心一侧，标准溶液便会沿着玻璃珠与橡胶管内壁之间的缝隙流出（图6-4）。为了避免空气再次进入滴定管尖嘴处，切勿挤压玻璃珠中部或玻璃珠下方的橡胶管。

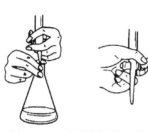 

图6-3　酸式滴定管的操作　　　　图6-4　碱式滴定管的操作

滴定时，右手前三指（大拇指在前、中指及食指在后）轻轻握住锥形瓶，无名指和小拇指并拢抵在锥形瓶前侧保持自然微曲的姿势，依靠腕部力量摇动锥形瓶，使其向同一方向作圆周运动，并使锥形瓶瓶口保持水平。滴定管深入锥形瓶的深度为1cm左右，滴定的同时摇动锥形瓶。

无论采用哪种滴定管，都应在滴定过程中注意把握滴定速度，通常要求熟练掌握三种速度：开始滴定时，滴定速度可适当快些，使溶液逐滴流出尖嘴，达到"见滴成线"的效果[（3～4)滴/s]，但不可滴成"水线"；随着滴定反应的进行，仔细观察锥形瓶正下方附近溶液颜色的变化情况，如果颜色变化越来越慢，应改为一滴一滴地加入滴定剂，要求熟练掌握只加一滴的操作；最后近终点时，控制液滴悬而不落，通过锥形瓶内壁将其黏附至瓶内或将其吹洗至瓶底，也就是做到只加半滴甚至不足半滴的操作，加完后应摇动锥形瓶，直至溶液的颜色有显著变化即达到滴定终点（30s不褪色）。

(4) 滴定管的读数

装完标准溶液后，检查滴定管尖嘴处有无气泡，如果有气泡应先进行排气泡的操作，排尽气泡后还需保证标准溶液的液面在滴定管零刻线以上，然后认真调节液面至零刻线，并记录初读数0.00mL。

正确读取滴定管读数应遵循以下原则：

① 读数前应等待1～2min，使附着在滴定管内壁的溶液完全流下来、液面不再发生变化时再读数；若是滴定接近化学计量点溶液流出速度较慢时，停留0.5～1min即可读数。

② 每次读数前应检查滴定管尖嘴处是否有悬液滴、内壁有无水珠，如果有则无法获得准确数据。

③ 读数时要先把滴定管从滴定管架上取下来，右手的大拇指和食指捏住滴定管上部无刻度处，保持滴定管呈自然垂直状态。不可直接从滴定管架上读取数据，以免引入较大误差。

④ 读数应精确至小数点后第二位，其中最末一位为估读数值，读数后要及时记录。

⑤ 由于液体表面具有张力，滴定管中标准溶液一般为凹液面。一般来说，无色溶液或浅色溶液的凹液面较为清晰、便于观察，读数时，视线应与凹液面下缘实线的最低点相切（图6-5）。对于$KMnO_4$、I_2等颜色较深的溶液，其凹液面不易观察，读数时视线应与液面两侧最高点相切（注意：初读数与终读数的参照标准应保持一致）。

⑥ 若选用蓝带滴定管，管内溶液液面似乎为两个凹液面的上下两个尖端相交，此交点

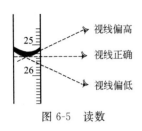

图 6-5　读数

即为读数的正确位置。

⑦ 滴定管的刻度并非绝对均匀，为了减小滴定误差，每一次滴定完成后应再次加入滴定剂重新调零后开始第二次滴定操作，使消耗标准溶液的体积位于大致相同的区间范围内，以消除刻度不均匀所导致的系统误差。

滴定操作结束后，应将管内剩余滴定液弃去，不可再倒回原瓶，然后用自来水将滴定管冲洗干净，倒置于滴定管架上。

6.1.2.2　移液管的标准操作训练

（1）洗涤

根据实验需要选择适当量程的移液管或吸量管，检查管的上口及尖嘴处是否完好，然后进行洗涤。对于污染较轻的移液管或吸量管可直接用自来水冲洗，然后再用蒸馏水润洗即可。若移液管和吸量管污染较重、不易清洗时，可选用铬酸洗液洗涤。左手拿住洗耳球使其尖嘴向下，食指和拇指置于洗耳球上方，其余手指轻轻握住洗耳球；右手的拇指及中指捏住管口无刻度处，其余手指起辅助作用。左手挤压洗耳球排除内部空气，将其尖嘴插入移液管或吸量管管口处，并将移液管或吸量管的尖嘴插入洗液中，左手慢慢放松吸取洗液至移液管膨大部分或吸量管容量的 1/3 处左右，左手移开洗耳球，右手的食指同时按住管口。吸液结束后用双手的拇指及食指平托移液管或吸量管的两端，轻轻转动玻璃管使其内壁被洗液完全浸润，然后将洗液从上口倒回原试剂瓶，最后用自来水及蒸馏水冲洗干净即可。如果移液管或滴定管的内壁污染较严重，可将其放在盛有铬酸洗液的大烧杯中浸泡数小时，取出后再依次用自来水及蒸馏水洗涤。

（2）操作

应将盛放待移取溶液的试剂瓶摇匀，移液前需用滤纸吸干移液管或吸量管外壁及尖嘴残留的水分，以免内壁和尖嘴处残留水分稀释待移取溶液。然后用待吸取的溶液润洗 2～3 次，其目的为置换出管内残留的水分。润洗方法如下：用洗耳球吸取溶液至移液管或吸量管体积的约 1/3 处，移开洗耳球的同时迅速用右手食指按住管口（注意：吸液过程中切勿使溶液回流）。取出移液管并用双手平托其两端，轻轻转动移液管使内壁均能被待移取液浸润，然后再慢慢将移液管直立，使溶液从下端尖嘴处放出弃去。

使用移液管和吸量管时，一般用右手拿移液管（吸量管），左手拿洗耳球。右手大拇指和中指拿住移液管（吸量管）刻线以上处，食指在管口上方（注意这里坚决不能使用大拇指），随时准备按住管口，另外两指辅助拿住移液管（吸量管）（图 6-6）。将移液管插入液面以下 1～2cm 处，插入太浅易出现吸空，插入太深会使管外壁黏附太多的溶液，影响移取溶液的准确度。左手将洗耳球中的空气先挤掉，然后将洗耳球尖嘴接在移液管口，慢慢松开左手，让溶液吸入移液管内，为防止吸空，移液管应随被吸液体的液面而下降。当移液管中液面上升至刻线以上时，迅速移开洗耳球并用右手食指按住管口，保持移液管垂直，尖嘴紧贴在原容器内壁，

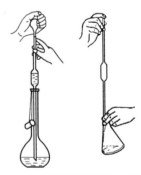

图 6-6　用移液管吸取（左）
和放出（右）溶液

稍稍松动食指并轻轻来回转动移液管，使液面缓慢下降至凹液面的最低点与刻度线相切后将移液管靠在内壁上旋转 3 圈后取出移液管，用事先准备的滤纸片擦干移液管下端外壁所黏附溶液，此时管尖不得有气泡，也不得有液滴悬挂。将移液管垂直置于接受溶液的容器（如锥

形瓶）中，尖嘴紧贴容器壁，左手拿接收容器并使其倾斜成 45°。放松食指使溶液自由流出，待溶液全部流出再等 10～15s 后，将移液管自转 3 圈后取出移液管。

吸量管的使用与移液管基本相同，应注意的是吸量管的准确度不及移液管，最好不要用于标准溶液；在平行实验中，应尽量使用同一支吸量管的同一段，并尽量避免使用末端收缩部分。

6.1.2.3 容量瓶的标准操作训练

容量瓶是一种细颈梨形的平底玻璃瓶，带有玻璃磨口塞或塑料塞。瓶颈上有环形标线，表示在指定温度（一般为 20℃）下液体充满至标线时瓶内液体的准确容积等于瓶上标示的体积，分为 A 级和 B 级。容量瓶上的标志通常包括标称容量及单位、标准温度（20℃）、量入式符号（In）、精度级别（A 级或 B 级）和制造厂商标等。容量瓶主要用于配制准确浓度的溶液或定量地稀释溶液，故常和分析天平、移液管配合使用。

（1）检漏

使用前，先检查是否漏水。检漏方法：装入自来水至标线附近，盖好瓶塞，左手拿住瓶颈以上部分并用食指按住瓶塞，右手手指托住瓶底边缘，倒立 1min，观察瓶塞周围是否有水渗出，若不漏，将瓶直立，转动瓶塞 180°，再倒立试漏 1min，若不漏水，即可使用。同时注意瓶塞和瓶颈之间要套上橡皮筋，防止瓶塞脱落并打坏瓶塞。

（2）洗涤

容量瓶与其他容量分析仪器相同，需先用铬酸洗液洗涤，然后依次用自来水、去离子水洗涤 3～4 遍后使用。

（3）使用

容量瓶使用前应先洗净。若用固体配制溶液，先将准确称量的固体物质在烧杯中溶解，然后再将溶液转移到容量瓶中，转移时，一手（常为右手）拿玻棒，将其伸入容量瓶瓶口，一端轻靠瓶口内壁并倾斜；另一手拿烧杯，使烧杯嘴紧贴玻棒，慢慢倾斜烧杯，使溶液沿玻璃棒流下，溶液全部流完后，将烧杯轻轻沿玻璃棒上提，同时将烧杯直立，使附着在玻璃棒与烧杯嘴之间的溶液流回烧杯或沿玻璃棒下流（图 6-7）。注意不能直接将烧杯从玻璃棒处拿开，否则，残留在玻璃棒和烧杯嘴中间的液滴可能损失。然后用去离子水洗涤烧杯 2～3 次，每次洗涤液一并转入容量瓶中。当至容量瓶容积的 2/3 时，摇动容量瓶使溶液混匀，此时不能盖上瓶塞将容量瓶倒转。继续加去离子水至接近标线 1～2cm 时等待 1～2min，使瓶颈内壁的溶液流下。用滴管或洗瓶慢慢滴加，直至溶液的弯月面与标线相切为止。最后，盖上瓶塞，左手握住瓶颈，左手食指按住瓶塞，右手托住瓶底，反复倒转并摇动（图 6-8）。容量瓶直立后，可以发现此时溶液凹液面在标线以下，属正常现象，是溶液渗入磨口与瓶塞缝隙中引起的，不必再加水至刻线。若是稀释溶液，则用移液管吸取一定体积的溶液于容量瓶中，直接加去离子水稀释至刻度，具体操作同上。

图 6-7　定量转移溶液

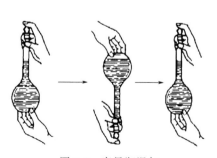

图 6-8　容量瓶混匀

热溶液应冷却至室温后再定容，否则将造成误差；需避光保存的溶液应使用棕色容量瓶。若试剂需要长期保存，应转入试剂瓶中保存。当容量瓶长期不用时，应将其洗净，并在磨口与瓶塞间垫一张滤纸片，以防瓶塞黏合，难以打开。

6.1.2.4　计量玻璃仪器的校准

（1）相对校准

只要求两种容器之间有一定的比例关系，而不需要知道它们各自的准确体积，这时可用相对校准法。经常配套使用的移液管和容量瓶，采用相对校准法更为重要。校准时务必考虑温度的变化，并仔细地进行操作，尽量减小校准误差。凡是使用校准值的，其允许次数不应少于两次，且两次校准数据的偏差应不超过该量器允许的 1/4，并取其平均值作为校准值。

移液管和容量瓶的相对校正：用 25mL 移液管取蒸馏水于干净且晾干的 250mL 容量瓶中，到第 10 次重复操作后，观察瓶颈处水的弯月面下缘是否刚好与刻线上缘相切，若不相切，应重新作一记号为标线，此移液管和容量瓶配套使用时就采用此校准的标线。

（2）绝对校准

通过量器在某温度时所容纳的水（或水银）质量，来推算其容积的方法。分为纯水称重法（常量）和水银称重法（微量）。常量用水（10mL 吸管），微量用水银（20μL 血红蛋白吸管）。绝对校准法操作温度恒定，设 20℃ 为"标准温度"（量器的容积、水及水银均随温度而变）。用分析天平称量被较器中量入和量出的纯水的质量 m，再根据纯水的密度 ρ 计算出被校量器的实际容量。用纯水称重法的校正公式如下：

$$V_t = m_t / \rho_t$$

式中　V_t——t℃时水（水银）的体积，L；

　　　m_t——t℃时空气中称得的水（水银）的质量，g；

　　　ρ_t——t℃时空气中水（水银）的密度，g/L。

（3）容量瓶的校准

① 将清洁干燥的容量瓶在天平上准确称量。

② 向容量瓶中注入蒸馏水至标线，记录水温。

③ 用滤纸吸干瓶颈内壁和瓶外的水滴，盖上瓶塞称重。

④ 两次称量之差为容量瓶容纳的水重，并按公式 $V_t = m_t / \rho_t$ 计算出容量瓶的真实容量，求出校正值。

（4）移液管的校准

① 取一个 50mL 洗净晾干的具塞锥形瓶，在分析天平上称量至毫克（mg）位。

② 用铬酸洗液洗净 25mL 移液管，吸取纯水（盛在烧杯中）至标线以上，用滤纸片擦干管下端的外壁。

③ 将流液口接触烧杯壁，移液管垂直、烧杯倾斜约 30°，调节液面使其最低点与标线上边缘相切。

④ 将移液管移至锥形瓶内，使流液口接触磨口以下的内壁（勿接触磨口），使水沿壁流下，待液面静止后，再等 15s。

⑤ 两次称得质量之差即为释出纯水的质量 m_t。重复操作一次，两次释出纯水的质量之差，应小于 0.0002g。

注意: 在放水及等待过程中,移液管要始终保持垂直,流液口一直接触瓶壁,但不可接触瓶内的水,锥形瓶保持倾斜。放完水随即盖上瓶塞,称量至毫克(mg)位。将温度计插入5~10min,测量水温,读数时不可将温度计下端提出水面。由附录中查出该温度下纯水的密度 ρ_t,并利用下式计算移液管的实际容量:

$$V = m_t / \rho_t$$

(5) 滴定管的校准

① 取一干净活塞密合性合格的滴定管,另取将已洗净且外表干燥的带磨口玻璃塞的锥形瓶放在分析天平上称量得到空瓶质量,记录至 0.0001g 位。

② 将已洗净的滴定管盛满纯水,调至 0.00mL 刻度处,从滴定管中放出一定体积如放出 5mL 的纯水于已称量的锥形瓶,塞紧塞子,称出"瓶+水"的质量,两次质量之差即为放出之水的质量。

③ 称量滴定管从 0~5mL,5~10mL,10~15mL,15~20mL,20~25mL,25~30mL,30~35mL,35~40mL,40~45mL,45~50mL 等刻度间的水质量 m。

④ 用每次实验时水质量 m 除以水的密度,即可得到滴定管各部分的实际容量 V_{20}。重复校准一次,两次相应区间的水质量相差应小于 0.02g,求出平均值,并计算校准值 ΔV ($V_{20} - V_0$)。

⑤ 以 V_0 为横坐标,ΔV 为纵坐标,绘制滴定管校准曲线,移液管和容量瓶也可用称量法进行校准。

(6) 校准注意事项

① 容量仪器校准前必须用铬酸洗液充分洗涤干净,当水面下降(或上升)时与器壁接触处形成正常弯月面,水面上部器壁不应有挂水滴等玷污现象。

② 严格按照容量器皿的使用方法读取体积读数。

③ 校准用水和容量仪器及称量瓶的温度应尽可能接近室温,温度测量精确至 0.1℃。称量法校准时,室内温度波动不得大于 1℃/h。

④ 校准滴定管时,充水至最高标线以上约 5mm 处,将液面准确调至零位,全开旋塞,按规定的流出时间让水流出,当液面流至被检分度线上约 5mm 处,等待 30s,然后在 10s 内将液面准确地调至被检分度线上。

⑤ 校准移液管时,水完全流出后微微旋转并停留 15s,再拿出移液管。此时管尖仍有一定的残留液。

⑥ 校准完全流出式吸量管时,步骤同⑤。

⑦ 校准不完全流出式吸量管时,水自最高标线流至最低标线以上约 5mm 处,等待 15s,然后调至最低标线。

6.1.3 分析基本操作技能训练

6.1.3.1 滴定终点练习

(1) 实验原理

HCl 和 NaOH 分别为强酸和强碱,使用 0.1mol/L 的 HCl 和 NaOH 相互滴定时,化学计量点的 pH 为 7,滴定突跃范围 pH 等于 4.3~9.7。选用在突跃范围内变色的指示剂,可保证滴定有足够的准确度。甲基橙指示剂的 pH 变色范围是 3.1(红)~4.4(黄),pH=4.0 附近为橙色,酚酞指示剂的 pH 变色范围是 8.0(无色)~10.0(红)。

用 NaOH 溶液滴定 HCl 溶液,选择酚酞为指示剂,终点由无色到浅粉红色。

用 HCl 溶液滴定 NaOH 溶液，若以甲基橙为指示剂，终点由黄色转变为橙色。判断橙色，对于初学者有一定难度，应反复练习，直至能通过加入半滴溶液而确定终点。

一定浓度的 HCl 溶液和 NaOH 溶液相互滴定时，所消耗的体积之比 $V(HCl)/V(NaOH)$ 应是一定的。在指示剂不变的情况下，改变被滴定溶液的体积，此体积之比基本不变。借此，可以检验滴定操作技术和判断滴定终点的能力。

（2）仪器与试剂

① 常用滴定分析仪器；

② $c(HCl)=6mol/L$ 的 HCl 溶液；

③ NaOH 固体；

④ 1g/L 甲基橙（MO）溶液；

⑤ 2g/L 酚酞（PP）乙醇溶液。

（3）实验步骤

① 配制 $c(HCl)=0.1mol/L$ 的 HCl 溶液 500mL。用洁净的量筒量取约 8.5mL 6mol/L 的 HCl 倒入 500mL 烧杯中，加入约 300mL 蒸馏水，摇匀，稀释至 500mL，摇匀。转移至试剂瓶中，盖上瓶塞，贴好标签，标签上写明：试剂名称、浓度、配制日期、配制者姓名。

② 配制 $c(NaOH)=0.1mol/L$ 的 NaOH 溶液 500mL。在托盘天平上用表面皿迅速称取 2～2.2gNaOH 固体于 250mL 烧杯中，加入 50mL 水溶解，稀释至 500mL，摇匀后转移至试剂瓶中。盖上橡胶塞，贴好标签。

③ NaOH 溶液和 HCl 溶液体积比的测定。

a.以酚酞为指示剂：准确移取 25.00mL HCl 溶液于锥形瓶中，加入 2 滴酚酞指示剂，用 NaOH 溶液滴定至溶液由无色变为粉红色且 30s 之内不褪色即达到滴定终点，记录读数，平行测定四次。求出消耗 NaOH 溶液体积的极差（R），应不超过 0.04mL，否则应重新测定四次。计算体积比 $V(HCl)/V(NaOH)$ 及其平均值。

b.以甲基橙为指示剂：准确移取 25.00mL NaOH 溶液于锥形瓶中，加入 1 滴甲基橙指示剂，用 HCl 溶液滴定至溶液由黄色恰好变为橙色即为终点，记录读数，平行测定四次。求出消耗 HCl 溶液体积的极差（R），应不超过 0.04mL，否则应重新测定四次。计算体积比 $V(HCl)/V(NaOH)$ 及其平均值。

④ 实验结束后将实验仪器洗净，摆放整齐（或按照要求放回仪器柜子里），将滴定管倒置夹在滴定管架上。

（4）数据记录与处理

本实验的数据记入下表中。

酸碱体积比的测定（一）

项目	1	2	3	4
$V(HCl)/mL$				
$V(NaOH)/mL$				
极差 R/mL				
$V(HCl)/V(NaOH)$				
平均值				

项目	1	2	3	4
$V(HCl)/mL$				
$V(NaOH)/mL$				
极差 R/mL				
$V(HCl)/V(NaOH)$				
平均值				

6.1.3.2　自来水总硬度的测定

(1) 实验原理

总硬度的测定，用氨-氯化铵缓冲液控制 pH＝10，以铬黑 T 为指示剂，用三乙醇胺掩蔽 Fe^{3+}、Al^{3+} 等可能共存的离子，用 Na_2S 消除 Cu^{2+}、Pb^{2+} 等共存离子的影响，用 EDTA 溶液滴定至由酒红色变成亮蓝色即为滴定终点。其反应式为：

$$Mg^{2+} + HIn^{2-} \longrightarrow MgIn^- + H^+$$
$$\text{（蓝）} \qquad \text{（酒红）}$$

$$Ca^{2+} + H_2Y^{2-} \longrightarrow CaY^{2-} + 2H^+$$

$$Mg^{2+} + H_2Y^{2-} \longrightarrow MgY^{2-} + 2H^+$$

$$MgIn^- + H_2Y^{2-} \longrightarrow MgY^{2-} + HIn^{2-} + H^+$$
$$\text{（酒红）} \qquad\qquad\qquad \text{（蓝）}$$

(2) 试剂和仪器

① 试剂：EDTA 二钠（$Na_2H_2Y \cdot 2H_2O$）、三乙醇胺溶液、Na_2S、4mol/L 的 NaOH 溶液、ZnO 基准物质、HCl 溶液（1+1）、$NH_3 \cdot H_2O$(1+1)、铬黑 T（EBT）指示剂、pH＝10 的氨-氯化铵缓冲液。

② 仪器：滴定管、锥形瓶、量筒、分析天平、移液管。

(3) 实验步骤

① EDTA 标准溶液的标定。

a.配制 $c(Zn^{2+})$＝0.02mol/L 的 Zn^{2+} 标准溶液：准确称取已烘干至恒重的 ZnO 基准物质 0.4g 于小烧杯中，加 2～3 滴水湿润，滴加 HCl 溶液（1+1）使之完全溶解后，加 25mL 蒸馏水，混匀，定量转入 250mL 容量瓶中，加蒸馏水稀释，定容，摇匀，待用。

b.标定 EDTA：用移液管准确移取上述溶液 25.00mL 于 250mL 锥形瓶中，加 20mL 蒸馏水，滴加 $NH_3 \cdot H_2O$(1+1) 至溶液浑浊（pH＝8）后，加 10mL pH＝10 的氨-氯化铵缓冲液，再加少量铬黑 T（EBT）指示剂，用 EDTA 溶液滴定至由酒红色变成亮蓝色即为终点，记录消耗 EDTA 溶液的体积。平行测定四次，同时做空白实验。

② 总硬度的测定。准确移取水样 50.0mL 于 250mL 锥形瓶中，加入 1～2 滴盐酸（1+1）酸化，煮沸 2～3min 赶除 CO_2。冷却，加入 3mL 三乙醇胺溶液、5mL NH_3-NH_4Cl 缓冲溶液、1mL Na_2S 溶液。加 3 滴铬黑 T 指示剂，立即用 EDTA 标准溶液滴定至溶液由酒红色变为纯蓝色即为终点。记录消耗 EDTA 溶液的体积。

(4) 数据处理

EDTA 标准溶液的标定的实验数据记入下表中。

项目	序号			
	1	2	3	4
m 倾样前/g(第一次读数)				
m 倾样后/g(第二次读数)				
$m(ZnO)/g$				
$c(Zn^{2+})/(mol/L)$				
滴定消耗 EDTA 溶液的体积/mL				
温度/℃				
溶液温度校正值/mL				
滴定管体积校正值/mL				
实际消耗 EDTA 溶液的体积 V_1/mL				
空白消耗 EDTA 溶液的体积 V_0/mL				
$c(EDTA)/(mol/L)$公式				
$c(EDTA)/(mol/L)$				
c 平均/(mol/L)				
极差/(mol/L)				
极差与平均值之比(%)				

Zn^{2+}、EDTA 标准溶液的浓度按下式计算：

$$c(Zn^{2+}) = \frac{m(ZnO) \times 1000}{M(ZnO) \times 250}$$

$$c(EDTA) = \frac{c(Zn^{2+}) \times 25}{V_1 - V_0}$$

总硬度的测定的实验数据记入下表中。

项目	序号		
	1	2	3
V 终/mL			
温度/℃			
V 温校/mL			
V 体校/mL			
V 实/mL			
$\rho_{总}(CaCO_3)/(mg/L)$			
ρ 平均/(mg/L)			
极差/(mg/L)			
极差与平均值之比/%			

总硬度按下式计算：

$$\rho_{总}(CaCO_3) = \frac{c(EDTA) \times V_{实} \times M(CaCO_3)}{50} \times 50^3$$

6.1.3.3 重铬酸钾标准溶液的配制和硫酸亚铁铵含量的测定

(1) 实验原理

在硫、磷混酸介质中，以二苯胺磺酸钠为指示剂，用 $K_2Cr_2O_7$ 标准溶液滴定硫酸亚铁铵溶液呈稳定蓝紫色。反应式为：

$$Cr_2O_7^{2-} + 6Fe^{2+} + 14H^+ \longrightarrow 2Cr^{3+} + 6Fe^{3+} + 7H_2O$$

(2) 试剂和仪器

① 试剂：基准物质 $K_2Cr_2O_7$（在 $140 \sim 150℃$ 烘干至恒重）；H_2SO_4-H_3PO_4 混酸（75mL 浓硫酸、75mL 浓磷酸、350mL 蒸馏水）；$(NH_4)_2Fe(SO_4)_2 \cdot 6H_2O$ 试样；2g/L 二苯胺磺酸钠指示剂。

② 仪器：酸式滴定管、锥形瓶、量筒、容量瓶、分析天平等。

(3) 实验步骤

① 配制 $c(1/6\ K_2Cr_2O_7) = 0.1mol/L$ 重铬酸钾标准溶液 250mL。准确称取已烘干的基准物质 $K_2Cr_2O_7$ 1.2~1.4g 于小烧杯中，加 50mL 蒸馏水，加热溶解，定量转入 250mL 容量瓶中，稀释，定容，摇匀，待用。

② 硫酸亚铁铵含量的测定。用减量法准确称取 11.8g $(NH_4)_2Fe(SO_4)_2 \cdot 6H_2O$ 试样，于装有 50mL 蒸馏水的烧杯中，再加入 50mL 20% H_2SO_4 溶液，定量转入 250mL 容量瓶中，稀释至刻度线，摇匀。准确移取上述溶液 25.00mL 于 250mL 锥形瓶中，加入 10mL 硫、磷混酸溶液，再加入 4~5 滴二苯胺磺酸钠指示剂，立即用以上配制的 $K_2Cr_2O_7$ 溶液滴定，滴定至溶液呈稳定的蓝紫色即为终点。记录消耗 $K_2Cr_2O_7$ 溶液的体积，同时做空白实验，平行测定三次。

(4) 数据处理

重铬酸钾标准溶液的浓度按下式计算：

$$c\left(\frac{1}{6}K_2Cr_2O_7\right) = \frac{m(K_2Cr_2O_7) \times 1000}{M\left(\frac{1}{6}K_2Cr_2O_7\right) \times 250}$$

硫酸亚铁铵含量的测定的实验数据记入下表中。

项目	序号		
	1	2	3
m 倾样前/g			
m 倾样后/g			
$m(K_2Cr_2O_7)$/g			
$c\left(\frac{1}{6}K_2Cr_2O_7\right)$/(mol/L)			
$m_s[(NH_4)_2Fe(SO_4)_2 \cdot 6H_2O]$/g			
V 消耗/mL			
温度/℃			
V 温校/mL			
V 体校/mL			
V_1 实/mL			
V_0 空白/mL			

项目	序号		
	1	2	3
$w((NH_4)_2Fe(SO_4)_2 \cdot 6H_2O)/\%$			
$\overline{w}((NH_4)_2Fe(SO_4)_2 \cdot 6H_2O)/\%$			
极差/%			
极差与平均值之比/%			

$$w[(NH_4)_2Fe(SO_4)_2 \cdot 6H_2O] =$$

$$\frac{c\left(\frac{1}{6}K_2Cr_2O_7\right) \times (V_1 - V_0) \times 10^{-3} \times M[(NH_4)_2Fe(SO_4)_2 \cdot 6H_2O]}{m_s} \times 100\%$$

6.2 化学试剂的配制与处置

6.2.1 化学试剂的配制

国际标准化组织（ISO）近年来已陆续建立了很多种化学试剂的国际标准。我国化学药品的等级是按杂质含量的多少来划分的，如表 6-1 所示。

表 6-1 化学药品等级的划分

等级	名称	英文名称	符号	适用范围	标签标志
一级试剂	优级纯（保证试剂）	guaranteed reagent	GR	纯度很高,适用于精密分析工作和科学研究工作	绿色
二级试剂	分析纯（分析试剂）	analytical reagent	AR	纯度仅次于一级试剂,适用于一般定性定量分析工作和科学研究工作	红色
三级试剂	化学纯	chemically pure	CP	纯度较二级试剂差些,适用于一般定性分析工作	蓝色
四级试剂	实验试剂	laboratorial reagent	LR	纯度较低,适用作实验辅助试剂及一般化学制备	棕色或其他颜色
	医用生物试剂	biological reagent	BR 或 CR		黄色或其他颜色

在普通化学实验中配制试剂常用的市售浓酸、碱溶液的浓度见表 6-2。

表 6-2 常用的市售浓酸、碱溶液的浓度

物质	HCl	HNO_3	H_2SO_4	H_3PO_4	$HClO_4$	$NH_3 \cdot H_2O$
浓度/(mol/L)	12	16	18	18	12	15

6.2.1.1 无机试剂的配制

配制试剂溶液时，首先根据所配制试剂纯度的要求，选用不同等级试剂，再根据配制溶液的浓度和数量，计算出试剂的用量。经称量后的试剂置于烧杯中加少量水，搅拌溶解，必要时可加热促使其溶解，再加水至所需的体积，摇匀，即得所配制的溶液。用液态试剂或浓溶液稀释成稀溶液时，需先计量试剂或浓溶液的相对密度，再量取其体积，加入所需的水搅拌均匀即成。配制饱和溶液时，所用试剂量应稍多于计算量，加热使之溶解、冷却，待结晶析出后再用。配制易水解盐溶液时，应先用相应的酸溶液［如溶解 $SbCl_3$、$Bi(NO_3)_3$ 等］或碱溶液（如溶解 Na_2S 等）溶解，以抑制水解。配制易氧化的盐溶液时，不仅需要酸化溶液，还需加入相应的纯金属，使溶液稳定。例如，配制 $FeSO_4$、$SnCl_2$ 溶液时，需分别加入金属铁、金属锡。配制好的溶液盛装在试剂瓶或滴瓶中，摇匀后贴上标签，注意标明溶液名称、浓度和配制日期。对于经常大量使用的溶液，可预先配制出比预定浓度约大 10 倍的贮备液，用时再行稀释。常用酸溶液、碱溶液、铵盐溶液、盐溶液及一些特殊试剂配制方法见表 6-3、表 6-4、表 6-5 和表 6-6。

表 6-3　常用酸溶液配制方法

名称	化学式	浓度	配制方法
盐酸	HCl	12mol/L	相对密度为 1.19 的浓 HCl
		8mol/L	666.7mL12mol/L 的浓 HCl，加水稀释至 1L
		6mol/L	12mol/L 的浓 HCl，加等体积水稀释
		2mol/L	167mL12mol/L 的浓 HCl，加水稀释至 1L
		1mol/L	84mL12mol/L 的浓 HCl，加水稀释至 1L
硝酸	HNO_3	16mol/L	相对密度为 1.42 的浓 HNO_3
		6mol/L	380mL16mol/L 的浓 HNO_3，加水稀释至 1L
		3mol/L	190mL16mol/L 的浓 HNO_3，加水稀释至 1L
		2mol/L	127mL16mol/L 的浓 HNO_3，加水稀释至 1L
硫酸	H_2SO_4	18mol/L	相对密度为 1.84 的浓 H_2SO_4
		6mol/L	332mL18mol/L 的浓 H_2SO_4，加水稀释至 1L
		3mol/L	166mL18mol/L 的浓 H_2SO_4，加水稀释至 1L
		1mol/L	56mL18mol/L 的浓 H_2SO_4，加水稀释至 1L
乙酸	HAc	17mol/L	相对密度为 1.05 的 HAc
		6mol/L	353mL17mol/L 的 HAc，加水稀释至 1L
		2mol/L	118mL17mol/L 的 HAc，加水稀释至 1L
		1mol/L	57mL17mol/L 的 HAc，加水稀释至 1L
酒石酸	$H_2C_4H_4O_6$	饱和	将酒石酸溶于水中，使其饱和

表 6-4　常用碱溶液配制方法

名称	化学式	浓度	配制方法
氢氧化钠	NaOH	6mol/L	240g NaOH 溶于水中，冷去后稀释至 1L
		2mol/L	80g NaOH 溶于水中，冷去后稀释至 1L
氢氧化钾	KOH	1mol/L	56g KOH 溶于水中，冷去后稀释至 1L
氨水	$NH_3 \cdot H_2O$	15mol/L	相对密度为 0.9 的 $NH_3 \cdot H_2O$
		6mol/L	400mL15mol/L 的 $NH_3 \cdot H_2O$，加水稀释至 1L
		3mol/L	200mL15mol/L 的 $NH_3 \cdot H_2O$，加水稀释至 1L
		1mol/L	67mL15mol/L 的 $NH_3 \cdot H_2O$，加水稀释至 1L

表 6-5　常用铵盐溶液配制方法

名称	化学式	浓度	配制方法
氯化铵	NH_4Cl	3mol/L	160g NH_4Cl溶于适量水中，加水稀释至1L
硫化铵	$(NH_4)_2S$	3mol/L	通 H_2S 于200mL15mol/L 的 $NH_3\cdot H_2O$ 中达到饱和，再加200mL15mol/L 的 $NH_3\cdot H_2O$，以水稀释至1L
碳酸铵	$(NH_4)_2CO_3$	2mol/L	192g$(NH_4)_2CO_3$ 溶于500mL3mol/L 的 $NH_3\cdot H_2O$ 中，加水稀释至1L
		120g/L	120g$(NH_4)_2CO_3$ 溶于适量水中，加水稀释至1L
乙酸铵	NH_4Ac	3mol/L	231g NH_4Ac溶于适量水中，加水稀释至1L
硫氰酸铵	NH_4SCN	饱和	将 NH_4SCN溶于水中，使其饱和
		0.5mol/L	38g NH_4SCN溶于适量水中，加水稀释至1L
磷酸氢二铵	$(NH_4)_2HPO_4$	4mol/L	528g$(NH_4)_2HPO_4$ 溶于1L 水中
硫酸铵	$(NH_4)_2SO_4$	饱和	将$(NH_4)_2SO_4$ 溶于水中，使其饱和
碘化铵	$(NH_4)_2I$	0.5mol/L	73g$(NH_4)_2I$溶于适量水中，加水稀释至1L
钼酸铵	$(NH_4)_2MoO_4$	0.25mol/L	100g$(NH_4)_2MoO_4$ 溶于1L 水，将所得溶液倒入1L 6mol/L HNO_3 中（切不可将硝酸倒入溶液中）。溶液放置48h，倾出清液使用。

表 6-6　常用盐溶液及一些特殊试剂配制方法

名称	化学式	浓度	配制方法
硝酸银	$AgNO_3$	0.5mol/L	85g $AgNO_3$ 溶于1L 水中
氯化钡	$BaCl_2$	0.25mol/L	61g $BaCl_2\cdot 2H_2O$ 溶于1L 水中
氯化钙	$CaCl_2$	0.5mol/L	109.5g $CaCl_2\cdot 2H_2O$ 溶于1L 水中,
硫酸钙	$CaSO_4$	饱和	约 2.2g$CaSO_4\cdot 2H_2O$ 置于1L 水中，搅拌至饱和
氯化钴	$CoCl_2$	0.2g/L	0.2g $CoCl_2$ 溶于1L0.5mol/L HCl 中
硫酸铜	$CuSO_4$	20g/L	31g $CuSO_4\cdot 2H_2O$ 溶于1L 水中
氯化铁	$FeCl_3$	0.5mol/L	135g $FeCl_3\cdot 6H_2O$ 溶于1L 水中
		0.1mol/L	27g$FeCl_3\cdot 6H_2O$ 溶于1L 水中
氯化汞	$HgCl_2$	0.2mol/L	54g $HgCl_2$ 溶于1L 水中
铬酸钾	K_2CrO_4	0.25mol/L	48.5g K_2CrO_4 溶于适量水中，加水稀释至1L
亚铁氰化钾	$K_4[Fe(CN)_6]$	0.25mol/L	106g $K_4[Fe(CN)_6]\cdot 3H_2O$ 溶于1L 水中
铁氰化钾	$K_3[Fe(CN)_6]$	0.25mol/L	82.3g $K_3[Fe(CN)_6]$溶于1L 水中
		2g/L	2g $K_3[Fe(CN)_6]$溶于1L 水中
碘化钾	KI	1mol/L	166gKI溶于1L 水中
		40g/L	40gKI溶于1L 水中
高锰酸钾	$KMnO_4$	0.01mol/L	1.6g $KMnO_4$溶于1L 水中
乙酸钠	$NaAc$	3mol/L	408g$NaAc\cdot 3H_2O$ 溶于1L 水中
		0.5mol/L	68g $NaAc\cdot 3H_2O$ 溶于1L 水中
碳酸钠	Na_2CO_3	2mol/L	212g Na_2CO_3 溶于1L 水中

名称	化学式	浓度	配制方法
硫化钠	Na_2S	2mol/L	480g $Na_2S \cdot 9H_2O$ 及 40gNaOH 溶于适量水中,稀释至 1L(临用前配制)
亚硫酸钠	Na_2SO_3	饱和	将 Na_2SO_3 溶于水,使其饱和
氯化亚锡	$SnCl_2$	0.25mol/L	56.5g $SnCl_2 \cdot 2H_2O$ 溶于 230mL 12mol/LHCl 中,用水稀释至 1L 并加入几粒锡粒
乙酸铅	$Pb(Ac)_2$	0.25mol/L	95g$Pb(Ac)_2 \cdot 2H_2O$ 溶于 500mL 水中及 10mL 17mol/LHAc 中,加水稀释至 1L
过氧化氢	H_2O_2	3%	100mL30% H_2O_2 加水稀释至 1L
		6%	200mL30% H_2O_2 加水稀释至 1L
溴水		饱和	3.2mL 溴注入有 1L 水的具塞磨口瓶中,振荡至饱和(临用前配制)
碘水		0.5mol/L	127gI_2 及 200gKI 溶于水中,稀释至 1L
硫代乙酰胺	(TAA)	5g/L	50g TAA 溶于 1L 水中
甲基紫		1g/L	1g 甲基紫溶于 1L 水中,临用前配制
硫脲		25g/L	25g 硫脲溶于 1L 水中
邻二氮菲		5g/L	5g 邻二氮菲溶于少量乙醇中,加水稀释至 1L
铝试剂		1g/L	1g 铝试剂溶于 1L 水中
镁试剂Ⅰ		0.1g/L	0.1g 镁试剂Ⅰ溶于 1L 2mol/LNaOH 溶液中
EDTA		0.1mol/L	37.2g EDTA 溶于水,稀释至 1L
丁二酮肟		10g/L	10g 丁二酮肟溶于 1L 乙醇中
萘式试剂			115g HgI_2 及 80gKI 溶于适量水中,稀释至 500mL,再加入 500mL6mol/LNaOH 溶液,搅拌后静止,取其清液使用
品红		1g/L	1g 品红溶于 1L 水中
无色品红			于 1g/L 品红溶液中滴加 $NaHSO_3$ 溶液至红色褪去
淀粉		10g/L	10g 淀粉用水调成糊状,倾入 1L 沸水中,再煮沸几分钟。冷却后使用(临用时配制)
对氨基苯磺酸		4g/L	4g 对氨基苯磺酸溶于 100mL17mol/LHAc 及 900mL 水中

6.2.1.2 有机试剂的配制

有机试剂主要有分析试剂与辅助试剂两种类型。分析试剂指有机沉淀剂、显色剂等;辅助试剂指用于溶解和萃取的有机溶剂,用于调节溶液 pH 值的缓冲剂、抗凝剂、层析剂等。

(1) 有机沉淀剂

有机沉淀剂指重量分析及沉淀分离过程中,被加入的与被测组分形成沉淀的有机试剂。如用于镍重量分析的丁二酮肟及与许多金属离子形成沉淀的 8-羟基喹啉等。由于这些试剂含有许多疏水基团(如烷基、苯基、卤代烃基等)和其他特征基团,并可根据需要改变其结构,故通常与金属离子形成微溶的螯合物或离子缔合物,沉淀较为完全,选择性好,很少吸附其他杂质离子,易于过滤和洗涤,且由于沉淀剂有较大的分子量,因而称量误差也可减小,在分析化学中广泛应用。

有机沉淀试剂的特点为：选择性高；沉淀的溶解度小，有利于被测组分的沉淀完全；沉淀的极性小，吸附杂质少，易于获得较纯净的沉淀；沉淀的称量形式的摩尔质量大，有利于减小称量误差，提高分析结果的准确度。

有机沉淀试剂的应用举例：

① 丁二酮肟。丁二酮肟是选择性较高的沉淀剂，在金属离子中只有 Ni^{2+}、Pd^{2+}、Pt^{2+}、Fe^{2+} 能形成沉淀。在氨性溶液中，丁二酮肟与 Ni^{2+} 生成红色螯合物沉淀，沉淀组成恒定，烘干后即可称重，常用于重量法测镍。铁、铝、铬等在氨性溶液中能生成水合氧化物沉淀，可加入柠檬酸或酒石酸掩蔽。

② 8-羟基喹啉。在弱酸性或弱碱性溶液中8-羟基喹啉能与许多金属离子形成沉淀。沉淀组成恒定，烘干后即可称重。但8-羟基喹啉选择性较差，目前已合成了一些选择性较高的8-羟基喹啉衍生物，如二-甲基-8-羟基喹啉，可在 pH＝5.5 时沉淀 Zn^{2+}，pH＝9 时沉淀 Mg^{2+}，而不与 Al^{3+} 发生沉淀反应。

③ 四苯硼酸钠。四苯硼酸钠能与 K^+、NH_4^+、Rb^+、Ag^+ 等生成离子缔合物沉淀。常用于 K^+ 的测定，沉淀组成恒定，烘干后即可称重。

（2）有机显色剂

有机显色剂一般可分成两大类，一类是检查一般有机化合物的通用显色剂，另一类是根据化合物分类或特殊官能团设计的专属性显色剂。

① 通用显色剂：

a. 硫酸常用的四种溶液：硫酸＋水（1∶1）溶液；硫酸＋甲醇或乙醇（1∶1）溶液；1.5mol/L 硫酸溶液；0.5～1.5mol/L 硫酸铵溶液。喷洒后在 110℃烤 15min，不同的有机化合物显示不同的颜色。

b. 0.5％碘的氯仿溶液：对很多化合物显黄棕色。

c. 中性 0.5％高锰酸钾溶液：易还原的化合物在淡红背景上显黄色。

d. 碱性高锰酸钾试剂：还原性化合物在淡红色背景上显黄色。溶液Ⅰ：1％高锰酸钾溶液；溶液Ⅱ：5％碳酸钠溶液；溶液Ⅰ和溶液Ⅱ等量混合应用。

e. 酸性高锰酸钾试剂：喷 1.6％高锰酸钾浓硫酸溶液（溶解时要注意防止爆炸），喷洒后薄层于 180℃加热 15～20min。

f. 酸性重铬酸钾试剂：喷 5％重铬酸钾浓硫酸溶液，必要时 150℃烤薄层。

g. 5％磷钼酸乙醇溶液：喷洒后在 120℃下烘烤，还原性化合物显蓝色，再用氨气薰，则背景变为无色。

h. 铁氰化钾-三氯化铁试剂：还原性物质显蓝色，再喷 2mol/L 盐酸溶液，则蓝色加深。溶液Ⅰ：1％铁氰化钾溶液；溶液Ⅱ：2％三氯化铁溶液；临用前将溶液Ⅰ和溶液Ⅱ等量混合。

② 专属性显色剂：

a. 硝酸银/过氧化氢：检出卤代烃类；硝酸银 0.1g 溶于水 1mL、加 2-苯氧基乙醇 100mL、用丙酮稀释至 200mL、再加 30％过氧化氢 1 滴配成溶液；显色方法为喷洒后在未过滤的紫外光下照射，斑点呈暗黑色。

b. 荧光素/溴：检出不饱和烃；配成Ⅰ．荧光素 0.1g 溶于乙醇 100mL、配成Ⅱ．5％溴的四氯化碳溶液；显色方法为先喷（Ⅰ），然后置于含溴蒸气容器内，荧光素转变为四溴荧光素（曙红），荧光消失，不饱和烃斑点由于溴的加成，阻止生成曙红而保留荧光，多数不饱和烃在粉红色背景上呈黄色。

c. 四氯邻苯二甲酸酐：检出芳香烃；配成 2％四氯邻苯二甲酸酐的丙酮与氯代苯（10∶1）

的溶液。显色方法为喷后置于紫外光下观察。

d.3,5-二硝基苯酰氯：检出醇类；配成Ⅰ.2%本品甲苯溶液，Ⅱ.0.5%氢氧化钠溶液，Ⅲ.0.002%罗丹明溶液；显色方法为先喷（Ⅰ），在空气中干燥过夜，用蒸气熏2min，将纸或薄层通过试液（Ⅱ）30s，喷水洗，趁湿通过（Ⅲ）15s，空气干燥，紫外灯下观察。

e.品红/亚硫酸：检出醛基化合物；配成Ⅰ.0.01%品红溶液（通入二氧化碳直至无色），Ⅱ.0.05mol/L氯化汞溶液，Ⅲ.0.05mol/L硫酸溶液；显色方法为将Ⅰ、Ⅱ、Ⅲ以1：1：10混合，用水稀释至100mL。

f.溴甲酚绿：检出有机酸类；配成溴甲酚绿0.1g溶于乙醇500mL和0.1mol/L氢氧化钠溶液5mL溶液；显色方法为浸板；蓝色背景产生黄色斑点。

g.高锰酸钾/硫酸：检出物/脂肪酸衍生物。

h.过氧化氢：检出芳香酸；配成0.3%过氧化氢溶液；显色方法为喷后置于紫外光（365nm）下观察；呈强蓝色荧光。

i.氯化铁：检出酚类、羟酰胺酸；配成1%～5%氯化铁的0.5mol/L盐酸溶液；酚类呈蓝色、羟酰胺酸呈红色。

j.葡萄糖/磷酸：检出芳香胺类；将葡萄糖2g溶于85%磷酸10mL与水40mL混合液中，再加乙醇与正丁醇各30mL酿成显色溶液；显色方法为喷后于115℃加热10min。

6.2.1.3　缓冲溶液的配制

常用缓冲溶液的配制方法见表6-7。

表6-7　常用缓冲溶液的配制方法

pH	配制方法
0	1mol/L HCl溶液(当不允许有 Cl^- 时,用硝酸)
1	0.1mol/L HCl溶液(当不允许有 Cl^- 时,用硝酸)
2	0.01mol/L HCl溶液(当不允许有 Cl^- 时,用硝酸)
3.6	8gNaAc·$3H_2O$溶于适量水中,加 6mol/L HAc溶液134mL,用水稀释至500mL
4.0	将60mL 冰醋酸和16g 无水乙酸钠溶于100mL 水中,用水稀释至500mL
4.5	将30mL 冰醋酸和30g 无水乙酸钠溶于100mL 水中,用水稀释至500mL
5.0	将30mL 冰醋酸和60g 无水乙酸钠溶于100mL 水中,用水稀释至500mL
5.4	将40g 六次甲基四胺溶于90mL 水中,加入 20mL6mol/L HCl 溶液
5.7	100gNaAc·$3H_2O$溶于适量水中,加 6mol/L HAc溶液13mL,用水稀释至500mL
7.5	66gNH_4Cl溶于适量水中,加浓氨水 1.4mL,用水稀释至500mL
8.0	50gNH_4Cl溶于适量水中,加浓氨水 3.5mL,用水稀释至500mL
8.5	40gNH_4Cl溶于适量水中,加浓氨水 8.8mL,用水稀释至500mL
9.0	35gNH_4Cl溶于适量水中,加浓氨水 24mL,用水稀释至500mL
9.5	30gNH_4Cl溶于适量水中,加浓氨水 65mL,用水稀释至500mL
10	27gNH_4Cl溶于适量水中,加浓氨水 175mL,用水稀释至500mL
11	3gNH_4Cl溶于适量水中,加浓氨水 207mL,用水稀释至500mL
12	0.01mol/L NaOH 溶液(当不允许有 Na^+ 时,用KOH)
13	0.1mol/L NaOH 溶液(当不允许有 Na^+ 时,用KOH)

校正pH计缓冲溶液的配制方法如下。

（1）pH＝4.00 的邻苯二甲酸盐标准缓冲溶液（0.05mol/L）

称取在 105～110℃ 烘至恒重的邻苯二甲酸氢钾 10.21g 于 1000mL 容量瓶中，用水溶解并稀释至刻度，摇匀。此溶液放置时间应不超过一个月。

（2）pH＝6.86 的磷酸盐标准缓冲溶液（0.025mol/L）

称取 3.40g 磷酸二氢钾（KH_2PO_4）和 3.55g 磷酸氢二钠（Na_2HPO_4），溶于无 CO_2 的水，稀释至 1000mL。磷酸二氢钾和磷酸氢二钠需预先在 120℃±2℃ 干燥 2h。

（3）pH＝9.18 的硼酸盐标准缓冲溶液（0.01mol/L）

称取 3.81g 四硼酸钠（$Na_2B_4O_7 \cdot 10H_2O$）溶于无二氧化碳的水，稀释至 1000mL。存放时防止空气中的 CO_2 进入。

6.2.1.4 指示剂的配制

酸碱指示剂、混合酸碱指示剂、金属离子指示剂、氧化还原指示剂、沉淀及吸附指示剂的配制方法分别见表 6-8～表 6-12。

表 6-8　酸碱指示剂配制方法

指示剂名称	变色范围 pH	颜色变化	配制方法
甲酚红 （第一变色范围）	0.2～1.8	红～黄	0.04g 指示剂溶于 100mL50％乙醇中
百里酚蓝 （麝香草酚蓝） 第一变色范围	1.2～2.8	红～黄	0.1g 指示剂溶于 100mL20％乙醇中
二甲基黄	2.9～4.0	红～黄	0.1g 或 0.01g 指示剂溶于 100mL90％乙醇中
甲基橙	3.1～4.4	红～橙黄	0.1g 指示剂溶于 100mL 水中
溴酚蓝	3.0～4.6	黄～蓝	0.1g 指示剂溶于 100mL20％乙醇中
刚果红	3.0～5.2	蓝紫～红	0.1g 指示剂溶于 100mL 水中
溴甲酚绿	3.8～5.4	黄～蓝	0.1g 指示剂溶于 100mL20％乙醇中
甲基红	4.4～6.2	红～黄	0.1g 或 0.2g 指示剂溶于 100mL20％乙醇中
溴酚红	5.0～6.8	黄～红	0.1g 或 0.04g 指示剂溶于 100mL20％乙醇中
溴甲酚紫	5.2～6.8	黄～紫红	0.1g 指示剂溶于 100mL20％乙醇中
溴百里酚蓝	6.0～7.6	黄～蓝	0.05g 指示剂溶于 100mL20％乙醇中
中性红	6.8～8.0	红～亮黄	0.1g 指示剂溶于 100mL20％乙醇中
酚红	6.8～8.0	黄～红	0.1g 指示剂溶于 100mL20％乙醇中
甲酚红	7.2～8.8	亮黄～紫红	0.1g 指示剂溶于 100mL50％乙醇中
酚酞	8.2～10.0	无～淡粉	0.1g 或 1g 指示剂溶于 90mL 乙醇，加水至 100mL
百里酚酞	9.4～10.6	无～蓝色	0.1 指示剂溶于 90mL 乙醇，加水至 100mL

表 6-9　混合酸碱指示剂配制方法

指示剂名称	变色 pH	颜色		配制方法
		酸	碱	
甲基橙-靛蓝 （二磺酸）	4.1	紫	黄绿	一份 1g/L 甲基橙溶液，一份 2.5g/L 靛蓝（二磺酸）水溶液
溴百里酚绿-甲基橙	4.3	黄	蓝绿	一份 1g/L 溴百里酚绿钠盐水溶液，一份 2g/L 甲基橙水溶液

指示剂名称	变色 pH	颜色		配制方法
		酸	碱	
溴甲酚绿-甲基红	5.1	酒红	绿	三份 1g/L 溴甲酚绿乙醇溶液,二份 2g/L 甲基红乙醇溶液
甲基红-亚甲基蓝	5.4	红紫	绿	一份 2g/L 甲基红乙醇溶液,一份 1g/L 亚甲基蓝乙醇溶液
溴甲酚紫-溴百里酚蓝	6.7	黄	蓝紫	一份 1g/L 溴百里酚紫钠盐水溶液,一份 1g/L 溴百里酚蓝钠盐水溶液
中性红-亚甲基蓝	7.0	紫蓝	绿	一份 1g/L 中性红乙醇溶液,一份 1g/L 亚甲基蓝乙醇溶液
溴百里酚蓝-酚红	7.5	黄	绿	一份 1g/L 溴百里酚蓝钠盐水溶液,一份 1g/L 酚红钠盐水溶液
甲酚红-百里酚蓝	8.3	黄	紫	一份 1g/L 甲酚红钠盐水溶液,三份 1g/L 百里酚蓝钠盐水溶液

表 6-10　金属离子指示剂配制方法

指示剂名称	颜色		配制方法
	游离态	化合态	
铬黑 T(EBT)	蓝	红	①将 0.2g 铬黑 T 溶于 15mL 三乙醇胺及 5mL 乙醇中 ②将 1g 铬黑 T 与 100gNaCl 研细混匀
钙指示剂(N. N)	蓝	酒红	0.5g 钙指示剂与 100gNaCl 研细混匀
二甲酚橙(XO)	黄	红	0.2g 二甲酚橙溶于 100mL 去离子水中
K-B 指示剂	蓝	红	0.5g 酸性铬蓝 K 加 1.25g 萘酚绿 B 及 25g 硫酸钾研细混匀
磺基水杨酸	无	红	10g 磺基水杨酸溶于 100mL 水中
PAN 指示剂	黄	红	0.1g 或 0.2gPAN 溶于 100mL 乙醇中

表 6-11　氧化还原指示剂配制方法

指示剂名称	变色电位 ϕ/V	颜色		配制方法
		氧化态	还原态	
二苯胺	0.76	紫	无色	将 1g 二苯胺在搅拌下溶于 100mL 浓硫酸和 100mL 浓磷酸,贮于棕色瓶中
二苯胺磺酸钠	0.85	紫	无色	将 0.5g 二苯胺磺酸钠溶于 100mL 水中,必要时过滤
邻菲罗啉-Fe(Ⅱ)	1.06	淡蓝	红	将 0.5gFeSO$_4$·7H$_2$O 溶于 100mL 水中,加 2 滴硫酸,加 0.5g 邻菲罗啉
邻苯氨基苯甲酸	1.08	紫红	无色	将 0.2g 邻苯氨基苯甲酸加热溶解于 100mL0.2% Na$_2$CO$_3$ 溶液中,必要时过滤

表 6-12　沉淀及吸附指示剂配制方法

指示剂名称	颜色变化		配制方法
铬酸钾	黄	砖红	5g 铬酸钾溶于 100mL 水中
硫酸铁铵 (40%饱和溶液)	无色	血红	40gNH$_4$Fe(SO$_4$)$_2$·12H$_2$O 溶于 100mL 水中,加数滴浓硝酸

指示剂名称	颜色变化		配制方法
荧光黄	绿色荧光	玫瑰红	0.5g 荧光黄溶于乙醇,并用乙醇稀释至 100mL
二氯荧光黄	绿色荧光	玫瑰红	0.1g 二氯荧光黄溶于 100mL 水中
曙红	橙色	深红色	0.5g 曙红溶于 100mL 水中

6.2.1.5 化学试剂的取用

(1) 液体试剂的取法

① 从平顶瓶塞试剂瓶取用试剂。取下瓶塞把它仰放在台上,用左手的拇指、食指和中指拿住容器 (如试管、量筒等)。用右手拿起试剂瓶 (注意使试剂瓶上的标签对着手心),慢慢倒出所需要量的试剂。倒完后,应该将试剂瓶口在容器上靠一下,再使瓶子竖直,这样可以避免遗留在瓶口的试剂从瓶口流到试剂瓶的外壁。如盛液容器是烧杯,则应左手持玻璃棒,让试剂瓶口靠在玻璃棒上,使滴液顺玻璃棒流入烧杯。倒毕,应将瓶口顺玻璃棒向上提一下再离开玻璃棒,使瓶口残留的溶液顺玻璃棒流入烧杯。必须注意倒完试剂后,瓶塞须立刻盖在原来试剂瓶上,把试剂瓶放回原处,并使瓶上的标签朝外。

② 从滴瓶中取用少量试剂。先提起滴管,使管口离开液面,用手指捏紧滴管上部的橡胶头,以赶出滴管中的空气。然后把滴管伸入试剂瓶中,放开手指,吸入试剂,再提起滴管,将试剂滴入试管或烧杯中。使用滴瓶时,必须注意下列各点:

a.将试剂滴入试管中时,必须用无名指和中指夹住滴管,将它悬空地放在靠近试管口的上方,然后用拇指和食指挤捏橡胶头,使试剂滴入试管中。绝对禁止将滴管伸入试管中,否则滴管的管端将很容易碰到试管壁上而沾附其他溶液。如果再将此滴管放回试剂瓶中,则试剂将被污染,不能再使用。滴管口不能朝上,以防管内溶液流入橡胶头内与橡胶发生作用,腐蚀橡胶头并沾污滴瓶内的溶液。

b.滴瓶上的滴管只能专用,不能和其他滴瓶上的滴管混用,因此,使用后应立即将滴管插回原来的滴瓶中。一旦插错了滴管,必须将该滴瓶中的试剂全部倒掉,洗净滴瓶及滴管,重新装入纯净的试剂溶液。

c.试剂应按次序排列,取用试剂时不得将瓶从架上取下,以免搞乱顺序,寻找困难。

(2) 固体试剂的取法

固体试剂一般都用药匙取用。药匙用牛角、塑料或不锈钢制成,两端分别为大小两个匙,取大量固体用大匙,取少量固体时用小匙。取用的固体要加入小试管里时,也必须用小匙。使用的药匙,必须保持干燥而洁净,且专匙专用。试剂取用后应立即将瓶塞盖严,并放回原处。要求称取一定质量的固体试剂时,可把固体放在干净的称量纸上或表面皿上,再根据要求在台秤或分析天平上进行称量。具有腐蚀性或易潮解的固体不能放在纸上,而应放在玻璃容器 (小烧杯或表面皿) 内进行称量。

> **注意:** 在化学实验过程中必须一直配戴乳胶手套,以防止化学品侵蚀人体。

6.2.2 化学品的处置

6.2.2.1 事故应急处理

在化学品、危险品的生产、储运和使用过程中,常常发生一些意外的破裂,倒洒等事故,造成化学危险品的外漏,因此需要采取简单、有效的安全技术措施来消除或减少泄漏危害,如果对泄漏控制不住或处理不当,随时都有可能转化为燃烧、爆炸、中毒等恶性事故。

如果发生相应事故应当应急处理。

（1）疏散与隔离

在生产、储运过程中一旦发生泄漏，首先要启用应急产品防止扩散，接着疏散无关人员，隔离泄漏污染区。如果是易燃易爆化学品的大量泄漏一定要打"119"报警，请求消防专业人员救援，同时要保护、控制好现场。

（2）切断火源

切断火源对化学品泄漏处理特别重要，如果泄漏物是易燃物，则必须立即消除泄漏污染区域内的各种火源。

（3）个人防护

参加泄漏处理人员应对泄漏品的化学性质和反应特性有充分的了解，要于高处和上风处进行处理并严禁单独行动，必要时应用水枪、水炮掩护。要根据泄漏品的性质和毒物接触形式，选择适当的防护用品，加强应急处理个人安全防护，防止处理过程中发生伤亡、中毒事故。

① 呼吸系统防护。为了防止有毒有害物质通过呼吸系统侵入人体，应根据不同场合选择不同的防护器具。对于泄漏化学品毒性大、浓度较高，且缺氧情况下，可以采用氧气呼吸器、空气呼吸器、送风式长管面具等。对于泄漏环境中氧气浓度不低于18%，毒物浓度在一定范围内的场合，可以采用防毒面具（毒物浓度在2%以下采用隔离式防毒面具，浓度在1%以下采用直接式防毒面具，浓度在0.1%以下采用防毒口罩）。在粉尘环境中可采用防尘口罩等。

② 眼睛防护。为了防止眼睛受到伤害，可以采用化学安全防护眼镜、安全面罩、安全护目镜、安全防护罩等。

③ 身体防护。为了避免皮肤受到损伤，可以采用带面罩式胶布防毒衣、连衣式胶布防毒衣、橡胶工作服、防毒物渗透工作服、透气型防毒服等。

④ 手防护。为了保护手不受损伤，可以采用橡胶手套、乳胶手套、耐酸碱手套、防化学品手套等。

（4）泄漏控制

如果在生产使用过程中发生泄漏，要在统一指挥下，通过关闭有关阀门，切断与之相连的设备、管线，停止作业，或改变工艺流程等方法来控制化学品的泄漏。如果是容器发生泄漏，应根据实际情况，采取措施堵塞和修补裂口，制止进一步泄漏。另外，要防止泄漏物扩散，殃及周围的建筑物、车辆及人群，万一控制不住泄漏口时，要及时处置泄漏物，严密监视，以防火灾爆炸。

（5）泄漏物的处置

① 气体泄漏物处置。应急处理人员要做的只是止住泄漏，如果可能的话，用合理的通风使其扩散不至于积聚，或者喷雾状水使之液化后处置。

② 液体泄漏物处置。对于少量的液体泄漏物，可用砂土或其他不燃吸附剂吸附，收集于容器内后进行处理。如大量液体泄漏后四处蔓延扩散难以收集处理，可以采用筑堤堵截或者引流到安全地点。为降低泄漏物向大气的蒸发，可用泡沫或其他覆盖物进行覆盖，在其表面形成覆盖后，抑制其蒸发，而后进行转移处理。

③ 固体泄漏物处置。用适当的工具收集泄漏物，然后用水冲洗被污染的地面。

6.2.2.2 溶液的加热与冷却

（1）溶液的加热

加热方式有直接加热和间接加热。在有机实验室里一般不用直接加热，例如用电热板加热圆底烧瓶，会因受热不均匀，导致局部过热，甚至导致破裂，所以，在实验室安全规则中规定禁止用明火直接加热易燃的溶剂。为了保证加热均匀，一般使用热浴间接加热，作为传热的介质有空气、水、有机液体、熔融的盐和金属。根据加热温度、升温速度等的需要，常采用下列手段。

① 空气浴。对于沸点在80℃以上的液体可采用热空气间接加热，但受热不均匀，故不能用于回流低沸点易燃的液体或者减压蒸馏。半球形的电热套中的电热丝是玻璃纤维包裹着的，较安全，一般可加热至400℃，主要用于回流加热。蒸馏或减压蒸馏不用电热套加热，因为在蒸馏过程中随着容器内物质逐渐减少，会使容器壁过热。电热套有各种规格，取用时要与容器的大小相适应。为了便于控制温度，要连调压变压器。

② 水浴。当加热的温度不超过100℃时，最好使用水浴加热，但当用于钾和钠的操作时，决不能在水浴上进行。使用水浴时，勿使容器触及水浴器壁或其底部。如果加热温度稍高于100℃，则可选用适当无机盐类的饱和水溶液作为热溶液。

③ 油浴。适用100～250℃，优点是使反应物受热均匀，反应物的温度一般低于油浴液20℃左右。常用的油浴液有：

a.甘油：可以加热到140～150℃，温度过高时则会分解。

b.植物油：如菜油、蓖麻油和花生油等，可以加热到220℃，常加入1％对苯二酚等抗氧化剂，便于久用，温度过高时则会分解，达到闪点时可能燃烧起来，所以，使用时要小心。

c.石蜡：能加热到200℃左右，冷到室温时凝成固体，保存方便。

d.有机硅油：可以加热到200℃左右，温度稍高并不分解，但较易燃烧。

用油浴加热时，要特别小心，防止着火，当油受热冒烟时，应立即停止加热。油浴中应挂一支温度计，可以观察油浴的温度和有无过热现象，便于控制温度。油量不能过多。否则受热后有溢出会有引起火灾的危险。使用油浴时要极力防止产生可能引起油浴燃烧的因素。加热完毕取出反应容器时，仍用铁夹夹住反应容器使其离开液面悬置片刻，待容器壁上附着的油滴完后，用纸和干布揩干之。

④ 砂浴。砂浴一般是用铁盆装干燥的细海砂（或河沙），把反应容器半埋砂中加热。加热沸点在80℃以上的液体时可以采用，特别适用于加热温度在220℃以上者，但砂浴的缺点是传热慢，温度上升慢，且不易控制，因此，砂层要薄一些。砂浴中应插入温度计。温度计水银球要靠近反应器。

⑤ 金属浴。选用适当的低熔合金，可加热至350℃左右，一般都不超过350℃。否则，合金将会迅速氧化。

（2）冷却与冷却剂

在有机实验中，有时须采用一定的冷却剂进行冷却操作，在一定的低温条件下进行反应，分离提纯等。例如：

① 某些反应要在特定的低温条件下进行的，才利于有机物的生成，如重氮化反应一般在0～5℃进行；

② 沸点很低的有机物，冷却时可减少损失；

③ 要加速结晶的析出；

④ 高度真空蒸馏装置（一般有机实验很少运用）。

根据不同的要求，选用适当的冷却剂冷却，最简单的是用水和碎冰的混合物，可冷却至0～5℃，它比单纯用冰块有较大的冷却效能。因为冰水混合物与容器的器壁充分接触。若在碎冰中酌加适量的盐类，则得冰盐混合冷却剂的温度可在0℃以下，例如：普通常用的食盐与碎冰的混合物（33∶100），其温度可由始温-1℃降至-21.3℃。但在实际操作中温度约$-5\sim-18$℃。冰盐浴不宜用大块的冰，而且要按上述比例将食盐均匀撒布在碎冰上，这样冰冷效果才好。

（3）溶剂类干燥与干燥剂

有机物干燥的方法有物理方法（不加干燥剂）和化学方法（加入干燥剂）两种。物理方法如吸收、分馏等，近年来应用分子筛来脱水；化学干燥法其特点是在有机液体中加入干燥剂，干燥剂与水起化学反应或同水结合生成水化物，从而除去有机液体所含的水分，达到干燥的目的。用这种方法干燥时，有机液体中所含的水分不能太多（一般在百分之几以下），否则有机液体因被干燥剂带走而造成的损失也较大。

① 液体干燥：

a.无水氯化钙：价廉、吸水能力大，与水化合可生成一、二、四或六水化合物（在30℃以下），它只适于烃类、卤代烃、醚类等有机物的干燥，不适于醇、胺和某些醛、酮、酯等有机物的干燥，也不宜用作酸（或酸性液体）的干燥剂。

b.无水硫酸镁：它是中性盐，不与有机物和酸性物质起作用。可作为各类有机物的干燥剂，它与水生成 $MgSO_4\cdot7H_2O$（48℃以下）。价较廉，吸水量大，故可用于不能用无水氯化钙来干燥的许多化合物。

c.无水硫酸钠：它的用途和无水硫酸镁相似，价廉，但吸水能力和吸水速度都差一些。与水结合生成 $NaSO_4\cdot10H_2O$（37℃以下）。当有机物水分较多时，常先用本品处理后再用其它干燥剂处理。

d.无水碳酸钾：吸水能力一般，与水生成 $K_2CO_3\cdot2H_2O$，作用慢，可用干燥醇、酯、酮、腈类等中性有机物和生物碱等一般的有机碱性物质。但不适用于干燥酸、酚或其他酸性物质。

e.金属钠：醚、烷烃等有机物用无水氯化钙或硫酸镁等处理后，若仍含有微量的水分时可加入金属钠（切成薄片或压成丝）除去。不宜用作醇、酯、酸、卤烃、醛、酮及某些胺等能与碱起反应或易被还原的有机物的干燥剂。

液态有机化合物的干燥操作一般在干燥的三角烧瓶内进行。把按照条件选定的干燥剂投入液体里，塞紧（用金属钠作干燥剂时则例外，此时塞中应插入一个无水氯化钙管，使氢气放空而水气不致进入），振荡片刻，静置，使所有的水分全被吸去。如果水分太多，或干燥剂用量太少，致使部分干燥剂溶解于水时，可将干燥剂滤出，用吸管吸出水层，再加入新的干燥剂，放置一定时间，将液体与干燥剂分离，进行蒸馏精制。

② 固体的干燥。从重结晶得到的固体常带水分或有机溶剂，应根据化合物的性质选择适当方法干燥。

a.自然晾干：把要干燥的化合物先在滤纸上面压平，然后在一张滤纸上面薄薄地摊开，用另一张滤纸复盖起来，在空气中慢慢地晾干。

b.加热干燥：对于热稳定的固体可以放在烘箱内烘干，加热的温度切忌超过该固体的熔点，以免固体变色和分解，如有需要可在真空恒温干燥箱中干燥。

c.红外线干燥：特点是穿透性强，干燥快。

d.干燥器干燥：对易吸湿或在较高温度干燥时，会分解或变色的可用干燥器干燥，干燥器有普通干燥器和真空干燥器两种。

6.2.2.3 固体的溶解与重结晶

（1）固体的溶解

① 溶剂的种类和性质。溶剂是能够溶解其他物质的物质。由于不同的物质具有不同的

性质，在不同的溶剂中溶解性差别较大，因此在配制物质的溶液时要选择合适的溶剂。按溶剂的性质和质子理论可将溶剂分类如下。

a. 无机溶剂：无机化合物大多是极性较强的离子型化合物，尽管溶解度不尽相同，但大多数可以溶于水或经适当处理后就可制成水溶液。常用的无机溶剂有水、盐酸、硫酸、硝酸、氢氧化钠等。

b. 有机溶剂：有机化合物大多是极性不强或非极性的共价型化合物，分子结构差别较大，性质也不尽相同。绝大多数有机物不溶于水而易溶于有机溶剂，但不同有机物对不同的有机溶剂的溶解度也不尽相同。常用的有机溶剂有甲醇、乙醇、乙二醇、丙酮、乙醚、三氯甲烷、四氯化碳、甲苯、氯苯、冰醋酸、乙酸酐、吡啶、乙二胺、二甲基甲酰胺等。这些溶剂可以单独使用，也可以混合使用。

② 选择溶剂的一般规律。配制溶液时，要根据被溶解的化合物的性质选择溶剂。一般规律如下：

a. 极性化合物易溶于极性溶剂，非极性化合物易溶于非极性溶剂。

b. 化合物与溶剂分子结构越相似，则化合物在溶剂中的溶解度越大。

c. 化合物分子和溶剂分子以及溶剂分子之间若能发生氢键缔合效应，则溶解度增大。

d. 有机弱酸或无机弱酸可选用碱性溶剂进行溶解。

（2）重结晶

重结晶是利用晶体化合物在某一种溶剂的溶解度随温度而变化的性质，使化合物在较高的温度下溶解，在低温下结晶析出。由于产品和杂质在溶剂中的溶解度不同，所以可通过过滤将杂质除去，从而达到分离提纯的目的。

重结晶是结晶提纯的重要方法，但重结晶原料中的杂质含量不得高于 5%。对于杂质含量高的样品可采用萃取、蒸馏等手段初步纯化后，再进行重结晶提纯。重结晶的操作程序：

① 热溶解：用选择的溶剂将被提纯的物质溶解，制成热的饱和溶液。

② 脱色：如果溶液中含有带色杂质可待溶液稍冷，加入适量活性炭，再煮沸 5～10min，利用活性炭的吸附作用除去有色物质。

③ 热过滤：将溶液趁热在保温漏斗中过滤，除去活性炭及其他不溶性杂质。

④ 结晶：将滤液充分冷却，使被提纯物质呈结晶析出。

⑤ 抽滤：减压过滤将晶体与母液分离除去可溶性杂质，用溶剂冲洗两次再抽干。

⑥ 干燥：滤饼经自然晾干或烘干，脱除少量溶剂即得到精制品。在进行重结晶操作时，选择合适的溶剂是关键，否则将达不到纯化的目的或提纯产率较低。

重结晶常用的溶剂有水、乙醇、丙酮、乙酸乙酯、乙酸、乙醚、石油醚、苯等。选择溶剂时要考虑被测物质的性质，根据"相似相溶"的原理进行选择。除了查阅化学手册外，也可用试验方法：取几个小试管，各放入约 0.2g 需提纯的物质，分别加入 1mL 不同种类的溶剂，加热到完全溶解，冷却后能析出最多量结晶的一般认为是最佳溶剂；如果被提纯的物质在 3mL 的热溶剂中不能全溶或在小于 1mL 的溶剂中全溶，则认为该溶剂不适合。

（3）苯甲酸的重结晶

① 实验准备。将三脚架放在实验台上，上面放一石棉网，石棉网下放一酒精灯。安装好抽滤装置（也可用热过滤装置），叠好滤纸，将短颈漏斗放入烘箱内（80℃）预热。

② 制备热溶液。称取 3g 粗苯甲酸，放入 150mL 烧杯中，加入 80mL 蒸馏水和 2 粒沸石，盖上表面皿，在石棉网上加热至沸，并用玻璃棒不断搅拌，使固体溶解。若尚有未溶解的固体，可补加水（但应注意分辨未溶物是否是不溶的固体或杂质），溶剂约过量 2%～5%，记录所用溶剂的体积。

③ 脱色。待溶液稍冷，加入预先计算并称量好的活性炭，搅拌均匀，盖上表面皿，继续加热微沸 5～10min。

④ 热过滤。将折叠好的滤纸放入预热的漏斗中，将热溶液分几次倾入漏斗内过滤。在过滤过程中，未倒入漏斗的溶液可用小火加热，以免溶液冷却。溶液过滤结束后，用少量的水洗涤漏斗和烧杯。

⑤ 结晶的析出、抽滤、干燥。将滤液在室温下放置，自然冷却。结晶完全析出后，减压抽滤，使结晶与母液分离。用玻璃瓶塞将晶体压实，尽量抽干母液。然后拔掉吸滤瓶支管上的橡胶管，关闭水泵。用小铲或玻璃棒将晶体松动（注意不要将滤纸捅破），然后用少量水湿润布氏漏斗中的苯甲酸，再压紧抽干。将结晶转移到表面皿上晾干或烘干。

⑥ 称量质量，计算回收率。测定提纯后晶体的熔点。

6.2.2.4 蒸馏与回流

蒸馏是分离提纯液态混合物常用的方法。根据混合物的性质不同，可分别采用普通蒸馏、水蒸气蒸馏和减压蒸馏等操作技术。

(1) 普通蒸馏

在常温下，将液态物质加热至沸腾使其变为蒸气，再将蒸气冷凝为液体收集到另一容器中，这两个过程的联合操作叫作普通蒸馏。显然，通过蒸馏可以将易挥发和难挥发的物质分离开来，也可将沸点不同的物质进行分离。普通蒸馏是在常压下进行的，因此又叫常压蒸馏。较适用于分离沸点差＞30℃的液态混合物。

纯净的液态物质，在蒸馏时温度基本恒定，沸程很小，所以通过常压蒸馏，还可以测定液体物质的沸点或检验其纯度。

① 蒸馏装置。普通蒸馏装置，主要包括汽化、冷凝和接收三部分。

a.汽化部分：由圆底烧瓶和蒸馏头、温度计组成。液态在烧瓶内受热汽化后，其蒸气由蒸馏头侧管进入冷凝管中。选择烧瓶规格时，以被蒸馏物的体积不超过其容量的 2/3，不少于 1/3 为宜。

b.冷凝部分：蒸气进入冷凝管的内管时，被外层套管中的冷水冷凝为液体。当所蒸馏液体的沸点高于 140℃时，应采用空气冷凝管，空气冷凝管是靠管外空气将管内蒸气冷凝为液体的。

c.接收部分：由接液管和接收器（常用圆底烧瓶或锥形瓶）组成。在冷凝管中被冷凝的液体经由接液管收集到接收器中。如果蒸馏易燃或有毒物质时，应在接液管的支管上接一根橡胶管，并通入下水道内或引出室外，若被蒸馏物质沸点较低，还要将接收器放在冷水浴或冰水浴中冷却。

安装普通蒸馏装置时，应注意使温度计水银球上端与蒸馏头侧管的下沿处于同一水平线上。这样，蒸馏时温度计水银球能被蒸气完全包围，才可测得准确的温度。在连接蒸馏头与冷凝管时，要注意调整角度，使冷凝管和蒸馏头侧管的中心线呈一条直线。若采用水冷凝管，冷凝水应从下口进入，上口流出，并使上端的出水口朝上，以使冷凝管套管中充满水，保证冷凝效果。若接液管不带支管，切不可与接收器密封，应与外界大气相通，以防系统内部压力过大而引起爆炸。蒸馏装置要求准确、端正、稳固，装置中各仪器的轴线应在同一平面内，铁架、铁夹及胶管应尽可能安装在仪器背面，以方便操作。

② 蒸馏操作：

a.加入物料：将待蒸馏液体通过长颈玻璃漏斗由蒸馏头上口倾入圆底烧瓶中（注意漏斗颈应超过蒸馏头侧管的下沿，以防止液体由侧管流入冷凝管中），投入几粒沸石，其作用是防止暴沸，再装好温度计。

b.通冷却水：检查装置的气密性和大气相通处是否畅通后，打开水龙头，缓慢通入冷却水。

c.加热蒸馏：开始先用小火加热，逐渐增大加热强度使液体沸腾。然后调节热源，控制蒸馏速度，以 1s 留出 1~2 滴为宜。应使温度计水银球下部始终挂有液珠，以保持气液两相平衡，确保温度计读数准确。

d.观察温度、收集馏分：记下第一滴馏出液滴入接收器时的温度。如果所蒸馏的液体中含有低沸点的前馏分，待前馏分蒸完，温度趋于所需温度后，应更换接收器，收集所需要的馏分，并记录所需要的馏分开始馏出和最后一滴馏出时的温度，即该馏分的沸程。

e.停止蒸馏：当原来的加热温度不再有馏出液蒸出时，温度会突然下降，这时应停止蒸馏，即使杂质含量很少，也不能蒸干，以免烧瓶炸裂。

③ 蒸馏操作注意事项：

a.安装普通蒸馏装置时，各仪器之间连接要紧密，但接收部分一定要与大气相通，绝不能造成密闭体系。

b.多数液体加热时，常发生过热现象，即在液体已经加热到或超过了其沸点温度，仍不沸腾。当继续加热时，液体会突然暴沸，冲出瓶口，甚至造成火灾。为了防止这种情况的发生，需要在加热前加入几粒沸石。沸石表面有许多微孔，能吸附空气，加热时这些空气可以成为液体的汽化中心，避免液体暴沸。若事先忘记加沸石，绝不能在接近沸腾的液体中直接加入，应停止加热，待液体稍冷后再补加。若因故中断蒸馏，则原有的沸石即行失效，因而每次重新蒸馏前，都应补加沸石。

c.蒸馏过程中，加热温度不能太高，否则会使蒸气过热，温度计水银球上的液珠消失，导致所测沸点偏高；温度也不能过低，以免温度计水银球不能充分被蒸气包围，致使所测沸点偏低。

d.蒸馏过程中若需续加物料，必须在停止加热后进行，但不要中断冷却水。

e.结束蒸馏时，应先停止加热，稍冷后再关冷却水。拆卸蒸馏装置的顺序与安装顺序相反。

(2) 滴液蒸馏装置

对于有水生成的可逆反应，若生成的水与反应物和其他生成物的沸点相差很小，且生成的水与反应物、其他生成物之间形成恒沸混合物，反应物的沸点又比水的沸点低，如乙醇、溴乙烷，若想分离出反应生成的水，反应物如乙醇、生成的溴乙烷更容易被分出，这时可采用边滴加边蒸馏装置。该装置与普通蒸馏装置类似，只是在反应瓶中加一个滴液漏斗。

(3) 水蒸气蒸馏

① 原理。将水蒸气通入有机物中，或将水与有机物一起加热，使有机物与水共沸而蒸馏出来的操作叫作水蒸气蒸馏。水蒸气蒸馏是分离和提纯具有一定挥发性的有机化合物的重要方法之一，可用于在常压下蒸馏时有机物会发生氧化或分解的情况，混合物中含有焦油状物质而用通常的蒸馏或萃取等方法难以分离的情况，液体产物被混合物中较大的固体所吸附或要求除去挥发性杂质的情况。利用水蒸气蒸馏进行分离提纯的有机化合物必须不溶于水，也不与水发生化学反应，在 100℃ 左右具有一定蒸气压的物质。

② 水蒸气蒸馏装置。水蒸气蒸馏装置主要包括水蒸气发生器、蒸馏、冷凝及接收等四部分。

a.水蒸气发生器：一般为金属制品，也可用 1000mL 圆底烧瓶代替。通常加水量以不超过其容积的 2/3 为宜。在水蒸气发生器上口插入一支长约 1m，直径约为 5mm 的玻璃管并使其接近底部作安全管用。当容器内压力增大时，水就会沿安全管上升，从而调节内压。水蒸气发生器的蒸气导出管经 T 形管与伸入三口烧瓶内的蒸气导入管连接，T 形管的支管套有一短橡胶管并配有螺旋夹。它的作用是可随时排除在此冷凝管下来的积水，并可在系统内压力骤增或蒸馏结束时，释放蒸气，调节内压，防止倒吸。

b.蒸馏部分：一般采用三口烧瓶（也可用带有双空塞的长颈圆底烧瓶代替）。三口烧瓶内盛放待蒸馏的物料，中口连接蒸气导入管，一侧口通过蒸馏弯头连接冷凝管，另一侧口用塞子塞上。

c.冷凝和接收部分与普通蒸馏相同。

③ 水蒸气蒸馏操作。水蒸气蒸馏的操作程序如下：

a.加入物料：将待蒸馏的物料加入三口烧瓶中，物料量不能超过其容积的 1/3。

b.安装仪器：安装水蒸气蒸馏装置。

c.加热蒸馏：检查整套装置气密性后，先开通冷却水并打开 T 形管的螺旋夹，再开始加热水蒸气发生器，甚至沸腾。当 T 形管处有较大量气体冲出时立即旋紧螺旋夹，蒸气便进入烧瓶中。这时可看到瓶中的混合物不断翻腾，表明水蒸气蒸馏开始进行。适当调节蒸气量，控制馏出速度 2～3 滴/s。

d.停止蒸馏：当馏出液无油珠并澄清透明时，停止蒸馏。这时应先打开螺旋夹，解除系统压力，然后停止加热，稍冷却后，再停止通冷却水。

④ 水蒸气蒸馏操作注意事项：

a.用烧瓶做水蒸气发生器时，不要忘记加沸石。

b.蒸馏过程中，若发现有过多的蒸气在三口烧瓶内冷凝，可在烧瓶下面用酒精灯隔石棉网适当加热，以防液体量过多冲出烧瓶进入冷凝管中。观察安全网内水位是否正常，烧瓶内液体有无倒吸现象。一旦有类似情况发生，立即打开螺旋夹，停止加热，查找原因。排除故障后，才能继续蒸馏。

c.加热烧瓶时要密切注视烧瓶内混合物的迸溅现象，如果迸溅剧烈，则应暂停加热，以免发生意外。

6.2.2.5 过滤与萃取

(1) 过滤

① 常压过滤。常压过滤最为简单，也是最常用的固液分离方法，尤其沉淀为细微的晶体时，用此过滤较快。安装常压过滤装置注意"三靠"：漏斗颈口长的一边应紧靠烧杯壁；玻璃棒接近滤纸三层的一边；烧杯嘴紧靠玻璃棒中下部。过滤时先倾入上层清液，待漏斗中液面达到滤纸边缘 5mm 处，应暂时停止倾注，以免减少沉淀因毛细作用越过滤纸上缘，造成损失。停止倾注溶液时，将烧杯嘴沿玻璃棒向上提，并逐渐扶正烧杯，以避免烧杯嘴上的液滴流到烧杯外壁，再将玻璃棒放回烧杯中，但不得放在烧杯嘴处。用洗瓶沿烧杯壁旋转着吹入一定量洗涤液，再用玻璃棒将沉淀松动后充分洗涤后静置，待沉淀沉降后，按前面的方法过滤上层清液，如此重复 4～5 次。最后，向烧杯中加入少量洗涤液，立即将此混合液转移至滤纸上。残留在烧杯内的少量沉淀可按此法转移：左手持烧杯，用食指按住横架在烧杯口上的玻璃棒，玻璃棒下端应比烧杯嘴长出 2～3cm，并靠近滤纸的三层一边，右手拿洗瓶吹洗烧杯内壁，直至洗净烧杯。沉淀全部转移到滤纸上后，再用洗瓶从滤纸边缘开始向下螺旋形移动吹入洗涤液，将沉淀冲洗到滤纸底部，反复几次，将沉淀洗涤干净。

② 减压过滤。减压过滤又叫抽滤、吸率或真空过滤。减压过滤可加快过滤速度，并把沉淀滤得比较干燥。但胶状沉淀在过滤速度很快时会透过滤纸，不能用减压过滤。颗粒很细的沉淀会因减压抽吸而在滤纸上形成一层密实的沉淀，使溶液不易透过，反而达不到加速的目的，也不用此法。

(2) 萃取

利用不同物质在选定溶剂中溶解度的不同进行分离和提纯混合物的操作，叫作萃取。通过萃取可以从混合物中提取出所需要的物质，也可以去除混合物中的少量杂质。萃取是在两个液相间进行，大部分萃取采用一个是水相而另一个是有机相，但有机相易使蛋白质等生物活性物质变性。常用的萃取技术有溶剂萃取、双水相萃取、凝胶萃取三种。

① 溶剂萃取。利用在两个互不相溶的液相中各种组分（包括目的产物）溶解度的不同，从而达到分离的目的。溶剂对需分离组分有较高的溶解能力，分离过程纯属物理过程。实验中可选择的萃取剂有有机溶剂、水、稀酸或稀碱溶液、浓硫酸等。萃取剂选择原则是使溶质在萃取相中有最大的溶解度。

a. 原理：溶剂萃取法也称液-液萃取法，简称萃取法。萃取法由有机相和水相相互混合，水相中要分离出的物质进入有机相后，再靠两相质量密度不同将两相分开。有机相一般由三种物质组成，即萃取剂、稀释剂、溶剂。有时还要在萃取剂中加入一些调节剂，以使萃取剂的性能更好。从氰化物溶液中萃取有色金属氰络物一般用高分子有机胺类，如氯化三烷基甲胺，稀释剂为高碳醇，溶剂是磺化煤油，水相即是要处理的废水。分配定律是萃取方法理论的主要依据，实验证明在一定温度下化合物与两种溶剂不发生分解、电解、缔合和溶剂化等作用时在两液层中之比是一个定值，用"分配系数 K"（$K = c_A/c_B$）表示。

b. 过程：溶剂萃取的工艺过程，除了萃取和反萃取这两个主要工序以外，还包括有机相的洗涤和有机相再生两个工序。萃取-洗涤-反萃取-再生-萃取，加上从水相中回收有机相，这就是溶剂萃取工艺的全部过程。每个具体的工艺流程，可以根据实际情况的需要，决定采用全部或部分工序。

c. 应用：萃取剂在使用过程中，有机相必须能够再生和反复使用，才有工业应用的价值。液-液萃取主要用于物质的分离和提纯，具有装置简单、操作容易的特点，既能用来分离、提纯大量物质，更适合于微量或痕量物质的分离、富集，广泛应用于分析化学、原子能、冶金、电子、环境保护、生物化学和医药等领域。

d. 液体物质的萃取（或洗涤）：

使用前的准备：将分液漏斗洗净后，取下旋塞，用滤纸吸干旋塞孔道中的水分，在旋塞孔的两侧涂上薄薄一层凡士林，然后小心地将其插入孔道并旋转几周，至凡士林分布均匀呈透明为止。在旋塞细端伸出部分的圆槽内，套上一个橡胶圈，以防操作时旋塞脱落。关好旋塞，在分液漏斗中装上水，观察旋塞两端有无渗漏现象，再开启旋塞，看液体是否能通畅流下，然后，盖上顶塞，用手指抵住，倒置漏斗，检查其气密性。在确保分液漏斗顶塞严密、旋塞关闭时严密、开启后畅通的情况下方可使用。使用前须关闭旋塞。

萃取操作：由分液漏斗上口倒入混合液与萃取剂，盖好顶塞。为使分液漏斗中的两种液体充分接触，用右手握住顶塞部位，左手持旋塞部位（旋柄朝上），反复振摇几次后，将分液漏斗放在铁圈中，打开顶塞（或使顶塞的凹槽对准漏斗上口颈部的小孔），使漏斗与大气相通，静置分层。

分离操作：当两层液体界面清晰后，便可进行分离操作。先把分液漏斗下端靠在接收器的内壁上，再缓慢旋开旋塞，放出下层液体。当液面间的界线接近旋塞处时，暂时关闭旋塞，将分液漏斗轻轻振摇一下，再静置片刻，使下层液体聚集得多一些，然后打开旋塞，仔细放出下层液体。当液面间的界线移至旋塞孔的中心时，关闭旋塞。最后把分液漏斗中的上层液体从上口倒入另一个容器中。

操作注意事项：分液漏斗中装入的液体量不得超过其容积的 1/2，因为液体量过多，进行萃取操作时，不便振摇漏斗，两相液体难以充分接触，影响萃取效果。在萃取碱性液体或振摇漏斗过于剧烈时，往往会使溶液发生乳化现象；有时两相液体的相对密度相差较小，或因一些轻质絮状沉淀夹杂在混合液中，致使两相界线不明显，造成分离困难。解决办法有较长时间静置、加入少量电解质、加入少量稀酸、滴加数滴乙醇等方法，改变液体表面张力，促使两相分层。分液漏斗使用完毕，应用水洗净，擦去旋塞和孔道中的凡士林，在顶塞和旋塞处垫上纸条，以防久置粘结。

e. 固体物质的萃取：在实验室中常采用脂肪提取器萃取固体物质。脂肪提取器又叫索氏提取器，它是利用溶剂回流和虹吸原理，使固体物质不断被新的纯溶剂浸泡，实现连续多次的萃取，因而效率较高。脂肪提取的装置主要由圆底烧瓶、提取器和冷凝管等三部分组成。使用时先在圆底烧瓶中装入溶剂，将固体样品研细放入滤纸套筒内，封好上下口，置于提取器中，安装好装置。检查各连接部位的严密性后，先通入冷却水，再对溶剂进行加热。溶剂受热沸腾时，蒸气通过蒸气上升管进入冷凝管内，被冷凝为液体，滴入提取器中，浸泡固体并萃取出部分物质，当萃取液液面超过虹吸管的最高点时，即虹吸流回烧瓶。这样循环往复，利用溶剂回流和虹吸作用，使固体中可溶物质富集在烧瓶中，然后再利用适当方法除去溶剂，便可得到要提取的物质。

② 双水相萃取。

a. 原理：某些亲水性高分子聚合物的水溶液超过一定浓度后可以形成两相，并且在两相中水分均占很大比例，即形成双水相系统（aqueous two-phase system，ATPS）。根据热力学第二定律，混合是熵增过程可以自发进行，但分子间存在相互作用力，这种分子间作用力随分子量增大而增大。当两种高分子聚合物之间存在相互排斥作用时，由于分子量较大的分子间的排斥作用与混合熵相比占主导地位，即一种聚合物分子的周围将聚集同种分子而排斥异种分子，当达到平衡时，即形成分别富含不同聚合物的两相。这种含有聚合物分子的溶液发生分相的现象称为聚合物的不相溶性。可形成双水相的双聚合物体系很多，如聚乙二醇（PEG）/葡聚糖（Dx），聚丙二醇/聚乙二醇，甲基纤维素/葡聚糖。双水相萃取中采用的双聚合物系统是PEG/Dx，该双水相的上相富含PEG，下相富含Dx。另外，聚合物与无机盐的混合溶液也可以形成双水相，例如，PEG/磷酸钾（KPi）、PEG/磷酸铵、PEG/硫酸钠等常用于双水相萃取。PEG/无机盐系统的上相富含PEG，下相富含无机盐。生物分子的分配系数取决于溶质于双水相系统间的各种相互作用，其中主要有静电作用、疏水作用和生物亲和作用。因此，分配系数是各种相互作用的和。

b. 过程：如两种聚合物间存在强的吸引力，则它们结合后存在于一相中；如两种聚合物间有斥力，即某种分子希望在它周围的分子是同种分子而不是异种分子，达到平衡后会形成两相，两种聚合物分处一相。

c. 应用：双水相萃取自发现以来，无论在理论上还是实践上都有很大的发展，已广泛应用于生物化学、细胞生物学、生物化工和食品化工等领域，并取得了许多成功的范例，在若干生物工艺过程中得到了应用，其中最重要的领域是蛋白质的分离和纯化，其应用举例如表所示。

双水相萃取技术可用于多种生物活性物质的分离和纯化，见表6-13。

表 6-13　多种生物活性物质的分离和纯化

分离物质	举例	体系	分配系数	收率/%
酶	过氧化氢酶的分离	PEG\dextran	2.95	81
生长素	人生长激素的纯化	PEG\盐	6.4	60
干扰素	分离干扰素	PEG-磷酸酯\盐	630	97
细胞组织	分离含有胆碱受体的细胞	三甲胺-PEG\dextran	3.64	57

注：PEG为聚乙二醇；dextran为葡聚糖。

此外双水相还可用于稀有金属/贵金属分离，传统的稀有金属/贵金属溶剂萃取方法存在着溶剂污染环境、对人体有害、运行成本高、工艺复杂等缺点。双水相萃取技术引入到该领域，无疑是金属分离的一种新技术。

③ 凝胶萃取。

a. 原理：凝胶是一种高分子胶体微粒的聚合物，是微粒经交联键合形成三维网络并与溶剂分子组成的体系。凝胶具有敏感的自我调节能力，受外界影响能发生溶胀和体积收缩，凝胶萃取即利用凝胶的这一特性。凝胶既不是液体，也有别于固体物质，能产生明显的变形和溶胀。凝胶受到外界环境的 pH 值、温度、电场变化、离子强度等因素的影响，体积发生变化。低温时大分子溶液中的凝胶能大量吸收水分而膨胀使溶液得到浓缩，温度升高后凝胶能释放出所吸的水分而收缩可重新使用。萃取用凝胶的要求为在一定温度下不溶解、不熔融、不污染溶液，溶胀量大，溶胀和收缩快，易与溶液分离及再生，强度大，寿命长等。凝胶的相变温度指凝胶的临界温度 T_c，$T<T_c$ 时凝胶随着温度的下降而急剧膨胀，$T>T_c$ 时凝胶随着温度的上升而急剧收缩，T_c 与凝胶的结构、侧基的种类等因素有关。凝胶具有筛分作用，凝胶进入溶液后小分子溶质能进入凝胶内部并占据着内孔隙，中等分子也能进入网络内部的大小适中的孔隙，而大分子溶质仍留在溶液中，因此凝胶作固相萃取剂时用于分离溶液中大小不同的分子。

b. 过程：萃取用凝胶的膨胀特性，常受到一些因素的强烈作用和调节，其中主要的是pH 值和温度，因此将凝胶萃取分为 pH 值敏感型和温度敏感型两类。

c. 应用：由于凝胶萃取具有耗能小，萃取剂易再生，设备及操作简单，对物料分子不存在机械剪切或热力破坏等优点，故适用于从稀溶液中提取有机物或生物制品，如淀粉脱水，发酵液中抗生素的提取以及遗传工程蛋白质的提取等，还可能在一定程度上替代膜分离和凝胶层析等过程。

6.3 化学分析操作技能训练

6.3.1 分析天平的使用及维护

6.3.1.1 认识分析天平

天平是精确测定物体质量的重要计量仪器。化验工作中经常要准确称量一些物质的质量，称量的准确度直接影响测定的准确度。因此，分析工作人员掌握天平的结构、性能、使用和维护知识是非常必要的。随着科技的进步，天平经过了由摇摆天平、机械加码光学天平、单盘精密天平到电子天平的历程，现在，机械天平尤其是双盘天平已逐渐为单盘电子天平取代。

(1) 分析天平的分类

① 根据天平的构造，可分为机械天平和电子天平。

② 根据天平的使用目的，可分为通用天平和专用天平。

③ 根据天平的分度值大小，可分为常量天平（0.1mg）、半微量天平（0.01mg）、微量天平（0.001mg）等。

④ 根据天平的精度等级，分为四级：特种准确度（精细天平）、高准确度（精密天平）、中等准确度（商用天平）普通准确度（粗糙天平）。

⑤ 根据天平的平衡原理，可分为四大类：杠杆式天平、电磁力式天平、弹力式天平和液体静力平衡式天平。

（2）天平的主要技术指标

① 最大称量。最大称量，又称最大载荷，表示天平可称量的最大值。天平的最大称量必须大于被称物体的可能质量。

② 分度值。在天平某一个盘上增加平衡小砝码，其质量值为 P，此时天平指针沿标牌移动的分度数为 n，二者之比即为分度值，以分度值 $S = P/n$ 表示。天平的最大称量与分度值之比称为检定标尺，分度数在 5×10^4 以上的称为高精密度天平，其值越大准确度级别越高。

（3）正确选用天平

考虑称量的最大质量和要求的精度，不能超载、不要使用精度不够的天平、不要使用过高精度的天平（尽量高出精度值一位）。

6.3.1.2 电子天平

电子天平最基本的功能是自动调零、自动校准、自动扣除空白和自动显示称量结果。

（1）基本结构

电子天平的结构设计一直在不断改进和提高，向着功能多、平衡快、体积小、重量轻和操作简便的趋势发展。但就其基本结构和称量原理而言，各种型号的都差不多。电子天平如图 6-9 所示。

（2）电子天平的特点

① 性能稳定，灵敏度高，寿命长，操作简便。

② 称量速度快，精度高，显示快速清晰。

③ 有快捷的内校或外校功能，自动检测系统，超载保护和故障报警等装置。

④ 智能化高。

⑤ 量程、精度可变化，可一机多用。

⑥ 由对外连接端口，可进行数据传输，提高工作自动化。

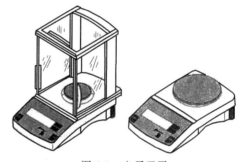

图 6-9 电子天平

（3）安装场所

精度要求高的电子天平理想的放置条件是室温 $20\,℃ \pm 2\,℃$，相对湿度 $45\% \sim 60\%$。天平台要求坚固，具有抗振及减振性能。不受阳光直射，远离暖气与空调。不要将天平放在带磁设备附近，避免尘埃和腐蚀性气体。

（4）电子天平的使用方法

一般情况下，只使用开/关键、除皮/调零键和校准/调整键。使用时的操作步骤如下：

① 在使用前观察水平仪是否水平，若不水平，需调整水平调节脚。

② 称量前接通电源预热 30min 后方可开启显示器（或按说明书要求）。

③ 校准：首次使用天平必须校准天平，将天平从一地移到另一地使用于时或在使用一段时间（30 天左右）后，应对天平重新校准。为使称量更为精确，亦可随时对天平进行校准。校准程序可按说明书进行。用内装校准砝码或外部自备有修正值的校准砝码进行校准。

④ 称量：按下显示屏的开关键，待显示稳定的零点后，将物品放到秤盘上，关上防风门。显示稳定后即可读取称量值。操纵相应的按键可以实现"去皮""增重""减重"等称量功能。

⑤ 清洁：污染时用含少量中性洗涤剂的柔软布擦拭。勿用有机溶剂和化纤布。样品盘可清洗，充分干燥后再装到天平上。

（5）电子天平使用注意事项

① 电子天平在安装之后，称量之前必不可少的一个环节是"校准"。这是因为电子天平是将被称物的质量产生的重力通过传感器转换成电信号来表示被称物的质量的。称量结果实质上是被称物重力的大小，故与重力加速度有关，称量结果值随纬度的增高而增加。例如在北京用电子天平称量 100g 的物体，到广州，如果不对电子天平进行校准，称量值将减少 136.86mg。另外，称量值还随海拔的升高而减小。因此，电子天平在安装后或移动位置后必须进行校准。

② 电子天平开机后需要预热较长一段时间（30min 以上）才能进行正式称量。

③ 电子天平的积分时间也称为测量时间或周期时间，有几档可供选择，出厂时选择了一般状态，如无特殊要求不必调整。

④ 电子天平的稳定性监测是用来确定天平摆动消失及机械系统静止程度的器件。当稳定性监测器表示达到要求的稳定性时，可以读取称量值。

⑤ 较长时间不使用的电子天平应每隔一段时间通电一次，以保持电子元器件干燥，特别是湿度大时更应经常通电。

6.3.1.3 试样的称量方法与误差

（1）试样的称量方法

① 固定称样法。在例行分析中，为了便于计算结果或利用计算图表，往往要求称量某一指定质量的被测样品，这时可采用固定称样法。此法要求试样在空气中稳定，如配制浓度为 $c(1/6K_2Cr_2O_7)=0.1000mol/L$ 的 $K_2Cr_2O_7$ 标准溶液 1000mL 需称取 $4.9040gK_2Cr_2O_7$，就可以用此法进行称量。固定称样法如图 6-10 所示。

② 减量法。减量法称样的方法是首先称取装有试样的称量瓶的质量，再称取倒出部分试样后称量瓶的质量，二者之差即是试样的质量，如再倒出一份试样，可连续称出第二份试样的质量。此法因减少被称物质与空气接触的机会，故适于称量易吸水、易氧化或与二氧化碳反应的物质，适于称量几份同一试样。液体试样可以装在小滴瓶中用减量法称量。减量法称样操作示意如图 6-11。

 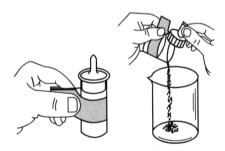

图 6-10　固定称样法示意图　　　图 6-11　减量法称样操作示意图

（2）称量误差

称量同一物体的质量，不同天平、不同操作者有时称量结果不完全相同，即测量值与真值之间有误差存在。称量误差亦分为系统误差、偶然误差和过失误差。如果发现称量的质量有问题应从被称物、天平和砝码、称量操作等几方面找原因。

① 被称物情况变化的影响：

a. 被称物表面吸附水分的变化：烘干的称量瓶、灼烧过的坩埚等一般放在干燥器内冷却到室温后进行称量。它们暴露在空气中会吸附一层水分而使质量增加。空气湿度不同，所吸附水分的量也不同，故要求称量速度快。

b.试样能吸收或放出水分或试样本身有挥发性：这类试样应放在带磨口盖的称量瓶中称量。灼烧产物都有吸湿性，应在带盖的坩埚中称量。为加快称量速度，可把砝码预先放好再称量。

c.被称物温度与天平温度不一致：如果被称物温度较高能引起天平两臂膨胀伸长程度不一致，并且在温度高的一盘上有上升热气流，使称量结果小于真实值，故烘干或灼烧的器皿必须在干燥器内冷至室温后再称量。要注意在干燥器中不是绝对不吸附水分，只是湿度较小而已，应掌握相同的冷却时间。

② 天平和砝码的影响。应对天平和砝码定期（最多不超过 1 年）进行计量性能检定。

③ 环境因素的影响。由于环境不符合要求，如振动、气流、天平室温度太低或有波动等，使天平的变动性增大。

④ 空气浮力的影响。当物体的密度与砝码的密度不同时，所受的空气浮力也不同，空气浮力对称量的影响可进行校正。在分析工作中，标准物和试样的空气浮力的影响可互相抵消大部分，因此一般可忽略此项误差。

⑤ 操作者造成的误差。由于操作者不小心或缺乏经验可能出现过失误差，如砝码读错、标尺看错、天平摆动未停止就读数等。操作者开关天平过重、吊耳脱落、天平不水平或由于容器受摩擦产生静电等都会使称量不准确。

6.3.2　取样及样品准备

6.3.2.1　取样

(1) 试样采取的目的和意义

① 采样目的。采样的目的是从被检测的总体物料中取得有代表性的样品，通过对样品的检测，得到在允许误差范围内的数据，从而求得被检测物料的某一或某些特性的平均值及其变异性。

② 采样意义。工业生产的物料往往是几十吨、几百吨、成千吨或上万吨，而分析化验时所取的分析试样只需几克、几十毫克、甚至更少，要想使分析结果能代表全部物料的平均组成，必须正确地采取具有足够代表性的"平均试样"，并将其制备成分析试样。采取的样品能充分代表原物料，且在操作和处理过程中还要防止样品发生变化或引入杂质造成样品的污染。

(2) 基本术语

① 采样：从待测的原始物料中取得分析试样的过程。

② 采样时间：指每次采样的持续时间，也称采样时段。

③ 采样频率：指两次采样之间的间隔。

④ 子样：在规定的采样点按规定的操作方法采取的规定量的物料，也称小样或分样。

⑤ 总样：将所有采取的子样合并一起得到的试样。

⑥ 分析化验单位：一个总样所代表的工业物料的总量称为分析化验单位或取样单位。分析化验单位可大可小，主要取决于分析的目的。

⑦ 实验室样品：供实验室检验或测试而制备的样品。

⑧ 备考样品：与实验室样品同时同样制备的样品。在有争议时，作为有关方面仲裁分析所用样品。

⑨ 部位样品：从物料的特定部位或在物料流的特定部位和特定时间取得的一定数量或大小的样品，如上部样品、中部样品或下部样品等。部位样品是代表瞬时或局部环境的一种

样品。

⑩ 表面样品：在物料表面取得的样品，以获得此物料表面的相关资料。

⑪ 物料流：是指随运送工具运转中的物料。

⑫ 试样的制备：按规定程序减小试样粒度和数量的过程，简称制样。

(3) 试样的采取原则

① 均匀物料。如果物料各部分的特性平均值在测定该特性的测量误差范围内，此物料就是均匀物料。采样时原则上可以在物料的任意部位进行采样。

② 不均匀物料。如果物料各部分的特性平均值不在测定该特性的测量误差范围内，此物料就是不均匀物料。一般采取随机采样，对所得样品分别进行测定，再汇总所有样品的检测结果，即得到总体物料的特性平均值和变异性的估计量。

③ 随机不均匀物料。指总体物料中任一部分的特性平均值与相邻部分的特性平均值无关的物料。采样时可以随机采样，也可非随机采样。

④ 定向非随机不均匀物料。指总体物料的特性值沿一定方向改变的物料。分层采样并尽可能在不同特性值的各层中采出能代表该层物料的样品。

⑤ 周期非随机不均匀物料。指在连续的物料流中物料的特性值呈现出周期性变化，其变化周期有一定的频率和幅度的物料。最好在物料流动线上采样，采样的频率应高于物料特性值的变化频率，切忌两者同步。

⑥ 混合非随机不均匀物料。指由两种以上特性值变异性类型或两种以上特性平均值组成的混合物料，如由几批生产合并的物料。首先尽可能使各组成部分分开，然后按照上述各种物料类型的采样方法进行采样。

(4) 采样方案的制定

① 确定采取的样品数。从每一个分析化验单位中采样时，应根据物料中杂质含量的高低、物料的颗粒度及物料的总量决定所采取子样的最少数目和每个子样最小质量。如果样品为散装物料，则当批量＜2.5t 时，采样为 7 个单元；当批量为 2.5～80t 时，采样为 $\sqrt{批量（t）\times 20}$ 个单元（计算到整数）；当批量＞80t 时，采样为 40 个单元。对于一般产品，可用多单元物料来处理，分两步进行采样：a. 选取一定数量的采样单元：若总体物料的单元数＜500，按表 6-14 中规定确定；若总体物料的单元数＞500，按下列公式确定；b. 对每个单元按物料特性值的变异性类型进行采样。

表 6-14　采样单元数的选取表

总体物料的单元数	选取的最少单元数	总体物料的单元数	选取的最少单元数
1～10	全部单元	182～216	18
11～49	11	217～254	19
50～64	12	255～296	20
65～81	13	297～343	21
82～101	14	344～394	22
102～125	15	395～450	23
126～151	16	451～512	24
152～181	17		

$$n = 3 \times \sqrt[3]{N}$$

式中　n——采样单元数；

　　　N——物料总体单元数。

如计算结果中有小数，不管小数是几，都进为整数。

② 确定采取的样品量。采样量至少要满足三次重复测定所需量。若需要留存备考样品时则必须考虑含备考样品所需量，若还需对所采样品做制样处理时则必须考虑加工处理所需量。

③ 确定采样方法。根据物料的种类、状态包装形式、数量和在生产中的使用情况，应使用不同的采样工具，按照不同的采样方法进行采样。

④ 采样记录。采样时应记录被采物料的状况和采样操作，如物料的名称、来源、编号、数量、包装情况、存放环境、采样部位、所采样品数和样品量、采样日期、采样人等。必要时可填写详细的采样报告。

⑤ 注意事项：

a.采样前，应调查物料的货主、来源、种类、批次、生产日期、总量、包装堆积形式、运输情况、贮存条件、贮存时间、可能存在的成分逸散和污染情况，以及其他一切能揭示物料发生变化的资料。

b.采样器械可分为电动的、机械的和手工的三种类型。

c.盛样容器要依分析项目和被检物料的性质而定。

d.采样后要及时记录样品名称、规格型号、批号、等级、产地、采样基数、采样部位、采样人、采样地点、日期、天气、生产厂家名称及通信地址等内容。

e.采集的样品应由专人妥善保管，并尽快送达指定地点，且要注意防潮、防损、防丢失和防污染。

f.样品的交接一定要有文字记录，手续要清楚。

g.采样地点要有出入安全的通道、照明和通风条件；贮罐或槽车顶部采样时要防止掉下来，还要防止堆垛容器的倒塌；如果所采物料本身有危险，采样前必须了解各种危险物质的基本规定和处理办法，采样时，需有防止阀门失灵、物料溢出的应急措施和心理准备。

h.采样时必须有陪伴者，且需对陪伴者进行事先培训。

6.3.2.2 试样的采取

(1) 固体试样的采取

① 采样工具。采集固体试样的工具有试样瓶、试样桶、勺、采样铲、采样探子、采样钻、气动和真空探针及自动采样器等。

a.采样铲：适用于从物料流中和静止物料中采样。铲的长和宽均应不小于被采样品最大粒度的 2.5～3 倍，对最大粒度大于 150mm 的物料可用长×宽约为 300mm×250mm 的铲。

b.采样探子：适用于从包装桶或包装袋内采集粉末、小颗粒、小晶体等固体物料。

c.采样钻：采样钻适用于较坚硬的固体采样。关闭式采样钻是由一个金属圆桶和一个装在内部的旋转钻头组成，采样时，牢牢地握住外管，旋转中心棒，使管子稳固地进入物料，必要时可稍加压力，以保持均等的穿透速度。到达指定部位后，停止转动，提起钻头，反转中心棒，将所取样品移进样品容器中。如图 6-12、图 6-13 所示。

d.气动和真空探针：气动和真空采样探针适用于采集粉末和细小颗粒等松散物料。气动探针是由一根软管将一个装有电动空气提升泵的旋风集尘器和一个由两个同心管组成的探子连接而成。开启空气提升泵使空气沿两管之间的环形通路流至探头，并在探头产生气动而带起样品，同时使探针不断插入物料。真空探针是由一个真空吸尘器通过装在采样管上的采样探针把物料抽入采样器中，探针由内管和一节套筒构成，一端固定在采样管上，另一端开口。

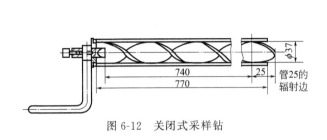
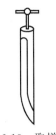

图 6-12　关闭式采样钻　　　　　　　　　　　图 6-13　取样钻

e.接斗：用以在物料的落流处截取子样。斗的开口尺寸至少应为被采样品的最大粒度的 2.5～3 倍。接斗的容量应能容纳输送机最大运量时物料流全部断面的全部物料量。

② 采样方法。

a.物料流中采样：在物料流中采样，应先确定子样数目，再根据物料流量的大小及有效流过时间，均匀分布采样时间，调整采样器工作条件，一次横截物料流的断面采取一个子样。可用自动采样器、舌形铲等采样工具。注意从皮带运输机采样时，采样器必须紧贴皮带，不能悬空。

b.运输工具中采样：常用的运输工具是火车车皮或汽车等，发货单位在物料装车后，应立即采样，而用货单位除采用发货单位提供的样品外，还要根据需要布点采样。常用的布点方法为斜线三点法和斜线五点法。子样要分布在车皮对角线上，首末两点距车角各 1m，其余各点均匀分布于首、末两子样点之间。还有 18 方块法、棋盘法、蛇形法、对角线法等，如图 6-14 所示。

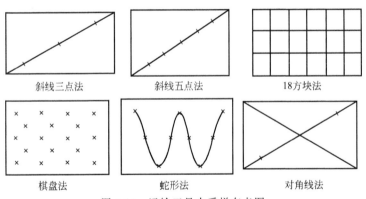

图 6-14　运输工具中采样布点图

c.物料堆中采样：根据物料堆的大小、物料的均匀程度和发货单位提供的基本信息等，核算应采集的子样数目及采集量，然后布点采样。先将表层 0.2m 厚的部分用铲子除去，再以地面为起点，每间隔 0.5m 高处划一横线，每隔 1～2m 向地面划垂线，横线与垂线交点即为采样点。

d.工业制品中采样：工业制品常见的有袋装和罐装，袋装有纸袋、布袋、麻袋和纤维织袋，罐装有木质、塑料和铁皮等制成的罐或桶。一般采用的采样工具为采样探子，确定子样数目和每个子样的采集量后，即可进行采样。

（2）液体试样的采取

① 采样工具。

a.采样勺：采样勺用金属或塑料（要求不能与被采物料发生化学反应）制成，有表面样品采样勺、混合样品采样勺和采样杯三种。前一种用于采集表面样品,后两种用于均匀物料的随机采样。

b.采样管:样管用玻璃、塑料或金属制成,两端开口,用于采集桶、罐、槽车等容器内的液体物料。Ⅰ.玻璃或塑料采样管:管长为1200mm,内径15~25mm,上端为圆锥形尖口或套有一与管径相配的橡胶管,以便用手按住;小端直径有1.5mm、3mm、5mm等几种,采样时视物料黏度而定,黏度大则选用大直径的采样管。Ⅱ.金属采样管:分铝(或不锈钢)制采样管和铜(或不锈钢)制双套筒采样管。前者适于采集贮罐或槽车中的低粘度液体样品,后者适用于采集桶装粘度较大的液体和黏稠液、多相液。双套筒采样管配有电动搅拌器和清洁器。

c.采样瓶:

玻璃(或铜制)采样瓶:一般为500mL玻璃瓶,适用于贮罐、槽车采样,玻璃采样瓶套上加重铅锤,以便沉入液体物料的较深部位。

可卸式采样瓶:加重型采样瓶、底阀型采样器等,液化气的采样常用采样钢瓶和金属杜瓦瓶,如图6-15、图6-16所示。

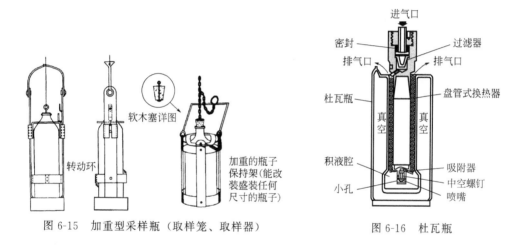

图6-15　加重型采样瓶(取样笼、取样器)　　　　图6-16　杜瓦瓶

② 采样方法。

a.流动状态液体物料试样的采样方法:输送管道中的液体物料处于流动状态,应根据一定时间里物料的总流量确定采样数和采样量。如果是从管道出口端采样,则周期性地在管道出口放置一个样品容器(容器上放支漏斗以防外溢)进行采样;如管道直径较大,可在管内装一个合适的采样探头进行采样;当管线内流速变化大,难以用人工调整探头流速接近管内线速度时,可采用自动管线采样器采样。

b.非流动状态液体物料试样的采样方法:

大贮罐中液体物料的采集:如果采集全液层试样时,先将采样瓶的瓶塞打开,沿垂直方向将采样装置匀速沉入液体物料中,刚达底部时,瓶内刚装满物料即可。此时采集的试样为全液层试样。如果采集一定深度层的物料试样,则将采样装置沉入到预定位置时,通过系在瓶塞上的绳子打开瓶塞,待物料充满采样瓶后,将瓶塞盖好提出液面。此时采集的试样为某深度层的物料试样。用这种方式分别从上、中、下层采样,再将其混合均匀,作为一个试样。

小贮罐中液体物料的采集:小贮罐、桶或瓶容积较小,可用金属采样管或玻璃采样管采样。用金属采样管采样时,用系在锥体的绳子将锥体提起,物料即可进入,待物料量足够时，将锥体放下，取出金属采样管，将管内样品置于试样瓶中。用玻璃采样管采样时，将玻璃管插到取样部位后，用手指按住上端管口，抽出，将管内样品置于试样瓶中。

c.运输容器中液体物料试样的采样方法：火车或汽车槽车、船舱等运输容器的采样，一般都是将采样工具从采样口放入到上、中、下处分别采取部位样品，再按一定比例混合均匀作为代表性样品或采全液层样品；如无采样口，则从排料口采样。

（3）气体试样的采取

① 采样设备和器具。

a.采样器：采样器是一类用专用材料制成的采样设备，常见的有硅硼玻璃采样器、金属采样器和耐火采样器等。硅硼玻璃采样器在温度超过450℃时，不能使用。耐火采样器通常用透明石英、瓷、富铝红柱石或重结晶的氧化铝制成，其中石英采样器可在900℃以下长期使用，其他耐火采样器可在1100～1990℃的温度范围内使用。

b.导管：采集气体试样所用的导管有不锈钢管、碳钢管、铜管、铝管、特制金属软管、玻璃管、聚四氟乙烯管、聚乙烯管和橡胶管等。高纯气体的采集和输送要用不锈钢管或铜管，而不能用塑料管和橡胶管。

c.样品容器：

玻璃容器：常见的玻璃容器有两头带活塞的采样管、带三通的玻璃注射器和真空采样瓶。

金属钢瓶：金属钢瓶按材质可分为碳钢瓶、不锈钢瓶和铝合金瓶三类；按结构可分为两头带针形阀的和一头带针形阀的两类。常用的小钢瓶容积一般为0.1～5L，分耐中压和高压两类。钢瓶必须定期做强度试验和气密性试验，以保证安全，如图6-17所示。

两头带活塞的采样管　　　带三通的玻璃注射器　　　真空采样瓶

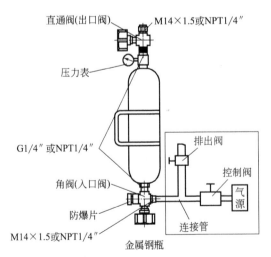

图6-17　玻璃容器与金属钢瓶

吸附剂采样管：吸附剂采样管按吸附剂的不同，分活性炭采样管和硅胶采样管。

球胆：用橡胶制成的球胆在采样要求不高时，可以用来采集气体样品。采样前至少要用样品气吹洗球胆 3 次以上，待干净后方可采样；因球胆易吸附烃类等气体，易渗透氢气等小分子气体，故气样放置后其成分会发生改变，采样后应立即分析。

塑料袋和复合膜气袋：塑料袋是用聚乙烯、聚丙烯、聚四氟乙烯、聚全氟乙丙烯和聚酯等薄膜制成的袋状取样容器。复合膜气袋是由两种不同的薄膜压粘在一起形成的复合膜制成的袋状取样容器，适用于采集贮存质量较高的气体。

d. 预处理装置：气体样品的预处理包括过滤、脱水和改变温度等。分离气体中的固体颗粒、水分或其他有害物质的装置是过滤器和冷阱。过滤器由金属、陶瓷或天然纤维与合成纤维的多孔板制成；冷阱是一些几何形状各异的容器，其温度控制在零上几度，当难凝气体慢慢通过时，水分即被脱去。

e. 调节压力和流量的装置：因气体本身压力较高，采样时要进行减压；同时还要调节气体的流量，以消除因流速变化引起的误差。一般可在采样导管和采样器之间安装一个三通，连接一个合适的安全装置或放空装置以达到降压和保证安全的目的。气体的流量可用通过爱德华兹瓶或液封稳压管实现调节。

f. 吸气器和抽气泵：吸气器常用于常压气体采样，常用的吸气器有橡胶制双链球、配有出口阀的手动橡胶球、吸气管和用玻璃瓶组成的吸气瓶等。当气体压力不足时，可用流水抽气泵产生中度真空，加大气体流速。如欲产生高度真空，可采用机械式真空泵。

② 采样方法。

a. 常压气体的采样：气体压力近于或等于大气压的气体称为常压气体。

用采样瓶取样：如图 6-18(a) 所示，将封闭液瓶 2 提高，打开止水夹 5 和气样瓶 1 上的旋塞，让封闭液流入气样瓶并充满，同时使旋塞 4 与大气相通，空气被全部排出。夹紧止水夹，关闭旋塞，将橡胶管 3 与气体物料管相接。将瓶 2 置于低处，打开止水夹和旋塞，气体物料进入瓶 1，至所需量时，关闭旋塞，夹紧止水夹，取样结束。

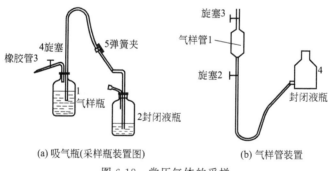

(a) 吸气瓶(采样瓶装置图)　　　(b) 气样管装置

图 6-18　常压气体的采样

用气样管取样：当气样管两端旋塞打开时，将水准瓶提高，使封闭液充满至取样管的上旋塞，此时将气样管上端与取样点上的金属管相连，然后放低水准瓶，打开旋塞，气体试样却进入取样管，关闭旋塞 2，将取样管与取样点上的金属管分开，提高水准瓶，打开旋塞将气体排出（如此反复 3~4 次），最后吸入气体，关闭旋塞，取样结束。

用流水抽气泵取样：采样管上端与抽气泵相连，下端与取样点上的金属管相连。将气体试样抽入即可。

b. 正压气体的采样：气体压力大大高于大气压的气体称为正压气体。采样时只需放开取样点上的活塞，气体便自动流入气体取样器中。取样时必须用气体试样置换球胆内的空气

3～4 次。

c.负压气体的采样:

低负压气体的采样:气体压力小于大气压的气体称为低负压气体。可用抽气泵减压法采样,当采气量不大时,常用流水真空泵和采气管采样。

超低负压气体的采样:气体压力远远小于大气压的气体称为超低负压气体。用负压采样容器采样。取样前用泵抽出瓶内空气,使压力降至 8～13kPa,然后关闭旋塞,称出质量,再将试样瓶上的管头与取样点上的金属管相连,打开旋塞取样,最后关闭旋塞称出质量,前后两次质量之差即为试样质量。

6.3.2.3 试样的制备

原始试样经过制备处理,才能用于分析。液态和气态物料,因其易于混合,且采样量较少,只须充分混匀后即可进行分析;而固体物料一般都要经过样品的制备过程。一般包括破碎、筛分、混匀、缩分四个阶段。

(1) 破碎

破碎是在制样过程中,用机械或人工方法减小试样粒度的过程。在破碎过程中,要特别注意破碎工具的清洁和不能磨损,以防引入杂质;同时还要防止物料跳出和粉末飞扬,更不能随意丢弃难破碎的任何颗粒。破碎工具有锷式破碎机、辊式破碎机、圆盘破碎机、球磨机、钢臼、铁锤、研钵等。破碎可分为粗碎、中碎、细碎和粉碎 4 个阶段:

① 粗碎:将最大颗粒直径碎至 25mm。

② 中碎:将 25mm 碎至 5mm。

③ 细碎:将 5mm 碎至 0.14mm。

④ 粉碎:将 0.14mm 粉磨至 0.074mm 以内。

(2) 筛分

物料在破碎过程中,每次磨碎后均需过筛,未通过筛孔的粗粒再磨碎,直至样品全部通过指定的筛子为止(易分解的试样过 170 目筛,难分解的试样过 200 目筛)。常用的筛子为标准筛,其材质一般为铜网或不锈钢网。筛分方式有人工操作和机械振动两种。在筛分过程中,要注意可先将小颗粒物料筛出,而对于粒径大于筛号的物料不能弃去,应将其破碎至全部通过筛孔。

(3) 混匀

① 人工法。人工法普遍采用堆锥法。将物料用铁铲堆成一圆锥体,再从圆锥对角贴底交互将物料铲起,堆成另一圆锥,注意每一铲物料都要由锥顶自然洒落。如此反复三次即可。如果试样量很少,也可将试样置于一张四方塑料布或橡胶布上,抓住四角,两对角线掀角,使试样翻动,反复数次,即可将试样混匀。

② 机械法。将物料倒入机械混匀器中,启动机器,搅拌一段时间即可。

(4) 缩分

缩分是在不改变平均组成的情况下,逐步减少试样量的过程。

① 机械法。用分样器进行缩分。用一特制铲子(其宽度与分样器的进料口相吻合)将物料缓缓倾入分样器中,物料会顺着分样器的两侧流出,被平均分为两份(图 6-19)。一份继续进行破碎、混匀、缩分,直至所需试样量。另一份则保存备查或弃去。

图 6-19 分样器

② 人工法。

a. 四分法：将物料按堆锥法堆成圆锥体，用平板将其压成厚度均匀的圆台体，再通过圆心平分成四个扇形，取两对角继续进行破碎、混匀、缩分，直至剩余 100~500g。另一份则保存备查或弃去，如图 6-20 所示。

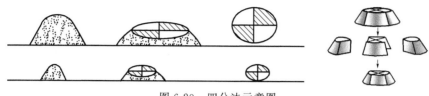

图 6-20　四分法示意图

b. 正方形挖取法：将混匀的样品铺成正方形的均匀薄层，用直尺或特制的木格架划分成若干个小正方形。用小铲子将每一定间隔内的小正方形中的样品全部取出，放在一起混合均匀。其余部分弃去或留作副样保管。

6.3.2.4　试样的分解

(1) 溶解法

溶解，通常理解为固态、液态和气态物质在低温下溶于适当的液体，包括发生或不发生化学反应。采用酸或碱溶液溶解试样是常用的办法。

① 水溶法。水是一种性质良好的溶剂，在采用溶解法分解试样时，应首先考虑以水溶法。碱金属盐、大多数的碱土金属盐、铵盐、无机酸盐（钡、铅的硫酸盐，钙的磷酸盐除外）、无机卤化物（银、铅、汞的卤化物除外）等试样都可以用水溶法分解。

② 酸溶法。利用酸的酸性、氧化还原性或配位性等性质将试样中的被测组分转移到溶液中的方法，称酸溶法。常用的酸有盐酸、硝酸、硫酸、磷酸、氢氟酸和高氯酸等。

a. 盐酸（HCl）：HCl 具有酸性、还原性及氯离子的强配位性。主要用于溶解弱酸盐，某些氧化物，某些硫化物和比氢活泼的金属等。易溶于盐酸的元素或化合物为：Fe、Ni、Cr、Co、Zn，普通钢铁，高铬铁，多数金属氧化物、硫化物、氢氧化物、碳酸盐、磷酸盐、硼酸盐、过氧化物，某些硅酸盐、水泥等。不溶于盐酸的物质有：灼烧过的 Al、Be、Cr、Fe、Ti、Zn；Al_2O_3、Ta_2O_5、SnO_2、Sb_2O_5、Nb_2O_5 及 Th 的氧化物；磷酸锆、独居石、钇矿；锶、钡、铅的硫酸盐；碱土金属的氟化物等。在密封增压的条件下升高温度（250~300℃），HCl 溶液可以溶解灼烧过的 Al_2O_3、BeO、SnO_2 以及某些硅酸盐等。HCl 溶液中加入 H_2O_2 或 Br_2 后溶剂更具有氧化性，可用于溶解铜合金和硫化物矿石等，并可同时破坏试样中的有机物。

b. 硝酸（HNO_3）：HNO_3 具有很强的酸性和氧化性，但配位能力很弱。除金、铂族元素及易被钝化的金属外，绝大部分金属能被 HNO_3 溶液溶解。绝大多数的硫化物可以被 HNO_3 溶液溶解。很多金属浸入 HNO_3 溶液时形成不溶的氧化物保护层，因而不被溶解，这些金属包括 Al、Cr、Be、Ga、In、Nb、Ta、Th、Ti、Zr 和 Hf。W 与 HNO_3 溶液反应后形成水合氧化沉淀。

c. 硫酸（H_2SO_4）：稀硫酸不具备氧化性，而热的浓硫酸具有很强的氧化性和脱水性。稀硫酸常用来溶解氧化物、氢氧化物、碳酸盐、硫化物及砷化物矿石，但不能溶解含钙试样。热的浓硫酸可以分解金属及合金，如锑、氧化砷、锡、铅的合金等；另外几乎所有的有机物都能被其氧化。H_2SO_4 的沸点（338℃）很高，可以蒸发至冒白烟，使低沸点酸（如 HCl、HNO_3、HF 等）挥发除去，以消除低沸点酸对阴离子测定的干扰。

d. 磷酸（H_3PO_4）：H_3PO_4 在高温时生成焦磷酸和聚磷酸，具有很强的配位能力，可以分解合金钢和难容矿石（如铬铁矿、铌铁矿、钛铁矿等）。在钢铁分析中，常用 H_3PO_4 来溶解某些合金钢试样。单独使用 H_3PO_4 分解试样的主要缺点是不易控制温度，如果温度过高，时间过长，H_3PO_4 会脱水并形成难溶的焦磷酸盐沉淀，使实验失败。因此，H_3PO_4 常与 H_2SO_4 等同时使用，既可提高反应的温度条件，又可以防止焦磷酸盐沉淀析出。

e. 氢氟酸（HF）：HF 的酸性很弱，但配位能力很强。对于一般分解方法难于分解的硅酸盐，可以用 HF 作溶剂，在加压和温热的情况下很快分解。HF 可以与 HNO_3、$HClO_4$、H_2SO_4、H_3PO_4 混合使用，分解硅酸盐、磷矿石、银矿石、石英、铌矿石、富铝矿石和含铌、锗、钨的合金钢等试样。HF 具有毒性和强腐蚀性，分析人员分解试样时必须在有防护工具和通风良好的环境下进行操作。试样分解要在铂器皿或聚四氟乙烯材质的容器中进行。

f. 高氯酸（$HClO_4$）：稀 $HClO_4$ 溶液没有氧化性，仅具有强酸性质；浓 $HClO_4$ 溶液在常温时无氧化性，但在加热时却具有很强的氧化性和脱水能力。热的浓 $HClO_4$ 溶液几乎能与所有金属反应，生成的高氯酸盐大多数都溶于水。分解钢或其他合金试样时，能将金属氧化为最高的氧化态（如把铬氧化为 $Cr_2O_7^{2-}$，硫氧化为 SO_4^{2-}），且分解快速。$HClO_4$ 的沸点（203℃）较高，可以蒸发至冒白烟，使低沸点酸挥发除去，且残渣加水后易溶解。热的浓 $HClO_4$ 溶液遇有机物会爆炸，因此当待分解试样中含有机物时，应先用浓 HNO_3 溶液蒸发破坏有机物，再用 $HClO_4$ 分解。

③ 碱溶法。

a. NaOH 溶解法：某些酸性或两性氧化物可以用稀 NaOH 溶液溶解，如 20%～30% 的 NaOH 溶液能分解铝和铝合金；而某些钨酸盐、磷酸锆和金属氮化物等，可以用浓的氢氧化物分解。

b. 碳酸盐分解法：浓的碳酸盐溶液可以用来分解硫酸盐，如 $CuSO_4$、$PbSO_4$ 等。

c. 氨分解法：利用氨的配位作用可以分解 Cu、Zn、Cd 等化合物。

（2）熔融法

利用酸性或碱性熔剂与试样在高温下进行分解，使待测成分转变为可溶于水或酸的化合物，称为熔融法。该法分解能力强、效果好，但操作麻烦，且易引入杂质或使组分丢失。熔融法一般用来分解那些难溶解的试样。

① 酸熔法。常用的酸性熔剂是焦硫酸钾（$K_2S_2O_7$）。$K_2S_2O_7$ 在 450℃ 以上开始分解，产生的 SO_3 对试样有很强的分解作用，可与金属氧化物生成可溶性盐。因此，Al_2O_3、Fe_2O_3、Cr_2O_3、TiO_2、ZnO_2 等矿石及中性、碱性耐火材料都可以用 $K_2S_2O_7$ 熔融分解。$K_2S_2O_7$ 不能用于硅酸盐系统的分析，因为其分解不完全，往往残留少量黑残渣；但可以用于硅酸盐的单项测定，如测定 Fe、Mn、Ti 等。$KHSO_4$ 在加热时发生分解，得到 $K_2S_2O_7$，因此可以代替 $K_2S_2O_7$ 作为酸性熔剂使用。熔融器皿可用瓷坩埚，也可用铂皿，但稍有腐蚀。

② 碱熔法。

a. 碳酸钠（Na_2CO_3）或碳酸钾（K_2CO_3）：Na_2CO_3 常用于分解矿石试样，如硅酸盐、氧化物，磷酸盐和硫酸盐等。经熔融后，试样中的金属元素转化为溶于酸的碳酸盐或氧化物，而非金属元素转化为可溶性的钠盐。Na_2CO_3 的熔点为 851℃，常用温度为 1000℃ 或更高。$Na_2CO_3 + S$ 是一种硫化熔剂，用于分解含砷、锡、锑的矿石，使它们转化成可溶性的硫代酸盐。如分解锡石的反应：

$$2SnO_2 + 2Na_2CO_3 + 9S \longrightarrow 2Na_2SnS_3 + 3SO_2 \uparrow + 2CO_2 \uparrow$$

Na_2CO_3 和 K_2CO_3 摩尔比为 1:1 的混合物称作碳酸钾钠，熔点只有 700℃ 左右，可以在普通煤气灯下熔融。熔融器皿宜用铂坩埚。但用含硫混合熔剂时会腐蚀铂皿，应避免采用铂皿，可用铁或镍坩埚。

b. 氢氧化钠（NaOH）：NaOH 是低熔点熔剂，NaOH 的熔点为 318℃，常用温度为 500℃ 左右，常用于分解硅酸盐、碳化硅等试样。因 NaOH 易吸水，熔融前要将其在银或镍坩埚中加热脱水后再加试样，以免引起喷溅。熔融器皿常用铁、银（700℃）和镍（600℃）坩埚。

c. 过氧化钠（Na_2O_2）：Na_2O_2 是强氧化性、强腐蚀性的碱性熔剂，常用于分解难溶解的金属、合金及矿石，如铬铁、钛铁矿、锆石、绿柱石、Fe、Ni、Cr、Mo、W 的合金和 Cr、Sn、Zr 的矿石等。熔融器皿为 500℃ 以下用铂坩埚，600℃ 以下用锆和镍坩埚，也常用铁、银和刚玉坩埚。

d. 硼砂（$Na_2B_4O_7$）：$Na_2B_4O_7$ 在熔融时不发生氧化作用，也是一种有效熔剂。使用时通常先脱水，再与 Na_2CO_3 以 1:1 研磨混匀使用。主要用于难分解的矿物，如刚玉、冰晶石、锆石等。熔融器皿一般为铂坩埚。

e. 偏硼酸锂（$LiBO_2$）：$LiBO_2$ 熔融法是后发展起来的方法，其熔样速度快，可以分解多种矿物、玻璃及陶瓷材料。市售偏硼酸锂（$LiBO_2 \cdot 8H_2O$）含结晶水，使用前应先低温加热脱水。熔融器皿可以用铂坩埚，但熔融物冷却后粘附在坩埚壁上，较难脱坩和被酸浸取，最好用石墨作坩埚。

（3）半熔法（烧结法）

半熔法是将试样同熔剂在尚未熔融的高温条件下进行烧结，这时试样已能同熔剂发生反应，经过一定时间后，试样可以分解完全。在半熔法中，加热时间较长，温度较低，坩埚材料的损耗相当小。

① Na_2CO_3-ZnO 烧结法。此方法是以 Na_2CO_3-ZnO 作熔剂，于 800～850℃ 分解试样，常用于煤或矿石中全硫量的测定。在烧结时，因为 ZnO 的熔点高，使整个混合物不能熔融，在碱性条件下，硫被空气氧化成硫酸根，用水浸出后，就可以进行测定。反应在瓷坩埚或刚玉坩埚中进行。

② $CaCO_3$-NH_4Cl 烧结法。此方法分解能力强，也称斯密特法，常用于测定硅酸盐中钾、钠的含量。如分解长石（$KAlSi_3O_8$）时，熔剂与试样在 750～800℃ 烧结。反应在瓷坩埚中进行。

$$2KAlSi_3O_8 + 6CaCO_3 + 2NH_4Cl \longrightarrow 6CaSiO_3 + Al_2O_3 + 2KCl + 6CO_2\uparrow + 2NH_3\uparrow + H_2O\uparrow$$

（4）消化法

① 湿法消化法。湿法消化法是有机试样最常用的消化方法，也称湿灰化法。其实质是用强氧化性酸或强氧化剂的氧化作用破坏有机试样，使待测元素以可溶形式存在。基本方法是：称取预处理过的试样于玻璃烧杯（或石英烧杯、聚四氟乙烯烧杯）中，加入适量消化剂，在 100～200℃ 下加热以促进消化，待消化液清亮后，蒸发剩余的少量液体，用纯水洗出，定容后即可进行原子吸收法测定。湿法消化法中最常用的试剂是 HNO_3、$HClO_4$、H_2SO_4 等强氧化性酸及 H_2O_2、$KMnO_4$ 等氧化性试剂。在消化过程中避免产生易挥发性的物质及有新的沉淀形成，大多采用以一定比例配制的混合酸。例如，HNO_3：$HClO_4$：$H_2SO_4 = 3:1:1$ 的混合酸适于大多数的生物试样的消化。湿法消化法处理试样的优点是设备简单、操作方便、待测元素的挥发性较灰化法小，因此是目前最常用的处理方法。但湿法消化法加入试剂量大，会引入杂质元素，空白值高，这是其主要缺点。在湿法消化中，通常采用电炉或沙浴电炉进行加热，但温度不易准确控制，劳动强度大，效率低。而自控电热消

化器，温度可自行设定，自动控制恒温，保温性好，一批可同时消化 40～60 个样品，对消化有机试样效果较理想。

② 高温灰化法。高温灰化法是利用热能分解有机试样使待测元素成为可溶状态的处理方法。其处理过程是准确称取 0.5～1.0g 试样（有些试样要经过预处理）置于适宜的器皿中，然后置于电炉进行低温碳化，直至冒烟燃尽。再放入马弗炉中，由低温升至 375～600℃（视样品而定），使试样完全灰化（试样不同，灰化的温度和时间也不相同）。冷却后灰分用无机酸洗出，用去离子水稀释定容后，即可进行待测元素原子吸收法测定。该法操作比较简单，适宜于大量试样的测定，处理过程中不需要加入其他试剂，可避免污染试样。但在灰化过程中，会引起易挥发待测元素的挥发损失、待测元素沾壁及滞留在酸不溶性灰粒上的损失。为克服灰化法的不足，在灰化前加入适量的助灰化剂，可减少挥发损失和粘壁损失。常见的灰化剂有：MgO、$Mg(NO_3)_2$、HNO_3、H_2SO_4 等。其中 HNO_3 起氧化作用，加速有机物的破坏，因而可适当降低灰化温度，减少挥发损失；而 H_2SO_4 能使挥发性较大的氯酸盐转化为挥发性较小的硫酸盐，起到改良剂的作用。最常用的适宜坩埚是铂坩埚、石英坩埚、瓷坩埚、热解石墨坩埚等。

6.3.3　滴定终点的控制操作训练

滴定分析法是将滴定剂（已知准确浓度的标准溶液）滴加到含有被测组分的试液中，直到化学反应完全时为止，然后根据滴定剂的浓度和消耗的体积计算被测组分的含量的一种方法。因此，在滴定分析实验中，必须学会滴定管、指示剂的正确使用和滴定终点的正确判断。

0.1mol/L NaOH 溶液滴定等浓度的 HCl 溶液，滴定的 pH 突跃范围为 4.3～9.7，可选用酚酞（变色范围 pH 为 8.0～9.6）和甲基橙（变色范围 pH 为 3.1～4.4）作指示剂。甲基橙和酚酞变色的可逆性好，当浓度一定的 NaOH 和 HCl 相互滴定时，所消耗的体积比 V(HCl)/V(NaOH) 应该是固定的。在使用同一指示剂的情况下，改变被滴溶液的体积，此体积比应基本不变，借此，可训练检验人员的滴定基本操作技术和正确判断终点的能力。通过观察滴定剂落点处周围颜色改变的快慢判断终点是否临近；临近终点时，要能控制滴定剂一滴一滴地或半滴半滴地加入，至最后一滴或半滴引起溶液颜色的明显变化，立即停止滴定，即为滴定终点。要做到这些，必须反复练习。

(1) 仪器与试剂

① 仪器：酸式滴定管、碱式滴定管、微量滴定管、150mL 锥形瓶、锥形瓶、量筒、分析天平、试剂瓶（聚乙烯）。

② 试剂：0.1mol/L NaOH 溶液、0.1mol/L HCl 溶液、酚酞指示剂、甲基橙指示剂、蒸馏水、无二氧化碳蒸馏水。

(2) 实验步骤

① 滴定管的操作练习。准备酸式、碱式和微量滴定管各一支，首先练习三种滴定管的洗涤、查漏和滴定操作。

② 酸式、碱式滴定管的准备。准备酸式、碱式滴定管各一支，分别用 5～10mL HCl 和 NaOH 溶液润洗酸式和碱式滴定管 2～3 次。再分别装入 HCl 和 NaOH 溶液，排除气泡，调节液面至零刻度或稍下一点的位置，静止 1min 后，记下初读数。

③ 滴定终点判断练习。在锥形瓶中加入约 30mL 水和 1 滴甲基橙指示剂，从碱式滴定管中放出 2～3 滴 NaOH 溶液，观察其黄色；然后用酸式滴定管滴加 HCl 溶液由黄色变橙色，如果已滴到红色，再滴加 NaOH 溶液至黄色。如此反复滴加 HCl 和 NaOH 溶液，直至

能做到加半滴 NaOH 溶液由橙色变黄色（验证：再加半滴 NaOH 溶液颜色不变，或加半滴 HCl 溶液则变橙色）；而加半滴 HCl 溶液由黄色变橙色（验证：再加半滴 HCl 溶液变红色，或加半滴 NaOH 溶液能变黄色）为止，达到能通过加入半滴溶液而确定终点。

④ 滴定操作练习。

a. 以酚酞作指示剂用 NaOH 溶液滴定 HCl：从酸式滴定管中放出约 10mLHCl 于锥形瓶中，加 10mL 纯水，加入 2 滴酚酞，在不断摇动下，用 NaOH 溶液滴定，注意控制滴定速度，当滴加的 NaOH 落点处周围红色褪去较慢时，表明临近终点，用洗瓶洗涤锥形瓶内壁，控制 NaOH 溶液一滴一滴地或半滴半滴地滴出。至溶液呈微红色，且 30s 不褪色即为终点，记下读数。又由酸式滴定管放入 1～2mLHCl 溶液，再用 NaOH 溶液滴定至终点。如此反复练习滴定、终点判断及读数若干次。

b. 以甲基橙作指示剂用 HCl 溶液滴定 NaOH：从碱式滴定管中放出约 10mL NaOH 于锥形瓶中，加 10mL 纯水，加入 2 滴甲基橙，在不断摇动下，用 HCl 溶液滴定至溶液由黄色恰呈橙色为终点。再由碱式滴定管中放入 1～2mLNaOH 溶液，继续用 HCl 溶液滴定至终点，如此反复练习滴定、终点判断及读数若干次。

⑤ HCl 和 NaOH 溶液体积比 $V(HCl)/V(NaOH)$ 的测定。

a. 从碱式滴定管以 10mL/min 的流速放出 25mLNaOH 于锥形瓶中，加 2 滴甲基橙指示剂，用 HCl 溶液滴定至溶液恰呈橙色即为终点。读取并准确记录 NaOH 和 HCl 的体积，平行测定三次。

b. 从酸式滴定管以 10mL/min 的流速放出 25mLHCl 于锥形瓶中，加 2 滴酚酞指示剂，用 NaOH 溶液滴定至溶液呈微红色，且 30s 不褪色即为终点。读取并准确记录 HCl 和 NaOH 的体积，平行测定三次。

c. 计算 $V(HCl)/V(NaOH)$，将所得结果进行比较，要求相对平均偏差不大于 0.3%。实验结束将仪器洗净，摆放整齐，滴定管倒置在滴定管架上。

(3) 数据记录与处理

① 滴定操作练习：数据记入表 6-15 和表 6-16 中。

表 6-15　用 NaOH 溶液滴定 HCl 溶液　　　　　　　　　　　指示剂：酚酞

项目	1	2	3	4	5
$V(HCl)/mL$					
$V(NaOH)/mL$					
$V(HCl)/V(NaOH)$					
$V(HCl)/V(NaOH)$平均值					

表 6-16　用 HCl 溶液滴定 NaOH 溶液　　　　　　　　　　　指示剂：甲基橙

项目	1	2	3	4	5
$V(NaOH)/mL$					
$V(HCl)/mL$					
$V(HCl)/V(NaOH)$					
$V(HCl)/V(NaOH)$平均值					

② HCl 和 NaOH 溶液体积比测定：数据记入表 6-17 和表 6-18 中。

表 6-17　用 HCl 溶液滴定 NaOH 溶液　　　　　　　　　　　　　　　　指示剂：甲基橙

项目	1	2	3	4
$V(\text{NaOH})/\text{mL}$				
$V(\text{HCl})/\text{mL}$				
$V(\text{HCl})/V(\text{NaOH})$				
极差 R/mL				
$V(\text{HCl})/V(\text{NaOH})$ 平均值				
相对平均偏差/%				

表 6-18　用 NaOH 溶液滴定 HCl 溶液　　　　　　　　　　　　　　　　指示剂：酚酞

项目	1	2	3	4
$V(\text{HCl})/\text{mL}$				
$V(\text{NaOH})/\text{mL}$				
$V(\text{HCl})/V(\text{NaOH})$				
极差 R/mL				
$V(\text{HCl})/V(\text{NaOH})$ 平均值				
相对平均偏差/%				

6.4　仪器分析操作技能训练

6.4.1　电极的正确使用

在广泛应用的电化学类仪器中，离不开电极的使用。随着时代的发展，对电极的要求也越来越高，比如用于电位分析法的离子选择性电极，从单一的玻璃电极发展到了复合电极。但是电极给测量中带来不同的误差影响仍然存在，因此要正确使用电极。电极的种类繁多，现主要介绍 pH 计使用电极与电导率使用电极。

6.4.1.1　pH 电极及性能

电极是组成 pH 计必不可少的部分。pH 测量就是通过指示电极、参比电极组成一化学电池来完成的。

① pH 指示电极又叫 pH 测量电极，对溶液中氢离子活度有响应，电极电对随之而变化。现代 pH 计几乎是用玻璃电极作为指示电极。

② 参比电极（惰性电极），对溶液中氢离子活度无响应。在 pH 测量中，它作为电位恒定的半电池与 pH 测量电极组成一化学电池，提供并保持固定的参比电极。

③ 复合电极是将 pH 指示电极和参比电极组合在一起的电极。复合电极不受氧化性和还原性物质的影响，平衡速度较快，使用比较广泛。目前 pH 测量使用的基本上都是此类电极，不管玻璃指示电极还是玻璃复合电极，都是薄膜电极，膜电势与被测溶液中的氢离子活度呈能斯特关系，体现薄膜电极的特有性能，这些性能受电极本身及使用条件的影响，并对测量结果产生影响。

6.4.1.2　pH 电极在检定和使用中的问题

一支性能良好的 pH 复合电极应该具备好的氢功能和浸润性、小的内阻和不对称电势，对 pH 计而言，如果电极出了故障或转换效率不高，pH 计的准确度再高也毫无意义。送检的 pH 计电极经常出现电极平衡时间长、pH 计数字缓慢变化、重现性差的现象。如果电极在含饱和 KCl 的 pH=4 的缓冲溶液中浸泡 12h 或清洗后，有一半左右的电极性能会有所提高，在几分钟之内达到平衡，测量误差减小。而那些平时放在浸泡液中，电极球泡相对干净的电极测量时稳定快，误差小，合格率也高。由此可以看出电极的正确使用与维护对测量结果的重要作用。

6.4.1.3　pH 复合电极的使用和维护

(1) pH 复合电极的浸泡和清洗

① 浸泡作用：活化玻璃敏感膜，减少内阻和不对称电势。单支的 pH 玻璃电极可用去离子水或 pH=4 的缓冲溶液浸泡，复合玻璃电极应浸泡在含 KCl 的 pH=4 的缓冲溶液中，对玻璃球泡和液接界同时起作用。特别注意的是，pH 复合电极用去离子水或 pH=4 缓冲溶液浸泡后会导致电极液接内部（例如砂芯内部）的 KCl 浓度大大降低，降低使用性能。如遇到此类现象，可将电极浸泡在含饱和 KCl（或参照电极说明书，浸泡液中 KCl 浓度与外参比溶液一致）的 pH=4 的缓冲溶液中，数小时后电极性能将会复原。

② pH 复合电极浸泡液的配制。Ⅰ.饱和 KCl 浸泡液：取 pH=4.00 的缓冲剂（250mL）一包溶于 250mL 纯水中，再加入 75gKCl，可加热、搅拌、溶解至冷却后底部有残留 KCl 晶体。Ⅱ.根据所用 pH 复合电极外参比溶液 KCl 浓度配制浸泡液。

③ 电极清洗：无机金属氧化物，用低于 1mol/L 的稀酸清洗，粘有脂类有机物可用丙酮或乙醚清洗，无机盐可用稀盐酸清洗，蛋白质血球沉淀物用酸性酶溶液（如食母生片）清洗。用所选用溶剂清洗后再用去离子水洗去溶剂，然后将电极浸入浸泡液中活化。

(2) pH 电极使用注意事项

① pH 测量宜在常温下进行，待测溶液与校准用标准溶液温差越小越好，而且要尽量与室温保持一致。

② 玻璃电极导线要有良好的绝缘和屏蔽性能，避免受潮。

③ 玻璃电极不宜在较强的酸性和碱性溶液中长时间测量，也不宜与无水乙醇、重铬酸钾等脱水介质接触，防止破坏敏感膜，使电极表面失水影响氢功能；测量黏度较大的有机溶剂，如蛋白质、燃料时，应尽量缩短玻璃电极的浸入时间，用后及时清洗。

④ PC 塑料外壳的 pH 复合电极应避免测量含四氯化碳、三氯乙烯、四氢呋喃等有机试剂的溶液，以避免 PC 塑料在有机试剂中溶解。

⑤ 电极玻璃球泡前端不应有气泡，在测量前用蒸馏水反复冲洗电极，最好用被测溶液清洗，用滤纸轻轻吸干玻璃膜上的水或甩干。电极在溶液中搅拌晃动充分，静止稳定后读数。

6.4.1.4　电导率仪电极使用与保养

(1) 电极

① 电极插头座绝对防止受潮，仪表应安置于干燥环境，避免因水滴溅射或受潮引起仪表漏电或测量误差。

② 电极的电极头是用薄片玻璃制成，容易敲碎，切勿与硬物碰撞。

③ 测量电极是精密部件，不可分解，不可改变电极形状和尺寸，且不可用强酸、碱清洗，以免改变电极常数而影响仪表测量的准确性。

④ 仪器出厂前所配电极已测定好电极常数，为保证测量准确度，电极应定期进行常数标定。

⑤ 新的（或长期不用的）铂黑电极在使用前应先用乙醇浸洗，再用蒸馏水清洗后方可

使用。

⑥ 使用铂黑电极时,在使用前后可浸在蒸馏水中,以防铂黑的惰化。如发现铂黑电极失灵,可浸入10%硝酸或盐酸中2min,然后用蒸馏水冲洗再进行测量。如情况并无改善,则需更换电极。

⑦ 光亮电极其测量范围为0～300$\mu s/cm$为宜。

⑧ 被测溶液电导率大于1000$\mu s/cm$时应使用铂黑电极测量。若用光亮电极测量会加大测量误差。

(2) 测量

① 在测量纯水或超纯水时为了避免测量值的漂移现象建设采用流通池,使纯水密封流动,在密封流动状态下测量,流速不要太快,出水口有水缓慢流出即可。如果采用烧杯取样测量会产生较大的误差。

② 因温度补偿是用固定的2%的温度系数补偿的,故对高纯水测量尽量采用不补偿方式进行测量,然后查表。

③ 为确保测量精度,电极使用前应用小于0.5$\mu s/cm$的蒸馏水冲洗两次(铂黑电极干放一段时间后在使用前必须在蒸馏水中浸泡一会),然后用被测试样冲洗三次方可测量。

④ 水样采集后应尽快测定,如含有粗大悬浮物、油和脂干扰测定,应过滤或萃取除去。

⑤ 盛放待测溶液的烧杯应用待测溶液清洗3次,以免离子污染。对于一些水温高于环境温度的溶液,自然冷却后再测量,否则会引起测量不稳定。

(3) 损坏电极的因素及解决办法

电源电压不稳定,反复开关机会直接损伤电极,导致电极老化速度加快。因而有条件者应配备具有稳压、抗干扰的有断电保护的在线双向断电源,以消除由于线路过载、随意开关等导致的电压不稳、噪声干扰以及突然断电带来的不良影响。

6.4.2 分光光度计的基本操作

6.4.2.1 分光光度计的使用

(1) 分光光度计的工作环境

① 仪器应安放在干燥的房间内,使用温度为5～35℃,相对湿度不超过85%。在相对湿度较大的地区应在仪器周围放一些干燥剂。

② 使用时放置在坚固平稳的工作台上,且避免强烈的震动或持续的振动。

③ 室内照明不宜太强,且避免直射日光的照射。

④ 电扇不宜直接向仪器吹风,以免影响仪器的正常使用。

⑤ 尽量远离高强度的磁场、电场及发生高频波的电器设备。

⑥ 供给仪器的电源推荐使用交流稳压电源,以加强仪器的抗干扰性能,并必须装有良好的接地线。

⑦ 避免在有硫化氢、二氧化硫等腐蚀性气体的场所使用。

(2) 分光光度计的基本操作

① 连接电源,确保仪器供电电源有良好的接地性能。

② 接通电源,使仪器预热20～30min。

③ 设置测量方式。实验时根据需要选择测量模式:透射比T、吸光度A、斜率测量F、样品浓度c测量方式。

④ 用波长选择按钮设置实验所需的分析波长。

⑤ 将参比样品溶液和被测样品溶液分别倒入比色皿中,加入样品的量应高于光路中心

高度而低于比色皿外形高度。不同型号的分光光度计使用的比色皿外形高度不尽相同，因此加入样品的量也相应不同。打开样品室盖，将盛有溶液的比色皿分别插入比色皿槽中，盖上样品室盖。

⑥ 将参比样品置于光路中，盖上样品室盖，将透射比 T 调至 100% 或将吸光度 A 调至 0.000。当不同溶液在同一波长下进行测试时，参比溶液透射比 T 或吸光度 A 只需调一次即可，而当分析波长改变时，则需要重新在相应波长下将参比样品透射比 T 调至 100% 或将吸光度 A 调至 0.000。

⑦ 将被测样品置于光路中，这时便可以从显示器上得到被测样品的透射比值 T 或吸光度值 A。

⑧ 实验完毕，切断电源，将比色皿取出。洗净并将比色皿座架用擦镜纸擦净。

（3）分光光度计的常见故障及维护

① 光源灯的更换：可见分光光度计的光源灯是其中最容易损坏的元件，更换时应做到以下两点：一是更换灯时应戴上干净的手套以免沾污灯壳而影响发光能量。二是更换时应先切断电源，取出损坏的灯，换上新灯，将仪器的波长置于 $500nm$ 处，开启仪器电源，上下左右移动灯的位置，直到成像在进狭缝上。在 T 状态，不调节 100%，盖上样品室盖，观察显示读数，调整灯使显示读数为最高即可。

② 仪器出现故障时的检查步骤：当仪器出现故障时，应首先切断主机电源，然后按下列步骤逐步检查：接通仪器电源，观察光源灯是否亮；波长盘读数指示是否在仪器允许的波长范围内；T、A、C 键是否选择在相应的状态；试样室盖是否关紧；样品槽位置是否正确；当仪器波长选择 $580nm$ 时，打开试样室盖，用白纸对准光路聚焦位置，应见到一较亮较完整的长方形橙黄色斑，如光斑偏红或偏绿时，说明仪器波长已经偏移；在仪器技术指标规定的波长范围内，是否能调 "$100\%T$" 或 "$0.000A$"；往返调节波长旋钮时，手感应平滑无明显卡位；比色皿选择拉杆手感是否灵活。

6.4.2.2 操作规程（以 TU-1900 型分光光度计为例）

① 开机：开机前打开仪器样品室盖，观察确认样品室内无挡光物。依次打开打印机（无需打印可不打开）、计算机，等 Windows 完全启动后，打开主机电源。

② 仪器初始化：打开 "UVWin5.0" 软件，仪器进行自检，进入初始化阶段，如果自检各项都为 "确定"（注意：一定是所有选项都显示确定）则进入工作界面预热 30min。仪器初始化完成后，软件进入操作界面，便可进行实验操作。

③ 光度测量（一般进行比色皿配套）：

a.参数设置：单击 "光度测量" 按钮，进入光度测量。单击 "参数设置"（P 按钮）设置光度测量参数。

b.校零：单击 "校零" 按钮，将两样品池都放入参比溶液，单击 "确定"。校完后，取出外池参比溶液。

c.测量：倒掉外池参比溶液，放入样品单击 "开始" 进行测定。

④ 比色皿配套性检验：

a.空气校零：在放入比色皿之前，点击校零，进行空气校零。

b.单击 "光度测量" 按钮，进入光度测量。单击 "参数设置"（P 按钮）设置光度测量参数，将光度测量方式设为 "透光率 T%"，波长设为：$220nm$。两样品池都放入蒸馏水，仪器自动显示数值，$99.50\%\sim100.50\%$ 之间即为配套，否则不配套（需重新换比色皿，或者擦拭）。

c.单击 "参数设置"（P 按钮），将光度测量方式改为 "吸光度 Abs"，点击开始（绿色圆点），仪器出现 A_2 数值，将该对比色皿的校正值记录下来。即 $A_1 = 0.000$，$A_2 = \cdots$。

⑤ 光谱扫描：

a.参数设置：单击"光谱扫描"按钮，进入光谱测量。单击"参数设置"设置光谱测量参数。

b.基线校正：将两个样品池都放入参比溶液，单击"基线"按钮，出现基线校正提示，单击"确定"按钮，校完后单击"确定"存入基线，取出参比。

c.扫描：倒掉外池参比溶液，放入样品单击"开始"进行扫描，扫描完成后点击峰值检出，仪器自动检出最大吸收波长 λ_{max}。

⑥ 定量测量：

a.参数设置：单击"定量测量"按钮，进入定量测量。单击"参数设置"设置定量测量参数（测量波长，一般选择光谱扫描时测量的最大吸收波长 λ_{max}；测量模式等）。

b.标准曲线建立：在标准样品栏，依次输入标准溶液编号以及对应溶度。

将两样品池都放入参比溶液，单击"校零"键，单击"开始"，吸光度自动显示为 0.000。然后，将样品池的溶液按编号顺序依次换为标准系列溶液，点击"开始"，测量吸光度。软件会实时的以吸光度对应浓度值绘制标准曲线。

c.测量待测样品：同样条件下，在"未知样品"栏，输入样品的编号，测定样品溶液（吸光度与浓度）（在测试之前最好换一下空白溶液，校一次零。）

⑦ 保存测量结果：单击文件→另存为→选择存储位置→输入文件名称→保存。

⑧ 关机：退出在外操作系统后，依次关掉主机电源，计算机，打印机电源。

6.4.3 气相色谱仪的使用与维护

6.4.3.1 气相色谱仪的使用（以安捷伦 6890N 气相色谱仪为例）。

(1) 使用前的准备

检查仪器的使用登记记录，了解前一次的使用情况是否处于正常状态。上机操作人员需认真阅读本标准操作程序，并经上机前操作培训，了解仪器的工作原理，熟知注意事项，在掌握基本操作后，才能上机。

(2) 开机

打开氮气、氢气、空气发生器，设置压力 0.4MPa，检查是否存在漏气，正面数值显示为 0 后，打开气相主机电源，并等待主机通过自检。打开计算机，进入操作系统，双击 PC 桌面 Online 图标进入工作站。

(3) 编辑整个方法，主要编辑采集参数

① 从 View 菜单中选择 Method and Run control 画面。

② 打开 Method 菜单，单击 Edit Entirmethod，进入画面，先选择各项，单击 OK。

③ 写出方法信息，如果使用自动进样器，选择 GC Injector；若手动进样，则选择 Manual。

④ 进入仪器控制参数编辑画面（Instrument Edit Columnsl 6890）。

⑤ 设定相应参数值，每设好一种参数，点击 Apply，最后一个参数编辑完成，点击 OK。

⑥ 编好仪器控制参数后，即会进入到积分参数设定的画图，单击 OK，跳过积分参数，编辑后进入报告设定画面，设定报告。

⑦ 保存方法。打开 Method 菜单，选择 Save as Method，输入一个新名字。

(4) 样品分析及关机程序

① 调出在线窗口。如果没有基线显示，单击 Change 键，从中选择要观测的信号，单击

OK 后，可见蓝色基线显示。

② 填写样品信息，从 Run Control 中选择 Sumple Info，填写样品信息后单击 OK。

③ 待观测到基线比较平坦后在色谱仪上进样品，在键盘上按 Start 启动运行。

④ 实验结束时，在仪器控制参数中关闭检测器工作状态，将各功能块降温，待柱温降至室温，其它部分降至 50℃ 以下时，退出工作站，关闭色谱仪电源，待气体发生器正面数值显示为 0 时，关闭气体发生器电源。

（5）数据分析

启动化学工作站的 Off line 状态，进入数据分析 Data Analysis 画面。调出数据文件进行图谱优化，从 Graphics 中选择 signal Operation，选择 Autoscale，选择合适的保留时间范围，单击 OK。

6.4.3.2 气相色谱仪维护与保养

① 严格按照说明书的要求进行规范操作，这是正确使用和科学保养仪器的前提。

② 经常进行试漏检查（包括进样垫），确保整个流路系统不漏气。

③ 注射器要经常用溶剂（如丙酮）清洗，实验结束后，立即清洗干净，以免被样品中的高沸点物质污染。

④ 进样口温度一般应高于柱温 30～50℃。检测器温度不能低于进样口温度，否则会污染检测器。进样口温度应高于柱温的最高值，同时化合物在此温度下不分解。

⑤ 含酸、碱、盐、水、金属离子的化合物要经过处理方可进行。

⑥ 要尽量用磨口玻璃瓶作试剂容器。避免使用胶皮塞，因其可能造成样品污染。如果使用胶皮塞，要包一层聚乙烯膜，以保护胶皮塞不被溶剂溶解。

⑦ 取样前用溶剂反复洗针，再用要分析的样品至少洗 3 次以上，并且避免针内带有气泡。

⑧ 仪器要定期空走程序升温老化柱子，这样会提高柱子的使用寿命和降低仪器污染。

6.4.3.3 使用气相色谱仪的注意事项

① 仪器使用时保持室内通风良好，防止氢气泄漏发生危险。

② 氮气、氢气、空气发生器开机后，若正面显示数值 10min 后仍不显示 0，则证明有漏气点，应立即关机。

③ 安装拆卸色谱柱必须在常温下进行。

④ 进样时，手不要拿注射器的针头和有样品部位，不要有气泡，进样速度要快，每次进样保持相同速度，针尖到汽化室中部开始注射样品。

⑤ 氢气和空气的比例应 1∶10，当氢气比例过大时 FID 检测器的灵敏度急剧下降，在使用色谱时别的条件不变的情况下，灵敏度下降要检查一下氢气和空气流速。

⑥ 使用者须认真履行仪器使用登记制度，出现问题及时报告，不要擅自拆卸仪器。未经操作培训，不得擅自使用仪器。

7

分析测试技术操作能力训练

7.1 0.1mol/L NaOH 溶液配制与标定（GB/T 601—2016）

【训练目标】

① 掌握 NaOH 标准溶液的配制方法；

② 掌握用邻苯二甲酸氢钾（KHP）为基准物质标定 NaOH 溶液的基本原理、操作方法和计算；

③ 熟练滴定操作、减量法称量操作和酚酞指示剂滴定终点的判断；

④ 学会调整标准溶液浓度的方法；

⑤ 规范穿戴安全防护措施，正确处置试验废弃物。

【实验内容】

(1) 仪器与试剂

① 仪器：滴定管、锥形瓶、量筒、分析天平、试剂瓶（聚乙烯）。

② 试剂：NaOH 固体、基准物质 KHP（于 $105\sim110℃$ 恒重）、酚酞指示剂、无 CO_2 的水。

(2) 实验步骤

① 配制。称取 110gNaOH 固体，溶于 100mL 无 CO_2 的水中摇匀，注入聚乙烯容器中，密闭放置至溶液清亮，按表 7-1 的规定量，用塑料管量取上层清液，用无 CO_2 的水稀释至 1000mL 摇匀。

表 7-1 碱溶液配制表

$c(NaOH)/(mol/L)$	上层清液体积 V/mL
1	54
0.5	27
0.1	5.4

② 标定。按表 7-2 的规定量，称取于 $105\sim110℃$ 电烘箱中干燥至恒量的工作基准试剂邻苯二甲酸氢钾，加无 CO_2 的水溶解，加 2 滴酚酞指示液，用配制的氢氧化钠溶液滴定至溶液呈粉红色，并保持 30s，同时做空白实验。

表 7-2　标定氢氧化钠溶液

$c(NaOH)/(mol/L)$	KHP 质量 m/g	无 CO_2 的水体积,V/mL
1	7.5	80
0.5	3.6	80
0.1	0.75	50

(3) 数据记录与处理

氢氧化钠标准溶液的浓度按下式计算:

$$c(NaOH) = \frac{m(KHC_8H_4O_4) \times 1000}{M(KHC_8H_4O_4) \times (V_1 - V_0)}$$

【主观测试题】

(1) 称取 NaOH 固体时为什么要迅速?

(2) 怎样得到不含 CO_2 的蒸馏水?

(3) NaOH 溶液应装在哪种滴定管中?贮存 NaOH 溶液的试剂瓶能否用磨口瓶?为什么?

(4) 标定 NaOH 溶液时可用基准物 $KHC_8H_4O_4$,也可以用 HCl 标准溶液作比较。试比较两种方法的优缺点。

(5) 标准 NaOH 溶液用的 $KHC_8H_4O_4$ 称取质量如何计算?

(6) 用 $KHC_8H_4O_4$ 标定 NaOH 为什么用酚酞而不用甲基橙做指示剂?

(7) 如果 NaOH 标准溶液在保存过程中吸收了空气中的 CO_2,以甲基橙为指示剂,用该标准溶液标定 HCl 溶液,对标定结果会产生什么影响?为什么?

(8) 烘干 $KHC_8H_4O_4$ 时,温度超过 125℃ 会有部分变成酸酐,如仍使用此基准物质,标定 NaOH 溶液时对标定结果会产生什么影响?

7.2　烧碱中 NaOH 和 Na₂CO₃ 的含量测定

【训练目标】

① 掌握双指示剂法测定混合碱中各组分含量的原理、方法和结果计算;

② 熟练减量法称取待测物质的方法;

③ 掌握以酚酞指示剂和溴甲酚绿-甲基红混合指示剂判断滴定终点;

④ 分析影响滴定结果精密度和准确度的因素及其控制方法;

⑤ 规范穿戴安全防护措施,正确处置试验废弃物。

【实验内容】

(1) 仪器与试剂

① 仪器:分析天平、称量瓶、250mL 烧杯 1 个、15cm 玻璃棒 1 支、250mL 容量瓶 1 个、25mL 单标线吸量管 1 支、50mL 酸式滴定管 1 支、电炉 1 台、250mL 锥形瓶 3 个。

② 试剂:混合碱样品;盐酸标准滴定溶液(0.1mol/L);酚酞指示剂($\rho = 10g/L$);甲基橙指示剂($\rho = 1g/L$);溴甲酚绿-甲基红指示剂(将1g/L溴甲酚绿乙醇溶液与2g/L甲基红乙醇溶液按3+1体积混合)。

③ 其他物品:手套、药匙、标签纸、吸水纸、记号笔等。

(2) 实验步骤

① 用双指示剂法测定混合碱含量。准确称取混合碱试样 1.5～2.0g 于 250mL 烧杯中,

加水溶解后，定量转移到 250mL 容量瓶中，用水稀释至刻度，充分摇匀。准确移取 25.00mL 试液于 250mL 锥形瓶中，加 2～3 滴酚酞指示剂，用 HCl 标准溶液滴定，边滴加边充分摇动（避免局部 Na_2CO_3 直接被滴至 H_2CO_3）。滴定至溶液由红色恰好褪至无色为止，记录消耗的 HCl 标准滴定溶液体积 V_1。然后再加 1～2 滴甲基橙指示剂，继续用上述 HCl 标准溶液滴定，至溶液由黄色恰好变为橙色（也可以加入 10 滴溴甲酚绿-甲基红指示剂，由绿色变为暗红色为终点），记录消耗的 HCl 标准溶液体积 V_2。平行测定 3 次。

（3）数据记录与处理

$$w(NaOH) = \frac{c(HCl) \times (V_1 - V_2) \times 10^{-3} M(NaOH)}{\frac{25}{250}m} \times 100\%$$

$$w(Na_2CO_3) = \frac{c(HCl) \times 2V_2 \times 10^{-3} \times M\left(\frac{1}{2}Na_2CO_3\right)}{\frac{25}{250}m} \times 100\%$$

式中　　$c(HCl)$ ——盐酸标准滴定溶液的浓度，mol/L；

M ——混合碱试样的质量，g；

V_1 ——酚酞终点实际消耗 HCl 标准滴定溶液的体积，mL；

V_2 ——甲基橙终点实际消耗 HCl 标准滴定溶液的体积，mL；

$M(NaOH)$ ——NaOH 的摩尔质量，g/mol；

$M(1/2Na_2CO_3)$ ——$1/2Na_2CO_3$ 的摩尔质量，g/mol；

$w(NaOH)$ ——NaOH 的质量分数，%；

$w(Na_2CO_3)$ ——Na_2CO_3 的质量分数，%。

【主观测试题】

（1）欲测定烧碱的总碱度，应选用何种指示剂？

（2）采用双值设计法测定混合碱，在同一份溶液中滴定，结果如下，试判断各混合碱的组成：

① $V_1 = 0$，$V_2 > 0$；

② $V_2 = 0$，$V_1 > 0$；

③ $V_1 = V_2 > 0$；

④ $V_1 > V_2 > 0$；

⑤ $V_2 > V_1 > 0$。

（3）如何称取混合碱试样，如果样品是 Na_2CO_3 和 $NaHCO_3$ 的混合物，应如何测定其含量？总结计算公式。

7.3　水中硬度测定（GB 7477—87）

【训练目标】

① 掌握用配位滴定法直接测定水中硬度的原理和方法，熟练各项滴定操作；

② 掌握水硬度的分类与表示方法；

③ 掌握以铬黑 T 为指示剂的应用条件和终点颜色判断；

④ 分析影响滴定结果精密度和准确度的因素及其控制方法；

⑤ 规范穿戴安全防护措施，正确处置试验废弃物。

【相关知识】

水硬度，又称地下水硬度（hardness of groundwater），指水中 Ca^{2+}、Mg^{2+} 的含量。水硬度最初是指水中钙、镁离子沉淀肥皂水化液的能力。水的总硬度指水中钙、镁离子的总浓度，其中包括碳酸盐硬度和非碳酸盐硬度。碳酸盐硬度主要是由钙、镁的碳酸氢盐 [$Ca(HCO_3)_2$、$Mg(HCO_3)_2$] 所形成的硬度，还有少量的碳酸盐硬度。碳酸氢盐硬度经加热之后分解成沉淀物从水中除去，故亦称为暂时硬度。非碳酸盐硬度主要是由钙镁的硫酸盐、氯化物和硝酸盐等盐类所形成的硬度。这类硬度不能用加热分解的方法除去，故也称为永久硬度，如 $CaSO_4$、$MgSO_4$、$CaCl_2$、$MgCl_2$、$Ca(NO_3)_2$、$Mg(NO_3)_2$ 等。我国用两种方法表示水的硬度：一种是用 $CaCO_3$ 的质量（mg/L）表示；另一种是用每升水中含 10mgCaO 为 1 度，以度（°）表示，水的分类情况如表 7-3。

表 7-3　水质的分类

总硬度	1°～4°	4°～8°	8°～16°	16°～25°	25°～40°	40°～60°
水质	很软水	软水	中硬水	硬水	高硬水	超硬水

【实验内容】

（1）仪器与试剂

① 仪器：250mL 烧杯 1 个、50mL 单标线吸量管 1 支、100mL 单标线吸量管 1 支、50mL 酸式滴定管 1 支、电炉 1 台、5mL 量筒 1 个、250mL 锥形瓶 4 个。

② 试剂：EDTA 标准滴定溶液（0.02mol/L）；NH_3-NH_4Cl 缓冲溶液（pH＝10）；铬黑 T 指示剂（5g/L 乙醇溶液；称取 0.5g 铬黑 T，用 95％乙醇溶解并稀释至 100 毫升）；刚果红试纸；盐酸溶液（1＋1）；50g/L 硫化钠溶液；10g/L 盐酸羟胺溶液。

③ 其他物品：手套、药匙、标签纸、吸水纸、记号笔。

（2）实验步骤

本次测定水中总硬度。

准确移取水样 50.0mL（硬度过高的水样，可取适量水样，用纯水稀释至 50mL；硬度过低的水样可取 100mL）于 250mL 锥形瓶中，加入 10mL 缓冲溶液、5 滴铬黑 T 指示剂，立即用 EDTA 标准溶液滴定至溶液从紫红色转变为纯蓝色为止，同时做空白实验。

若水样中含有金属干扰离子，使滴定终点延迟或颜色变暗，可另取水样加入 0.5mL 盐酸羟胺及 1mL 硫化钠溶液，再进行滴定。

若水中钙镁的重碳酸盐含量较大时要预先加 1～2 滴盐酸（1＋1）酸化水样，并加热除去二氧化碳，以防碱化后生成碳酸盐沉淀，影响滴定时反应的进行。

平行测定 3 次。

（3）数据记录与处理

$$\rho_{总}(CaCO_3) = \frac{c(EDTA) \times (V - V_0) \times M(CaCO_3)}{V_{(水样)}}$$

式中　$\rho_{总}(CaCO_3)$——水样的总硬度（以 $CaCO_3$ 计），mg/L；

$c(EDTA)$——EDTA 标准滴定溶液的浓度，mol/L；

V——滴定时总硬度实际消耗 EDTA 标准滴定溶液的体积，mL；

$V_{(水样)}$——实际移取水样的体积，mL；

V_0——空白实验消耗 EDTA 标准滴定溶液的体积，mL；

$M(CaCO_3)$——$CaCO_3$ 摩尔质量，100.09g/mol。

【主观测试题】

（1）本实验使用的 EDTA 标准溶液最好使用哪种指示剂标定？恰当的基准物是什么？为什么？

（2）测定钙硬度时为什么加盐酸？加 HCl 溶液时应注意什么？

（3）以测定 Ca^{2+} 为例，写出终点前后的各反应式。说明指示剂颜色变化的原因。

（4）单独测定 Ca^{2+} 时能否用铬黑 T 做指示剂，Mg^{2+} 子的存在是否干扰测定？若在铬黑 T 指示剂中加入一定量的 MgY，对滴定终点有何影响？说明反应原理。

（5）根据本实验分析结果，评价该水试样的水质。

7.4 水泥中 Fe、Ca、Mg 含量测定

【训练目标】

① 掌握控制溶液的酸度来进行多种金属离子连续滴定的方法和原理；

② 进一步了解控制溶液的酸度、温度在络合滴定中的重要性；

③ 了解磺基水杨酸钠指示剂在滴定铁中的应用及终点颜色的变化；

④ 掌握在硅、铁、铝共存的溶液中测定钙、镁含量的方法；

⑤ 分析影响滴定结果精密度和准确度的因素及其控制方法；

⑥ 规范穿戴安全防护措施，正确处置试验废弃物。

【相关知识】

水泥主要由硅酸盐组成，按我国规定，分成硅酸盐水泥（纯熟料水泥）、矿渣硅酸盐水泥（矿渣水泥）、火山灰质硅酸盐水泥（火山灰水泥）、粉煤灰硅酸盐水泥（煤灰水泥）四种。水泥熟料是由水泥生料经 1400℃ 以上高温煅烧而成。硅酸盐水泥由熟料加入适量石膏，其成分均与水泥熟料相似，可按水泥熟料化学分析法进行。水泥熟料、未掺混合材料的硅酸水泥、碱性矿渣水泥，可采用酸分解法。不溶性含量较高的水泥熟料、酸性矿渣水泥、火山灰质水泥等酸性氧化物较高的物质，可采用碱熔融法。本实验采用硅酸盐水泥，一般较易为酸所分解。

（1）铁离子含量的测定原理

由于铁、铝都能与 EDTA 形成稳定的配合物，而且生成的配合物稳定常数相差很大（$\lg K(FeY) = 25.13$，$\lg K(AlY) = 16.17$），因此可以利用控制溶液的酸度测定铁的含量。控制酸度为 pH 为 $2\sim2.5$，先加入数滴浓硝酸，以氧化 Fe^{2+}。因为 Fe^{3+} 与 EDTA 络合反应缓慢，故需加热至 $60\sim70℃$ 后进行滴定，以磺基水杨酸钠为指示剂，终点时，溶液由紫红色变为浅黄色。

$$Fe^{3+} + SSal^{2-} \longrightarrow [Fe(SSal)]^{+}$$
$$（无色）\qquad\qquad（紫红色）$$

$$[Fe(SSal)]^{+} + Y^{4-} \longrightarrow FeY^{-} + SSal^{2-}$$
$$（紫红色）\qquad\qquad（黄色）$$

（2）Ca^{2+}、Mg^{2+} 含量测定原理

① 用 EDTA 配位滴定 Ca^{2+} 时，溶液中 Fe^{3+}、Al^{3+} 和 Mg^{2+} 等离子也能和 EDTA 发生配位反应，因此必须排除这些离子的干扰。先调节溶液 pH 值，加入尿素溶液至 Fe^{3+}、Al^{3+} 沉淀完全。加入一定量 NaOH(20%) 溶液，使 pH>12.5，此时 Mg^{2+} 生成 $Mg(OH)_2$ 白色沉淀。滴定钙，可用钙指示剂，在 pH 为 $12\sim13$ 时其呈蓝色，它能与 Ca^{2+} 生成酒红色

Ca-NN 配合物。用 EDTA 滴定，EDTA 会与 Ca^{2+} 反应，生成无色配合物，过量 1 滴 EDTA 会夺取 Ca-NN 中的 Ca^{2+}，使 NN 游离出来，溶液由酒红色变为纯蓝色，即为钙离子含量测定滴定终点。

② 滴定钙含量后的溶液，加入一定量盐酸至黄色褪去，加入缓冲溶液调节溶液 pH 值等于 10，加入铬黑 T 指示剂，用 EDTA 标准溶液滴定至溶液由红色变纯蓝色。

【实验内容】

(1) 仪器与试剂

① 仪器：酸式滴定管、锥形瓶、量筒、分析天平、250mL 容量瓶、500mL 容量瓶、移液管、烧杯、电热板、漏斗、中速滤纸、表面皿等。

② 试剂：0.02mol/L EDTA 标准溶液；钙指示剂（NN）；NH_3H_2O-NH_4Cl 缓冲溶液（pH=10）；2mol/L HCl 溶液；0.05% 的溴甲酚绿指示剂；盐酸（1：1）；氨水（1：1）；20%NaOH 溶液；10%磺基水杨酸钠指示剂；50%尿素溶液；NH_4Cl 固体；铬黑 T 指示剂（2g 铬黑 T 与 100gNaCl 研细混匀）；GBHA 指示剂 [乙二醛双缩（2-羟基苯胺）]；浓 HCl；浓 HNO_3。

(2) 实验步骤

① 样品处理。称取 2g 试样，置于干燥的 250mL 烧杯中，加入 8g 固体 NH_4Cl，用玻璃棒混匀，滴加浓 HCl 溶液至试样全部润湿（一般约 12mL），并滴加浓 HNO_3 溶液 4～5 滴，搅匀。小心压碎块状物，盖上表面皿，置于沸水浴上，加热 10min，加热水约 40mL，搅动，以溶解可溶性盐类，过滤。用热水洗涤烧杯和滤纸，直到滤液中无 Cl^- 为止（以 $AgNO_3$ 检查），将滤液定容至 500mL 的容量瓶中（溶液 I），供接下来铁、钙、镁含量的测定。

② 铁离子含量的测定。移取 25.00mL 溶液 I 于 250mL 锥形瓶，加入 0.05% 的溴甲酚绿指示剂 2 滴，逐滴用 1：1 氨水调节溶液至蓝绿色，再用 1：1 盐酸调节溶液呈黄色，再过量 2～3 滴，此时溶液的 pH≈2.0，加入 10 滴磺基水杨酸指示剂，用 EDTA 标准溶液滴定至溶液由酒红色变浅黄色或无色即为滴定终点。平行标定 3 次，记下 EDTA 体积 V_1。

③ Ca^{2+}、Mg^{2+} 含量测定。

a. Ca^{2+} 含量测定：移取 100.0mL 溶液 I 于 250mL 烧杯，滴加入氨水（1：1）至红棕色沉淀产生，逐滴加入 2mol/L 盐酸至沉淀刚好溶解，加入 50%尿素溶液 20mL，低温加热 20min，搅拌，至 $Fe(OH)_3$ 和 $Al(OH)_3$ 完全沉淀，趁热过滤洗涤沉淀，将滤液冷却，转移至 250mL 容量瓶中，定容，摇匀。移取溶液 II（溶液 II 含 Ca、Mg 元素）25.00mL 于 250mL 锥形瓶中，加 2mLGBHA 指示剂，加 200g/L NaOH 溶液至溶液呈微红色（pH=12），加入 10mL pH=12.6 的缓冲溶液，加 20mL 水，用 EDTA 标准溶液滴定，至溶液由红色变为亮黄色，即为滴定终点。平行测定 3 次，记录 EDTA 消耗体积 V_2。

b. Mg^{2+} 含量测定：滴定钙含量后的溶液，滴加 2mol/LHCl 至黄色褪去，加入 15mLpH=10 的氨性缓冲溶液，加入 0.1g 铬黑 T 指示剂，用 EDTA 标准溶液滴定至溶液由红色变纯蓝色，即为滴定终点。平行测定 3 次，记录 EDTA 消耗体积 V_3。

(3) 数据记录与处理

① 样品中铁离子含量以 Fe_2O_3 质量分数 $w(Fe_2O_3)$ 来表示：

$$w(Fe_2O_3) \frac{c(EDTA)V_1(EDTA) \times M\left(\frac{1}{2}Fe_2O_3\right)}{m} \times 100\%$$

② 样品中钙离子含量以 CaO 质量分数 $w(\mathrm{CaO})$ 来表示：

$$w(\mathrm{CaO}) \frac{c(\mathrm{EDTA})V_2(\mathrm{EDTA}) \times M(\mathrm{CaO})}{m} \times 100\%$$

③ 样品中镁离子含量以 MgO 质量分数 $w(\mathrm{MgO})$ 来表示：

$$w(\mathrm{MgO}) \frac{c(\mathrm{EDTA})V_3(\mathrm{EDTA}) \times M(\mathrm{MgO})}{m} \times 100\%$$

【主观测试题】

(1) 测定铁离子含量时，是如何通过控制溶液酸度来消除铝离子干扰的？

(2) 本实验钙离子与镁离子含量通过何种方法消除了铁、铝离子的干扰？是否还有其他方法消除这两种离子的干扰？

(3) 钙离子与镁离子含量还可以采用何种方法测定？

(4) 为了减小方法误差，该实验所用 EDTA 标准滴定溶液浓度应该如何标定？

7.5 碘标准溶液的配制与标定（GB/T 601—2016）

【训练目标】

① 掌握碘标准溶液的配制和保存方法；

② 掌握以 $\mathrm{Na_2S_2O_3}$ 标准滴定溶液标定碘溶液的基本原理、反应条件、操作方法和计算；

③ 能正确配制、存放碘标准溶液；

④ 熟练滴定操作和滴定终点的判断；

⑤ 规范穿戴安全防护措施，正确处置试验废弃物。

【相关知识】

标定碘标准溶液的基准物质可以选用 $\mathrm{As_2O_3}$，将 $\mathrm{As_2O_3}$ 溶于氢氧化钠溶液中，使之生成亚砷酸钠：

$$\mathrm{As_2O_3} + 6\mathrm{NaOH} \longrightarrow 2\mathrm{Na_3AsO_3} + 3\mathrm{H_2O}$$

以 $\mathrm{I_2}$ 溶液滴定 $\mathrm{Na_3AsO_3}$，反应式为：

$$\mathrm{I_2} + \mathrm{AsO_3^{3-}} + \mathrm{H_2O} \Longrightarrow 2\mathrm{I^-} + \mathrm{AsO_4^{3-}} + 2\mathrm{H^+}$$

以淀粉为指示剂，终点由无色到蓝色。此反应可逆，为使反应向右进行，加入固体 $\mathrm{NaHCO_3}$，以中和反应生成的 $\mathrm{H^+}$，保持溶液 $\mathrm{pH}=8$ 左右。

也可以用 $\mathrm{Na_2S_2O_3}$ 标准溶液比较，用 $\mathrm{I_2}$ 溶液滴定一定体积的 $\mathrm{Na_2S_2O_3}$ 标准溶液。反应式为：

$$\mathrm{I_2} + 2\mathrm{S_2O_3^{2-}} \longrightarrow 2\mathrm{I^-} + \mathrm{S_4O_6^{2-}}$$

以淀粉为指示剂，终点由无色到蓝色。

【实验内容】

(1) 仪器与试剂

① 仪器：酸式滴定管、碘量瓶、量筒、托盘天平、棕色试剂瓶、移液管、烧杯。

② 试剂：固体试剂 $\mathrm{I_2}$、0.1mol/L 盐酸溶液、0.1mol/L $\mathrm{Na_2S_2O_3}$ 溶液、淀粉指示剂 10g/L。

(2) 实验步骤

① 配制 $c(1/2\mathrm{I_2})=0.1\mathrm{mol/L}$ 溶液。称取 13g 碘和 35g 碘化钾溶于 100mL 水中，至于

棕色试剂瓶中放置 2 天，稀释至 1000mL，摇匀。

② 标定。量取 35.00～40.00mL 配制的碘溶液，置于碘量瓶中加 150mL 水（15～20℃），加 5mL 盐酸溶液，用硫代硫酸钠标准滴定溶液滴定，近终点时加 2mL 淀粉指示液，继续滴定至溶液蓝色消失。做空白实验。

（3）数据记录与处理

碘标准滴定溶液的浓度 $c(1/2I_2)$：

$$c\left(\frac{1}{2}I_2\right) = \frac{c(Na_2S_2O_3) \times (V_1 - V_2)}{V_3}$$

式中 $c(1/2I_2)$——碘标准滴定溶液的浓度，mol/L；

     $c(Na_2S_2O_3)$——硫代硫酸钠标准溶液浓度，mol/L；

     V_1——滴定消耗硫代硫酸钠标准溶液的体积，mL；

     V_2——空白试验消耗硫代硫酸钠标准溶液的体积，mL；

     V_3——移取碘标准滴定溶液的体积，mL。

【主观测试题】

（1）I_2 溶液应装在何种滴定管中？为什么？

（2）配制 I_2 溶液时为什么要加 KI？

（3）配制 I_2 溶液时，为什么要在溶液非常浓的情况下，将 I_2 与 KI 一起研磨，当 I_2 和 KI 溶解后才能用水稀释，如果过早的稀释会发生什么情况？

7.6 碘量法测定维生素 C 含量（GB 14754—2010）

【训练目标】

① 掌握直接碘量法测定维生素 C 含量的方法、原理、步骤、测定条件；

② 熟练各项滴定操作；

③ 掌握以淀粉为指示剂的应用条件和终点颜色判断；

④ 分析影响滴定结果精密度和准确度的因素及其控制方法；

⑤ 规范穿戴安全防护措施，正确处置试验废弃物。

【相关知识】

维生素 C（Vc）测定方法较多，如分光光度法、荧光分光光度法、碘量法等。维生素 C 又称为抗坏血酸，在分析化学中常用作掩蔽剂和还原剂。Vc 为白色或略带黄色的无臭结晶或结晶性粉末，在空气中极易被氧化变黄。味酸，易溶于水或醇，水溶液呈酸性，有显著的还原性，尤其在碱性溶液中更易被氧化，在弱酸条件（如 HAc）下较稳定。Vc 中的烯二醇基具有还原性，能被 I_2 定量的氧化为二酮基，所以可用直接碘量法测定维生素 C 含量。

【实验内容】

（1）仪器与试剂

① 仪器：分析天平；称量瓶；50mL 滴定管 1 支；25mL 量筒 2 个；5mL 量筒 1 个；500mL 大烧杯 1 个；电炉 1 个；500mL 试剂瓶 1 个（带碱石灰管的橡胶塞）；250mL 碘量瓶 4 个。

② 试剂：硫酸溶液 57→1000（57mL 浓硫酸用水配成 1000mL 溶液）；碘标准滴定溶液 $c(1/2I_2)=0.1$mol/L；淀粉指示液 10g/L；无 CO_2 水。

③ 其他物品：手套、药匙、标签纸、吸水纸、记号笔。

（2）实验步骤

称取约 0.2g 实验室样品，精确至 0.0002g，置于 250mL 碘量瓶中，加 20mL 无 CO_2 水及 25mL 硫酸溶液使其溶解，立即用碘标准滴定溶液滴定，近终点时，加 1mL 淀粉指示液，滴至溶液显蓝色，保持 30s 不褪色为终点。同时做空白试验，平行测定 3 次。

（3）数据记录与处理

$$w(C_6H_8O_6) = \frac{c\left(\frac{1}{2}I_2\right) \times (V-V_0) \times M\left(\frac{1}{2}C_6H_8O_6\right)}{m \times 1000} \times 100\%$$

式中

V——Vc 样品消耗碘标准滴定溶液的体积，mL；

V_0——空白试验消耗碘标准滴定溶液的体积，mL；

$c(1/2\ I_2)$——$1/2\ I_2$ 标准滴定溶液浓度，mol/L；

$M(1/2\ C_6H_8O_6)$——$1/2\ C_6H_8O_6$ 摩尔质量，g/mol（$M=88.06$g/mol）；

m——Vc 样品的质量，g。

取平行测定结果的算术平均值为测定结果，三次平行测定结果的绝对差值不大于 0.3%。

【主观测试题】

（1）测定维生素 C 的含量时，溶解试样为什么要用新煮沸并冷却的蒸馏水？

（2）测定维生素 C 的含量时，为什么要在酸性溶液中进行？

7.7　水中 COD_{Mn} 测定（GB 11892—89）

【训练目标】

① 掌握水中化学需氧量 COD 测定的意义；

② 掌握高锰酸钾法测定水中 COD_{Mn} 的方法、原理、步骤、测定条件；

③ 独立完成空白实验；

④ 会分析影响滴定结果精密度和准确度的因素及其控制方法；

⑤ 规范穿戴安全防护措施，正确处置试验废弃物。

【相关知识】

样品中加入已知量的高锰酸钾和硫酸，在沸水中加热 30min，高锰酸钾将样品中的某些有机物和无机还原性物质氧化，反应后加入过量的草酸钠还原剩余的高锰酸钾，再用高锰酸钾标准溶液回滴过量的草酸钠，通过计算得到样品中高锰酸钾盐指数。本标准适用于饮用水、水源水和地面水的测定，测定范围为 0.5～4.5mg/L。对污染较重的水，可少取水样，经适当稀释后测定。样品中无机还原性物质如 NO_2^-、S^{2-} 和 Fe^{2+} 等可被测定。氯离子浓度高于 300mg/L，采用在碱性介质中氧化的测定方法。

【实验内容】

（1）仪器与试剂

① 仪器：250mL 烧杯 1 个；50mL 单标线吸量管 1 支；10mL 单标线吸量管 2 支；100mL 小烧杯 2 个；50mL 酸式滴定管 1 支；100mL 容量瓶 2 个；1000mL 棕色容量瓶 1 个；10mL 量筒 1 个；100mL 量筒 1 个；250mL 锥形瓶 4 个；分析天平；电炉 1 台；控温水浴锅。

② 试剂：不含还原性物质的水；（1+3）硫酸溶液；500g/L 氢氧化钠溶液；基准物质 $Na_2C_2O_4$（在 105～110℃烘干至恒重）；（8+92）的 H_2SO_4 溶液；0.1mol/L 高锰酸钾标准

贮备液；河水试样。

（2）实验步骤

① 实验准备：

a. $c(1/2Na_2C_2O_4)=0.100mol/L$ 草酸钠标准贮存液的制备：称取 0.6705g 经 120℃ 烘干 2h 至恒重的草酸钠（$Na_2C_2O_4$）溶解于水中，移入 100mL 容量瓶中，用水稀释至标线，摇匀。

b. $c(1/2Na_2C_2O_4)=0.0100mol/L$ 草酸钠标准溶液的制备：吸取 10.00mL 草酸钠贮备液（0.100mol/L）于 100mL 容量瓶中，用水稀释至标线，混匀。

c. $c(1/5KMnO_4)=0.1mol/L$ 高锰酸钾标准溶液的标定：准确称取 0.25g 已于 105～110℃ 烘干至恒重的工作基准试剂草酸钠，于 250mL 锥形瓶中，加 100mL(8+92)H_2SO_4 溶解，用配制的 $KMnO_4$ 溶液滴定，近终点时加热至 65℃，继续滴定至溶液呈粉红色，并保持且 30s。记录消耗 $KMnO_4$ 溶液的体积。平行测定四次，同时做空白。高锰酸钾标准溶液的浓度按下式计算：

$$c\left(\frac{1}{5}KMnO_4\right)=\frac{m(Na_2C_2O_4)\times1000}{M\left(\frac{1}{2}Na_2C_2O_4\right)\times(V_1-V_0)}$$

d. $c(1/5KMnO_4)=0.01mol/L$ 高锰酸钾标准溶液的制备：吸取 100mL 高锰酸钾标准贮备液（0.1mol/L）于 1000mL 容量瓶中，用水稀释至标线，混匀。计算其浓度，此溶液在暗处可保存几个月。

② 水中 COD_{Mn} 测定：

吸取 100.0mL 经充分摇动、混合均匀的样品（或分取适量，用水稀释至 100mL），置于 250mL 锥形瓶中，加入 (5±0.5)mL 硫酸（1+3），用移液管加入 10.00mL 高锰酸钾溶液（0.01mol/L）摇匀。将锥形瓶置于沸水浴内 (30±2)min（水浴沸腾，开始计时）。取出后用移液管加入 10.00mL 草酸钠溶液（0.01mol/L）至溶液变为无色。趁热用高锰酸钾溶液（0.01mol/L）滴定至刚出现粉红色，并保持 30s 不退。记录消耗的高锰酸钾溶液体积 V_1。

空白试验：用 100mL 水代替样品，按上面测定步骤，记录下回滴的高锰酸钾溶液的体积 V_0。向上述空白试验滴定后的溶液中加入 10.00mL 草酸钠溶液，如果需要，将溶液加热至 80℃，用高锰酸钾溶液继续滴定至刚出现粉红色，并保持 30s 不退。记录下消耗的高锰酸钾溶液体积 V_2。

（3）数据处理

高锰酸盐指数（I_{Mn}）以每升样品消耗毫克氧数来表示（O_2，mg/L）：

$$I_{Mn}=\frac{\left[(10+V_1)\times\dfrac{10}{V_2}-10\right]\times c\times8\times1000}{100}$$

式中　V_1——样品滴定时，消耗高锰酸钾溶液体积，mL；

　　　V_2——标定空白时，所消耗高锰酸钾溶液体积，mL。

如样品经稀释后测定，按下式计算。

$$I_{Mn}=\frac{\left\{\left[(10+V_1)\times\dfrac{10}{V_2}-10\right]-\left[(10+V_0)\times\dfrac{10}{V_2}-10\right]\times f\right\}\times c\times8\times1000}{V_3}$$

式中，f 为样品稀释倍数。

【主观测试题】

(1) 不含还原性物质的水如何制备？

(2) 为了配制较稳定的 $KMnO_4$ 溶液，常采用哪些措施？

(3) 对于新的玻璃器皿在使用前应该如何处理？

(4) 加热的时间应从水浴开始沸腾时计时，时间为（30±2）min，时间要卡准，为什么？

(5) 为了能使此反应定量的迅速进行，应控制好哪些条件？

(6) 酸性法测定高锰酸盐指数时的误差主要来源于什么？

7.8 水中 COD_{Cr} 测定（HJ 828—2017）

【训练目标】

① 掌握水样保存方法；

② 掌握重铬酸钾法测定水中 COD_{Cr} 的方法、原理、步骤、测定条件；

③ 掌握消除测定干扰的方法；

④ 会分析影响滴定结果精密度和准确度的因素及其控制方法；

⑤ 规范穿戴安全防护措施，正确处置试验废弃物。

【相关知识】

化学需氧量（COD），是指在一定条件下，用强氧化剂处理水样时所消耗氧化剂的量，以氧的量（mg/L）来表示。水中还原性物质包括有机物和亚硝酸盐、亚铁盐、硫化物等，化学需氧量反映了水中受还原性物质污染的程度。我国工业废水排放标准规定，在工厂排出口的废水中，化学需氧量（重铬酸钾法）最高容许浓度为100mg/L。条件性指标与氧化剂种类、浓度、温度、时间、催化剂等有关。当测定用于清洁地面水、饮用水时用 COD_{Mn} 方式，当测定用于工业废水时用 COD_{Cr} 方式。

(1) 测定原理

重铬酸钾法测定工业用水 COD_{Cr}：在强酸性溶液中，用一定量的重铬酸钾氧化水样中还原性物质，过量的重铬酸钾以试亚铁灵作指示剂，用硫酸亚铁铵标准溶液回滴，根据其用量计算水样中还原性物质消耗氧的量。反应式如下：

$$Cr_2O_7^{2-} + 14H^+ + 6e \longrightarrow 2Cr^{3+} + 7H_2O$$
$$Cr_2O_7^{2-} + 14H^+ + 6Fe^{2+} \longrightarrow 6Fe^{3+} + 2Cr^{3+} + 7H_2O$$

(2) 干扰及其消除

酸性重铬酸钾氧化性很强，可氧化大部分有机物。加入硫酸银作催化剂时，直链脂肪族化合物可完全被氧化，而芳香族有机物却不易被氧化，吡啶不被氧化，挥发性直链脂肪族化合物、苯等有机物存在于蒸气相，不能与氧化剂液体接触，氧化不明显。

氯离子能被重铬酸盐氧化，并且能与硫酸银作用产生沉淀，影响测定结果，可在回流前向水样中加入硫酸汞，使其成为配合物以消除干扰。氯离子含量高于2000mg/L的样品应先作定量稀释，使含量降低至2000mg/L以下再进行测定。

(3) 方法的适用范围

用0.25mol/L浓度的重铬酸钾溶液可测定大于50mg/L的COD值，用0.025mol/L浓度的重铬酸钾溶液可测定5～50mg/L的COD值，但准确度较差。

采集水样的体积不得少于100mL。采集的水样应置于玻璃瓶中，并尽快分析。如不能立即分析时，应加入硫酸至pH<2，置于4℃下保存，保存时间不超过5天。

【实验内容】

（1）仪器与试剂

① 仪器。

a.回流装置：磨口250mL锥形瓶的全玻璃回流装置，可选用水冷或风冷全玻璃回流装置，其他等效冷凝回流装置亦可。

b.加热装置：电炉或其他等效消解装置。

c.分析天平。

d.25mL或50mL滴定管。

e.一般实验室常用仪器和设备。

② 试剂。

a.硫酸亚铁铵（[$(NH_4)_2Fe(SO_4)_2·6H_2O$]）。

b.重铬酸钾（$K_2Cr_2O_7$）：基准试剂，取适量重铬酸钾在105℃烘箱中干燥至恒重。

c.硫酸银-硫酸溶液：称取10g硫酸银，加到1L浓硫酸中，放置1～2天使之溶解，并摇匀，使用前小心摇动。

d.硫酸汞溶液，$\rho=100g/L$。

e.硫酸溶液：1+9。

f.试亚铁灵指示剂：溶解0.7g七水合硫酸亚铁于50mL水中，加入1.5g 1，10-菲咯啉，搅拌至溶解，稀释至100mL。

g.防爆沸玻璃珠。

（2）实验步骤

① 实验准备。

a.$c(1/6K_2Cr_2O_7)=0.25mol/L$重铬酸钾标准溶液250mL的配制：准确称取已105℃干燥2h后的基准物质$K_2Cr_2O_7$ 3.0～3.1g于小烧杯中，加50mL蒸馏水，加热溶解，定量转入250mL容量瓶中，稀释，定容，摇匀，待用。将上述溶液稀释10倍，配制$c(1/6K_2Cr_2O_7)=0.025mol/L$重铬酸钾标准溶液250mL。

b.$c[(NH_4)_2Fe(SO_4)_2·6H_2O]≈0.05mol/L$硫酸亚铁铵标准溶液的配制：称取19.5g硫酸亚铁铵溶解于水中，加入10mL硫酸，待溶液冷却后稀释至1000mL。将上述溶液稀释10倍，配制$c[(NH_4)_2Fe(SO_4)_2·6H_2O]≈0.005mol/L$硫酸亚铁铵标准溶液，每日临用前标定。

c.标定：取5.00mL重铬酸钾标准溶液（0.025mol/L）置于锥形瓶中，用水稀释至约50mL，缓慢加入15mL硫酸，混匀，冷却后加入3滴（约0.15mL）试亚铁灵指示剂，用硫酸亚铁铵（0.005mol/L）滴定，溶液的颜色由黄色经蓝绿色变为红褐色即为终点，记录下硫酸亚铁铵的消耗量V（mL）。硫酸亚铁铵标准滴定溶液浓度按$c=0.125/V$计算，V（mL）是滴定时消耗硫酸亚铁铵溶液的体积。

② 样品测定。

a.COD_{Cr}浓度≤50mg/L的样品：取10.0mL水样于锥形瓶中，依次加入硫酸汞溶液、重铬酸钾标准溶液5.00mL和几颗防爆沸玻璃珠，摇匀。硫酸汞溶液按质量比$m(HgSO_4)$：$m(Cl^-)≥20$：1的比例加入，最大加入量为2mL。将锥形瓶连接到回流装置冷凝管下端，从冷凝管上端缓慢加入5mL硫酸银-硫酸溶液，以防止低沸点有机物的逸出，不断旋动锥形瓶使之混合均匀。自溶液开始沸腾起保持微沸回流2h。若为水冷装置，应在加入硫酸银-硫酸溶液之前，通入冷凝水。冷却后，用45mL水冲洗冷凝管壁，取下锥形瓶，溶液总体积不得少于70mL，否则因酸度太大，滴定终点不明显。溶液再度冷却后，加3滴试亚铁灵指示液，用硫酸亚铁铵标准溶液滴定，溶液的颜色由黄色经蓝绿色至红褐色即为终点，记录硫酸亚铁铵标准滴定溶液的用量 V_1。测定水样的同时，以 10.00mL 重蒸馏水，按同样分析步骤作空白试验，记录滴定空白时硫酸亚铁铵标准滴定溶液的用量 V_0。

b. COD_{Cr} 浓度＞50mg/L 的样品：取 10.0mL 水样于锥形瓶中，依次加入硫酸汞溶液、重铬酸钾标准溶液 5.00mL 和几颗防爆沸玻璃珠，摇匀。其他操作与上述相同。待溶液冷却至室温后，加入 3 滴试亚铁灵指示剂溶液，用硫酸亚铁铵标准滴定溶液滴定，溶液的颜色由黄色经蓝绿色变为红褐色即为终点。记录硫酸亚铁铵标准滴定溶液的消耗体积 V_1。同时完成空白试验，硫酸亚铁铵标准滴定溶液的消耗体积 V_0。

注：对于浓度较高的水样，可选取所需体积 1/10 的水样放入硬质玻璃管中，加入试剂，摇匀后加热至沸腾数分钟，观察溶液是否变成蓝绿色。如呈蓝绿色，应再适当少取水样，直至溶液不变蓝绿色为止，可以确定待测水样的稀释倍数。

(3) 数据处理

按公式计算样品中化学需氧量的质量浓度 $\rho(mg/L)$。

$$\rho = \frac{c \times (V_0 - V_1) \times 8000}{V_2} \times f$$

式中　c——硫酸亚铁铵标准溶液的浓度，mol/L；

$\qquad V_0$——空白试验所消耗的硫酸亚铁铵标准溶液的体积，mL；

$\qquad V_1$——水样测定所消耗的硫酸亚铁铵标准溶液的体积，mL；

$\qquad V_2$——水样的体积，mL；

$\qquad f$——样品稀释倍数；

8000——1/4 O_2 的摩尔质量以 mg/L 为单位的换算值。

结果表示：当 COD_{Cr} 测定结果小于 100mg/L 时保留至整数位；当测定结果大于或等于 100mg/L 时，保留三位有效数字。

【主观测试题】

(1) 本方法的适用范围是什么？

(2) 为什么每次实验时，应对硫酸亚铁铵标准滴定溶液重新进行标定？

(3) 采集的水样应置于玻璃瓶中，如何保存？

(4) 会对本次测定产生干扰的主要干扰物有哪些？如何消除干扰？

(5) 本试验产生废液应该如何处理？

7.9　铁矿石中铁含量测定

【训练目标】

① 能独立完成铁矿石样品的预处理以及样品的溶解；

② 掌握重铬酸钾法测定铁含量的方法、原理、步骤、测定条件；

③ 掌握以钨酸钠为指示剂的应用条件和终点颜色判断；

④ 能分析影响滴定结果精密度和准确度的因素及其控制方法；

⑤ 规范穿戴安全防护措施，正确处置试验废弃物。

【相关知识】

(1) 铁矿石样品处理

① 样品溶解。铁矿石试样预先在 120℃烘箱中烘 1～2h，取出在干燥器中冷却至室温，准确称取 0.2～0.3g 试样于 250mL 锥形瓶中，加几滴蒸馏水，摇动使试样润湿，加入 10mL 硫磷混酸（如试样含硫化物高时，则同时加入浓硝酸 1mL），置于电炉上加热分解试

样，先用小火或低温加热，然后提高温度，加热至开始冒 SO_3 白烟，加入 10mL（1+1）盐酸，此时试液应该清亮，残渣应为白色或浅色表示试样分解完全，此时溶液为橙黄色，用少量水冲洗表面皿，加热近沸。

② 样品配制成分析样品。平行试样采用上述方法溶解，平行试样可以同时溶解，但溶解完全后，应每还原一份试样，立即滴定，以免 Fe^{2+} 被空气中的氧气氧化。

（2）测定原理

重铬酸钾法测定铁含量（无汞法）：在热溶液中用 $SnCl_2$ 还原大部分铁 Fe^{3+}，然后以钨酸钠为指示剂，用 $TiCl_3$ 溶液定量还原剩余部分 Fe^{3+}，当 Fe^{3+} 全部还原为 Fe^{2+} 后，过量 1 滴 $TiCl_3$ 溶液使钨酸钠还原为蓝色的五价钨化合物，使溶液呈蓝色。滴加 $K_2Cr_2O_7$ 标准溶液使蓝色刚好褪色。溶液中的 Fe^{2+} 在硫磷混酸介质中，以二苯胺磺酸钠为指示剂，用 $K_2Cr_2O_7$ 标准溶液滴定至紫色为终点。

【实验内容】

（1）仪器与试剂

① 仪器：100mL 小烧杯 1 个；玻璃棒 1 根；50mL 滴定管 1 支；25mL 量筒 1 个；100mL 量筒 1 个；250mL 容量瓶 1 个；250mL 锥形瓶 4 个；分析天平；电炉 1 台；表面皿；洗瓶。

② 试剂：$K_2Cr_2O_7$ 基准物质；100g/L $SnCl_2$ 溶液；15g/L 三氯化钛溶液；0.02g/L 二苯胺磺酸钠指示剂；25％钨酸钠溶液；（1+1）HCl 溶液；硫磷混酸；浓 HCl 溶液；0.01mol/L 稀重铬酸钾溶液。

（2）实验步骤

① 实验准备。配制 $c(1/6K_2Cr_2O_7)=0.1mol/L$ 重铬酸钾标准滴定溶液：称取适量的已在 120℃±2℃ 电烘箱中干燥至恒量的基准试剂重铬酸钾，溶于水，移入 250mL 容量瓶中，用水定容并摇匀。

重铬酸钾标准滴定溶液的浓度按下式计算

$$c\left(\frac{1}{6}K_2Cr_2O_7\right)=\frac{m(K_2Cr_2O_7)}{M\left(\frac{1}{6}K_2Cr_2O_7\right)\times V_\text{实}(250ml\ 容量瓶实际体积)\times10^{-3}}$$

② 样品测定。取下加热近沸的锥形瓶稍冷，趁热滴加 $SnCl_2$ 溶液，使大部分的 Fe^{3+} 还原为 Fe^{2+}，此时试液变为浅黄色，加入 10 滴 Na_2WO_4 溶液，再用 $TiCl_3$ 溶液滴至呈稳定的蓝色（"钨蓝"30s 内不褪色），再加入 80mL 去离子水，用稀 $K_2Cr_2O_7$ 溶液滴至"钨蓝"刚好褪尽（此时不计读数），立即加入 30mL 硫磷混酸，然后加入 5 滴二苯胺磺酸钠指示剂，用 $K_2Cr_2O_7$ 标准溶液滴定至溶液呈现稳定的紫色为终点。

（3）数据处理

铁矿石中铁的质量分数按下式计算：

$$w(Fe)=\frac{c\left(\frac{1}{6}K_2Cr_2O_7\right)\times V(实际\ K_2Cr_2O_7)\times10^{-3}\times M(Fe)}{m}\times100\%$$

式中　　　　$w(Fe)$ ——铁矿石中铁的质量分数，％；

$c(1/6K_2Cr_2O_7)$ —— $K_2Cr_2O_7$ 标准滴定溶液的浓度，mol/L；

$V(实际\ K_2Cr_2O_7)$ ——测定铁实际消耗 $K_2Cr_2O_7$ 标准滴定溶液的体积，mL；

m ——称取铁样品质量，g；

$M(Fe)$ ——铁的摩尔质量，55.8g/mol。

（1）用 $SnCl_2$ 还原溶液中 Fe^{3+} 时，$SnCl_2$ 溶液过量时呈什么颜色？对分析结果有什么影响？

（2）为什么不能直接用 $TiCl_3$ 还原 Fe^{3+}，而用先用 $SnCl_2$ 还原溶液中大部分 Fe^{3+}，然后再用 $TiCl_3$ 还原？能否只用 $SnCl_2$ 还原而不用 $TiCl_3$？Fe^{3+} 被还原完全的标志是什么？

（3）用重铬酸钾标准溶液滴定 Fe^{2+} 之前，为什么要加硫磷混酸？

7.10　工业烧碱中 NaCl 含量测定（银量法）

【训练目标】

① 掌握银量法测定氯化钠含量的方法、原理、步骤、测定条件；

② 能独立完成试样干扰离子的分离；

③ 会正确进行测定结果的计算；

④ 能分析影响测定结果精密度的因素及其控制方法；

⑤ 规范穿戴安全防护措施，正确处置试验废弃物。

【实验内容】

（1）仪器与试剂

① 仪器：单标线吸量管 25mL、10mL 各 1 根；容量瓶 250mL 1 个；棕色滴定管 50mL；电炉 1 个；量筒 50mL1 个；锥形瓶 250mL 3 个；烧杯 100mL 2 个。

② 试剂：0.1mol/L $AgNO_3$ 标准溶液；待测的烧碱溶液；1mol/L HNO_3 溶液；50g/L K_2CrO_4 指示剂；0.1mol/L 的 NaOH 溶液；中性红-次甲基蓝。

（2）实验步骤

① 试样溶液制备。用液管移取 10.00mL 的烧碱试样于 250mL 的容量瓶中，准确定容。用移液管移取 25.00mL 上述溶液于 250mL 锥形瓶中，加 25mL 蒸馏水后，滴加 1 滴中性红-次甲基蓝及 1mL 硝酸至紫色，再过量 2～3 滴。加热煮沸 2 分钟，以赶走 CO_2，流水冷却，加 0.1mol/L 的 NaOH 溶液至溶液呈绿色。

② 测定。加 1mL 50g/L K_2CrO_4 指示剂。用 $AgNO_3$ 标准溶液滴定至微红色即为终点。平行测定 3 次。

（3）数据处理

氯化钠（NaCl）含量以质量分数 $w(NaCl)$ 计，数值以％表示，按下式计算

$$w(NaCl) = \frac{c(AgNO_3)V(AgNO_3)M(NaCl)}{m_样}\%$$

式中　$w(NaCl)$——烧碱样品中 NaCl 的质量分数，％；

$c(AgNO_3)$——硝酸银标准滴定溶液物质的量浓度，mol/L；

$V(AgNO_3)$——消耗 $AgNO_3$ 标准滴定溶液体积，mL；

$M(NaCl)$——氯化钠的摩尔质量，58.443g/mol；

$m_样$——烧碱样品质量，g。

【主观测试题】

（1）说明莫尔法测定 Cl^- 的基本原理、酸度条件是什么？为什么？

（2）为什么要迅速称取固体氢氧化钠试样？

（3）滴定过程中为什么要充分摇动溶液？如果不充分摇动溶液，对测定结果有何影响？

7.11 煤中全硫含量测定（GB/T 214—2007）

【训练目标】

① 能独立完成艾士卡试剂的制备与保存；

② 掌握艾士卡法测定煤中全硫含量的方法、原理、步骤、测定条件；

③ 能独立完成沉淀的过滤、洗涤、灰化、灼烧与称量；

④ 会正确完成空白实验并进行测定结果的计算；

⑤ 能分析影响测定结果精密度的因素及其控制方法；

⑥ 规范穿戴安全防护措施，正确处置试验废弃物。

【相关知识】

标准 GB/T 214—2007 中规定煤中全硫含量测定方法有艾士卡法、库仑法、高温燃烧中和法，在进行仲裁分析时采用艾士卡法。此法适用于褐煤、烟煤、无烟煤和焦炭，也适用于水煤浆干燥试样。

将煤样与艾士卡试剂混合灼烧，煤中硫生成硫酸盐，然后使硫酸根离子生成硫酸钡沉淀，根据硫酸钡的质量计算煤中全硫的含量。

【实验内容】

(1) 仪器与试剂

① 仪器：容量为 30mL 和 10～20mL 两种瓷坩埚；中速定性滤纸和致密无灰定量滤纸；分析天平；带温度控制装置，能升温到 900℃，温度可调并可通风的马弗炉。

② 试剂。

a. 艾士卡试剂（以下简称艾氏剂）：以 2 份质量的化学纯轻质氧化镁与 1 份质量的化学纯无水碳酸钠混匀并研细至粒度小于 0.2mm 后，保存在密闭容器中；

b. (1+1) 盐酸溶液；

c. 100g/L 氯化钡溶液；

d. 2g/L 甲基橙溶液；

e. 10g/L 硝酸银溶液：1g 硝酸银溶于 100mL 水中，加入几滴硝酸，贮于深色瓶中。

(2) 实验步骤

① 在 30mL 瓷坩埚内称取粒度小于 0.2mm 的空气干燥煤样（1.00±0.01）g（称准至 0.0002g）和艾氏剂 2g（称准至 0.1g），仔细混合均匀，再用 1g（称准至 0.1g）艾氏剂覆盖在煤样上面。全硫含量 5%～10% 时称取 0.5g 煤样，全硫含量大于 10% 时称取 0.25g 煤样。

② 将装有煤样的坩埚移入通风良好的马弗炉中，在 1～2h 内从室温逐渐加热到 800～850℃，并在该温度下保持 1～2h。

③ 将坩埚从马弗炉中取出冷却到室温，用玻璃棒将坩埚中的灼烧物仔细搅松、捣碎（如发现有未烧尽的煤粒，应继续灼烧 30min，）然后把灼烧物转移到 400mL 烧杯中，用热水冲洗坩埚内壁，将洗液收入烧杯，再加入 100～150mL 刚煮沸的蒸馏水充分搅拌，如果尚有黑色煤粒漂浮在液面上，则本次测定作废。

④ 用中速定性滤纸以倾泻法过滤，用热水冲洗 3 次，然后将残渣转移到滤纸中，用热水仔细清洗至少 10 次，洗液总体积约为 250～300mL。

⑤ 向滤液中滴入 2～3 滴甲基橙指示剂，用盐酸溶液中和并过量 2mL 使溶液呈微酸性，将溶液加热到沸腾，在不断搅拌下缓慢滴加氯化钡溶液 10mL，并在微沸状态下保持约 2h，溶液最终体积约为 200mL。

⑥ 溶液冷却或静置过夜后，用致密无灰定量滤纸过滤，并用热水洗至无氯离子为止（硝酸银溶液检验无浑浊）。

⑦ 将带有沉淀的滤纸转移到已知质量的瓷坩埚中，低温灰化滤纸后，在温度为 800～850℃的马弗炉中，灼烧 20～40min 取出坩埚，在空气中稍加冷却后放入干燥器中冷却到室温后称量。

⑧ 每配制一批艾士卡试剂，或更换其他任何一种试剂时，应进行 2 个以上空白实验（除不加煤样外全部操作按上述方法进行），硫酸钡沉淀的质量极差不得大于 0.0010g，取算术平均值作为空白值。

(3) 数据处理

煤中全硫含量计算：

$$S_{(t,ad)} = \frac{(m_1 - m_2) \times 0.1374}{m} \times 100\%$$

式中　$S_{(t,ad)}$——分析煤样中全硫质量分数，%；

m_1——硫酸钡质量，g；

m_2——空白实验硫酸钡质量，g；

0.1374——由硫酸钡换算为硫的系数；

m——煤样质量，g。

(4) 方法的精密度

本方法的精密度测定见表 7-4。

表 7-4　本方法的精密度测定

全硫质量分数/%	重复性限/%	再现性临界差/%
≤1.50	0.05	0.10
1.50(不含)～4.00	0.10	0.20
>4.00	0.20	0.30

【主观测试题】

(1) 煤中硫的存在状态有哪些？

(2) 煤中全硫的测定除了仲裁分析法之外还有哪些方法？

(3) 艾士卡法测定煤中全硫含量的误差主要来源于哪些方面？方法中是如何减少这些误差的？

7.12　用电位法测定溶液中的 pH 值

【训练目标】

① 能独立完成缓冲溶液的配制与选用方法；

② 能独立安装电极、校准酸度计、测定溶液 pH 值；

③ 分析影响测定结果精密度和准确度的因素及其控制方法；

④ 规范穿戴安全防护措施，正确处置试验废弃物。

【实验内容】

(1) 仪器与试剂

① 仪器：pHSJ-3F 酸度计、pH 复合电极、1000mL 烧杯 1 只、100mL 烧杯 5 只、洗瓶。

② 试剂：邻苯二甲酸氢盐 pH 缓冲溶液，pH＝4.00（25℃）；中性磷酸盐 pH 缓冲溶液，pH＝6.86（25℃）；四硼酸钠 pH 缓冲溶液，pH＝9.18（25℃）。

③ 其他物品：广泛 pH 试纸（1～14）、吸水纸、标签纸、记号笔、废纸篓。

（2）实验步骤

① 接通电源，使仪器预热 20min。

② 安装电极。把电极夹在复合电极杆上，然后将电极的插头插在主机相应插口内紧圈，电极插头应保持清洁干燥。

③ 仪器校准。操作程序按仪器使用说明书进行。选择"pH"档（按 pH 键），将电极用蒸馏水清洗干净，用吸水纸吸干电极表面蒸馏水（注意不要伤及电极，造成划痕），先把电极插入 pH 值为 6.86 的缓冲溶液中，按校准键，待显示屏数值稳定，按确认键。取出电极将电极用蒸馏水清洗干净，用吸水纸吸干电极表面蒸馏水，再把电极插入 pH 值为 4.00（或 9.18，根据测量要求进行选择）的缓冲溶液中，按校准键，待显示屏数值稳定，按确认键。

④ 样品测定。先用蒸馏水冲洗电极，再用水样冲洗，用滤纸吸干电极表面的水分，再插入待测未知溶液中，稳定后，所显示的数值即为待测溶液的 pH 值。

【主观测试题】

（1）如何正确选择缓冲溶液？

（2）pH 复合电极应该如何正确保存？

（3）pH 复合电极测定溶液 pH 的作用原理是什么？

7.13　重铬酸钾法电位滴定硫酸亚铁铵溶液中亚铁含量

【训练目标】

① 学习电位滴定的基本原理和操作；

② 能独立安装电极、校准仪器、确定滴定终点；

③ 熟悉仪器的使用方法；

④ 能采用不同计算方法正确进行结果的计算；

⑤ 规范穿戴安全防护措施，正确处置试验废弃物。

【相关知识】

用 $K_2Cr_2O_7$ 滴定 Fe^{2+}，其反应式如下：

$$K_2Cr_2O_7 + 6Fe^{2+} + 14H^+ \longrightarrow 2Cr^{3+} + 6Fe^{3+} + H_2O$$

利用铂电极作指示电极，饱和甘汞电极作参比电极，与被测溶液组成工作电池。在滴定过程中，随着滴定剂的加入，铂电极的电极电位发生变化。在化学计量点附近铂电极的电极电位产生突跃，从而确定滴定终点。

【实验内容】

（1）仪器与试剂

① 仪器：饱和甘汞电极、铂电极、pH—mV 计、滴定管、搅拌磁子。

② 试剂：$K_2Cr_2O_7$ 溶液（0.01mol/L）、二苯胺磺酸钠指示剂。

（2）实验步骤

① 准备好铂电极和饱和甘汞电极。

② 在滴定管中加入重铬酸钾标准滴定溶液。

③ 准确移取 10.00mL 硫酸亚铁铵溶液于 100mL 烧杯中，加入 3mol/L H_2SO_4 溶液 8～10mL，再加入几滴二苯胺磺酸钠指示剂，加水至约 50mL，将饱和甘汞电极和铂电极插入

溶液中，放入转子，开动搅拌器，待电位稳定后，记录溶液的起始电位，然后用 $K_2Cr_2O_7$ 标准溶液滴定，每加入一定体积的溶液，记录溶液的电位。

④ 关闭仪器和搅拌电源开关，清洗滴定管、电极、烧杯并放回原处。

⑤ 根据记录数据，绘出 E-V 曲线，确定滴定终点；用二阶微商法确定终点，比较两种结果。计算硫酸亚铁铵溶液中亚铁含量的准确浓度。

(3) 数据处理

① E-V 曲线：曲线上拐点对应的体积即为滴定终点时所消耗标准滴定溶液的体积，根据体积可计算出 Fe^{2+} 的含量。

② 二阶微商法（计算法）：又称二阶微分滴定曲线，纵坐标 $\Delta^2E/\Delta V^2=0$ 的点即为滴定终点。通过后点数据减前点数据的方法逐点计算二阶微商。

$$\frac{\Delta^2 E}{\Delta V^2}=\frac{\left(\frac{\Delta E}{\Delta V}\right)_2-\left(\frac{\Delta E}{\Delta V}\right)_1}{\Delta V}$$

正负突变两点线性插值，两点定直线方程，计算 $y=0$ 时的 x 值即为滴定终点所消耗标准滴定溶液的体积。实验结果记入表 7-5 中。

表 7-5　实验结果记录表

作 E-V 曲线所用数据		作($\Delta E/\Delta V$)-V 曲线所用数据				作($\Delta^2 E/\Delta V^2$)-V 曲线所用数据	
加 $K_2Cr_2O_7$ 溶液体积 V/mL	E/mV	ΔE/mV	ΔV/mL	$\Delta E/\Delta V$	加 $K_2Cr_2O_7$ 溶液体积 V/mL	$\Delta^2 E/\Delta V^2$	加 $K_2Cr_2O_7$ 溶液体积 V/mL

【主观测试题】

(1) 从 E-V 曲线上确定的计量点位置，是否位于突跃的中点？为什么？

(2) 为什么氧化还原滴定可以用铂电极作指示电极？

(3) 电位滴定终点的确定方法还有哪些？

(4) 在计量点时，二苯胺磺酸钠颜色如何变化？

7.14　邻二氮菲分光光度法测定微量铁

【训练目标】

① 能独立完成分光光度法溶液的配制与使用方法；

② 能独立使用分光光度计测定溶液中组分含量；

③ 分析影响测定结果精密度和准确度的因素及其控制方法；

④ 规范穿戴安全防护措施，正确处置试验废弃物。

【相关知识】

邻二氮菲（邻菲咯啉，1，10-菲咯啉 phen）和 Fe^{2+} 在 pH 为 2～9 的溶液中生成稳定的橙红色配合物 $Fe(phen)_3^{2+}$，其 lgK=21.3。

$$phen+Fe^{2+}\longrightarrow Fe(phen)_3^{2+}$$
（无色）　　　　　（橙红色）

铁含量在一定范围内遵守 Lambert-Beer 定律：

$$A = \varepsilon bc = Kc$$

式中　A——吸光度；

ε——摩尔吸光系数，L/(mol·cm)；

b——比色皿厚度，cm；

c——物质量的浓度，mol/L；

K——吸光系数。

其吸收曲线如图 7-1 所示。

显色前需用盐酸羟胺或抗坏血酸将 Fe^{3+} 全部还原为 Fe^{2+}，然后再加入邻二氮菲，并调节溶液酸度至适宜的显色酸度范围。有关反应如下：

$$2Fe^{3+} + 2NH_2OH \cdot HCl \longrightarrow 2Fe^{2+} + N_2\uparrow + 2H_2O + 4H^+ + 2Cl^-$$

【实验内容】

（1）药品与仪器

① 仪器：分光光度计；100mL 容量瓶 2 只；50mL 容量瓶 11 只；1000mL 烧杯 1 只；100mL 烧杯 2 只；5mL 量杯一只；10mL、25mL 量筒各一只；1mL、2mL 单标线吸量管各 1 支；10mL 分度吸量管 1 支；吸收池 1 对；玻璃棒、滴管各 1 支；洗瓶 1 只；洗耳球 1 只；pH 试纸。

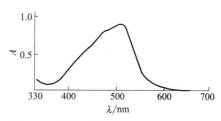

图 7-1　邻菲罗啉-铁（Ⅱ）的吸收曲线

② 试剂：$\rho = 2000\mu g/mL$ 铁标准储备溶液；ρ 为 $50\sim80\mu g/mL$ 未知铁试样溶液；$\rho = 100g/L$ 抗坏血酸溶液；$\rho = 1g/L$ 1，10-菲咯啉溶液；盐酸溶液，1+1（相当于 180g/L）；氨水溶液，1+2；HAc-NaAc 缓冲溶液，25℃时 pH=4.5。

（2）实验步骤

① 吸收池配套性检查。石英吸收池在 220nm 装蒸馏水，以一个吸收池为参比，调节 T 为 100%，测定其余吸收池的透射比，其偏差应小于 0.5%，可配成一套使用，记录其余比色皿的吸光度值。

② 铁未知样浓度的测定。

a.标准系列溶液的配制：将铁标准储备液配制成适合于用分光光度法对未知铁试样中铁含量测定的工作曲线使用的铁标准溶液，控制 pH≈2。用分刻度吸量管分取工作曲线使用的不同体积铁标准溶液于 7 个 50mL 容量瓶中，加 2mL 抗坏血酸溶液，摇匀后加 20mL 缓冲溶液和 10mL 1，10-菲咯啉溶液，用水稀释至刻度，摇匀，放置不少于 15min。

b.最大吸收波长的选择：以试剂空白为参比，在 440～540nm 范围内选择出测定时的最大吸收波长。

c.标准曲线的绘制：在最大吸收波长处，以试剂空白为参比，测定各自吸光度。以浓度为横坐标，以相应的吸光度为纵坐标绘制标准曲线。

d.未知样浓度的测定：取一定量的未知铁试样溶液三份，另取同样体积的试剂空白溶液一份，分别于四只 50mL 容量瓶中，加 2mL 抗坏血酸溶液，摇匀后加 20mL 缓冲溶液和 10mL 1，10-菲咯啉溶液，用水稀释至刻度，摇匀。放置不少于 15min 后，以试剂空白为参比，在已测定的最大吸收波长下，测定吸光度。由测得的吸光度从工作曲线查得未知铁试样溶液铁含量，以 $\mu g/mL$ 表示。同时计算平行测定的极差相对值。

（3）数据记录与处理

① 比色皿配套性检验。

$A_1 = 0.000$ $\qquad$ $A_2 = $ _____

② 未知试样的定量测量：本实验的数据记入表 7-6～表 7-9 中。

表 7-6 铁标准使用溶液的配制

标准贮备溶液浓度：_____ mg/mL，工作曲线使用的铁标准溶液浓度：_____ μg/mL。

稀释次数	吸取体积/mL	稀释后体积/mL
1		
2		

表 7-7 工作曲线的绘制

测量波长：_____ nm $\qquad$ 吸收池：_____ cm

溶液编号	吸取标液体积/mL	$\rho/(\mu g/mL)$	A
1			
2			
3			
4			
5			
6			
7			

表 7-8 未知液的配制

稀释次数	吸取体积/mL	稀释后体积/mL	稀释倍数
1			
2			

表 7-9 未知物铁含量的测定

取样体积/mL				
平行测定次数	1	2	3	备用
吸光度 A				
$\rho(Fe)$（查得的浓度）/($\mu g/mL$)				
$\rho(Fe)$（原试液浓度）/($\mu g/mL$)				
$\bar{\rho}(Fe)$（原试液平均浓度）/($\mu g/mL$)				
平行测定的极差相对值/%				

计算公式为：

$$\rho_{试} = \rho_x \times n$$

式中 $\quad \rho_{试}$——未知试液的浓度，$\mu g/mL$；

$\qquad \rho_x$——工作曲线上查得稀释后的浓度，$\mu g/mL$；

$\qquad n$——未知试液的稀释倍数。

【主观测试题】

（1）本实验是否还可以选用其它的显色剂？

（2）为什么选择最大吸收波长作为测定波长？

（3）分光光度计为什么要先预热后实验？

7.15 用紫外分光光度法对有机物进行定性与定量分析（硝基苯酚、硝基苯）

【训练目标】

① 能独立完成紫外分光光度法溶液的配制与使用；

② 能用紫外分光光度法进行定性分析；

③ 能用紫外分光光度法对有机物进行定量分析；

④ 能掌握影响测定结果精密度和准确度的因素；

⑤ 规范穿戴安全防护措施，正确处置试验废弃物。

【相关知识】

不同的有机化合物具有不同的吸收光谱，因此根据化合物的紫外吸收光谱中特征吸收峰的波长和强度可以进行物质的鉴定和纯度的检查。

紫外吸收光谱定性分析一般采用比较光谱法。所谓比较光谱法是将经提纯的样品和标准物用相同溶剂配成溶液，并在相同条件下绘制吸收光谱曲线，比较其吸收光谱是否一致。如果紫外吸收光谱曲线完全相同（包括曲线形状、λ_{max}、λ_{min}、吸收峰数目、拐点及 ε_{max} 等），则可初步认为是同一种化合物。为了进一步确认可更换另一种溶剂重新测定后再作比较。

紫外分光光度法定量分析与可见分光光度法定量分析的依据和方法相同，在进行紫外定量分析时应选择好测定波长和溶剂。通常情况下一般选择 λ_{max} 作测定波长，若在 λ_{max} 处共存的其他物质也有吸收，则应另选 ε 较大、而共存物质没有吸收的波长作测定波长。选择溶剂时要注意所用溶剂在测定波长处应没有明显的吸收，而且对被测物溶解性要好，不和被测物发生作用，不含干扰测定的物质。配制合适浓度的标准溶液绘制工作曲线进行样品的定量分析。

【实验内容】

(1) 仪器与试剂

① 仪器：紫外可见分光光度计、石英吸收池一对、容量瓶、移液管。

② 试剂。

a. 无水乙醇（A. R.）；

b. 标准贮备液：对硝基苯酚（配制成 1mg/mL 乙醇溶液）、硝基苯（配制成 1mg/mL 乙醇溶液）、维生素 C（配制成 1mg/mL 乙醇溶液）；

c. 试样溶液（其溶剂为乙醇，主成分为对硝基苯酚、硝基苯、维生素 C 中一种，浓度在 $15\sim25\mu g/mL$ 范围内）。

(2) 实验步骤

① 准备工作。清洗容量瓶等需要使用的玻璃仪器，晾干待用。检查仪器，开机预热 20min，并调试至正常工作状态。

② 绘制吸收光谱曲线。分别移取 1.00mL 的标准品贮备液至 100mL 容量瓶中稀释至刻线，在 $210\sim340nm$ 处绘制各标准溶液相应的吸收曲线。用试样溶液在 $210\sim340nm$ 处绘制试样的吸收曲线。

③ 试样成分定性。根据绘制的标准品与试样的紫外吸收曲线，判断试样的成分。

④ 绘制工作曲线。以无水乙醇为溶剂，根据定性结果选择合适的标准品标准溶液，根据试样的吸光度大小，配制一系列标准溶液，并以无水乙醇为参比，做出工作曲线。

⑤ 试样的测定。配制合适的试样浓度，测定试样溶液的吸光度并记录数据，平行测定两次。

⑥ 结束工作。实验完毕，关闭电源。取出吸收池，清洗晾干后入盒保存。清理工作台，罩上仪器防尘罩，填写仪器使用记录。

(3) 数据处理

① 绘制标准品的吸收曲线。

② 绘制试样溶液的吸收曲线。

③ 根据标准品与试样溶液的吸收曲线判断试样的成分。

④ 绘制工作曲线，计算相关系数，根据工作曲线计算试样含量。

(4) 注意事项

① 标准品工作曲线的线性关系要求要好。

② 试液取样量应经实验来调整，以使其吸光度在适宜的范围内为宜。

【主观测试题】

(1) 如果吸收曲线的线性关系不好，如何进行修正？

(2) 用紫外分光光度法进行定性分析时应注意哪些事项？

(3) 有机物质的废液和无机物质的废液在处置上有什么区别？

7.16 分光光度法测定维生素 C+ 维生素 E 混合样

【训练目标】

① 能独立完成混合样的分光光度法测定；

② 能正确处理易被氧化的样品在实验过程中的条件控制；

③ 能掌握影响测定结果精密度和准确度的因素；

④ 规范穿戴安全防护措施，正确处置试验废弃物。

【实验内容】

(1) 仪器与试剂

① 实验所用仪器设备如表 7-10 所示。

表 7-10 分光光度法测定维生素 C 和维生素 E 混合样实验仪器清单

序号	仪器名称	规格型号	数量	备注
1	紫外可见分光光度计	TU-1810	1 台	
2	分析天平	精度 0.1mg	1 台	
3	容量瓶	1000mL	2 只	附体积校正值
4	容量瓶	100mL	2 只	附体积校正值
5	容量瓶	50mL	15 只	
6	多刻度吸量管	25mL	2 支	
7	多刻度吸量管	10mL	2 支	
8	单标移液管	2mL	1 支	
9	烧杯	100mL	2 只	

序号	仪器名称	规格型号	数量	备注
10	烧杯	250mL	2只	
11	烧杯	1000mL	2只	
12	玻璃棒	20cm	2支	
13	滴管	3mL	2支	
14	洗瓶	50mL	1只	
15	洗耳球	60mL	1只	
16	移液管架		1个	
17	吸收池	1cm	1套	2cm 比色皿
18	其他	擦镜纸	若干	

② 实验所用药品试剂如表 7-11 所示。

表 7-11 分光光度法测定维生素 C 和维生素 E 混合样试剂及药品清单

序号	药品/试剂名称	规格	数量/每工位
1	维生素 C(Vc)	定制:标准物质	100mg
2	维生素 E(Ve)	定制:标准物质	200mg
3	无水乙醇	AR,500mL	4000mL
4	维生素 C＋维生素 E 未知液	定制:Vc(4.0～8.0mg/mL)＋Ve (10.0～20.0mg/mL)	50mL(Vc 含量与 Vc 未知液相同)

(2) 实验步骤

① 配制系列标准溶液。

a. 配制维生素 C 系列标准溶液:称取 0.015g 左右（精确到 0.0001g）维生素 C 溶于无水乙醇中,定量转移入 1000mL 容量瓶中,用无水乙醇稀释至标线摇匀。分别吸取上述溶液 3.00mL、6.00mL、9.00mL、12.00mL、15.00mL 于 5 只洁净干燥的 50mL 容量瓶中,用无水乙醇稀释至标线,摇匀。

b. 配制维生素 E 系列标准溶液:称取 0.050g 左右（精确到 0.0001g）维生素 E,溶于无水乙醇中,定量转移入 1000mL 容量瓶中,用无水乙醇稀释至标线摇匀。分别吸取上述溶液 3.00mL、6.00mL、9.00mL、12.00mL、15.00mL 于 5 只洁净干燥的 50mL 容量瓶中,用无水乙醇稀释至标线,摇匀。

② 绘制吸收光谱曲线。以无水乙醇为参比,在 220～320nm 范围测定维生素 C 和维生素 E 的吸收光谱曲线,确定维生素 C 和维生素 E 的最大吸收波长分别作为 λ_1 和 λ_2。

③ 绘制工作曲线。以无水乙醇为参比,分别在 λ_1 和 λ_2 处测定维生素 C 和维生素 E 系列标准的各溶液的吸光度值。绘制维生素 C 和维生素 E 在 λ_1 和 λ_2 时的工作曲线,求出每条工作曲线的斜率:$\varepsilon_{\lambda_1}^{Vc}$、$\varepsilon_{\lambda_1}^{Ve}$、$\varepsilon_{\lambda_2}^{Vc}$、$\varepsilon_{\lambda_2}^{Ve}$。

④ 未知液的测定。取一定体积维生素 C＋维生素 E 未知液于 50mL 容量瓶中,用无水乙醇稀至标线,摇匀。分别在在波长 λ_1、λ_2 处测定吸光度,$A_{\lambda_1}^{Vc+Ve}$、$A_{\lambda_2}^{Vc+Ve}$。

说明:未知样品母液浓度 Vc(4.0～8.0mg/mL)＋Ve(10.0～20.0mg/mL),建议在稀释 2000 倍后作为测定液。

⑤ 结果计算。利用如下方程式,计算未知样中维生素 C 和维生素 E 的浓度:

$$A_{\lambda_1}^{Vc+Ve}=\varepsilon_{\lambda_1}^{Vc}bc_{Vc}+\varepsilon_{\lambda_1}^{Ve}bc_{Ve}$$

$$A_{\lambda_2}^{Vc+Ve}=\varepsilon_{\lambda_2}^{Vc}bc_{Vc}+\varepsilon_{\lambda_2}^{Ve}bc_{Ve}$$

式中　$A_{\lambda_1}^{Vc+Ve}$、$A_{\lambda_2}^{Vc+Ve}$——分别在波长 λ_1 和 λ_2 处测出的未知样的吸光度；

$\varepsilon_{\lambda_1}^{Vc}$、$\varepsilon_{\lambda_1}^{Ve}$——分别为维生素 C、维生素 E 在波长 λ_1 处的摩尔吸光系数；

$\varepsilon_{\lambda_2}^{Vc}$、$\varepsilon_{\lambda_2}^{Ve}$——分别为维生素 C 和维生素 E 在波长 λ_2 处的摩尔吸光系数；

c_{Vc}——未知样中维生素 C 的浓度，mol/mL；

c_{Ve}——未知样中维生素 E 的浓度，mol/mL；

b——比色皿厚度，cm。

(3) 数据记录及处理

① 标准溶液配制记录，如表 7-12 所示。

表 7-12　标准溶液配制记录表

内容	维生素 C	维生素 E	备用
m(标准物质)/g			
容量瓶标示体积/mL			
体积校正值/mL			
温度/℃			
溶液温度补正值/(mL/L)			
溶液温度校正值/mL			
容量瓶实际体积/mL			
标准溶液浓度/(mol/L)			

② 比色皿配套性检验。

$A_1=0.000$　　　　　　　$A_2=$ _____

③ 绘制吸收光谱曲线，确定 λ_1 和 λ_2。

维生素 C 最大吸收波长 $\lambda_1=$ _____ nm；

维生素 E 最大吸收波长 $\lambda_2=$ _____ nm。

④ 绘制吸收工作曲线，求出每条工作曲线的斜率：$\varepsilon_{\lambda_1}^{Vc}$、$\varepsilon_{\lambda_2}^{Vc}$、$\varepsilon_{\lambda_1}^{Ve}$、$\varepsilon_{\lambda_2}^{Ve}$。如表 7-13、表 7-14 所示。

表 7-13　维生素 C 标准系列溶液吸光度测定结果

溶液编号	移取标液体积/mL	浓度/(mol/L)	A	
			λ_1	λ_2
1				
2				
3				
4				
5				
6				

表 7-14　维生素 E 标准系列溶液吸光度测定结果

溶液编号	移取标液体积/mL	浓度/(mol/L)	A	
			λ_1	λ_2
1				
2				
3				
4				
5				
6				

维生素 C 在 λ_1 处的线性回归方程为：_____，$\varepsilon_{\lambda_1}^{Vc} =$ _____。

维生素 C 在 λ_2 处的线性回归方程为：_____，$\varepsilon_{\lambda_2}^{Vc} =$ _____。

维生素 E 在 λ_1 处的线性回归方程为：_____，$\varepsilon_{\lambda_1}^{Ve} =$ _____。

维生素 E 在 λ_2 处的线性回归方程为：_____，$\varepsilon_{\lambda_2}^{Ve} =$ _____。

⑤ 未知液的制备，如表 7-15 所示。

表 7-15　未知液的制备

稀释次数	吸取体积/mL	稀释后体积/mL	稀释倍数
1			
2			

⑥ 未知液中维生素 C、维生素 E 含量测定，如表 7-16～表 7-18 所示。

表 7-16　吸光度测定

测定波长		测定次数			备用
		1	2	3	
Vc 样品 A	λ_1				
Vc＋Ve 样品 A	λ_1				
	λ_2				

表 7-17　维生素 C＋维生素 E 混合样品中 Vc 含量

测定结果	测定次数			备用
	1	2	3	
c_{Vc}/(mol/L)				
c_{Vc}(原试液的浓度)/(mol/L)				
$\bar{c}_{(Vc)}$(原试液平均浓度)/(mol/L)				
平行测定的极差相对值/%				

表 7-18　维生素 C＋维生素 E 混合样品中维生素 E 含量

测定结果	测定次数			备用
	1	2	3	
c_{Ve}/(mol/L)				

测定结果	测定次数			备用
	1	2	3	
c_{Ve}（原试液的浓度）/(mol/L)				
$\overline{c}_{(\text{Ve})}$（原试液平均浓度）/(mol/L)				
平行测定的极差相对值/%				

【主观测试题】

如何正确处置维生素 C＋维生素 E 混合样品？

7.17 毛细管柱气相色谱法分析白酒中主要成分

【训练目标】

① 掌握气相色谱法基本操作。

② 掌握 FID 检测器的基本操作。

③ 学会程序升温和分流进样的操作方法。

④ 掌握内标法测定相对校正因子的操作。

⑤ 掌握毛细管柱气相色谱法分析白酒中主要成分的定性操作。

⑥ 了解毛细管柱的功能、操作方法与应用。

【相关知识】

程序升温是气相色谱分析中一项常用而且十分重要的技术。对于每一个欲分析的组分来说，都对应着一个最佳的柱温，但是当分析样品比较复杂、沸程很宽的时候，若使用同一柱温进行分离，其分离效果很差，因为低沸点的组分由于柱温太高，很早流出色谱柱，色谱峰重叠在一起不易分开；高沸点的组分则因为柱温太低，很晚流出色谱柱，甚至不流出色谱柱，其结果是各组分的色谱峰分布疏密不均，有时还出现"怪峰"，给分析工作带来困难。因此，对于宽沸程多组分的混合物样品，必须采用程序升温来代替等温操作。程序升温的方式可分为线性升温和非线性升温，根据分析任务的具体情况，可通过实验来选择适宜的升温方式，以期达到比较理想的分离效果。白酒主要成分（除乙醇和水）的分析便是用程序升温来进行的。

【实验内容】

(1) 仪器与试剂

① 仪器：GC 7820A 型气相色谱仪（检测器：FID）；交联石英毛细管柱（冠醚＋改性聚乙二醇 FFAP，30m×0.25mm）；微量注射器（1μL）；进样瓶；100mL 容量瓶 16 个；50mL 容量瓶 2 个；2mL 移液管 2 个；分析天平、空气发生器、氢气发生器。

② 试剂：乙酸正丁酯（基准物质）；乙醇；乙醛；甲醇；乙酸乙酯；正丙醇；仲丁醇；乙缩醛；异丁醇；正丁醇；丁酸乙酯；异戊醇；戊酸乙酯；乳酸乙酯；己酸乙酯（液、GC级）；市售白酒一瓶。

(2) 实验步骤

① 标样和试样的配制。

a.标准溶液的配制：准确称取乙醛、甲醇、乙酸乙酯、正丙醇、仲丁醇、乙缩醛、异丁醇、正丁醇、丁酸乙酯、异戊醇、戊酸乙酯、乳酸乙酯、己酸乙酯各约 1g（精确至0.2mg），用 60%乙醇溶液定容至 100mL，摇匀，转移入滴瓶中，贴标签备用。

b.内标溶液的配制：准确称取乙酸正丁酯 1g（精确至 0.2mg），用上述乙醇溶液定容至 100mL，摇匀，转移入滴瓶中，贴标签备用。

c.混合标样的配制：分别吸取标准溶液与内标溶液各 1.00mL，混合后用上述乙醇溶液定容至 50mL，摇匀，转移入滴瓶中，贴标签备用。

d.白酒试样的配制：准确称取白酒试样 10g（精确至 0.2mg，白酒称取质量可根据其中主要成分的含量作调整），准确加入内标溶液 1.00mL，则内标物与白酒试样质量的比值一定，再加入适量水进行稀释，混合均匀。

② 气相色谱仪的开机。打开载气、空气发生器、氢气发生器，调节至合适输出压力，打开 GC 电源开关，双击电脑桌面 GC 工作站图标，打开工作站。

③ 分析方法的编辑。色谱操作条件：N_2 20mL/min；H_2 30mL/min；空气 400mL/min；尾吹气（N_2）25mL/min；分流进样模式，分流比为 50:1；柱温初始温度 50℃，恒温 6min，以 4℃/min 的速率升至 220℃，恒温 10min；检测器 240℃；气化室 260℃；进样量 0.4μL；定量方法设定为内标法。分析方法设置完毕后，可通过"预运行"观察基线是否平直。

④ 标样的分析。待基线平直后，依次用 1μL 微量注射器吸取乙醛、甲醇、乙酸乙酯、正丙醇、仲丁醇、乙缩醛、异丁醇、正丁醇、丁酸乙酯、异戊醇、戊酸乙酯、乳酸乙酯、己酸乙酯标样溶液（均用 60% 乙醇溶液先进行稀释）0.4μL，进样分析，记录下样品名对应的文件名，打印出色谱图和分析结果。接着再用 1μL 微量注射器吸取混合标样 0.4μL，进样分析，记录下样品名对应的文件名，打印出色谱图和分析结果。平行测定 3 次。

⑤ 白酒试样的分析。用 1μL 微量注射器吸取白酒试样 0.4μL，进样分析，记录下样品名对应的文件名，打印出色谱图和分析结果。平行测定 3 次。

（3）数据记录与处理

将实验数据与处理结果填入表 7-19 中。

$$\omega_i = f'_i \frac{A_i}{A_s} \frac{m_s}{m_{试样}} \times 100\%$$

式中　　ω_i——白酒中某组分的含量，%；

　　　　f'_i——某一组分的相对质量校正因子；

　　A_i、A_s——某一组分、内标物的色谱峰的峰面积；

m_s、$m_{试样}$——内标物及试样的质量，g。

表 7-19　气相色谱法分析白酒主要成分的数据记录表

序号	步骤	项　目					
1	载气等压力表示值/MPa	氮气（N_2）		氢气（H_2）		空气（AIR）	
2	温度设置/℃	气化室（INJ）		检测器（DET）		柱室（OVE）	
						初温　时长　升速　终温	
3	流速/压力	分流/(mL/min)		吹扫/(mL/min)		尾吹/MPa	
4	定性结果（各物质相对于异戊醇的相对保留值）	混标中		白酒中			

序号	步骤	项　　目		
5	测定结果 /%	第一次	第二次	第三次
6	平均值/%			

【主观测试题】

(1) 独立完成白酒样品的检测，并对主要成分含量进行计算。

(2) 独立完成实验报告并总结你在分析实验过程（包括化学分析和仪器操作）中遇到的问题，分析原因并提出改进方法。

7.18　液相色谱法测定布洛芬胶囊中主要成分含量

【实验目标】

① 掌握液相色谱法所需溶液配制及仪器基本控制操作。

② 熟悉液相色谱仪工作站内容，掌握仪器参数设定基本操作。

③ 学会胶囊类样品预处理的方法。

④ 掌握液相色谱法中系统适用性实验的目的和方法。

⑤ 会使用单点校正法对样品进行定性定量分析。

⑥ 掌握高效液相色谱法在药物分析中的应用，形成严谨的实验态度，认真的实验操作行为习惯。

【实验内容】

(1) 仪器与试剂

① 仪器：岛津 LC-20A 高效液相色谱仪和其他型号液相色谱仪（普通配置，带紫外检测器）；色谱数据处理机；色谱柱：PE Brownlee C18 反相键合色谱柱（$5\mu m$，$4.6mm\times150mm$）；$100\mu L$ 平头微量注射器；超声波清洗器；流动相过滤器；无油真空泵。

② 试剂：布洛芬对照品、布洛芬胶囊、乙酸钠缓冲液、冰醋酸、甲醇、蒸馏水、乙腈。

(2) 实验步骤

① 流动相的预处理。配制乙酸钠缓冲溶液（取乙酸钠 6.13g，加水 750mL，振摇使溶解，用冰醋酸调节 pH＝2.5），流动相为乙酸钠缓冲溶液-乙腈（40∶60），用 $0.45\mu m$ 有机相滤膜减压过滤，脱气。

② 对照品溶液的配制。准确称取 0.1g 布洛芬（精确至 0.1mg），至 200mL 容量瓶中，加甲醇 100mL 溶解，振摇 30min，加水溶解稀释至刻度，摇匀，过滤。

③ 试样的处理与制备。取一定量市售布洛芬胶囊，打开胶囊，倒出里面的粉末，用研钵研细并混合均匀后，准确称取适量样品粉末（约相当于布洛芬 0.1g），置于 200mL 容量瓶中，加甲醇 100mL 溶解，振摇 30min，加水稀释至刻度，摇匀，过滤。

④ 标样分析。

a. 将色谱柱安装在色谱仪上，将流动相更换成已处理过的乙酸钠-乙腈（40∶60）。

b. 按规范步骤开机，并将仪器调试至正常工作状态，流动相流速设置为 1.0mL/min；柱温为 30～40℃；紫外检测器检测波长为 263nm。

c. 布洛芬对照品溶液的分析测定。待仪器基线稳定后，用 $100\mu L$ 平头微量注射器分别注射布洛芬对照品溶液 $100\mu L$（实际尽样量以定量管体积计），打印出色谱分离图。平行测定 3 次。

⑤ 试样分析。用 $100\mu L$ 平头微量注射器分别注射布洛芬胶囊样品溶液 $100\mu L$（实际进样量以定量管体积计），打印出色谱分离图。平行测定 3 次。

⑥ 定性分析。将布洛芬胶囊样品溶液的分离色谱图与布洛芬对照品溶液的分离色谱图进行保留时间的比较，即可确认布洛芬胶囊样品的主成分色谱峰的位置。

（3）数据记录及处理

记录色谱峰的保留时间及峰面积或峰高，按照单点校正法计算布洛芬胶囊中主成分的百分含量或质量浓度。

【主观测试题】

（1）布洛芬胶囊含量的测定还有哪些方法？

（2）样品溶液的稀释能否用流动相溶液？为什么？

（3）实验结束后如何处置药品残余的废物？

8

物质的合成及条件优化

8.1 氯化氢乙醇溶液的制备

(1) 实验原理

氯化氢无水乙醇溶液是常用的非水成盐溶液，用于一些碱性有机物的成盐反应，因为有机物常常不溶于水而易溶于乙醇等有机溶剂，故实验室中常常要制备氯化氢乙醇溶液来满足有机反应的要求。

氯化氢的制取有多种方式：①向浓盐酸里滴加浓硫酸，产生的气体经浓硫酸干燥后，通入乙醇中；②把三氯氧磷滴到浓盐酸中产生氯化氢，经浓硫酸干燥后，通入乙醇中；③向氯化钠固体中滴加浓硫酸，产生的气体经浓硫酸干燥通入乙醇中；④用氢气及氯气反应产生氯化氢气体，这种方法在制取氯化氢乙醇溶液中比较少用。前三种方法都会产生废酸，实验结束后要正确的进行处理。

由于氯化氢属于强酸，具有腐蚀性，所以本实验必须设有尾气吸收装置，配制一定浓度的氢氧化钠，进行氯化氢的尾气吸收，尽量减少氯化氢进入大气。乙醇的沸点较低，且容易挥发，为了增加氯化氢的溶解度，减少乙醇的损失，吸收装置可以用冰水浴。

本实验用浓硫酸滴加至浓盐酸的氯化钠溶液中制取氯化氢气体，经浓硫酸干燥，通入乙醇溶液中，制取饱和氯化氢乙醇溶液。

(2) 仪器与试剂

① 仪器：三口烧瓶、洗气瓶、导管若干、磁力搅拌、水浴、普通漏斗、橡胶管、恒压滴液漏斗、洗气瓶、漏斗、烧杯、水浴锅。

② 试剂：浓硫酸、氯化钠、无水乙醇、氢氧化钠、冰块。

③ 他物品：手套、药匙、标签纸、吸水纸、记号笔。

(3) 实验步骤

按照图 8-1 组装实验装置，并检测气密性。在 250mL 三口烧瓶装入 60g 氯化钠及 50mL 浓硫酸，一个磨口装恒压漏斗，恒压漏斗内装 30mL98% 浓硫酸，并用塞子塞严漏斗上口。第二个磨口用塞子塞住，第三个磨口接导气管。导气管后接一个洗气瓶，洗气瓶内装 98% 浓硫酸，用来吸收水分。干燥后的氯化氢气体用导气管接到 100g 无水乙醇的三口烧瓶中，无水乙醇不可装太满，因为吸收氯化氢后体积会增加，加入量一般是容器体积的二分之一。最后将气体通入稀氢氧化钠或碳酸钠水溶液，用来吸收多余的氯化氢气体。

安装完毕后开始滴加恒压漏斗中的浓硫酸，不可滴加太快，根据干燥塔内浓硫酸鼓泡的快慢，来控制恒压漏斗的滴加速度。乙醇溶液烧瓶用冰浴冷却。

图 8-1 氯化氢乙醇溶液制备的装置图

（4）数据记录与处理

实验数据填入表 8-1 中。氯化氢无水乙醇溶液的浓度通过计算通气前后质量之差进行计算，但如果无水乙醇挥发太多算出来的结果会不准确，可以用酸碱滴定进行氯化氢的含量测定。

表 8-1　制备氯化氢乙醇溶液的数据

名称	无水乙醇/g	氯化氢乙醇溶液/g	氯化氢质量分数/%
数据			

8.2　乙酸正丁酯的制备

（1）实验原理

采用冰醋酸和正丁醇在浓硫酸催化下发生酯化反应，产物为乙酸正丁酯。制备乙酸正丁酯的反应方程式如下：

主反应：

$$CH_3COOH + CH_3CH_2CH_2CH_2OH \overset{浓硫酸}{\rightleftharpoons} CH_3COOCH_2CH_2CH_2CH_3 + H_2O$$

副反应：

$$2CH_3CH_2CH_2CH_2OH \overset{浓硫酸}{\rightleftharpoons} CH_3CH_2CH_2CH_2OCH_2CH_2CH_2CH_3 + H_2O$$

$$CH_3CH_2CH_2CH_2OH \overset{浓硫酸}{\rightleftharpoons} CH_3CH_2CH=CH_2 \uparrow + H_2O$$

酯化是可逆反应，为了促使反应向右进行，通常采用增加酸或醇的浓度或连续地移去产物（酯和水）的方式来达到。一般在实验过程中二者兼用。至于是用过量的醇还是用过量的酸，取决于原料来源的难易和操作上是否方便等诸因素。提高温度可以加快反应速率。

（2）仪器与试剂

① 仪器：蒸馏烧瓶（250mL）、分水器、球形冷凝管、锥形瓶、量杯、蒸馏头、直形冷凝管、尾接管、圆底烧瓶（100mL）、分液漏斗、烧杯、三角漏斗、石棉网、磁力搅拌器、加热设备、温度计（150℃）。

② 试剂：正丁醇、冰醋酸、浓 H_2SO_4、10% Na_2CO_3 水溶液、无水 $MgSO_4$、饱和 NaCl 水溶液。

③ 其他：滤纸、沸石、手套、药匙、标签纸、吸水纸、记号笔。

（3）实验步骤

① 酯化。在 100mL 的圆底烧瓶中加入 17.0mL 正丁醇和 15.0mL 冰醋酸，再加入 6～7

滴浓硫酸，混合均匀后加入 1～2 粒沸石。如图 8-2 所示，安装带有水分离器的回流装置，并在分水器中预先加水略低于支管口，记下预先所加水的体积。在磁力搅拌器上小火加热回流，反应过程中生成的回流液滴逐渐进入分水器，并进入分水器的下部，通过分水器下部的开关将水分出，控制分水器中水层液面在原来的高度，不至于使水溢入圆底烧瓶内。注意水层与油层的界面，不要将油层放掉。40～50min 后不再有水生成，表示反应完毕。停止加热，冷却。

② 洗涤。将烧杯中的滤液和分水器中的液体一并倒入分液漏斗，用 30mL 水洗涤烧杯内壁，洗涤液并入分液漏斗，充分振摇，静置，分去水层。量取分出水的总体积，减去预加入水的体积，即为反应生成的水量。有机层用 10mL 饱和 Na_2CO_3 溶液洗涤至中性，再依次用 10mL 饱和 NaCl 溶液、水洗涤一次，分出酯层。酯层由分液漏斗上口倒入干燥的锥形瓶中。

③ 干燥。向盛有粗产品的锥形瓶中加入约 2g 无水 $MgSO_4$ 振摇，静置至液体澄清透明。

④ 蒸馏。干燥后的液体，用少量棉花通过三角漏斗过滤至干燥的 250mL 蒸馏烧瓶中（注意不要将硫酸镁倒进去），加入 2～3 粒沸石，加热蒸馏，收集 124～127℃ 的馏分（如图 8-3）。

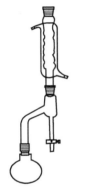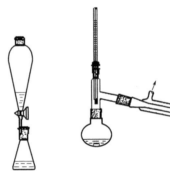

图 8-2　乙酸正丁酯的合成装置　　　　图 8-3　乙酸正丁酯的提纯装置

⑤ 产品检测称量，计算产率，并测定产品的折射率。

(4) 数据记录与处理

实验数据填入表 8-2 中。

表 8-2　制备乙酸正丁酯的数据

产品外观	实际产量/g	理论产量/g	产率/%

产品产率计算公式：

$$产率 = \frac{m_{实际}}{m_{理论}} \times 100\%$$

8.3　4-叔丁基邻二甲苯的合成

(1) 实验原理

氢卤酸与醇特别是叔醇的反应比较容易，在常温下即可发生，产物为卤代烃。本实验以叔丁醇和盐酸为原料，常温下制备 2-甲基-2-氯丙烷。2-甲基-2-氯丙烷与邻二甲苯在氯化铁的催化下发生费-克烷基化反应，得到最终产物 4-叔丁基邻二甲苯。

$$(CH_3)_3C—OH + HCl \longrightarrow (CH_3)_3C—Cl + H_2O$$

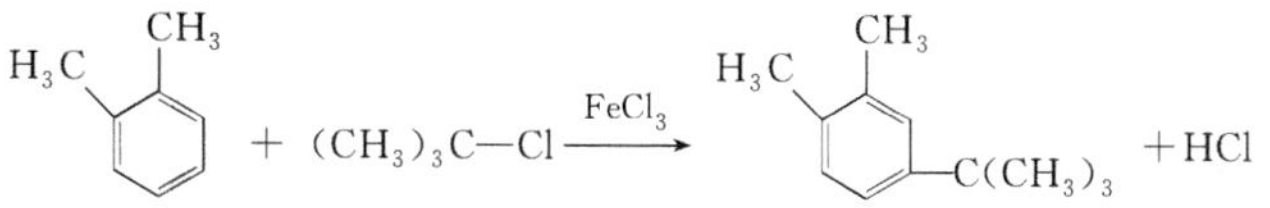

（2）仪器与试剂

① 仪器：分液漏斗、三口烧瓶、烧杯、漏斗、量筒、玻璃棒、蒸馏烧瓶、温度计、直形冷凝管、球形冷凝管、橡胶管、接引管、洗气瓶、电磁搅拌、油浴、恒压滴液漏斗、克氏蒸馏头、循环水泵等。

② 试剂：叔丁醇、邻二甲苯、$FeCl_3$、饱和 NaCl 溶液、$NaHCO_3$ 溶液、NaOH 溶液、无水 $CaCl_2$。

③ 其他：滤纸、手套、药匙、标签纸、吸水纸、记号笔。

（3）实验步骤

① 2-甲基-2-氯丙烷的制备。将 1mol 叔丁醇和 3mol 盐酸加入分液漏斗中，不时摇晃约 20min。每次摇动后，必须进行放气。当有明显分层时，进行静置分层。弃去下层酸液，有机层依次用 40mL 5% $NaHCO_3$ 溶液和 40mL 蒸馏水洗涤粗产品。仔细分去水层，有机层转移到锥形瓶中，用 10g 无水 $CaCl_2$ 干燥。干燥的粗产品过滤到蒸馏瓶中进行蒸馏，收集 47～52℃之间的馏分。

② 4-叔丁基邻二甲苯的合成。将 200mmol 的邻二甲苯及 200mmol 的叔丁基氯混合均匀，开始搅拌，并在 30min 内加入 0.4g 无水氯化铁（注意：此过程会产生氯化氢气体，需要安装尾气吸收装置及通风设施，尾气吸收用 5% 的 NaOH 溶液）。当反应稳定，再加入 40mmol 的叔丁基氯，在室温下搅拌反应一个小时。为了反应完全，回流 15min 得粗产品。粗产品用饱和 $NaHCO_3$ 溶液洗涤，并用 $CaCl_2$ 干燥。最后通过减压蒸馏进行提纯，在 50mbar（1bar=100kPa）下，收集 110～120℃的馏分。4-叔丁基邻二甲苯折射率：1.498；叔丁基氯折射率：1.385。

（4）数据记录与处理

实验数据填入表 8-3 中。

表 8-3　制备 4-叔丁基邻二甲苯的数据

产品外观	实际产量/g	理论产量/g	产率/%

产品产率计算公式：

$$产率 = \frac{m_{实际}}{m_{理论}} \times 100\%$$

8.4　苯乙酮的制备

（1）实验原理

苯乙酮为无色晶体或浅黄色油状液体，不溶于水易溶于多数有机溶剂，不溶于甘油。可用苯与乙酸酐或乙酰氯在三氯化铝的作用下经傅-克酰基化反应制得。

傅-克酰基化反应是制备芳香酮的主要方法。在无水三氯化铝的存在下，酰氯、酸酐与活泼的芳基化合物反应得到高产率的芳香酮。

$$\text{C}_6\text{H}_6 + \text{CH}_3\text{—}\overset{\text{O}}{\overset{\|}{\text{C}}}\text{—O—}\overset{\text{O}}{\overset{\|}{\text{C}}}\text{—CH}_3 \xrightarrow{\text{无水 AlCl}_3} \text{C}_6\text{H}_5\text{—}\overset{\text{O}}{\overset{\|}{\text{C}}}\text{—CH}_3 + \text{CH}_3\text{COOH}$$

（2）仪器与试剂

① 仪器：三口烧瓶、球形冷凝管、恒压滴液漏斗、干燥管、氯化氢气体吸收装置、分液漏斗、烧杯、空气冷凝管、蒸馏装置、搅拌器、托盘天平。

② 试剂：乙酸酐、无水苯、无水 AlCl$_3$、浓 HCl、苯、5％NaOH 溶液、无水 MgSO$_4$、碎冰。

③ 其他物品：手套、药匙、标签纸、吸水纸、记号笔。

（3）实验步骤

① 加热回流。在 100mL 三口烧瓶中加入 20g 研细的无水 AlCl$_3$，再加入 30mL 无水苯，

图 8-4　苯乙酮制备的装置图

按照图 8-4 安装带有搅拌器、恒压滴液漏斗、干燥管及气体吸收的回流装置。自滴液漏斗慢慢滴加 7mL 乙酸酐，控制滴加速度勿使反应过于激烈，以三口烧瓶稍热为宜。边滴加边摇荡三口烧瓶，10～15min 滴加完毕。加完后，在沸水浴上回流 15～20min，直至不再有氯化氢气体逸出为止。

② 分解。将反应物冷却至室温，在搅拌下倒入盛有 50mL 浓 HCl 和 50g 碎冰的烧杯中进行分解（在通风橱中进行）。

③ 洗涤与干燥。当固体完全溶解后，将混合物转入分液漏斗，分出有机层，水层用 10mL 苯萃取两次。合并有机层和苯萃取液，依次用等体积的 5％NaOH 溶液和水洗涤一次，用无水 MgSO$_4$ 干燥。

④ 蒸馏。将干燥后的粗产物先在水浴上蒸去苯，再在石棉网上蒸去残留的苯，当温度上升至 140℃ 左右时，停止加热，稍冷却后改换为空气冷凝装置，收集 198～202℃ 馏分。称量产品的质量。

（4）数据记录与处理

将实验数据填入表 8-4 中。

表 8-4　制备苯乙酮的实验数据

产品外观	实际产量/g	理论产量/g	产率/％

产品产率计算公式：

$$产率 = \frac{m_{实际}}{m_{理论}} \times 100\%$$

8.5　从橙皮中提取柠檬油

（1）实验原理

柠檬、橙子和柑橘等水果的新鲜果皮中含有一种香精油，即柠檬油，主要成分为柠檬烯，为黄色液体，具有浓郁的柠檬香气，是饮料的香精成分。

本实验中以橙皮为原料，利用水蒸气蒸馏提取香精油。馏出液用二氯甲烷进行萃取，蒸去溶剂后，即可得到柠檬油。

（2）仪器与试剂

① 仪器：三口烧瓶、直形冷凝管、接液管、锥形瓶、分液漏斗、水蒸气发生器、梨形烧瓶、蒸馏头、温度计、水浴锅、循环水泵、安全管、加热装置、蒸气导管、玻璃漏斗。

② 试剂：新鲜橙皮、二氯甲烷、无水 Na_2SO_4。

③ 其他：剪刀、滤纸、手套、药匙、标签纸、吸水纸、记号笔。

（3）实验步骤

① 水蒸气蒸馏。将 50g 新鲜橙皮剪切成碎片后（果皮应尽量剪切得碎些，最好直接剪入烧瓶中，以防精油损失），放入 500mL 三口烧瓶中，加入 250mL 水，按图 8-5 所示安装水蒸气蒸馏装置，加热进行水蒸气蒸馏。控制馏出速度为每秒 2～3 滴，收集馏出液约 80mL 时（此时馏出液中可能还有油珠存在，但量已很少，限于时间可不再继续蒸馏），停止蒸馏。

② 溶剂萃取。将馏出液倒入分液漏斗中，用 30mL 二氯甲烷（二氯甲烷有毒，接收器应浸入冰浴中，以防其蒸气挥发。接液管的支管应连接一长橡胶导管，接入下水道），分三次萃取。

③ 干燥除水。合并萃取液，放入 50mL 干燥的锥形瓶中，加入适量无水硫酸钠，振摇至液体澄清透明为止。

④ 回收溶剂。将干燥后的萃取液滤入干燥的 50mL 梨形瓶中，安装低沸点蒸馏装置。用水浴加热蒸馏，回收二氯甲烷。当大部分溶剂基本蒸完后，再用

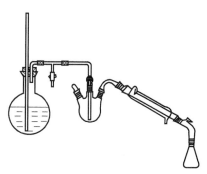

图 8-5　从橙皮中提取柠檬油的装置图

水泵减压抽去残余的二氯甲烷（常压下用水浴加热，很难将残余的二氯甲烷蒸馏除尽，所以需用水泵减压将其抽出）。烧瓶中所剩余黄色油状液体即为柠檬油。

（4）数据记录

将实验数据填入表 8-5 中。

表 8-5　从橙皮中提取柠檬油的实验数据

新鲜橙子皮/g	精油/g	精油外观

8.6　四氢呋喃水分去除

（1）实验原理

四氢呋喃能与水互溶，常含有少量水分及过氧化物。处理四氢呋喃时，应先取少量进行检验。在确定其中只有少量水和过氧化物（作用不会过于激烈）时，方可进行纯化。四氢呋喃中的过氧化物可用酸化的碘化钾溶液来检验。如过氧化物较多，需先除去过氧化物再进行纯化。实验室中常用的纯化化学试剂的方法有蒸馏、精馏、重结晶、萃取等。

氢化铝锂（$LiALH_4$）是一种很强的还原剂，能迅速还原许多官能团。一个典型的例子就是把酯还原成醇。这种试剂通常以粉末形式密封在塑料袋里，置于金属筒中。也可以以溶液形式溶于乙醚、二甲醚、四氢呋喃或者甲苯中。氢化铝锂与水会剧烈反应，放出氢气，必须避免其与痕量的水蒸气接触，因为随即产生的热量能引燃氢化铝锂，因此在处理该试剂时

要特别小心。剩余的粉末试剂要安全销毁，方法是在安全隔板后放一容器，内置石油醚（沸点 $60\sim80℃$），将氢化铝锂粉末悬浮其中，小心搅拌滴加乙酸乙酯直到无明显的反应停止，然后将混合物静置过夜，用乙醇，再用水重复上述步骤。最后水层倒入下水道，有机层回收。

处理钠时必须非常小心，在任何条件下都不能与水接触，钠应存放在煤油或石蜡中。不能用手接触金属钠，不用的钠块应放在装有煤油或石蜡的容器中，不能扔在水槽或垃圾桶中。如果要将小钠块处理掉，可将小钠块分批投入到大量的工业酒精中。钠表面总是覆盖有一层非金属层，在使用前要在惰性溶剂（如乙醚，二甲苯）中用小刀将它刮掉，但这样相当浪费；也可将钠块浸没于装有二甲苯的大口锥形瓶中，小心加热，轻轻搅拌，直到钠熔化并与表面的氧化层分开时，将锥形瓶从电热板上取下，冷却。熔融钠固化为小球状，然后用小铲取出，浸没于新制备的惰性溶剂中。用二甲苯洗涤后的残渣层，可浸没于工业酒精中安全分解。

钠砂的制备是在装有回流冷凝管（装有碱石灰干燥管）、密封搅拌和滴液漏斗的 1L 三口瓶中，加入 23g 干净的钠和 $150\sim200mL$ 干燥的二甲苯，加热至微微回流，开始搅拌，直到钠成为粒状，将烧瓶冷却到室温，停止搅拌，倾析出二甲苯，用 2 份 100mL 的干燥乙醚洗涤钠砂以除去残留的二甲苯，用这种方法可得到大量的钠砂。

(2) 仪器与试剂

① 仪器：烧瓶、球形冷凝管、直形冷凝管、水浴锅、接液管、锥形瓶、干燥管。

② 试剂：四氢呋喃、氢化铝锂、碘化钾、碘化亚铜、钠、分子筛、二苯甲酮。

③ 其他用品：手套、药匙、小刀、标签纸、吸水纸、记号笔。

(3) 实验步骤

四氢呋喃容易自动氧化生成过氧化物。所以应先用碘化钾的酸性水溶液检查。如果有过氧化物（出现游离碘），可加入 0.3% 碘化亚铜，回流 30min，然后蒸馏。其中少量水可以用分子筛、氢化铝锂、氢化钙或钠处理，本次实验推荐两种方法。注意：如果检测出过氧化物含量很大，以弃去不用为宜。

① 方法一：

a. 用氢化铝锂在隔绝潮气下回流（通常 1000mL 约需 $2g\sim4g$ 氢化铝锂）除去其中的水和过氧化物。

b. 蒸馏，收集 66℃的馏分（蒸馏时不要蒸干，剩余少量残液即倒出）。

c. 精制后的液体加入钠砂并应在氮气氛中保存。

注意事项：处理四氢呋喃时，应先用小量进行试验，在确定其中只有少量水和过氧化物，作用不致过于激烈时，方可进行纯化。

② 方法二：

a. 将四氢呋喃用 4A 型分子筛干燥 $2\sim3$ 天。

b. 用钠砂干燥，尽量将钠砂做得很小，直径大约 2mm。加入钠砂和二苯甲酮一起回流，冷凝管上面一定要加干燥管，并且要每天换干燥管中的无水氯化钙，至回流液变深紫色（钠和二苯甲酮反应，在无水条件下显深紫色）。

8.7 溴乙烷的制备

卤代烃是一类重要的有机合成中间体。卤代烷制备中的一个重要方法是由醇和氢卤酸发生亲核取代来制备，反应一般在酸性介质中进行。实验室制备溴乙烷是用乙醇与氢溴酸反应制备，由于氢溴酸是一种极易挥发的无机酸，因此在制备时采用溴化钠与硫酸作用产生氢溴酸直接参与反应。在该反应过程中，常常伴随消除反应和重排反应的发生。

（1）实验原理

主反应：
$$NaBr + H_2SO_4 \longrightarrow HBr + NaHSO_4$$
$$CH_3CH_2OH + HBr \rightleftharpoons CH_3CH_2Br + H_2O$$

副反应：
$$2CH_3CH_2OH \xrightarrow{\text{浓硫酸}} CH_3CH_2OCH_2CH_3 + H_2O$$
$$CH_3CH_2OH \xrightarrow{\text{浓硫酸}} CH_2{=}CH_2 + H_2O$$
$$2HBr + H_2SO_4 \longrightarrow Br_2 + 2H_2O + SO_2$$

（2）仪器与试剂

① 仪器：圆底烧瓶、锥形瓶、温度计、烧杯、分液漏斗、真空接液管、蒸馏弯头、蒸馏头、直形冷凝管、温度计套管、量筒、电热套、胶头滴管。

② 试剂：95%乙醇、浓硫酸20mL、溴化钠固体。

③ 其他用品：手套、药匙、标签纸、吸水纸、记号笔。

（3）实验步骤

在100mL圆底烧瓶中加入10.0mL95%乙醇及10mL水，在不断振摇和冷水冷却下，慢慢加入20.0mL浓硫酸，冷至室温后，在冷却下加入15.00g研成细粉状的溴化钠，稍加振摇混合后，加入几粒沸石（或磁子搅拌），安装成制备蒸馏装置。接收器内外均应放入冰水混合物，以防止产品的挥发损失。接液管的支管用橡胶管通入下水道或吸收瓶中。在电热套中加热，瓶中反应混合物开始发泡反应时，控制加热温度，维持反应呈微沸状态，使油状物逐渐蒸馏出去，约30min后慢慢升高温度，直到无油滴蒸出为止，馏出液为乳白色油状物，沉于瓶底。

将馏出液倒入分液漏斗中，分出的有机层置于干燥的锥形瓶中，在冰水浴中，边振荡边滴加浓硫酸，直至锥形瓶底分出硫酸层为止。用干燥的分液漏斗分去硫酸液，将溴乙烷粗产品倒入干燥的蒸馏瓶中，加热蒸馏，接收器外用冰水浴冷却，收集37～40℃的馏分。称量，计算产率。

纯溴乙烷为无色液体，沸点为38.4℃，折射率为1.4239，相对密度为146.2。

（4）数据记录与处理

数据记录将实验数据填入表8-6中。

表8-6　制备溴乙烷的实验数据

产品外观	实际产量/g	理论产量/g	产率/%

产品产率计算公式：

$$产率 = \frac{m_{\text{实际}}}{m_{\text{理论}}} \times 100\%$$

8.8　乙酰水杨酸的制备

（1）实验原理

乙酰水杨酸即阿司匹林，是一种有效的解热止痛、治疗感冒的药物，亦可用于预防老年人心血管系统疾病。水杨酸分子中含羟基（—OH）、羧基（—COOH），具有双官能团。本实验以磷酸为催化剂，乙酸酐与水杨酸的酚羟基发生酰化作用形成酯。引入酰基的试剂叫酰化试剂，常用的乙酰化试剂有乙酰氯、乙酸酐、冰醋酸。本实验选用经济合理而反应较快的乙酸酐作酰化剂。

（2）仪器与试剂

① 仪器：水浴锅、布氏漏斗、抽滤瓶、循环水泵、烧杯、锥形瓶、温度计、冰浴、熔点测定仪、熔点管、玻璃棒、量筒。

② 试剂：水杨酸、乙酸酐（新蒸）、85％磷酸、饱和 Na_2CO_3 溶液、浓盐酸等。

③ 其他用品：手套、药匙、滤纸、标签纸、吸水纸、记号笔。

（3）实验步骤

① 制备乙酰水杨酸。取 4g（0.015mol）水杨酸放入 100mL 锥形瓶中，加入 5mL（0.05mol）乙酸酐和 2mL85％磷酸，充分振动锥形瓶使水杨酸全部溶解后再用水浴加热，控制水浴温度在 85～90℃，维持 10min。反应完成后将反应物用冰水浴冷却，使结晶析出（可用玻璃棒摩擦锥形瓶壁促使结晶析出），再缓慢加入 50mL 水，继续用冰水冷却直至结晶全部析出为止。减压过滤收集粗产品（用滤液淋洗锥形瓶，使晶体富集完全），用少量冰水洗涤结晶，减压抽干。

将粗产品放入 100mL 烧杯中，边搅拌边加入 25mL 饱和 Na_2CO_3 溶液，继续搅拌直到不再有 CO_2 放出为止。减压抽滤除去少量高聚物固体，并用 5～10mL 水冲洗漏斗，将滤液合并。将滤液倒入预先盛有 3～5mL 浓盐酸和 10mL 水的烧杯中，搅拌均匀，即有乙酰水杨酸沉淀析出。在冰浴中冷却，使结晶完全析出后，减压过滤收集晶体（挤压抽干），再用少量冷水洗涤 2～3 次，抽干水分，将晶体转移至表面皿，在空气中风干或 90℃烘箱内烘干，称量，计算产率。

乙酰水杨酸为白色针状晶体，熔点为 135～136℃。

② 产品含量测定。取本品约 0.4g，精密称定，加中性乙醇（对酚酞指示液显中性）20mL 溶解后，加酚酞指示液 3 滴，用氢氧化钠滴定液（0.1mol/L）滴定。每 1mL 0.1mol/L 氢氧化钠滴定液相当于 18.02mg 的 $C_9H_8O_4$。用酸碱滴定法和电位滴定法分别测试组分含量，并进行方法比较。

③ 熔点的测定。

a. 填装样品：取 3 根毛细管，分别加入阿司匹林粗产品，让毛细管在玻璃管中以表面皿底部上下弹跳多次使样品填装均匀，密实，高度为 3～5mm。

b. 测定：使用熔点仪测定产品熔点。

④ 产品的易炭化物。取内径一致的比色管两支：甲管加入氯化钴溶液 0.25mL、比色用重铬酸钾溶液 0.23mL、比色用硫酸铜溶液 0.40mL，加水至 5mL；乙管中加入硫酸［含 H_2SO_4 94.5％～95.5％（g/g）］5mL，分次缓慢加入本品 0.5g，震荡使溶解。静置 15min 后，甲乙两管同置白色背景前，平视观察，乙管中所显颜色不得较甲管更深。

⑤ 重金属测定：取 25mL 纳氏比色管三支：甲管中加一定量的标准铅溶液与乙酸盐缓冲液（pH＝3.5）2mL 后，加水稀释成 25mL；乙管中加入本品 1.0g，加乙醇 23mL 溶解后，加硝酸盐缓冲液（pH＝3.5）2mL，制成供试品溶液 25mL；丙管中加入与乙管相同质量的供试品，加配制供试品溶液的溶剂适量使溶解，再加与甲管相同量的标准铅溶液与乙酸盐缓冲液（pH＝3.5）2mL 后，用溶剂稀释成 25mL；再在甲、乙、丙三管中分别加硫代乙酰胺试液各 2mL，摇匀，放置 2min，同置白纸上，自上向下透视，当丙管中显出的颜色不浅于

甲管时，乙管中显示的颜色与甲管比较，不得更深。

（4）数据记录与处理

数据记录将实验数据填入表 8-7 中。

表 8-7　制备乙酰水杨酸的实验数据

产品外观	实际产量/g	理论产量/g	产率/%

产品产率计算公式：

$$产率 = \frac{m_{实际}}{m_{理论}} \times 100\%$$

8.9　对氨基苯磺酰胺的制备

（1）实验原理

对氨基苯磺酰胺是多种磺胺药物的中间体，也是染料的中间体。它是以乙酰苯胺为原料，氯磺化和氨解，最后在酸性介质中水解除去乙酰基而制得。乙酰苯胺的氯磺化需要用过量的氯磺酸，1mol 的乙酰苯胺至少要用 2mol 的氯磺酸，否则会有磺酸生成。

（2）仪器与试剂

① 仪器：锥形瓶、导气管、洗气瓶、烧杯、玻璃棒、抽滤装置、循环水泵、圆底烧瓶、水浴锅、加热装置。

② 试剂：乙酰苯胺、碎冰、氯磺酸、$NaOH$、浓氨水、活性炭、Na_2CO_3。

③ 其他用品：手套、滤纸、药匙、标签纸、吸水纸、记号笔。

（3）实验步骤

① 对乙酰氨基苯磺酰氯的制备。在 100mL 干燥的锥形瓶中，加入 5g（0.037mol）干燥的乙酰苯胺。在石棉网上用小火加热至熔融。锥形瓶上若有少量的水汽凝结，应用干净的滤纸吸去。塞住瓶口冷却至接近室温，再用冰水冷却，使熔化物凝结成块。将锥形瓶置于冰水浴中冷却后，迅速倒入 12.5mL（0.19mol）氯磺酸，立即塞上氯化氢导气管的塞子，导气管通入装有 10% $NaOH$ 吸收液的洗气瓶。反应很快产生大量白色气雾（HCl），若反应过于激烈可用冰水冷却。待反应缓和后，微微摇动锥形瓶使固体全溶，然后在 60～70℃ 水浴中加热 10min，直到不再有氯化氢气体放出为止。

撤去热水浴，室温旋转片刻后再将反应瓶在冰水浴中完全冷却后，于通风柜中充分搅拌下将反应液慢慢倒入盛有 75% 碎冰的烧杯中，边倒边用玻璃棒搅拌，用 10mL 冰水荡洗锥形瓶，荡洗液一并倒入烧杯中，继续搅拌数分钟，并尽量将大块固体粉碎，使成颗粒小而均匀的白色固体。抽滤收集固体，用少量冷水洗涤，压干得到乙酰氨基苯磺酰氯粗品，立即进行下一步反应。

② 对酰氨基苯磺酰胺的制备。将上述粗产品移入烧杯中，在不断搅拌下慢慢加入 17.5mL 浓氨水（在通风柜中进行），立即发生放热反应并产生白色糊状物。继续搅拌 15min，使反应完全。然后加入 10mL 水，在石棉网上缓慢加热 10min 并不断搅拌。得到的混合物可直接用于下一步反应。

③ 对氨基苯磺酰胺的制备。将上述反应物加入到圆底烧瓶中，加入 3.5mL 浓盐酸，小火加热回流 0.5h。检验反应液的 pH 值，若不为强酸性可补加少量盐酸，再回流一段时间重新检验，直到呈强酸性。待全部产品溶解后，若溶液呈黄色，冷却加入少量活性炭，煮沸 10min，趁热过滤。将滤液转入 400mL 大烧杯中，在搅拌下小心加入粉状 Na_2CO_3 至 pH 为 7～8。在冰水浴中冷却，抽滤收集固体，用少量冰水洗涤，压干，粗产品可用水重结晶（每克产物约需 12mL 水），称重，计算产率，并测定熔点。纯对氨基苯磺酰胺为无色片状或针状结晶，熔点为 165～166℃。

(4) 数据记录与处理

将实验数据填入表 8-8 中

表 8-8　制备对氨基苯磺酰胺的实验数据

产品外观	实际产量/g	理论产量/g	产率/%

产品产率计算公式：

$$产率 = \frac{m_{实际}}{m_{理论}} \times 100\%$$

【主观测试题】

(1) 哪类有机合成反应易引起溶液暴沸而产生实验危险？

(2) 有机合成中产生的废液如何分类处理？

(3) 有机实验中如何做好个人防护？

(4) 请列出在实验过程中常见的对人体有害的试剂？

综合能力测试

一、乙醇中还原高锰酸钾物质的质量分数测定和 pH 值的测定

1. 仪器及试剂

(1) 仪器

PHSJ-3F PH 计：分度值为 0.01，pH 复合电极；50mL 比色管，2 支；分度吸量管，1mL、10mL 各 1 支；100mL 容量瓶，1 个；100mL 烧杯，4 个；500mL 烧杯，1 个；量筒，25mL、50mL 各 1 支；洗耳球，1 个；洗瓶，1 个。

（2）试剂

① 邻苯二甲酸盐标准缓冲溶液（0.05mol/L）：称取在105～110℃烘至恒重的苯二甲酸氢钾 10.21g 于 1000mL 容量瓶中，用水溶解并稀释至刻度，摇匀。此溶液放置时间应不超过一个月。

② 磷酸盐标准缓冲溶液（0.025mol/L）：称取 3.40g 磷酸二氢钾（KH_2PO_4）和 3.55g 磷酸氢二钠（Na_2HPO_4），溶于无 CO_2 的水，稀释至 1000mL。磷酸二氢钾和磷酸氢二钠需预先在 120℃±2℃ 下干燥 2h。

③ 硼酸盐标准缓冲溶液（0.01mol/L）：称取 3.81g 四硼酸钠（$Na_2B_4O_7 \cdot 10H_2O$）溶于无 CO_2 的水，稀释至 1000mL。存放时防止空气中的 CO_2 进入。

④ 盐酸溶液（1+39）：量取 3900mL 水，加入 100mL 盐酸，混匀。

⑤ 盐酸溶液（1+40）：量取 400mL 水，加入 10mL 盐酸，混匀。

⑥ 氯化钴溶液：称取 60g 氯化钴（$CoCl_2 \cdot 6H_2O$），溶于 900mL 盐酸溶液中，并用盐酸溶液稀释至 1000mL。用下述方法进行标定，并通过计算加入一定量的盐酸溶液，使溶液的最终浓度为 59.5mg/mL（以 $CoCl_2 \cdot 6H_2O$ 计）。

氯化钴溶液的标定方法为：吸取 5.0mL 氯化钴溶液，置于 200mL 磨口锥形瓶中，加 5mL 过氧化氢（3%）；10mL 氢氧化钠溶液（270g/L），缓缓煮沸 10min。静置冷却，加入 60mL 硫酸溶液（10%）和 2g 碘化钾，盖好瓶塞并缓缓摇动，使沉淀溶解，静置 10min。用硫代硫酸钠溶液 [$c(Na_2S_2O_3)=0.1mol/L$] 滴定释放出来的碘，近终点时加入 3mL 淀粉指示液（10g/L），继续滴定至溶液蓝色消失。氯化钴的浓度计算公式如下：

$$c = \frac{c_1 V_1 \times 237.9}{V}$$

式中　c——氯化钴溶液的浓度，mg/mL；

　　　c_1——硫代硫酸钠标准溶液之物质的量浓度，mol/L；

　　　V_1——硫代硫酸钠标准溶液的用量，mL；

　　　V——吸取氯化钴溶液的体积，mL；

237.9——与 1.00mL 硫代硫酸钠标准溶液 [$c(Na_2S_2O_3)=1.000mol/L$] 相当的以毫克表示的氯化钴（$CoCl_2 \cdot 6H_2O$）。

⑦ 氯化铁溶液：称取 46g 氯化铁（$FeCl_3 \cdot 6H_2O$），溶于 900mL 盐酸溶液中，并用盐酸溶液稀释至 1000mL。用下述方法进行标定，并通过计算加入一定量的盐酸溶液，使溶液的最终浓度为 45.0mg/mL。

氯化铁溶液的标定方法为：吸取 10.0mL 氯化铁溶液，置于 200mL 磨口锥形瓶中，加 15mL 水、5mL 盐酸及 4g 碘化钾，盖好瓶塞，于暗处静置 15min，加 100mL 水。用硫代硫酸钠标准溶液 [$c(Na_2S_2O_3)=0.1mol/L$] 滴定释放出来的碘，近终点时加 3mL 淀粉指示液（10g/L），继续滴定至溶液蓝色消失。氯化铁溶液的浓度按下式计算：

$$c = \frac{c_1 V_1 \times 270.3}{V}$$

式中　c——氯化铁溶液的浓度，mg/mL；

　　　c_1——硫代硫酸钠标准溶液之物质的量浓度，mol/L；

　　　V_1——硫代硫酸钠标准溶液的用量，mL；

　　　V——吸取氯化铁溶液的体积，mL；

270.3——与 1.00mL 硫代硫酸钠标准溶液 $[c(Na_2S_2O_3)=1.000mol/L]$ 相当的以毫克表示的氯化铁 $(FeCl_3 \cdot 6H_2O)$。

2. 实验步骤

（1）pH 值的测定

① 实验装置组装：pH 计、电极。

② pH 计的校准：配制两种标准缓冲溶液，校准 pH 计，用 pH 值与样品溶液接近的标准缓冲溶液定位。

③ 测定：用水冲洗电极，再用样品溶液洗涤电极，测定样品溶液的 pH 值。平行测定 2 次。

④ 数据记录及处理：实验数据记入下表中，取平行测定结果的算术平均值为测定结果。

pH 值测定

项目	1	2
温度		
pH		
pH 平均值		

（2）还原高锰酸钾物质的质量分数

① 测定：量取 24mL（19g）[化学纯取 10mL（8g）] 样品，注入干燥的具塞比色管中，温度 25℃，加 0.1mL 高锰酸钾标准滴定溶液 $[c(1/5KMnO_4)=0.1mol/L]$，摇匀，盖紧比色管，于 25℃ 避光放置 5min。溶液所呈粉红色不得浅于同体积标准比对溶液。

标准比对溶液的制备是分别量取 7.9mL 氯化钴溶液、6.0mL 氯化铁溶液，注入 100mL 容量瓶中，用盐酸溶液（1+40）稀释至刻度。

还原高锰酸钾物质（以氧或其他代表物质）的质量分数 w，数值以"%"表示，按下式计算：

$$w = \frac{\frac{a}{b}cVM}{m \times 1000} \times 100\%$$

式中　a——反应中锰在氧化形和还原形中价数差；

　　　b——氧或其他代表物质的氧化形和还原形中变价元素的价数之差；

　　　c——高锰酸钾标准滴定溶液浓度的准确数值，mol/L；

　　　V——高锰酸钾标准滴定溶液体积的数值，mL；

　　　M——氧或其他代表物质的摩尔质量的数值，g/mol；

　　　m——样品质量的数值，g。

② 数据记录及处理：实验数据记入下表中。

还原高锰酸钾物质的质量分数

项目	数值
样品质量/g	
高锰酸钾标准滴定溶液浓度/(mol/L)	
高锰酸钾标准滴定溶液加入体积/mL	
质量分数/%	

二、铁样分析

1.样品处理

（1）样品溶解

铁矿石试样预先在120℃烘箱中烘1～2h，取出在干燥器中冷却至室温，准确称取0.2～0.3g试样于250mL锥形瓶中，加几滴蒸馏水，摇动使试样润湿，加10mL浓HCl，盖上表面皿，缓缓加热使试样溶解（残渣为白色或近于白色SiO_2），此时溶液为橙黄色，用少量水冲洗表面皿，加热近沸。

（2）样品配制成分析样品

① 化学分析用试样。平行试样采用上述方法溶解，平行试样可以同时溶解，但溶解完全后，应每还原一份试样，立即滴定，以免Fe^{2+}被空气中的氧气氧化。

② 分光光度法用试样。将溶解后的样品冷却至室温，转入容量瓶（体积自选）中定容，摇匀，待测。

2.重铬酸钾法测定铁含量（无汞法）

（1）测定原理

在热溶液中用$SnCl_2$还原大部分铁Fe^{3+}，然后以钨酸钠为指示剂，用$TiCl_3$溶液定量还原剩余部分Fe^{3+}，当Fe^{3+}全部还原为Fe^{2+}后，过量1滴$TiCl_3$溶液使钨酸钠还原为蓝色的五价钨化合物，使溶液呈蓝色。滴加$K_2Cr_2O_7$标准溶液使蓝色刚好褪色。溶液中的Fe^{2+}在硫磷混酸介质中，以二苯胺磺酸钠为指示剂，用$K_2Cr_2O_7$标准溶液滴定至紫色为终点。

（2）仪器和试剂

① 仪器：100mL小烧杯1个；玻璃棒1根；50mL酸式滴定管1支；25mL量筒1个；100mL量筒1个；250ml容量瓶1个；250mL锥形瓶4个；分析天平；电炉1台；表面皿；洗瓶。

② 试剂：$K_2Cr_2O_7$基准物质；100g/L$SnCl_2$溶液；15g/L三氯化钛溶液；0.2g/100mL二苯胺磺酸钠指示剂；25%钨酸钠溶液；（1+1）HCl溶液；硫磷混酸；0.01mol/L稀重铬酸钾溶液；浓HCl。

（3）实验步骤

① 实验准备。配制$c(1/6K_2Cr_2O_7)=0.1mol/L$重铬酸钾标准滴定溶液；称取适量的已在120℃±2℃电烘箱中干燥至恒量的基准试剂重铬酸钾，溶于水，移入250ml容量瓶中，用水定容并摇匀。

$$c\left(\frac{1}{6}K_2Cr_2O_7\right)=\frac{m(K_2Cr_2O_7)}{M\left(\frac{1}{6}K_2Cr_2O_7\right)\times V_{实(250mL容量瓶实际体积)}\times 10^{-3}}$$

② 样品测定。取下加热近沸的锥形瓶稍冷，趁热滴加$SnCl_2$溶液，使大部分的Fe^{3+}还原为Fe^{2+}，此时试液变为浅黄色，加入10滴Na_2WO_4溶液，再用$TiCl_3$溶液滴至呈稳定的蓝色（"钨蓝"30秒内不褪色），再加入80mL去离子水，用稀$K_2Cr_2O_7$溶液滴至"钨蓝"刚好褪尽（此时不计读数），立即加入30mL硫磷混酸，然后加入5滴二苯胺磺酸钠指示剂，用$K_2Cr_2O_7$标准溶液滴定至溶液呈现稳定的紫色为终点。计算铁含量。

铁矿石中铁的质量分数按下式计算：

$$w(Fe)=\frac{c\left(\frac{1}{6}K_2Cr_2O_7\right)\times V(实\ K_2Cr_2O_7)\times 10^{-3}\times M(Fe)}{m}\times 100\%$$

式中　　　　$w(Fe)$ ——铁矿石中铁的质量分数，%；

$c(1/6K_2Cr_2O_7)$ ——$K_2Cr_2O_7$ 标准滴定溶液的浓度，mol/L；

$V(实\ K_2Cr_2O_7)$ ——测定铁实际消耗 $K_2Cr_2O_7$ 标准滴定溶液的体积，mL；

m ——称取铁样品质量，g；

$M(Fe)$ ——铁的摩尔质量，55.8g/mol。

3.分光光度法测定铁含量

在 pH≈5 的 HAc-NaAc 缓冲溶液中，Fe^{2+} 与邻菲咯啉生成稳定的橙红色配合物，$\lambda_{max}=510nm$，$\varepsilon=1.1\times10^4 L/(mol\cdot cm)$，用标准曲线法测定 Fe^{2+} 的含量。

（1）仪器与试剂

① 仪器：分光光度计（型号：1900）；100mL 容量瓶 2 个；50mL 容量瓶 11 个；1000mL 烧杯 1 个；100mL 烧杯 2 个；5mL 量杯一个；10mL、25mL 量筒各一支；1mL、2mL 单标线吸量管各 1 支；10mL 分度吸量管 1 支；吸收池（10mm）1 对；玻璃棒、滴管各 1 支；洗瓶 1 个；洗耳球 1 个。

② 试剂：铁标准储备溶液，$\rho=2000\mu g/mL$；抗坏血酸溶液，$\rho=100g/L$；HAc-NaAc 缓冲溶液，25℃时 pH=4.5；1,10-菲咯啉溶液，$\rho=1g/L$；盐酸溶液，1+1（相当于 180g/L）；氨水溶液，1+2。

③ 其他物品：精密 pH 试纸（0.5～5.5）；吸水纸；擦镜纸；标签纸；记号笔；废纸篓。

（2）实验步骤

① 吸收池配套性检查。石英吸收池在 220nm 装蒸馏水，以一个吸收池为参比，调节 T 为 100%，测定其余吸收池的透射比，其偏差应小于 0.5%，可配成一套使用，记录其余比色皿的吸光度值。

② 铁未知样浓度的测定。

a.标准系列溶液的配制：将铁标准储备液配制成适合于分光光度法对未知铁试样中铁含量测定的工作曲线使用的铁标准溶液，控制 pH≈2。用分刻度吸量管分别吸取工作曲线使用的铁标准溶液不同的体积于 7 个 50mL 容量瓶中，配制成分光光度法测定未知铁试样溶液中铁含量的标准系列溶液。

b.显色：加 2mL 抗坏血酸溶液，摇匀后加 20mL 缓冲溶液和 10mL 1,10-菲咯啉溶液，用水稀释至刻度，摇匀，放置不少于 15min。

c.最大吸收波长的选择：在 440～540nm 范围内选择出测定时的最大吸收波长（以试剂空白为参比）。

d.标准曲线的绘制：在最大吸收波长处，以试剂空白为参比，测定各自吸光度。以浓度为横坐标，以相应的吸光度为纵坐标绘制标准曲线。

e.未知样浓度的测定：取一定量的未知铁试样溶液三份，另取同样体积的试剂空白溶液一份，分别于四个 50mL 容量瓶中，加 2mL 抗坏血酸溶液，摇匀后加 20mL 缓冲溶液和 10mL 1,10-菲咯啉溶液，用水稀释至刻度，摇匀。放置不少于 15min 后，以试剂空白为参比，在已测定的最大吸收波长下，测定吸光度。由测得吸光度从工作曲线查得未知铁试样溶液铁含量，以 $\mu g/mL$ 表示。同时计算平行测定的极差的相对值。

4.方法比较及总结

实验报告中用精密度和准确度两组数据对两种测定方法进行比较分析。

第四部分

对物质进行分析与表征

9

波谱分析技术

9.1 紫外光谱

紫外和可见光谱（ultraviolet and visible spectroscopy，UV-Vis）是由分子吸收能量激发价电子或外层电子跃迁而产生的电子光谱。电子光谱的波长范围为 $10\sim800nm$，该波段又可分为：可见光区（$400\sim800nm$），有色物质在此区域有吸收；近紫外区（$200\sim400nm$），芳香族化合物或具有共轭体系的物质在此区域有吸收，该波段是紫外光谱研究的主要对象；远紫外区（$10\sim200nm$），由于空气中的 O_2、N_2、CO_2 和水蒸气在此区域也有吸收，对测定有干扰，远紫外光谱的操作必须在真空条件下进行，因此这段光谱又称为真空紫外光谱，通常所说的紫外光谱是指 $200\sim400nm$ 的近紫外光谱。现在市售紫外分光光度仪的测试波段通常较宽，包括紫外和可见光谱范围。

由于分子中价电子能级跃迁的同时伴随着振动能级和转动能级的跃迁，电子光谱通常不是尖锐的吸收峰，而是一些平的峰包。与其他的光谱测定方法相比，紫外光谱具有仪器价格较低、操作简便的优点，在有机化学领域应用广泛，主要应用于有机化合物共轭发色基团的鉴定、成分分析、平衡常数测定、分子量测定、互变异构体测定、氢键强度测定等，是一种有力的分析测试手段。

9.1.1 紫外光谱基本原理

（1）紫外吸收的产生

光是电磁波，其能量（E）高低可以用波长（λ）或频率（υ）来表示

$$E = h\upsilon = h \times \frac{c}{\lambda}$$

式中　c——光速（$3 \times 10^8 m/s$）；

　　　h——普朗克（Planck）常量（$6.626 \times 10^{-34} J \cdot s$）。

频率与波长的关系为：

$$\upsilon = \frac{c}{\lambda}$$

光子的能量与波长成反比，与频率成正比，即波长越长，能量越低；频率越高，能量越高。

表 9-1 列出了不同电磁波段的相应波长范围以及分子吸收不同能量电磁波所能激发的分子能级跃迁。如紫外和可见光引起分子中价电子的跃迁，红外光引起分子振动能级的跃迁；

因此紫外-可见光谱又称为电子光谱，而红外光谱又称为分子振动光谱。

表 9-1　电磁波谱

区域	波长	原子或分子的跃迁
γ射线	$10^{-3}\sim0.1\text{nm}$	核跃迁
X射线	$0.1\sim10\text{nm}$	内层电子跃迁
远紫外	$10\sim200\text{nm}$	中层电子跃迁
紫外	$200\sim400\text{nm}$	外层(价)电子跃迁
可见	$400\sim800\text{nm}$	
红外	$0.8\sim50\mu\text{m}$	分子转动和振动跃迁
远红外	$50\sim1000\mu\text{m}$	
微波	$0.1\sim100\text{cm}$	
无线电波	$1\sim100\text{m}$	核自旋取向跃迁

紫外光谱是分子在入射光的作用下发生价电子的跃迁而产生的。当以一定波长范围的连续光波照射样品时，其中特定波长的光子被吸收，使透射光强度发生改变，于是产生了以吸收谱线组成的吸收光谱，以波长为横坐标，百分透光率（$T\%$）或吸光度（A）为纵坐标即可得被测化合物的吸收光谱。当照射光的波长范围处于紫外光区时，所得的光谱称为紫外吸收光谱。吸收光谱又称吸收曲线，最大吸收值所对应的波长称最大吸收波长（$\lambda_{\max}$），曲线的谷所对应的波长称最低吸收波长（$\lambda_{\min}$）。在峰旁边一个小的曲折称为肩峰；在吸收曲线的波长最短一端，吸收相当大但不成峰形的部分称为末端吸收。整个吸收光谱的位置、强度和形状是鉴定化合物的标志。

（2）溶剂的选择

测定化合物的紫外吸收光谱时一般均配成溶液，故选择合适的溶剂很重要。选择溶剂的原则是：

① 样品在溶剂中应当溶解良好，能达到必要的浓度（此浓度与样品的摩尔吸光系数有关）以得到吸光度适中的吸收曲线。

② 溶剂应当不影响样品的吸收光谱，因此在测定的波长范围内溶剂应当是紫外透明的，即溶剂本身没有吸收，透明范围的最短波长称透明界限，测试时应根据溶剂的透明界限选择合适的溶剂。常用溶剂的透明界限如表 9-2 所示。

③ 为降低溶剂与溶质分子间作用力，减少溶剂对吸收光谱的影响，应尽量采用低极性溶剂。

④ 尽量与文献中所用的溶剂一致。

⑤ 溶剂挥发性小、不易燃、无毒性、价格便宜。

⑥ 所选用的溶剂应不与待测组分发生化学反应。

表 9-2　紫外光谱测量常用溶剂的透明界限

溶剂	透明界限/nm	溶剂	透明界限/nm	溶剂	透明界限/nm	溶剂	透明界限/nm
水	205	正己烷	195	环己烷	205	乙腈	190
异丙醇	203	乙醇	205	乙醚	210	二氧六环	211
氯仿	245	乙酸乙酯	254	乙酸	255	苯	278
吡啶	305	丙酮	330	甲醇	202	石油醚	297

（3）紫外光谱中常用的名词术语

① 发色团（chromophore）或称生色团。发色团称生色团，是指在一个分子中产生紫外吸收带的官能团，一般为带有 π 电子的基团。有机化合物中常见的发色团有羰基、硝基、双键、叁键以及芳环等。发色团的结构不同，电子跃迁类型也不同，通常为 n→π*，π→π* 跃迁，最大吸收波长大于 210nm。常见发色团的紫外吸收如表 9-3 所示。

表 9-3　常见发色团的紫外吸收

发色团	化合物	溶剂	λ_{max}/nm	ε_{max}
$\diagup$C=C$\diagdown$	CH_2=CH_2	气态	165	10000
—C≡C—	HC≡CH	气态	173	6000
—C≡N	CH_3C≡N	气态	167	—
$\diagup$C=O	CH_3COCH_3	环己烷	166 276	15
—COOH	CH_3COOH	水	204	40
$\diagup$C=S	CH_3CSCH_3	水	400	—
—N$\diagup$O$\diagdown$O	CH_3NO_2	水	270	14
—O—N=O	$CH_3(CH_2)_7ON$=O	正己烷	230 370	2200 55
—C=C—C=C—	CH_2=CH—CH=CH_2	正己烷	217	21000
苯环	甲苯	正己烷	261 206.5	225 7000
	苯	正己烷	254 203.5	205 7400

② 助色团（auxochrome）。有些原子或原子团单独在分子中存在时，吸收波长小于 200nm，而与一定的发色团相连时，可以使发色团所产生的吸收峰位置红移，吸收强度增加，具有这种功能的原子或原子团称为助色团。助色团一般为带有孤电子对的原子或原子团。常见的助色团有—OH、—OR、—NHR、—SH、—SR、—Cl、—Br、—I 等。在这些助色团中，由于具有孤电子对的原子或原子团与发色团的 π 键相连，可以发生 p-π 共轭效应，结果使电子的活动范围增大，容易被激发，使 π→π* 跃迁吸收带向长波方向移动，即红移。例如，苯环 B 带吸收出现在约 254nm 处，而苯酚的 B 带由于苯环上连有助色团—OH，而红移至 270nm，强度也有所增加。

③ 红移（red shift）。红移也称向长波移动（bathochromic shift）。当有机物的结构发生变化（如取代基的变更）或受到溶剂效应的影响时，其吸收带的最大吸收波长（λ_{max}）向长波方向移动的效应。

④ 蓝移（blue shift）。蓝移也称向短波移动（hypsochromic shift），与红移效应相反。

⑤ 增色效应（hyperchromic effect）。增色效应或称浓色效应，是使吸收带的吸收强度增加的效应，反之称为减色效应（hypochromic effect）或浅色效应。

⑥ 强带。在紫外光谱中，凡摩尔吸光系数大于 10^4 的吸收带称为强带。产生这种吸收带的电子跃迁往往是允许跃迁。

⑦ 弱带。凡摩尔吸光系数小于 1000 的吸收带称为弱带。产生这种吸收带的电子跃迁往往是禁阻跃迁。

9.1.2　各类化合物的紫外吸收光谱

9.1.2.1　饱和烃化合物

饱和烃类化合物只含有单键（σ 键），只能产生 $\sigma \to \sigma^*$ 跃迁，由于电子由 σ 成键轨道跃迁至 σ^* 反键轨道所需的能量高，吸收带位于真空紫外区，如甲烷和乙烷的吸收带分别在 125nm 和 135nm。C—C 键的强度比 C—H 键的强度低，所以乙烷的波长比甲烷的波长要长一些。由于真空紫外区在一般仪器的使用范围外，故这类化合物的紫外吸收在有机化学中应用价值很小。

环烷烃由于环张力的存在，降低了 C—C 键的强度，实现 $\sigma \to \sigma^*$ 跃迁所需要的能量也相应要减小，其吸收波长要比相应直链烷烃大许多，环越小，吸收波长越大。例如，环丙烷的 $\lambda_{max} = 190nm$，而丙烷的 λ_{max} 仅为 150nm。

对于含有杂原子的饱和化合物，如饱和醇、醚、卤代烷、硫化物等，由于杂原子有未成键的 n 电子，因而可产生 $n \to \sigma^*$ 跃迁，n 轨道能级比 σ 轨道能级高，因而 $n \to \sigma^*$ 跃迁所需吸收的能量比 $\sigma \to \sigma^*$ 小，吸收带的波长也相应红移，有的移到近紫外区，但因为这种跃迁为禁阻的，吸收强度弱，应用价值小。吸收带的波长与杂原子的性质有关，杂原子的原子半径增大，化合物的电离能降低，吸收带波长红移，如在卤代烷中，吸收带的波长和强度按 F＜Cl＜Br＜I 依次递增，溴代烷或碘代烷的 $n \to \sigma^*$ 跃迁波长在近紫外区。在卤代烷烃中，由于超共轭效应的作用，吸收带波长随碳链的增长及分支的增多而红移。卤代烃的紫外吸收如表 9-4 所示。

烷烃和卤代烷烃的紫外吸收用于直接分析化合物的结构的意义并不大，通常这些化合物作为紫外分析的溶剂，其中由于四氯化碳的吸收特别低，$\lambda_{max} = 105.5nm$，是真空紫外区的最佳溶剂。

表 9-4　某些卤代烃的紫外特征吸收

化合物	溶剂	λ_{max}/nm	ε_{max}
CF_4	蒸气	105.2	—
CH_3F	蒸气	173	—
		160	—
		153	—
		169	370
$CHCl_3$	蒸气	175	—
		175.5	950
CH_3Br	蒸气	204	200
		175	—
CH_2Br_2	异辛烷	200.5	1050
		198	970
$CHBr_3$	异辛烷	223.4	1980
CH_3I	蒸气	257	230
	异辛烷	257.5	370
CHI_3	异辛烷	349.4	2140
		307.2	830
		274.9	1310

9.1.2.2 简单的不饱和化合物

不饱和化合物由于含有 π 键而具有 $\pi \rightarrow \pi^*$ 跃迁，$\pi \rightarrow \pi^*$ 跃迁能量比 $\sigma \rightarrow \sigma^*$ 小，但对于非共轭的简单不饱和化合物跃迁能量仍然较高，位于真空紫外区。最简单的碳碳双键化合物为乙烯，在 165nm 处有一个强的吸收带，一个 π 电子跃迁至 π 反键轨道，在 200nm 附近还有一个弱吸收带，此跃迁的概率小，吸收强度弱。

当烯烃双键上引入助色基团时，$\pi \rightarrow \pi^*$ 吸收将发生红移，甚至移到近紫外光区。原因是助色基团中的 n 电子可以产生 p-π 共轭，使 $\pi \rightarrow \pi^*$ 跃迁能量降低，烷基可产生超共轭效应，也可使吸收红移，不过这种助色作用很弱，如 $(CH_3)_2C=C(CH_3)_2$ 的吸收峰位于 197nm ($\varepsilon = 11500$) 处。不同助色基团对乙烯吸收位置的影响如表 9-5 所示。

表 9-5　助色基团对乙烯吸收位置的影响

取代基	NR₂	OR	SR	Cl	CH₃
红移距离/nm	40	30	45	5	5

最简单的叁键化合物为乙炔，其吸收带在 173nm，$\varepsilon = 6000$，无实用价值，与双键化合物相似，烷基取代后可使吸收带向长波移动。炔类化合物除 180nm 附近的吸收带外，在 220nm 处有一个弱吸收带，$\varepsilon = 100$。

简单羰基的分子轨道 C—O 之间除 σ 建的电子外，有一对 π 电子，氧原子上还有两对未成键电子。可以发生 $n \rightarrow \sigma^*$；$n \rightarrow \pi^*$ 和 $\pi \rightarrow \pi^*$ 跃迁，能量最低的分子未占有轨道为 C—O 的 π^* 反键。羰基有三个吸收带，一个弱带在 270～300nm 处，$\varepsilon < 100$，为 R 带；一个带于 180～200nm 处，$\varepsilon = 10^4$，谱带略宽，为 $n \rightarrow \sigma^*$ 跃迁产生；另一个强带于 150～170nm 处，$\varepsilon > 10^4$，为 $\pi \rightarrow \pi^*$ 跃迁产生。羰基的 $n \rightarrow \pi^*$ 波长较长 (270～300nm)，其跃迁为禁阻的，故吸收强度很弱，但在结构的鉴定上有一定的应用价值。羰基的 $n \rightarrow \pi^*$ 波长随溶剂的极性增加向短波方向移动。

酮类化合物的 α 碳上有烷基取代后使 $\pi \rightarrow \pi^*$ 吸收带 (K 带) 向长波移动，可能是烷基诱导效应所引起。环酮吸收带的波长与环的大小有关，其中环戊酮的吸收波长最长为 300nm，这个特征在结构测定中可以协助其他波谱测试手段，用于鉴别环的大小。非环酮的 α 位若有卤素、羟基或烷氧基等助色基团取代，吸收带红移且强度增强，如 α-溴代丙酮在己烷中的吸收带为 $\lambda_{max} = 311$nm ($\varepsilon = 83$)，而丙酮在己烷中的吸收带为 $\lambda_{max} = 274$ ($\varepsilon = 22$)。醛、酮紫外特征吸收如表 9-6 所示。

表 9-6　某些脂肪族醛和酮的吸收特征

化合物	溶剂	$n \rightarrow \pi^*$		$n \rightarrow \sigma^*$	
		λ_{max}/nm	ε	λ_{max}/nm	ε
甲醛	蒸气	304	18	175	18000
乙醛	蒸气	310	5	—	—
丙酮	蒸气	289	12.5	182	10000
2-戊酮	己烷	278	15	—	—
4-甲基-2-戊酮	异辛烷	283	20	—	—
环戊酮	异辛烷	300	18		
环己酮	异辛烷	291	15		
环辛酮	异辛烷	291	14		

9.1.2.3 共轭双烯

当两个生色基团在同一个分子中，间隔有一个以上的亚甲基，分子的紫外光谱往往是两个单独生色基团光谱的加和。若两个生色基团间只隔一个单键则成为共轭系统，共轭系统中两个生色基团相互影响，其吸收光谱与单一生色基团相比有很大改变。共轭体系越长，其最大吸收越移向长波方向，甚至可达可见光部分，并且随着波长的红移，吸收强度也增大。下面介绍一些共轭体系中紫外吸收值的经验计算方法。

一些共轭体系的 K 带吸收位置可以通过经验公式计算得到，其计算值与实测值较为符合，共轭烯的最大吸收可通过 Woodward-Fieser 规则计算，计算所用的参数如表 9-7 所示。

表 9-7　共轭烯的紫外吸收位置计算规则（Woodward-Fieser 规则）

波长增加因素	λ_{max}/nm
开链或非骈环共轭双烯	基本值 217
双键上烷基取代	增加值 +5
环外双键	+5
同环共轭双烯或共轭多烯	
骈环异环共轭双烯	基本值 214
同环共轭双烯	253
延长一个共轭双键	增加值 +30
烷基或者环残基取代	+5
环外双键	+5
助色基团	
—OAc	0
—OR	+6
—SR	+30
—Cl、—Br	+5
—NR$_2$	+60

计算举例，计算结果后的括号内为实测值：

① 共轭双烯基本值　　　　217
4 个环烷基取代　　　　+5×4
计算值　　　　237（nm）　　　（238nm）

② 非骈环双烯基本值　　　217
4 个环烷基或烷基取代　+5×4
环外双键　　　　　　　+5
计算值　　　　242（nm）　　　（243nm）

③ 链状共轭双键　　　　　217
4 个烷基取代　　　　　+5×4
2 个环外双键　　　　　+5×4
计算值　　　　247（nm）　　　（247nm）

④ 同环共轭双烯基本值　　253
5 个烷基取代　　　　　+5×5
3 个环外双键　　　　　+5×3
延长 2 个共轭双键　　　+30×2
计算值　　　　353（nm）　　　（355nm）

9.1.2.4 α,β-不饱和羰基化合物

(1) α,β-不饱和醛、酮紫外吸收计算值

由于 Woodward（伍德沃德）；Fieser（费塞尔）；Scott（斯科特）的工作，共轭醛、酮的 K 吸收带的 λ_{max} 也可以通过计算得到。计算所用的参数如表 9-8 所示。

表 9-8　α,β-不饱和醛、酮紫外 K 带吸收波长计算规则（乙醇为溶剂）

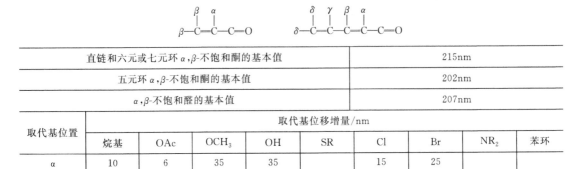

直链和六元或七元环 α,β-不饱和酮的基本值	215nm
五元环 α,β-不饱和酮的基本值	202nm
α,β-不饱和醛的基本值	207nm

取代基位置	取代基位移增量/nm								
	烷基	OAc	OCH₃	OH	SR	Cl	Br	NR₂	苯环
α	10	6	35	35		15	25		
β	12	6	30	30	85	12	30	95	63
γ	18	6	17	30					
δ	18	6	31	50					

表 9-8 是以乙醇为溶剂的参数，如采用其他溶剂可以利用表 9-9 校正。

表 9-9　α,β-不饱和醛、酮紫外 K 吸收波长的溶剂校正

溶剂	甲醇	氯仿	二氧六环	乙醚	己烷	环乙烷	水
≥λ/nm	0	+1	+5	+7	+11	+11	-8

计算举例，计算结果后的括号内为实测值：

① 六元环 α,β-不饱和酮的基本值　　215
2 个 β 取代　　　　　　　　　　　+12×2
1 个环外双键　　　　　　　　　　+5
计算值　　　　　　　　　　　　　244(nm)（251nm）

② 六元环 α,β-不饱和酮的基本值　　215
1 个烷基 α 取代　　　　　　　　　+10
2 个烷基 β 取代　　　　　　　　　+12×2
2 个环外双键　　　　　　　　　　+5×2
计算值　　　　　　　　　　　　　259（nm）（258nm）

③ 直链 α,β-不饱和酮的基本值　　　215
延长 1 个共轭双键　　　　　　　　+30
1 个烷基取代　　　　　　　　　　+18
1 个烷基取代　　　　　　　　　　+18
计算值　　　　　　　　　　　　　281（nm）（258nm）

α,β-不饱和醛 π→π* 跃迁规律酮很相似，只是醛吸收带 λ_{max} 比相应的酮向蓝位移 5nm。

(2) α,β-不饱和羧酸、酯、酰胺

α,β-不饱和羧酸和酯的计算方法与 α,β-不饱和酮相似，波长较相应的 α,β-不饱和醛、酮蓝移，α,β-不饱和酰胺的 λ_{max} 低于相应的羧酸，计算所用的参数如表 9-10 所示。

表 9-10　α,β-不饱和羧酸和酯的紫外 K 带吸收波长计算规则（乙醇为溶剂）

基准值/nm	烷基单取代酸和酯(α 或 β)	208
	烷基双取代酸和酯(α,β 或 β,β)	217
	烷基三取代羧酸和酯(α,β,β)	225
取代基增加值/nm	环外双键	+5
	双键在五元或七元环内	+5
	延长 1 共轭双键	+30
	γ-位或 δ-位烷基取代	+18
	α-位 OCH_3,OH,Br,Cl 取代	+15—20
	β-OCH_3,OR 取代	+30
	β 位 $N(CH_3)_2$ 取代	+60

9.1.2.5　芳香族化合物的紫外吸收光谱

芳香族化合物在近紫外区显示特征的吸收光谱，图 9-1 是苯在异辛烷中的紫外吸收光谱，吸收带为：184nm($\varepsilon=68000$)，203.5nm($\varepsilon=8800$) 和 254nm($\varepsilon=250$)。分别对应于 E_1 带、E_2 带和 B 带。B 带吸收带由系列精细小峰组成，中心在 254.5nm 处，是苯最重要的吸收带，又称苯型带。B 带受溶剂的影响很大，在气相或非极性溶剂中测定，所得谱带峰形精细尖锐；在极性溶剂中测定，则峰形平滑，精细结构消失。取代基影响苯的电子云分布，使吸收带向长波移动，强度增强，精细结构变模糊或完全消失，影响的大小，与取代基的电负性和空间位阻有关。

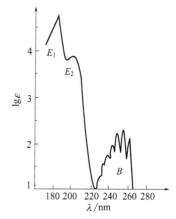

图 9-1　苯的紫外吸收光谱图
（溶剂：异辛烷）

（1）取代苯

苯环上有一元取代基时，一般引起 B 带的精细结构消失，并且各谱带的 λ_{max} 发生红移，ε_{max} 值通常增大（表 9-11）。当苯环引入烷基时，由于烷基的 C—H 与苯环产生超共轭效应，使苯环的吸收带红移，吸收强度增大。对于二甲苯来说，取代基的位置不同，红移和吸收增强效应不同，通常顺序为：对位＞间位＞邻位。

当取代基上具有的非键电子的基团与苯环的六电子体系共轭相连时，无论取代基具有吸电子作用还是供电子作用，都将在不同程度上引起苯的 E_2 带和 B 带的红移。另外，由于共轭体系的离域化，使 π^* 轨道能量降低，也使取代基的 $n \to \pi^*$ 跃迁的吸收峰向长波方向移动。

表 9-11　简单取代苯的紫外吸收谱带数据

取代基	E_2 带		B 带		溶剂
	λ_{max}/nm	ε_{max}	λ_{max}/nm	ε_{max}	
—H	203	7400	254	205	水
—OH	211	6200	270	1450	水
—O^-	235	9400	287	2600	水
—OCH_3	217	6400	269	1500	水
—F	204	6200	254	900	乙醇
—Cl	210	7500	264	190	乙醇

取代基	E_2 带		B 带		溶剂
	λ_{max}/nm	ε_{max}	λ_{max}/nm	ε_{max}	
—Br	210	7900	261	192	乙醇
—I	226	13000	256	800	乙醇
—SH	236	10000	269	700	己烷
—NHCOCH₃	238	10500			水
—NH₂	230	8600	280	1430	水
—NH₃⁺	203	7500	254	160	水
—SO₂NH₂	218	9700	265	740	水
—CHO	244	15000	280	1500	己烷
—COCH₃	210	13000	278	1100	乙醇
—NO₂	252	10000	280	1000	己烷
—CH=CH₂	244	12000	282	450	乙醇
—CN	224	13000	271	1000	2%甲醇水溶液
—COO⁻	224	8700	268	560	2%甲醇水溶液

当引入的基团为助色基团时，取代基对吸收带的影响大小与取代基的推电子能力有关。推电子能力越强，影响越大。其顺序为：

$$—O^- > —NH_2 > —OCH_3 > —OH > —Br > —Cl > —CH_3$$

当引入的基团为发色基团时，其对吸收谱带的影响程度大于助色基团。影响的大小与发色基团的吸电子能力有关，吸电子能力越强，影响越大，其顺序为：

$$—NO_2 > —CHO > —COCH_3 > —COOH > —CN^-；$$
$$—COO^- > —SO_2NH_2 > —NH_3^+$$

Scott 总结了芳环羰基化合物的一些规律，提出了羰基取代芳环 250nm 带的计算方法（表 9-12）。

表 9-12　苯环取代对 250nm 带的影响（溶剂：乙醇）

基本发色基团 ϕ—COR	基本值 λ_{max}/nm
R=烷基（或脂肪环）（苯甲酰酮）	246
R=H（苯甲醛）	250
R=OH,OR（苯甲酸及酯）	230

环上每个取代基对吸收波长的影响 $\Delta\lambda/nm$			
取代基	邻位	间位	对位
烷基或脂肪环	3	3	10
—OH，—OCH₃，—OR	7	7	25
—O⁻	11	20	18
—Cl		0	10
—Br	2	2	15
—NH₂	13	13	58
—NHAc	20	2	45
—NHCH₂			73
—N(CH₃)₂	20	20	85

注：位阻可使 $\Delta\lambda$ 值显著降低。

计算举例，计算结果后的括号内为实测值：

① 基本值　　　　　　　　　　246
　邻位环烷基　　　　　　　　　+3
　对位—OCH_3取代　　　　　+25
　计算值　　　　　　　　　　　274(nm)
　实验值　　　　　　　　　　　276nm($\varepsilon=16500$)
② 基本值　　　　　　　　　　246
　邻位环烷基　　　　　　　　　+3
　邻位—OH取代　　　　　　　+7
　间位—Cl取代　　　　　　　　+0
　计算值　　　　　　　　　　　256(nm)
　实验值　　　　　　　　　　　257nm($\varepsilon=8000$)

(2) 联苯

联苯由两个苯环以单键相连，形成一个大的共轭体系，当两个苯环共平面时，共轭体系能量最低，紫外吸收波长最长。在苯环上引入体积大的基团，特别是在苯的邻位，将会破坏两个苯环的共平面性质，使有效的共轭减少，紫外吸收波长蓝移，吸收强度降低。例如：

249nm ($\varepsilon=19000$)　　235nm ($\varepsilon=10250$)

(3) 稠环芳烃

线型结构的稠环芳烃，他们的吸收曲线形状非常相似，随着苯环数目的增加，吸收波长红移。角型结构的稠环芳烃，如菲类，随着环的增加，吸收波长也出现红移，但红移的幅度比线型结构芳烃要小。由于稠环芳烃的紫外吸收光谱都比较复杂，且往往具有精细结构，因此可以用于化合物的指纹鉴定。

(4) 苯乙烯和二苯乙烯

苯乙烯在乙醇或烷烃溶剂中紫外吸收出现在248nm处，为具有精细结构的强吸收带，在270~290nm处有精细结构的弱峰。苯环邻位、烯的α位和顺式烯β位取代的衍生物显示出位阻的影响，使250nm的吸收带精细结构消失，强度降低，波长蓝移。对位和反式β位取代则使吸收带红移且强度增强。

二苯乙烯有顺式和反式，紫外吸收不相同，顺式的吸收峰没有精细结构，吸收波长比反式异构体的短，强度低；反式则有三个主要的吸收带，有精细结构。

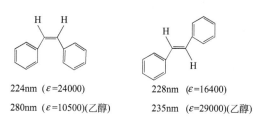

224nm ($\varepsilon=24000$)　　　　228nm ($\varepsilon=16400$)
280nm ($\varepsilon=10500$)(乙醇)　235nm ($\varepsilon=29000$)(乙醇)

9.1.2.6　含氮化合物

最简单的含氮化合物是氨，它可产生$\sigma \rightarrow \sigma^*$跃迁和$n \rightarrow \sigma^*$跃迁，其中$n \rightarrow \sigma^*$可产生两个谱带，分别位于151.5nm、194.2nm处。氨的衍生物也同样具有两个吸收谱带，烷基的取代使波长红移，如甲胺的 $\lambda_{max}=215nm$，二甲胺的 $\lambda_{max}=220nm$，三甲胺的 $\lambda_{max}=227nm$。不饱和含氮化合物由于受 n-π、π-π 共轭作用的影响，波长红移，吸收强度增加。

硝基和亚硝基化合物由于 N、O 均含有未共用电子对和 π^* 反键轨道，具有 $n{\rightarrow}\pi^*$ 跃迁产生的 R 带。亚硝基化合物在可见光区有一弱吸收带，位于 675nm 处，ε 为 20，为氮原子的 $n{\rightarrow}\pi^*$ 跃迁产生；300nm 处有一强谱带，为氧原子的 $n{\rightarrow}\pi^*$ 跃迁产生。硝基化合物可以产生 $n{\rightarrow}\pi^*$ 和 $\pi{\rightarrow}\pi^*$ 跃迁，$\pi{\rightarrow}\pi^*$ 吸收小于 200nm，$\pi{\rightarrow}\pi^*$ 吸收在 275nm 处，强度低。如有双键与硝基共轭，则吸收红移，强度增加，如硝基苯的 $n{\rightarrow}\pi^*$ 吸收位于 330nm（$\varepsilon=125$）处，$\pi{\rightarrow}\pi^*$ 吸收位于 260nm（$\varepsilon=8000$）处。

9.1.2.7　无机化合物

无机化合物的紫外光谱通常是由两种跃迁引起的，即电荷迁移跃迁和配位场跃迁。

所谓电荷迁移跃迁，指在光能激发下，某一化合物（配合物）中的电荷发生重新分布，导致电荷可从化合物（配合物）的一部分迁移到另一部分而产生的吸收光谱。这种光谱产生的条件是分子中有一部分能作为电子给予体，而另一部分能作为电子接受体。由于在激发过程中，电子在分子中的分布发生了变化，因此有人认为电荷迁移的过程实际是分子内的氧化-还原过程。例如，Fe^{3+} 与硫氰酸盐生成的配合物为红色，在可见光区有强烈的电荷迁移吸收

$$[Fe^{3+}(SCN)^-]^{2+} \xrightarrow{h\upsilon} [Fe(SCN)]^{2+}$$

式中　　Fe^{3+}——电子受体；

$(SCN)^-$——电子给体。

过渡金属离子及其化合物除了电荷迁移跃迁以外还可能发生配位场跃迁。配位场跃迁包括 $d{\rightarrow}d$ 跃迁和 $f{\rightarrow}f$ 跃迁。在配位场的影响下处于低能态 d 轨道上的电子受激发后跃迁到高能态的 d 轨道，这种跃迁称为 $d{\rightarrow}d$ 跃迁。镧系和锕系元素含有 f 轨道，在配位场的影响下处于低能态 f 轨道上的电子受激发后跃迁到高能态的 f 轨道，这种跃迁称为 $f{\rightarrow}f$ 跃迁。配体不同，同一中心离子产生跃迁所吸收的能量也不同，即吸收波长不同。由于 d 轨道跃迁易受外界的影响，$d{\rightarrow}d$ 跃迁的吸收谱带较宽；f 轨道属于较内层的轨道，吸收受外界影响小，吸收峰为尖锐的窄峰。镧系元素离子光谱的尖锐特征吸收峰常用来校正分光光度计的波长。

9.1.3　紫外光谱的应用

(1) 化合物的鉴定

利用紫外光谱可以推导有机化合物的分子骨架中是否含有共轭结构体系，如 C=C—C=C、C=C—C=O、苯环等。利用紫外光谱鉴定有机化合物远不如利用红外光谱有效，因为很多化合物在紫外没有吸收或者只有微弱的吸收，并且紫外光谱一般比较简单，特征性不强。紫外光谱可以用来检验一些具有大的共轭体系或发色官能团的化合物，可以作为其他鉴定方法的补充。鉴定化合物主要是根据光谱图上的一些特征吸收，特别是最大吸收波长 λ_{max} 和摩尔吸光系数 ε 值，来进行鉴定。

如果一个化合物在紫外区是透明的，则说明分子中不存在共轭体系，不含有醛基、酮基或溴和碘。可能是脂肪族碳氢化合物、胺、腈、醇等不含双键或环状共轭体系的化合物。

如果在 210～250nm 有强吸收，表示有 K 吸收带，则可能含有两个双键的共轭体系，如共轭二烯或 α,β-不饱和酮等。同样在 260nm、300nm、330nm 处有高强度 K 吸收带，则表示有三个、四个和五个共轭体系存在。

如果在 260~300nm 有中强吸收（ε 为 200~1000），则表示有 B 带吸收，体系中可能有苯环存在。如果苯环上有共轭的生色基团存在时，则 ε 可以大于 10000。

如果在 250~300nm 有弱吸收带（R 吸收带），则可能含有简单的非共轭体系并含有 n 电子的生色基团，如羰基等。

如果化合物呈现许多吸收带，甚至延伸到可见光区，则可能含有一长链共轭体系或多环芳香性生色团。若化合物具有颜色，则分子中含有的共轭生色团或助色团至少有四个，一般在五个以上（偶氮化合物除外）。

但是物质的紫外光谱所反映的实际上是分子中发色基团和助色基团的特性，而不是整个分子的特性，所以，单独从紫外吸收光谱不能完全确定化合物的分子结构，必须与红外光谱、核磁共振、质谱及其他方法相配合，方能得出可靠的结论。但是紫外光谱在推测化合物结构时，也能提供一些重要的信息，如发色官能团，结构中的共轭关系，共轭体系中取代基的位置、种类和数目等。

鉴定的方法有两种：

① 与标准物、标准谱图对照。将样品和标准物以同一溶剂配制相同浓度溶液，并在同一条件下测定，比较光谱是否一致。如果两者是同一物质，则所得的紫外光谱应当完全一致。如果没有标准样品，可以与标准谱图进行对比，但要求测定的条件要与标准谱图完全相同，否则可靠性较差。

② 吸收波长和摩尔消光吸收。由于不同的化合物，如果具有相同的发色基团，也可能具有相同的紫外吸收波长，但是它们的摩尔消光吸收是有差别的。如果样品和标准物的吸收波长相同，摩尔消光吸收也相同，可以认为样品和标准物是具有相同的结构单元。

（2）成分分析案例

紫外光谱在有机化合物含量测定方面的应用比其在化合物定性鉴定方面具有更大的优越性，方法的灵敏度高，准确性和重现性都很好，应用非常广泛。只要对近紫外光有吸收或可能有吸收的化合物，均可用紫外分光光度法进行测定。定量分析的方法与可见分光光度法相同。

9.2 红外光谱

红外光谱（infrared spectroscopy，IR）是研究分子运动的吸收光谱，也称为分子光谱。通常红外光谱是指波长为 2~251μm 的吸收光谱，这段波长范围反映出分子中原子间的振动和变角运动。分子在振动运动的同时还存在转动运动，虽然转动运动所涉及的能量变化较小，处在远红外区，但转动运动影响到振动运动产生偶极矩的变化，因而在红外光谱区实际所测得的谱图是分子的振动与转动运动的加合表现，因此红外光谱又称为分子振转光谱。

由于每一种分子中各个原子之间的振动形式十分复杂，即使是简单的化合物，其红外光谱也是复杂而有其特征的，因此可以通过分析化合物的红外谱图获得许多反映分子所带官能团的信息，用于鉴定化合物的分子结构。

红外光谱可以应用于化合物分子结构的测定，未知物鉴定以及混合物成分分析。根据光谱中吸收峰的位置和形状可以推断未知物的化学结构；根据特征吸收峰的强度可以测定混合物中各组分的含量；应用红外光谱可以测定分子的键长、键角，从而推断分子的立体构型，判断化学键的强弱等。因此，对于化学工作者来说，红外光谱已经成为一种不可缺少的分析工具。

9.2.1 红外光谱的基本原理

9.2.1.1 分子的振动与红外吸收

任何物质的分子都是由原子通过化学键联结起来而组成的。分子中的原子与化学键都处于不断的运动中。它们的运动，除了原子外层价电子跃迁以外，还有分子中原子的振动和分子本身的转动。这些运动形式都可能吸收外界能量而引起能级的跃迁，每一个振动能级常包含有很多转动分能级，因此在分子发生振动能级跃迁时，不可避免地发生转动能级的跃迁，因此无法测得纯振动光谱，故通常所测得的光谱实际上是振动-转动光谱，简称振转光谱。

(1) 双原子分子的振动

图 9-2 双原子分子振动模型

分子的振动运动可近似地看成一些用弹簧连接着的小球的运动。以双原子分子为例，若把两原子间的化学键看成质量可以忽略不计的弹簧，两个原子的原子量为 M_1、M_2。如果把两个原子看成两个小球，则它们之间的伸缩振动可以近似地看成沿轴线方向的简谐振动，如图 9-2。

因此可以把双原子分子称为谐振子。这个体系的振动频率 v（以波数表示），由经典力学（虎克定律）可导出：

$$\overline{\nu} = \frac{1}{2\pi c} \sqrt{\frac{K}{\mu}}$$

式中 c——光速，$3 \times 10^8 \text{m/s}$；

K——化学键的力常数，N/m；

μ——折合质量，kg，$\mu = \dfrac{M_1 M_2}{M_1 + M_2}$。

如果力常数以 N/m 为单位，折合质量 μ 以原子质量为单位，则上式可简化为：

$$\nu = 130.2 \sqrt{\frac{K}{\mu}}$$

双原子分子的振动频率取决于化学键的力常数和原子的质量，化学键越强，原子量越小，振动频率越高。

H—Cl	2892.4cm^{-1}	C=C	1683cm^{-1}
C—H	2911.4cm^{-1}	C—C	1190cm^{-1}

同类原子组成的化学键（折合质量相同），力常数大的，基本振动频率就大。由于氢的原子质量最小，故含氢原子单键的基本振动频率都出现在中红外的高频率区。

(2) 多原子分子的振动

① 基本振动的类型。多原子分子基本振动类型可分为两类：伸缩振动和弯曲振动。比如亚甲基—CH_2—的各种振动形式，如图 9-3。

伸缩振动用 v 表示，伸缩振动是指原子沿着键轴方向伸缩，使键长发生周期性的变化的振动。伸缩振动的力常数比弯曲振动的力常数要大，因而同一基团的伸缩振动常在高频区出现吸收。周围环境的改变对频率的变化影响较小。由于振动偶合作用，原子数 N 大于等于 3 的基团还可以分为对称伸缩振动和不对称伸缩振动，符号分别为 v_s 和 v_{as}，一般 v_{as} 比 v_s 的频率高。

弯曲振动用 δ 表示，弯曲振动又叫变形或变角振动。一般是指基团键角发生周期性的变化的振动或分子中原子团对其余部分作相对运动。弯曲振动的力常数比伸缩振动的小，因此

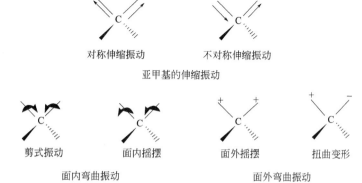

对称伸缩振动　　　　　不对称伸缩振动

亚甲基的伸缩振动

剪式振动　　　面内摇摆　　　面外摇摆　　　扭曲变形

面内弯曲振动　　　　　面外弯曲振动

图 9-3　亚甲基的基本振动形式

同一基团的弯曲振动在其伸缩振动的低频区出现，另外弯曲振动对环境结构的改变可以在较广的波段范围内出现，所以一般不把它作为基团频率处理。

②　分子的振动自由度。多原子分子的振动比双原子振动要复杂得多。双原子分子只有一种振动方式（伸缩振动），所以可以产生一个基本振动吸收峰。而多原子分子随着原子数目的增加，振动方式也越复杂，因而它可以出现一个以上的吸收峰，并且这些峰的数目与分子的振动自由度有关。

在研究多原子分子时，常把多原子的复杂振动分解为许多简单的基本振动（又称简正振动），这些基本振动数目称为分子的振动自由度，简称分子自由度。分子自由度数目与该分子中各原子在空间坐标中运动状态的总和紧紧相关。经典振动理论表明，含 N 个原子的线型分子其振动自由度为 $3N-5$，非线型分子其振动自由度为 $3N-6$。每种振动形式都有它特定的振动频率，也即有相对应的红外吸收峰，因此分子振动自由度数目越大，则在红外吸收光谱中出现的峰数也就越多。

9.2.1.2　红外吸收光谱产生条件

分子在发生振动能级跃迁时，需要一定的能量，这个能量通常由辐射体系的红外光来供给。由于振动能级是量子化的，因此分子振动将只能吸收一定的能量，即吸收与分子振动能级间隔 $E_{振}$ 的能量相应波长的光线。如果光量子的能量为 $E_L=h\upsilon_L$（υ_L 是红外辐射频率），当发生振动能级跃迁时，必须满足 $\Delta E_{振}=E_L$。

分子在振动过程中必须有瞬间偶极矩的改变，才能在红外光谱中出现相对应的吸收峰，这种振动称为具有红外活性的振动。

9.2.1.3　红外吸收峰的强度

分子振动时偶极矩的变化不仅决定了该分子能否吸收红外光产生红外光谱，而且还关系到吸收峰的强度。根据量子理论，红外吸收峰的强度与分子振动时偶极矩变化的平方成正比。因此，振动时偶极矩变化越大，吸收强度越强。而偶极矩变化大小主要取决于下列四种因素。

①　化学键两端连接的原子，若它们的电负性相差越大（极性越大），瞬间偶极矩的变化也越大，在伸缩振动时，引起的红外吸收峰也越强（有费米共振等因素时除外）。

②　振动形式不同对分子的电荷分布影响不同，故吸收峰强度也不同。通常不对称伸缩振动比对称伸缩振动的影响大，而伸缩振动又比弯曲振动影响大。

③　结构对称的分子在振动过程中，如果整个分子的偶极矩始终为零，没有吸收峰出现。

④　其他诸如费米共振、形成氢键及与偶极矩大的基团共轭等因素，也会使吸收峰强度

改变。

红外光谱中吸收峰的强度可以用吸光度（A）或透过率 $T\%$ 表示。峰的强度遵守朗伯-比耳定律。所以在红外光谱中"谷"越深（$T\%$ 小），吸光度越大，吸收强度越强。

9.2.1.4　红外吸收光谱中常用的几个术语

(1) 基频峰与泛频峰

当分子吸收一定频率的红外线后，振动能级从基态（V_0）跃迁到第一激发态（V_1）时所产生的吸收峰，称为基频峰。如果振动能级从基态（V_0）跃迁到第二激发态（V_2）、第三激发态（V_3）……所产生的吸收峰称为倍频峰。通常基频峰强度比倍频峰强，由于分子的非谐振性质，倍频峰并非是基频峰的两倍，而是略小一些（H—Cl 分子基频峰是 2885.9cm^{-1}，强度很大，其二倍频峰是 5668cm^{-1}，是一个很弱的峰）。还有组频峰，它包括合频峰及差频峰，它们的强度更弱，一般不易辨认。倍频峰、差频峰及合频峰总称为泛频峰。

(2) 特征峰与相关峰

红外光谱的最大特点是具有特征性。复杂分子中存在许多原子基团，各个原子团在分子被激发后，都会发生特征的振动。分子的振动实质上是化学键的振动。通过研究发现，同一类型的化学键的振动频率非常接近，总是在某个范围内。例如 CH_3—NH_2 中 NH_2 基具有一定的吸收频率而很多含有 NH_2 基的化合物，在这个频率附近（$3500 \sim 3100\text{cm}^{-1}$）也出现吸收峰。因此凡是能用于鉴定原子团存在的并有较高强度的吸收峰，称为特征峰，对应的频率称为特征频率，一个基团除有特征峰外，还有很多其它振动形式的吸收峰，习惯上称为相关峰。

9.2.1.5　红外吸收峰减少的原因

① 红外非活性振动，高度对称的分子，由于有些振动不引起偶极矩的变化，故没有红外吸收峰。

② 不在同一平面内的具有相同频率的两个基频振动，可发生简并，在红外光谱中只出现一个吸收峰。

③ 仪器的分辨率低，使有的强度很弱的吸收峰不能检出，或吸收峰相距太近分不开而简并。

④ 有些基团的振动频率出现在低频区（长波区），超出仪器的测试范围。

9.2.1.6　红外吸收峰增加的原因

(1) 倍频吸收

分子吸收一定频率的红外光后，从基态跃迁到第二激发态甚至第三激发态的情况。

(2) 组合频的产生

一种频率的光，同时被两个振动所吸收，其能量对应两种振动能级的能量变化之和，其对应的吸收峰称为组合峰，也是一个弱峰，一般出现在两个或多个基频之和或差的附近（基频为 v_1、v_2 的两个吸收峰，它们的组频峰在 $v_1 + v_2$ 或 $v_1 - v_2$ 附近）。

(3) 振动偶合

相同的两个基团在分子中靠得很近时，其相应的特征峰常会发生分裂形成两个峰，这种现象称为振动偶合（异丙基中的两个甲基相互振动偶合，引起甲基的对称弯曲振动 1380cm^{-1} 处的峰裂分为强度差不多的两个峰，分别出现在 $1385 \sim 1380\text{cm}^{-1}$ 及 $1375 \sim 1365\text{cm}^{-1}$）。

（4）费米共振

倍频峰或组频峰位于某强的基频峰附近时，弱的倍频峰或组频峰的强度会被大大地强化，这种倍频峰或组频峰与基频峰之间的偶合，称为费米共振，往往裂分为两个峰（醛基的 C—H 伸缩振动 $2965\sim2830cm^{-1}$ 和其 C—H 弯曲振动 $1390cm^{-1}$ 的倍频峰发生费米共振，裂分为两个峰，在 $2840cm^{-1}$ 和 $2760cm^{-1}$ 附近出现两个中等强度的吸收峰，这成为醛基的特征峰）。

9.2.2 红外光谱仪及样品制备技术

9.2.2.1 红外光谱仪

19 世纪初人们通过实验证实了红外光的存在。20 世纪初人们进一步系统地了解了不同官能团具有不同红外吸收频率这一事实。1950 年以后出现了自动记录式红外分光光度计。随着计算机科学的进步，1970 年以后出现了傅立叶变换型红外光谱仪。红外测定技术如全反射红外、显微红外、光声光谱以及色谱-红外联用等也不断发展和完善，使红外光谱法得到广泛应用。

第一代红外光谱仪（20 世纪 50 年代）使用的是滤光片分光系统，此类仪器只能在单一或少数几个波长下测定（非连续波长），灵活性差，而且波长稳定性、重现性差，现已淘汰。目前市场上常见的红外光谱仪主要有两类：色散型（即光栅式）红外光谱仪和傅立叶变换红外光谱仪，它们是分别采用第二代和第三代分光技术的红外光谱仪。

红外光谱仪与紫外-可见分光光度计的组成基本相同，由光源、样品室、单色仪以及检测器等部分组成。两种仪器在各元件的具体材料上有较大差别。色散型红外光谱仪的单色仪一般在样品池之后。

（1）红外光谱仪的主要部件

① 红外光源：一般分光光度计中的氙灯、钨灯等光源能量较大，要观察分子的振动能级跃迁，测定红外吸收光谱，需要能量较小的光源。黑体辐射是最接近理想光源的连续辐射。满足此要求的红外光源是稳定的固体在加热时产生的辐射，常见的有如下几种：

a.能斯特灯：能斯特灯的材料是稀土氧化物，做成圆筒状（20mm×2mm），两端为铂引线。其工作温度为 1200～2200K。此种光源具有很大的电阻负温度系数，需要预先加热并设计电源电路能控制电流强度，以免灯过热损坏。

b.碳化硅棒：尺寸为 50mm×5mm，工作温度为 1300～1500K。与能斯特灯相反，碳化硅棒具有正的电阻温度系数，电触点需水冷以防放电。其辐射能量与能斯特灯接近，但在 >2000cm^{-1} 区域能量输出远大于能斯特灯。

c.白炽线圈：用镍铬丝螺旋线圈或铑线做成，工作温度约 1100K，其辐射能量略低于前两种，但寿命长。

② 检测器：紫外-可见分光光度计所用的光电管或光电倍增管不适用于红外区，这是因为红外光谱区的光子能量较弱，不足以引发光电子发射。常用的红外检测器有热检测器、热释电检测器和光电导检测器三种。前两种用于色散型仪器中，后两种在傅立叶变换红外光谱仪中多见。

a.热检测器：热检测器依据的是辐射的热效应。辐射被一小的黑体吸收后，黑体温度升高，测量升高的温度可检测红外吸收。以热检测器检测红外辐射时，最主要的是要防止周围环境的热噪声。一般使用斩光器使光源辐射断续照射样品池。热检测器最常见的是热电偶（有时又称为高真空热电偶）。将两片金属铋熔融到另一不同金属如锑的两端，就有了两个连接点。两接触点的电位随温度变化而变。检测端接点做成黑色置于真空舱内，有一个窗口对红外光透明。参比端接点在同一舱内并不受辐射照射，则两接点间产生温差。热电偶可检测出 10^{-6} K 的温度变化。

b.热释电检测器：热释电检测器使用具有特殊热电性质的绝缘体，一般采用热电材料的单晶片作为检测元件，如硫酸三甘肽 $(NH_2CH_2COOH)_3 H_2SO_4$，简称 TGS。在电场中放一绝缘体会使绝缘体产生极化，极化度与介电常数成正比。但移去电场，诱导的极化作用也随之消失。而热释电材料即使移去电场，其极化也并不立即消失，极化强度与温度有关。当辐射照射时，温度会发生变化，从而影响晶体的电荷分布，这种变化可以被检测。热电检测器通常做成三明治状。将热电材料晶体夹在两片电极间，一个电极是红外透明的，容许辐射照射。辐射照射引起温度变化，从而晶体电荷分布发生变化，通过外部连接的电路可以测量。电流的大小与晶体的表面积、极化度随温度变化的速率成正比。当热释电材料是铁电体，当温度升至某一特定值时极化会消失，此温度称为居里点。TGS 的居里点为 47℃。热释电检测器的响应速率很快，可以跟踪干涉仪随时间的变化，故多用于傅立叶变换红外光谱仪中。目前使用最广泛的是氘化的 TGS 即 DTGS，它的居里温度是 62℃，热电系数小于 TGS。

c.光电导检测器：光电导检测器采用半导体材料薄膜，如 Hg-Cd-Te（碲镉汞）或 PbS 或 InSb（锑化铟），将其置于非导电的玻璃表面密闭于真空舱内。则吸收辐射后非导电性的价电子跃迁至高能量的导电带，从而降低半导体的电阻，产生信号。Hg-Cd-Te 缩写为 MCT，该检测器用于中红外区及远红外区。这种检测器比热释电检测器灵敏（至少比 DTGS 大 10 倍），在 FTIR 及 GC-FTIR（气相色谱-傅立叶变换红外光谱联用技术）仪器中获得广泛应用。此外，PbS 检测器常用于近红外区室温下的检测。

(2) 红外光谱仪的分类

① 色散型红外光谱仪：该仪器的特点是采用双光束结构。使用单光束仪器时，大气中的 H_2O、CO_2 在重要的红外区域内有较强的吸收，因此需要一参比光路来补偿，使这两种物质的吸收补偿到零。采用双光束光路可以消除它们的影响，测定时不必严格控制室内的湿度及人数。单色器在样品室之后。由于红外光源的低强度，检测器的低灵敏度（使用热电偶时），故需要对信号进行大幅度放大。而红外光谱仪的光源能量低，即使靠近样品也不足以使其产生光分解。而单色器在样品室之后可以消除大部分散射光而不至于到达检测器。斩光器转动频率低，响应速率慢，以消除检测器周围物体的红外辐射。色散型仪器的主要不足：

a.需采用狭缝，光能量受到限制；

b.扫描速度慢，不适于动态分析及和其它仪器联用；

c.不适于过强或过弱的吸收信号的分析。

此外由于内部移动部件较多，此类仪器最大的弱点是光栅或反光镜的机械轴长时间连续使用容易磨损，影响波长的精度和重现性。因此色散型红外光谱仪自身局限性很大，现在已经逐步被傅立叶红外光谱仪取代。

图 9-4 是色散型红外光谱仪的结构。

图 9-4 中，光源发出的光被分成两束，分别作为参比光和样品光通过样品池。各光束交替通过扇形镜 M7，利用参比光路的衰减器（又称为光楔或减光器）对经参比光路和样品光路的光的吸收强度进行对照。因此通过参比和样品后溶剂的影响被消除，得到的谱图就是样品本身的吸收。

② 傅立叶变换红外光谱仪（Fourier Transform Infrared Spectrometer，FTIR）的特点和结构：前面介绍的以光栅作为色散元件的红外光谱仪在许多方面已不能完全满足需要。由于采用了狭缝，能量受到限制，尤其在远红外区能量很弱；它的扫描速度太慢，使得一些动

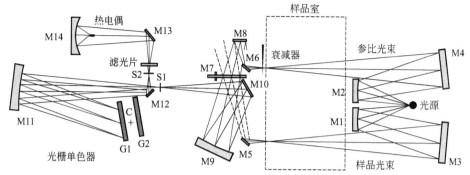

图 9-4 光栅式红外光谱仪的结构

态的研究以及和其他仪器（如色谱）的联用发生困难；对一些吸收红外辐射很强或者很弱的样品的测定及痕量组分的分析等，也受到一定的限制。随着光电子学尤其是计算机技术的迅速发展，20 世纪 70 年代出现了新一代的红外光谱测量技术和仪器——基于干涉调频分光的傅立叶变换的红外光谱仪。这种仪器不用狭缝，因而消除了狭缝对通光量的限制，可以同时获得光谱所有频率的全部信息。它具有许多优点：扫描速度快，测量时间短，可在 1s 内获得红外光谱，适于对快速反应过程的追踪，也便于和色谱法联用；灵敏度高，检出量可达 $10^{-9} \sim 10^{-12}$g；分辨本领高，波数精度可达 0.01cm^{-1}；光谱范围广，可研究整个红外区（$10000 \sim 10 \text{cm}^{-1}$）的光谱；测定精度高，重复性可达 0.1%，而杂散光小于 0.01%。图 9-5 为 FTIR 的结构示意图。

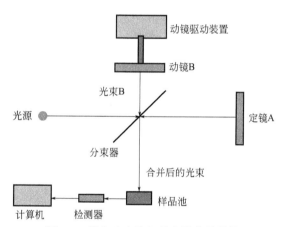

图 9-5 傅立叶变换红外光谱仪的结构

光源发出的光被分束器分为两束，一束经反射到达动镜，另一束经透射到达定镜。两束光分别经定镜和动镜反射再回到分束器，从而产生干涉。动镜作直线运动，因而干涉条纹产生连续的变换。干涉光在分束器会合后通过样品池，然后被检测器（傅立叶变换红外光谱仪的检测器有 TGS、DTGS、MCT 等）接收，计算机处理数据并输出。

（3）红外光谱仪各项指标的含义

① 光谱范围：红外的整个谱区的波长范围根据 ASTM（American Society of Testing Materials，美国材料实验协会）定义为 780～2526nm。而在一般应用中大家往往把 700～2500nm 或 700～2600nm 作为近红外谱区，并通常把它分为 2 段，700～1100nm 的短波近红外谱区和 1100～3600nm 的长波近红外谱区。短波近红外谱区更适合做透射分析，故又叫近

红外透射区，长波近红外谱区更适合做反射或漫反射分析，也称之为近红外反射区。仪器的波长范围指该红外光谱仪所能记录的光谱范围，它影响能实现分析测试的项目，主要取决于仪器的光源种类、分光系统、检测器类型和透光材料。专用的红外仪器往往只覆盖单一波段，如美国 Zeltex 的 ZXl01 型手持式辛烷值分析仪用 $700 \sim 1100nm$ 的短波近红外谱区，AGMED 公司的土壤快速分析仪用 $1650 \sim 2650nm$ 的长波近红外谱区；而通用型的红外仪器往往覆盖整个红外谱区。

② 分辨率：红外光谱仪器的分辨率是指仪器对于紧密相邻的峰可分辨的最小波长间隔，表示仪器实际分开相邻两谱线的能力，往往用仪器的单色光带宽来表示，它是仪器最重要的性能指标之一，也是仪器质量的综合反映。仪器的分辨率主要取决于仪器分光系统的性能。对色散型仪器而言，还与光源的强度、检测器的灵敏度有关，光源的强度大、检测器的灵敏度高可减小狭缝宽度，降低单色光带宽，提高仪器的分辨率。而对用多通道检测器的仪器，仪器的分辨率与检测器的像素有关，单位长度像素越多分辨率越高。对于滤光片型近红外光谱仪器，滤光片的带宽就是仪器的分辨率。仪器的分辨率主要影响光谱仪器获得测定样品光谱的质量，从而影响分析的准确性，对于一台仪器的分辨率是否满足要求，这与待测样品的光谱特征有关，有些物质光谱重叠、特征复杂，要得到满意的分析结果，就要求较高的仪器分辨率。

③ 波长准确度：波长准确度是指仪器所显示的波长值和分光系统实际输出单色光的波长值之间相符的程度。波长准确度可用波长误差，即上述两值之差来表示。保证波长准确度是红外光谱仪器能够准确测定样品光谱的前提，是保证分析结果准确度的前提。红外分析结果一般是通过用已知化学值的标准样品建立的模型来分析待测样品，如果波长准确度不能保证，整组数据就会因波长平移而使每个数据出现偏差，造成分析结果的误差。波长准确度主要决定于光学系统的结构，此外还受温度的影响。傅里叶变换红外光谱仪器一般内部有波长校正系统，所以波长准确度很高；而色散型近红外光谱仪器和滤光片型近红外光谱仪器的波长准确度相对低些，需用已知波长值且性质比较稳定的标准物质经常进行校正。

④ 波长精确度：波长精确度又称波长重复性，是指对同一样品进行多次扫描，光谱谱峰位置间的差异程度或重复性，通常用多次测量某一谱峰所得波长的标准差来表示。波长精确度是体现仪器稳定性的一个重要指标，取决于光学系统的结构，与波长准确度一样，也会影响分析结果的准确性。如果仪器的光学系统全部设计成固定不动，则仪器的波长的精确度就会很高。

⑤ 光度准确度：光度准确度是指仪器对某物质进行透射或漫反射测量时，测得的光度值与该物质真实值之差。主要是由检测器、放大器、信号处理电路的非线性引起。它会直接影响近红外定量分析结果的准确度。

⑥ 信噪比：信噪比就是样品吸光度与仪器吸光度噪声的比值。仪器吸光度噪声是指在一定的测量条件下，在确定的波长范围内对样品进行多次测量，得到光谱吸光度的标准差。仪器的噪声主要取决于光源的稳定性；放大器等电子系统的噪声，检测器产生的噪声及环境噪声，如电子系统设计不良、元件质量低劣、仪器接地不良、工作环境潮湿、外界电磁干扰多会使仪器噪声增大。信噪比是红外光谱仪器非常重要的一项指标，直接影响分析结果的准确度与精确度。因为红外光谱分析是一门弱信号提取技术，在一个很强的背景信号下提取出相对很弱的有用信息，得到分析结果，所以信噪比对近红外光谱仪器尤为重要。对于高档仪器，一般要求信噪比达到 10^5。

⑦ 杂散光强度：杂散光是指分析光以外被检测器接收的光，主要是由于光学器件表面的缺陷、光学系统设计不良或机械零部件表面处理不良与位置不当等引起的，尤其是光栅型

红外光谱仪器的设计中，杂散光的控制非常关键，往往是导致仪器测量出现非线性的主要原因。杂散光对分析测量的影响在分析高吸光度样品时更为明显。

⑧ 分析速度：红外光谱仪器往往被用于实时、在线的品质检测和监测，分析样品的数量往往比较多，所以分析速度也是值得注意的一项重要指标。仪器的分析速度主要由仪器的扫描速度决定。仪器的扫描速度是指在仪器的波长范围内，完成一次扫描得到一个光谱所需要的时间。不同仪器类型扫描速度相差很大，如多通道仪器因同时接收全部的光信息，速度取决于电子电路对信息的处理时间上，所以速度很快，一般为几十毫秒。傅里叶变换红外光谱仪器的扫描速度一般为 1s 左右；而传统的光栅型红外光谱仪器的扫描速度相对较慢，一般需几分钟，而利用大口径振动凹面光栅，如丹麦福斯公司（Foss）设计的 NIR System 系列光栅型近红外光谱仪器，扫描速度达 1.8 次/s。AOTF 型近红外光谱仪器由于采用声光调制产生单色光，所以扫描速度也非常快，一般每秒达 5000 个波长点。

⑨ 软件功能及数据处理能力：软件是近红外光谱仪器的主要组成部分。红外光谱仪器的软件一般由两部分组成，一部分是仪器控制平台软件，它控制仪器的硬件，进行光谱数据采集，这部分各个厂家差别不大，并已有可能发展形成一个通用仪器操作平台软件；另一部分是数据处理软件，红外光谱仪器的数据处理软件通常由光谱数据预处理、校正模型建立和未知样品分析三大部分组成，其核心是校正模型建立部分软件，它是光谱信息提取的手段，直接影响到分析结果的准确性，一些好的软件，都有其独到的建立校正模型的算法，以便尽可能准确地提供样品信息。

9.2.2.2 样品的制备

(1) 固体样品的制备

① 溴化钾压片法：这是红外光谱测试最常用的方法。将光谱级 KBr 磨细干燥，置于干燥器备用，取 $1 \sim 2 \mathrm{mg}$ 的干燥样品，并以 1：（$100 \sim 200$）比例的干燥 KBr 粉末，一起在玛瑙研钵中于红外灯下研磨，直到完全研细混匀（粉末粒径 $2 \mu \mathrm{m}$ 左右）。将研好的粉末均匀放入压模器内，抽真空后，加压至 $50 \sim 100 \mathrm{MPa}$，得到透明或半透明的薄片。将薄片置于样品架上，即可进行红外光谱测试。凡可研磨成粉末并在研磨过程中不与 KBr 发生化学反应，吸湿性不强的样品均可采用此方法进行测定。由于 KBr 的吸湿性，在 $\sim 3330 \mathrm{cm}^{-1}$ 和 $\sim 1650 \mathrm{cm}^{-1}$ 处可能产生杂质峰，在解释 O—H、N—H 和 C＝C、C＝N 伸缩振动吸收时必须注意区分。另外由于样品在压片过程中可能会发生物理变化（如晶体晶型的转变）以及化学变化（如部分分解），谱图可能出现差异，如欲进行晶型研究则不能采用此方法。

② 糊状法：所谓糊状法是指把样品的粉末与糊剂如液体石蜡一起研磨成糊状再进行测定的方法。液体石蜡是一种精制过的长链烷经，红外光谱较为简单，只有 $3000 \sim 2850 \mathrm{cm}^{-1}$ 区的 C—H 伸缩振动，$1456 \mathrm{cm}^{-1}$ 和 $1379 \mathrm{cm}^{-1}$ 处的 C—H 变形振动以及 $720 \mathrm{cm}^{-1}$ 处的—CH_2—平面摇摆振动吸收。如果要研究样品的—CH_3 和—CH_2—的吸收，可以用六氯丁二烯作糊剂。六氯丁二烯在 $4000 \sim 1700 \mathrm{cm}^{-1}$ 无吸收，$1700 \sim 600 \mathrm{cm}^{-1}$ 有多个吸收峰，与石蜡可相互补充。在测试过程中可根据需要选择糊剂。

③ 溶液法：对于不易研成细末的固体样品，如果能溶于溶剂，可制成溶液，按照液体样品测试的方法进行测试。

④ 薄膜法：一些高聚物样品，一般难于研成细末，可制成薄膜直接进行红外光谱测试。薄膜的制备方法有两种：一种是直接加热熔融样品然后涂制或压制成膜；另一种是先把样品制成溶液，然后蒸干溶剂形成薄膜。

⑤ 显微切片：很多高聚物可用显微切片的方法制备薄膜来进行红外光谱测量。制备高

聚物的显微切片需要一定的经验，对样品要求是不能太软，也不能太硬，必须有适当的机械阻力。

⑥ 热裂解法：高聚物和其裂解产物之间存在一定的对应关系，根据裂解产物的光谱可以推断高聚物的分子结构。实验室测试高聚物时可以用简易的方法进行热裂解。将少量被测高聚物放于洁净的试管底部，然后用酒精灯加热进行裂解，裂解产生的气体产物在试管的上方冷凝成液体（或固体），用刮铲刮取裂解产物涂于盐片上进行测定。

(2) 液体样品的制备

对于不易挥发、无毒并且具有一定黏度的液体样品，可以直接涂于 NaCl 或 KBr 晶片上进行测量。易挥发的液体样品可以灌注于液体池中进行测量，定性分析常用的液体池为可拆卸的，由池架、窗片（常为 NaCl、KBr、CaF_2、Ge、Si 等）和垫片组成，测试后便于清理，污染的窗片可以更换。缺点是厚度难以控制，组装不严密，易泄漏样品。

一些吸收很强的样品，即使涂膜很薄，也很难得到满意的谱图，可以配成溶液再进行测定，在测定溶液样品时，要以纯溶剂为参比，以扣除溶剂的吸收。选择溶剂时应注意除了对溶质应有较大的溶解度外，还需要具备对红外光透明，不腐蚀和对溶质不发生很强的溶剂效应的特点。

(3) 气体样品的制备

气体样品通常灌注于气体样槽中测定，与液体样槽结构相似，但气体样槽的长度要长得多，槽身焊有两个支管以利于灌注气体，通常先把气体样槽用真空泵抽空，然后再灌注样品。吸收峰的强度可通过调节气体样槽内样品的压力达到。

9.2.3 红外吸收光谱与分子结构的关系

9.2.3.1 基团特征频率和特征吸收谱带

在红外光谱图中，吸收带的位置和强度与分子中各基团的振动形式和所处的化学环境有关。研究了大量化合物的红外光谱后发现，不同化合物中的同种基团，都在一定的波长范围内显示其特征吸收，受分子其余部分的影响较小。例如羰基的伸缩振动吸收出现在 $1900\sim1600cm^{-1}$ 范围。通常将这种出现在一定位置，能代表某种基团的存在且具有较高强度的吸收谱带称为基团的特征吸收谱带，其吸收最大值对应的波数位置称为基团特征频率。

9.2.3.2 基团特征频率和红外光谱区域的关系

通常将中红外区分为 $4000\sim1500cm^{-1}$ 和 $1500\sim600cm^{-1}$ 两个区域。前一区域称为基团频率区。有机化合物在此区域内的吸收带有较明确的基团和频率的对应关系。吸收带一般由伸缩振动产生，振动频率较高，受分子其余部分的影响较小，是确定某些基团存在与否的主要依据。不同的分子在 $1500\sim600cm^{-1}$ 区域内具有各自特有的吸收谱带。由于分子结构稍有不同，在该区的吸收就有细微差异。犹如人的指纹各有区别，因此这一区域称为指纹区。除某些单键的伸缩振动外，该区还包括 C—H 等键的变形振动产生的吸收带。

对于大多数的化合物，其红外光谱和结构的关系实际上只能通过经验的途径积累，即在比较大量已知化合物的红外光谱的基础上，总结出各种基团的吸收规律，将其编集成四个特征频率区域。

(1) 氢伸缩区（$4000\sim2500cm^{-1}$）

这一区域主要包括由 O—H、N—H、C—H 和 S—H 键伸缩振动产生的吸收谱带。

在醇和酚的非极性溶剂稀溶液中，可以观察到游离态羟基的吸收带，它出现在 $3650\sim3580cm^{-1}$ 范围内，峰形尖锐，易于识别。随着溶液浓度的增加，由于氢键的形成使吸收频率移向低波数方向（3550～3200cm^{-1}），谱带的形状变宽且吸收较强。

羧酸中游离 O—H 键伸缩振动的吸收带在 3550cm^{-1} 附近。由于分子间氢键的形成，羧酸通常以二聚体的形式存在，因此 O—H 键伸缩振动频率移至 3000～2500cm^{-1}，其谱带较醇和酚的谱带宽，是羧酸存在的重要标志之一。

在胺和酰胺等化合物分子中有 N—H 键，其伸缩振动频率在 3500～3300cm^{-1}。在此范围内，一级胺或酰胺呈现两个吸收峰，这是由于—NH$_2$ 基的对称与反对称伸缩振动引起的。二级胺或酰胺仅有一个 N—H 伸缩吸收带，而三级胺或酰胺分子中没有 N—H 键，故无此特征吸收。

酰胺也可以形成分子间氢键，但氨基形成的氢键没有羟基的强。

大多数有机化合物中都含有 C—H 键，其伸缩振动吸收谱带的特征性不强。通常饱和烃的 C—H 伸缩振动吸收出现在 3000cm^{-1} 以下；不饱和烃（烯烃、炔烃和芳香烃）的则出现在 3000cm^{-1} 以上。故 3000cm^{-1} 是区分饱和烃和不饱和烃的分界线。

（2）叁键和积累双键区（2500～2000cm^{-1}）

该区域内谱带较少，主要包括—C≡C—、—C≡N 等叁键的伸缩振动和 —C=C=C— 等积累双键的反对称伸缩振动等引起的吸收带。

（3）双键伸缩振动区（2000～1500cm^{-1}）

该区域的吸收谱带主要包括 C=O、C=C、C=N 和 N=O 等的伸缩振动；苯环的骨架振动产生的吸收带和芳香族化合物的倍频吸收带。

醛、酮、羧酸、酯、酰卤和酸酐等都是含羰基的化合物，它们在 1900～1600cm^{-1} 范围内有吸收很强的谱带，干扰很少而易于识别，这是由羰基的伸缩振动引起的。因为这种谱带的吸收位置受到与 C=O 相连接的基团的影响，所以对判断羰基化合物的类型很有价值。

由 C=C 伸缩振动在 1680～1620cm^{-1} 处产生的吸收强度一般较弱。对结构形如＞C=C＜的分子，各基团的差异越大，C=C 键的吸收越强。

单核芳烃的 C=C 伸缩振动吸收带出现在～1600cm^{-1}（较弱）和～1500cm^{-1}（较强）处，是鉴别分子中有无芳环存在的重要标志之一。

苯衍生物的 C—H 面外变形振动的倍频或组合频吸收带出现在 2000～1667cm^{-1} 范围，强度较弱，但特征性很强，对鉴定苯环的取代类型十分有用。

（4）单键伸缩和变形区（1500～600cm^{-1}）

这一区域主要包括 C—H 和 N—H 键的变形振动，C—O、C—N 和 C—X（卤素原子）等键的伸缩振动以及 C—C 骨架振动等产生的吸收带。由于该区域内吸收谱带密集，并对分子结构上的变化十分敏感，分子结构的细微差异将引起该区吸收光谱的明显变化。因此，除极少数较强的特征吸收带外，一般难以确定吸收带的具体归宿，可视为表示了整个分子的特征，对确认有机化合物十分有用。

甲基的对称变形振动在 1370～1380cm^{-1} 出现的吸收带很少受取代基的影响，干扰也较少，是判断甲基是否存在的依据。如果在同一个碳原子上连接有两个或两个以上的甲基时，由于甲基对称变形振动之间的偶合可以引起谱带分裂，出现两个吸收峰，由此可以判断异丙基或叔丁基的存在。

当次甲基以直链方式连结时（$n \geq 4$），其面内摇摆振动吸收出现在 722cm^{-1} 处。随着分子中—CH$_2$—的数目减少，吸收谱带移向高波数方向，可以用来推测分子中直链的长短。

烯烃的 C—H 面外摇摆振动在 1000～650cm^{-1} 范围内引起吸收，可以用来鉴别烯烃的取代类型。例如反式构型的吸收位置出现在 970～960cm^{-1}，而顺式构型的相应值出现在 690cm^{-1} 附近。

由苯环的 C—H 面外变形振动产生的较强的吸收，可在 900～600cm^{-1} 范围内被观察到。再结合它在 2000～1667cm^{-1} 区域的倍频或组合频吸收谱带，可以确定苯环的取代类型。

C—O 伸缩振动往往引起该区域中最强的吸收谱带，较易识别。但由于能和其他的振动产生偶合，因此吸收位置变动较大（1300～1000cm^{-1}）。

醇的 C—O 伸缩振动吸收带出现在 1200～1000cm^{-1} 范围，吸收较强。在没有其他基团干扰的情况下，一级醇、二级醇和三级醇的吸收带分别位于 1050cm^{-1}，1100cm^{-1}，～1150cm^{-1} 附近，可对它们进行鉴别。

酚的 C—O 伸缩振动吸收带位于 1300～1200cm^{-1} 范围。

酯的 C—O 反对称伸缩振动产生的吸收很强，峰形宽，范围为 1300～1150cm^{-1}，可以用来确定酯的存在。

9.2.3.3 影响基团频率位移的因素

位于不同化合物分子中的同种基团，由于受到分子其余部分或某些外部条件的影响，其基团特征频率将发生不同程度的位移，吸收强度亦会改变。下面以羰基化合物为例来进行讨论。

（1）内部因素

① 电效应：具有不同电负性的取代基团，通过静电诱导作用，使分子中电子云的密度发生变化，从而改变了键力常数，引起基团特征频率位移。以下各例说明，当电负性较强的卤素原子与羰基上的碳原子相连时，随着取代基团的电负性增强或数目增大，C=O 之间电子云的密度增加，其键力常数变大。因而羰基的伸缩振动吸收移向高波数处。此外，由于 π-π 共轭或 n-π 共轭的结果，使共轭体系中电子云的密度趋于平均化改变了键力常数，引起基团特征频率位移，这种效应叫作共轭效应。在下述两例中，由于共轭效应的影响，使 C=O 之间电子云的密度降低，其键力常数减小，因而伸缩振动吸收移向低波数方向。如果化合物分子中同时存在上述两种效应的影响，吸收谱带的位移方向则由强者而定。

② 氢键效应：无论是在分子间或分子内形成氢键，均使氢原子周围的力场发生变化，从而使 X—H（X 通常为 N、O 和 F 等）的伸缩振动频率移向低波数方向，谱带变宽，吸收增强。例如乙醇中游离 O—H 键的吸收位于 3640cm^{-1}，峰形尖锐；因分子间形成氢键而产生的二聚体或多聚体，它们的吸收分别移至 3515cm^{-1} 和 3350cm^{-1}。分子内氢键多发生在具有环状结构的邻位取代基之间，其影响小于分子间氢键。分子间氢键随着溶液浓度的降低而变弱。若采用稀溶液进行测定，分子间氢键可能消失，但分子内氢键却不受溶液浓度的影响，因此用红外光谱很容易区别这两类氢键。

③ 振动偶合效应：分子中具有公共原子的两个基团，当它们的振动频率相等或相近时，可能因强的相互作用而使谱带分裂，出现分别高于或低于正常频率的两个吸收带。此效应称为振动偶合效应。例如酸酐分子，由于两个羰基的振动偶合，出现了分别位于 1820cm^{-1} 和 1760cm^{-1} 的两个吸收峰。发生在倍频（或组合频）与基频之间的费米（Feimi）共振，此时前者的吸收往往随之增强，或在基频附近出现两个吸收谱带。例如在苯甲醛分子中，醛基上的 C—H 伸缩振动（2800cm^{-1}）和 C—H 面内变形振动（1400cm^{-1}）的第一倍频，由于费米共振而产生位于 2780cm^{-1} 和 2700cm^{-1} 处的两个吸收峰。

（2）外部因素

试样的状态和溶剂效应是影响基团频率位移的主要外部因素。

由于分子间的相互作用力不同，同一化合物在不同状态下红外光谱的形状和复杂性有明显的差别。在气态时，由于分子间的相互作用力很小，在低压下可观察到伴随振动光谱的转动精细结构。液态和固态分子间的作用力较强，如果有极性基团存在，则可能发生分子间的缔合或形成氢键，而使特征吸收谱带的位置、强度和形状发生较大的变化，与气态情况相比，吸收峰出现在较低波数处。

同一化合物溶于不同的溶剂中，测得的红外光谱也有差别。在非极性溶剂的稀溶液中得到的光谱重现性较好。极性溶剂常使极性基团伸缩振动吸收的频率向低波数方向移动，使变形振动吸收的频率移向高波数方向。

红外光谱法中常用的溶剂有四氯化碳、二硫化碳、氯仿、二氯甲烷、乙腈和丙酮等。

9.2.4　红外谱图解析案例

红外图谱的解析主要是根据样品的红外光谱信息，推导出样品可能的分子结构。由于化合物的红外光谱往往十分复杂，影响红外光谱吸收峰数目、频率、强度及形状的因素很多，使红外光谱的解析更带有经验性。

解析谱图时应当掌握各官能团的特征吸收峰，以及影响振动吸收频率的因素。按峰区分析，指认每一吸收峰可能的归属，结合其他峰区的相关吸收，确定可能存在的官能团。再根据指纹区红外特征，综合分析，提出化合物可能的分子结构。由于红外光谱的复杂性，其解析往往具有一定的经验性，因此仅利用红外光谱就确定化合物的分子结构往往是不够准确的。最好能结合样品的理化性质，必要时查阅标准谱图，结合其他谱图（紫外、核磁、质谱等），以确定结构。

通常光谱解析的步骤如下：

① 观察谱图的高频区，确定可能存在的官能团，再根据指纹区确定结构。

② 如果有元素分析和质谱的结果，可根据分子的化学式计算分子的不饱和度，根据不饱和度的结果推断分子中可能存在的官能团。例如，当分子的不饱和度为 1 时，分子中可能存在一个双键或一个环状结构，不饱和度大于 4 时，推断分子结构中可能含有苯环，再根据红外谱图验证推测的正确性。

不饱和度 (degree of unsaturation)，又称缺氢指数 (index of hydrogen deficiency) 或双键等价值 (double bond equivalence)。所谓不饱和度即是当一个化合物变为相应的烃时，和同碳的饱和烃比较，每缺少两个氢为一个不饱和度。

不饱和度的计算可用下列公式：

$$U=(2n+2+a-b)/2$$

式中　n——分子中 4 价原子的数目，如 C、Si；

　　　a——分子中 3 价原子的数目，如 P、N；

　　　b——分子中 1 价原子的数目，如 H、F、Cl、Br、I。

氧和硫的存在对不饱和度没有影响。

③ 由于红外光谱的复杂性，并不是每一个红外谱峰都可以给出确切的归属，因为有的峰是分子作为一个整体的吸收，而有的峰则是某些峰的倍频或合频。另外有些峰则是多个基团振动吸收的叠加。在解析光谱的时候，往往只要能给出 10%～20% 的谱峰的确切归属，由这些谱峰提供的信息，通常就可以推断分子中可能含有的官能团。在分析特征吸收时，不能认为强峰即是提供有用的信息，而忽略弱峰的信息。例如，$835cm^{-1}$ 的谱峰存在与否是区别天然橡胶与合成橡胶的重要标志，前者有此峰，后者则没有。

④ 当某些特殊区域无吸收峰时，可推测不存在某些官能团，这时往往可以得出确定的结果，这种信息往往更有用。当某个区域存在一些吸收峰时，不能就此断定分子中一定有某

种官能团，由于红外光谱的吸收频率还受到各种因素的影响，如电子效应和凝聚态的影响，峰的强度和位置可能发生一定的变化。另外，不同的官能团可能在同一区域出现特征吸收峰，因此，要具体分析各种情况，结合指纹区的谱峰位置和形状做出判断。

⑤ 当怀疑样品中有杂质时，在谱图中有许多中等强度的谱峰或强肩峰，应当将化合物提纯，再用类似方法进行光谱测试。

⑥ 了解样品的来源、用途、外观以及样品的一些物理性质数据和元素分析数据，以缩小考虑的范围。

下面通过一些例子，来说明谱图解析的一般方法。

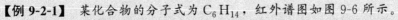

【例 9-2-1】 某化合物的分子式为 C_6H_{14}，红外谱图如图 9-6 所示。

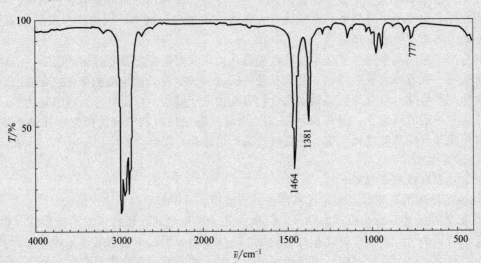

图 9-6 分子式为 C_6H_{14} 的化合物红外谱图

试推测该化合物的结构。

解： 从谱图看，谱峰少，峰形尖锐，谱图相对简单，化合物可能为对称结构。

从分子式可以看出该化合物为烃类，计算不饱和度：

$$U = (6 \times 2 + 2 - 14)/2 = 0$$

表明该化合物为饱和烃类。由于 $1381cm^{-1}$ 的吸收峰为一单峰，表明无偕二甲基存在。$777cm^{-1}$ 的峰表明亚甲基基团是独立存在的。因此结构式应为

$$CH_3-CH_2-\overset{\overset{\displaystyle H_3C}{|}}{CH}-CH_2-CH_3$$

由于化合物分子量较小，精细结构较为明显，当化合物的分子量较高时，由于吸收带的相互重叠，其红外吸收带较宽。

谱峰归属（括号内为文献值）：

$3000 \sim 2800cm^{-1}$：饱和 C—H 的反对称和对称伸缩振动（甲基：$2960cm^{-1}$ 和 $2872cm^{-1}$；亚甲基：$2926cm^{-1}$ 和 $2853cm^{-1}$）。

$1464cm^{-1}$：亚甲基和甲基弯曲振动（分别为 $1470cm^{-1}$ 和 $1460cm^{-1}$）。

$1381cm^{-1}$：甲基弯曲振动（$1380cm^{-1}$）。

$777cm^{-1}$：乙基中—CH_2—的平面摇摆振动（$780cm^{-1}$）。

【例9-2-2】 试推断化合物 C_4H_5N 的结构（图9-7）。

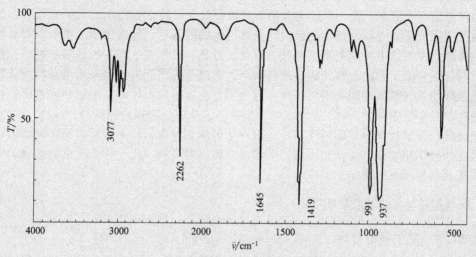

图9-7 化合物 C_4H_5N 的红外谱图

解：计算不饱和度

$$U = (4 \times 2 + 2 - 5 + 1)/2 = 3$$

由不饱和度分析，分子中可能存在一个双键和一个叁键。由于分子中含N，可能分子中存在—CN基团。

由红外谱图可见：从谱图的高频区可看到 $2262cm^{-1}$，为腈基的伸缩振动吸收；$1645cm^{-1}$，为乙烯基的—C=C—伸缩振动吸收。可推测分子结构为

$$CH_2=CH-CH_2-CN$$

由 $991cm^{-1}$、$937cm^{-1}$ 的吸收，表明有末端乙烯基。$1419cm^{-1}$ 亚甲基的弯曲振动（$1470cm^{-1}$，受到两侧不饱和基团的影响，向低频率位移）和末端乙烯基弯曲振动（$1400cm^{-1}$）。验证推测正确。

9.3 核磁共振波谱

核磁共振（nuclear magnetic resonance，NMR）是近几十年发展起来的新技术，它与元素分析、紫外光谱、红外光谱、质谱等方法配合，已成为化合物结构测定的有力工具。目前核磁共振已经深入化学学科的各个领域，广泛应用于有机化学、生物化学、药物化学、配合物化学、无机化学、高分子化学、环境化学、食品化学及与化学相关的各个学科，并对这些学科的发展起着极大的推动作用。

核磁共振的现象是美国斯坦福大学的 F. Block 和哈佛大学的 E. M. Purcell 于 1945 年同时发现的，为此，他们荣获了 1952 年的诺贝尔物理学奖。1951 年 Arnold 等发现了乙醇的核磁共振信号是由 3 组峰组成的，并对应于分子中的—CH₃、—CH₂—和—OH 三组质子，揭示了 NMR 信号与分子结构的关系。1953 年，美国瓦里安（Varian）公司首先试制了 NMR 波谱仪，开始应用于化学领域并逐步推广。此后的几十年，NMR 技术发展很快，理论上不断完善，仪器和方法不断创新，特别是高强超导磁场的应用，大大提高了仪器的灵敏度和分辨率，使复杂化合物的 NMR 谱图得以简化，容易解析。脉冲傅里叶变换技术的应

用，使一些灵敏度小的原子核，如^{13}C、^{15}N等的 NMR 信号能够被测定。随着计算机技术的应用，多脉冲激发方法的采用及由此产生的二维谱、多维谱等许多新技术，使许多复杂化合物的结构测定迎刃而解，使 NMR 成为化学研究中最有用的方法之一。

通过核磁共振谱可以得到与化合物分子结构相关的信息，如从化学位移可以判断各组磁性核的类型，在氢谱中可以判断烷基氢、烯氢、芳氢、羟基氢、胺基氢、醛基氢等；在碳谱中可以判别饱和碳、烯碳、芳环碳、羰基碳等；通过分析偶合常数和峰形可以判断各组磁性核的化学环境及与其相连的基团的归属；通过积分高度或峰面积可以测定各组氢核的相对数量；通过双共振技术（如 NOE 效应）可判断两组磁核的空间相对距离等。

核磁共振测定过程中不破坏样品，一份样品可测多种数据；不仅可以测定纯物质，也可测定彼此信号不相重叠的混合物样品；不仅可以测定有机物，现在许多无机物的分子结构也能用核磁共振技术进行测定。

9.3.1 核磁共振的基本原理

9.3.1.1 原子核的自旋

原子核是具有一定质量和体积的带电粒子。实验证明，大多数原子核都围绕着某个轴作自旋运动。有机械的旋转就有角动量产生，核自旋产生的角动量是一个矢量，其方向服从右手螺旋定则，与自旋轴重合，如图 9-8 所示。

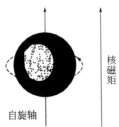

图 9-8 原子核的自旋和磁场

根据量子力学，可计算出核自旋角动量的绝对值为

$$P = \frac{h}{2\pi} I$$

式中 I——核自旋量子数；

P——核自旋角动量的最大可观测值；

h——普朗克常数。

自旋角动量的大小，取决于核的自旋量子数 I。I 值的变化是不连续的，只能取 0、半整数、整数，而不能取其他值。实践证明，I 与原子质量数 A 和原子序数 Z 之间存在如下关系。

① $I=0$ 的原子核：其核的质子数（Z）、中子数（N）都是偶数，故质量数 $A=Z+N=$ 偶数，这种核的 $P=0$，即没有自旋现象，如$^{12}C_6$、$^{16}O_8$ 等。

② $I=$ 整数（1，2，…）的原子核：其核的 Z 和 N 都为奇数，故 $A=$ 偶数，这种核的 $P\neq0$，有自旋现象，如$^2H_1$、$^{14}N_7$ 等。

③ $I=$ 半整数（1/2，3/2，…）的原子核：核的 Z 为奇数（或偶数），N 为偶数（奇数），故 $A=$ 奇数，$P\neq0$，有自旋现象，如$^1H_1$、$^{13}C_6$ 等。

$I=0$ 的核没有自旋现象，它们置于外磁场中没有核磁共振现象。$I>1/2$ 的原子核，置于外磁场中有核磁共振现象。但是由于其原子核特有的弛豫机制常使谱线加宽，不适于研究。只有 $I=1/2$ 的核，其电荷呈球形分布，是核磁共振中最主要的研究对象，尤以$^1H_1$ 核和$^{13}C_6$ 核研究最多。

9.3.1.2 核磁共振现象

原子核是带正电荷的粒子，当作自旋运动时，电荷亦围绕着旋转轴旋转，产生循环电流，也就会产生磁场，一般用磁矩 μ 来描述这种磁性质。磁矩的方向沿着自旋轴，其大小与角动量 P 成正比。

$$\mu = \gamma P = \gamma \frac{h}{2\pi} I$$

式中 γ 为磁旋比或旋磁比，是自旋核的磁矩和角动量之比，是各种核的特征常数。不同的原子核有不同的 γ 值，可以作为描述原子核特性的一个参数。

当磁核处于无外加磁场时，磁核在空间的分布是无序的，自旋磁核的取向是混乱的。但当把磁核置于外磁场 H_0 中时，磁矩矢量沿外磁场的轴向只能有一些特别值，不能任意取向。按空间量子化规则，自旋量子数为 I 的核，在外磁场中有 $2I+1$ 个取向，取向数目用磁量子数 m 来表示：$m = -I$，$-I+1$，$\cdots I-1$，I 或 $m = I$，$I-1$，$I-2$，$\cdots -I$。

对 ^{1}H 核，$I = 1/2$，$m = +1/2$，$-1/2$。

$m = +1/2$，相当于核的磁矩与外磁场方向同向排列，能量较低，$E_1 = -\mu H_0$。

$m = -1/2$，相当于核的磁矩与外磁场方向逆向排列，能量较高，$E_2 = \mu H_0$。

因此，^{1}H 核在外磁场中发生能级分裂，有两种取向或能级（图9-9），其能级差为：$\Delta E = 2\mu H_0$。

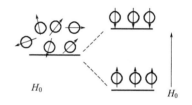

图 9-9 ^{1}H 核在外磁场中发生能级分裂

实际上，当自旋核处于磁场强度为 H_0 的外磁场中时，除自旋外，还会绕 H_0 运动，其运动情况与陀螺的运动十分相似，称为进动或回旋。进动的角速度 ω_0 与外磁场强度 H_0 成正比，比例常数为磁旋比 γ，进动频率用 υ_0 表示。

$$\omega_0 = 2\pi\upsilon_0 = \gamma H_0$$

$$\upsilon_0 = \frac{\gamma}{2\pi} H_0$$

氢核的能量为：$E = -\mu H_0 \cos\theta$，θ：核磁矩与外磁场之间的夹角。当 $\theta = 0$ 时，E 最小，即顺向排列的磁核能量最低；$\theta = 180°$ 时，E 最大，即逆向排列的磁核能量最高。它们之间的能量差为 ΔE。因此，一个磁核从低能态跃迁到高能态，必须吸收 ΔE 的能量。

当用一定频率的电磁波辐射处于外磁场中的氢核，辐射能量恰好等于自旋核两种不同取向的能量差时，低能态的自旋核吸收电磁辐射能跃迁到高能态，这种现象称为核磁共振。

核磁共振的基本方程为：

$$\upsilon_{跃迁} = \upsilon_{辐射} = \upsilon_0 = \frac{\gamma}{2\pi} H_0$$

对 ^{1}H 核：$H_0 = 14092G$ 时，$\upsilon = 60MHz$；$H_0 = 23490G$ 时，$\upsilon = 100MHz$

$H_0 = 46973G$ 时，$\upsilon = 200MHz$；$H_0 = 140920G$ 时，$\upsilon = 600MHz$

对 ^{13}C 核：$H_0 = 14092G$ 时，$\upsilon = 15.08MHz$

对 ^{19}F 核：$H_0 = 14092G$ 时，$\upsilon = 66.6MHz$

即：一个特定的核在一定强度的外磁场中只有一种共振频率，而不同的核在相同外磁场 H_0 时其共振频率不同。

通常发生共振吸收有两种方法：

① 扫场：一定频率的电磁振荡，改变 H_0。

② 扫频：一定磁场强度，改变电磁振荡频率 υ。

一般采用扫场法，当改变 H_0 至一定值，刚好满足共振方程时，能量被吸收，产生电流，当 $\upsilon_{辐射} \neq \frac{\gamma}{2\pi} H_0$ 时，电流计的读数降至水平，从而得到核磁共振能量吸收曲线，如图9-10。

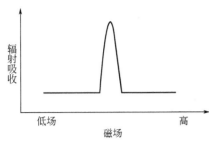

图 9-10　磁场扫描核磁共振谱

在外磁场的作用下 ^1H 倾向于与外磁场顺向排列，处于低能态的核数目比处于高能态的核数目多，但由于两者之间的能量差很少，因此低能态的核只比高能态的核略多，只占微弱的优势。正是这种微弱过剩的低能态核吸收辐射能跃迁到高能级产生 ^1H-NMR 信号。如高能态核无法返回低能态，随着跃迁的不断进行，处于低能态的核数目与高能态的核数目相等，这时 NMR 信号逐渐减弱至消失，这种现象称为饱和。但正常测试情况下不会出现饱和现象，^1H 可以通过非辐射方式从高能态转变成低能态，这种过程称为弛豫。弛豫的方式有两种，处于高能态的核通过交替磁场将能量转移给周围的分子，即体系往环境释放能量，这个过程称为自旋晶格弛豫，其速率为 $1/T_1$，T_1 为自旋晶格弛豫时间；自旋晶格弛豫降低了磁性核的总体能量，又称为纵向弛豫。当两个处于一定距离内，进动频率相同而取向不同的核相互作用交换能量，改变进动方向的过程称为自旋-自旋弛豫，其速率表示为 $1/T_2$，T_2 称自旋-自旋弛豫时间。自旋-自旋弛豫未降低磁性核的总体能量，又称为横向弛豫。

当使用 60MHz 的仪器时，是否所有的 ^1H 核都在 $H_0 = 14092G$ 处产生吸收呢？实际上，核磁共振与 ^1H 核所处的化学环境有关，化学环境不同的 ^1H 核将在不同的共振磁场下产生吸收峰，这种同样核由于在分子中的化学环境不同而在不同共振磁场强度下显示吸收峰，称为化学位移。

9.3.1.3　核磁共振仪与核磁共振谱

目前使用的核磁共振仪有连续波（CN）和脉冲傅立叶变换（PFT）两种形式。连续波核磁共振仪主要由磁铁、射频发生器、监测器和放大器、记录仪等组成。磁铁有永久磁铁、超导磁铁。频率大的仪器，分辨率好、灵敏度高、图谱简单易于分析。

核磁共振谱提供了三类非常有用的信息：化学位移、偶合常数和积分曲线。应用这些信息，可以推测氢在分子中的位置。

9.3.1.4　化学位移及其表示方法

（1）屏蔽效应（shielding effect）

分子中的磁性核并不是完全裸露的，质子被价电子所包围。这些电子在外磁场中作循环流动，产生了一个感应磁场。如果感应磁场与外加磁场方向相反，则质子实际感受到的磁场应是外加磁场减去感应磁场。即 $H_{有效} = H_0 - H_{感应} = H_0 - \sigma H_0 = H_0 (1-\sigma)$。$\sigma$：屏蔽常数，电子的密度越大，屏蔽常数越大。

这种核外电子对外加磁场的抵消作用称屏蔽效应，也称抗磁屏蔽效应。共振方程应为：$\upsilon = \dfrac{\gamma}{2\pi} H_{有效}$。由于屏蔽效应，必须增加外界场强 H_0 以满足共振方程，获得共振信号，故质子的吸收峰向高场移动。

若质子所处的感应磁场的方向与外磁场方向相同时，则质子所感受到的是有效磁场 H_0 与 $H_{感应}$ 的加和，所以要降低外加磁场强度以抵消感应磁场的作用，满足共振方程获得核磁信号。

这种核外电子对外磁场的追加（补偿）作用称去屏蔽效应（图 9-11）。去屏蔽效应使吸收峰位置向低场位移。

由此可见，屏蔽使吸收峰位置移向高场，而去屏蔽使吸收峰移向低场。这种由电子的屏蔽和去屏蔽引起的核磁共振吸收位置的移动叫作化学位移。因此，一个质子的化学位移是由质子的电子环境所决定的。在一个分子中，不同环境的质子有不同的化学位移，环境相同的质子有相同的化学位移。

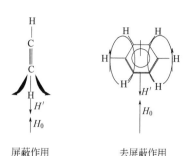

屏蔽作用　　　　　去屏蔽作用

图 9-11　去屏蔽效应示意图

（2）化学位移的表示法

不同氢核的共振磁场差别很小，一般为几个到几百个 Hz，与 H_0 相比，是 H_0 的百万分之几（ppm），很难测定其精确值。采用相对数值表示法即选用一个标准物质，以该物质的共振吸收峰的位置为原点，其他吸收峰的位置根据吸收峰与原点的距离来确定。最常用的标准物质是四甲基硅烷 $(CH_3)_4Si$，简称 TMS。TMS 分子高度对称，氢数目多且都处于相同的化学环境中，只有一个尖锐的吸收峰。而且 TMS 的屏蔽效应很高，共振吸收在高场出现，一般有机物的质子吸收不发生在该区域而在它的低场。化学位移依赖于磁场，磁场越大，位移也越大。为了在表示化学位移时其数值不受测量条件的影响，化学位移用相对值表示。化学位移 δ 规定为：

$$\delta = \frac{\upsilon_{样品} - \upsilon_{TMS}}{\upsilon_{仪器}} \times 10^6 = \frac{\Delta\upsilon(Hz)}{\upsilon_{仪器}(MHz)} \times 10^6$$

多数有机物的信号发生在 0～10ppm 之间。TMS 的信号在最右端的高场，其他有机物的核磁信号在其左边的低场。例如，在 60MHz 仪器上，某一基团相对于 TMS 在 60Hz 处共振，则

$$\delta = \frac{60 - 0}{60 \times 10^6} = 1 \times 10^{-6}$$

δ 所表示的是该吸收峰距原点的距离，是核磁共振波谱技术中使用的无量纲单位。同一基团在 100MHz 仪器上测得的共振频率相对于 TMS 为 100Hz，化学位移仍为 1。因此同一化合物在不同频率的仪器上得到的化学位移是相同的，都可以与标准谱图对比。大多数有机化合物的 [1]H 共振信号出现在 TMS 的左侧，规定为正值。少数化合物的信号出现在 TMS 右侧的高场区，用负号表示。

选用四甲基硅作化学位移参比物质的原因是它的 12 个质子受到硅原子的强屏蔽作用，在高场区出现一个尖锐的强峰，它在大多数有机溶剂中易溶，呈现化学惰性；沸点低（26.5℃）因而样品易回收。在氢谱和碳谱中都设 $\delta_{TMS}=0$。

在水溶液样品中常用 DSS 作为化学位移的参比物，其结构式为 $(CH_3)_3SiCH_2CH_2CH_2SO_3Na$。当样品的物质的量浓度较小和 DSS 用量较大时，三个亚甲基会在 δ 为 0.5～3.0 范围内出现干扰峰。在极性溶剂中使用 DSP 作参比物会更好一些，分子中三个亚甲基的质子区被氘原子取代，消除了参比物的干扰峰。DSP 的结构式为 $(CH_3)_3SiCD_2CD_2CD_2SO_3Na$。

9.3.1.5　自旋-自旋耦合和耦合的裂分

原子核周围的电子云密度和它们对外加磁场的屏蔽作用决定了它们的化学位移。除了核外电子云的作用以外，每种化学环境中的原子核还受到邻近原子核两种自旋态的小磁场的作用。如前所述，在磁场 H_0 中，每种原子核有两个自旋态，即与 H_0 方向相同的 $I=+1/2$ 和与 H_0 方向相反的 $I=-1/2$。在室温和目前可用的磁场强度下，两种自旋态的核的数量接近相等。如果用 H_α 和 H_β 分别表示 +1/2 和 -1/2 自旋态产生的磁场强度，则相邻核将感受到 $H+H_\alpha$ 和 $H-H_\beta$ 磁场强度，分别在原共振频率的低场和高场发生共振，裂分成等

强度的双峰。如果相邻两个原子核，则该核会感受到 $H+2H_\alpha$；$H+H_\alpha-H_\beta$、$H-H_\alpha+H_\beta$ 和 $H-2H_\beta$ 的磁场，裂分成三重峰，如图 9-12 所示。

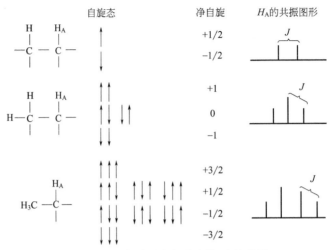

图 9-12　相邻质子之间的自旋-自旋作用

这种相邻核自旋态对谱带多重峰的影响叫作自旋-自旋耦合。由此产生的裂分叫耦合裂分。谱带裂分的间距叫作耦合常数 J，用赫兹（Hz）表示。J 的大小表示核自旋相互干扰的强弱，与相互耦合核之间的键数、核之间的相互取向以及官能团的构型等有关。J 的大小与外加磁场强度无关。图 9-13 为氯乙烷的 ^1H NMR 谱，$\delta=1.5$ 的三重峰（强度比近似为 $1:2:1$）来自甲基，$\delta=3.6$ 的四重峰（$1:3:3:1$）来自亚甲基。两组峰的耦合常数相等，内侧峰高于外侧，由峰顶划一对斜线，呈屋顶式形状，这是判断相互耦合的两组峰的重要依据。

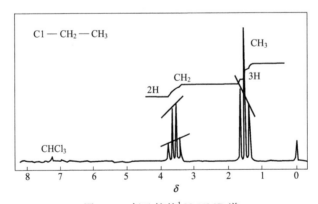

图 9-13　氯乙烷的 ^1H NMR 谱

由于相邻氢的耦合而产生的谱带裂分数遵循 $2nI+1$ 规律。对于 ^1H、^{13}C 等原子核，$I=+1/2$，则变成 $n+1$ 规律。如在氯乙烷的例子中，$-CH_3$ 比相邻的 $-CH_2-$ 有两个质子，使 $-CH_3$ 裂分成 $2+1=3$ 重峰。$-CH_3$ 则使 $-CH_2-$ 裂分成 $3+1=4$ 重峰。

9.3.1.6　影响化学位移的因素

化学位移是由核外电子云密度决定的，因此影响电子云密度的各种因素都将影响化学位移。其中包括与质子相邻近元素或基团的电负性、各向异性效应、溶剂效应及氢键作用等。虽然影响质子化学位移的因素较多，但化学位移和这些因素之间存在着一定的规律性，而且在每一系列给定的条件下，化学位移数值可以重复出现，因此根据化学位移来推测质子的化学环境是很有价值的。表 9-13 给出了部分特征质子的化学位移。

表 9-13　部分特征质子的化学位移

质子类型	化学位移	质子类型	化学位移
RCH_3	0.9	RCH_2Br	3.5～4
R_2CH_2	1.3	RCH_2I	3.2～4
R_3CH	1.5	ROH	0.5～5.5
环丙烷	0.2	$ArOH$	4.5～7.7
$=CH_2$	4.5～5.9	$C=C—OH$	10.5～16,15～19(分子内缔合)
$R_2C=CHR$	5.3	RCH_2OH	3.4～4
$C=C-CH_3$	1.7	$R-OCH_3$	3.5～4
$-C≡CH$	1.7～3.5	$RCHO$	9～10
$Ar—C—H$	2.2～3	CHR_2COOH	10～12
ArH	6～8.5	$H—C—COOR$	2～2.2
RCH_2F	4～4.5	$RCOO-CH_3$	3.7～4
RCH_2Cl	3～4	RNH_2	0.5～5(不尖锐,常呈馒头状)

9.3.2　解析谱图

9.3.2.1　解析氢谱谱图的一般步骤

① 检查谱图是否规则。四甲基硅烷的信号应在零点，基线平直，峰形尖锐对称（有些基团，如—$CONH_2$ 峰形较宽），积分曲线在没有信号的地方也应平直。

② 识别杂质峰、溶剂峰、旋转边带、^{13}C 卫星峰等非待测样品的信号。在使用氘代溶剂时，常会有未氘代氢的信号，此时需要考虑氘代熔剂的残留质子峰。确认旋转边带，可用改变样品管旋转速度的方法，使旋转边带的位置也改变。

③ 从积分曲线，算出各组信号的相对峰面积，再参考分子式中氢原子数目，来决定各组峰代表的质子数。也可用可靠的甲基信号或孤立的次甲基信号为标准计算各组峰代表的质子数。

④ 从各组峰的化学位移、偶合常数及峰形，根据它们与化学结构的关系，推出可能的结构单元。可先解析一些特征的强峰、单峰，如 CH_3O、CH_3N、$CH_3—C=O$、$CH_3—C=C$；$Ph—CH_3$ 等，识别低场的信号，醛基、羧基、烯醇、磺酸基质子均在 9～16ppm，再考虑其他偶合峰，推导基团的相互关系。

⑤ 识别谱图中的一级裂分谱，读出 J 值，验证 J 值是否合理。

⑥ 解析二级图谱，必要时可用位移试剂、双共振技术等使谱图简化，用于解析复杂的谱峰。

⑦ 结合元素分析、红外光谱、紫外光谱、质谱、^{13}C 核磁共振谱和化学分析的数据推导化合物的结构。

⑧ 仔细核对各组信号的化学位移和偶合常数与推定的结构是否相符，必要时，找出类似化合物的共振谱进行比较，或进行 X 射线单晶分析，综合全部分析数据，进而确定化合物的结构式。

9.3.2.2 谱图解析示例

【例 9-3-1】 图 9-14 是一个化学式为 C_9H_{12} 的核磁共振氢谱。从左到右峰面积比为 5:1:6,试推断其结构。

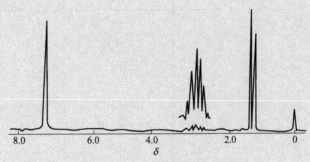

图 9-14 未知物的核磁共振氢谱

解: 经计算得知其不饱和度为 4,可能含有一个苯环。由峰面积比及化学式中含有 12 个氢原子可知,从左到右各峰所对应的氢原子数为 5、1 和 6。

从图 9-14 上看一共有 3 组峰,$\delta=7.5$ 的单峰表示为苯环质子峰,有 5 个氢,表明苯为单取代。苯环有 4 个不饱和度,所以剩下的分子结构应为饱和烷基基团。$\delta=2.9$ 的峰为烷基质子峰,有一个氢,即为 CH 基,七重峰表明相邻碳原子上有六个磁等价氢,即 $CH(CH_3)_2$。因此该化合物的结构式为:

$$
\underset{}{\text{苯环}}-\text{CH}-\text{CH}_3 \quad (\text{CH}_3)
$$

9.4 质谱

质谱法是通过将样品转化为运动的气态离子并按质荷比(质量与电荷的比值,m/z)大小进行分配记录的分析方法,所得结果即为质谱图(即质谱,MS)。根据质谱图提供的信息,可以进行多种有机物及无机物的定性定量分析;复杂化合物的结构分析;样品中各种同位素比的测定以及固体表面的结构和组成的分析等。

9.4.1 质谱的基本知识

9.4.1.1 基本原理

质谱分析的基本原理是:物质的分子在气态中被电离成带正电荷的分子离子,分子离子进一步可碎裂为碎片离子。这些带正电荷的离子在高压电场和磁场的综合作用下,按照质荷比依次排列所成的谱图,就是质谱图。

(1) 质谱的基本方程

当用具有一定能量的电子轰击物质的分子或原子时,会使其丢失一个外层价电子,则同时可获得带有一个正电荷的离子。若正离子的存在时间大于 10^{-6} s,就能受到加速板上电压 V 的作用,加速到速度为 v,则其动能为 $\frac{1}{2}mv^2$,而在加速电场中所获得的电势能为 zV,加速后离子的电势能转换为动能,两者相等,即

$$\frac{1}{2}mv^2 = zV$$

式中　m——离子质量；

　　　v——离子速度；

　　　z——离子电荷；

　　　V——加速电压。

正离子在电场中的运动轨道是直线的，进入磁场强度为 H 的磁场中，在磁力的作用下，正离子的轨道将发生偏转，进入半径为 R 的径向轨道（图 9-15），这时离子所受到的向心力为 Hev，离心力为 $\dfrac{mv^2}{R}$。要保持离子在半径为 R 的径向轨道上运动的必要条件是面心力等于离心力，即

$$Hev = \frac{mv^2}{R}$$

由上两式可以计算出半径 R 的大小与离子质荷比的关系为

$$\frac{m}{z} = \frac{H^2R^2}{2V}$$

或

$$R = \sqrt{\frac{2V}{H^2} \times \frac{m}{z}}$$

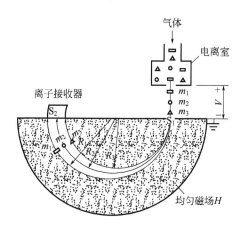

图 9-15　半圆形（180°）磁场

R_1，R_2，R_3——不同质量离子的运动轨道曲率半径；m_1，m_2，m_3——不同质量的离子；S_1，S_2——进口和出口狭缝

式中 m/z 为质荷比，当离子带一个正电荷时，它的质荷比就是它的质量数。由此可知，要将各种 m/z 的离子分开，可以采用以下两种方式。

① 固定 H 和 V 改变 R：固定磁场强度 H 和加速电压 V，不同 m_i/z 将有不同的 R_i 与 i 离子对应，这时移动检测器狭缝的位置，就能收集到不同 R_i 的离子流。但这种方法在实验上不易实现，常常是直接用感光板照相法记录各种不同离子的 m_i/z，采用这种方法设计的仪器称为质谱仪。

② 固定 R 连续改变 H 或 V：在电场扫描法中，固定 R 和 H，连续改变 V，通过狭缝的离子 m_i/z 与 V 成反比。当加速电压逐渐增加，先被收集到的是质量大的离子。

在磁场扫描法中，固定 R 和 V，连续改变 H，m_i/z 正比于 H^2，当 H 增加时，先收集

到的是质量小的离子。采用这种方法设计的仪器称为质谱计。

（2）质谱的表示方法

质谱的表示方法有三种：质谱图、质谱表和元素图。质谱图有两种：峰形图和条图，目前大部分质谱都用条图（图9-16）表示。

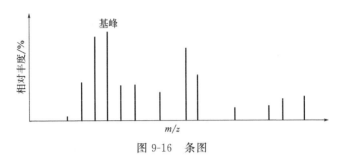

图 9-16　条图

在图 9-16 中，横坐标表示质荷比，纵坐标表示相对丰度，以质谱中最强峰的高度作为 100%，然后用最强峰的高度去除其他各峰的高度，这样得到的百分数称作相对丰度。用相对丰度表示各峰的高度，其中最强峰称为基峰。

纵坐标的另一种表示方法是绝对丰度。绝对丰度为某离子的峰高占 m/z 大于 40 以上各离子峰高总和的百分数，常以 $X\%\Sigma_{40}$ 表示。

9.4.1.2　质谱仪

质谱仪由以下几个部分组成：进样系统、离子源、质量分析器、检测器、计算机控制系统和真空系统。其中，离子源是将样品分子电离生成离子的装置，也是质谱仪最主要的组成部件之一。质量分析器是使离子按不同质荷比大小进行分离的装置，是质谱仪的核心。各种不同类型的质谱仪最主要的区别通常在于离子源和分析器。

常见离子源的种类包括电子轰击（electron impact，EI）源、快原子轰击（fast atom bombardment，FAB）源、化学电离（chemical ionization，CI）源、电喷雾电离（electron spray ionization，ESI）源、基质辅助激光解吸电离（matrix assisted laser desorption ionization，MALDI）源等。不同的离子源使样品分子电离的方式各不相同。EI 源使用具有一定能量的电子直接轰击样品而使样品分子电离。这种离子源能电离挥发性化合物、气体和金属蒸气，是质谱仪中广泛采用的一种离子源。EI 源要求固、液态样品汽化后再进入离子源，因此不适合难挥发和热不稳定的样品。FAB 电离源则特别适合分析高极性、大分子量、难挥发和热稳定性差的样品，且既能够得到强的分子离子或准分子离子峰，又能够得到较多的碎片离子峰，其电离方式是使用具有一定能量的中性原子（通常是惰性原子）束轰击负载于液体基质上的样品而使样品分子电离。该电离源的主要缺点是 400 以下质量范围内有基质干扰峰，对非极性化合物测定不灵敏。CI 电离源通过试剂气体分子所产生的活性反应离子与样品分子发生离子-分子反应而使样品分子电离，其优点是能够得到强的准分子离子峰，碎片离子较少，灵敏度比快原子轰击电离源高，但化学电离源也必须首先使样品汽化，然后再电离，因此不能测定热不稳定和难挥发的化合物。ESI 电离使用强静电场电离技术使样品形成高度荷电的雾状小液滴从而使样品分子电离。电喷雾电离是很软的电离方法，通常只产生完整的分子离子峰而没有碎片离子峰，这种电离分析小分子通常得到带单电荷的准分子离子（如 $[M+H]^+$ 或 $[M-H]^-$），分析生物大分子时，由于能产生多电荷离子，可使仪器检测的质量范围提高几十倍甚至更高。电喷雾电离源易于与液相色谱和毛细管电泳联用，实现对多组分复杂体系的分析。MALDI 通过激光束照射样品与基质混合溶液挥发溶剂后形成的结晶而使样品分子电离。基质辅助激光解吸电离适合测定热不稳定、难挥发、难电离的生物大分子以及研究测定一些合成寡聚物或高聚物，这种电离也属于软电离方法，产生完整的分子离子而无明显的碎片离子，因此可直接分析多组分体系。

常见的质量分析器种类有扇形磁场、四极分析器、离子阱、飞行时间质量分析器、傅里叶变换离子回旋共振等。扇形磁场利用不同质量的离子在磁场中做圆周运动时具有不同轨道半径的性质分析离子，该分析器进行磁扫描的优点是能够保持灵敏度和分辨率不随质荷比值发生改变。四极分析器利用不同质荷比的离子在四极场中产生稳定震荡所需的射频电压不相同的性质分析离子，这种分析器的扫描速度比磁扫描快，且体积小，结构简单，造价低，是使用数量最多的一种质谱分析器。离子阱原理上与四极分析器类似，常称为四极离子阱，它除了分析功能外，还可以选择、储存某一质荷比的离子，因而能实现多极串联质谱分析。离子阱的灵敏度比四极质量分析器高。飞行时间质量分析器利用具有相同动能但不同质荷比的离子在离子漂移管中飞行速度不同的性质分析离子，此分析器最大的特点是测定的质量范围理论上无上限，扫描速度极快。傅里叶变换离子回旋共振分析器利用不同质荷比的离子在回旋池中具有不同回旋运动频率的性质分析离子，其优点是能够获得超高分辨率，具有多极串联质谱的功能，灵敏度随分辨率的提高而提高。

电子轰击质谱能够提供有机化合物最丰富的结构信息并具有较好的重复性。以 EI 离子源、扇形磁场为分析器的质谱仪目前仍然是最为广泛应用的有机质谱仪，其结构示意图如图 9-17 所示。

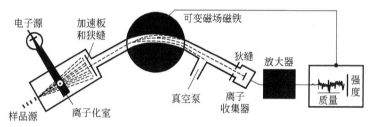

图 9-17　质谱仪的结构示意图

使用 EI 源使样品离子化的方法是在 10^{-5} Pa 的真空下，以 50～100eV（常用 70eV）能量的电子轰击离子源中的被测物分子，并使所产生的正离子经电场加速进入质量分析器。

扇形磁场质量分析器由一个可变磁场构成。不同质量的离子进入磁场后，将以质荷比按不同的曲率半径作曲线运动（改变加速电压 V，离子运动的曲率半径也随之发生改变），在质谱仪中，R 是固定的，质谱分析通常采用固定加速电压 V，改变磁场强度 H，即采用磁场扫描来进行。相同 m/z 值的离子汇聚成粒子束，不同 m/z 值的粒子束将在磁扫描的作用下先后通过离子收集器狭缝，进入检测系统。各种不同质量的离子束在检测系统中所产生的信号强度与该质量的离子数目的大小成正比。以可变磁场作分析器的质谱仪，常简称为磁质谱仪。由磁场和静电场结合构成的双聚焦质谱仪，具有很高的分辨率，质量准确度可达 5ppm，因此可以用于确定化合物的元素组成及分子式。

9.4.2　常见各类化合物的质谱

(1) 烃类

① 饱和脂肪烃。分子离子峰弱，具有典型的 $C_nH_{2n+1}^+$ 系列离子峰，直链含 3 个碳（$m/z43$）或 4 个碳（$m/z57$）的离子丰度最（较）大，支链易从支链处断键，例如正十二烷质谱（图 9-18）中，$m/z29$、$m/z43$、$m/z57$、$m/z71$、$m/z85$ 均为 $C_nH_{2n+1}^+$ 系列离子峰。

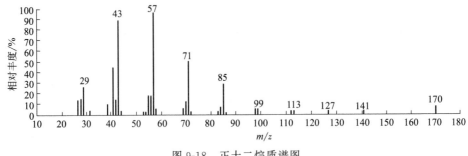

图 9-18　正十二烷质谱图

② 烯烃。链状烯烃分子中的双键能引起 $M^{\cdot+}$、$C_nH_{2n-1}^+$、$C_nH_{2n}^{\cdot+}$ 系列离子丰度增大。如 1-十二烯质谱图（图 9-19），$m/z41$、$m/z55$、$m/z69$ 等均为 $C_nH_{2n-1}^+$ 系列离子，$m/z42$，$m/z56$，$m/z70$ 等 $C_nH_{2n}^{\cdot+}$ 系列离子的峰也很明显。烯烃也能发生麦氏重排反应。

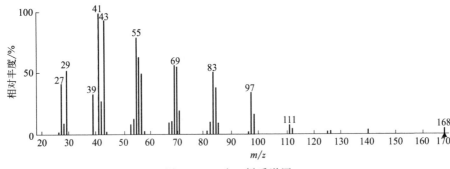

图 9-19　1-十二烯质谱图

③ 芳烃：

a. 分子离子峰强：烷基苯的特征离子系列为 $C_6H_5(CH_2)_n^+$，且通常有 $m/z77$、$m/z91$、$m/z105$、$m/z119$ 等质谱峰。$m/z91$ 通常是烷基苯的基峰。

b. 碎片离子少。

c. 特征碎裂：α 键断裂和麦氏重排。

（2）醇类

主要介绍饱和脂肪醇。

① 伯、仲醇容易失水，一般看不到分子离子峰。可形成 M-18 峰。

② 易发生 α 键断裂，产生 $C_nH_{2n+1}O^+$ 特征系列离子峰。如 1-己醇、2-戊醇、叔丁醇的 $m/z31$、$m/z45$、$m/z59\cdots$等。

伯醇：
$$R \overset{\curvearrowright}{\longrightarrow} CH_2 \overset{\cdot+}{\underset{}{OH}} \longrightarrow CH_2 = \overset{+}{OH} + R\cdot \quad m/z31$$

仲醇：
$$R \overset{\curvearrowright}{\longrightarrow} \underset{|}{CH} \overset{\cdot+}{\underset{CH_3}{OH}} \longrightarrow CH_3CH = \overset{+}{OH} + R\cdot \quad m/z45$$

叔醇：
$$R \overset{\curvearrowright}{\longrightarrow} \underset{\underset{CH_3}{|}}{\overset{\overset{CH_3}{|}}{C}} \overset{\cdot+}{\underset{}{OH}} \longrightarrow \underset{H_3C}{\overset{H_3C}{>}} C = \overset{+}{OH} + R\cdot \quad m/z59$$

③ 氢重排到饱和杂原子并伴随的断裂反应：奇电子离子重排裂解生成另一个奇电子离子，质量数和分子量的奇偶性一致。如 1-己醇（M-102）主要为 $m/z84$、$m/z56$、$m/z31$（$CH_2=OH$，α 键断裂）：

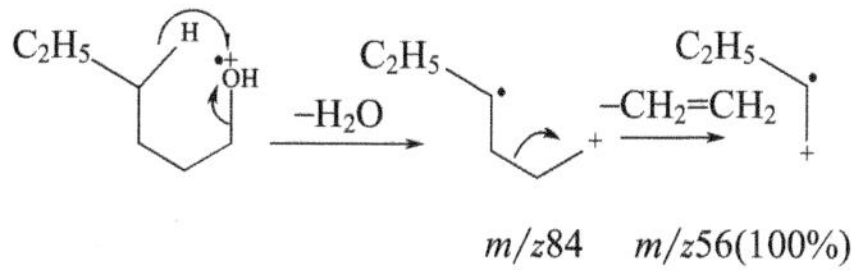

$$m/z84 \qquad m/z56(100\%)$$

（3）酚类

分子离子峰很强，往往是基峰。易失去 CO 和 CHO 形成 M-28 和 M-29 的离子峰。邻甲苯酚类还可以失水形成 M-18 离子峰。

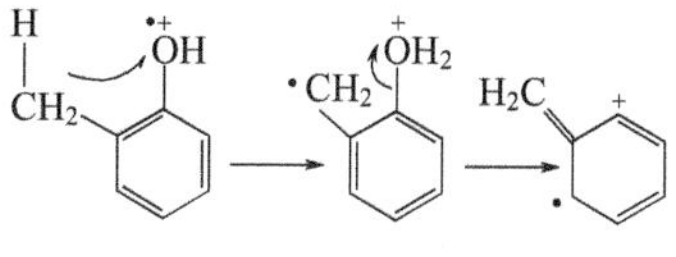

（4）醚类

① 易发生 α 键断裂形成氧正离子，并进一步发生氢的重排反应。反应产物的离子特征是 $C_nH_{2n+1}O^+$（如 $m/z31$、$m/z45$、$m/z59$）。

② 醚也易发生 i 键断裂，生成 $m/z29$、$m/z43$、$m/z57$、$m/z71$ 等烷基离子。

③ 有较弱的分子离子（比醇强）。

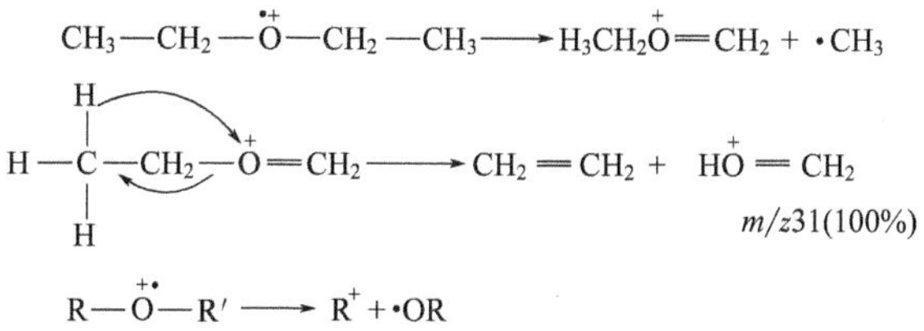

$$m/z31(100\%)$$

（5）醛、酮类

① 能发生 α 键断裂以及 i 键断裂。

② 有明显的分子离子峰。直链醛；酮显示有 $C_nH_{2n+1}CO$ 的特征离子系列峰，如 $m/z29$、$m/z43$、$m/z57\cdots$。

③ 具有 γ 氢的，发生麦氏重排反应。

（6）羧酸

① 脂肪酸。分子离子峰很弱，有可能发生 α 裂解产生 $m/z45$ 峰，还可能有 M-17（失去 OH）、M-18（失去 H_2O）、M-45（失去 COOH）的离子峰。

② 芳香羧酸。分子离子峰相当强，显著特征是有 M-17、M-45 离子峰。邻位取代的芳香羧酸产生占优势的 M-18 失水离子峰（一般为基峰）。

（7）酯

① 芳香羧酸酯的分子离子峰较脂肪族的明显，α 键裂解所产生的离子为强峰（有时是基峰）。

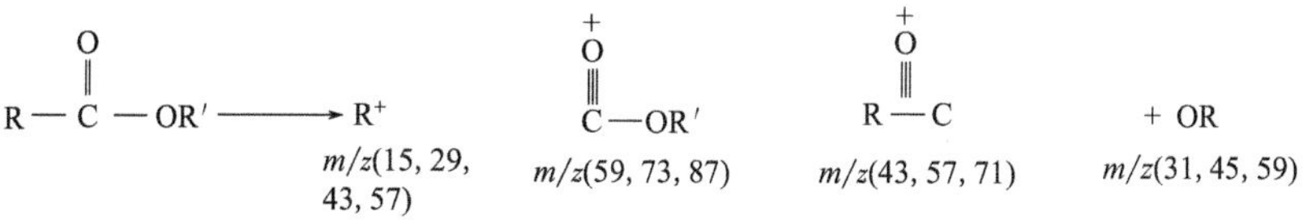

② 酯也可以进行麦氏重排。

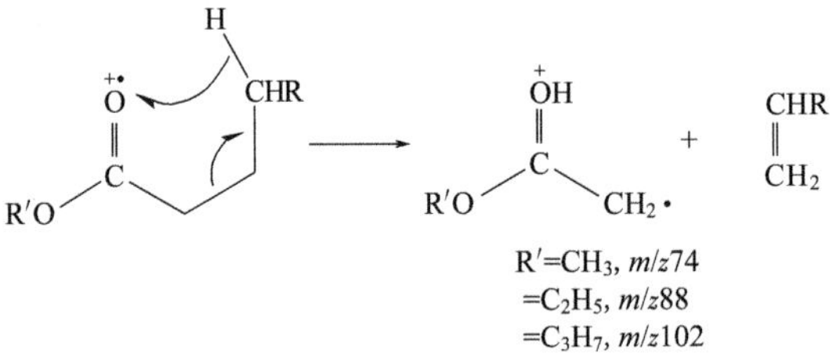

$R'=CH_3, m/z74$
$=C_2H_5, m/z88$
$=C_3H_7, m/z102$

羧酸甲酯、乙酯有较强的 $m/z74$、$m/z88$ 按麦氏重排产生的离子峰。

(8) 酸酐

$M^{\cdot+}$ 很弱，有时不显现。酸酐的酰基离子峰一般都是最强峰；$(M-CO_2)^+$ 是二元酸酐的特征离子峰。

(9) 酰胺

① 含四个碳以上的伯胺主要发生麦氏重排反应。

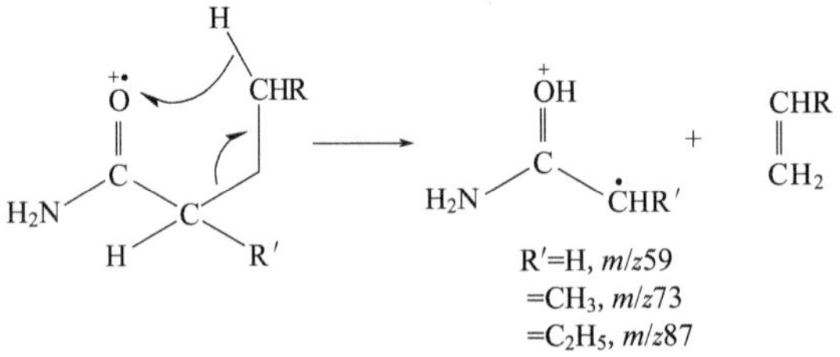

$R'=H, m/z59$
$=CH_3, m/z73$
$=C_2H_5, m/z87$

② 不可能发生麦氏重排的酰胺主要发生 α 键断裂，生成 $m/z44$ 的离子。

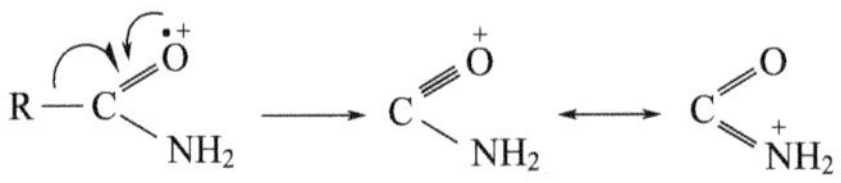

(10) 胺类

① 链状脂肪胺发生 α 键断裂，产生的离子符合通式 $C_nH_{2n+2}N^+$，即 $m/z30$，$m/z44$，$m/z58$。

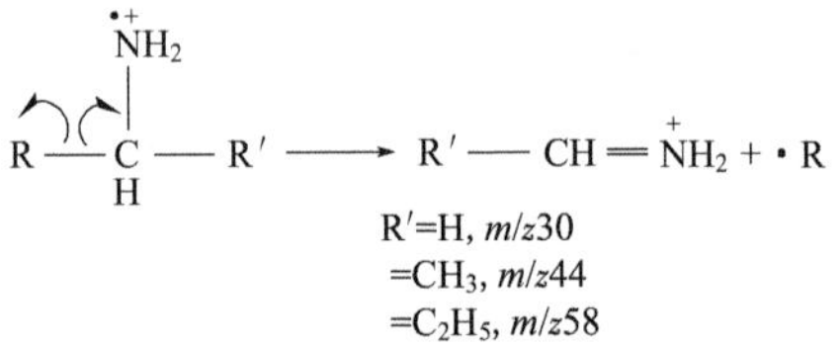

$R'=H, m/z30$
$=CH_3, m/z44$
$=C_2H_5, m/z58$

② 芳胺的分子离子往往是最强峰，烷基苯胺也可发生 α 键断裂反应。

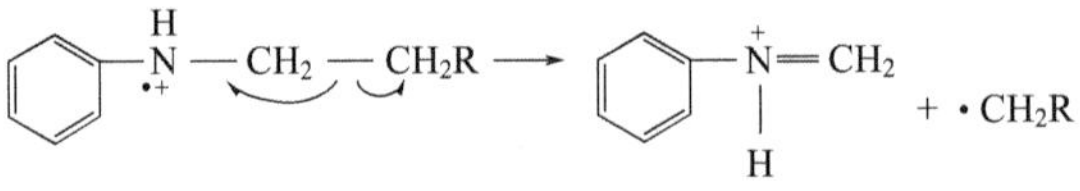

(11) 硝基化合物

① 脂肪族硝基化合物的分子离子峰很弱，或不出现，主要的特征离子是 $(M-NO_2)$ 峰。谱图中还可看到 $m/z30(NO^+)$ 离子峰。

② 芳香族硝基化合物的分子离子峰很强，并产生 $(M-NO_2)$ 和 $(M-NO)$ 峰。

9.4.3 有机质谱的解析及应用

（1）谱图解析步骤

① 由分子离子峰获取分子量及元素组成信息：质谱测定最主要的目的之一是取得被测物的分子量信息。因此，根据分子离子峰的 m/z 值确定分子量通常是谱图分析的第一步骤。分子离子必须是质谱图中质量最大的离子峰，谱图中的其他离子必须能由分子离子通过合理地丢失中性碎片而产生。特别值得注意的是：EI 质谱图中质量最大的离子有可能并不是分子离子，这是因为分子离子不稳定的样品，质谱图上往往不显示分子离子峰。另外，特殊情况下，质谱反应中有可能会生成质量比分子离子更大的离子。

如果质谱图中质量最大的离子与其附近的碎片离子之间质量差为 3、4、5~14 或 21、22~25，则可以肯定这个最大质量的离子不是分子离子。除了分子量之外，分子离子提供的信息还包括：

a. 是否含奇数氮原子：有机物分子中，含奇数个 N 原子的化合物分子量为奇数。所以，当分子离子的质量为奇数时，则可断定分子中含有奇数个 N 原子。

b. 含杂原子的情况：氯、溴元素的同位素丰度较强。含氯、溴的分子离子峰有明显的特征，在质谱图上易于辨认。通过同位素峰的峰形，还可了解这两种元素在分子中的原子数目。根据谱图分子离子的同位素峰及丰度，也可以分析被测样品是否存在其他元素，如 Si、S、P 等。

c. 对于化学结构不是很复杂的普通有机物，根据其分子离子的质量和可能的元素组成，可以计算分子的不饱和度（U）及推测分子式。

② 根据分子离子峰和附近碎片离子峰的 m/z 差值推测被测物的类别：根据质谱图中分子离子峰与附近碎片离子峰的 m/z 差值，可推测分子离子失去的中性碎片以及被测物分子的结构类型。

③ 根据碎片离子的质量及所符合的化学通式，推测离子可能对应的特征结构片断或官能团。

④ 结合分子量、不饱和度、碎片离子结构及官能团等信息，合并可能的结构单元，搭建完整的分子结构。

在前几步对谱图分析的基础上，将可能的结构单元全部列出，再根据不饱和度、元素分析并结合其他波谱分析等方法，肯定合理或排除不合理的结构。例如，$m/z29$ 的离子峰可能对应 CHO^+ 或 $C_2H_5^+$，若样品的 IR 谱不显示 $C=O$ 特征吸收峰，则可肯定 $m/z29$ 为 $C_2H_5^+$。此外由计算不饱和度，也可帮助做出正确的判断。

⑤ 核对主要碎片离子。检查推测得到的分子是否能按质谱裂解规律产生主要的碎片离子。如果谱图中重要的碎片离子不能由所推测的分子按合理的裂解反应过程产生，则需要重新考虑所推测的化合物的分子结构。

⑥ 结合其他分析方法最终确定化合物的结构。如有必要可结合 NMR、IR、UV 谱图和元素分析结果对被测物的结构做出确定。

⑦ 质谱图的计算机数据库检索。配备了质谱数据库的质谱仪，能对谱图进行自动检索，并给出被测物可能的分子量、结构等信息。目前较普遍使用的谱库有：美国国家标准及技术研究院（national institute of standards and technology）的 NIST'98 质谱数据库，WILEY 质谱数据库，DRUG 质谱数据库等。NIST'98、WILEY 谱库已收集了 20 多万个化合物的质谱图。当质谱测定条件较好，谱库中又具有相应化合物的谱图时，检索结果的可信度较高，当检索结果并不十分理想时，所给出的未知物结构对推测正确的分子结构也会有启发和帮助。

（2）GC-MS 的应用示例

气-质联用仪（GC-MS）一般配置 EI 和 CI 两种电离源，气-质联用仪的分析器包括单四极杆分析器、三重四极分析器、扇形磁场、离子阱、飞行时间分析器等类型。由于已经建立了化合物的标准 EI 质谱图库，采用 EI 电离源进行 GC-MS 分析时，可通过即时检索迅速确证被测物的分子质量和结构。

GC-MS 的作用主要是解决复杂混合物中挥发性组分的成分分析、目标成分的鉴定以及定量分析问题。植物如中草药、烟草、花草、水果、蔬菜、茶叶中的成分、复杂化学品的成分，动物或人体中的性激素、兴奋剂、药物及毒品代谢产物，血液中的有毒物质、环境或土壤中的有害气体、河流底泥沉积物、食品中的添加剂、蔬菜水果中农药残留物等都可以采用 GC-MS 进行快速准确地定性定量分析。

【例 9-4-1】 萘的 NaClO 氧化产物分析

萘是一种稠环芳香烃，分子式 $C_{10}H_8$，无色，有毒，易升华并有特殊气味的片状晶体。从炼焦的副产品煤焦油和石油蒸馏中大量生产，本案例分析了萘置于 NaClO 水溶液中氧化的产物。反应结束后，用盐酸酸化溶液至 pH 为 2～3，待减压蒸馏脱除溶剂后，反应产物用过量的 CH_2N_2/乙醚溶液酯化。酯化后产物的总离子流色谱图如图 9-20 所示，所检测到化合物对应的母体化合物列于表 9-14。

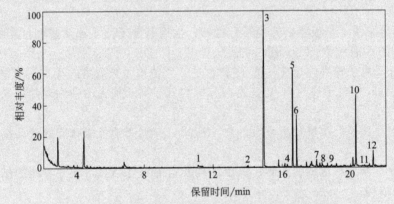

图 9-20 萘的 NaOCl 氧化产物酯化后总离子流色谱图

表 9-14 萘的 NaOCl 氧化产物

序号	产物	化学式	相对含量/%
1	萘	$C_{10}H_8$	0.139
2	1-氯萘	$C_{10}H_7Cl$	0.304
3	邻苯二甲酸	$C_8H_6O_4$	50.504
4	1,4-二氯萘	$C_{10}H_6Cl_2$	0.548
5	3-氯邻苯二甲酸	$C_8H_5ClO_4$	20.487
6	4-氯邻苯二甲酸	$C_8H_5ClO_4$	8.955
7	4,5-二氯邻苯二甲酸	$C_8H_4Cl_2O_4$	1.265
8	3,4-二氯邻苯二甲酸	$C_8H_4Cl_2O_4$	0.701
9	1,2,4-三氯萘	$C_{10}H_5Cl_8$	0.145
10	1,2,3,4-四氯代-四氢萘	$C_{10}H_8Cl_4$	13.646
11	1,2,3,4-四氯萘	$C_{10}H_4Cl_4$	0.316
12	1,2,3,4,5-五氯代-四氢萘	$C_{10}H_7Cl_5$	2.991

【例 10-4-2】 苯酚的 NaClO 氧化产物分析

将苯酚置于 NaClO 水溶液和 CCl_4 的混合溶液当中搅拌氧化。反应结束后，用盐酸酸化溶液至 pH 为 2～3，待减压脱除溶剂后用过量的 CH_2N_2/乙醚溶液酯化反应产物。酯化后产物的总离子流色谱图如图 9-21 所示，所检测到化合物对应的母体化合物如表 9-15 所列。

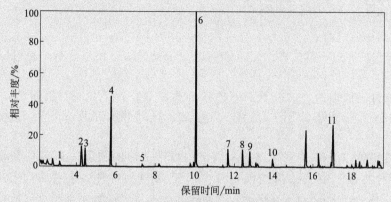

图 9-21 苯酚的 NaOCl 氧化产物酯化后总离子流色谱图

表 9-15 苯酚的 NaOCl 氧化产物

序号	产物	化学式	相对含量/%
1	二氯乙酸	$C_2H_2Cl_2O_2$	1.543
2	二氯乙酸乙酯	$C_4H_6Cl_2O_2$	5.422
3	三氯乙酸	$C_2HCl_3O_2$	4.867
4	三氯乙酸乙酯	$C_4H_5Cl_3O_2$	17.426
5	三氯丙烯酸	$C_3HCl_3O_2$	0.901
6	2,2,3,3-四氯丙酸	$C_3H_2Cl_4O_2$	40.826
7	二氯丁烯二酸	$C_4H_2Cl_2O_4$	5.689
8	2,3,4,4-四氯-2-丁烯酸	$C_4H_2Cl_4O_2$	5.06
9	2,3,4,4-四氯-2-丁烯酸	$C_4H_2Cl_4O_2$	5.193
10	5,5,6,6-四氯-环己烯-1,4-二醇	$C_6H_6Cl_4O_2$	2.595
11	2,3,4,5-四氯-6-羟基-2,4-二烯己酸	$C_6H_4Cl_4O_3$	10.479

通过 GC-MS 分析，在苯酚的 NaClO 反应产物中共鉴定出 11 种化合物，主要是一些短链氯代烷酸或其乙酯化合物，如：二氯乙酸、二氯乙酸乙酯、三氯乙酸、三氯乙酸乙酯和三氯丙烯酸，这些化合物在煤的 NaOCl 氧化产物中同样大量存在，且具有较高的收率。据此可以推测，煤的 NaClO 氧化产物中大部分的短链氯代烷酸很可能来源于煤中酚类结构。在氧化产物中并未检测到残留苯酚，说明苯酚与 NaClO 彻底反应。

9.5 物质表征的综合解析

前面已分别介绍了紫外光谱、红外光谱、核磁共振谱及质谱在化合物结构分析中的应用。对于结构比较复杂的化合物，仅凭一种谱图往往难以确定其化学结构，而需要同时运用多种波谱技术进行综合分析、互相印证才能得出正确的结论。

综合运用多种波谱数据解析化合物的结构，并没有固定的步骤和方法，通常根据各谱提供的信息，灵活运用，找出各种信息的相互关系，逐步推导未知物的结构式。下面是多谱综合分析的一般步骤。

（1）确定样品的纯度

在进行波谱分析前，分析者要对样品的来源、纯度有尽可能多的了解。可用熔点、折射率和各种色谱法判断样品的纯度。如果样品不是纯物质，必须进行分离提纯。

（2）确定分子式

确定分子式的方法有：

① 用质谱法或冰点下降法等测定未知物的分子量，结合元素分析结果可以计算出化合物的分子式。

② 根据高分辨质谱给出的分子离子的精确质量数，查工具书计算得出，也可根据低分辨质谱中的分子离子峰和 M+1、M+2 同位素峰的相对丰度比，查工具书来推算分子式。

③ 由核磁共振 ^{13}C NMR 宽带质子去偶谱的峰数和峰的强度估算碳原子数，结合分子量，判断分子对称性。由偏共振去偶谱或 DEPT 谱得到各种碳的类型（如 CH_3、CH_2、CH、季碳等）及数目，由 ^{1}H NMR 的积分曲线高度比也可计算各基团含氢数目比，确定化合物分子式。

可通过元素定性分析确定分子中是否含有杂原子，如含有 N、S、X（卤素）等元素，还需测定其含量。分子是否含氧，可从红外光谱含氧基团（—OH、C=O、C—O 等）的吸收峰判断。

（3）计算化合物的不饱和度

计算不饱和度对判断化合物类型很有必要，如不饱和度在 1~3，分子中可能含有 C=C、C=O、C=N 或环，如不饱和度大于或等于 4，分子中可能有苯环。

（4）结构单元的确定

仔细分析 UV、IR、^{1}H NMR、^{13}C NMR 和 MS 谱图，推出分子中含有的官能团和结构单元及其相互关系。例如，由 UV 可确定分子中是否含有共轭结构，如苯环，共轭烯，α，β-不饱和碳基化合物等。由 IR 可确定是否含有羰基（1870~1650cm^{-1}）、苯环（3100~3000cm^{-1}、1600~1450cm^{-1}）、羟基（3600~3200cm^{-1}）、腈基（~2220cm^{-1}）等。由 ^{1}H NMR 可知分子是否含有羧基（δ 为 10~13ppm）、醛基（δ 为 9~10ppm）、芳环（δ 为 6.5~8.5ppm）、酰胺基（δ 为 6~8ppm）、烯氢（δ 为 5~7ppm）等。由 ^{13}C NMR 可知分子是否含有烯烃或芳烃的 sp^2 杂化碳（δ 为 100~160ppm）、碳基碳（δ 为 160~230ppm）、季碳（强度较小）、腈基碳（δ 为 110~130ppm）、炔碳（δ 为 70~90ppm）等。质谱则能提供化合物的分子量或分子式和许多特征的碎片离子，根据裂解规律得到各基团的连接关系、取代基位置等。

（5）可能结构式的推导

比较分子式和已确定的结构单元，推出分子的剩余部分，从各结构单元的可能结合方式推导出化合物可能的结构式。

（6）化合物的确定

核对各谱数据和各可能化合物的结构，排除有矛盾者，如果某一结构式与各谱图的指认均相吻合，即可确定该结构式为未知物的结构。如仍有疑问或文献上还未有记载的新化合物，必要时还可测定该未知物的单晶 X 射线衍射光谱加以证实。

综合能力测试

一、应知客观测试 (O)

（一）选择题

1. 下列分子中能产生紫外吸收的是（　　）。

A. NaO　　　　　　　B. C_2H_2　　　　　　　C. CH_4　　　　　　　D. K_2O

2. 分光光度法的吸光度与（　　）无关。

A. 入射光的波长　　B. 液层的高度　　　　C. 液层的厚度　　　D. 溶液的浓度

3. 红外光谱与紫外吸收光谱的区别是（　　）。

A. 前者使用广泛，后者适用范围小

B. 后者是由分子外层价电子跃迁引起

C. 前者谱图信息丰富，后者则简单

D. 前者是分子振动转动能级跃迁引起

4. 两个化合物 (1) ，(2) 。如用红外光谱鉴别，主要依据的谱带是（　　）。

A. (1) 式在～3300cm^{-1} 有吸收而 (2) 式没有

B. (1) 式和 (2) 式在～3300cm^{-1} 都有吸收，后者为双峰

C. (1) 式在～2200cm^{-1} 有吸收

D. (2) 式在～1680cm^{-1} 有吸收

5. 下述原子核中，自旋量子数不为零的是（　　）。

A. F　　　　　　　　B. C　　　　　　　　C. O　　　　　　　D. He

6. 用核磁共振波谱法测定有机物结构，试样应是（　　）。

A. 单质　　　　　　B. 纯物质　　　　　　C. 混合物　　　　　D. 任何试样

7. 在溴己烷的质谱图中观察到两个强度相等的离子峰，最大可能的是（　　）。

A. m/z 为 15 和 29　　　　　　　　B. m/z 为 93 和 15

C. m/z 为 29 和 95　　　　　　　　D. m/z 为 95 和 93

8. 要测定 ^{14}N 和 ^{15}N 的天然强度，宜采用下述哪一种仪器分析方法（　　）。

A. 红外光谱　　　B. 气相色谱　　　　　　C. 质谱　　　　　　D. 色谱-质谱联用

（二）判断题

1. 某物质的摩尔吸光系数越大，则表明该物质的浓度越大。（　　　）

2. 用分光光度计进行比色测定时，必须选择最大的吸收波长进行比色，这样灵敏度高。（　　　）

3. 有机化合物的定性一般用红外光谱，紫外光谱常用于有机化合物的官能团定性。（　　　）

4. 非极性分子不具有红外活性。（　　　）

5. 在振动过程中，键或基团的偶极矩不发生变化，就不吸收红外光。（　　　）

6. 红外光谱法，试样状态可以是气体、液体、固体状态。（　　　）

7. 当质子共振所需的外磁场强度增加时，化学位移值将增加。（　　　）

8.核磁距是由于原子核自旋而产生的，它与外磁场强度无关。（　　）

9.质谱图中 m/z 最大的峰一定是分子离子峰。（　　）

10.已知某化合物的分子式为 C_8H_{10}，在质谱图上出现 m/z 91 的强峰，则该化合物可能是乙苯。（　　）

二、应知主观测试（O）

1.现代仪器分析有哪些特点？

2.什么是饱和？什么是弛豫？各自对 NMR 有什么影响？

3.什么是电压扫描？什么是磁场扫描？两者有何区别与联系？

4.对一未知物质进行表征为什么不能由一种波谱就能确定其结构？

5.请列出 UV、IR、NMR、MS 在实验中应关注的 HSE 内容。

第五部分

专业综合应用能力

10

实验室组织与管理

10.1 危险化学品的管理

10.1.1 危险化学品的分类

根据《危险化学品安全管理条例》，危险化学品是指具有毒害、腐蚀、爆炸、燃烧、助燃等性质，对人体、设施、环境具有危害的剧毒化学品和其他化学品。依据《化学品分类和危险性公示 通则》（GB 13690—2009），我国将危险化学品按照其危险性划分为 3 类，包括理化危险、健康危险、环境危险。其中理化危险包括爆炸物、易燃气体等 16 类。

① 爆炸物：爆炸物质（或混合物）是这样一种固态或液态物质（或物质的混合物），其本身能够通过化学反应产生气体，而产生气体的温度、压力和速度能对周围环境造成破坏，其中也包括发火物质，即使它们不放出气体。发火物质（或发火混合物）是这样一种物质或物质的混合物，它旨在通过非爆炸自持放热化学反应产生的热、光、声、气体、烟或所有这些的组合来产生效应。

② 易燃气体：是在 20℃和 101.3kPa 标准压力下，与空气有易燃范围的气体。

③ 易燃气溶胶：气溶胶是指气体溶胶喷雾罐，系任何不可重新灌装的容器，该容器由金属、玻璃或塑料制成，内装强制压缩、液化或溶解的气体，包含或不包含液体、膏剂或粉末，配有释放装置，可使所装物质喷射出来，形成在气体中悬浮的固态或液态微粒，或形成泡沫、膏剂或粉末，或处于液态或气态。

④ 氧化性气体：是一般通过提供氧气，比空气更能导致或促使其他物质燃烧的任何气体。

⑤ 压力下气体：指高压气体在压力等于或大于 200kPa（表压）下装入贮器的气体，或是液化气体或冷冻液化气体。包括压缩气体、液化气体、溶解液体、冷冻液化气体。

⑥ 易燃液体：指闪点不高于 93℃的液体。

⑦ 易燃固体：容易燃烧或通过摩擦可能引燃或助燃的固体。包括粉状、颗粒状或糊状物质，它们在与燃烧着的火柴等火源短暂接触即可点燃和火焰迅速蔓延的情况下，都非常危险。

⑧ 自反应物质或混合物：即使没有氧（空气）也容易发生激烈放热分解的热不稳定液态或固态物质或者混合物。如果在实验室试验中其组分容易起爆、迅速燃爆或在封闭条件下

加热时显示剧烈效应，应视为具有爆炸性质。

⑨ 自燃液体：是即使数量小也能与空气接触后5min之内引燃的液体。

⑩ 自燃固体：是即使数量小也能与空气接触后5min之内引燃的固体。

⑪ 自热物质和混合物：是发火液体或固体以外，与空气反应不需要能源提供就能够自己发热的固体或液体物质或混合物；这类物质或混合物与发火液体或固体不同。因为这类物质只有数量很大（公斤级）并经过长时间（几小时或几天）才会燃烧。

⑫ 遇水放出易燃气体的物质或混合物：是通过与水作用，溶于具有自燃性或放出危险数量的易燃气体的固态或液态物质或混合物。

⑬ 氧化性液体：是本身未必燃烧，但通常因放出氧气可能引起或促使其他物质燃烧的液体。

⑭ 氧化性固体：是本身未必燃烧，但通常因放出氧气可能引起或促使其他物质燃烧的固体。

⑮ 有机过氧化物：是含有二价—O—O—结构的液体或固态有机物质，可以看做是一个或两个氢原子被有机基替代的过氧化氢衍生物。如果过氧化物在实验室试验中，在封闭条件下加热时组分容易爆炸，迅速爆燃或表现出剧烈效应，则可认为它具有爆炸性质。

⑯ 金属腐蚀剂：腐蚀金属的物质或混合物是通过化学作用显著损坏或毁坏金属的物质或混合物。

10.1.2 危险化学品的管理

(1) 登记注册

登记注册是化学品安全管理最重要的一个环节，其范围是国家标准《化学品分类和危险性公示 通则》（GB 13690—2009）中所列的常用危险化学品。

(2) 分类管理

根据某一化学品的理化、燃爆、毒性、环境影响数据确定其是否是危险化学品并进行危险性分类。主要依据《化学品分类和危险性公示 通则》（GB 13690—2009）和《危险货物分类和品名编号》（GB 6944—2012）两个国家标准。

(3) 安全标签

安全标签是用简单、明了、易于理解的文字、图形表述有关化学品的危险特性及安全处置注意事项。安全标签的作用是警示能接触到此化学品的人员。根据使用场合，安全标签分为供应商标签和作业场所标签。

(4) 安全技术说明书

安全技术说明书详细描述了化学品的燃爆、毒性和环境危害，给出了安全防护、急救措施、安全储运、泄漏应急处理、法规等方面信息，是了解化学品安全卫生信息的综合性资料。主要用途是在化学品的生产企业与经营单位和用户之间建立一套信息网络。

(5) 安全教育

安全教育是化学品安全管理的一个重要组成部分。其目的是通过培训使工作人员能正确使用安全标签和安全技术说明书，了解所使用的化学品的燃烧爆炸危害、健康危害和环境危害；掌握必要的应急处理方法和自救、互救措施；掌握个体防护用品的选择、使用、维护和保养；掌握特定设备和材料，如急救、消防、溅出和泄漏控制设备的使用。使化学品的管理和接触化学品的人员能正确认识化学品的危害，自觉遵守规章制度和操作规程，从主观上预防和控制化学品危害。

10.2　化学实验室废物处置及回收利用

实验室废物包括"三废"——废气、废液、废固。为防止实验室污物扩散、污染环境，应根据实验室"三废"的特点对其进行分类收集、存放、集中处理。在实际工作中，应科学选择实验研究技术路线、控制化学试剂使用量；采用替代物，尽可能减少废物产生量，减少污染。应本着适当处理、回收利用的原则来处理实验室"三废"。尽可能采用回收、固化以及焚烧等方法处理；处理方法简单，易操作，处理效率高，不需要很多投资。

10.2.1　废气处置及回收利用

对少量的有毒气体可通过通风设备（通风橱或通风管道）经稀释后排至室外，通风管道应有一定高度，使排出的气体易被空气稀释。大量的有毒气体必须经过处理如吸收处理或与氧充分燃烧，然后才能排到室外，如氮、硫、磷等酸性氧化物气体，可用导管通入碱液中，使其被吸收后排出。

10.2.2　废液处置及回收利用

废液应根据其化学特性选择合适的容器和存放地点，密闭存放，禁止混合贮存；容器要防渗漏，防止挥发性气体逸出而污染环境；容器标签必须标明废物种类和贮存时间，且贮存时间不宜太长，贮存数量不宜太多；存放地要通风良好。剧毒、易燃、易爆药品的废液，其贮存应按危险品管理规定办理。

（1）一般废液处置及回收利用

一般废液可通过酸碱中和、混凝沉淀、次氯酸钠氧化处理后排放。有机溶剂废液应根据其性质尽可能回收；某些数量较少、浓度较高确实无法回收使用的有机废液可采用活性炭吸附法、过氧化氢氧化法处理，或在燃烧炉中供给充分的氧气使其完全燃烧。对高浓度废酸、废碱液要经中和至近中性时方可排放。

（2）特殊废液处置及回收利用

含汞、铬、铅、镉、砷、酚、氰、铜的废液必须经过处理达标后才能排放，对实验室内小量废液的处理可参照以下方法。

① 含汞废弃物的处理。若不小心将金属汞撒落在实验室里（如打碎压力计、温度计或极谱分析操作不慎将汞撒落在实验台、地面上等）必须及时清除。可用滴管、毛笔或用在硝酸汞的酸性溶液中浸过的薄铜片、粗铜丝将撒落的汞收集于烧杯中，并用水覆盖。撒落在地面难以收集的微小汞珠应立即撒上硫黄粉，使其化合成毒性较小的硫化汞，或喷上用盐酸酸化过的高锰酸钾溶液（每升高锰酸钾溶液中加 5mL 浓盐酸），过 1～2h 后再清除，或喷上20%三氯化铁的水溶液，晾干后再清除干净。三氯化铁水溶液是对汞具有乳化性能并同时可将汞转化为不溶性化合物的一种非常好的去汞剂，但金属器件（铅质除外）不能用三氯化铁水溶液除汞，因金属本身会受这种溶液的作用而损坏。如果室内的汞蒸气浓度超过 $0.01mg/m^3$，可将碘加热或自然升华，碘蒸气与空气中的汞及吸附在墙上、地面上、天花板上和器物上的汞作用生成不易挥发的碘化汞，然后彻底清扫干净。实验中产生的含汞废气可导入高锰酸钾吸收液内，经吸收后排出。

含汞废液可采用硫化物共沉淀法处理，即用酸、碱先将废液调至 pH 为 8～10，加入过量硫化钠，使其生成硫化汞沉淀。再加入硫酸亚铁作为共沉淀剂，与过量的硫化钠生成硫化铁，生成的硫化铁沉淀将悬浮在水中难以沉降的硫化汞微粒吸附而共沉淀，然后静置、沉淀分离或经离心过滤，上清液可直接排放，沉淀用专用瓶贮存，待一定量后可用焙烧法或电解法回收汞或制成汞盐。

注意： 汞剧毒，升华后被人吸收会导致中毒！

② 含铅、镉废液的处理。镉在 pH 值高的溶液中能沉淀下来，对含铅废液的处理通常采用混凝沉淀法、中和沉淀法。因此可用碱或石灰乳将废液 pH 值调至 9，使废液中的 Pb^{2+}、Cd^{2+} 生成 $Pb(OH)_2$ 和 $Cd(OH)_2$ 沉淀，加入硫酸亚铁作为共沉淀剂，沉淀物可与其他无机物混合进行烧结处理，清液可排放。

③ 含铬废液的处理。铬酸洗液经多次使用后，Cr^{6+} 逐渐被还原为 Cr^{3+} 同时洗液被稀释，酸度降低，氧化能力逐渐降低至不能使用。此废液可在 $110\sim130℃$ 下不断搅拌，加热浓缩，除去水分，冷却至室温，边搅拌边缓缓加入高锰酸钾粉末，直至溶液呈深褐色或微紫色（1L 加入约 10g 高锰酸钾），加热至有二氧化锰沉淀出现，稍冷，用玻璃砂芯漏斗过滤，除去二氧化锰沉淀后即可使用。

含铬废液可采用还原剂（如铁粉、锌粉、亚硫酸钠、硫酸亚铁、二氧化硫或水合肼等），在酸性条件下将 Cr^{6+} 还原为 Cr^{3+}，然后加入碱（如氢氧化钠、氢氧化钙、碳酸钠、石灰等），调节废液 pH 值，生成低毒的 $Cr(OH)_3$ 沉淀，分离沉淀，清液可排放。沉淀经脱水干燥后或综合利用，或用焙烧法处理，使其与煤渣和煤粉一起焙烧，处理后的铬渣可填埋。一般认为，将废水中的铬离子形成铁氧体（使铬镶嵌在铁氧体中），则不会有二次污染。

④ 含砷废液的处理。在含砷废液中加入氯化钙或消石灰，调节并控制废液 pH 值为 $8\sim9$，生成砷酸钙和亚砷酸钙沉淀，再加入 $FeCl_3$，有 Fe^{3+} 存在时可起共沉淀作用。也可将含砷废液 pH 值调至 10 以上，加入硫化钠，与砷反应生成难溶、低毒的硫化物沉淀。有少量含砷气体产生的实验，应在通风橱中进行，使毒害气体及时排出室外。

⑤ 含酚废液的处理。低浓度的含酚废液可加入次氯酸钠或漂白粉，酚氯化成邻苯二酚、邻苯二醌、顺丁烯二酸而被破坏，处理后废液汇入综合废水桶。高浓度的含酚废液可用乙酸丁酯萃取，再用少量氢氧化钠溶液反萃取。经调节 pH 值后，进行重蒸馏回收，提纯（精制）即可使用。

⑥ 含氰废液的处理。处理低浓度的氰化物废液可直接加入氢氧化钠调节 pH 值为 10 以上，再加入高锰酸钾粉末（约 3%），使氰化物氧化分解。

氰化物浓度较高可用氯碱法氧化分解处理：先用氢氧化钠将废液 pH 值调至 10 以上，加入次氯酸钠（或液氯、漂白粉、二氧化氯），经充分搅拌调 pH 值呈弱碱性（pH 约为 8.15），氰化物被氧化分解为二氧化碳和氮气，放置 24h，经分析达标即可排放。应特别注意含氰化物的废液切勿随意乱倒或误与酸混合，否则将发生化学反应，生成挥发性的氰化氢气体逸出，造成中毒事故。

⑦ 含苯废液的处理。含苯废液可回收利用，也可采用焚烧法处理。对于少量的含苯废液，可将其置于铁器内，放到室外空旷地方点燃；但操作者必须站在上风向，持长棒点燃，并监视至完全燃烬为止。

⑧ 含铜废液的处理。酸性含铜废液，以 $CuSO_4$ 废液和 $CuCl_2$ 废液为常见，一般可采用硫化物沉淀法进行处理（pH 值调节约为 6），也可用铁屑还原法回收铜。

碱性含铜废液，如含铜铵腐蚀废液等，其浓度较低和含有杂质，可采用硫酸亚铁还原法处理，其操作简单、效果较佳。

⑨ 综合废液的处理。综合废液以委托有资质、有处理能力的化工废水处理站或城镇污水处理厂处理为佳，少量的综合废液也可以自行处理。废酸、废碱液可用中和法处理。

对已知且互不作用的废液可根据其性质采用物理化学法进行处理。将废液 pH 值调节为 3~4，再加入铁粉，搅拌 30min，用碱调 pH 值至 9 左右，继续搅拌 10min，加入高分子混凝剂进行混凝沉淀，清液可排放，沉淀物以废渣处理。

(3) 废有机溶剂的回收与提纯

从实验室的废弃物中直接进行回收是解决实验室污染问题的有效方法之一。实验过程中使用的有机溶剂，一般毒性较大、难处理，从保护环境和节约资源来看，应该采取积极措施回收利用。回收有机溶剂通常先在分液漏斗中洗涤，将洗涤后的有机溶剂进行蒸馏或分馏处理加以精制、纯化，所得有机溶剂纯度较高，可供实验重复使用。由于有机废液的挥发性和有毒性，整个回收过程应在通风橱中进行。为准确掌握蒸馏温度，测量蒸馏温度用的温度计应正确安装在蒸馏瓶内，其水银球的上缘应和蒸馏瓶支管口的下缘处于同一水平，蒸馏过程中使水银球完全被蒸气包围。

① 三氯甲烷。将三氯甲烷废液依顺序用蒸馏水、浓硫酸（三氯甲烷量的 1/10）、蒸馏水、盐酸羟胺溶液（0.5%，AR）洗涤。用重蒸馏水洗涤 2 次，将洗好的三氯甲烷用无水氯化钙脱水干燥，放置几天，过滤、蒸馏。蒸馏速度为 1~2 滴/s，收集沸点为 60~62℃的蒸馏液，保存于棕色带磨口塞子的试剂瓶中待用。如果三氯甲烷中杂质较多，可用自来水洗涤后预蒸馏一次，除去大部分杂质，然后再按上述方法处理。对于蒸馏法仍不能除去的有机杂质可用活性炭吸附纯化。

② 四氯化碳。含双硫腙的四氯化碳先用硫酸洗涤一次，再用蒸馏水洗涤两次，除去水层，加入无水氯化钙干燥、过滤、蒸馏，水浴温度控制为 90~95℃，收集 76~78℃的馏出液。含铜试剂的四氯化碳只需用蒸馏水洗涤两次后，经无水氯化钙干燥后过滤、蒸馏。含碘的四氯化碳在四氯化碳废液中滴加三氯化钛至溶液呈无色，用纯水洗涤两次，弃去水层，用无水氯化钙脱水，过滤、蒸馏。

③ 石油醚。先将废液装于蒸馏烧瓶中，在水浴上进行恒温蒸馏，温度控制在 (81±2)℃，时间控制在 15~20min。馏出液通过内径为 25mm、高 750mm 玻璃柱，内装下层硅胶高 600mm，上面覆盖 50mm 厚氧化铝（硅胶 60~100 目，氧化铝 70~120 目，于 150~160℃活化 4h）以除去芳烃等杂质。重复第一个步骤再进行一次分馏，视空白值确定是否进行第二次分离。经空白值（$n=20$）和透光率（$n=10$）测定检验，回收分离后石油醚能满足质控要求，与市售石油醚无显著性差异。

④ 乙醚。先用水洗涤乙醚废液 1 次，用酸或碱调节 pH 至中性，再用 0.5% 高锰酸钾洗涤至紫色不褪，经蒸馏水洗后用 0.5%~1% 硫酸亚铁铵溶液洗涤以除去过氧化物，最后用蒸馏水洗涤 2~3 次，弃去水层，经氯化钙干燥、过滤、蒸馏，收集 33.5~34.5℃馏出液，保存于棕色带磨口塞子的试剂瓶中待用。由于乙醚沸点较低，乙醚的回收应避开夏季高温为宜。

10.2.3 废固物处置及回收利用

实验室中出现的固体废弃物不能随便乱放，以免发生事故。如能放出有毒气体或能自燃的危险废料不能丢进废品箱内和排进废水管道中，不溶于水的废弃化学药品禁止丢进废水管道中，必须将其在适当的地方烧掉或用化学方法处理成无害物。碎玻璃和其他有棱角的锐利废料，不能丢进废纸篓内，要收集于特殊废品箱内处理。

① 对环境无污染、无毒害的固体废弃物按一般垃圾处理。

② 易于燃烧的固体有机废物焚烧处理。

注意： 在实验室中废固物和废弃物不是一类物质，必须分类处置！

10.3 化学实验室防火、防爆

10.3.1 化学实验室易燃、易爆物质分类

易燃易爆危险品指遇火、受热、受潮、撞击、摩擦或与氧化剂接触容易燃爆的物质。按形态易燃易爆危险品可分为气体、液体、固体、粉尘等四类。

（1）可燃气体

可燃气体指凡是遇火、受热或与氧化剂接触能燃爆的气体。气体的燃烧与液体和固体不同，不需要蒸发、熔化等过程，速度更快，而且容易爆炸。可燃气体（蒸汽）按爆炸极限下限分为 2 级：

1 级：指爆炸极限下限（体积分数％）小于等于 10 的可燃气体，如氢气、甲烷、乙烯、乙炔、环氧乙烷、氯乙烯、硫化氢、水煤气、天然气等绝大多数可燃气体均属此类；

2 级：爆炸极限下限（体积分数％）大于 10 的可燃气体，如氨、一氧化碳、发生炉煤气等少数可燃气体属此类。

在生产或贮存可燃气体时，将 1 级可燃气体划为甲类火灾危险，2 级可燃气体划为乙类火灾危险。

（2）可燃液体

可燃液体指遇火、受热或与氧化剂接触能燃烧的液体，大部分的燃烧形式是液体受热后形成可燃性蒸气，与空气混合后按气体的燃烧方式进行。液面上的火焰向液体内传热主要是通过对流和传导两种方式实现。国家标准 GB 6944—2012 将可燃液体分为：低闪点液体（闭杯闪点≤−18℃）、中闪点液体（−18℃≤闭杯闪点≤23℃）、高闪点液体（23℃≤闭杯闪点≤61℃）

（3）可燃固体

可燃固体指遇火、受热、受潮、撞击、摩擦或与氧化剂接触能燃烧的固体物质。不同的固体物质其燃烧过程也不尽相同。熔点低的固体物质其燃烧过程是受热后首先熔化，再蒸发产生蒸气并分解氧气。复杂固体物质的燃烧过程是受热时直接分解析出气态产物，再氧化燃烧。

（4）爆炸性粉尘

爆炸性粉尘指遇空气均匀混合达到爆炸极限后，遇火源能发生爆炸的粉尘。

（5）易制爆危险化学品

易制爆危险化学品包括酸类、硝酸盐类、氯酸盐类、高氯酸盐类、重铬酸盐类、过氧化物和超氧化物类、易燃物还原剂类、硝基化合物类等。中华人民共和国公安部编制的《易制爆危险化学品名录》（2017 版）见表 10-1。同时，《易制爆危险化学品名录》已于 2019 年 5 月 22 日公安部部委会议通过，并于 2019 年 8 月 10 日起施行。

表 10-1 易制爆危险化学品名录（2017 年版）

序号	品名	别名	CAS 号	主要的燃爆危险性分类
			1 酸类	
1.1	硝酸		7697-37-2	氧化性液体,类别 3

序号	品名	别名	CAS 号	主要的燃爆危险性分类
1.2	发烟硝酸		52583-42-3	氧化性液体,类别1
1.3	高氯酸[浓度>72%]	过氯酸		氧化性液体,类别1
	高氯酸[浓度为50%~72%]		7601-90-3	氧化性液体,类别1
	高氯酸[浓度≤50%]			氧化性液体,类别2
2 硝酸盐类				
2.1	硝酸钠		7631-99-4	氧化性固体,类别3
2.2	硝酸钾		7757-79-1	氧化性固体,类别3
2.3	硝酸铯		7789-18-6	氧化性固体,类别3
2.4	硝酸镁		10377-60-3	氧化性固体,类别3
2.5	硝酸钙		10124-37-5	氧化性固体,类别3
2.6	硝酸锶		10042-76-9	氧化性固体,类别3
2.7	硝酸钡		10022-31-8	氧化性固体,类别2
2.8	硝酸镍	二硝酸镍	13138-45-9	氧化性固体,类别2
2.9	硝酸银		7761-88-8	氧化性固体,类别2
2.10	硝酸锌		7779-88-6	氧化性固体,类别2
2.11	硝酸铅		10099-74-8	氧化性固体,类别2
3 氯酸盐类				
3.1	氯酸钠		7775-09-9	氧化性固体,类别1
	氯酸钠溶液			氧化性液体,类别3*
3.2	氯酸钾		3811-04-9	氧化性固体,类别1
	氯酸钾溶液			氧化性液体,类别3*
3.3	氯酸铵		10192-29-7	爆炸物,不稳定爆炸物
4 高氯酸盐类				
4.1	高氯酸锂	过氯酸锂	7791-03-9	氧化性固体,类别2
4.2	高氯酸钠	过氯酸钠	7601-89-0	氧化性固体,类别1
4.3	高氯酸钾	过氯酸钾	7778-74-7	氧化性固体,类别1
4.4	高氯酸铵	过氯酸铵	7790-98-9	爆炸物 氧化性固体,类别1
5 重铬酸盐类				
5.1	重铬酸锂		13843-81-7	氧化性固体,类别2
5.2	重铬酸钠	红矾钠	10588-01-9	氧化性固体,类别2
5.3	重铬酸钾	红矾钾	7778-50-9	氧化性固体,类别2
5.4	重铬酸铵	红矾铵	7789-09-5	氧化性固体,类别2*
6 过氧化物和超氧化物类				
6.1	过氧化氢溶液(含量>8%)	双氧水	7722-84-1	含量≥60%氧化性液体,类别1 20%≤含量<60%氧化性液体,类别2 8%<含量<20%氧化性液体,类别3

序号	品名	别名	CAS 号	主要的燃爆危险性分类
6.2	过氧化锂	二氧化锂	12031-80-0	氧化性固体,类别 2
6.3	过氧化钠	双氧化钠、二氧化钠	1313-60-6	氧化性固体,类别 1
6.4	过氧化钾	二氧化钾	17014-71-0	氧化性固体,类别 1
6.5	过氧化镁	二氧化镁	1335-26-8	氧化性液体,类别 2
6.6	过氧化钙	二氧化钙	1305-79-9	氧化性固体,类别 2
6.7	过氧化锶	二氧化锶	1314-18-7	氧化性固体,类别 2
6.8	过氧化钡	二氧化钡	1304-29-6	氧化性固体,类别 2
6.9	过氧化锌	二氧化锌	1314-22-3	氧化性固体,类别 2
6.10	过氧化脲	过氧化氢尿素、过氧化氢脲	124-43-6	氧化性固体,类别 3
6.11	过乙酸[含量≤16%,含水≥39%,含乙酸≥15%,含过氧化氢≤24%,含有稳定剂]	过醋酸、过氧乙酸、乙酰过氧化氢	79-21-0	有机过氧化物 F 型
	过乙酸[含量≤43%,含水≥5%,含乙酸≥35%,含过氧化氢≤6%,含有稳定剂]			易燃液体,类别 3 有机过氧化物,D 型
6.12	过氧化二异丙苯[52%<含量≤100%]	二枯基过氧化物、硫化剂 DCP	80-43-3	有机过氧化物,F 型
6.13	过氧化氢苯甲酰	过苯甲酸	93-59-4	有机过氧化物,C 型
6.14	超氧化钠		12034-12-7	氧化性固体,类别 1
6.15	超氧化钾		12030-88-5	氧化性固体,类别 1
7 易燃物还原剂类				
7.1	锂	金属锂	7439-93-2	遇水放出易燃气体的物质和混合物,类别 1
7.2	钠	金属钠	7440-23-5	遇水放出易燃气体的物质和混合物,类别 1
7.3	钾	金属钾	7440-09-7	遇水放出易燃气体的物质和混合物,类别 1
7.4	镁		7439-95-4	粉末:自热物质和混合物,类别 1 遇水放出易燃气体的物质和混合物,类别 2 丸状、旋屑或带状:易燃固体,类别 2
7.5	镁铝粉	镁铝合金粉		遇水放出易燃气体的物质和混合物,类别 2 自热物质和混合物,类别 1
7.6	铝粉		7429-90-5	有涂层:易燃固体,类别 1 无涂层:遇水放出易燃气体的物质和混合物,类别 2
7.7	硅铝		57485-31-1	遇水放出易燃气体的物质和混合物,类别 3
	硅铝粉			
7.8	硫磺	硫	7704-34-9	易燃固体,类别 2

序号	品名	别名	CAS号	主要的燃爆危险性分类
7.9	锌尘		7440-66-6	自热物质和混合物，类别1 遇水放出易燃气体的物质和混合物，类别1
	锌粉			自热物质和混合物，类别1 遇水放出易燃气体的物质和混合物，类别1
	锌灰			遇水放出易燃气体的物质和混合物，类别3
7.10	金属锆		7440-67-7	易燃固体，类别2
	金属锆粉	锆粉		自燃固体，类别1，遇水放出易燃气体的物质和混合物，类别1
7.11	六亚甲基四胺	六甲撑四胺、乌洛托品	100-97-0	易燃固体，类别2
7.12	1,2-乙二胺	1,2-二氨基乙烷、乙撑二胺	107-15-3	易燃液体，类别3
7.13	一甲胺[无水]	氨基甲烷、甲胺	74-89-5	易燃气体，类别1
	一甲胺溶液	氨基甲烷溶液、甲胺溶液		易燃液体，类别1
7.14	硼氢化锂	氢硼化锂	16949-15-8	遇水放出易燃气体的物质和混合物，类别1
7.15	硼氢化钠	氢硼化钠	16940-66-2	遇水放出易燃气体的物质和混合物，类别1
7.16	硼氢化钾	氢硼化钾	13762-51-1	遇水放出易燃气体的物质和混合物，类别1
8 硝基化合物类				
8.1	硝基甲烷		75-52-5	易燃液体，类别3
8.2	硝基乙烷		79-24-3	易燃液体，类别3
8.3	2,4-二硝基甲苯		121-14-2	
8.4	2,6-二硝基甲苯		606-20-2	
8.5	1,5-二硝基萘		605-71-0	易燃固体，类别1
8.6	1,8-二硝基萘		602-38-0	易燃固体，类别1
8.7	二硝基苯酚[干的或含水<15%]		25550-58-7	爆炸物，1.1项
	二硝基苯酚溶液			
8.8	2,4-二硝基苯酚[含水≥15%]	1-羟基-2,4-二硝基苯	51-28-5	易燃固体，类别1
8.9	2,5-二硝基苯酚[含水≥15%]		329-71-5	易燃固体，类别1
8.10	2,6-二硝基苯酚[含水≥15%]		573-56-8	易燃固体，类别1
8.11	2,4-二硝基苯酚钠		1011-73-0	爆炸物，1.3项
9 其他				
9.1	硝化纤维素[干的或含水(或乙醇)<25%]	硝化棉	9004-70-0	爆炸物，1.1项

序号	品名	别名	CAS 号	主要的燃爆危险性分类
9.1	硝化纤维素[含氮≤12.6%,含乙醇≥25%]	硝化棉	9004-70-0	易燃固体,类别1
	硝化纤维素[含氮≤12.6%]			易燃固体,类别1
	硝化纤维素[含水≥25%]			易燃固体,类别1
	硝化纤维素[含乙醇≥25%]			爆炸物,1.3项
	硝化纤维素[未改型的,或增塑的,含增塑剂<18%]			爆炸物,1.1项
	硝化纤维素溶液[含氮量≤12.6%,含硝化纤维素≤55%]	硝化棉溶液		易燃液体,类别2
9.2	4,6-二硝基-2-氨基苯酚钠	苦氨酸钠	831-52-7	爆炸物,1.3项
9.3	高锰酸钾	过锰酸钾、灰锰氧	7722-64-7	氧化性固体,类别2
9.4	高锰酸钠	过锰酸钠	10101-50-5	氧化性固体,类别2
9.5	硝酸胍	硝酸亚氨脲	506-93-4	氧化性固体,类别3
9.6	水合肼	水合联氨	10217-52-4	
9.7	2,2-双(羟甲基)1,3-丙二醇	季戊四醇、四羟甲基甲烷	115-77-5	

注：各栏目的含义："序号"指《易制爆危险化学品名录》(2017年版)中化学品的顺序号；"品名"指根据《化学命名原则》(1980)确定的名称；"别名"指除"品名"以外的其他名称,包括通用名、俗名等；"CAS号"是 chemical abstract service 的缩写,是美国化学文摘社对化学品的唯一登记号,是检索化学物质有关信息资料最常用的编号；类别1、2、3是根据其危险程度对物质进行分类,有机过氧化物中的C、D、F型是单独对其分类的标识,在其他项中的1.1和1.3项是指等同于1.1和1.3项的级别。这是试剂专门的分类,这里只是部分摘要。

10.3.2　化学实验室防火防爆措施

请按下列规定进行操作：

① 操作、倾倒易燃液体,应远离火源。危险性大的,如乙醚或二硫化碳操作,应在通风柜或防护罩内进行,或设蒸气回收装置。

② 涉及能喷出火焰、腐蚀性物质、毒物、爆炸的危险性操作,容器口应朝向无人处。开启试剂瓶时,瓶口不得对向人体,如室温过高,应先将瓶体冷却。

③ 黄磷、金属钾、钠、氢化铝锂、氢化钠等自燃物,数量较大者应在防火实验室内操作。钾、钠操作时应防与水、卤代烷接触。久置的有机化合物如醚、共轭烯烃等物质容易吸收空气中的氧生成易爆的过氧化物,需特殊处理后方可使用。

④ 接触时可引起燃爆事故的性质不相容物,如氧化剂与易燃物,不得一起研磨。过氧化钠、钾不得用纸称量。

⑤ 设置专用贮器收集废液、废物,不得弃入废物缸或下水道,以免引起燃爆事故。如

有溅散，应立即用纸巾吸除，并适当处理。

⑥ 在做带有爆炸性物质的实验中，应使用具有预防爆炸或减少其危害后果的仪器和设备，如器壁坚固的容器，带压力调节阀或安全阀、安全罩（套）等操作时，切忌以脸面正对危险体，必要时应戴上防爆面具。

⑦ 实验前尽可能弄清楚各种物质的物理、化学性质及混合物的成分、纯度，设备的材料结构，实验的温度、压力等条件，实验中要远离其它发热体和明火、火花等。

⑧ 将气体充装入预先加热的仪器内时应先用氮或二氧化碳排除原来的气体，以防意外。

⑨ 由多个部件组成的仪器中有可能形成爆炸混合物时应在连接处加装保险器。

⑩ 任何情况下对于危险物质都必须取用能保证实验结果的必要精确性或可靠性的最小用量进行实验，且绝对禁止用火直接加热。

⑪ 实验中创造条件克服光、压力、器皿材料、表面活性等因素的影响。

⑫ 在有爆炸性物质的实验中不要用带磨口塞的磨口仪器。干燥爆炸性物质时绝对禁止关闭烘箱门，有条件时最好在惰性气体保护下进行干燥或用真空干燥、干燥剂干燥。加热干燥时应特别注意加热的均匀性和消除局部自燃的可能性。严格分类保管好爆炸性物质，实验剩余的残渣物要及时妥善销毁。

10.3.3 化学实验室火灾的扑救

危险化学品容易发生火灾、爆炸事故，但不同的化学品以及在不同情况下发生火灾时其扑救方法差异很大，若处置不当不仅不能有效扑灭火灾，反而会使灾情进一步扩大。此外，由于化学品本身及其燃烧产物大多具有较强的毒害性和腐蚀性，极易造成人员中毒、灼伤。因此扑救化学危险品火灾是一项极其重要又非常危险的工作。一旦发生火灾，每个职工都应清楚地知道他们的职责，掌握有关消防设施、人员的疏散程序和危险化学品灭火的特殊要求等内容。

(1) 扑救化学品火灾时应注意以下事项

① 灭火人员不应单独灭火。

② 出口应始终保持清洁和畅通。

③ 要选择正确的灭火剂。

④ 灭火时还应考虑人员的安全。

危险化学品存放时要求凡能互相发生化学作用的药品都要隔离，对那些互相反应产生危险物、有害气体、火焰或爆炸等危险的药品，尤其要特别注意。

(2) 必须隔离存放的药品

① 氧化剂与还原剂及有机物等不能混放。

② 强酸尤其是硫酸忌与强氧化剂的盐类（如高锰酸钾、氯酸钾等）混放。与酸类反应发生有害气体的盐类（如氰化钾、硫化钠、亚硝酸钠、氯化钠、亚硫酸钠等等），不能与酸混放。

③ 易水解的药品（如乙酸酐、乙酰氯、二氯亚砜等等）忌水、酸及碱。

④ 卤素（氟、氯、溴、碘）忌氨、酸及有机物。氨忌与卤素、次氯酸、酸类及汞等接触。许多有机物忌氧化剂、硫酸、硝酸及卤素，引发剂忌与单体混放、忌潮湿保存。

⑤ 易发生反应的易燃易爆品、氧化剂宜于20℃以下隔离存放，最好保存在防爆试剂柜、防爆冰箱或经过防爆改造的冰箱内。

10.4 化学实验室事故紧急处置

10.4.1 化学实验室事故紧急应变措施

① 衣服着火：就地翻滚熄灭火苗，或者有安全冲洗设备可用时立即用水浸透衣物。

② 化学品溅到身体：用紧急冲洗设备或水冲洗，立即除去被溅到的衣物，确认化学品没有进入鞋内。

③ 轻微割破和刺伤：用力地使用肥皂和水冲洗伤口几分钟并挤出血液。

④ 安全防护设备：所有的实验室人员必须非常清楚地了解安全设备所在的位置，包括安全防护设备的布局、急救箱、所有逃生路线、灭火器材、紧急洗眼装置、紧急冲淋器、溅出化学品处理设备等。

所有实验操作过程中所产生的伤害都必须立即向安全部门报告。如有必要，采取医学处理。

10.4.2 医疗急救快速处理步骤

① 保持冷静，立即告知医务室。

② 如有必要，马上采取可以救生的一切措施。

③ 除非有被进一步伤害的可能，否则不要轻易移动受伤人。

④ 做好受伤人员的保暖工作。

⑤ 由医务室医生打急救中心电话求助。

⑥ 轻伤可直接去医务室治疗。

10.4.3 紧急灭火

(1) 注意事项与预防措施

① 切断房内电源。

② 小型火灾应用适当的灭火器直接将火扑灭，无须疏散人群。为防止火势失控，随时做好疏散人群的准备也是至关重要的。

③ 不要进入充满烟雾的房间。

④ 不要在没有后援人员的情况下独自进入着火的房间。

⑤ 不要在房门上半部分发热的情况下将门打开。

⑥ 移出钢瓶。

(2) 紧急状况下的应对措施

① 小火的应对措施：

a. 通知实验室人员，呼叫周围可援救的人员。

b. 正确使用灭火器材，灭火器应对准火焰的底部。

c. 随时保持逃生途径的通畅。

d. 用湿毛巾捂鼻，避免受到烟熏。

② 大火的应对措施：

a. 疏散实验室人员。

b. 尽可能移出钢瓶，将门关闭以控制火势蔓延。

c. 将人群疏散到安全区域或通过应急消防楼梯逃离现场。

d. 拨打火警电话 119。

e. 现场应有处理事故经验丰富的人员和安全部门及医务室人员。

10.4.4 化学药品溅出处置

（1）注意事项与预防措施

① 知道实验室使用的危险品数量与种类，并对可能发生的化学品溅出事故有安全预防措施。

② 了解所使用的化学药品的性质。

③ 对化学品溅出的清理必须由专业的或经验丰富的人员来完成。

④ 可以用带有使用说明的溅出物处理包（盒）吸收剂、反应剂和防护设备来清理轻微的化学品溅出。

⑤ 轻微的化学品溅出是指实验人员在没有急救人员在场的情况下能自行安全处置的事故。所有其他化学品溅出事故都应被视为重大事故。

（2）紧急情况下的应对措施

当轻微危险化学品溅出时通知事故现场人员穿戴防护设备，包括防护眼镜、手套和防护衣等，避免吸入溅出物产生的气体，将溅出物影响区域控制在最小范围，用合适的化合物去中和、吸收无机酸，收集残留物并放置在容器内，当作化学废弃物处理。对于其他化学品溅出，当作化学废弃物处理，用水清洗事故现场。

当重大危险化学品溅出时尽快将受伤或辐射人员搬离事故现场、疏散事故现场人群，封锁现场。如果溅出化学品属易燃品的要关掉点火源和热源、拨打安全部门电话。现场应有处理事故经验丰富的人员和安全部门及医务室人员。

10.5 HSE 知识介绍

健康、安全与环境管理体系简称为 HSE（Health Safety and Environmen）管理系统，是近几年出现的国际石油天然气工业通行的管理体系。它集各国同行管理经验之大成，体现当今石油天然气企业在大城市环境下的规范运作，突出了预防为主、领导承诺、全员参与、持续改进的科学管理思想，是石油天然气工业实现现代化管理，走向国际大市场的准行证。健康、安全与环境管理体系的形成和发展是石油勘探开发多年管理工作经验积累的成果，它体现了完整的一体化管理思想。

HSE 管理体系是指实施安全、环境与健康管理的组织机构、职责、做法、程序、过程和资源等构成的整体。它由许多要素构成，这些要素通过先进、科学的运行模式有机地融合在一起，相互关联、相互作用，形成一套结构化动态管理系统。从其功能上讲，它是一种事前进行风险分析，确定其自身活动可能发生的危害和后果，从而采取有效的防范手段和控制措施防止其发生，以便减少可能引起的人员伤害、财产损失和环境污染的有效管理模式。它突出强调了事前预防和持续改进，具有高度自我约束、自我完善、自我激励机制，因此是一种现代化的管理模式，是现代企业制度之一。目前国内常见的 HSE 标准是 SY/T 6276—2014《石油天然气工业健康、安全与环境管理体系》、Q/SY 1002.1—2013《健康、安全与环境管理体系第 1 部分：规范》

HSE 管理体系所体现的管理理念是先进的，这也正是它值得在组织的管理中进行深入推行的原因，它主要体现了以下管理思想和理念。

（1）注重领导承诺的理念

组织对社会的承诺、对员工的承诺，领导对资源保证和法律责任的承诺，是 HSE 管理体系顺利实施的前提。领导承诺由以前的被动方式转变为主动方式，是管理思想的转变。承诺由组织最高管理者在体系建立前提出，在广泛征求意见的基础上，以正式文件（手册）的方式对外公开发布，以利于相关方面的监督。承诺要传递到组织内部和外部相关各方，并逐渐形成一种自主承诺、改善条件、提高管理水平的组织思维方式和文化。

（2）体现以人为本的理念

组织在开展各项工作和管理活动过程中，始终贯穿着以人为本的思想，从保护人的生命的角度和前提下，使组织的各项工作得以顺利进行。人的生命和健康是无价的，工业生产过程中不能以牺牲人的生命和健康为代价来换取产品。

（3）体现预防为主、事故是可以预防的理念

美国杜邦公司的成功经验是："所有的工伤和职业病都是可以预防的""…所有的事件及小事故或未遂事故均应进行详细调查，最重要的是通过有效的分析，找出真正的起因，指导今后的工作。"事故的发生往往由人的不安全行为、机械设备的不良状态、环境因素和管理上的缺陷等引起。HSE 管理体系系统地建立起了预防的机制，如果能切实推行，就能建立起长效机制。

（4）贯穿持续改进和可持续发展的理念

HSE 管理体系贯穿了持续改进和可持续发展的理念，也就是人们常说的"没有最好、只有更好"。体系建立了定期审核和评审的机制，每次审核要对不符合项目实施改进，不断完善。这样使体系始终处于持续改进的趋势，不断改正不足，坚持和发扬好的做法，按 PDCA 循环模式运行，实现组织的可持续发展。

（5）体现全员参与的理念

安全工作是全员的工作，是全社会的工作。HSE 管理体系中就充分体现了全员参与的理念。在确定各岗位的职责时要求全员参与，在进行危害辨识时要求全员参与，在进行人员培训时要求全员参与，在进行审核时要求全员参与。通过广泛的参与，形成组织的 HSE 文化，使 HSE 理念深入每一个员工的内心，并转化为每一个员工的日常行为。

10.5.1 安全知识

（1）常用安全标志

常用安全标志分为以下三种（图 10-1）：

禁止标志——禁止人的不安全行为的图形标志；

警告标志——提醒人们对周围环境进行注意的图形标志；

指令标志——强制人们必须做出某种动作或采用防范措施的图形标志。

（2）劳动防护用品的种类

劳动防护用品是劳动者在生产过程中为免遭或减轻事故伤害和职业危害，个人随身穿（佩）戴的用品，国际上称为 PPE（personal protective equipment），即个人防护器具。从劳动卫生学角度，PPE 按照防护部位不同，可分为表 10-2 中的类别。

表 10-2 安全防护类别表

类别	头部防护	眼面部防护	听力防护	呼吸防护	手部防护	足部防护	躯体防护	坠落防护	皮肤防护
防护工具	安全帽	护目镜	耳塞	口罩、防毒面罩	防酸碱手套	防砸安全鞋	防护服	安全带	皮肤防护膜

图 10-1　常用安全标志

(3) 实验室安全防护注意事项

① 进入化学实验室之前，必须仔细阅读实验室规则，了解实验室的注意事项、有关规定以及学习事故处理办法和急救常识。

② 穿戴好实验服、防护镜、橡胶手套等进入实验室，严格遵守劳动纪律，坚守岗位，精心操作。

③ 凡进行有危险性的实验，工作人员应先检查防护措施，确认防护妥当后才能开始进行实验。对有毒或有刺激性气体发生的实验，应在通风柜内进行，并要求加强个人防护，实验中不得把头部伸进通风柜。在实验过程中，实验人员不得擅自离开，实验完成后须立即做好清理善后工作，以防事故发生。

④ 酸、碱类等腐蚀性物质不得放置在高处或实验试剂架的顶层。开启腐蚀性和刺激性物品的瓶子时应佩戴护目镜，开启有毒气体容器时应佩戴防毒用具。并禁止用裸手直接拿取上述物品。

⑤ 实验室中产生的废液、废渣和其他废物应集中处理，不得任意丢弃。酸、碱或有毒物品溅落时应及时清理。

⑥ 实验室应配备足够的消防器材，实验人员必须熟悉其使用方法，并掌握有关的灭火知识和技能。

⑦ 实验完毕必须洗手，不得把食物、食具带入实验室，实验室内禁止吸烟。离开实验室前应检查水、电、燃气和门窗，以确保安全。

⑧ 禁止无关人员进入实验室。

10.5.2　CLP 规则的 H 声明

欧盟 CLP 法规的全称是《欧盟物质和混合物的分类、标签和包装法规》。欧盟 CLP 法规是与联合国的《全球化学品统一分类与标签制度》（GHS）一脉相承，同时与欧盟 REACH（化学品注册、评估许可和限制）法规相辅相成的一部法规。它是针对欧盟化学品分类、标签、包装的最终文本，也是欧盟执行联合国 GHS 有关化学品的分类和标签规定的组成部分。它对 REACH 法规起到了巩固作用，为欧洲化学品管理署（ECHA）维护的注册物质的分类和标签数据库的建立提供了相应规则。

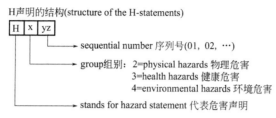

（1）H200 系列：物理危害（H200-series：physical hazards）
可能造成物理危害的分类见表 10-3。

表 10-3　可能造成物理危害分类表

编码	编码说明	中文解释
H200	Unstable explosive	不稳定爆炸物
H201	Explosive；mass explosion hazard	爆炸物；大量爆炸危害
H202	Explosive；severe projection hazard	爆炸物；严重溅射危害
H203	Explosive；fire，blast or projection hazard	爆炸物；火灾、爆炸或溅射危险
H204	Fire or projection hazard	火灾或溅射危害
H205	May mass explode in fire	火中可导致大量爆炸
H220	Extremely flammable gas	极其易燃气体
H221	Flammable gas	可燃气体
H222	Ex tremely flammable material	极其易燃材料
H223	Flammable material	可燃材料
H224	Extremely flammable liquid and vapour	极其易燃液体与蒸气
H225	Highly flammable liquid and vapour	易燃的液体与蒸气
H226	Flammable liquid and vapour	可燃液体与蒸气
H228	Flammable solid	可燃固体
H240	Heating may cause an explosion	加热可能导致爆炸
H241	Heating may cause a fire or explosion	加热可能导致火灾或爆炸
H242	Heating may cause a fire	加热可能导致火灾
H250	Catches fire spontaneously if exposed to air	暴露空气中可自燃
H251	Self-heating；may catch fire	自己发热，可能导致火灾
H252	Self-heating in large quantities；may catch fire	大量时会自己加热，可导致火灾
H260	In contact with water releases flammable gases which may ignite spontaneously	与水接触后会产生可燃的可燃气体，可能引起自燃
H261	In contact with water releases flammable gas	与水接触后产生可燃气体
H270	May cause or intensify fire；oxidizer	可能引起或加剧火灾；氧化
H271	May cause fire or explosion；strong oxidizer	可能引起火灾或爆炸；强氧化
H272	May intensify fire；oxidizer	可能加剧火灾；氧化

编码	编码说明	中文解释
H280	Contains gas under pressure；may explode if heated	含高压气体；加热时可能导致爆炸
H281	Contains refrigerated gas；may cause cryogenic burns or injury	含冷藏气体；可能导致低温灼伤或受伤
H290	May be corrosive to metals	可能对金属有腐蚀性

（2）H300 系列：健康危害（H300-series：health hazards）

可能造成的健康危害分类见表 10-4。

表 10-4　可能造成的健康危害分类表

编码	编码说明	中文解释
H300	Fatal if swallowed	吞咽致命
H301	Toxic if swallowed	吞咽有毒
H302	Harmful if swallowed	吞咽有害
H304	May be fatal if swallowed and enters airways	若吞咽并进入呼吸道可能致命
H310	Fatal in contact with skin	接触皮肤会致命
H311	Toxic in contact with skin	接触皮肤有毒
H312	Harmful in contact with skin	接触皮肤有害
H314	Causes severe skin burns and eye damage	导致严重的皮肤灼伤与眼损伤
H315	Causes skin irritation	刺激皮肤
H317	May cause an allergic skin reaction	可能导致过敏性皮肤反应
H318	Causes serious eye damage	导致严重眼损伤
H319	Causes serious eye irritation	导致严重眼刺激
H330	Fatal if inhaled	吸入致命
H331	Toxic if inhaled	吸入有毒
H332	Harmful if inhaled	吸入有害
H334	May cause allergy or asthma symptoms of breathing difficulties if inhaled	吸入可能引起过敏或哮喘呼吸困难的症状
H335	May cause respiratory irritation	可能引起呼吸道刺激
H336	May cause drowsiness or dizziness	可能引起嗜睡或头晕
H340	May cause genetic defects，(state route of exposure if it is conclusively proven that no other routes of exposure cause the hazard)	可能导致遗传缺陷（如果最终证明没有其他接触途径导致危害，则表明接触途径导致）
H341	Suspected of causing genetic defects (state route of exposure if it is conclusively proven that no other routes of exposure cause the hazard)	怀疑导致遗传缺陷（如果最终证明没有其他接触途径导致危害，则表明接触途径导致）
H350	May cause cancer(state route of exposure if it is conclusively proven that noother routes of exposure cause the hazard)	可能导致癌症（如果最终证明没有其他接触途径导致危害，则表明接触途径导致）
H350	May cause cancer by inhalation	吸入可导致癌症
H351	Suspected of causing cancer(state route of exposure if it is conclusively proven that no other routes of exposure cause the hazard)	怀疑致癌（如果最终证明没有其他接触途径导致危害，则表明接触途径导致）

编码	编码说明	中文解释
H360	May damage fertility or the unborn child(state specific effect if known)(state route of exposure if it is conclusively proven that no other routes of exposure cause the hazard)	可能会损害生育能力或未出生的孩子（如果知道的话可能会产生特定的影响）（如果最终证明没有其他接触途径导致危害，则表明接触途径导致）
H360F	May damage fertility	可能损害生育能力
H360D	May damage the unborn child	可能损害未出生的孩子
H360FD	May damage fertility,May damage the unborn child	可能损害生育能力,可能损害未出生的孩子
H360Fd	May damage fertility. Suspected of damaging the unborn child	可能损害生育能力,怀疑损害未出生的孩子
H360Df	May damage the unborn child. Suspected of damaging fertility	可能损害未出生的孩子,怀疑损害生育能力
H361	Suspected of damaging fertility or the unborn child (state route of exposure if it is conclusively proven that no other routes of exposure cause the hazard)	怀疑会损害生育能力或未出生的孩子（如果最终证明没有其他接触途径导致危害，则表明接触途径导致）
H361f	Suspected of damaging fertility	怀疑损害生育能力
H361d	Suspected of damaging the unborn child	怀疑损害未出生的孩子
H361fd	Suspected of damaging fertility. Suspected of damaging the unborn child	怀疑损害生育能力,怀疑损害未出生的孩子
H362	May cause harm to breast-fed children	可能对哺乳期的孩子有害
H370	Causes damage to organs (or state all organs affected,if known)(state route of exposure if it is conclusively proven that no other routes of exposure cause the hazard)	对器官造成损害(如已知,或说明受影响的所有器官)(如果最终证明没有其他接触途径导致危险,则说明接触途径导致)
H371	May cause damage to organs (or state all organs affected,if known)(state route of exposure if it is conclusively proven that no other routes of exposure cause the hazard)	可能对器官造成损害(如已知,或说明受影响的所有器官)(如果最终证明没有其他接触途径导致危险,则说明接触途径导致)
H372	Causes damage to organs through prolonged or repeated exposure (state all organs affected,if known) through prolonged or repeated exposure (state route of exposure if it is conclusively proven that no other routes of exposure cause the hazard)	长期或反复接触会对器官造成损害(如已知,说明受影响的所有器官)(如果最终证明没有其他接触途径导致危险,则说明接触途径导致)
H373	May cause damage to organs through prolonged or repeated exposure (state all organs affected,if known) through prolonged or repeated exposure (state route of exposure if it is conclusively proven that no other routes of exposure cause the hazard)	长期或反复接触可能会对器官造成损害(如已知,说明受影响的所有器官)(如果最终证明没有其他接触途径导致危险,则说明接触途径导致)

（3）H400：环境危害（H400：environmental hazards）

可能造成的环境危害分类表见表 10-5。

表 10-5　可能造成的环境危害分类表

编码	编码说明	中文解释
H400	Very toxic to aquatic life	对水生生物毒性很大
H410	Very toxic to aquatic life with long lasting effects	对水生生物毒性很大且影响长远
H411	Toxic to aquatic life with long lasting effects	对水生生物毒性大且影响长远

编码	编码说明	中文解释
H412	Harmful to aquatic life with long lasting effects	对水生生物有害且影响长远
H413	May cause long lasting harmful effects to aquatic life	对水生生物可能导致长期有害影响

以上所有列明的 H 声明均具有国际效力（All H-Statements listed before are internationally valid.）。

以下 EUH 声明仅在所有欧盟国家中有效（The following EUH-statements are only valid in all countries within the EU.）。

（4）EUH 声明（EUH-statements）

可能造成伤害的欧盟声明见表10-6。

表 10-6　可能造成伤害的欧盟声明

编码	编码说明	中文解释
EUH001	Explosive when dry	干燥时有爆炸性
EUH006	Explosive with or without contact with air	与空气接触或未接触都会发生爆炸
EUH014	Reacts violently with water	与水反应剧烈
EUH018	In use may form flammable/explosive vapour-air mixture	使用时,可能形成可燃/爆炸性蒸气-空气混合物
EUH019	May form explosive peroxides	可能形成爆炸性的过氧化物
EUH044	Risk of explosion if heated under confinement	封闭条件下加热油爆炸危险
EUH029	Contact with water liberates toxic gas	与水接触释放有毒气体
EUH031	Contact with acids liberates toxic gas	与酸接触释放有毒气体
EUH032	Contact with acids liberates very toxic gas	与酸接触释放剧毒气体
EUH066	Repeated exposure may cause skin dryness or cracking	重复暴露可能造成皮肤干燥或龟裂
EUH070	Toxic by eye contact	与眼接触有毒
EUH071	Corrosive to the respiratory tract	腐蚀呼吸道
EUH059	Hazardous to the ozone layer	对臭氧层有危害
EUH201	Contains lead. Should not be used on surfaces liable to be chewed or sucked	含有铅,不得用于可能被儿童咀嚼或吮吸的物体表面
EUH201A	Warning! Contains lead	警告! 含有铅
EUH202	Cyanoacrylate. Danger. Bonds skin and eyes in seconds. Keep out of the reach of children	氰基丙烯酸酯。危险! 几秒内就可以黏结皮肤或眼睛。远离儿童
EUH203	Contains chromium (VI). May produce an allergic reaction	含有六价铬。可能会产生过敏反应。
EUH204	Contains isocyanates. May produce an allergic reaction	含有异氰酸酯。可能会产生过敏反应
EUH205	Contains epoxy constituents. May produce an allergic reaction	含有环氧成分。可能会产生过敏反应
EUH206	Warning! Do not use together with other products. May release dangerous gases (chlorine)	警告! 不得与其他的产品一起使用。可能会释放危险(氯气)
EUH207	Warning! Contains cadmium. Dangerous fumes are formed during use. See information supplied by the manufacturer. Comply with the safety instructions	警告! 含有镉。使用时会形成危险烟气。查看制造商提供的信息。遵守安全指示

编码	编码说明	中文解释
EUH208	Contains <name of sensitising substance>. May produce an allergic reaction	含有敏感物质名称。可能会产生过敏反应
EUH209	Can become highly flammable in use	使用时可成为极易燃的
EUH209A	Can become flammable in use	使用时可成为可燃的
EUH210	Safety data sheet available on request	要求可用的安全数据表
EUH401	To avoid risks to human health and the environment, comply with the instructions for use	为了避免对人类健康和环境的风险,遵守使用指南

10.5.3 CLP 规则的 P 声明

P 声明的结构（structure of the P-phrases）

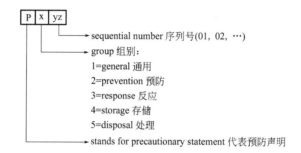

P 声明具有国际效力（the P-phrases are internationally valid）。

（1）P100 系列：通用（P100-series：general）

P100 系列通用说明见表 10-7。

表 10-7 P100 系列通用说明

编码	编码说明	中文解释
P101	If medical advice is needed, haveproduct container or label at hand	如需要医疗建议,请准备好产品容器或标签
P102	Keep out of reach of children	放在儿童拿不到的地方
P103	Read label before use	使用前读标签

（2）P200 系列：预防（P200-series：prevention）

P200 系列预防说明见表 10-8。

表 10-8 P200 系列预防说明

编码	编码说明	中文解释
P201	Obtain special instructions before use	使用前获得特别说明
P202	Do not handle until all safety precautions have been read and understood	阅读与理解所有安全提醒后才开始操作
P210	Keep away from heat/sparks/open flames/hot surfaces. No smoking.	远离热、火星、明火、热表面。禁止吸烟
P211	Do not spray on an open flame or other ignition source	不要喷洒在明火或其他火源上

编码	编码说明	中文解释
P220	Keep/Store away from clothing/…/combustible materials	保持/存放时远离布料、可燃材料等
P221	Take any precaution to avoid mixing with combustibles…	采取任何预防措施,以避免与可燃物混合……
P222	Do not allow contact with air	不与空气接触
P223	Keep away from any possible contact with water,because of violent reaction and possible flash fire	由于剧烈的反应和可能的闪火,请远离任何可能的水接触
P230	Keep wetted with…	保持湿润
P231	Handle under inert gas	惰性气体下操作
P232	Protect from moisture	防潮
P233	Keep container tightly closed	保持容器密封
P234	Keep only in original container	仅存在原始容器中
P235	Keep cool	置于凉爽的环境
P240	Ground/bond container and receiving equipment	接地/黏合容器和接收设备
P241	Use explosion-proof electrical/ventilating/lighting/…/ equipment	使用防爆电气/通风/照明/……/设备
P242	Use only non-sparking tools	仅使用无火花工具
P243	Take precautionary measures against static discharge	预防措施,防止静电放电
P244	Keep reduction valves free from grease and oil	保持减压阀不含油脂
P250	Do not subject to grinding/shock/…/friction	不要磨削/冲击/……/摩擦
P251	Pressurized container:do not pierce or burn,even after use	加压容器:即使在使用后也不要刺破或燃烧
P260	Do not breathe dust/fume/gas/mist/vapours/spray	不要吸入粉尘/烟/气体/烟雾/蒸气/喷雾
P261	Avoid breathing dust/fume/gas/mist/vapours/spray	避免吸入粉尘/烟/气体/烟雾/蒸气/喷雾
P262	Do not get in eyes,on skin,or on clothing	不要进入眼睛、皮肤或衣服
P263	Avoid contact during pregnancy/while nursing	怀孕期间/哺乳期间避免接触
P264	Wash… thoroughly after handling	处理后彻底清洗
P270	Do no eat,drink or smoke when using this product	使用本品时请勿进食、饮水或吸烟
P271	Use only outdoors or in a well-ventilated area	只能在室外或通风良好的地方使用
P272	Contaminated work clothing should not be allowed out of the workplace	受污染的工作服不能带离工作场所
P273	Avoid release to the environment.	避免释放到环境
P280	Wear protective gloves/protective clothing/eye protection/face protection	戴防护手套/穿防护服/戴防护眼罩/戴防护面具
P281	Use personal protective equipment as required	按要求使用个人防护设备
P282	Wear cold insulating gloves/face shield/eye protection	戴防寒手套/面罩/护目镜
P283	Wear fire/flame resistant/retardant clothing	穿防火 /阻燃服装
P284	Wear respiratory protection	戴呼吸防护
P285	In case of inadequate ventilation wear respiratory protection	如果通风不足,请佩戴呼吸防护装置

编码	编码说明	中文解释
P231＋P232	Handle under inert gas. Protect from moisture	在惰性气体下处理,防潮
P235＋P410	Keep cool. Protect from sunlight.	置于凉爽环境,免阳光照射

（3）P300 系列：反应（P300-series：response）

P300 系列反应说明见表 10-9。

表 10-9　P300 系列反应说明

编码	编码说明	中文解释
P301	If swallowed	如吞食
P302	If on skin	如果在皮肤上
P303	If on skin (or hair)	如在皮肤或头发上
P304	If inhaled	如吸入
P305	If in eyes	如进入眼睛
P306	If on clothing	如在衣服上
P307	If exposed	如暴露在外
P308	If exposed or concerned	如暴露或有所担心
P309	If exposed or if you feel unwel	如暴露或感觉不适
P310	Immediately call a POISON CENTER or doctor/physician	立即呼叫解毒中心或医生
P311	Call a POISON CENTER or doctor/physician	呼叫解毒中心或医生
P312	Call a POISON CENTER or doctor/physician if you feel unwell	如感觉不适,呼叫解毒中心或医生
P313	Get medical advice/attention	就诊、求医
P314	Get medical advice/attention if you feel unwell	如感觉不适,就诊、求医
P315	Get immediate medical advice/attention	立即就诊、求医
P320	Specific treatment is urgent (see on this label)	需要紧急具体治疗(参见标签)
P321	Specific treatment (see on this label)	具体治疗(参见标签)
P322	Specific measures (see on this label)	具体措施(参见标签)
P330	Rinse mouth	漱口
P331	Do NOT induce vomiting	不诱发呕吐
P332	If skin irritation occurs	如发生皮肤刺激
P333	If skin irritation or rash occurs	如发生皮肤刺激或皮疹
P334	Immerse in cool water/wrap in wet bandages	浸入冷水中/用湿绷带包裹
P335	Brush off loose particles from skin	去皮肤上的小颗粒
P336	Thaw frosted parts with lukewarm water. Do no rub affected area.	用温水将结霜的部分解冻。请勿揉搓患处
P337	If eye irritation persists	如眼睛刺激持续
P338	Remove contact lenses,if present and easy to do. Continue rinsing	如果有隐形眼镜摘下易于操作,继续冲洗

编码	编码说明	中文解释
P340	Remove victim to fresh air and keep at rest in a position comfortable for breathing	将患者移至通风处,且保持呼吸舒适的姿势休息
P341	If breathing is difficult, remove victim to fresh air and keep at rest in a position comfortable for breathing	如呼吸困难,将患者移至通风处,保持呼吸舒适的姿势休息
P342	If experiencing respiratory symptoms	如出现呼吸困难症状
P350	Gently wash with plenty of soap and water	用大量肥皂和水轻柔洗涤
P351	Rinse cautiously with water for several minutes	用水小心冲洗几分钟
P352	Wash with plenty of soap and water	用大量肥皂和水洗涤
P353	Rinse skin with water/shower.	冲洗皮肤、淋浴
P360	Rinse immediately contaminated clothing and skin with plenty of water before removing clothes	脱去衣服之前,立即用大量水冲洗受污染的衣服和皮肤
P361	Remove/Take off immediately all contaminated clothing	立即褪去或脱掉受污染衣服
P362	Take off contaminated clothing and wash before reuse	脱掉受污染衣服,下次使用前清洗
P363	Wash contaminated clothing before reuse	下次使用前,清洗受污染衣服
P370	In case of fire	防火
P371	In case of major fire and large quantities	如发生火灾或大量火灾
P372	Explosion risk in case of fire	预防火灾引起的爆炸
P373	DO NOT fight fire when fire reaches explosives	当火灾引起爆炸时,不要灭火
P374	Fight fire with normal precautions from a reasonable distance	在合理的距离内采取正常预防措施进行灭火
P375	Fight fire remotely due to the risk of explosion	由于存在爆炸危险,可远程灭火
P376	Stop leak if safe to do so	若安全所需防止泄露
P377	Leaking gas fire: do not extinguish, unless leak can be stopped safely	泄漏气体火灾:除非可以安全地停止泄漏,否则不要熄火
P378	Use… for extinction	使用……灭火
P380	Evacuate area	疏散区域
P381	Eliminate all ignition sources if safe to do so	安全起见,消除所有起火源
P390	Absorb spillage to prevent material damage	吸收溢出物以防止物质损坏
P391	Collect spillage	收集溢出物
P301+P310	If swallowed: immediately call a POISON CENTER or doctor/physician	如吞服,立即呼叫解毒中心或医生
P301+P312	If swallowed: call a POISON CENTER or doctor/physician if you feel unwell	如吞服,感觉不适,呼叫解毒中心或医生
P301+P330 +P331	If swallowed: rinse mouth. Do NOT induce vomiting.	如吞服,漱口。不要刺激并产生呕吐
P302+P334	If on skin: immerse in cool water/wrap in wet bandages	如弄在皮肤上,浸入冷水中/用湿绷带包裹
P302+P350	If on skin: gently wash with plenty of soap and water	如弄在皮肤上,用大量肥皂和水轻柔洗涤
P302+P352	If on skin: wash with plenty of soap and water	如弄在皮肤上,用大量肥皂和水洗涤

编码	编码说明	中文解释
P303+P361 +P353	If on skin (or hair): remove/Take off immediately all contaminated clothing. Rinse skin with water/shower	如皮肤（或头发）沾染：立即去除/脱掉所有沾染的衣服。用水/淋浴冲洗皮肤
P304+P340	If inhaled: remove victim to fresh air and keep at rest in a position comfortable for breathing	如果吸入：将患者转移到空气新鲜处，保持呼吸舒适的休息姿势
P304+P341	If inhaled: if breathing is difficult, remove victim to fresh air and keep at rest in a position comfortable for breathing	如果吸入：如果呼吸困难，将患者移至新鲜空气处并保持呼吸舒适的姿势休息
P305+P351	If in eyes: rinse cautiously with water for several minutes. Remove contact lenses	如不慎入眼：用清水冲洗数分钟。脱下隐形眼镜
P338	If present and easy to do. Continue rinsing	如进入眼睛：用水小心冲洗几分钟。脱下隐形眼镜，继续冲洗
P306+P360	If on clothing: rinse immediately contaminated clothing and skin with plenty of water before removing clothes	如穿衣服，脱衣服之前，立即用大量清水冲洗受污染的衣服和皮肤
P307+P311	If exposed: call a POISON CENTER or doctor/physician	如果暴露：呼叫解毒中心或医生
P308+P313	If exposed or concerned: get medical advice/attention	如果暴露：请求医生建议或注意
P309+P311	If exposed or if you feel unwell: call a POISON CENTER or doctor/physician	如果暴露或感觉不适，呼叫解毒中心或医生
P332+P313	If skin irritation occurs: get medical advice/attention	如皮肤刺激，求医/就诊
P333+P313	If skin irritation or rash occurs: get medical advice/attention	如果发生皮肤刺激或皮疹：求医/就诊
P335+P334	Brush off loose particles from skin. Immerse in cool water/wrap in wet bandages	刷去皮肤上的松散颗粒。浸入冷水中/用湿绷带包裹
P337+P313	If eye irritation persists: get medical advice/attention	如果眼睛刺激持续，求医/就诊
P342+P311	If experiencing respiratory symptoms: call a POISON CENTER or doctor/physician	如果出现呼吸道症状：呼叫解毒中心或医生
P370+P376	In case of fire: stop leak if safe to do so	预防火灾，放置泄露，确保安全
P370+P378	In case of fire: use … for extinction	预防火灾，使用 X 灭火
P370+P380	In case of fire: evacuate area	预防火灾，确定疏散区域
P370+P380+ P375	In case of fire: evacuate area. Fight fire remotely due to the risk of explosion	预防火灾，确定疏散区域，由于存在爆炸危险，可远程灭火
P371+P380+ P375	In case of major fire and large quantities: evacuate area. Fight fire remotely due to the risk of explosion	预防重大火灾，确定疏散区域，由于存在爆炸危险，可远程灭火

（4）P400 系列：存储（P400-series：storage）

P400 系列存储说明见表 10-10。

表 10-10　P400 系列存储说明

编码	编码说明	中文解释
P401	Store…	存储
P402	Store in a dry place	干燥存储
P403	Store in a well-ventilated place	存储在通风处
P404	Store in a closed container	置于密闭容器
P405	Store locked up	上锁保存

编码	编码说明	中文解释
P406	Store in corrosive resistant/… container with a resistant inner liner	存放在耐腐蚀/……容器中,带有耐磨内衬
P407	Maintain air gap between stacks/pallets	保持堆叠/托盘之间的气隙
P410	Protect from sunlight	避光
P411	Store at temperatures not exceeding… ℃/… ℉	存储温度不超过……摄氏度或华氏度
P412	Do not expose to temperatures exceeding 50℃/122℉	不要暴露在超过 50℃/122℉的温度下
P413	Store bulk masses greater than… kg/… lbs at temperatures not exceeding… ℃/ ℉	在不超过……℃/…℉的温度下存储大于……kg 或……lbs 的散装物质
P420	Store away from other materials	远离其他材料
P422	Store contents under…	存储在……
P402+P404	Store in a dry place. Store in a closed container	干燥密封存储
P403+P233	Store in a well-ventilated place. Keep container tightly closed	存放在通风良好的地方。保持容器密闭
P403+P235	Store in a well-ventilated place. Keep cool.	存放在通风良好,阴凉处
P410+P403	Protect from sunlight. Store in a well-ventilated place	避免阳光照射。存放在通风良好的地方
P410+P412	Protect from sunlight. Do no expose to temperatures exceeding 50℃/122 ℉.	避免阳光照射。不要暴露在超过 50℃/122℉的温度下
P411+P235	Store at temperatures not exceeding… ℃/… ℉. Keep cool.	储存温度不超过……℃/……℉,阴凉处

(5) P500 系列:处理 (P500-series:disposal)

P500 系列处理说明见表 10-11。

表 10-11　P500 系列处理说明

编码	编码说明	中文解释
P501	Dispose of contents/container to….	物质;容器的处理

综合能力测试

一、应知客观测试 (O)

(一) 选择题

1. 为了安全,须贮存于煤油中的金属是 (　　)。

A. 钠　　　　　　　　B. 铝　　　　　　　　C. 铁　　　　　　　　D. 钙

2. 下列不属于易燃液体的是 (　　)。

A. 5%稀硫酸　　　　　B. 乙醇　　　　　　　C. 苯　　　　　　　　D. 二硫化碳

3. 下列不属于危险化学品的是 (　　)。

A. 汽油、易燃液体

B. 氧化剂、有机过氧化物、剧毒药品和感染性物品

C. 放射性物品

D. 氯化钾

4. 下面哪组溶剂不属易燃类液体？（　　）

A. 甲醇、乙醇

B. 四氯化碳、乙酸

C. 乙酸丁酯、石油醚

D. 丙酮、甲苯

5. 实验完成后，废弃物及废液应如何处置？（　　）

A. 倒入水槽中

B. 分类收集后，送中转站暂存，然后交有资质的单位处理

C. 倒入垃圾桶中

D. 任意弃置

6. 下列实验操作中，说法正确的是（　　）。

A. 可以对容量瓶、量筒等容器加热

B. 在通风橱操作时，可将头伸入通风柜内观察

C. 非一次性防护手套脱下前必须冲洗干净，而一次性手套时须从后向前把里面翻出来脱下后再扔掉

D. 可以抓住塑料瓶子或玻璃瓶子的盖子搬运瓶子

7. 在使用化学药品前应做好的准备有（　　）。

A. 明确药品在实验中的作用

B. 掌握药品的物理性质（如：熔点、沸点、密度等）和化学性质

C. 了解药品的毒性、药品对人体的侵入途径和危险特性、中毒后的急救措施

D. 以上都是

8. 当不慎把少量浓硫酸滴在皮肤上时，正确的处理方法是（　　）。

A. 用酒精棉球擦

B. 不作处理，马上去医院

C. 用碱液中和后，用水冲洗

D. 用水直接冲洗

9. 易燃类液体的特点是（　　）。

A. 闪点在 25℃以下的液体，闪点越低，越易燃烧

B. 极易挥发成气体

C. 遇明火即燃烧

D. 以上都是

10. 健康损害是可确认由工作活动引起或加重的不良（　　）状态。

A. 身体或精神　　　　B. 职业病　　　　C. 身体　　　　D. 都不是

（二）判断题

1. 当有人呼吸系统中毒时，应迅速使中毒者离开现场，移到通风良好的环境，令中毒者呼吸新鲜空气，情况严重者应及时送医院治疗。（　　）

2. 对于重金属盐中毒者可先喝一杯含有 $MgSO_4$ 的水溶液，然后立即就医。（　　）

3. 过氧化物、高氯酸盐、叠氮铅、乙炔铜、三硝基甲苯等属于易爆物质，受震或受热可发生热爆炸。（　　）

4. 眼部碱灼伤时，应立即用大量清水或生理盐水进行彻底冲洗，冲洗时必须将上下眼睑拉开，水不要流经未伤的眼睛，不可直接冲击眼球，然后可用 2%～3%硼酸溶液进一步冲洗。（　　）

5. 给液体加热时，可以先开始加热，等接近沸腾时再加入沸石。（　　）

6. 实验室进行蒸馏操作时，对于爆炸性物质或不稳定物质，须小心地蒸馏直到剩余少量

残渣。（　　　）

7.对产生有毒气体的实验应在通风橱内进行。通过排风设备将毒气排到室外，以免污染室内空气。（　　　）

8.当水银仪器破损时应尽量将洒落的水银收集起来，并在残迹处洒上硫磺。（　　　）

9.根据危险化学品性能分区、分类、分库储存，各类危险品不得与禁忌物料混合储存。（　　　）

10.公司 HSE 方针：依法经营、以人为本，管理科学，文明施工；保护环境，预防为主、持续改进、服务社会。（　　　）

二、应知主观测试（J）

1.HSE 的核心理念是什么？

2.化学类实验室如何做到标准化防护？

3.实验室如何分类配备灭火装置防护产生火灾？

4.请各列出 10 种常见的无机物和有机物中可能对人体造成伤害的试剂。

5.无机和有机废液如何分类进行回收？

11

专业文献的使用

11.1 专业文献查找的方法

11.1.1 文献的分类

文献的分类有多种方法，其中《中国图书馆图书分类法》目前应用得最为广泛，简称《中图法》，1971 年北京图书馆等 36 个单位组成编辑组开始编制，1973 年编成试用本。1975 年科学技术文献出版社出版第 1 版，1980 年书目文献出版社出版第 2 版，1990 年出版第 3 版，1999 年北京图书馆出版社出版第 4 版，2013 年国家图书馆出版社出版第 5 版。第 5 版的《中国图书馆图书分类法》设有 22 大类。各大类用汉语拼音字母作标记符号，具体包括 A 马克思主义、列宁主义、毛泽东思想、邓小平理论；B 哲学、宗教；C 社会科学总论；D 政治、法律；E 军事；F 经济；G 文化、科学、教育、体育；H 语言、文字；I 文学；J 艺术；K 历史；地理；N 自然科学总论；O 数理科学和化学；P 天文学、地球科学；Q 生物科学；R 医药、卫生；S 农业科学；T 工业技术；U 交通运输；V 航空、航天；X 环境科学、安全科学；Z 综合性图书。

按出版形式划分科技图书、科技期刊、专利文献、会议文献、科技报告、政府出版物、学位论文、标准文献、产品资料和其它文献十大类型。

11.1.2 一般性科技文献查阅的步骤

① 分析研究课题，明确查找要求。

② 确定检索范围如时间范围、学科范围、文献类型范围等。

③ 检索工具有手工/机器检索、综合性/化学专业性工具、中文/外文检索工具，还要考虑工具的覆盖面、收录文献的质量数量等。

④ 找出主题词、关键词、分类号等检索标识，以便使用相应的检索工具。

⑤ 依据检索标识确定检索途径，如主题途径、作者途径、序号途径等。

⑥ 按所查索引的使用方法，查出文献的文摘号。

⑦ 依据文摘号查出文献的篇名、作者、文种、刊载文献的刊名、出版社、出版时间、该文献所在页码、文献摘要等。

⑧ 依据文摘内容获取原始文献，若需要进一步了解和详细阅读原始文献，则记下文献出处，再利用有关工具书，查出刊名缩写的全称，再通过查馆藏目录或联合目录，到国内有

关馆藏单位借阅或复印原文。

11.2 化学类文献查阅

11.2.1 化学文献

化学文献是关于化学及其相关领域在理论、实验和应用方面研究成果的文字著述和信息报道的总称。传统的化学文献以书刊为主，都是印刷品。随着记录手段的进步，相继出现了缩微型、声像型和计算机可读型等多种形式的化学文献。化学文献的种类繁多，有图书（教科书、专著、汇编、手册、词典、百科全书）、期刊、题录（快报）、文摘、专利文献、技术报告、学位论文、会议文献、寄存手稿、技术标准、产品样本、图和表等。

化学属于自然科学，其文献属于科技文献，按科技文献的来源又可可划分为：

(1) 一次文献（primary document）

一次文献是著作者根据自己在实际的科技工作中取得的成果所撰写或创作的文献，包括期刊文献、会议文献、专利说明书、科技报告、学位论文等，常称为原始文献，又叫作参考工具书。

(2) 二次文献（secondary document）

二次文献是对一次文献进行加工、整理后的产物。主要用于管理和利用一次文献，如各种书目、索引、题录、文摘等，为读者查找文献资料提供路径，又叫作检索工具书。

(3) 三次文献（tertiary document）

三次文献是指利用二次文献，选用一次文献的内容而编纂出的成果。例如，各种词典、手册、年鉴、百科全书，各种图书、综述、评论、专题报告等。从三次文献中可以大致了解某一文献资料的总体情况。

11.2.2 中国知网检索方法

目前国内学术文献信息服务市场上利用率最高、影响范围最广、市场份额最大的基于互联网的中文期刊全文数据库有"重庆维普中文科技期刊（简称 VIP）""清华同方中国期刊网（简称 CNKI）""万方中国数字化期刊群（简称万方数据）"。这三大数字资源系统学术资源丰富，各有特色，用户广泛，是科研、教学、生产以及学习必备的工具。

中国知网（CNKI）是全球领先的数字出版平台，致力于为海内外各行各业提供情报与知识的专业服务。中国知网网络出版包括期刊、学位论文、会议论文、年鉴、报纸、图书、标准、专利、科技成果、国学宝典、外文数据库等多种类型的文献数据库。

中国知网网址为：http：//www.cnki.net。中国知网文献的格式一般为 caj 文件和 pdf 文件，专用软件为cajviewer；中国知网的另一种文献格式为 pdf 文件，读取该文件的软件一般为 Adobe reader。CNKI 有以下几种检索方式：

(1) 快速检索

提供类似搜索引擎检索式服务，用户需要输入关键词点击快速检索查相关文献（图 11-1）。

(2) 标准检索

输入发表时间、文献来源、支持基金、作者等检索控制条件，再输入文献全文、篇名、主题、关键词等内容检索条件（图 11-2）。

(3) 专业检索

使用逻辑运算符关键词构造检索式进行检索，用于图书情报专业员查新、信息分析等工作（图 11-3）。

图 11-1　快速检索

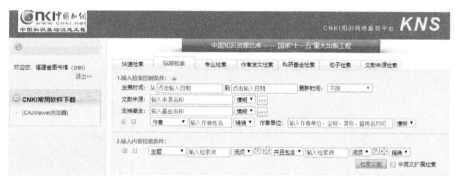

图 11-2　标准检索

图 11-3　专业检索

（4）作者发文检索

　　输入作者姓名、单位等信息查找作者发表全部文献及引载情况。通过作者发文检索仅能找某作者发表文献及被引下载情况（图 11-4）。

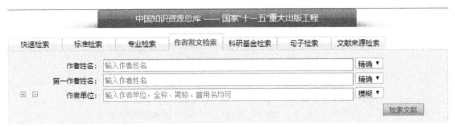

图 11-4　作者发文检索

（5）科研基金检索

科研基金检索通过科研基金名称查找科研基金资助文献（图 11-5）。

图 11-5　科研基金检索

（6）句子检索

句子检索通过用户输入两关键词查找同时包含两个词的句子，实现对事实的检索（图 11-6）。

图 11-6　句子检索

（7）文献来源检索

参考文献中的"来源"是指文献出处。包括数据库学科、类别、研究层次、文献作者、作者单位、中文关键词、研究资助基金、发表年度（图 11-7）。

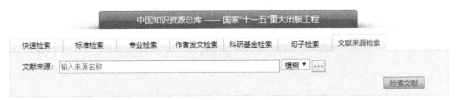

图 11-7　文献来源检索

中国知网的检索方法：

① 登录 http：//www.cnki.net，登录个人账号或者机构账号。

② 在以上 7 种检索方式的检索工具条中输入检索条件。

③ 点击"检索"按钮，得到检索结果。

④ 点击感兴趣的题目进入文献概要页面，查阅"摘要""关键词"等信息以确定是否需

要下载这篇资料。

　　⑤ 点击"caj 下载"按钮，在弹出来的对话框中选择存放的位置，保存即可。点击"pdf 下载"按钮，可以下载 pdf 格式的文件。如图 11-8 所示

图 11-8　文献的 pdf 下载

11.2.3　常用的化学数据库资源

　　① 化合物毒性相关数据库。
　　② 毒性物质与健康和环境数据库。
　　③ 急性毒性数据库。
　　④ SpectraOnline，Galact。
　　⑤ 药物使用指南 USPI。
　　⑥ 美国常用药物索引库 RxList。
　　⑦ 有机化合物光谱资料库系统。
　　⑧ NIST 的 Chemistry WebBook。
　　⑨ 化合物基本物性库。
　　⑩ 化学物质热力学数据。
　　⑪ 溶剂数据库 SOLV-DB。
　　⑫ 三维结构数据库 NCI-3D。
　　⑬ 有机合成手册数据库。
　　⑭ Beilstein Abstracts。
　　⑮ 有机合成文献综述数据库。
　　⑯ 预测 LogP 和 LogW。
　　⑰ 物性、质谱、晶体结构数据库。
　　⑱ 网上光谱资料库。

11.2.4　有机合成类文献查阅

　　SciFinder 由美国化学会旗下的美国化学文摘社（Chemical Abstracts Service，CAS）出品，是一个研发应用平台，提供全球最大、最权威的化学及相关学科文献、物质和反应信息。SciFinder 涵盖了化学及相关领域如化学、生物、医药、工程、农学、物理等多学科、跨学科的科技信息。SciFinder 收录的文献类型包括期刊、专利、会议论文、学位论文、图书、技术报告、评论和网络资源等，具有以下功能：①一站式的信息检索平台，可以检索全球最大的，有关生物化学、化学、化学工程、医药等化学相关学科的信息，包括来自专利、期刊的文献；②查找特定化学物质的事实数据，包括理化常数，确定化学物质科学概念和特性；③查找化学反应，确定生产和合成化学物质的加工程序。

【例 11-2-1】 检索主题入口 (starting with a research topic)。

当检索者想用 "general topic" 或 "named reaction" 来检索较宽范围的文献时，往往会采用该检索入口。例如要查询采用 Suzuki 耦合反应（Suzuki coupling reaction）制备取代联苯（substituted biphenyls）的专利，可采用如下步骤：

① 先在 research topic 中输入 "Suzuki reaction"，并将 "document type" 限定为 "patent"，点击 "search"。

② 在检索结果列表中对文献进一步限定，采用 "refine" 在其中选择 "research topic"，并在 "research topic" 框中输入 "substituted biphenyls"，就得到了采用 Suzuki 耦合反应制备取代联苯的专利。

③ 可点击 "get reactions"，查看反应结构式，包括反应物结构、产物结构、溶剂、催化剂、反应温度、反应时间等详细信息。

采用这种主题检索的方式得到的是 "general results"，例如主题检索中并没有对 "substituted biphenyls" 的具体取代基、结构式做精确限定。

【例 11-2-2】 确定化合物入口 (starting with a specific substance)。

如果有确定的反应物、试剂或产品，就可以采用这种检索入口。通过检索名称、CAS 登记号、化学结构，进一步获得反应信息。用化学结构可以进行确定结构检索、相似结构检索或亚结构检索（substructure or core structure）。例如要检索 1,3-丙二醇的生物制备方法，可采用如下步骤：

① 在 Substance Identifier 中输入 "1,3-propanediol"，得到该物质信息，包括 RN 号、分子式、结构式等。

② 然后 get reactions，并在输入框中将 1,3-propanediol 限定为产品 "product"，或者 get references，并进一步将其设定成产品，然后再 get reactions，都会有殊途同归的效果，得到反应列表。

③ 对列表中的信息进行 "refine"，将 reaction classification 限定为 "Biotransformation"，即可得到 1,3-丙二醇的生物制备方法。

④ 在每条信息的 "reaction detail" 中可查看反应的详细信息及来源。

【例 11-2-3】 反应结构图入口 (starting with a reaction structure drawin)。

如果想查找某一类或某一系列的物质时，并想购买或合成其中一些物质时，可以采用这种方法。例如在 2、4、6 位具有烷基的芳香硫醇（aromatic thiol），可以采用如下步骤：

① 在画图工具中画出结构式，将其角色限定为 "product"，并选择可变位点，例如将烷基设成可变基团。

② 得到反应列表后，如果条数过多，还可以对产量、反应步骤等条件进一步限定。

③ 可对每条反应式进行详细分析，例如查询反应物的制备方法、价格、供应商、物质详情等，形成递进式查找，层层深入。通过以上方法得到了一类在 2、4、6 位具有烷基的 aromatic thiol，并能分析这些 aromatic thiol 的性质、来源等信息，还可根据检索结果决定是购买还是制备，如果制备的话哪种原料经济、易得等信息。

【例 11-2-4】 官能团转化入口 (starting with a functional group tansformation)。

采用这个入口可以对广义的反应类型进行检索，查询某类官能团的反应活性。例如查找将氨基化合物还原为胺的环保方法，可采用如下步骤：

① 打开画图工具，在 functional groups 的列表中选择 "amide" 和 "amines"，并分别设定两者的反应角色为 "reactant/reagent" 和 "product"，此外还可进一步限定反应类

型如 biotransformation、catalyzed、steroselective 等，得到反应结构式列表。

　　② 系统可以对检索结果进行分析（这种分析功能在其它一些检索系统中也可以看到），例如系统会对反应使用的催化剂（catalyst）种类进行统计，我们可以选择性查看使用某一类自己感兴趣的催化剂的反应，再对限定后的结果列表进行深入分析，即分析合成路径、物质信息、商业信息等。

综合能力测试

应知客观测试（多选择题）(O)

1.属于检索工具的为（　　　）。

A.《化工辞典》　　　　　　　　　B.《化学文摘》

C.《全国报刊索引》　　　　　　　D.《中国化学化工文摘》

2.利用数据库检索时，"逻辑与"用来改善并限制搜索结果，起到缩小检索范围的作用，常用的"逻辑与"操作符有（　　　）。

A. AND　　　　　B. OR　　　　　C. *　　　　　D. &

3.用于表达文献内容特征的检索语言有（　　　）。

A. 类语言　　　　B. 题语言　　　　C. 著者　　　　D. 代码语言

4.以下可以查看全文的数据库为（　　　）。

A.《SpringerLink》　　　　　　　　B.《NSTL》

C.《CNKI》　　　　　　　　　　　D.《中华人民共和国知识产权局专利检索》

12

化学类专业英语应用能力

12.1 一般性交流常识

There are many ways to greet someone. We'll learn about the most common way to greet someone in this lesson. I'll give a variety of example sentences.

(1) Greeting someone you never met：

"Hi，my name is Steve. It's nice to meet you. "

You can respond to this by saying，

"It's a pleasure to meet you. I'm Jack. "

(2) Another common question to ask is

"What do you do for a living?"

You can respond to this by saying，

"I work at a school. "

"I work at a bank. "

"I work in a software company. "

"I'm a dentist. "

(3) If you meet someone unexpectedly，you can say，

"Hey Jack，it's good to see you. What are you doing here?"

or

"What a surprise. I haven't seen you in a long time. How have you been?"

(4) If you see the person at a restaurant，you can say，

"Do you come to this restaurant often?"

Or at the movie theater，

"What movie did you come to see?"

英语交流知识（Communication）

There are some useful expressions：

(1) I'm trying＋（verb）

"I'm trying to get a job. "

"I'm trying to call my family. "

"I'm trying to enjoy my dinner. "

"I'm trying to educate myself."

（2）I'm gonna ＋（verb）

"I'm gonna have some coffee."

"I'm gonna go to work."

"I'm gonna eat some cake."

"I'm gonna send out my resume."

"I'm gonna run a marathon."

（3）I used to ＋（verb）

"I used to paint."

"I used to work from home."

"I used to live in California."

"I used to go to the beach every day."

（4）I have to ＋（verb）

"I have to switch schools."

"I have to use the telephone."

"I have to go to the bathroom."

"I have to leave."

（5）I would like to ＋（verb）

"I would like to answer that question."

"I would like to compete in a cooking contest."

"I would like to explain myself."

"I would like to invite you over."

12.2 专业英语训练模块

12.2.1 化学类专业英语阅读技巧

12.2.1.1 掌握词根和组词的方法，扩大专业词汇量

（1）无机词汇

① 数字：一，mono；二，di；三，tri；四，tetra；五，penta；六，hexa；七，hepta；八，octa；九，mona；十，deea。

② 前后缀。前缀：poly "多"，ortho "原、正"，meta "偏"，pyro "焦"，per "高、过"，hypo "次"；后缀：ide "化物"，ic "正酸"，ite "亚酸盐"，ate "酸盐"。

③ 举例：monoxide，一氧化物；disulfide，二硫化物；tetraborate，四硼酸盐；orthosilic acid，原硅酸；meta-aluminate，偏铝酸盐；pyrosulfurous acid，焦亚硫酸；perehloric acid，高氯酸；cyanide，氰化物；suifnrous，亚硫酸等。

（2）有机词汇

① 数字：甲，meth；乙，eth；丙，prop；丁，but；戊，pent；已，hex；庚，hept；辛，oct；壬，non；癸，dec。

② 后缀：ane，"烷"；ene，"烯"；yne，"炔"；one，"酮"；al，"醛"；ol，"醇"；yl，"基"。

③ 前缀：cyclo，"环"；iso，"异"；ortho，"邻"；meta，"间"；para，"对"；poly，"聚"；cis，"顺"；trans，"反"。

12.2.1.2 借助于软件和工作站来提高专业英语的学习效果

ChemOffice、Origin 等软件都是我们经常使用的专业软件，而且都是英文版本的。例如 ChemOffice 中画分子结构式的 ChemDraw 中，"convert name to structure" 和 "convert structure to name"，可以把英语名称转化成结构式，也可以把结构式转化成英文名称。寻找一些常用的分析测试设备如高效液相色谱仪、气相色谱仪的工作站（英文版），反复多训练几次，不仅能提升技能水平，专业英语的学习效果也是显而易见。

12.2.1.3 掌握一定的翻译技巧

翻译一定要准确，必须忠实而全面地传达原作的思想内容；顺通译文语言必须通顺易懂，符合本民族的语言习惯。一般说来，准确与理解有关。理解有词汇方面的、语法方面的，也有逻辑关系和科学内容方面的，通顺与本民族语言修养有关。理解原文弄清语法关系；辩明词义，体会内容；表达译文要准确选词，恰当造句，避免歧义，力求简练。但是专业英语在翻译的时候应对专业的背景知识有一定的了解，应概念清楚、语言通顺，专业术语正确。一定要避免语义含混、似是而非，或者语句松散、关系不明。要用科技"行话"来表达，充分体现出科技素养。

【例 12-2-1】 Salts may also be found by the replacemen to hydrogen from all acidwith ametal.

译文：盐也能通过用金属置换酸中的氢而获得（应对无机化学中的盐认识充分）。

【例 12-2-2】 Many reactions are speeded up by substance that aye not themselves changed during the reactions. Those substance are called catalysts.

译文：许多反应借助某些物质来加速，而这些物质在反应的过程中本身并不发生改变。这些物质称为催化剂（应对催化剂的知识有一定的了解）。

【例 12-2-3】 Vapor and liquid phases on a given tray approach thermal, pressure, composition equilibrium to extent dependent upon the efficiency of the con-tacting tray.

译文：在某一给定的塔板上，气液两相达到一定程度上的热量、压力、组成方面的平衡。平衡的程度取决于他们接触的塔板的效率（要掌握精馏的知识）。

12.2.1.4 加强专业英语、基础英语和专业课程的联系

专业外语仅仅是一种工具，要真正的做到学以致用。化学类专业英语，它在词汇、语法和文体等各方面都有其独特的规律，如：转换翻译法、增减翻译法、名词从句的译法、定语从句的译法、状语从句的译法、长难句的译法，并系统学习科技文章和段落的结构特点，作为专业外语阅读和翻译的准则和指南。只有掌握基础英语，再熟悉一些化学类专业英语的翻译技巧、构词法的学生，才有足够的信心去面对各种科技英语文章。专业英语的学习有助于学生对有关知识的巩固和加深理解。

12.2.1.5 加强阅读，拓宽专业视野

从最新的报刊杂志上选择难易程度适当、专业相关的文章，学生课后阅读、翻译、学习化工前沿的科技成果和技术，不断拓宽专业视野。设定三个目标，阅读方面：能查阅该领域的专业文章，通过专业词典能快速理解文章主线和细节；写作方面：要求写出符合要求的实验报告；听说方面：要求能进行一些简单的专业技术交流。在实际的专业外语学习中，必须多研究、多实践，要勇于探索创新，不断地进行补充完善，运用现代化的学习手段（计算机信息技术、网络资源等），同时学习语言还要下功夫。

常用化学实验室器具中英文对照见表 12-1。

表 12-1　常用化学实验室器具中英文对照

试管 test tube	试管架 test tube holder	漏斗 funnel
分液漏斗 separatory funnel	烧瓶 flask	锥形瓶 conical flask
烧杯 beaker	不锈钢杯 stainless-steel beaker	天平 balance/scale
分析天平 analytical balance	酒精灯 alcohol burner	酒精喷灯 blast alcohol burner
塞子 stopper	量筒 graduated cylinder	洗瓶 plastic wash bottle
滴定管 burette	试剂瓶 reagent bottles stopcock	搅拌装置 stirring device
冷凝器 condenser	游码 crossbeams andsliding weights	蒸发皿 evaporating dish
台秤 platform balance	微波炉电热套 microwave electric heating mantle	容量瓶 volumetric flask/measuring flask
移液管(one-mark)pipettes	刻度移液管 graduated pipettes	洗耳球 rubber suction bulb
玻璃棒 glass rod	蒸馏烧瓶 distilling flask	碘量瓶 iodine flask
坩埚 crucible	表面皿 watch glass	称量瓶 weighing bottle
研磨钵 mortar	研磨棒 pestle	玛瑙研钵 agate mortar
瓷器 porcelain	白细口瓶 flint glass solution bottle with stopper	滴瓶 dropping bottle
蒸馏装置 distilling apparatus	蒸发器 evaporator	小滴管 dropper
升降台 lab jack	铁架台 iron support	万能夹 extension clamp
蝴蝶夹 double-buret clamp	双顶丝 clamp regular holder	止水夹 flat jaw pinchcock
圆形漏斗架 cast-iron ring	移液管架 pipet rack	试管架 tube rack
沸石 boiling stone	橡胶管 rubber tubing	药匙 lab spoon
镊子 forceps	坩埚钳 crucible tong	剪刀 scissor
打孔器 stopper borer	石棉网 asbestos-free wire gauze	电炉丝 wire coil for heater
脱脂棉 absorbent cotton	称量纸 weighing paper	滤纸 filter paper
擦镜纸 wiper for lens	秒表 stopwatch	量杯 glass graduates with scale
无色滴定管(酸)flint glass burette with glass stopcock	棕色滴定管(酸)brown glass burette with glass stopcock	无色滴定管(碱)flint glass burette for alkali
棕色滴定管(碱)brown glass burette for alkali	密度瓶 specific gravity bottle	水银温度计 mercury-filled thermometerph
折光仪 refractometer	真空泵 vacuum pump	冷、热浴 bath
离心机 centrifuge	口罩 respirator	防毒面具 respirator;gas mask
磁力搅拌器 magnetic stirrer	电动搅拌器 power basic stirrer	烘箱 oven
闪点仪 flash point tester	马弗炉 furnace	加热器 heater

12.2.2　分析测试类文献阅读

示例：样品中碘值的测定

Method for determining the iodine value in the test sample

样品中碘值的测定

Developed on the basis of *GOST 2070-82 Light Petroleum Products. Method for Determination of Iodine Values and the Content of Unsaturated Hydrocarbons* (with Amendments1，2）；*GOST 25794.1-83 Reagents. Methods for Preparing Titrated Solutions for Acid-Base Titration* (with Amendment 1)；*GOST 25794. 2 Reagents. Methods for Preparation of Titrated Solutions for Redox Titration* （with Amendment 1）.

（阅读提示：以上材料，从 GOST＋编号可以判断是标准，因此可以判断上面是提供三个标准的编号和名称。）

The method consists in treatment of the test sample with an alcohol iodine solution，titrating free iodine with sodium thiosulfate solution and determining the iodine value in grams of iodine，binding 100 g of the test sample.

该方法包括用乙醇碘溶液处理试验样品，用硫代硫酸钠溶液滴定游离碘，并测定碘值（g），样品取样量为 100g。

Equipment，reagent and solutions
（设备、试剂、溶液）

Weighing bottles with ground-glass stoppers or watch glasses.

带磨砂玻璃塞或表面皿的称量瓶。

Dropping bottles with ground-glass stoppers according to GOST 25336.

根据 GOST 25336，用带磨砂玻璃塞的滴瓶。

Pipettes according to GOST 29227，2.5 cm^3.

根据 GOST 29227，用 2.5mL 吸量管。

Flasks with ground-glass stoppers according to GOST 25336，500 cm^3.

根据 GOST 25336，用 500mL 带磨砂玻璃塞的烧瓶（碘量瓶）。

Cylinders according to GOST 1770，10，25.50 and 250 cm^3.

根据 GOST 1770，用 10mL、25mL、50mL 和 250mL 的量筒。

Burettes1-2-25 and 1-2-50 according to GOST 29251.

根据 GOST 29251，用 25mL 和 50mL 的滴定管。

Rectified ethyl alcohol in accordance with GOST 18300，superior grade.

根据 GOST 18300，用精馏乙醇，A 级。

Potassium iodide according to GOST 4232，chemically pure or analytically pure：20% solution；30% solution，freshly prepared.

根据 GOST 4232，碘化钾用化学纯或分析纯：20%溶液、30%溶液，新鲜配制。

Iodine alcohol solution.

碘的醇溶液。

Sodium thiosulfate according to GOST 27068，0.1 mol/dm^3 solution （0.1 N）.

根据 GOST 27068，硫代硫酸钠为 0.1 mol/L。

Soluble starch according to GOST 10163，0.5% aqueous solution.

根据 GOST 10163，可溶性淀粉为 0.5%水溶液。

Sulfuric acid according to GOST 4204，analytical grade，20% solution.

根据 GOST 4204，硫酸用分析纯、20%硫酸溶液。

Distilled water，pH 5.4~6.6.

蒸馏水，PH 为 5.4~6.6。

Potassium dichromate according to GOST 4220，twice recrystallized and dried Laboratory balance with weighing accuracy not more than 0.0002 g.

根据 GOST 4220，重铬酸钾须干燥至恒重，两次称量不超过 0.0002g。

Blades (for flowable solids).

叶片（适用于流动固体）。

Hourglass for 5-10 min.

沙漏 5～10min。

Black opaque bags (with a capacity of at least 3 liters).

黑色不透明袋（容量至少 3L）。

Determination of correction factor　$0.1mol/dm^3 Na_2S_2O_3 \cdot 5H_2O$
$0.1mol/L\ Na_2S_2O_3 \cdot 5H_2O$ 校正因子的确定

To establish the correction factor，use at least three weights of the reference substance are used，weighing them accurately to the fourth decimal place.

要确定校正因子，至少要使用三种参考物质的权重，精确到小数点后四位。

Place $0.1500 \sim 0.2000$ g of potassium dichromate into a $500\ cm^3$ conical flask with a ground-glass stopper，dissolve in $50\ cm^3$ of water，add $10\ cm^3$ of 30% potassium iodide solution，$20\ cm^3$ of 20% sulfuric acid solution，immediately close the flask with a stopper moistened with 30% potassium iodide solution，mix and keep in the dark for 10 minutes，after which wash the stopper and walls of the flask with water，add $200\ cm^3$ of water and titrate the iodine released from the burette with the prepared sodium sulfate pentahydrate solution until the solution turns yellow，then add $2\ cm^3$ of 0.5% starch solution and continue the titration with vigorous stirring until the blue color of the solution turns light green.

将 $0.1500 \sim 0.2000$g 重铬酸钾放入 500mL 碘量瓶中，加入 50mL 水溶解，加入 10mL30%碘化钾溶液，20mL20%硫酸溶液，立即用 30%碘化钾润湿瓶塞并密封，混合在暗处静置 10min，然后用水冲洗塞子和烧瓶壁，加入 200mL 水并用配制好的无水硫代硫酸钠溶液滴定碘量瓶中释放的碘，直至溶液变黄，再加入 2mL0.5%淀粉溶液，边摇边滴定，直至溶液由蓝色变为浅绿色。

Calculate the correction factor for sodium thiosulfate solution using the following formula：

使用以下公式计算硫代硫酸钠溶液的校正因子：

$$F = \frac{m}{0.0049037 \times V}$$

where　m——the weight of potassium dichromate，g；
式中　　　m——重铬酸钾的质量，g；
　　0.0049037——the weight of potassium dichromate，equivalent to $1\ cm^3$ of exactly 0.1 mol/dm^3 （0.1 N）sodium thiosulfate solution，g；
　　0.0049037——1mL0.1mol/L $Na_2S_2O_3$ 相当于 0.0049037g 重铬酸钾的质量，g；
　　　V——the volume of thiosulfate consumed for titration，cm^3.
　　　V——滴定中消耗的 $Na_2S_2O_3$ 的体积，mL。

Calculate the correction factor （factor）with an accuracy of up to four decimal places，for each weighted sample of the reference substance. Discrepancies between the coefficients （factors）should not exceed 0.001. Take the arithmetic mean value for the estimated factors.

计算校正因子精度保留小数点后四位，系数（系数）之间的差异不应超过 0.001。计算算术平均值作为最终的校正因子。

Analytical procedure
分析步骤

Weigh the required amount of the test sample with an error of no more than 0.0004g, depending on the expected iodine value, as indicated in Table 1.

根据表1所示的预期碘值，对试验样品的要求量进行称重，误差不超过 0.0004g。

Table 1
表 1

Iodine value, g of iodine per 100 g of petroleum product (碘值，每100g 石油产品中的碘含量,g)		Weight of petroleum product, g (石油产品中的质量,g)			
Less than	5.0	From	2.0	to	4.0
	5.0~10		1.0	to	2.0
More than	10		0.2	to	0.4

To measure the mass of the test sample, pour it into an dropping bottle and weigh. Pour 15 cm^3 of ethyl alcohol into a 500 cm^3 conical flask with a ground-glass stopper and transfer the required amount of the test sample from the dropping bottle. Then re-weigh the dropping bottle and determine the weight from the difference.

为测量试验样品的质量，将其倒入滴瓶并称重。将 15mL 的乙醇倒入 500mL 带有磨砂玻璃塞的锥形瓶中，并从滴瓶中转移所需的试样量。然后再称量取样后的滴瓶，根据前后两次称量的差值确定质量。

The test sample may be taken with a pipette, having previously determined the density of the test sample at the test temperature and having calculated the weight by multiplying the volume taken by its density.

试验样品可以用移液管取用，事先确定试样在测试温度下的密度，并通过体积乘以其密度计算质量。

Add 25 cm^3 of alcoholic iodine solution from the burette, tightly stopper the flask with a stopper pre-moistened with 20% potassium iodide solution, and gently shake the flask. Add 150 cm^3 of distilled water, quickly stopper the flask, shake the contents of the flask for 5 minutes and leave in the dark for another 5 minutes. Wash the stopper and the walls of the flask with a small amount of distilled water.

从滴定管中加入 25mL 乙醇碘溶液，用 20%碘化钾溶液浸湿塞子并紧紧塞住烧瓶，轻轻摇动烧瓶。加入 150mL 蒸馏水，快速塞住烧瓶，摇 5min 左右，然后在暗处静置 5min。用少量蒸馏水清洗瓶塞和瓶壁。

Add 20~25 cm^3 of 20% potassium iodide solution and titrate with sodium thiosulfate solution. When the liquid in the flask turns light yellow color, add 1 to 2 cm^3 of starch solution and continue to titrate until the blue-violet color disappears.

加入 20~25mL20%碘化钾溶液，用硫代硫酸钠溶液滴定。当烧瓶中的液体变成淡黄色时，加入 1~2 mL 淀粉溶液，继续滴定直到蓝紫颜色消失。

To calculate the iodine value, carry out a control experiment as described above, but without the test sample.

为计算碘值，按上述方法不加待测样品进行对照实验。

Result processing
结果处理

Calculate the iodine value （X） of the test solution，g of iodine per 100 g of petroleum product using the following formula：

用下列公式计算试验溶液的碘值（X），每 100g 石油产品含碘量（g）：

$$X = \frac{(V - V_1)F \times 0.01269}{m} \times 100$$

where V——the volume of 0.1 mol/dm^3 sodium thiosulfate solution consumed for titration in the control experiment，cm^3；

式中 V——对照实验中，消耗的 0.1 mol/L 硫代硫酸钠溶液体积，mL；

       V_1——the volume of 0.1 mol/dm^3 sodium thiosulfate solution consumed for titration of the test sample，cm^3；

       V_1——测定样品时消耗的 0.1 mol/L 的硫代硫酸钠溶液的体积，mL；

       F——correction factor of 0.1 mol/dm^3 sodium thiosulfate solution；

       F——0.1 mol/L 硫代硫酸钠溶液的校正因子；

0.01269——the amount of iodine equivalent to 1 cm^3 of exactly 0.1 mol/dm^3 sodium thiosulfate solution；

0.01269——1mL 0.1 mol/L 硫代硫酸钠溶液相当于碘的质量为 0.01269g；

       m——the mass of the test sample，g.

       m——试样质量，g。

Record the result for the iodine value of the test sample as the arithmetic mean value of two consecutive determinations，rounding it to thesecond decimal place.

将测试样品的碘值结果，记录为连续两次测定的算术平均值，四舍五入到小数点后第二位。

Repeatability：Two results of determinations obtained under the same conditions by one analyst using the same equipment and test sample are considered reliable （with a 95% confidence level），if the difference between them does not exceed 10% of the smaller result.

可重复性：如果一名分析人员使用相同的设备和测试样品，在相同条件下得到的两个测定结果之间的差异在 95% 置信水平内不超过较小结果的 10%，则认为是可靠。

12.2.3 有机合成类文献阅读

示例 1：对氨基苯磺酰胺的制备

Preparation of p－aminobenzenesulfonamide
对氨基苯磺酰胺的制备

$$\text{(NHCOCH}_3\text{ benzene ring SO}_2\text{NH}_2) + H_2O \xrightarrow{H^+} \text{(NH}_2\text{ benzene ring SO}_2\text{NH}_2) + CH_3COOH$$

Experimental steps：实验步骤

（1） Preparation of acetamidobenzenesulfonyl chloride

（1） 乙酰氨基苯磺酰氯的制备

In a 100 mL dry conical flask, add 5 g (0.037 mol) of dry acetanilide. Heat up to melt with light fire on the asestosnet. If a small amount of moisture is condensed on the conical flask, remove it by a clean filter paper. Cool to near room temperature by stopper, then cool with ice water to make the melt coagulate into pieces. After cool the conical flask in an ice water bath, pour 12.5 mL (0.19mol) of chlorosulfonic acid quickly, and plug the stopper of the hydrogen chloride gas pipe immediately, and connect the filter flask containing the 10% NaOH absorbent. The reaction quickly produces a large amount of white aerosol (HCl). If the reaction is too intense, it can be cooled by ice water. When the reaction is gentle, shake the conical flask to dissolve the solid completely, and heat it in a water bath at 60-70℃ for 10 min until no hydrogen chloride gas released. Remove the hot water bath, place at room temperature for a while, then completely cool the reaction flask in an ice water bath, then slowly pour the reaction solution into a beaker containing 75% crushed ice in a fume hood with full agitation, while pouring stir with a glass rod, wash the conical flask with 10 mL of ice water, pour the washing solution into the beaker, keep stirring for a few minutes, and grinding the bulk solids to a small and uniform white solid as much as possible. Collected the solid by filtration, wash with a small amount of cold water, and dry to get rawacetamido-benzenesulfonyl chloride, andexcute the next reaction immediately.

在一个 100mL 的干燥锥形烧瓶中，加入 5g(0.037mol) 的干燥乙酰苯胺。在石棉网上用小火加热至融化。锥形烧瓶上若凝结了少量的水分，应用干净的滤纸将其除去。塞住瓶口冷却至接近室温，再用冰水冷却使熔体凝结成块。将锥形烧瓶放入冰水中冷却后，迅速倒入 12.5mL(0.19mol) 氯磺酸，并立即堵塞氯化氢导气管的塞子，连接含有 10%氢氧化钠吸收液的抽滤瓶。反应迅速产生大量的白色气雾（HCl）。如果反应太剧烈，可以用冰水冷却。待反应温和时，微微摇动锥形烧瓶使固体完全溶解，在 60～70℃ 的水浴中加热 10min，直至无氯化氢气体释放。撤走热水浴，在室温下的地方旋转片刻后再将反应瓶在冰水浴冷却完全后，于通风橱中充分搅拌下慢慢把反应液倒进盛有 75%碎冰的烧杯中，边倒边用玻璃棒搅拌，用 10mL 冰水荡洗锥形瓶，将洗涤溶液并入烧杯中，继续搅拌几分钟，尽量将大块固体搅碎成均匀的白色固体。过滤收集固体，用少量冷水冲洗，干燥得到乙酰氨基苯磺酰氯粗品，立即进行下一步反应。

（2） Preparation of p-Amidobenzenesulfonamide

（2） 对酰胺基苯磺酰胺的制备

Transfer the above raw product to a beaker, and add 17.5mL of concentrated ammonia water (infume hood) slowly under constant stirring, and an exothermic reaction occurimmediately and a white paste comes out. Keep stirring for 15 min to complete the reaction. Then add 10 mL of water and slowly heated on an asestos netfor 10 min with constant stirring. The resulting mixture can be used directly in the next reaction.

将上述粗品转移到烧杯中，在不断搅拌下缓慢加入 17.5mL 浓氨水（通风柜），立即发生放热反应，产生白色糊状物。继续搅拌 15min，使反应完成。然后加入 10mL 水，用石棉网慢慢加热 10min 并不断搅拌。所得混合物可直接用于下一步反应。

(3) Preparation of p-aminobenzenesulfonamide
(3) 对氨基苯磺酰胺的制备

Addthe above reactant into a round bottom flask，add 3.5 mL of concentrated hydrochloric acid，and heat the mixture under reflux for 0.5 h to check the pH of the reaction solution. If it is not strongly acidic，add a small amount of hydrochloric acid，then re-testafter refluxing for a while until it is strongly acidic and all the products dissolved. If the solution is yellow，cool it and add a small amount of activated carbon，boil for 10min，and filter while it is hot. Transfer the filtrate to a 400 mL large beaker，and add powdered sodium carbonate carefully until the pH＝7~8 with stirring. Cool it in an ice water bath，collect the solid by filtration，wash with a small amount of ice water，and dry. The raw product was recrystallized from water （about 12 mL of water per gram of product），weigh，and calculate the yield.

将上述反应物加入圆底烧瓶中，加入 3.5mL 浓盐酸，回流加热 0.5h，检查反应溶液的 pH 值。如果不是强酸性，可加入少量盐酸，回流一段时间后重新测试，直到呈强酸性，待产品全部溶解。如果溶液呈黄色，冷却后加入少量活性炭，煮沸 10min，趁热过滤。将滤液倒入 400mL 大烧杯中，在搅拌下加入碳酸钠粉至 pH 为 7~8。在冰水浴中冷却，过滤收集固体，用少量冰水洗涤，晾干。粗产品可用水重结晶（每克产品约 12mL 水），称重，计算收率。

Pure p-aminobenzenesulfonamide is a colorless flake or needle crystal with a melting point of 165~166 ℃.

纯对氨基苯磺酰胺是一种无色片状或针状晶体，熔点为 165~166℃

示例 2：阿司匹林的合成
Preparation of acetylsalicylic acid（Asipilin）（阿司匹林的合成）

Take 4g（0.015mol）of salicylic acid into a 100mL conical flask，add 10mL（0.1mol）of acetic anhydride and 2mL of 85% phosphoric acid，fully shake the conical flask to dissolve all the salicylic acid，heat it in a water-bath and control the temperature at 85~90℃ for 10 min. After completion of the reaction，cool the product inice water bath to precipitate crystals （the glass rod used to rub against the inside wall of the conical flask to promote crystallization），slowly add50 mL water，and cool with ice water until all the crystals precipitated. Collect the raw product by filtration under reduced pressure （rinse the cone with filtrate to complete crystals），and washthe crystals with a small amount of ice water and dry under reduced pressure.

把 4g(0.015mol) 的水杨酸放入 100mL 锥形瓶中，加入 10mL(0.1 mol) 的乙酸酐和 2mL85%磷酸，充分摇动锥形烧瓶使水杨酸全部溶解后再用水浴加热，水浴温度控制在

85 ～ 90℃，维持 10min。反应完成后，产品用冰水浴冷却，析出晶体（可用玻璃棒摩擦锥形烧瓶内壁促使晶体析出），慢慢加入 50mL 水，继续用冰水冷却，直到所有的晶体全部析出。减压过滤收集原料（滤液淋洗锥形瓶，使晶体富集完全），用少量冰水洗涤晶体，减压抽干。

Place the raw product in a 100 mL beaker，add 25 mL of saturated sodium bicarbonate solution while stirring. Keep stirring until no more carbon dioxide released. Remove a small amount of high polymer solids by vacuum filtration，and wash the funnel with 5-10 mL water，and combine the filtrate. Pour the filtrate into a beaker containing 3-5 mL of concentrated hydrochloric acid and 10 mL of water in advance，and stir uniformly，so the acetylsalicylic acidprecipitated. After cooling in an ice bath，the crystals are completely precipitated，collectthe crystals by filtration under reduced pressure （extrusion and dry），then wash with a small amount of cold water for 2 -3 times，drain the water，transferthe crystals to Boro-Silicate Glass Watch Glasses，and air-dry or dry itin a 90°C oven，weigh，and calculatethe yield.

将粗产品放入 100mL 烧杯中，搅拌时加入 25mL 饱和碳酸氢钠溶液。继续搅拌直到不再释放二氧化碳。减压过滤去除少量高聚物固体，用 5～10mL 水冲洗漏斗，滤液合并。将滤液倒入预先盛有 3～5mL 浓盐酸和 10mL 水的烧杯中搅拌均匀，使乙酰水杨酸析出。在冰浴冷却后，晶体完全析出，减压过滤收集晶体（挤压抽干），然后用少量冷水洗滴 2～3 次，抽干，转移晶体至表面皿，风干或于 90℃的烘箱内烘干，称量，计算产量。

Acetylsalicylic acid is white needle-like crystal with a melting point of 135-136℃.

乙酰水杨酸为白色针状晶体，熔点为 135～136℃。

Determination of products content
产品含量的测定

Take about 0.4g of this product，accurately weigh，add neutral alcohol （phenolphthalein indicator shows neutral） 20mL dissolved，add 3 drops of phenolphthalein indicator，titrate with sodium hydroxide titration solution （0.1mol/L）. Each 1 mL of sodium hydroxide titration solution （0.1mol/L） equals to 18.02 mg of $C_9H_8O_4$.

取 0.4g 水杨酸，精密称定，加中性稀乙醇（酚酞指示剂显示中性）20mL 溶解，加入 3 滴酚酞指示剂，用氢氧化钠溶液（0.1mol/L）滴定。每 1mL 氢氧化钠滴定溶液（0.1mol/L）相当于 18.02mg $C_9H_8O_4$。

Measurethe content of the test components by acid-base titration and potentiometric titration separately，and compare the 2 methods.

分别用酸碱滴定法和电位滴定法测定样品的含量，并对两种方法进行了比较。

Determination of the products melting point
产品熔点的测定

(1) Fill in the sample

Take 3 capillaries，add the aspirin raw product separately，and let the capillary in the glass tube bounce up and down several times at the bottom of the watch glass to make the sample fill evenly and compact，and the height is 3～5mm.

(1) 装填样品

取 3 根毛细血管（熔点管），分别添加阿司匹林原料产品，并让毛细玻璃管以表面皿为底部上下弹跳几次使样品均匀填充和密实，高度 3～5mm。

（2）Determination

Determinethe melting point of the product by a melting point apparatus.

（2）测定

使用熔点仪测定产品熔点。

12.2.4　化学类实验设备的使用及维护文献阅读

Eg. Calibration of pH meter

示例：实验 pH 计的校准

Calibrate pH meter with two or three (depending on the manufacturer manual) standard buffer solutions (pH values are 4.01, 7.01 and 10.01) in accordance with the equipment manufacturer's manual. Check the pH of the control buffer solution (pH＝6.86). The obtained value should be within ±0.05 units of the nominal value.

根据设备制造商的手册，使用两种或三种（取决于制造商手册）标准缓冲溶液（pH 值为 4.01，7.01 和 10.01）校准 pH 计。检查对照缓冲溶液的 pH（pH ＝ 6.86）。获得的值应在标称值的 ±0.05 单位内。

12.2.5　化学试剂的选用与配制文献阅读

（1）化学试剂的选用（常见的化学试剂）

表 12-2　常见化学试剂中英文对照表

英文	中文翻译
starch soluble, reagent grade	可溶性淀粉,试剂级
potassium dichromate, 99.95%～100%	重铬酸钾,99.95%～100%
potassium dichromate, 0.2549 M acidified solution	重铬酸钾,0.2549mol/L 酸化溶液
potassium iodide, 20% solution	碘化钾,20%溶液
sodium thiosulfate, approx. $c(Na_2S_2O_3 \cdot 5H_2O) = 0.1mol/dm^3$ solution	硫代硫酸钠, $c(Na_2S_2O_3 \cdot 5H_2O) \approx 0.1mol/L$ 溶液
sulfuric acid solution 1∶3 (vol/vol)	硫酸溶液 1∶3(体积比)
hydrochloric acid, 1∶4 solution	盐酸,1∶4 溶液
ammonium chloride, reagent grade	氯化铵,试剂级
ammonia solution 25%	氨溶液 25%
5-sulfosalicylic acid dihydrate, reagent grade	5-磺基水杨酸二水合物,试剂级
primary standard iron(Ⅲ)ionssolution, 0.1g/dm³	初级标准铁(Ⅲ)离子溶液,0.1g/L
distilled or deionized water	蒸馏水或去离子水
standard buffer solutions (4.01, 7.01, 6.86, 10.01)	缓冲溶液(pH 为 4.01,7.01,6.86,10.01)
0.1 N hydrochloric acid standard solution	0.1mol/L 的盐酸标准溶液
sodium hydroxide solution, $c(NaOH) = 0.1mol/dm^3$	氢氧化钠溶液, $c(NaOH) = 0.1mol/L$
sulphuric acid; 93.6%	硫酸,93.6%
potassium bromide	溴化钾
ethanol; 96%	乙醇,96%
anhydrous calcium chloride	无水氯化钙

英文	中文翻译
E110(sunset yellow),food colouring	E110(夕阳黄),食用色素
E124(ponceau 4R),food colouring	E124(胭脂红),食用色素
E129(allura red AC),food colouring	E129(诱惑红),食用色素
E122(azorubine),food colouring	E122(偶氮玉红),食用色素
E131(patent blue V),food colouring	E131(专利蓝 V),食用色素
acetone,≥99.5%	丙酮,≥99.5%
propanol-2,≥99.5%	丙醇-2,≥99.5%
propanol-1,≥99.5%	丙醇-1,≥99.5%

(2) 溶液的配制 (Preparation of the solutions)

Eg1. Starch 0.5 % solution

① Place 90 mL of distilled or deionized water in a beaker and bring to a boil on a hot plate.

② Make a smooth paste with the required weighed portion of soluble starch and a small volume of distilled or deionized water.

③ Pour the starch paste into the boiling water and stir until all of the starch is dissolved. Bring the volume to approximately 100 cm^3. The resulting solution must be transparent without lumps or undissolved particles.

例 1: 0.5%淀粉溶液

① 将 90mL 的蒸馏水或去离子水放入烧杯中,在热板上煮沸。

② 用所需质量的可溶性淀粉和少量蒸馏水或去离子水,制作光滑的糊状物。

③ 将淀粉糊倒入沸水中搅拌,直到所有淀粉溶解。配制体积约 100mL,生成的溶液必须是透明的无块状或未溶解的颗粒。

Eg2. 0.005g/dm^3 iron (Ⅲ) ions standard solution

Calculate and dilute aliquot of 0.1g/dm^3 iron (Ⅲ) ions primary standard solution in distilled or deionized water in a 500cm^3 volumetric flask. Make up the volume with water and mix.

例 2: 制备溶液 0.005g/L 铁 (Ⅲ) 离子的标准溶液

计算和移取 0.1 g/mL 铁 (Ⅲ) 离子初级标准溶液体积至 500mL 体积烧瓶中,加入蒸馏水或去离子水定容和混合。

Eg3. 5-Sulfosalicylic acid solution

Dissolve 20.0g of 5-sulfosalicylic acid dihydrate in distilled or deionized water in a 100cm^3 volumetric flask. Make up the volume with water and mix.

例 3: 5-磺基水杨酸溶液

溶解 20.0g 的 5-磺基水杨酸二水合物在 100mL 体积烧瓶中,加入蒸馏水或离字水定容并混合。

Eg4. Ammonium chloride, 2.0 M solution

Dissolve the calculated amount of ammonium chloridein distilled or deionized water in a 100cm^3 volumetric flask. Make up the volume with water and mix. Filter the prepared solution using paper filter if it is cloudy.

例 4： 2.0mol/L 氯化铵溶液

溶解计算量的氯化铵在 100mL 体积烧瓶中，加入蒸馏水或去离子水定容并混合。如果溶液浑浊时，则用滤纸过滤。

Eg5. Ammonium hydroxide 7，0 M solution

Dilute the calculated amount of 25％ ammonia solution (density is 0，9070 g/cm³) with distilled or deionized water in a 100cm³ volumetric flask. Make up the volume with water and mix.

例 5： 氢氧化铵 7.0mol/L 溶液

稀释计算量的 25％氨溶液（密度为 0.9070g/mL）于 100mL 体积烧瓶中，用蒸馏水或去离子水定容并混合。

12.2.6 化学实验室技术项目的英文写作专项训练

一份完整的有机化学合成实验报告撰写应包括目的、原理、仪器与试剂、主试剂和产物的物理常数、实验装置、实验步骤、实验记录、数据记录、实验讨论等。以 n-溴丁烷的合成为例说明化学实验室技术项目的英文写作技巧。

12.2.6.1 实验资料阅读训练

Ethyl bromide synthesis
溴乙烷的合成

H&S：Please describe which H&S measures are necessary? Follow them accordingly!

H&S：请说明哪些是 H&S 措施所必须的？给出相应描述！

Environmental protection：Please describe if environmental protection measures are needed?

环境保护：请描述是否需要采取环保措施？

Fundamentals：The method of synthesis of saturated halogenated hydrocarbons is based on the substitution reaction of the hydroxyl group of a primary alcohol with halogen when reacted with hydrogen halide.

基本原理：饱和卤代烃的合成方法是在一次醇的羟基与卤素发生取代反应的基础上，与卤化氢反应生成饱和卤代烃。

Chemical equation（化学反应）：

$$H_3C-OH \xrightarrow[H_2O]{H_2SO_4,\ KBr} H_3C-Br$$

Constants（物质常量）

molecular formula（分子式）	M_w/(g/mol) 摩尔质量 /(g/mol)	density/(g/cm³)(20℃) 密度(20℃)/(g/cm³)	boiling point/℃ 沸点/℃	n_D^{20} 折射率	solubility/(g/100g) 溶解度/(g/100g)
C_2H_5OH	46.07	0.7893	78.4	1.361	unlimited(无限混溶)
C_2H_5Br	108.98	1.456	38.4	1.4242	0.9
H_2SO_4	98.08	1.830	330	—	unlimited(无限混溶)
KBr	119.01	2.75	1380	—	39
H_2O	18.02	0.997	100	—	unlimited(无限混溶)

Objectives:

① Calculate the required quantity of the potassium bromide to yield 15 g (10.3 mL) of ethyl bromide (theoretical yield of 55%).

② Carry out the synthesis of ethyl bromide according to the procedure.

③ Calculate the yield of ethyl bromide in %.

④ Etermine n_D^{20} of ethyl bromide.

⑤ Produce a report.

目标:

① 计算溴化钾所需的数量,以产生 15g(10.3mL) 的溴乙烷(理论产量 55%)。

② 按照程序进行乙基溴化物的合成。

③ 计算乙基溴化物的收率(以 % 表示)。

④ 确定乙基溴化物的 n_D^{20}。

⑤制作报告。

Total time to complete work is 4 hours.

完成工作的总时间为 4 小时。

Equipment, reagent and solutions (仪器、设备、试剂和溶液)

Magnetic stirrer with heating or heating plate; Flask heating block; Water and sand bath; Laboratory stands with clamps; Balance with readability of 1.0 mg.	Measuring cylinders of different sizes; Round bottom flasks with nominal capacity of 100 and 250 cm³; Distilling heads; Liebig condenser; Receiver adapters; Delivery adapters; Conical flasks of different sizes; 100 cm³ beakers Funnels of different sizes; Separating funnel; Thermometers; Glass beads; Stoppers; Porcelain mortar with pestle; Spatula.	Sulphuric acid;93.6% Potassium bromide; Ethanol, 96%; Anhydrous calcium chloride; Ice; Distilled or deionized water.
带加热板或加热器的磁力搅拌器;烧瓶加热区;水浴和沙浴;有夹具的实验台;天平,精度 1.0mg。	不同体积容量容器;容量为 100mL 和 250mL 的圆底烧瓶;蒸馏头;利比格冷凝器;接收器;转移器;不同尺寸的圆锥形瓶;100mL 烧杯;不同尺寸的漏斗;分离漏斗;温度计;玻璃珠子;塞子;带杆的瓷研钵;刮板	硫酸,93.6%;溴化钾;乙醇,96%;无水氯化钙;冰;蒸馏水或去离子水。

Synthesis: Place 28 mL of ethanol and 20 mL of cold water in a round bottom flask. Carefully add 160% excess of sulfuric acid with continuous stirring and cooling. The mixture is cooled to room temperature and calculated amount of crushed potassium bromide is added. Assemble the unit for distillation at atmospheric pressure. The receiving flask should be almost completely filled with cold water and placed in an ice bath. During the reaction the product is distilled and collected in the receiver. The reaction mixture is heated until the oily droplets stop dripping into the receiver. In case of too intense boiling of the reaction mixture reduce heat or stop heating for a while. When the reaction is completed collected ethyl bromide is separated from the water with a separating funnel into a dry flask and dried with anhydrous calcium chloride (approximately 5g). If necessary，add more anhydrous calcium chloride. The resulting solution must be clear. The dried raw product is filtered into a distillation flask and then distilled. The fraction between 36 and 41℃ is collected. To reduce product losses，the receiver is placed in an ice water bath. Weight the product and calculate yield of the reaction in %. Determine refractive index of the obtained products. Measurements should be performed in triplicate. Calculate the average refractive index. A match to the third decimal place to the nominal value indicates a high purity of the product.

Report：Please produce a report.

合成：将 28mL 乙醇和 20mL 冷水放入圆底烧瓶中。小心地添加 160% 的硫酸，继续搅拌和冷却。混合物冷却至室温后添加计算量的粉末溴化钾，组装的蒸馏装置在大气压力下进行蒸馏。接收瓶应几乎完全装满冷水，并置于冰浴中。反应过程中，将产物蒸馏并收集在接收器中。直到油性液滴出现，停止加热反应混合物。若反应混合物沸腾过强，可减少热量或停止加热一段时间。当反应完成时，用分液漏斗将收集的溴乙烷从水中分离到干燥的烧瓶中，并用无水氯化钙（约 5g）干燥。如有必要，加入更多无水氯化钙，最终的溶液必须清澈。将干燥的粗产物过滤到蒸馏瓶中，然后蒸馏，收集 36～41℃ 之间的馏分。为了减少产品损失，把接收器放置在冰水浴中。对产品进行称重，并计算反应的收率（以 % 表示）。确定获得产品的折射率。测量应分别测定三次，计算平均折射率。小数点后三位与标称数值的相一致时表示产品为高纯度。

报告：请写一份报告。

12.2.6.2 实验报告书写

以下以溴乙烷的合成为例书写实验报告。

Ethyl bromide synthesis(溴乙烷的合成)

(1)Purpose(实验目的)

① Study the principle and method of preparing ethyl bromide synthesis from alcohol by treatment with sodium bromide and concentrated sulfuric acid.

学习在硫酸存在下由溴化钾和醇制备溴乙烷的原理和方法。

② Urther consolidate the use of separation funnel and distillation operation.

进一步巩固分液漏斗的使用及蒸馏操作。

(2)Principle(实验原理)

Ethyl bromide can be easily prepared by allowing ethanol react with potassium bromide and concentrated sulfuric acid.

乙醇与溴化钾和浓硫酸反应,可以很容易地制备溴乙烷。

Main reactions(主反应)：

$$KBr + H_2SO_4 \longrightarrow HBr + KHSO_4$$

$$CH_3CH_2OH + HBr \xrightarrow{H_2SO_4} CH_3CH_2Br + H_2O$$

Secondary reactions(副反应)：

$$CH_3CH_2OH \xrightarrow{H_2SO_4} CH_2=CH_2 + H_2O$$

$$2CH_3CH_2OH \xrightarrow{H_2SO_4} (CH_3-CH_2)_2O + H_2O$$

$$H_2SO_4 + HBr \longrightarrow Br_2 + SO_2 + H_2O$$

(3)Reagent(试剂)：

Ethanol:28mL;

The cold water:20 mL;

Potassium bromide:29.8g;

Concentrated sulfuric acid:42.2 mL；

Anhydrous calcium chloride:5g.

(4)Primary reagent And Product physical constants(主试剂和产物的物理常数)

Molecular formula	M_w	Densit/(g/cm^3)(20℃)	Boiling point/℃	n_D^{20}
ethyl bromide	108.98	1.456	38.4	1.4242
ethanol	46.07	0.7893	78.4	1.361

(5)Apparatus (装置)

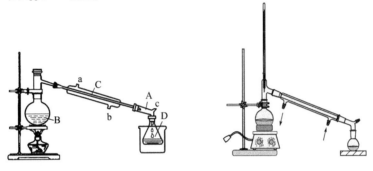

(6)Procedure(步骤)

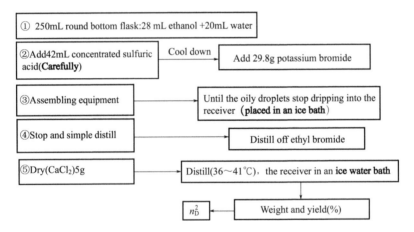

(7)Experimental records(实验记录)

① Sulfuric acid soluble in water gives off a lot of heat.

② The solution of the distillation flask become yellow and the potassium bromide dissolve.

③ Solution is divided into two layers and liquid of the distillation become clear.

④ Liquid layer,upper as the water phase,the lower is ethyl bromide and liquid for the milky haze.

(8)Data recording(数据记录)

Output:8.1g   theoretical yield:27.3g   productivity:29.7%

Character:colorless and transparent liquid n_D^{20} : 1.4239

(9)Experiment Discussion(实验讨论)

① Turbidity is because it contains a variety of organic phase to organic mpurities.

② Plus the bottle stopper of calcium chloride anhydrous dry battery in order to prevent the water vapor in the air into the conical flask,at the same time prevent product turbidity.

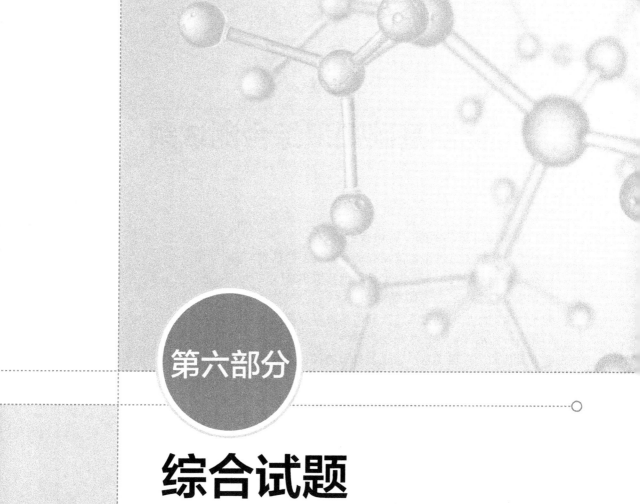

第六部分

综合试题

13

化学基础知识综合测试题

一、判断题（正确的画√，错误的画×）

1. 算术平均值与总体平均值没有什么本质上的区别。 （　）

2. 标准偏差可以使大偏差能更显著地反映出来。 （　）

3. 真值就是多次测定结果的平均值。 （　）

4. 平均值的标准偏差与测定次数的平方根成反比。 （　）

5. 任何分析测试，测定次数越多越好。 （　）

6. 测量值的分散程度越小，正态分布曲线也就越尖锐。 （　）

7. 正态分布曲线就是 t 分布曲线。 （　）

8. t 分布曲线是针对所有测量数据的，不仅仅指小样本实验。 （　）

9. 置信度越高，置信区间就越大，所估计的区间包括真值的可能性也就越大。 （　）

10. Q 检验法适用于测定次数为 $3 \leqslant n \leqslant 10$ 时的测试。 （　）

11. $4\bar{d}$ 法用来检验可疑数据是否存在较大误差。 （　）

12. F 检验法用于检验两组数据的精密度，即标准偏差 s 是否存在显著性差异。 （　）

13. 天平室内也可以设水槽和水道。 （　）

14. 天平室内可以采取直接加热的方法采暖。 （　）

15. 铂器皿内可以加热或熔融碱金属。 （　）

16. 负责对生产原材料进行检验的是中间产品检验室。 （　）

17. 负责对企业生产的产品作最后的质量检验，实施把关职能，并提供必要的信息供生产管理和质量控制的实验室是成品检验室。 （　）

18. 实验情况及数据记录要用钢笔或圆珠笔，如有错误，应划掉重写，不要涂改。 （　）

19. 样品保管必须账、卡两者相符。 （　）

20. 中心化验室应建在距交通要道、生产车间附近的位置。 （　）

21. 水槽的下水道可以不装水封管，下水道的水平段倾斜度要稍小些，以免管内积水。 （　）

22. 排风柜出口应高出屋顶 2m 以下，安装风机时应有减震措施，以减小噪声。 （　）

23. 天平室、精密仪器室和计算机房可以直接升温，以保证合适的温度。 （　）

24. 各个化验室均配备三相和单相供电线路，以满足不同用电器的需要。 （　）

25. 化验室室内供电线路应采用护套（管）暗铺。 （　）

26. 实验室的仪器设备可以长期连续使用，一旦开启就不要停止。 （　）

27. 铂坩埚内可以熔融各类金属试样。 （　）

28.药品贮藏室最好向阳，以保证室内干燥、通风。（　　）

29.皮肤有外伤的人不得配制和使用剧毒试剂。（　　）

30.存放试剂时，能产生腐蚀性蒸气的酸，应注意盖严容器，室内定时通风，勿与精密仪器置于同一室中。（　　）

31.仪器应按种类、规格顺序存放，并尽可能倒置，既可自然控干，又能防尘。（　　）

32.滴定管可倒置于滴定管架上保存，也可装满蒸馏水，在上口加盖指形管（使用中的滴定管，也可加盖指形管或纸筒以防尘）。（　　）

33.一切不溶固体物质或浓酸、浓碱废液，严禁倒入水池，应直接倒入垃圾箱。（　　）

34.少量有毒气体可通过排风设备排出室外，被空气稀释即可。（　　）

35.误食有毒化学物品后，要立即送医院洗胃。（　　）

36.触电者在进行急救时，一般不要注射强心剂和兴奋剂！（　　）

37.所有化肥中氮含量测定均是用酸量法。（　　）

38.尿素中总氮含量达到 46.5% 即为优级品。（　　）

39.农药熔点测定中必须进行熔点校正测定。（　　）

40.所有的农药溶液均为酸性溶液。（　　）

41.乐果的有效成分是邻苯二甲酸二丁酯。（　　）

42.国标规定水泥用钢渣的各组分都必须用化学分析方法进行分析。（　　）

43.焦化产品水分含量只能用微库仑法。（　　）

44.涂料产品的分类是以涂料漆基中主要成膜物质为基础。（　　）

45.色漆、清漆产品的闪点测定范围在 $110℃$ 以下。（　　）

46.涂料命名一般是由颜色或颜料名称加上成膜物质名称，再加上基本名称而组成。（　　）

47.核磁共振波谱是一种吸收光谱，来源于原子核能级间的跃迁。（　　）

48.所有的原子核在磁场中都可以发生核磁共振。（　　）

49.饱和与弛豫在核磁共振波谱中都是无益的。（　　）

50.屏蔽越大，化学位移 δ 越小。（　　）

51.峰面积可以反映某种官能团原子核的定量信息。（　　）

52.质谱中质荷比最大的峰不一定是分子离子峰。（　　）

53.所谓质量范围就是被测物质的分子量范围。（　　）

54.化学电离源只能测分子量大的样品。（　　）

55.质谱仪的分辨率就是将相邻两个峰分开的能力。（　　）

56.质谱法分析气体可以多组分同时检测且一般不需要标准气。（　　）

57.基团有拉曼活性就一定没有红外活性。（　　）

58.没有激光作光源拉曼光谱法无法进行。（　　）

59.荧光 X 射线就是特征 X 射线。（　　）

60.只要测出荧光 X 射线的波长，就可知道被测元素的种类。（　　）

61.原子吸收分光光度计实验室必须远离电场和磁场，以防干扰。（　　）

62.原子吸收分光光度计实验室可以用公共地线。（　　）

63.用石墨炉做痕量分析的实验室，其室内清洁程度要求更高，空气应该过滤，以达到超净要求。（　　）

64.仪器安装后必须确认没有短路等情况再行通电。（　　）

65.原子吸收分光光度计实验室中乙炔气源可以与氧化性气源放在一起。（　　）

66. 实验室可以将废液管直接插入实验室废水系统。 （　　）

67. 在实验室中探漏可以用强碱性肥皂水。 （　　）

68. 接通电源后，仪器指示灯及光源灯都不亮，首先应检查电源保险丝是否熔断。

　　　　　　　　　　　　　　　　　　　　　　　　　　　　 （　　）

69. 仪器在未接通电源时，读数电表指针不在"0"位。 （　　）

70. 空心阴极灯亮，但高压开启后无能量显示，可能是无高压。 （　　）

71. 原子吸收中标准曲线弯曲肯定是火焰高度选择不当，没有最大吸收。 （　　）

72. 热导池电源电流调节偏低或无电流，一定是热导池钨丝引出线已断。 （　　）

73. 样品注入口需加热时，温度升不上去，可能是加热元件损坏。 （　　）

74. 恒温箱中温度不稳定可能是温度敏感元件有缺陷。 （　　）

75. 氢火焰点不燃可能是空气流量太小或空气大量漏气。 （　　）

76. 国产的电炉与进口电炉的适用电压是一致的。 （　　）

77. 远红外线干燥箱是用红外线照射到被加热物体进行加热的。 （　　）

78. 离心机在使用时要保证质量对称。 （　　）

79. 石英玻璃器皿耐酸性很强，在任何实验条件下均可以使用。 （　　）

80. 聚四氟乙烯在 415°C 以上急剧分解，并放出有毒的全氟异丁烯气体。 （　　）

81. 一次文献是文献的主体，是文献检索的主要对象。 （　　）

82. ISBN 不是国际通行的出版物代码。 （　　）

83. 图书分类号不是按数字大小排序而是按小数制排列。 （　　）

84. ISSN 和 CN 是中国正规期刊必须具备的两种标准刊号。 （　　）

85. ISO 是世界上最大的国际标准化机构，负责制定和批准所有技术领域的各种技术标准。 （　　）

86. CA 是世界上公认的化学化工领域最具权威性的文摘性检索刊物。 （　　）

87. 线性回归中的相关系数是用来作为判断两个变量之间相关关系的一个量度。 （　　）

88. 实验室常见废液、废渣的处理方法不在初级工应掌握的知识范围内。 （　　）

89. 实验室内只宜存放少量短期内需用的药品，易燃易爆试剂应放在铁柜中，柜的顶部要有通风口。 （　　）

90. 醚类、四氢呋喃、二氧六环、液体石蜡等化学试剂可以长期存放。 （　　）

91. 实验用铁丝、铝、镁、锌粉等可以存放于空气中。 （　　）

92. 天平室只能使用抽排气装置进行通风。 （　　）

93. 天平室设置可以靠近受阳光直射的外墙，但不宜靠近窗户安放天平。 （　　）

94. 大型精密仪器可以与其他电热设备共用专用地线。 （　　）

95. 使用水磨石地面与防静电地面，宜使用地毯，以避免积聚灰尘而产生静电。 （　　）

96. 通风柜室的门、窗不宜靠近天平室及精密仪器室的门窗。 （　　）

97. 做实验使用的化学试剂要选择纯度最高的，以保证实验的准确性。 （　　）

98. 任何原始资料不得涂改，要严格执行复核制度。 （　　）

99. 计量器具应按规定的检定周期由计量检定机构定期进行检定。 （　　）

100. 天平室应避光、防震、防尘、保证气流稳定，但为了保证室温在适宜的条件下开展工作，冬天可以用电热灯取暖。 （　　）

二、选择题（将正确答案的序号填入括号内）

（一）单选题

1. 对某试样进行多次平行测定，获得其中硫的平均含量为 3.25%，则其中某个测定值与此平均值之差为该次测定的（　　　）。

    A. 绝对误差　　　　　　B. 相对误差　　　　　　C. 相对偏差　　　　　　D. 绝对偏差

2. 下列说法错误的是（　　　）。

    A. 平均值的置信区间即表示在一定的置信度时，以测定结果为中心的包括总体平均值在内的可靠性范围

    B. 置信度是表示平均值的可靠程度

    C. 平均值 $\bar{x}$ 与总体平均值 μ 的关系为：$\mu = \bar{x} \pm \dfrac{ts}{\sqrt{n}}$

    D. 概率系数 t 随测定次数 n 的增加而增加

3. 下列说法错误的是（　　　）。

    A. 无限多次测量值的偶然误差服从正态分布

    B. 有限次测量值的偶然误差服从 t 分布

    C. t 分布就是正态分布

    D. t 分布曲线随自由度 f 的不同而改变

4. 有一组测量值，已知其标准值，要检验得到这组数据的分析结果是否可靠，应采用的检验方法是（　　　）。

    A. Q 检验法　　　　　　B. t 检验法　　　　　　C. F 检验法　　　　　　D. $4\bar{d}$ 检验法

5. 按 Q 检验法（当 $n=4$ 时，$Q_{0.90}=0.76$）删除逸出值。下列哪组数据中有逸出值，应予以删除？（　　　）

    A. 3.03；3.04；3.05；3.13

    B. 97.50；98.50；99.00；99.50

    C. 0.1042；0.1044；0.1045；0.1047

    D. 0.2122；0.2126；0.2130；0.2134

6. 某标准溶液的浓度，其三次平行测定的结果为：0.1023mol/L、0.1020mol/L 和 0.1024mol/L。如果第四次测定结果不为 Q 检验法（$n=4$ 时，$Q_{0.90}=0.76$）所弃去，则最低值应为（　　　）mol/L。

    A. 0.1017　　　　　　B. 0.1012　　　　　　C. 0.1008　　　　　　D. 0.1015

7. 受理检验质量申诉的有效期最长为自发出检验报告之日起（　　　）个月内。

    A. 1　　　　　　B. 3　　　　　　C. 6　　　　　　D. 9

8. 实验室事故等级分类中小事故是指经济损失小于（　　　）元，人身伤亡在（　　　）。

    A. ≥5000 元 3 人以上受伤，工休 1 年以上，或 1 人致残死亡

    B. 100～1000 元 1 人受伤，休工在 3～30 天内

    C. 1000～5000 元 2 人受伤或 1 人受伤，休工在 1～6 个月内

    D. ≤100 元 1 人受伤，休工≤3 天

9. 化验室的供电线路应给出较大宽余量，通常可按预计用电量增加（　　　）左右。

    A. 30%　　　　　　B. 60%　　　　　　C. 20%　　　　　　D. 50%

10. 最简单、最节约的供水方法是（　　　）。

    A. 高位水箱供水　　　　　　　　　　B. 混合供水

    C. 直接供水　　　　　　　　　　　　D. 加压泵供水

11. 化验室的排水管最好使用（　　　）。

    A. 塑料管道　　　　　　　　　　　　B. 铁管道

    C. 铅管道　　　　　　　　　　　　　D. 铝管道

12. 为保证天平或天平室内的干燥，下列物品不能放入的是（   ）。

A. 蓝色硅胶　　　　　　B. 石灰　　　　　　　C. 乙醇　　　　　　　D. 木炭

13. 用过氧化钠或过氧化钠与氢氧化钠混合物在铂器皿内分解试样时，温度不得超过（   ），否则铂易被侵蚀。

A. 100℃～150℃   B. 200℃～250℃

C. 300℃～350℃   D. 510℃～530℃

14. 使用过的铂器皿，可用下述方法清洗（   ）。

A. 用 1∶1 或 1∶2 的盐酸煮沸清洗

B. 用 2∶1 或 3∶1 的盐酸煮沸清洗

C. 用 1∶1 或 1∶2 的硫酸煮沸清洗

D. 用 1∶1 或 1∶2 的硝酸煮沸清洗

15. 下列说法是正确的有（   ）。

A. 易燃品、还原剂应和氧化剂放在一起

B. 药品库盛放的原包装试剂，都应保护好原附标签或商标，分装试剂应贴有标签并予以涂蜡保护

C. 高纯试剂或基准试剂取出后未用完的应倒回瓶内，尽量节约

D. 应在酸性条件下使用氰化物

16. 移液管应用干净的（   ）包好两端，然后置于专用架上存放备用。

A. 棉花　　　　　　　　B. 滤纸　　　　　　　C. 海绵　　　　　　　D. 塑料

17. 急性呼吸系统中毒后的急救方法正确的是（   ）。

A. 要反复进行多次洗胃

B. 立即用大量自来水冲洗

C. 用 3%～5% 碳酸氢钠溶液或用（1＋5000）高锰酸钾溶液洗胃

D. 应使中毒者迅速离开现场，移到通风良好的地方，呼吸新鲜空气

18. 化验分析中遇到的有毒气体中有颜色的是（   ）。

A. 一氧化碳（CO）   B. 一氧化氮（NO）

C. 氯气（Cl_2）   D. 硫化氢（H_2S）

19. 与有机物或易氧化的无机物接触时会发生剧烈爆炸的酸是（   ）。

A. 热的浓高氯酸　　　　B. 硫酸　　　　　　　C. 硝酸　　　　　　　D. 盐酸

20. 常用汞盐中以（   ）毒性最大。

A. 升汞　　　　　　　　B. 甘汞　　　　　　　C. 硝酸汞　　　　　　D. 硫酸汞

21. 一般烧伤按深度不同分为（   ）度，烧伤的急救办法应根据各度分别处理。

A. 五　　　　　　　　　B. 三　　　　　　　　C. 二　　　　　　　　D. 六

22. 使用酒精灯时，酒精切勿装满，应不超过其容量的（   ）。

A. 2/3　　　　　　　　B. 3/4　　　　　　　　C. 1/2　　　　　　　　D. 1/3

23. 能用水扑灭的火灾种类是（   ）。

A. 可燃性液体，如石油、食油

B. 可燃性金属如钾、钠、钙、镁等

C. 木材、纸张、棉花燃烧

D. 可燃性气体如煤气、石油液化气

24. 尿素中总氮测定应选用下列哪种方法？（   ）

A. 酸量法　　　　　　　B. 碱量法　　　　　　C. 蒸馏后滴定法　　　D. 重量法

25. 尿素中可能存在的杂质有（　　　）。

A. 碳酸氢铵　　　　　B. 铁　　　　　C. 铜　　　　　D. 乙醇

26. 尿素产品的粒度大约在（　　　）。

A. ≥90　　　　　B. ＜90　　　　　C. ＜75　　　　　D. ＝100

27. "敌敌畏"气相色谱法测定有效成分的内标物是（　　　）。

A. 邻苯二甲酸二丁酯　　　　　　　　B. 联苯

C. 邻苯二甲酸二正戊酯　　　　　　　D. 邻苯二甲酸二正辛酯

28. 农药检测专用气相色谱仪用的载气是（　　　）。

A. H_2　　　　　B. N_2　　　　　C. Ar　　　　　D. 空气

29. 水泥用钢渣中的三氧化二铁的测定可以用下列方法测定（　　　）。

A. 酸碱滴定法　　　　B. 分光光度法　　　　C. 配位滴定法　　　　D. 重量法

30. 水泥用钢渣中的硫的测定可以用下列方法测定（　　　）。

A. 酸碱滴定法　　　　B. 氧化还原滴定法　　　　C. 配位滴定法　　　　D. 重量法

31 焦化产品水分含量可以用下列方法测定（　　　）。

A. 微库仑法　　　　B. 气相色谱法　　　　C. 滴定分析法　　　　D. 重量法

32. 焦化产品甲苯不溶物含量的测定可以用下列方法测定（　　　）。

A. 电化学分析法　　　　B. 气相色谱法　　　　C. 滴定分析法　　　　D. 称量法

33. 涂料产品的分类是以（　　　）。

A. 有机物质的基团分类

B. 涂料漆基中主要成膜物质为基础

C. 产品在水中的溶解度分类

D. 涂料的辅助溶剂来分类

34 涂料贮存稳定性试验内容包括（　　　）。

A. 有机物质的挥发性　　　　　　　　B. 沉降程度的检查

C. 产品在水中的稳定性　　　　　　　D. 涂料中的辅助溶剂挥发性

35. 以下核中不能进行核磁共振实验的有（　　　）。

A. $^1H_1$　　　　　B. $^{12}C_6$　　　　　C. $^{13}C_6$　　　　　D. $^{31}P_{15}$

36. 在100MHz仪器中，某质子的化学位移$\delta=1$ppm，其共振频率与TMS相差（　　　）。

A. 100Hz　　　　　B. 100MHz　　　　　C. 1Hz　　　　　D. 10Hz

37. 在100MHz仪器中，某质子与TMS的共振频率相差120Hz，则该质子的化学位移为（　　　）。

A. 1. 2ppm　　　　　B. 12ppm　　　　　C. 6ppm　　　　　D. 10ppm

38. 测试NMR时，常用的参比物质是TMS，下列所列项目中哪一个不是它的特点？
（　　　）

A. 结构对称出现单峰

B. 硅的电负性比碳大

C. 沸点低，且易溶于有机溶剂中

D. TMS质子信号一般出现在高场

39. 在磁场中质子周围电子云起屏蔽作用，以下几种说法不正确的是（　　　）。

A. 质子周围电子云密度越大，则局部屏蔽作用越强

B. 质子邻近原子电负性越大，则局部屏蔽作用越强

C. 屏蔽越大，共振频度越高

D. 屏蔽越大，化学位移 δ 越小

40. 对 $CH_3CH_2OCH_2CH_3$ 分子的核磁共振谱，以下几种预测正确的是（　　）。

A. CH_2 中质子周围电子云大于 CH_3 中质子　　B. 谱上将出现四个信号

C. 谱上将出现两个信号　　D. δ_{CH_3} 小于 δ_{CH_2}

41. 对 CH_3CH_2Cl 的 NMR 谱，以下几种预测正确的是（　　）。

A. CH_2 中质子比 CH_3 中质子共振频率高

B. CH_2 中质子比 CH_3 中质子共振磁场高

C. CH_2 中质子比 CH_3 中质子屏蔽常数大

D. CH_2 中质子比 CH_3 中质子化学位移 δ 值小

42. 氢键对化学位移的影响，以下几种说法正确的是（　　）。

A. 氢键起屏蔽作用　　B. 氢键起去屏蔽作用

C. 氢键使质子屏蔽加强　　D. 氢键使质子的 δ 值小

43. 下列四个化合物在 NMR 谱上只出现两个单峰的是（　　）。

A. CH_3CH_2Cl　　B. CH_3CH_2OH

C. $N{\equiv}CCH_2CH_2COOCH_3$　　D. $(CH_3)_2CH{-}O{-}CH(CH_3)_2$

44. 在 $ClCH_2CH_2Cl$ 的 NMR 谱上，CH_2 质子信号分裂成为（　　）。

A. 二重峰　　B. 三重峰　　C. 四重峰　　D. 单峰

45. 在质谱仪中，下列叙述质量分析器的作用原理不正确的是（　　）。

A. 离子的质荷比（m/e）与轨道曲率半径（R）、磁场强度（H）和加速电压（V）有定量关系

B. 固定 H 和 V，m/e 与 R^2 成反比

C. 固定 R 和 V，m/e 与 H 成正比

D. 固定 R 和 H，m/e 与 V 成正比

46. 在质谱图中，被称为基峰或标准峰的是（　　）。

A. 一定是分子离子峰　　B. 质荷比最大的峰

C. 强度最小的离子峰　　D. 强度最大的离子峰

47. 分子离子峰的强度与化合物结构有关，以下几种说法不正确的是（　　）。

A. 同系物碳链越长，支链越多则分子离子峰越强

B. 分子离子峰的分解活化能越高，则分子离子峰越强

C. 分子离子热稳定性好，则分子离子峰强

D. 芳香烃及含双键化合物的分子离子峰强

48. 辨认分子离子峰，以下几种说法不正确的是（　　）。

A. 不含氮或含氮的化合物，分子离子峰的质量数必为偶数

B. 是质量最大的峰

C. 有些化合物的分子离子峰不出现

D. 分子离子峰与相邻离子峰的质量差 $\geqslant 14$

49. 某化合物的分子离子峰 m/e 为 201，以下几种说法不正确的是（　　）。

A. 化合物不可能是芳烃　　B. 化合物是含氮化合物

C. 化合物含有偶数个氮　　D. 化合物含有奇数个氮

50. 正丁苯的质谱上主要的峰是（　　）。

A. $m/e134$　　B. $m/e92$　　C. $m/e77$　　D. $m/e50$

51. 拉曼光谱是（　　）。

A. 分子吸收光谱   B. 分子振动光谱

C. 原子发射光谱   D. 原子吸收光谱

52.下列说法是正确的 （　　　）。

A. 拉曼散射是光子在穿过分子时改变了方向

B. 拉曼散射是光子在穿过分子时仅发生了能量变化，没有改变方向

C. 拉曼散射就是瑞利散射

D. 拉曼散射是光子在穿过分子时既改变了方向又发生了能量变化

53.下列说法正确的是 （　　　）。

A. 发射的光子的能量小于入射光光子的能量，就产生了斯托克斯线

B. 发射的光子的能量大于入射光光子的能量，就产生了斯托克斯线

C. 发射的光子的能量小于入射光光子的能量，就产生了反斯托克斯线

D. 斯托克斯线和反斯托克斯线所发生的能量变化相等

54.下列分子或基团具有拉曼活性是 （　　　）。

A. 对称性振动和极性基团的振动

B. 对称性振动和非极性基团的振动

C. 非对称性振动和极性基团的振动

D. 非对称性振动和非极性基团的振动

55.下列分子或基团具有红外活性是 （　　　）。

A. 对称性振动和极性基团的振动

B. 对称性振动和非极性基团的振动

C. 非对称性振动和极性基团的振动

D. 非对称性振动和非极性基团的振动

56.下列规则不是判别其拉曼或红外光谱是否具有活性的是 （　　　）。

A. 相互排斥规则   B. 相互禁阻原则

C. 相互允许原则   D. 相互不允许原则

57.激光作为拉曼光谱的光源，下列说法哪一个不正确 （　　　）。

A. 激光的单色性很好，因而激光拉曼谱峰尖锐、分辨性好

B. 激光的方向性好，发散角极小，光束可聚焦到极小的面积

C. 激光有相当的强度，能量高度集中，测定拉曼散射的时间不长

D. 激光的偏振性不好，不便于进行去偏振度的测量

58.下列哪一点不是 X 射线荧光分析法的优点 （　　　）。

A. 样品前处理简单，固体、液体样品都可以直接放置而无须溶样

B. 从 $_4Be \sim _{92}U$ 的所有元素都可直接测定，且不破坏样品

C. 工作曲线的线性范围宽，同一实验条件下，从几个 ppm～100％都能分析

D. 样品用量特别少，每次进样只要几纳克（mg）

59.连续 X 射线是波长为下列哪个区域左右连续变化的电磁波 （　　　）。

A. 1nm   B. 0.1nm   C. 10nm   D. 0.01nm

60.K 谱线的产生是 （　　　）。

A. L 层电子被逐出后，外层中任一电子填充到 L 层所辐射的能量

B. K 层电子被逐出后，外层中任一电子填充到 K 层所辐射的能量

C. K 层电子填充 L 层所需要吸收的能量

D. L 层电子被逐出后放出的能量

61.下列说法正确的是（　　）。

A. 连续 X 射线就是特征 X 射线

B. 荧光 X 射线产生机理与特征 X 射线相同

C. 荧光 X 射线是连续 X 射线

D. 以上说法都不对

62.下列说法不正确的是（　　）。

A. 荧光 X 射线的波长与原子序数有关

B. 元素的原子序数增加，荧光 X 射线的波长变短

C. 元素的原子序数增加，荧光 X 射线的波长变长

D. 元素的原子序数变化，荧光 X 射线的波长也变化

63.下列哪个方法在 X 射线荧光定量分析不能使用（　　）。

A. 标准曲线法　　　　　　　　　　　　B. 外标法

C. 内标法　　　　　　　　　　　　　　D. 增量法

64.原子吸收分光光度计实验室的要求下列说法不正确的是（　　）。

A. 环境温度保持应在 5～35℃，相对湿度不超过 80％

B. 应远离强电场、强磁场

C. 不存在腐蚀性气体

D. 实验室必须在一楼，并装有窗帘

65.原子吸收分光光度计工作时需用多种气体，下列哪种气体不是 AAS 室使用的气体
（　　）。

A. 空气　　　　　　B. 乙炔气　　　　　　C. 氮气　　　　　　D. 氧气

66.在空压机接入气路系统前，应先检查。下列哪一条不在检查范围内（　　）。

A. 压缩机在通电后，能否正常启动

B. 空压机的压力能否调节达到在一定压力下自动启动

C. 室内温度是否在 20℃以下

D. 油水分离及空气过滤减压器是否正常

67.气相色谱仪的安装与调试中下列哪一个条件不做要求（　　）。

A. 室内不应有易燃、易爆和腐蚀性气体

B. 一般要求控制温度在 10～40℃，空气的相对湿度应控制≤85％

C. 仪器应有良好的接地，最好设有专线

D. 实验室应远离强电场、强磁场

68.在气相色谱仪气路安装中下列哪一个步骤不是必须要求的（　　）。

A. 检查管路连接是否正确

B. 检查相关接头是否清洁

C. 对气路的密封性进行检查

D. 检查室内照明情况

69.大型分析测试仪器在接电时以下哪项要求不在其范围内（　　）。

A. 不得将接地点接到自来水管龙头或暖气片上

B. 仪器的所有接地点必须连在一起，使之等电位

C. 电路的电压必须是 220V

D. 不得以电源的中线代替接地点

70.在安装石墨炉与石墨炉电源间的两条加热电缆时，下列哪一个要求是正确的（　　）。

A. 为防止电磁干扰，两条大电缆最好设法并在一起

B. 两条大电缆不一定并在一起

C. 电缆的电压必须大于 380V

D. 室内温度必须保持在 20℃ 左右

71. 气相色谱仪中毛细管检漏一般不能用肥皂水的原因是（　　）。

A. 为防止电磁干扰和仪器漏电

B. 肥皂水碱性太强，对毛细管有腐蚀

C. 如果系统有泄漏，检漏的肥皂液将渗入并污染系统，还可能损坏柱子的性能

D. 肥皂水对环境有污染

72. 721 型分光光度计接通电源后，指示灯及光源灯都不亮，电流表无偏转的可能原因下列哪一条不正确（　　）。

A. 电路电压不够　　　　　　　　　B. 保险丝熔断

C. 电源开关接触不良或已损坏　　　D. 电源变压器初级线圈已断

73. 721 型分光光度计在使用时发现波长在 580nm 处，出射光不是黄色，而是其他颜色，其原因可能是（　　）。

A. 有电磁干扰，导致仪器失灵

B. 仪器零部件配置不合理，产生实验误差

C. 实验室电路的电压小于 380V

D. 波长指示值与实际出射光谱值不符合

74. 导致分光光度计电表指针从"0"到"100％"均左右摇摆不定的原因中，下列哪条不正确？（　　）

A. 稳压电源失灵

B. 仪器零部件配置不合理，产生实验误差

C. 仪器光电管暗盒内受潮

D. 仪器光源灯附近有较严重的气浪波动

75. 分光光度计在测定过程中如果 100％ 处经常变化，下列叙述原因中哪一个不正确？（　　）

A. 光源不稳定

B. 比色槽定位不精密、松动而引起每次移位不一致，使重现性差

C. 光源灯玻壳部分和金属灯头部分松动

D. 仪器光源灯附近有较严重的气浪波动

76. 分光光度计光源灯亮但无单色光，下列原因中哪一个不正确（　　）。

A. 进光处反射镜脱位　　　　　　　B. 准直镜脱位

C. 棱镜固定松动　　　　　　　　　D. 电压不稳定

77. 原子吸收分光光度计在实验中发现指示灯、空心阴极灯均不亮，表头无指示，下列叙述的原因哪一个不正确（　　）。

A. 电源插头松脱　　　　　　　　　B. 电源线断

C. 高压部分有故障　　　　　　　　D. 仪器光源灯附近有较严重的气浪波动

78. 原子吸收分光光度计开机预热 30min 后，进行点火试验，但无吸收。下列哪一个不是导致这一现象的原因（　　）。

A. 工作电流选择过大，对于空心阴极较小的元素灯，工作电流大时没有吸收

B. 燃烧缝不平行于光轴，即元素灯发出的光线不通过火焰就没有吸收

C. 仪器部件不配套或电压不稳定

D. 标准溶液配制不合适

79. 原子吸收分光光度计噪声过大，分析其原因不可能是（　　）。

A. 电压不稳定

B. 空心阴极灯有问题

C. 灯电流、狭缝、乙炔气和助燃气流量的设置不适当

D. 燃烧器缝隙被污染

80. 下列哪个现象不会导致原子吸收分光光度计点火困难（　　）。

A. 乙炔气压力或流量过小

B. 助燃气流量过大

C. 实验室电压不稳定

D. 当仪器停用较久，空气扩散并充满管道，燃气很少

81. 下列哪个条件与原子吸收分光光度法的标准曲线弯曲无关？（　　）

A. 光源灯失气，发射背景大

B. 光谱狭缝宽度选择不当

C. 测定样品浓度太高，仪器工作在非线性区域

D. 工作电流过小，由于"自蚀"效应使谱线变窄

82. 导致原子吸收分析结果偏低的原因可能是（　　）。

A. 标准溶液浓度太小，实验误差大

B. 实验室中有电场或磁场干扰

C. 试样挥发不完全，细雾颗粒大，在火焰中未完全离解

D. 实验室工作条件达不到要求

83. 打开气相色谱仪温控开关，柱温调节电位器旋到任何位置时，主机上加热指示灯都不亮。分析下列所叙述的原因哪一个不正确（　　）。

A. 加热指示灯灯泡坏了　　　　　　　　B. 铂电阻的铂丝断了

C. 铂电阻的信号输入线已断　　　　　　D. 实验室工作电压达不到要求

84. 当氢火焰点燃后，"基始电流补偿"不能把记录仪基线调到零点。试分析下列叙述中不是产生该现象的原因是（　　）。

A. 氢气或氮气不纯

B. 实验室电压不稳或温度达不到室温

C. 若记录仪指针无规则摆动，则大多是由于离子室积水所致

D. 氢气流量过大

85. 气相色谱实验中样品注入口需加热时，温度升不上去。下列分析的原因中与此无关的是（　　）。

A. 保险丝已断

B. 加热元件损坏

C. 注入口加热器中的控制器已坏

D. 载气流量过大，消耗热量

86. 电炉按功率大小分为不同的规格，下列哪种规格不是常规的规格（　　）。

A. 200 W　　　　　　B. 1000 W　　　　　　C. 700 W　　　　　　D. 2000 W

87. 美国、日本的电器设备通常的电压是（　　）。

A. 220 V　　　　　　B. 110 V　　　　　　C. 380 V　　　　　　D. 2000 V

88. 电热式结构的马弗炉，最高使用温度为（　　）。

A. 950℃ 　　　　B. 400℃ 　　　　C. 550℃ 　　　　D. 1200℃

89. 描述油封机械真空泵的作用时下列哪一个说法不正确？（　　）

A. 用于真空干燥 　　　　　　　　B. 用于真空过滤

C. 用于真空蒸馏 　　　　　　　　D. 用于真空加热

90. 石英玻璃含二氧化硅量在 99.95％ 以上，它的耐酸性能非常好，但石英玻璃的器皿不能盛放下列哪个酸？（　　）

A. 盐酸 　　　　B. 氢氟酸 　　　　C. 硝酸 　　　　D. 硫酸

91. 银器皿在使用时下列哪个说法不正确？（　　）

A. 不许使用碱性硫化试剂

B. 不能在火上直接加热

C. 不可用于熔融硼砂

D. 受氢氧化钾（钠）的侵蚀

92. 合成氨生产中有几个步骤，下列哪一个不是其主要步骤？（　　）

A. 加热 　　　　B. 造气 　　　　C. 净化 　　　　D. 合成

93. 合成氨工业中需要工业脱硫，脱硫的温度应控制在（　　）。

A. 100～200℃ 　　B. 200～450℃ 　　C. 450～600℃ 　　D. 600℃以上

94. 下列哪种物质不是硫酸生产中的原料来源？（　　）

A. 硫铁矿 　　　　B. 硫磺 　　　　C. 硫酸铜 　　　　D. 石膏

95. 工业上生产尿素是由氨与二氧化碳直接合成的，下列哪一步不是其合成工艺过程的环节？（　　）

A. 氨与二氧化碳的供给与净化

B. 除去多除的一氧化碳

C. 反应生成的尿素熔融液与未反应物的分离

D. 尿素熔融液加工成尿素成品

96. 硅酸盐水泥的生产分为三个阶段，下列哪步骤不在整个过程中？（　　）

A. 设备维护 　　　B. 生料制备 　　　C. 熟料煅烧 　　　D. 水泥的制成

97. 下列哪种不是检索工具按著录内容划分的内容？（　　）

A. 目录 　　　　B. 期刊 　　　　C. 题录 　　　　D. 索引

98. 下列哪种方法不是科技文献检索方法？（　　）

A. 常用法 　　　　B. 追溯法 　　　　C. 序列法 　　　　D. 循环法

99. 国际通行的出版物代码是（　　）。

A. CN 　　　　B. ISSN 　　　　C. ISO 　　　　D. ISBN

100. 下列哪一种不是国内外著名的检索工具（数据库）？（　　）

A. CA 　　　　B. SCI 　　　　C. EI 　　　　D. ISBN

101. 下列叙述中哪一个不是据标准的审批和发布权限及适用范围？（　　）

A. 国际标准 　　　B. 外资企业标准 　　　C. 国家标准 　　　D. 行业标准

102. 强制性国家标准的编号是（　　）。

A. GB/T＋顺序号＋制定或修订年份

B. HG/T＋顺序号＋制定或修订年份

C. GB＋序号＋制定或修订年份

D. HG＋顺序号＋制定或修订年份

103.下列关于ISO描述错误的是（　　　）。

A. ISO标准的编号形式是：ISO＋顺序号＋制定或修订年份

B. ISO所有标准每隔5年审定1次

C. 用英、日、法、俄、中五种文字报道ISO的全部现行标准

D. ISO的网址：http://www.iso.ch/cate.html

104.CA的文摘以报道性文摘为主，下列所包括内容中哪一个不是其包含范围？（　　　）

A. 所报道文献的研究目的和范围

B. 新的化学反应、化合物、材料、工艺、设备、性质和理论

C. 新的电工电子技术发展动态

D. 化学化工类研究结果和作者的判断、结论等

105.下列内容中哪一个不是中国专利文献中包括的类型？（　　　）

A. 发明专利文献　　　　　　　　　　　　B. 实用新型专利文献

C. 国外先进技术的引进资料　　　　　　　D. 外观设计专利文献

106.下列哪一条不是化学分析测试操作技能的要点？（　　　）

A. 试样的采集、制备和分解方法

B. 使用和维护半自动电光分析天平和电子天平

C. 分析仪器的维护和保养

D. 实验室标准溶液的配制和一般溶液的配制

107.下列哪一条不是气相色谱法中应具备的知识点？（　　　）

A. 气固及气液色谱分离原理，塔板理论、柱效能指标及色谱柱的分离度

B. 使用和维护半自动电光分析天平和电子天平

C. 对固定液、担体的要求，选择方法及气液色谱柱的制备

D. 热导池检测器及氢焰检测器的结构、特点及影响其灵敏度的因素

108.厚壁仪器、实心玻璃塞正确的干燥方法是（　　　）。

A. 晾干　　　　　　　B. 烘干　　　　　　　C. 吹干　　　　　　　D. 烤干

109.硫酸铜、硫酸镁属于下列（　　　）试剂。

A. 遇光易变质试剂　　　　　　　　　　　B. 遇热易变质试剂

C. 易风化试剂　　　　　　　　　　　　　D. 易潮解试剂

110.氯化钙、氯化铁、氯化锌、氯化镁属于下列（　　　）试剂。

A. 遇光易变质试剂　　　　　　　　　　　B. 遇热易变质试剂

C. 易风化试剂　　　　　　　　　　　　　D. 易潮解试剂

111.硝酸铵与锌粉加水混合将产生的正确现象是（　　　）。

A. 剧烈分解　　　　　　　　　　　　　　B. 炭化

C. 爆燃　　　　　　　　　　　　　　　　D. 潮湿空气中接触易燃烧

112.硝酸与乙醇混合将产生的正确现象是（　　　）。

A. 剧烈分解　　　　　　　　　　　　　　B. 炭化

C. 爆燃　　　　　　　　　　　　　　　　D. 潮湿空气中接触易燃烧

113.化验室设备质量较大或要求防振的房间，可设置在（　　　）。

A. 底层　　　　　　　B. 中层　　　　　　　C. 上层　　　　　　　D. 单独建筑

114.有爆炸危险的房间门的开向正确的是（　　　）。

A. 内开　　　　　　　　　　　　　　　　B. 外开

C. 侧开　　　　　　　　　　　　　　　　D. 内开和外开双向

115.天平室的温度、湿度要求正确的是（　　）。

A.(25±1)℃，温度波动不大于 2℃/h

B.(30±2)℃，温度波动不大于 0.5℃/h

C.(15±2)℃，温度波动不大于 1℃/h

D.(20±2)℃，温度波动不大于 0.5℃/h

116.不需要安装排风罩的仪器是（　　）。

A.原子吸收分光光度计 　　　　　　　B.原子发射光谱仪

C.高效液相色谱仪 　　　　　　　　　D.酸度计

117.化学分析实验室内不可以使用的光源有（　　）。

A.柔和自然光 　　　　B.日光灯 　　　　C.彩色灯 　　　　D.阳光

118.危险物品储存室通常设置于（　　）。

A.远离主建筑物的专用库房内 　　　　B.实验楼底层

C.实验楼中层 　　　　　　　　　　　D.实验楼上层

119.离心机室通常设置于（　　）。

A.远离主建筑物的专用库房内 　　　　B.实验楼底层

C.实验楼中层 　　　　　　　　　　　D.实验楼上层

120.仪器的环保性指运转以后对环境的影响情况，应选择（　　）仪器。

(1) 对环境无污染的仪器；

(2) 附有消声、隔音；

(3) 有相应的治理"三废"的附属设施。

A.(1) 　　　　B.(2) 　　　　C.(1)(2)(3) 　　　　D.(3)

121.下列何种玻璃仪器接口处要垫一纸条？（　　）

A.锥形瓶、烧瓶、量筒

B.如索氏提取器、凯氏定氮仪等

C.容量瓶、碘瓶、分液漏斗

D.滴定管、吸（量）管

122.下列说法正确的是（　　）。

A.大型仪器设备技术档案必须妥善保管，不得随意销毁

B.仪器设备的技术档案只包括仪器的使用说明书

C.仪器设备的技术档案应于申请采购时即建立

D.属于报废或淘汰的仪器设备的技术档案的处理，可由仪器保管人员自行处理

123.引起仪器设备事故的重要原因有（　　）。

(1) 缺乏必要的保养和维护；

(2) 仪器设备工作条件恶劣；

(3) 仪器设备的超负荷工作；

(4) 违反规定的操作规程；

(5) 仪器设备的意外破坏。

A.(1)(2)(3) 　　　　　　　　　B.(1)(2)(3)(4)(5)

C.(3)(4)(5) 　　　　　　　　　D.(2)(3)(4)(5)

124.下列何种物质，在见光条件下，若接触空气可形成过氧化物，放置时间越久越危险？（　　）

A.如醚类、四氢呋喃、二氧六环、烯烃、液体石蜡等

B. 如苯三酚、四氢硼钠、$FeSO_4$

C. 维生素 C、维生素 E

D. 金属铁丝、铝、镁、锌粉

125. 下列何种物质在保存温度过低时会产生凝固现象？（　　　）

　　A. 硫酸　　　　　　　B. 盐酸　　　　　　C. 冰醋酸　　　　　　D. 硝酸

126. 将下列化学试剂分类正确的是（　　　）。

A. 易燃类　硝酸钾、硝酸钠、高氯酸、高氯酸钾

B. 剧毒类　如氰化钾、氰化钠及三氧化二砷

C. 强腐蚀类　苦味酸、三硝基甲苯、三硝基苯

D. 燃爆类　氯化氧磷、五氧化二磷、无水三氯化铝

127. 下列对危险物品储藏室说法不正确的有（　　　）。

A. 常设置于远离主建筑物、结构坚固并符合防火规范的专用库房内

B. 内照明采用自然光照明

C. 防火门窗，通风良好，有足够的泄压面积

D. 需远离火源、热源，阳光可以曝晒

128. 下列哪一个不是仪器分析主要呈现的发展趋势？（　　　）

　　A. 微型化　　　　　　B. 专业化　　　　　C. 智能化　　　　　D. 自动化

（二）多选题

1. 下列叙述中哪些是正确的？（　　　）

A. 偏差是测定值与真实值之差值

B. 相对平均偏差的表达式为 $\overline{d} = \dfrac{\sum\limits_{n=1}^{n}|x_n - \overline{x}|}{n}$

C. 相对平均偏差的表达式为 $\dfrac{\overline{d}}{x} \times 100\%$

D. 平均偏差是表示一组测量数据的精密度的好坏

2. 下列正确的叙述是（　　　）。

A. 置信区间是表明在一定的概率保证下，估计出来的包含可能参数在内的一个区间

B. 保证参数在置信区间的概率称为置信度

C. 置信度愈高，置信区间就会愈宽

D. 置信度愈高，置信区间就会愈窄

3. 下列正确的叙述是（　　　）。

A. 变异系数就是相对标准偏差，其值为：$\dfrac{S}{\overline{x}} \times 100\%$

B. 一系列测定（每次作 n 个平行测定）的平均值，其波动情况不遵从正态分布

C. 平均值的标准偏差 $S_{\overline{x}} = \dfrac{S}{\sqrt{n}}$

D. 随着测定次数的增加，平均值的精密度将不断提高

4. 在一组平行测定中有个别数据的精密度不甚高时，正确的处理方法是（　　　）。

A. 舍去可疑数

B. 根据偶然误差分布规律决定取舍

C. 测定次数为 5，用 Q 检验法决定可疑数的取舍

D. 用 Q 检验法时，如 $Q \leqslant Q_{0.90}$，则此可疑数应舍去

5. 以下原子核中能产生核磁共振的核是 （   ）。

A. $^{12}C_6$ B. $^{1}H_1$ C. $^{15}N_7$ D. $^{31}P_{15}$

6. 关于自旋偶合分裂，下列说法正确的是 （   ）。

A. 受偶合作用而产生的谱线峰数遵守 $n+1$ 规则

B. 每相邻两条谱线间的距离都是相等的

C. 结构非常对称的有机分子不产生自旋偶合分裂

D. 谱线间的强度等于以 $(a+b)^n$ 展开式的各项系数之比

7. 测试 NMR 时，常用的参比物质是 TMS，下列哪些是它的特点？（   ）

A. 硅的电负性比碳大

B. 结构对称出现单峰

C. TMS 质子信号一般出现在高场

D. 沸点低，且易溶于有机溶剂中

8. 尿素中可能存在的杂质有 （   ）。

A. 硫酸盐   B. 铁   C. 水   D. 乙醇

9. 常见十二种农药用气相色谱法测定有效成分，下列是其测定的内标物的有 （   ）。

A. 邻苯二甲酸二丁酯   B. 三唑酮

C. 邻苯二甲酸二正戊酯   D. 邻苯二甲酸二正辛酯

10. 涂料产品的分类下列说法不正确的是 （   ）。

A. 按涂料的辅助溶剂来分类

B. 按产品在水中的溶解度分类

C. 按涂料漆基中主要成膜物质为基础分类

D. 按有机物质的基团分类

11. 质子周围电子云在磁场中起屏蔽作用，以下几种说法正确的是 （   ）。

A. 屏蔽越大，共振频度越高

B. 屏蔽越大，化学位移 δ 越小

C. 质子周围电子云密度越大，则局部屏蔽作用越强

D. 质子邻近原子电负性越大，则局部屏蔽作用越强

12. 下列分子或基团不具有拉曼活性是 （   ）。

A. 非对称性分子振动和极性基团的振动

B. 非对称性分子振动和非极性基团的振动

C. 对称性分子振动和极性基团的振动

D. 对称性分子振动和非极性基团的振动

13. 激光作为拉曼光谱的光源，下列说法正确的 （   ）。

A. 激光的偏振性好，便于进行去偏振度的测量

B. 激光有相当的强度，能量高度集中，测定拉曼散射的时间不长

C. 激光的方向性好，发散角极小，光束可聚焦到极小的面积

D. 激光的单色性很好，因而激光拉曼谱峰尖锐、分辨性好

14. 下列说法正确的是 （   ）。

A. 连续 X 射线不是特征 X 射线

B. 荧光 X 射线产生机理与特征 X 射线相同

C. 荧光 X 射线不是连续 X 射线

D. 荧光 X 射线是连续 X 射线

15. 原子吸收分光光度计实验室应具备的工作条件是（　　　）。

A. 实验室必须有空调设备，并装有窗帘

B. 应远离强磁场，防止干扰

C. 不存在腐蚀性气体

D. 环境温度保持应在 5～35℃，相对湿度不超过 80%

16. 气相色谱仪气路安装中下列哪几个步骤必须达到要求？（　　　）

A. 用肥皂水对气路的密封性进行检查

B. 检查相关接头是否清洁

C. 检查管路连接是否正确，对气路的密封性进行检查

D. 检查电路是否正常、室内照明情况如何

17. 大型分析测试仪器在接电时应注意的事项有以下哪几项？（　　　）

A. 电路的电压必须是 220V

B. 不得以电源的中线代替接地点

C. 仪器的所有接地点必须连在一起，使之等电位

D. 可以将接地点接到自来水管龙头或暖气片上

18. 分光光度计接通电源后电流表无偏转的原因可能是下列哪几项？（　　　）

A. 电源变压器初级线圈已断 　　　　　　B. 保险丝熔断

C. 电源开关接触已损坏 　　　　　　　　D. 电路电压不够

19. 氢火焰点不燃的原因可能是（　　　）。

A. 氢气漏气或流量太小 　　　　　　　　B. 空气流量太小或空气大量漏气

C. 喷嘴漏气或被堵塞 　　　　　　　　　D. 点火极断路或碰圈

20. 电流表指针无偏转的原因可能是（　　　）。

A. 仪器的接地点有问题，线路漏电

B. 仪器内部放大系统导线有脱焊或断线情况

C. 电路的电压达不到额定要求

D. 电流表活动线圈不通（电表线圈内阻约 2kΩ）

21. 导致原子吸收分光光度计开机预热后进行点火试验但无吸收这一现象的原因是（　　　）。

A. 仪器部件不配套或电压不稳定

B. 燃烧缝不平行于光轴，即元素灯发出的光线不通过火焰就没有吸收

C. 工作电流选择过大，对于空心阴极较小的元素灯，工作电流大时没有吸收

D. 标准溶液浓度过大

22. 导致原子吸收分光光度计噪声过大的原因中下列哪几个不正确？（　　　）

A. 电压不稳定

B. 空心阴极灯有问题

C. 灯电流、狭缝、乙炔气和助燃气流量的设置不适当

D. 实验室附近有磁场干扰

23. 下列哪些现象导致原子吸收分光光度计点火困难？（　　　）

A. 助燃气流量过大

B. 乙炔气压力或流量过小

C. 当仪器停用较久，空气扩散并充满管道，燃气很少

D. 实验室电压不稳定

24.导致原子吸收分光光度法的标准曲线弯曲有关的原因是（　　　）。

A.光源灯失气，发射背景大

B.光谱狭缝宽度选择不当

C.测定样品浓度太高，仪器工作在非线性区域

D.工作电流过小，由于"自蚀"效应使谱线变窄

25.下列叙述中哪些不是导致原子吸收分析结果偏低的原因（　　　）。

A.试样挥发不完全，细雾颗粒大，在火焰中未完全离解

B.实验室中有电场或磁场干扰

C.标准溶液浓度太小，实验误差大

D.实验室工作电压达不到要求

26.打开气相色谱仪温控开关，柱温调节电位器旋到任何位置时，主机上加热指示灯都不亮。分析下列所叙述的原因哪几个正确？（　　　）

A.加热指示灯灯泡坏了　　　　　　　　　B.铂电阻的铂丝断了

C.铂电阻的信号输入线已断　　　　　　　D.实验室工作电压达不到要求

27.下列哪些规格电炉是常规的电炉（　　　）。

A.500W　　　　　B.700W　　　　　C.1000W　　　　　D.2000W

28.玻璃的器皿能盛放下列哪些酸？（　　　）

A.盐酸　　　　　B.氢氟酸　　　　　C.磷酸　　　　　D.硫酸

29.下列关于银器皿使用时正确的说法是（　　　）。

A.不许使用碱性硫化试剂，因为硫可以和银发生反应

B.银的熔点为960℃，不能在火上直接加热

C.不受氢氧化钾（钠）的侵蚀，在熔融此类物质时仅在接近空气的边缘处略有腐蚀

D.熔融状态的铝、锌、锡、铅、汞等金属盐都能使银坩埚变脆，不可用于熔融硼砂

30.下列哪些是合成氨生产中主要步骤？（　　　）

A.合成　　　　　B.造气　　　　　C.净化　　　　　D.加热

31.硫酸工业中常用下列哪些物质作为原料来源？（　　　）

A.石膏　　　　　B.硫酸钠　　　　　C.硫酸铜　　　　　D.硫铁矿

32.国内外著名的检索工具（数据库）有（　　　）。

A.CN　　　　　B.ISBN　　　　　C.EI　　　　　D.SCI

33.下列描述中正确的是（　　　）。

A.ISO标准的编号形式是：ISO±顺序号±制定或修订年份

B.ISO标准的主要检索工具是《ISO标准目录》，年刊，每年2月出版

C.用英、日、法、俄、中五种文字报道ISO的全部现行标准

D.ISO可以检索所有科技文献资料

34.下列哪些是化学分析中重点、难点和操作技能的要点？（　　　）

A.定量分析中的误差、有效数字及其运算规则

B.一般化学分析方法原理及适用范围

C.分析实验室用水、化学试剂使用的基本知识

D.一般溶液的配制方法

35.下列哪些是仪器分析中应掌握的知识点？（　　　）

A.本企业所涉及到的所有国家标准及ISO、IEC内容

B.电位滴定法、分光光度法、气相色谱法有关知识

C. 分光光度计工作原理、结构和常见故障排除方法

D. 原子吸收分光光度计最佳仪器条件的选择

三、计算题

1. 甲乙两人用光度法测定铝合金中微量锌的含量，结果如下：

甲：0.19％，0.19％，0.20％，0.21％，0.21％

乙：0.18％，0.20％，0.20％，0.20％，0.22％

比较两人测得值的精密度，分别以平均偏差和标准偏差表示。

2. 标定某溶液浓度的四次结果是：0.2041mol/L，0.2049mol/L，0.2039mol/L，0.2043mol/L。计算其测定结果的算术平均值、平均偏差、相对平均偏差、标准偏差和相对标准偏差。

3. 碳的原子量经多次测定分别为 12.0080、12.0095、12.0097、12.0101、12.0102、12.0106、12.0111、12.0113、12.0118 和 12.0120。计算：（1）算术平均值；（2）标准偏差；（3）平均值的标准偏差；（4）99％置信度时平均值的置信界限。

4. 锰矿中锰测定法的标准偏差是 0.12，某样品用该法测定时得到的结果为 9.56％锰。假设分析是基于一次测定、四次测定、九次测定，试分别计算 95％置信度时平均值的置信界限。

5. 对轴承合金中锑量进行了十次测定，得到下列结果：15.48％，15.51％，15.52％，15.53％，15.52％，15.56％，15.53％，15.54％，15.68％，15.56％。试用 Q 检验法判断有无可疑值需弃去（置信度为 90％）。

6. 用 $K_2Cr_2O_7$ 作基准试剂，对 $Na_2S_2O_3$ 溶液的浓度进行测定，共做了四次测定，得其浓度为：0.1042mol/L，0.1044mol/L，0.1045mol/L，0.1047mol/L。问上述各值中是否有该舍去的离群值（用 Q 检验法进行判断，设置信度为 90％）。

7. 用分光光度测定法和一种新的比色测定法重复测定血液试样中的钙，报告结果如下：

光度法（$\mu g/L$）：10.9，10.1，10.6，11.2，9.7，10.0；

比色法（$\mu g/L$）：9.2，10.5，11.5，11.6，9.7，9.7，10.1，11.2。

问这两种方法的精密度（S_1 与 S_2）之间是否有显著性差异？

8. 有一试样，其中蛋白质的含量经多次测定，结果为：35.10％，34.86％，34.92％，35.36％，35.11％，34.77％，35.19％，34.98％。根据 Q 检验法决定可疑数据的取舍。

9. 在 100MHz 仪器中，某质子的化学位移 $\delta = 1ppm$，试计算其共振频率与 TMS 相差多少？

10. 要将质量为 500 和 501 的两个碎片离子峰分开，要求质谱仪的分辨率至少为多少？

四、简答题

1. 数理统计中正态分布有什么意义？

2. 化验室工作中有哪些具体工作要求？

3. 如何做好化学试剂的管理？

4. 化验室的技术资料分为哪几大类？

5. 化验室外伤都有哪几类？如何急救？

6. 化验室的质量管理经过哪些阶段？

7. 尿素产品主要检测哪几个项目？

8. 在核磁共振中为什么选用四甲基硅烷作为参比物？

9. 激光和普通光源有什么区别？

10. 简述原子吸收分光光度计室有什么要求。

11. 分光光度法中标准工作曲线出现偏转的原因可能是什么？

12. 气相色谱仪安装分几步进行？应注意什么问题？

13. 石英玻璃器皿在使用时为什么要防止与氢氟酸接触？

14. 原子吸收分光光度法中应掌握的操作技能点有哪些？

15. 国内外化学检验工作呈现哪些发展趋势？

14

第45届世界技能大赛试题

A：Determination of the glycerol content in the sample

H&S

Please describe which H&S measures are necessary? Follow them accordingly!

Environmental protection

Please describe if environmental protection measures are needed?

Fundamentals

The method is based on the oxidation of glycerol in a test sample byacidified potassium dichromate solution when heated, followed by determination of the excess of potassium dichromate by iodometry. To do this, an excess of potassium dichromate is reduced by potassium iodide, the released iodine is titrated with standard sodium thiosulfate solution in the presence of starch as an indicator

Objectives

1. Prepare 0.5% starch solution.
2. Standardize provided sodium thiosulfate solution against potassium dichromate.
3. Determine glycerol content in the sample
4. Produce a report

Total time to complete work is 3 hours.

Equipment，reagent and solutions

Analytical balance with readability of 0.1 mg;	Pipettes of different sizes;	Starch soluble,reagent grade;
Heating plate;	Volumetric flasks with stopper,nominal capacity of 250 and 500 cm^3;	Potassium dichromate,99.95%～100%;
Laboratory stands with clamps	Conical flasks with nominal capacity of 250 and 1000 cm^3;	Potassium dichromate,0.2549 M acidified solution;

Measuring cylinders,100 cm³;	Potassium iodide,20% solution;
Burettes,25 and 50 cm³;	Sodium thiosulfate, approx. c (Na₂S₂O₃ · 5H₂O) = 0.1 mol/dm³ solution;
Beakers of different sizes;	Sulfuric acid solution 1 : 3 (vol/vol);
Bottles weighing, with ground in stopper;	Distilled or deionized water
Spatulas;	
Watch glasses;	
Funnels of different sizes	

Preparation of the solutions

Starch 0.5 % solution

1. Place 90 mL of distilled or deionized water in a beaker and bring to a boil on a hot plate.

2. Make a smooth paste with the required weighed portion of soluble starch and a small volume of distilled or deionized water.

3. Pour the starch paste into the boiling water and stir until all of the starch is dissolved. Bring the volume to approximately 100 cm³. The resulting solution must be transparent without lumps or undissolved particles.

Assay

Standartization of sodium thiosulfate (approx. c(Na₂S₂O₃ · 5H₂O)=0.1 mol/dm³) solution with potassium dichromate

Dissolve 0.0800~0.1000 g of potassium dichromate in 80 cm³ of distilled or deionized water in a 250 cm³ conical flask.

Add 10.00 cm³ of 20% potassium iodide solution and acidify with 5.00 cm³ of sulfuric acid solution 1 : 3 (vol/vol), close the flask and mix.

After 5 min incubationin the dark titrate the released iodine with sodium thiosulfate solution until the resulting mixture turns yellowish-green, then add 2 cm³ of 0.5% starch solution (colour should change to deep blue) and continue titration until the transition from deep blue colour to light green occurs.

Titration is carried out at least three times.

Calculate correction factor for sodium thiosulfate solutionwith an accuracy of up to four decimal places using the following equation:

$$F=\frac{m}{0.0049037 \times V}$$

where

m——the weight of potassium dichromate, g;

0.0049037——the weight of potassium dichromate in grams equivalent to 1 cm³ of 0.1 mol/dm³ (0.1 N) sodium thiosulfate primary standard solution;

V——the volume of thiosulfate consumed for titration, cm³.

Discrepancy between results should not exceed 0,003.

Calculate the arithmetic mean value for the estimated factors. Results should be rounded up to the fourth decimal place.

Analysis of the sample

Dilute 2,0000 $\pm$ 0,0050 g of sample with distilled or deionized water in a 250 cm^3 volumetric flask and make up the volume.

Pipette25,00 cm^3 of prepared sample solution into a 250 cm^3 conical flask, add 25,00 cm^3 of potassium dichromate solution and 50,00 cm^3 of sulfuric acid solution 1 : 3 (vol/vol) and mix.

Bring the flask to a boil and keep itat a gentle boiling for 1 hour. Close the flask loosely to prevent excessive evaporation (with Alu foil, watch glass or similar). Do not overboil.

Transfer the entire contents of the conical flask into a 500 cm^3 volumetric flask, dilute and make up volume with distilled or deionized water.

Pipette 50,00 cm^3 of the prepared solution into a 1 dm^3 conical flask, add 10,00 cm^3 of 20% potassium iodide solution and acidify with 20,00 cm^3 of sulfuric acid solution 1 : 3 (vol/vol), close the flask and mix.

After 5 min standing timein the dark, wash the stopper and the walls of the flask with water and adjust volume of obtained solution to approximately 500 cm^3 with water. Titrate the released iodine with sodium thiosulfate solution until the solution turns yellowish-green color, then add 2 cm^3 of 0,5% starch solution (colour should change to deep blue) and continue titration until the transition from deep blue colour to light green occurs.

Please perform two independent determinations.

The control analysis is carried out in the same way but distilled water is used instead of the sample.

Calculations

The content of glycerol in % shall be given:

$$w(\%) = \frac{(V_{blank} - V_{sample}) \times F \times 0.00065783 \times N \times 100}{m}$$

where

$\quad V_{blank}$——the volume of sodium thiosulfate solution consumed for the titration in the control analysis, cm^3;

$\quad V_{sample}$——the volume of sodium thiosulfate solution consumed for the titration of the sample, cm^3;

$\quad F$——correction factor of sodium thiosulfate solution;

$\quad m$——weight of the sample, g;

0.00065783——the mass of glycerol in grams corresponding to 1 cm^3 of 0,1 mol/dm^3 of sodium thiosulfate primary standard solution;

100——percent conversion coefficient;

N——sample dilution ratio during analysis.

The convergence (repeatability) of the results of the analysis (A) in % is calculated by the equation:

$$A = \frac{2(X_1 - X_2)}{X_1 + X_2} \times 100$$

where X_1——greater result from two parallel measurements;

  X_2——smaller result from two parallel measurements.

Calculate the arithmetic mean value for the obtained results andround it to the first decimal place.

Report

Please produce a report，write down the equations of chemical reactions occurring during the determination and calculate the equivalent weight of glycerol in the oxidation reaction.

B：Determination of the total iron content in the sample

H&S

Please describe which H&S measures are necessary? Follow them accordingly!

Environmental protection

Please describe if environmental protection measures are needed?

Fundamentals

The method is based on the interaction of iron (III) ion in an alkaline medium at pH $>$ 9 with sulfosalicylic acidwith a formation of a yellow colored complex.

Absorbance values of this complex measured at a wavelength of $410 \sim 440$ nm conform to Beer's law.

Objectives

  1. Prepare 0,005 g/dm^3 standard iron (III) ions solution.

  2. Prepare 5-sulfosalicylic acid solution.

3. Prepare2,0 M ammonium chloride solution.

4. Prepare7,0 M ammonium hydroxide solution.

5. Determineiron（Ⅲ）concentration in the sample（mg/dm^3）.

6. Produce a report.

Total time to complete work is 3 hours.

Equipment，reagent and solutions

Analytical balance with readability of 0. 1 mg;	Pipettes of different sizes;	Hydrochloric acid,1 : 4 solution;
Balance with readability of 1. 0 mg;	Volumetric flasks with stopper, capacity of 50,100 and 500 cm^3;	Ammonium chloride, reagent grade;
Heating plate;	Conical flasks with capacity of 100 cm^3;	Ammonia solution 25%;
Spectrophotometer with cuvettes;	Measuring cylinders,50 cm^3;	5-Sulfosalicylic acid dihydrate, reagent grade;
Laboratory stand with clamps	Burettes,25 cm^3;	Primary standard iron（Ⅲ）ions solution,0,1 g/dm^3;
	Beakers of different sizes;	Distilled or deionized water;
	Bottles weighing,with ground in stopper;	pH-indicator strips
	Spatulas;	
	Watch glasses;	
	Funnels of different sizes	

Preparation ofthe solutions

0,005 g/dm^3 iron（Ⅲ）ions standard solution

Calculate and dilute aliquot of 0,1 g/dm^3 iron（Ⅲ）ions primary standard solution in distilled or deionized water in a 500 cm^3 volumetric flask. Make up the volume with water and mix.

5-Sulfosalicylic acid solution

Dissolve 20,0 g of 5-sulfosalicylic acid dihydrate in distilled or deionized water in a 100 cm^3 volumetric flask. Make up the volume with water and mix.

Ammonium chloride，2,0 M solution

Dissolve the calculated amount of ammonium chloride in distilled or deionized water in a 100 cm^3 volumetric flask. Make up the volume with water and mix. Filter the prepared solution using paper filter if it is cloudy.

Ammonium hydroxide 7,0 M solution

Dilute the calculated amount of 25 % ammonia solution（density is 0,9070 g/cm^3）with distilled or deionized water in a 100 cm^3 volumetric flask. Make up the volume with water and mix.

Assay

Calculate 0,005 g/dm^3 iron（Ⅲ）ions standard solution aliquot volumes to prepare 50 cm^3 each of iron（Ⅲ）ions solutions with concentrations 0,0; 0,1; 0,2; 0,5; 1,0; 1,5; 2,0 mg/dm^3 respectively.

Pour aliquots of 0,005 g/dm^3 iron（Ⅲ）ions standard solution in 50 cm^3 volumetric flasks, add distilled or deionized water to approximately 40 cm^3.

Add 1,00 cm^3 of 2,0 M ammonium chloride solution, 1,00 cm^3 of sulfosalicylic acid solution, adjust the pH of this solution to $>$9.0 with at least 1,00 cm^3 7,0 M ammonium hydroxide solution. Make up the volume with water. Mix thoroughly after addition of each reagent.

Incubate for 5 min to develop the color. The solution is stable for at least 10 hours.

Prepare two series of standard solutions.

Transfer an aliquot of one of the 20 mg/dm^3 iron（Ⅲ）ions standard solution to a 5 cm cuvette. Measure absorbance at 410~440 nm in 5 nm step against the blank solution prepared in the same way but containing no iron（Ⅲ）ions. Choose the wavelength that gives the maximum absorbance value.

Measure the absorbance of the all colored iron（Ⅲ）ions standard solutions at the selected wavelength and light path length against a blank solution.

Analysis of sample

Pipette 50,00 cm^3 of sample into a 100 cm^3 conical flask, add 1,00 cm^3 of 1 : 4 hydrochloric acid solution（vol/vol）and mix.

The flask is then heated until it begins to boil. Reduce heat and keep at a low boiling until volume reduces to 35~40 cm^3.

Cool the solution to room temperature and transfer the entire contents of the conical flask into a 50 cm^3 volumetric flask, rinse of the conical flask 2~3 times with 1 cm^3 of distilled water.

Add 1,00 cm^3 of ammonium chloride 2,0 M solution, 1,00 cm^3 of sulfosalicylic acid solution, adjust the pH of this solution to $>$9.0 with not less than 1,00 cm^3 7,0 M solution of ammonium hydroxide. Make up the volume with water. Mix thoroughly after addition of each reagent.

Incubate for 5 min to develop the color. The solution is stable for at least 10 hours.

Sample preparation is carried out in duplicate.

Measure the absorbance of the sample at the selected wavelength andlight path length against a blank solution（use distilled or deionized water instead of sample）.

Calculation

Prepare a calibration line for your standards: plot obtained absorbance values against iron（Ⅲ）concentrations for 0,1~2,0 mg/dm^3 standard solutions（6 values）. Draw a "best-fit" straight line through the data points by linear regression method.

Results

The iron（Ⅲ）concentration in the sample（mg/dm^3）is evaluated using obtained equation of linear regression and taking into account the dilution factor.

The convergence (repeatability) of the results of the analysis (A) in ‰ is calculated by the formula:

$$A = \frac{2(X_1 - X_2)}{X_1 + X_2} \times 100$$

where X_1——greater result from two parallel measurements;

  X_2——smaller result from two parallel measurements.

Take the arithmetic mean value for the estimated results and round it to the first decimal place.

Report
Please produce a report.

C: Potentiometric titration of a phosphoric acid and sodium dihydrogen phosphate mixture

H&S
Please describe which H&S measures are necessary? Follow them accordingly!

Environmental protection

Please describe if environmental protection measures are needed?

Fundamentals
The method is based on the neutralization of a phosphoric acid and sodium dihydrogen phosphate with alkali in water. Sodium dihydrogen phosphate is neutralized together with the product of the neutralization of phosphoric acid in the first step.

Objectives
   1. Calibrate the pH-meter.

   2. Standardize the sodium hydroxide solution.

   3. Determine molar concentration of phosphoric acid and sodium dihydrogen phosphate in the sample.

   4. Produce a report.

Total time to complete work is 3 hours.

Equipment, reagent and solutions

Magnetic stirrer with adjustable stirring speed and magnetic stir bar;	Pipettes of different sizes;	Standard buffer solutions (4.01, 7.01, 6.86, 10.01);
pH-meter with Refillable pH Electrode;	50 cm³ measuring cylinders ;	0.1 N Hydrochloric acid standard solution;
Laboratory stands with clamps	25 and 50 cm³ burettes;	Sodium hydroxide solution, $c(NaOH) = 0.1 \text{ mol/dm}^3$;

100 cm³ beakers ; Funnels of different sizes; Pipette bulbs	Distilled or deionized water

Assay

Calibration of pH meter

Calibrate pH meter with two or three (depending on the manufacturer manual) standard buffer solutions (pH values are 4.01, 7.01 and 10.01) in accordance with the equipment manufacturer's manual. Check the pH of the control buffer solution (pH = 6.86). The obtained value should be within ±0.05 units of the nominal value.

Standardize the sodium hydroxide solution (approx. c (NaOH) = 0.1 mol/dm)³ with 0. 1N hydrochloric acid primary standard solution

Place 10,00~15,00 cm³ of the 0.1 N hydrochloric acid primary standard solution in a 100 cm³ beaker and add distilled or deionized water to 50 cm³

Carefully drop a magnetic stirring bar into the beaker containing the solution and place the beaker on the magnetic stirrer.

Immerse the electrode in the solution. Carefully turn on the stirring motor and adjust the desired stirring speed making sure the stirrer bar is not going to hit the electrode. Make sure the pH-meter is functioning properly and allow reading on the display to stabilize.

While stirring continuously deliver aliquots of sodium hydroxide solution in small increments from the burette. Record the volume in cm³ of titrant added and pH values after addition of each aliquot of titrant.

After endpoint is reached continue the titration for at least another 5,00 cm³.

Titration is carried out at least three times.

Plot a graph of pH (on the Y-axis) vs volume of titrant (on the X-axis) using Excel or graph paper and determine the equivalence point graphically.

Calculate the correction factor of sodium hydroxide solution considering law of equivalents:

Results should be rounded up to thefourth decimal place.

Discrepancy between results should not exceed 0,003.

Take the arithmetic mean value for the calculated factors.

Analysis of the sample

Pipette 10,00 cm³ of the sample in a 100 cm³ beaker, add 40 cm³ of distilled or deionized water.

With continuous stirring, add small aliquots of sodium hydroxide solution from the burette. Record the volume in cm³ of titrant added (V) and voltage values (E) in mV after addition of each aliquot of titrant.

After reaching the first endpoint continue the titration until the second endpoint is reached.

After the second endpoint continue the titration for at least another 5,00 cm³ of titrant.

Titration is carried out at least two times.

Upon completion of the titration, the speed of the magnetic stirrer is set to "0". Remove the pH electrode and the magnetic stirrer bar from the beaker and rinse thoroughly with distilled water.

Calculation

Plot a graph of $\Delta E/\Delta V$ (on the Y-axis) vs V of titrant (on X-axis) using Excel or graph paper and determine the equivalence points. The endpoints are established by the first derivative method as indicated by two maxima of the first derivative value. Maximum values are determined graphically or by interpolation.

Calculate the concentration of phosphoric acid in the sample (in mol/dm^3) by volume of 0.1 M sodium hydroxide solution consumed for titration to the first endpoint of the titration curve. Calculate the concentration of sodium dihydrogen phosphate (in mol/dm^3) by the difference between volumes of 0.1 M sodium hydroxide solution consumed for titration to the first and second endpoints.

The convergence (repeatability) of the results of the analysis (A) in % is calculated by the equation:

$$A = \frac{2(X_1 - X_2)}{X_1 + X_2} \times 100$$

where X_1——greater result from two parallel measurements;

X_2——smaller result from two parallel measurements.

Calculate the arithmetic mean value of the obtained results and round to the second decimal place.

Report
Please produce a report and write down the equations of chemical reactions that take place in the course of determination.

D: Ethyl bromide synthesis

H&S
Please describe which H&S measures are necessary? Follow them accordingly!

Environmental protection

Please describe if environmental protection measures are needed?

Fundamentals
The method of synthesis of saturated halogenated hydrocarbons is based on the substitution

reaction of the hydroxyl group of a primary alcohol with halogen when reacted with hydrogen halide.

Chemical equation:

$$\text{H}_3\text{C}\diagdown_{\text{OH}} \xrightarrow[\text{H}_2\text{O}]{\text{H}_2\text{SO}_4,\ \text{KBr}} \text{H}_3\text{C}\diagdown_{\text{Br}}$$

Constants

Molecular formula	M_w	Density, g/cm^3(20℃)	Boiling point, ℃	n_D^{20}	Solubility, g/100g
C_2H_5OH	46.07	0.7893	78.4	1.361	Unlimited
C_2H_5Br	108.98	1.456	38.4	1.4242	0.9
H_2SO_4	98.08	1.830	330	—	Unlimited
KBr	119.01	2.75	1380	—	39
H_2O	18.02	0.997	100	—	Unlimited

Objectives

1. Calculate the required quantity of the potassium bromide to yield 15 g (10.3 mL) of ethyl bromide (theoretical yield of 55%).

2. Carry out the synthesis of ethyl bromide according to the procedure.

3. Calculate the yield of ethyl bromide in %.

4. Determine n_D^{20} of ethyl bromide.

5. Produce a report.

Total time to complete work is 4 hours.

Equipment, reagent and solutions

Magnetic stirrer with heating or heating plate; Flask heating block; Water and sand bath; Laboratory stands with clamps; Balance with readability of 1.0 mg	Measuring cylinders of different sizes; Round bottom flasks with nominal capacity of 100 and 250 cm^3; Distilling heads; Liebig condenser; Receiver adapters; Delivery adapters; Conical flasks of different sizes; 100 cm^3 beakers; Funnels of different sizes; Separating funnel; Thermometers; Glass beads; Stoppers; Porcelain mortar with pestle; Spatula	Sulphuric acid, 93.6%; Potassium bromide; Ethanol, 96%; Anhydrous calcium chloride; Ice; Distilled or deionized water

Synthesis

Place 28 mL of ethanol and 20 mL of cold water in a round bottom flask. Carefully add 160% excess of sulfuric acid with continuous stirring and cooling. The mixture is cooled to room temperature and calculated amount of crushed potassium bromide is added. Assemble the unit for distillation at atmospheric pressure. The receiving flask should be almost completely filled with cold water and placed in an ice bath. During the reaction the product is distilled and collected in the receiver. The reaction mixture is heated until the oily droplets stop dripping into the receiver. In case of too intense boiling of the reaction mixture reduce heat or stop heating for a while. When the reaction is completed collected ethyl bromide is separated from the water with a separating funnel into a dry flask and dried with anhydrous calcium chloride (approximately 5 g). If necessary, add more anhydrous calcium chloride. The resulting solution must be clear. The dried raw product is filtered into a distillation flask and then distilled. The fraction between 36 and 41 ℃ is collected. To reduce product losses, the receiver is placed in an ice water bath.

Weight the product and calculate yield of the reaction in %.

Determine refractive index of the obtained products. Measurements should be performed in triplicate. Calculate the average refractive index. A match to the third decimal place to the nominal value indicates a high purity of the product

Report
Please produce a report.

E：Determination of the synthetic dyes identity in the sample

H&S

Please describe which H&S measures are necessary? Follow them accordingly!

Environmental protection

Please describe if environmental protection measures are needed?

Fundamentals

Reversed-phase chromatography is based on separation of compounds passing through a column with conditions in which a nonpolar stationary phase is used in conjunction with a polar mobile phase. Stationary phase is octadecyl chains chemically bound on silica gel. The mobile phase is a mixture of water with organic solvent in a presence of ion-pair reagent for improving separation of organic ions and partly ionized organic analytes.

Identification is carried out using spectrophotometric detection at appropriate wavelengths.

Objectives

1. Choose detection wavelengths.
2. Prepare standard solutions of known dyes.
3. Identify unknowns in the provided sample.
4. Produce a report.

Total time to complete work is 4 hours.

Chromatographic conditions

Injection volume:	20 μL
Flow:	1 cm^3/min
Column temperature:	40 ℃
Mobile Phase A:	0.001 M Tetrabutylammonium hydroxide in 0.01 M sodium dihydrogenphosphate solution, pH= 4.3～4.4
Mobile Phase B:	Acetonitrile
Liquid composition:	Gradient

Time, min	Volume fraction, %	
	A	B
0.01	70	30
12.5	50	50
13.5	20	80
15.5	20	80
17.5	70	30
19.5	70	30

List of compounds

Compound name	Structural formula	Compound name	Structural formula
E110 (Sunset Yellow)		E122 (Azorubine)	
E124 (Ponceau 4R)		E131 (Patent Blue V)	
E129 (Allura Red AC)			

Equipment, reagent and solutions

Analytical balance with readability of 0.1 mg;	Pipettes of different sizes;	E110 (Sunset Yellow), food *colouring*;
Spectrophotometer with glass cuvettes;	Volumetric flasks with stopper of different sizes;	E124 (Ponceau 4R), food *colouring*;
HPLC System: LC-20 Prominence, Shimadzu;	Beakers of different size;	E129 (Allura Red AC), food *colouring*;
Column: Luna®, particle shape-sphere, particle size-5μm, phase C18, pore size-100 Å, dimensions -250 × 4.6 mm;	Standard screw-thread autosampler vials with cap and septa, 12 × 32 mm, volume 2 mL, glass;	E122 (Azorubine), food *colouring*;
Security Guard: C18 4.0×3.0 mm	Syringe Filters: **Phenex-RC**, diameter-4mm, pore size-0.45u, Non-Sterile, Luer/Slip	E 131 (Patent Blue V), food *colouring*;
Single Channel Pipettes	Syringes;	Distilled or deionized water
	Bottles weighing, with ground in stopper;	
	Spatulas;	
	Funnels of different sizes;	
	Measuring cylinders of different sizes;	
	Tips for pipettes	

All manipulations with the HPLC System are performed by a technical expert. The competitor prepares samples and indicates the detection wavelengths, but couldn't change the mentioned chromatographic conditions.

Competitor should think over the design of the experiment in order to fit into the total time, e.g. which solutions to prepare, the number of repeated measurements, the sequence of probe injection on a chromatograph.

Assay

Analysis of the standard solutions by spectrophotometry

Prepare 4 stock standard solutions of approximately 1,25g/L containing the following substances: E110 (Sunset Yellow), E124 (Ponceau 4R), E129 (Allura Red AC), E122 (Azorubine), and 1 standard solution of approximately 0,25 g/L containing E 131 (Patent Blue V).

Dilute the appropriate volume of each dye in distilled or deionized water 50 times, mix.

Measure visible light spectrum (380~740 nm) of each prepared solution individually using spectrophotometer with 1-cm cuvettes. Dilute more if necessary.

Read out two absorption wavelengths from the obtained spectrums, which will be used to detect dyes in all tested probes by HPLC.

Analysis of the standard solutions by HPLC

Prepare working standard solutions of one dye or mix of tested dyes.

Prepare a solution of 25 mg/dm^3 for HPLC Analyse for E110，E124，E129 and E 122. And for E131 you have to take a concentration of 5mg/dm^3.

Filter obtained solutions using syringe filters，transfer 2 cm^3 of filtrates to the vials and screw the cap.

The prepared solutions are analysed by HPLC.

Analysis of the sample

Dilute the sample with distilled or deionized water 2 times，mix.

Filter obtained solution using syringe filters，transfer 2 cm^3 of filtrate to the vial and screw the cap.

The prepared solution is analyzed by HPLC.

Calculation

From the obtained chromatograms read out or calculate following parameters of the 5 substances：

retention time (t_R) and *symmetry* factor (A_s).

The measurement results are summarized in a table and used to allocate peaks in the sample.

Identify peaks in the sample and calculate resolution (R_S) between neighboring peaks.

List all dyes that are present in the sample.

Report

Please produce a report.

F：Determination of the residual organic solvents content in the sample

H&S

Please describe which H&S measures are necessary? Follow them accordingly!

Environmental protection

Please describe if environmental protection measures are needed?

Fundamentals

The method is based on distribution of components when passing through capillary column between the two phases：high polar stationary phase (nitroterephthalic-acid-modified polyethylene glycol) and the mobile phase which is carrier gas nitrogen，N_2. Compounds that have greater affinity for the stationary phase spend more time in the column and thus elute later and have a longer retention time than samples that have higher affinity for the mobile phase.

Headspace injection system is used to effectively and reproducibly transfer of aliquot of vapor phase，which is produced as a result of heating sample at temperature of 80℃ in sealed vial，to the inlet of gas chromatograph.

Identification of substances is carried out using Flame Ionization Detector (FID). Quantitative determination of organic compounds is carried out by the internal standard method.

The *working range of method for* determining the acetone，propanol-2 and propanol-1 content *is from* 0,1 to 10 mg/cm^3.

Objectives

   1. Identify standard solutions by refractometry.

   2. Prepare standard solutions, calibration solution and internal standard.

   3. Determine retention time of organic solvents.

   4. Identify solvents in the provided sample.

   5. Determine content of the identified solvents in the sample.

   6. Produce a report.

Total duration of work is 5 hours.

Chromatographic conditions

Headspace temperature:	Oven 80℃
Loop temperature:	120℃
Transfer line temperature:	120℃
Heating time:	19.0 min
Inject time:	0.5 min
GC cycle time:	18.0min
Vial shaking	no
Injections per vial:	1
Inlet:	Split/splitless
Split mode:	1 : 100
Inlet temperature:	200℃
Carrier gas pressure:	76.7 kPa
Column temperature:	120℃
Detector temperature:	200℃
Signals:	FID, 50 Hz

Refractive index solvents (according to database https://pubchem.ncbi.nlm.nih.gov/)

Solvents	Refractive index (20℃)
Acetone	1.3588
Propanol-2	1.3772
Propanol-1	1.3862
Methylcarbinol	1.3611

Equipment, reagent and solutions

Analytical balance with readability of 0.1 mg;	Pipettes of different sizes;	Acetone,≥99,5%;
GC System: GC-2010 Plus with Headspace Sampler HS-10 and Flame Ionization Detector (FID),Shimadzu;	Volumetric flasks with stopper,of different sizes;	Propanol-2,≥99,5%;

Column: Phenomenex Zebron ZB-FFAP, length -50 m, internal diameter-0,32 mm, film thickness-0,5 μm, composition-Nitroterephthalic Acid Modified Polyethylene Glycol, polarity-58 (Polar);	Beakersof different sizes;	Propanol-1, ≥ 99,5 %;
	Headspace Crimp Vials, 20 mm,23 × 75 mm, volume 20 mL,glass;	Methylcarbinol,≥ 99,5 %;
Manual crimper,size of 20 mm;	Aluminum Seals with Septa,20 mm,preassembled;	Distilled or deionized water;
Manual decapper,size of 20 mm;	Syringes with needle;	Sample, containing unknown organic solvents and ethanol of 1 mg/cm³
Single Channel Pipettesof different sizes Refractometer	Funnels of different sizes; Measuringc ylinders of different sizes; Tips for pipettes	

All manipulations with the GC System are performed by a technical expert. The competitor prepares samples, sends them for analysis and indicates the injection order of the samples, but couldn't change the mentioned chromatographic conditions.

The participant should think over the design of the experiment in order to fit into the total time, e. g. which solutions to prepare, the number of repeated measurements, the sequence of probe injection etc.

Analysis of the standard solutions by refractometry

Measure the refractive index of standard solutions of organic solvents and identify individual compounds.

Preparation of the solutions

Preparation of standards solutions

Place 20,0 cm³ of distilled or deionized water in a 50 cm³ volumetric flask. Weigh the flask and record the mass.

Add approximately 2,5000 g of each organic solvent standard: 2-Propanol, 1-Propanol and acetone. Record masses of all additives. Make up the volume, mix.

Preparation of calibration solutions of standards

Calculate the volume of standard solutions for the preparation of 50 cm³ of calibration solutions of each organic solvent with concentration 0.5, 1.0, and 2.0 mg/cm³.

Place 20 cm³ of distilled or deionized water in a 50 cm³ volumetric flask, add the calculated volume of standard solution, make up the volume, mix.

Preparation of internal standard solution

Place 20 cm³ of distilled or deionized water in a 100 cm³ volumetric flask, weigh the flask and record the mass.

Add approximately 0,5000 g of methylcarbinol, weigh the flask and record the mass. Make up the volume, mix.

Assay

Analysis of the sample

Place 5 cm^3 of sample in the vial and crimp the cap, mix.

The prepared probe is analysed by GC.

Determination of the retention time of the organic solvents

Prepare solutions of one or mixture of tested organic solvents: 2-Propanol, 1-Propanol, acetone and Methylcarbinol.

Place 5 cm^3 of distilled or deionized water in the vial and add 20 mm^3 of organic solvent, crimp the cap and mix.

The prepared probes are analyzed by GC.

Analysis of the calibration solutions

Place 4 cm^3 of calibration solution in the vial, add 1 cm^3 of internal standard solution and crimp the cap, mix.

The prepared probes are analysed by GC.

Calculation

From the obtained chromatograms of standard solutions read out or calculate following parameters of each organic solvent:

retention time (t_R), peak area (Area).

The measurement results are summarized in a table and used for the allocation of the peaks of the sample which has to be identified.

The content of organic solvents in standard solutions or internal standard solution (in mg/cm^3) shall be calculated:

$$c_i = \frac{m_i \times \omega_i}{V \times 100}$$

where

V——the volume of working solution of standards or internal standard solution, cm^3;

ω_i——content of i-th organic solvent in % according quality certificate;

m_i——weight of i-th organic solvent additive, mg;

100——percent conversion coefficient.

Results should be rounded up to the first decimal place.

The content of each organic solvent in j-th calibration solutions (in mg/cm^3) shall be calculated:

$$c_i^j = \frac{c_i \times V_w}{V_j}$$

where

V_j——the volume of calibration solution, cm^3;

V_w——the volume of aliquot of working solution, cm^3;

c_i——content of i-th organic solvent in working solution, mg/ cm^3.

Results should be rounded up to the first decimal place.

Mass of organic solvents or internal standard (in mg) in samples for analysis shall be calculated:

$$m_i = c_i^j \times V_a$$

where

V_a——the volume of aliquot of j-th calibration solution or internal standard solution or sample, cm^3;

c_i——content of i-th organic solvent in j-th calibration solution or internal standard solution or sample, mg/ cm^3.

Results should be rounded up to the first decimal place.

From the obtained chromatograms of sample and calibration solutions containing internal standard read out or calculate following parameters of each organic solvent:

retention time (t_R), peak area (Area), ratio area of i-th organic solvent peak to area of internal standard peak (Area ratio).

The measurement results are summarized in a table.

Plot for each tested organic solvent a graph of Area ratio (on X-axis) vs ratio mass of corresponding organic solvent to mass of internal standard (on Y-axis) using Excel and determine linear regression equation coefficients (a, b) and regression coefficient (r).

Mass of organic solvents (in mg) in probe of sample shall be given:

$$m_i = \left(\frac{S_i}{S_{st}}a + b\right)m_{st}$$

where

m_i——mass of i-th organic solvent in probe of sample, mg;

S_i——area of i-th organic solvent peak from the obtained chromatograms of probes of sample.

S_{st}——area of internal standard peak from the obtained chromatograms of probes of sample.

m_{st}——mass of internal standard in sample probe, mg.

a and b——linear regression coefficients.

Results should be rounded up to the first decimal place.

The content of each organic solvent in sample (in mg/cm^3) shall be given:

$$c_i = \frac{m_i}{V_{sample}}$$

where

V_{sample}——the volume of sample aliquot，cm^3；

m_i——mass of i-th organic solvent in sample probe，mg.

Results should be rounded up to the first decimal place.

Results

List of organic solvents that are present in the sample and their content.

Report

Please produce a report.

附　　录

附录 1　常见化学实验室技术术语及专业名词汉英对照表

1.1　通用词汇（general words）

采样 sampling
试样 sample
测定 determination
检测 detection
鉴定 identification
纯度 purity
含量 content
浓度 concentration
质量/体积分数 mass/volume concentration
溶解度 solubility
电离常数 ionization constant
离子积 ion-product constant
氢离子浓度指数 hydrogen ion concentration
溶度积 solubility product
酸值 acid value
酸度 acidity
碱度 alkalinity
pH 值 pH value
皂化值 saponification number
酯值 ester value
残渣 residue
熔点 melting point
沸点 boiling point
化合物 compound
纯净物 pure substance/chemical substance
混合物 mixture
反应物 reactant
生成物 product
副产物 by-product

缩聚物 condensation polymer
同系物 homologue
异构现象 isomerism
同分异构体 isomer
同素异形体 allotrope
原子量 relative atomic mass
分子量 relative molecular mass
分子式 molecular formula
通式 general formula
结构式 structural formula
化学式量 formula weight
物质的量 amount of substance
阿伏加德罗常数 Avogadro constant
阿伏加德罗定律 Avogadro's Law
摩尔 mole
摩尔质量 molar mass
质量范围 mass range
分辨率 resolution ratio
灵敏度 sensitivity
信噪比 signal to noise ratio（S/N）
检测限（敏感度）detection limit
分离度 degree of separation
吸光度 absorbance
透射比 transmittance
吸光系数 absorptivity
质量吸光系数 mass absorptivity
摩尔吸光系数 molar absorptivity
朗伯-比耳定律 Lambert-Beer Law
离子反应 ionic reaction
实验式 experimental formula
化学反应方程式 chemical equation

离子方程式 ionic equation
电离平衡 ionization equilibrium
平行测定 parallel determination
空白实验 blank test
电离 ionization
电解质 electrolyte
溶解平衡 dissolution equilibrium
原电池 galvanic cell
电解池 electrolytic cell
吸收曲线 absorption curve
吸收光谱 absorption spectrum
室温 ambient temperature
点样 application of sample
配平 balance
化学平衡 chemical equilibrium
可逆反应 reversible reaction
动态平衡 dynamic equilibrium
平衡常数 equilibrium constant
挥发性 volatility
反应机理 reaction mechanism
官能团 functional group
化学试剂 chemical reagent
标准溶液 standard solution
基准物质 primary standard substance
试液 test solution
储备溶液 stock solution
缓冲溶液 buffer solution
滴定剂 titrant
沉淀剂 precipitant
指示剂 indicator
酸碱指示剂 acid-base indicator
氧化还原指示剂 redox indicator
金属指示剂 metal indicator
吸附指示剂 adsorption indicator
混合指示剂 mixed indicator
洗脱剂 eluent

1.2　方法（methods）

分析化学 analytical chemistry
化学分析 chemical analysis
物理分析 physical analysis
物理化学分析 physicochemical analysis

仪器分析 instrumental analysis
定性分析 qualitative analysis
定量分析 quantitative analysis
常量分析 macro analysis
半微量分析 semi-micro analysis
微量分析 micro analysis
超微量分析 ultra-micro analysis
痕量分析 trace analysis
标定 calibration
滴定 titration
化学计量点 stoichiometric point
滴定终点 end point
绝对误差 absolute error
相对误差 relative error
随机误差 random error
系统误差 systematic error
准确度 accuracy
精确度 precision
偏差 deviation
平均偏差 average deviation
相对平均偏差 relative average deviation
标准偏差（标准差）standard deviation（S）
相对标准偏差 relative standard deviation
（RSD）
有效数字 significant figure
置信水平 confidence level
显著性水平 level of significance
重量分析法 gravimetric analysis
滴定分析法 titrimetric analysis
容量分析法 volumetric analysis
直接滴定 direct titration
间接滴定 indirect titration
置换滴定 replacement titration
返滴定 back titration
酸碱滴定法 acid-base titrations
氧化还原滴定法 redox titration
高锰酸钾法 permanganate titration
重铬酸钾法 dichromate titration
碘量法 iodometry
溴量法 bromimetry
铈量法 cerimetry
配位滴定法 coordination titration

沉淀滴定法 precipitation titration
银量法 argentometry
莫尔法 Mohr method
佛尔哈德法 Volhard method
法扬司法 Fajans method
双指示剂滴定法 double indicator titration
非水滴定法 non-aqueous titration
电化学分析 electrochemical analysis
电位法 potentiometry
直接电位法 direct potentiometry
电位滴定法 potentiometric titration
比色法 colorimetry
光谱分析法 spectroscopic analysis
质谱法 mass spectrometry
紫外-可见分光光度法 ultraviolet and visible spectrophotometry
荧光分析法 fluorometry
X-射线荧光分析法 X-ray fulorometry
原子荧光分析法 atomic fluorometry
分子荧光分析法 molecular fluorometry
红外吸收光谱法 infrared spectrometry
红外分光光度法 infrared spectrophotometry
原子光谱法 atomic spectroscopy
原子吸收分光光度法 atomic absorption spectrophotometry（AAS）
原子发射分光光度法 atomic emmsion spectrophotometry（AES）
原子荧光分光光度法 atomic fluorescence spectrophotometry（AFS）
气相色谱-质谱联用 gas chromatography-mass spectrometry（GC-MS）
气相色谱法 gas chromatography（GC）
液相色谱法 liquid chromatography（LC）
纸色谱法 paper chromatography
薄层色谱法 thin layer chromatography（TLC）
分解反应 decomposition reaction
化合反应 combination reaction
复分解反应 metathetical reaction
加成反应 addition reaction
加水加成 hydration reaction

加成聚合反应 addition polymerization reaction
缩合聚合反应 condensation polymerization reaction
取代反应 substitution reaction
脱水 dehydration
水解 hydrolysis
卤代反应 halogenation reaction
酯化反应 esterification reaction
亲核取代 nucleophilic substitution
消去反应 elimination reaction
裂化反应 cracking reaction
回流 reflux
重结晶 recrystallization
蒸馏 distillation
分馏 fractional distillation
萃取 extraction
柱层析 column chromatography
液-液萃取法 liquid-liquid extraction
溶剂萃取法 solvent extraction
反萃取 counter extraction
归一化法 normalization method
面积归一化法 area normalization method
内标法 internal standard method
外标法 external standard method
上行展开 ascending development

1.3 仪器设备（instruments and equipment）

分析天平 analytical balance
电子天平 electronic balance
托盘天平 platform balance
电位滴定仪 potentiometric titrator
pH 计 pH meter
分光光度计 spectrophotometer
原子吸收分光光度计 atomic absorption spectrophotometer
傅里叶变换红外分光光度计 Fourier transform infrared spectrophotometer
荧光计 fluorometer
分光荧光计 spectrofluorometer
色谱仪 chromatograph
气相色谱仪 gas chromatography（GC）

高效液相色谱仪 high performance liquid chromatography（HPLC）
自动旋光仪 automatic polarimeter
恒温水浴锅 thermostat water bath
浊度仪 turbidity meter
超声波清洗机 ultrasonic cleaner
水浴 water bath
油浴 oil bath
电热恒温鼓风干燥箱 electric thermostat blast drying oven
气流烘干器 air flow dryer
真空泵 vacuum pump
循环水式真空泵 circulating water vacuum pump
磁力搅拌器 magnetic stirrer
阿贝折射仪 Abbe refractometer
电炉 electric stove
砝码 weights
负极 cathode
正极 anode
指示电极 indicator electrode
参比电极 reference electrode
标准氢电极 standard hydrogen electrode
一级参比电极 primary reference electrode
饱和甘汞电极 saturated calomel electrode
银-氯化银电极 Ag/AgCl electrode
铂电极 platinum electrode
复合 pH 电极 combination pH electrode
离子选择电极 ion selective electrode
晶体电极 crystalline electrodes
均相膜电极 homogeneous membrance electrodes
非均相膜电极 heterogeneous membrance electrodes
非晶体电极 non- crystalline electrodes
刚性基质电极 rigid matrix electrode
流体载动电极 electrode with a mobile carrier
气敏电极 gas sensing electrodes
酶电极 enzyme electrodes
吸收池 absorption cell
比色皿 cuvette /cell
检测器 detector

荧光检测器 fluorescence detector
紫外可见光检测器 ultraviolet visible detector
电化学检测器 electrochemical detector
薄层扫描仪 thin layer scanner
钨灯 tungsten lamp
填充柱 packed column
毛细管柱 capillary column
药匙 medicine spoon
干燥器 desiccator
真空干燥器 vacuum desiccator
称量瓶 weighing bottle
容量瓶 volumetric flask
滴定管 burette
移液管 pipette
单标线吸量管 one-mark pipette
刻度吸量管 graduated pipettes
锥形瓶 conical flask
碘瓶 iodine flask
坩埚 crucible
表面皿 watch glass
滤纸 filter paper
试纸 test paper
点滴板 spot plate
研钵 mortar
试管 test tube
试管刷 test tube brush
试管架 test tube holder
试管夹 test tube rack
烧杯 beaker
洗瓶 plastic wash bottle
试剂瓶 reagent bottles
搅拌棒 stirring bar
漏斗 funnel
长颈玻璃漏斗 glass funnel long stem
分液漏斗 separating funnel
漏斗架 funnel stand
量筒 measuring cylinder
滴管 dropper
酸式滴定管 Acid burette
具塞比色管 colorimetric tube with plug
比色管架 colorimetric tube rack

洗耳球 rubber suction bulb
玻璃活塞 stopcock
直形冷凝器 rectocondensor
球形冷凝器 spherical condenser
进样器 injector
注射器 syringe
自动进样器 automatic injector
具塞磨口锥形瓶 conical flask with plug grinding mouth
滴定管架 burette rack
铁架台 iron stand
单臂夹 single arm clip
圆底烧瓶 round-bottom flask
三口烧瓶 3-neck round-bottom flask
温度计套管 thermowells
真空蒸馏接收管 vacuum distillation receiver
蒸馏头 distill head
分水器 water segregator
温度计 thermometer
广口瓶 wide mouth（neck）container（bottle）
集气瓶 gas bottle
曲颈瓶 retort
石棉网 asbestos net
酒精喷灯 alcohol blowlamp
索氏提取器 Soxhlet apparatus
冷凝管 condenser tube

1.4 常见元素（common elements）

氢 hydrogen
氦 helium
锂 lithium
硼 boron
碳 carbon
氮 nitrogen
氧 oxygen
氟 fluorine
氖 neon
钠 sodium
镁 magnesium
铝 aluminum
硅 silicon
磷 phosphorus

硫 sulfur
氯 chlorine
氩 argon
钾 potassium
钙 calcium
钛 titanium
铬 chromium
锰 manganese
铁 iron
钴 cobalt
镍 nickel
铜 copper
锌 zinc
砷 arsenic
溴 bromine
银 silver
锡 tin
碘 iodine
氙 xenon
钡 barium
钨 tungsten
金 gold
汞 mercury
铅 lead

1.5 常见单质（common substance）

金刚石 diamond
石墨 graphite
臭氧 ozone
红磷 red phosphorus
白磷 white phosphorus

1.6 常见根离子（common radicals）

氢化的 hydride
硼酸 boric acid
碳化的 carbide
碳酸 carbonic acid
碳酸氢根 bicarbonate/hydrogen carbonate
氮化的 nitride
叠氮化的 azide
亚硝酸 nitrous acid
氧化的 oxide

二氧化的 dioxide
三氧化的 trioxide
过氧根 peroxy（radical）
超氧化的 superoxide
氢氧根 hydroxyl
水合氢离子 hydronium
氟化的 fluoride
偏铝酸 meta-aluminicacid
四羟基合铝酸 hydroxyl-aluminic acid
硅酸 silicic acid
磷酸二氢根 dihydrogen phosphate
磷酸氢根 hydrogen phosphate
硫化的 sulfide
硫酸氢根 hydrogen sulfate radical
亚硫酸 sulphurous acid
亚硫酸氢根 bisulfite
硫代硫酸根 thiosulphate
焦硫酸 pyrosulfuric acid
氯化的 chloride
氢氯酸/盐酸 hydrochloric acid
高氯酸 perchloric acid
氯酸 chloric acid
亚氯酸 chlorous acid
次氯酸 hypochlorous acid
溴化的 bromide
碘化的 iodide
卤化的 halide
铵根 ammonium
高锰酸根 permanganate
锰酸根 manganate
氰根 cyanide
硫氰根 thiocyanate
铬酸根 chromate
重铬酸根 dichromate

1.7　有机化合物（organic compounds）

正构型 normal-(n-)
异构型 iso-(i-)
新构型 neo-(n-)
聚 poly-
烷基 alkyl
甲基 methyl

乙基 ethyl
丙基 propyl
环烷烃 cycloalkane
烯烃 alkene
二烯烃 allenes
环烯烃 cyclic alkene
炔烃 alkyne
顺式异构 cis-isomerism
反式异构 trans-isomerism
碳氢化合物/烃 hydrocarbon
饱和烃 saturated hydrocarbon
不饱和烃 unsaturated hydrocarbon
脂肪烃 aliphatic hydrocarbon
脂环烃 alicyclic hydrocarbon
苯基 phenyl
苄基 benzyl
带卤素的化合物 halogens
酮 ketone
醛 aldehyde
羧酸 carboxylic acid
羧基 carboxyl
乙酸根 acetate
醚 ether
脂 ester
胺 amine
酰胺 amide
氨基 amino
酰胺基 acylamino
磺酸 sulphonic acid
腈 nitrile
酚 phenol

1.8　常见化合物（common compounds）

盐酸 hydrochloric acid
浓盐酸 concentrated hydrochloric acid
稀盐酸 diluted hydrochloric acid
硝酸 nitric acid
浓硝酸 concentrated nitric acid
硫酸 sulfuric acid
浓硫酸 concentrated sulfuric acid
磷酸 phosphoric acid
醋酸 acetic acid

冰醋酸 glacial acetic acid
氢氧化钠 sodium hydroxide
氢氧化钾 potassium hydroxide
碳酸钠 sodium carbonate
碳酸氢钠 sodium bicarbonate
硝酸铵 ammonium nitrate
邻苯二甲酸盐标准缓冲溶液 phthalate standard buffer solution
磷酸盐标准缓冲溶液 phosphate standard buffer solution
硼酸盐标准缓冲溶液 borate standard buffer solution
乙二胺四乙酸 ethylenediamine tetraacetic acid（EDTA）
氧化锌 zinc oxide
氨水 ammonia
氯化铵 ammonium chloride
六亚甲基四胺 hexamethylenetetramine
水硬度 hardness of water
三乙醇胺 triethanolamine
硫化钠 sodium sulfide
硫酸铜 copper sulfate
硫酸铝 aluminum sulfate
硫酸镍 nickel sulfate
硝酸银 silver nitrate
氯化钠 sodium chloride
铬酸钾 potassium chromate
重铬酸钾 potassium dichromate
硝基苯 nitrobenzene
邻苯二甲酸二丁酯 dibutyl phthalate（DBP）
硫氰酸铵 ammonium thiocyanate
铁铵矾（十二水合硫酸铁铵，硫酸高铁铵）ammonium iron sulfate
碘化钠 sodium iodide
过氧化氢 hydrogen peroxide
高锰酸钾 potassium permanganate
草酸钠 sodium oxalate
氯化钙 calcium chloride
氯化钴 cobalt chloride
氯化铁 ferric chloride
硫酸亚铁铵 ammonium ferrous sulfate

过硫酸铵 ammonium persulfate
碘化钾 potassium iodide
硫代硫酸钠 sodium thiosulfate
二苯胺磺酸钠 sodium diphenylamine sulfonate（DPAS）
三氯化钛 titanium trichloride
钨酸钠 sodium tungstate
淀粉指示剂 starch indication/indicetor
硫酸锰 manganese sulfate
钼酸铵 ammonium molybdate
氯化钾 potassium chloride
磺基水杨酸 sulfosalicylic acid
水杨酸 salicylic acid
抗坏血酸 ascorbic acid（vitamin C）
邻菲罗啉 phenanthroline
饱和碳酸钠 saturated sodium carbonate solution
饱和食盐水 saturated salt water
饱和氯化钙 saturated calcium chlorides
无水硫酸镁 anhydrous magnesium sulfate
沸石 zeolite
氰化钠 sodium cyanide
磷化氢 phosphine
硫化氢 hydrogen sulphide
氮化镁 magnesium nitride
四氧化三铁 ferroferric oxide
二氟化氧 oxygen difluoride
氯化氢 hydrogen chloride
氯化亚铁 iron（II）chloride/ferrous chloride
氯化铁 iron（III）chloride/ferric chloride
磷酸二氢钠 monosodium phosphate
磷酸氢二钠 disodium phosphate
硫氢化钠/硫氢酸钠 sodium hydrosulphide
乙醇 ethanol
无水乙醇 anhydrous ethanol
乙酸乙酯 ethyl acetate
异丙醇 isopropyl alcohol
正丁醇 n-butyl alcohol
龙胆紫 gentian violet
氯仿 chloroform
异戊二烯 isoprene

月桂烯 myrcene
聚乙烯 polythene
聚氯乙烯 polyvinyl chloride（PVC）
聚丙烯 polypropylene
聚四氟乙烯/特氟龙 teflon
腈纶 acrylic fiber
二甲醚 dimethyl ether
苯酚 phenol
甲酸/蚁酸 formic acid
丙酸 propanoic acid
丁酸 butyric acid
硬脂酸钠 sodium stearate
柠檬酸 citric acid
柠檬酸钠 sodium citrate
乳酸 lactic acid
乳酸钠 sodium lactate
葡萄糖酸 gluconic acid
氨基酸 amino acid
葡萄糖 glucose
果糖 fructose
半乳糖 galactose
核糖 ribose
脱氧核糖 deoxyribose
核糖核酸 ribonucleic acid（RNA）
脱氧核糖核酸 deoxyribonucleic acid（DNA）
麦芽糖 maltose
蔗糖 sucrose
乳糖 lactose
纤维素 cellulose
甘油/丙三醇 glycerol
叔丁醇 tert-butyl alcohol（TBA）
三硝基甲苯 trinitrotoluene（TNT）
萘 naphthalene
碳酰胺/尿素 urea/carbamide
胡萝卜素 carotene
叶绿素 chlorophyll
阿司匹林/乙酰水杨酸 aspirin/acetylsalicylic acid
对乙酰氨基酚/扑热息痛 paracetamol/acetaminophen
苯丙醇胺 phenylpropanolamine
肾上腺素 adrenaline

伪麻黄碱 pseudoephedrine（PSE）
氯苯吡胺/扑尔敏 chlorpheniramine
维生素 A vitamin A
苯乙酮 acetophenone
四氢呋喃 tetrahydrof uran
柠檬精油 Limonene

1.9 常见指示剂（common indicators）

1.9.1 酸碱指示剂
甲基紫 methyl violet
甲酚红 cresol red
百里酚蓝 thymol blue
二甲基黄 dimethyl yellow
甲基橙 methyl orange
溴酚蓝 BPB
刚果红 congo red
溴甲酚绿 bromocresol green
甲基红 methyl red
溴酚红 bromophenol red
溴甲酚紫 bromocresol purple
溴百里酚蓝 bromothymol blue
中性红 neutral red
酚红 phenol red
甲酚红 cresol red
百里酚蓝 thymol blue
酚酞 phenolphthalein
百里酚酞 thymol

1.9.2 酸碱混合指示剂
溴甲酚绿-甲基红 bromocresol green-methyl red
甲基红-亚甲基蓝 methyl red-methylene blue
甲基橙-靛蓝 methyl orange-indigo
溴百里酚绿-甲基橙 bromothymol green-methyl orange
溴甲酚紫-溴百里酚蓝 bromocresol purple-bromothymol blue
中性红-亚甲基蓝 neutral red-methylene blue
溴百里酚蓝-酚红 bromothymol blue-phenol red
甲酚红-百里酚蓝 cresol red-thymol blue

1.9.3 金属离子指示剂
铬黑 T chrome black T（EBT）

钙指示剂 calcium indicator（N. N）

二甲酚橙 xylenol orange（XO）

K-B 指示剂 K-B indicator

磺基水杨酸 sulfosalicylic acid

PAN 指示剂 PAN indicator

Cu-PAN（CuY＋PAN 溶液）Cu-PAN（CuY＋PAN solution)

1.9.4　氧化还原指示剂

二苯胺 diphenylamine

二苯胺磺酸钠 sodium diphenylamine

sulfonate

邻菲咯啉-Fe　*o*-phenanthroline-Fe

邻苯氨基苯甲酸 *o*-phenylaminobenzoic acid

淀粉 starch

1.9.5　沉淀及吸附指示剂

铬酸钾 potassium chromate

硫酸铁铵 ammonium ferric sulfate

荧光黄 fluorescent yellow

二氯荧光黄 dichlorofluorescein

曙红 blush

附录 2　国际通用化学类实验技术符号

m_B	待测组分 B 的质量，g
m_s	试样质量，g
w_B	物质 B 的质量分数，数值以％表示
n_B	B 物质的物质的量，mol
V_s	试液的体积，mL
c_B	B 物质的物质的量浓度，mol/L
φ_B	体积分数，数值以％表示
ρ_B	组分 B 的质量浓度，g/L、mg/L、μg/L
x_T	真值（组分的真实数值）
x	组分的测定值
E	误差
E_a	绝对误差
E_r	相对误差
D	偏差
$\bar{x}$	测定结果平均值
x_i	组分值
d_i	第 i 次测定的绝对偏差
$\bar{d}$	一组平行测定值的平均偏差
R	极差
n	样本容量
μ	总体平均值
x_M	中位数
σ	总体标准偏差
S	样本的标准偏差
f	自由度（指独立偏差的个数）
y	概率密度
P	置信度

α	显著性水平,其值为 $(1-P)$
$t_{\alpha,f}$	显著性水平为 α、自由度为 f 时的 t 值
sp	化学计量点
ep	滴定终点
$n\left(\dfrac{1}{z_B}B\right)$	基本单元为 $1/z_B$ 的 B 物质的物质的量,mol
$T_{B/A}$	每毫升 A 标准滴定溶液相当于被测物质 B 的质量,g/mL
$c\left(\dfrac{1}{z_A}A\right)$	基本单元为 $1/z_A$ 的 A 标准滴定溶液的物质的量,mol/L
K_w	水的质子自递常数
K_t	反应的平衡常数
K_a	酸的离解常数
K_b	碱的离解常数
a	离子的活度
γ	离子的活度系数
I	离子强度
δ	某一存在形式的分布系数
β	缓冲溶液的缓冲容量
E_t	终点误差或称滴定误差
M	金属离子
L	配位剂
Y	配位剂 EDTA
K_{MY}	金属-EDTA 配位化合物的绝对稳定常数
K_i	各级稳定常数
β_n	累积稳定常数
$K_{\text{稳}n}$	各级稳定常数
K'_{MY}	金属-EDTA 配合物的条件稳定常数
N	共存离子
α_Y	滴定剂 Y 的副反应系数
$\alpha_{Y(H)}$	EDTA 的酸效应系数
$\alpha_{Y(N)}$	共存离子效应系数
α_M	金属离子 M 的副反应系数
$\alpha_{M(L)}$	金属离子 M 配位效应系数
$\alpha_{M(OH)}$	金属离子 M 羟基化效应系数
α_{MY}	配合物 MY 的副反应系数
$[Y']$	EDTA 各种形式的总浓度
$[Y]$	EDTA 游离 Y 的浓度
c_Y	EDTA 的分析浓度
$[M']$	未与配位剂配位的各种型体金属离子总浓度
$[M]$	金属离子 M 的平衡浓度
$K'_{(MY)}$	配合物 MY 的条件稳定常数
$[In']$	未与金属离子配位的指示剂的各种形式的总浓度

pM_t	金属-指示剂颜色转变点的 pM 值	
M_{ep}	终点时游离金属离子的平衡浓度	
M'_{ep}	终点时未与滴定剂配位的金属离子的各种形式的总浓度	
ΔpM	配位滴定终点与化学计量点 pM 之差	
Ox	氧化态	
Red	还原态	
$\varphi^{\theta}_{Ox/Red}$	电对 Ox/Red 的标准电极电位，V	
a_{Ox}	电对氧化态的活度	
a_{Red}	电对还原态的活度	
R	气体常数，8.314J/（K·mol）	
T	热力学温度，K	
F	法拉第常数，96485C/mol	
n	电极反应中转移的电子数	
$\varphi^{\theta'}_{Ox/Red}$	条件电极电位，V	
$\Delta\varphi$	两电对的电位差，V	
φ_{sp}	化学计量点电位，V	
$\varphi^{\theta'}_{In}$	氧化还原指示剂的变色点电位，V	
s	化合物的溶解度	
s^0	化合物的固有溶解度	
K^{θ}_{sp}	离子的活度积常数（简称活度积）	
F	重量分析换算因数或称化学因数	
K_D	分配系数	
D	分配比	
E	萃取率（数值以％表示）	
β	分离系数	
R_f	比移值	

附录 3　常用缓冲溶液的配制

序号	溶液名称	配制方法	pH
1	氯化钾-盐酸	13.0mL0.2mol/L HCl 与 25.0mL0.2mol/L KCl 混合均匀后，加水稀释至100mL	1.7
2	氨基乙酸-盐酸	在 500mL 水中溶解氨基乙酸150g,加 480mL 浓盐酸,再加水稀释至 1L	2.3
3	一氯乙酸-氢氧化钠	在 200mL 水中溶解 2g 一氯乙酸后,加 40g NaOH,溶解完全后再加水稀释至 1L	2.8
4	邻苯二甲酸氢钾-盐酸	把 25.0mL 0.2mol/L 的邻苯二甲酸氢钾溶液与 6.0mL 0.1mol/L HCl 混合均匀,加水稀释至100mL	3.6
5	邻苯二甲酸氢钾-氢氧化钠	把 25.0mL 0.2mol/L 的邻苯二甲酸氢钾溶液与 17.5mL 0.1mol/L NaOH 混合均匀,加水稀释至100mL	4.8
6	六亚甲基四胺-盐酸	在 200mL 水中溶解六亚甲基四胺 40g,加浓 HCl 10mL,再加水稀释至 1L	5.4

序号	溶液名称	配制方法	pH
7	磷酸二氢钾-氢氧化钠	把 25.0mL 0.2mol/L 的磷酸二氢钾与 23.6mL 0.1mol/L NaOH 混合均匀,加水稀释至 100mL	6.8
8	硼酸-氯化钾-氢氧化钠	把 25.0mL 0.2 mol/L 的硼酸-氯化钾与 4.0mL 0.1mol/L NaOH 混合均匀,加水稀释至 100mL	8.0
9	氯化铵-氨水	把 0.1mol/L 氯化铵与 0.1mol/L 氨水以 2:1 比例混合均匀	9.1
10	硼酸-氯化钾-氢氧化钠	把 25.0mL 0.2mol/L 的硼酸-氯化钾与 43.9mL 0.1mol/L NaOH 混合均匀,加水稀释至 100mL	10.0
11	氨基乙酸-氯化钠-氢氧化钠	把 49.0mL 0.1 mol/L 氨基乙酸-氯化钠与 51.0mL 0.1mol/L NaOH 混合均匀	11.6
12	磷酸氢二钠-氢氧化钠	把 50.0mL 0.05mol/L Na_2HPO_4 与 26.9mL 0.1mol/L NaOH 混合均匀,加水稀释至 100mL	12.0
13	氯化钾-氢氧化钠	把 25.0mL 0.2mol/L KCl 与 66.0mL 0.2mol/L NaOH 混合均匀,加水稀释至 100mL	13.0

附录4　常用基准物质的干燥条件和应用

基准物质		干燥后的组成	干燥条件/℃	标定对象
名称	分子式			
碳酸氢钠	$NaHCO_3$	Na_2CO_3	270~300	酸
碳酸钠	$Na_2CO_3 \cdot 10H_2O$	Na_2CO_3	270~300	酸
硼砂	$Na_2B_4O_7 \cdot 10H_2O$	$Na_2B_4O_7 \cdot 10H_2O$	放在含 NaCl 和蔗糖饱和液的干燥器中	酸
碳酸氢钾	$KHCO_3$	KCO_3	270~300	酸
草酸	$H_2C_2O_4 \cdot 2H_2O$	$H_2C_2O_4 \cdot 2H_2O$	室温空气干燥	碱或 $KMnO_4$
邻苯二甲酸氢钾	$KHC_8H_4O_4$	$KHC_8H_4O_4$	110~120	碱
重铬酸钾	$K_2Cr_2O_7$	$K_2Cr_2O_7$	140~150	还原剂
溴酸钾	$KBrO_3$	$KBrO_3$	130	还原剂
碘酸钾	KIO_3	KIO_3	130	还原剂
铜	Cu	Cu	室温干燥器中保存	还原剂
三氧化二砷	As_2O_3	As_2O_3	室温干燥器中保存	氧化剂
草酸钠	$Na_2C_2O_4$	$Na_2C_2O_4$	130	氧化剂
碳酸钙	$CaCO_3$	$CaCO_3$	110	EDTA
硝酸铅	$Pb(NO_3)_2$	$Pb(NO_3)_2$	室温干燥器中保存	EDTA
氧化锌	ZnO	ZnO	900~1000	EDTA
锌	Zn	Zn	室温干燥器中保存	EDTA
氯化钠	NaCl	NaCl	500~600	$AgNO_3$
氯化钾	KCl	KCl	500~600	$AgNO_3$
硝酸银	$AgNO_3$	$AgNO_3$	220~250	氯化物

附录 5　常用酸碱指示剂及其配制方法

单色指示剂（变色范围排序）

序号	名称	配制方法	pH 变色范围	
1	苦味酸(三硝基苯酚)	0.10g 溶于 100mL 水	0.0(无)	1.3(黄)
2	龙胆紫(结晶紫)	0.20g 溶于 100mL 水	0.0(绿)	2.0(紫)
3	孔雀石绿	0.30g 溶于 100mL 冰乙酸	0.0(黄)	2.0(绿)
4	甲基紫	0.25g 溶于 100mL 水(0.5g 溶于 100mL 水)	0.1(黄)	1.5(蓝)
5	甲基绿	0.05g 溶于 100mL 水	0.1(黄)　　绿	2.0(浅蓝)
6	喹哪啶红	0.10g 溶于 100mL 甲醇	1.0(无)	3.2(红)
7	间胺黄	0.50g 溶于 100mL 水	1.2(红)	2.3(黄)
8	间甲酚紫	0.10g 溶于 13.6mL0.02mol/L 氢氧化钠溶液中,稀释至 250mL	1.2(红)	2.8(黄)
9	对二甲苯酚蓝	0.10g 溶于 250mL 乙醇	1.2(红)	2.8(黄)
10	百里香酚蓝	0.10g 溶于 10.75mL 0.02mol/L 氢氧化钠中,稀释至 250mL	1.2(红)	2.8(黄)
11	金莲橙 OO(橙黄 IV)	0.50g 溶于 100mL 乙醇,或 0.1g 溶于 100mL 水	1.3(红)	3.2(黄)
12	二苯胺橙(橘黄 IV)	0.10g 溶于 100mL 水	1.3(红)	3.0(黄)
13	苯红紫 4B	0.10g 溶于 100mL 水	1.3(蓝紫)	4.0(红)
14	茜素黄 R	0.10g 溶于 100mL 温水	1.9(红)	3.3(黄)
15	2,6-二硝基酚	0.10g 溶于 20mL 乙醇中,稀释至 100mL	2.4(无)	4.0(黄)
16	2,4-二硝基酚	0.10g 溶于 20mL 乙醇中,稀释至 100mL	2.4(无)	4.4(黄)
17	溴酚蓝	0.10g 溶于 3.0mL 0.05mol/L 氢氧化钠溶液中,稀释至 200mL	2.8(黄)	4.6(蓝)
18	对二甲氨基偶氮苯	0.10g 溶于 200mL 乙醇	2.9(红)	4.0(黄)
19	溴酚蓝	0.10g 溶于 13.6mL 0.02mol/L 氢氧化钠溶液中,稀释至 250mL	3.0(黄)	4.6(紫)
20	刚果红	0.10g 溶于 100mL 水	3.0(蓝紫)	5.2(红)
21	甲基橙	0.10g 溶于 100mL 水	3.0(红)	4.4(黄)
22	溴氯酚蓝	0.10g 溶于 8.6mL 0.02mol/L 氢氧化钠溶液中,稀释至 250mL	3.2(黄)	4.8(紫)
23	2,5-二硝基酚	0.10g 溶于 20mL 乙醇中,稀释至 100mL	3.2(黄)	4.8(紫)
24	茜素磺酸钠	1.0g 溶于 100mL 水	3.7(黄)	5.2(紫)
25	溴甲酚绿	0.10g 溶于 7.15mL0.02mol/L 氢氧化钠溶液中,稀释至 250mL	3.8(黄)	5.4(蓝)

序号	名称	配制方法	pH 变色范围		
26	刃天青	0.10g 溶于 100mL 水	3.8(橙)		6.5(暗紫)
27	异胺酸	0.10g 溶于 100mL 乙醇	4.1(玫瑰红)		5.6 黄
28	甲基红	0.10g 溶于 3.72mL 0.02mol/L 氢氧化钠溶液中,稀释至250mL	4.2(红)		6.2(黄)
29	间苯二酚蓝	0.20g 溶于 100mL 乙醇	4.4(红)	5.2(紫)	6.4(蓝)
30	石蕊	1.0g 溶于微碱性水溶液,然后加微酸性水至100mL 使之呈紫色	4.5(红)		8.3(蓝)
31	胭脂红酸	0.10g 溶于 100mL 乙醇（体积分数 20%）	4.8(黄)	5.5(桃红)	6.2(紫)
32	氯酚红	0.10g 溶于 11.8mL 0.02mol/L 氢氧化钠溶液中,稀释至250mL	5.0(黄)		6.6(玫瑰红)
33	溴甲酚紫	0.10g 溶于 9.25mL0.02mol/L 氢氧化钠溶液中,稀释至250mL	5.2(黄)		6.8(紫)
34	溴酚红	0.10g 溶于 9.75mL 0.02mol/L 氢氧化钠溶液中,稀释至250mL	5.2(黄)		7.0(红)
35	茜素	0.10g 溶于 100mL 水或乙醇	5.5(黄)		7.0(红)
36	对硝基酚	0.25g 溶于 100mL 水	5.6(无)		7.4(黄)
37	松色素	1.0g 溶于乙醇	5.8(无)		7.8(红紫)
38	溴百里香酚蓝	0.10g 溶于 8.0mL 0.02mol/L 氢氧化钠溶液中,稀释至250mL	6.0(黄)		7.6(蓝)
39	儿茶酚紫	0.10g 溶于 100mL 水	6.0(黄)		7.0(紫)
40	姜黄	饱和水溶液	6.0(黄)		8.0(橙红)
41	玫瑰酸	0.50g 溶于 50mL 乙醇,稀释至100mL	6.2(黄)		8.0(红)
42	中性红	0.10g 溶于 70mL 乙醇中,稀释至 100mL	6.8(红)		8.0(黄)
43	苯酚红	0.10g 溶于 14.20mL 0.02mol/L 氢氧化钠溶液中,稀释至250mL	6.8(黄)		8.2(红)
44	树脂质酸	1.0g 溶于 100mL 乙醇（体积分数 50%）中	6.8(黄)		8.2(红)
45	间硝基酚	0.30g 溶于 100mL 水	6.8(无)		8.4(黄)
46	喹啉蓝	0.10g 溶于 100mL 乙醇	7.0(无)		8.0(紫蓝)
47	1-萘酚酞	1.0g 溶于 100mL 乙醇（体积分数 50%）中	7.0(粉红)		8.6(蓝绿)
48	甲酚红	0.10g 溶于 13.1mL 0.02mol/L 氢氧化钠溶液中,稀释至250mL	7.2(黄)		8.8(紫红)
49	间甲酚紫	0.10g 溶于 13.1mL 0.02mol/L 氢氧化钠溶液中,稀释至250mL	7.4(黄)		9.0(紫)
50	金莲橙 OOO	0.10g 溶于 100mL 水	7.6(黄绿)		8.9(玫瑰红)
51	橘黄 I	1.0g 溶于 100mL 水	7.6(橙)		8.9(粉红)
52	百里香酚蓝	0.10g 溶于 100mL 乙醇	8.0(黄)		9.6(蓝)
53	对二甲苯酚蓝	0.10g 溶于 13.6mL 0.02mol/L 氢氧化钠溶液中,稀释至250mL	8.0(黄)		9.6(蓝)

序号	名称	配制方法	pH 变色范围	
54	酚酞	0.10g 溶于 60mL 乙醇中,稀释至100mL	8.0(无)	10.0(红)
55	邻甲酚酞	0.10g 溶于250mL 乙醇	8.2(无)	9.8(红)
56	1-萘酚苯	0.10g 溶于100mL 乙醇	8.5(黄)	9.8(绿)
57	百里香酚酞	0.10g 溶于100mL 乙醇	9.0(无)	10.2(蓝)
58	二甲苯酚酞	0.10g 溶于70mL 乙醇,稀释至100mL	9.3(无)	10.5(蓝)
59	茜素黄 GG	0.10g 溶于100mL 乙醇(体积分数50%)中	10.0(黄)	12.0(棕黄)
60	耐尔蓝	1.0g 溶于100mL 冰乙酸	10.1(蓝)	11.1(红)
61	泡依蓝 C4B	0.20g 溶于100mL 水	11.0(蓝)	13.0(红)
62	硝胺	0.10g 溶于100mL 乙醇(体积分数70%)中	11.0(黄)	13.0(橙棕)
63	金莲橙 O	0.10g 溶于100mL 水	11.0(黄)	12.0(橙)
64	茜素蓝 SA	0.05g 溶于100mL 水	11.0(绿)	13.0(蓝)
65	1,3,5-三硝基苯	0.10g 溶于100mL 乙醇(体积分数50%)中	11.5(无)	14.0(橙)
66	靛蓝二磺酸钠	0.25g 溶于100mL 乙醇(体积分数50%)中	11.6(蓝)	14.0(黄)
67	达旦黄	0.10g 溶于100mL 水	12.0(黄)	13.0(红)

附录6 非危险品化学试剂的分类储存

类别	代表性品名	储存方法
遇光易变质试剂	对二甲氨基苯甲醛;二苯胺;二苯胺磺酸钠;三乙醇胺;天冬素;天冬酸;丹宁酸;丙氨酸;对甲氨基苯酚硫酸盐;L-抗坏血酸;没食子酸;(间)苯二酚;苯骈戊三酮;苯肼硫代羰偶氮苯;苯胺硫酸盐;胱氨酸;脯氨酸;8-羟基喹啉;硫化铵溶液;硫柳汞;硫酸亚铁;硫酸铁;氯化亚铁;焦性没食子酸;碘化钾;溴化银;磺基水杨酸	宜储存在遮光、干燥、阴凉、通风的库房内;有些品种,还要采取不同的降温、防潮措施
遇热易变质试剂	2,3-二巯基-1-丙醇;木瓜酶;牛肉膏;丙酮酸;肝素;卵磷脂;3-单磷酸胞苷;脑磷脂;辅酶-A;脱氧胆酸钠;脱氧核糖核酸;脲酶;硫酸钠结晶;碳酸钠结晶;碳酸铵;6-糠基氨基嘌呤	宜储存在30℃以下的阴凉处,相对湿度要在80%以下;其中有些须储存在4℃左右的冰箱中;对易潮解变质的试剂宜装在用变色硅胶等吸潮剂的塑料袋、桶、箱等容器内密封;一般储存期不宜过久
易风化试剂	四硼酸钠;亚铁氰化钾;酒石酸钾钠;硫酸亚铁铵;硫酸钾铝;硫酸铜;硫酸铬钾;硫酸铝铵;硫酸镁;焦锑酸钾	宜储存在相对湿度80%以上的遮光、阴凉库房内
易冻结试剂	十二醇;(正)辛醇;溴水	根据凝固点(熔点)采取不同措施,一般在冬季宜储存于暖库或采取其他保暖措施

类别	代表性品名	储存方法
易潮解试剂	乙二胺四乙酸二钠;乙酸钠;乙酸胺;乙酸锌;二乙二硫代氨基酸甲酸钠;二甲基黄;3,5-二硝苯甲酰氯;丁二酮肟;丁二酸钠;天青Ⅰ;天青Ⅱ;中性红;孔雀石绿;巴比妥钠;苯胺蓝水溶液;丙三醇;甘露醇;龙胆紫;可溶性淀粉;甲基红;甲基橙;D-半乳糖;亚硝基铁氰化钠;无水亚硫酸钠;亚硝酸钴胺;亚硫酸氢钠;刚果红;肌酸酐;次甲基蓝;麦芽糖;苏木色精;3-吲哚乙酸;皂素;沙门氏志贺氏菌属琼脂;阿拉伯树胶粉状;玫瑰红酸;邻苯二甲酸钾;明胶;罗丹明B;乳糖;肼硫酸盐;变色硅胶;试纸;柠檬酸三铵;柠檬酸铁;柠檬酸铁铵;茜素红;果糖;钠石灰;香柏油;结晶紫;铁(铁粉、铁丝、电解铁粉、还原铁粉);氧化铝;氧化镁;对氨基苯磺酸;俾斯麦棕;烧碱石棉;酒石酸;姬姆氏色素;酚红;萘酚绿B;荧光素;荧光桃红;铜铁试剂;铬黑T;偏钒酸铵;脲;羟胺盐酸盐;蛋白胨;琼脂;葡萄糖;硫代硫酸钠;硫酸氢钾;硫酸钴;硫酸铈;硫酸铈铵;硫酸铁铵;无水硫酸铜;硫酸铵;硫酸锰;硫酸镍;硫氰酸钠;硫氰酸钾;硫氰酸铵;紫脲酸铵;氯化乙酰胆碱;氯化亚锡;氯化钙;氯化铁;氯化锂;氯化锌;氯化镁;氯化镍;氯金酸;氯铂酸;氯胺T;焦磷酸钾;瑞氏色素;α-酮戊二酸;溴化钠;溴化铵;碱蓝6B;碱性藏红花T;碱性品红;无水碳酸钾;无水碳酸钾钠;糊精;靛蓝二磺酸钠;橙黄G;磷酸二氢钠;磷酸二氢钾;磷酸二氢铵;磷酸氢二钠;磷酸氢二钾;磷酸氢二铵;磷酸氢钠铵;曙红B水溶液;曙红Y水溶液;麝香草酚酞;麝香草酚蓝	宜储存于库温为35℃以下,相对湿度在80%以下的干燥、阴凉地方。根据库内外温湿度变化情况,随时掌握通风散潮及密封防潮措施。熔点较低的试剂,宜储存于30℃以下干燥、阴凉的地方。对特别易潮解的小包装试剂,宜储存在用硅胶、石灰等吸潮剂的干燥桶、干燥箱、塑料袋等密封干燥器内

附录7 危险品化学试剂的分类储存

类别	代表性品名	储存方法
易爆炸试剂	2,4,6-硝基苯酚;六硝基二苯胺;叠氮化钠	宜单独存放,或同库分区储存。如库存量不大或包装符合安全储存条件时,也可与毒害性试剂同库分区储存
遇水燃烧试剂	钠;钠汞齐;钙;钾;连二正硫酸钠;锌粉	连二亚硫酸钠宜单独存放,与钠、钠汞齐、钙、钾等应隔离存放;钠汞齐、钙、钾可同库储存
易自燃试剂	三乙基铝;黄磷	宜分别单独储存
氧化性试剂	硝酸盐类:硝酸钠、硝酸钾、硝酸钴、硝酸铁、硝酸铜、硝酸铵、硝酸锰溶液50%、硝酸镍; 氯酸盐类:氯酸钠、氯酸钾; 过氧化物:过氧化钠、过氧化钡; 亚硝酸盐类:亚硝酸钠、亚硝酸钾、高锰酸钾、高锰酸钠; 其他类:三氧化铬、五氧化二碘、硫酸钾、过硫酸铵、重铬酸钾、氧化银、重铬酸铵、铬酸钾、溴酸钾、碘酸钠; 有机过氧物:过氧化苯甲酰	同库分区储存。其中亚硝酸钾、亚硝酸钠应单独储存,或与硝酸盐同库分区储存,但是必须与硝酸铵、氧化钠等强氧化剂隔离存放; 硝酸铵应单独存放; 无机过氧物、硝酸盐、氯酸盐类应隔离存放; 有机过氧物宜单独储存,寒冷地带冬季应注意保暖
易燃性试剂	极易燃烧液体试剂:乙醚、二硫化碳、甲酸乙酯、丙酮、石油醚; 一般易燃液体试剂:乙二胺、乙腈、乙酸乙酯、乙酸丁酯、乙酸异戊酯、二甲苯、1,2-二氯乙烷、无水乙醇、中性树胶、甲苯、甲醇、丙烯腈、正丁醇、正戊醇、异丙醇、异戊醇、吡啶、苯、苯乙烯、溴丙烯; 易燃固体试剂:硝化棉、缸磷、硫	均同库储存

続表

类别	代表性品名	储存方法
毒害性试剂	固体剧毒品：三氧化二砷、五氧化二砷、马钱子碱、亚砷酸钠、亚砷酸钾、砷酸、砷酸三钠、砷酸氢二钠、氯化汞、氰化亚铜、氰化钠、氰化钾； 液体剧毒品：硫酸二甲酯； 一般固体毒品：一氧化铅、乙酸汞、乙酸苯汞、四氧化三铅、对苯二酚、亚碲酸钾、秋水仙碱、苯胂酸、氟化钠、氟化钾、氟化氢钾、氟化氢铵、氟化铵、红色氧化汞、氯化钡、黄色氧化汞、邻联甲苯胺；联苯胺、溴化汞、碘化汞、碳酸钡； 一般液体毒品：三氯甲烷、三溴甲烷、四氯化碳、汞、苯甲腈、苯胺、硝基苯	剧毒品应同库分区储存。宜设专架，专柜储存，并加锁管理 如库存量不大时，一般液体毒品可与一般易燃液体同库分区储存；一般固体毒品可与一般固体易燃晶同库分区储存
腐蚀性试剂	无机类：三氯化锑、三氯化磷、三氯氧磷、三氯化铝（无水）、氯化锡（无水）、五氧化二磷、五氯化磷、过氧化氢； 无机酸类：氢氟硅酸、氢氟酸、氢溴酸、盐酸、高氯酸、硝酸、发烟硝酸、硫酸、发烟硫酸、氯化亚砜、氯化铬、酰、碘、溴、磷酸 有机酸类：乙酰氯、乙酸酐、三氯乙酸、甲酸、甲醛溶液、冰乙酸、苯甲酰氯、苯酚、硫代乙醇酸； 碱类：次亚氯酸钠溶液、氢氧化钠、氢氧化钾、浓氨水、硫化钾、硫化钠	碱类与酸类（有机酸类与无机酸类）必须分库储存； 有机酸与无机酸类可同库分区储存，但三氯化磷等卤化磷类与氯化铬酰必须隔离放； 甲醛溶液在气温高于15℃时，可与一般液体毒品同库储存，冬季要保暖； 乙酸酐，甲酸，冰乙酸（包括36％）也可与一般易燃液体同库分区储存； 如库存量不大，一般固体碱类可与非危险品同库分区储存； 浓氨水如库存量大宜单独存放

参 考 文 献

[1]　韩忠霄，孙乃有，郭东萍.无机及分析化学.第 3 版.北京：化学工业出版社，2014.

[2]　徐志珍，张敏，田振芬.工科无机化学.第 4 版.上海：华东理工大学出版社，2018.

[3]　初玉霞.有机化学.第 3 版.北京：化学工业出版社，2012.

[4]　高琳.基础化学.第 2 版.北京：高等教育出版社，2019.

[5]　季剑波，凌昌都.定量化学分析例题与习题.第 3 版.北京：化学工业出版社，2017.

[6]　邓芹英.波谱分析教程.第 2 版.北京：科学出版社，2007.

[7]　黄一石.仪器分析.第 3 版.北京：化学工业出版社，2013.

[8]　张寒琦.仪器分析.第 2 版.北京：高等教育出版社，2013.

[9]　王荣民.化学化工信息及网络资源的检索与利用.第 4 版.北京：化学工业出版社，2016.

[10]　吉家凡，王小会.文献信息检索与利用.北京：高等教育出版社，2019.

[11]　张文勤，郑艳，马宁等.有机化学.第 5 版.北京：高等教育出版社，2014.

[12]　高职高专化学教材编写组.无机化学实验.第 2 版.北京：高等教育出版社，2002.